올림포스

유형편

수학 II

정답과 풀이는 EBS*i* 사이트(www.ebs*i*.co.kr)에서 다운로드 받으실 수 있습니다.

교재 내용 문의 교재 및 강의 내용 문의는 EBS*i* 사이트 (www.ebs*i*.co.kr)의 학습 Q&A 서비스를 이용하시기 바랍니다.

교재 정오표 공지 발행 이후 발견된 정오 사항을 EBS*i* 사이트 정오표 코너에서 알려 드립니다. **교재 ▶ 교재 자료실 ▶ 교재 정오표**

교재 정정 신청 공지된 정오 내용 외에 발견된 정오 사항이 있다면 EBS*i* 사이트를 통해 알려 주세요. **교재 ▶ 교재 정정 신청**

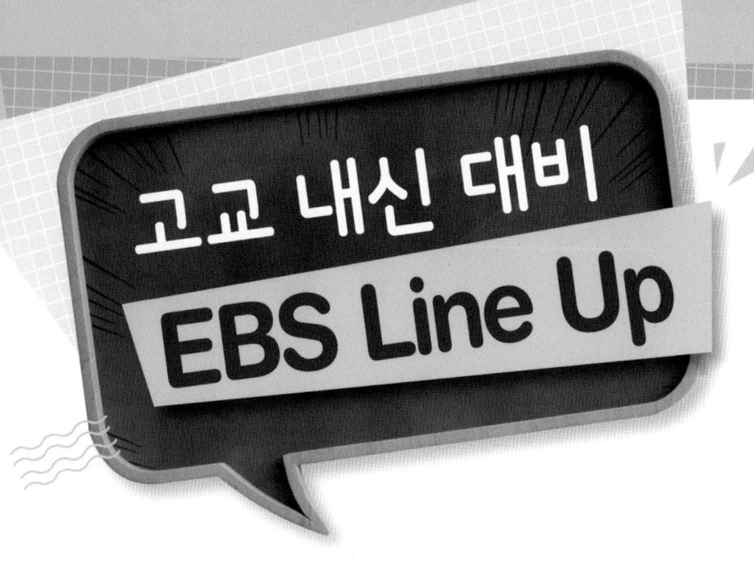

고등학교 0학년 필수 교재

고등예비과정

국어, 영어, 수학, 한국사, 사회, 과학 6책

모든 교과서를 한 권으로,
교육과정 필수 내용을 빠르고 쉽게!

국어 · 영어 · 수학 내신 + 수능 기본서

올림포스

국어, 영어, 수학 16책

내신과 수능의 기초를 다지는 기본서
학교 수업과 보충 수업용 선택 No.1

국어 · 영어 · 수학 개념+기출 기본서

올림포스 전국연합학력평가 기출문제집

국어, 영어, 수학 8책

개념과 기출을 동시에 잡는 신개념 기본서
최신 학력평가 기출문제 완벽 분석

한국사 · 사회 · 과학 개념 학습 기본서

개념완성

한국사, 사회, 과학 19책

한 권으로 완성하는 한국사, 탐구영역의 개념
부가 자료와 수행평가 학습자료 제공

수준에 따라 선택하는 영어 특화 기본서

영어 POWER 시리즈

Grammar POWER 3책
Reading POWER 4책
Listening POWER 2책
Voca POWER 2책

원리로 익히는 국어 특화 기본서

국어 독해의 원리

현대시, 현대 소설, 고전 시가, 고전 산문,
독서 5책

국어 문법의 원리

수능 국어 문법, 수능 국어 문법 180제 2책

유형별 문항 연습부터 고난도 문항까지

올림포스 유형편

수학(상), 수학(하), 수학 Ⅰ, 수학 Ⅱ,
확률과 통계, 미적분 6책

올림포스 고난도

수학(상), 수학(하), 수학 Ⅰ, 수학 Ⅱ,
확률과 통계, 미적분 6책

최다 문항 수록 수학 특화 기본서

수학의 왕도

수학(상), 수학(하), 수학 Ⅰ, 수학 Ⅱ,
확률과 통계, 미적분 6책

개념의 시각화 + 세분화된 문항 수록
기초에서 고난도 문항까지 계단식 학습

단기간에 끝내는 내신

단기 특강

국어, 영어, 수학 8책

얇지만 확실하게, 빠르지만 강하게!
내신을 완성시키는 문항 연습

올림포스

유형편

수학 II

구성과 특징

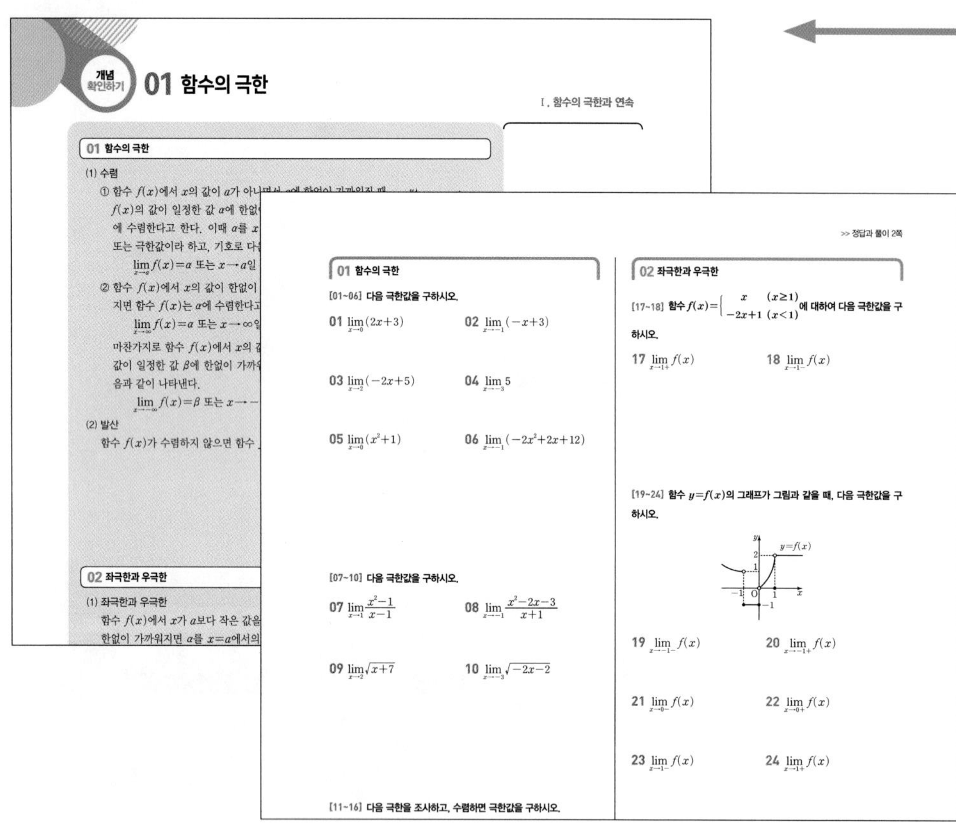

개념 확인하기 01 함수의 극한

Ⅰ. 함수의 극한과 연속

01 함수의 극한

(1) 수렴

① 함수 $f(x)$에서 x의 값이 a가 아니면서 a에 한없이 가까워질 때, $f(x)$의 값이 일정한 값 α에 한없이 … 에 수렴한다고 한다. 이때 α를 x … 또는 극한값이라 하고, 기호로 다 …

$\lim_{x\to a} f(x)=\alpha$ 또는 $x\to a$일 …

② 함수 $f(x)$에서 x의 값이 한없이 … 지면 함수 $f(x)$는 α에 수렴한다고 …

$\lim_{x\to\infty} f(x)=\alpha$ 또는 $x\to\infty$일 …

마찬가지로 함수 $f(x)$에서 x의 값 … 값이 일정한 값 β에 한없이 가까워 … 음과 같이 나타낸다.

$\lim_{x\to-\infty} f(x)=\beta$ 또는 $x\to-$ …

(2) 발산

함수 $f(x)$가 수렴하지 않으면 함수 …

02 좌극한과 우극한

(1) 좌극한과 우극한

함수 $f(x)$에서 x가 a보다 작은 값을 … 한없이 가까워지면 α를 $x=a$에서의 …

>> 정답과 풀이 2쪽

01 함수의 극한

[01~06] 다음 극한값을 구하시오.

01 $\lim_{x\to0}(2x+3)$　02 $\lim_{x\to-1}(-x+3)$

03 $\lim_{x\to2}(-2x+5)$　04 $\lim_{x\to-3}5$

05 $\lim_{x\to0}(x^2+1)$　06 $\lim_{x\to-1}(-2x^2+2x+12)$

[07~10] 다음 극한값을 구하시오.

07 $\lim_{x\to1}\frac{x^2-1}{x-1}$　08 $\lim_{x\to-1}\frac{x^2-2x-3}{x+1}$

09 $\lim_{x\to2}\sqrt{x+7}$　10 $\lim_{x\to-3}\sqrt{-2x-2}$

[11~16] 다음 극한을 조사하고, 수렴하면 극한값을 구하시오.

02 좌극한과 우극한

[17~18] 함수 $f(x)=\begin{cases} x & (x\ge1) \\ -2x+1 & (x<1)\end{cases}$에 대하여 다음 극한값을 구하시오.

17 $\lim_{x\to1+}f(x)$　18 $\lim_{x\to1-}f(x)$

[19~24] 함수 $y=f(x)$의 그래프가 그림과 같을 때, 다음 극한값을 구하시오.

19 $\lim_{x\to-1-}f(x)$　20 $\lim_{x\to-1+}f(x)$

21 $\lim_{x\to0-}f(x)$　22 $\lim_{x\to0+}f(x)$

23 $\lim_{x\to1-}f(x)$　24 $\lim_{x\to1+}f(x)$

개념 확인하기

핵심 개념 정리

교과서의 내용을 철저히 분석하여 핵심 개념만을 꼼꼼하게 정리하고, 설명, 참고, 예 등의 추가 자료를 제시하였습니다.

개념 확인 문제

학습한 내용을 바로 적용하여 풀 수 있는 기본적인 문제를 제시하여 핵심 개념을 제대로 파악했는지 확인할 수 있도록 구성하였습니다.

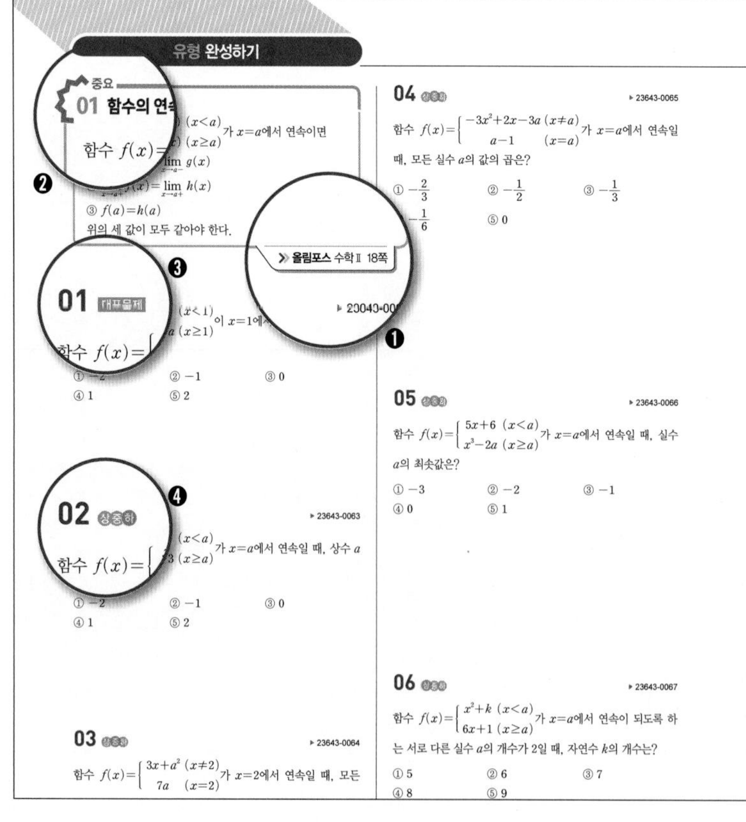

유형 완성하기

중요 01 함수의 연속

함수 $f(x)=$ … $(x<a)$, … $(x\ge a)$가 $x=a$에서 연속이면

… $\lim_{x\to a-} g(x)$ … $=\lim_{x\to a+} h(x)$

③ $f(a)=h(a)$

위의 세 값이 모두 같아야 한다.

≫ 올림포스 수학Ⅱ 18쪽

01 대표문제 ▸ 23643-00…

함수 $f(x)=$ … $(x<1)$, … a $(x\ge1)$이 $x=1$에 …

① -2 ② -1 ③ 0 ④ 1 ⑤ 2

02 상중하 ▸ 23643-0063

함수 $f(x)=$ … $(x<a)$, … 3 $(x\ge a)$가 $x=a$에서 연속일 때, 상수 a …

① -2 ② -1 ③ 0 ④ 1 ⑤ 2

03 상중하 ▸ 23643-0064

함수 $f(x)=\begin{cases} 3x+a^2 & (x\ne2) \\ 7a & (x=2)\end{cases}$가 $x=2$에서 연속일 때, 모든 …

04 상중하 ▸ 23643-0065

함수 $f(x)=\begin{cases} -3x^2+2x-3a & (x\ne a) \\ a-1 & (x=a)\end{cases}$가 $x=a$에서 연속일 때, 모든 실수 a의 값의 곱은?

① $-\frac{2}{3}$ ② $-\frac{1}{2}$ ③ $-\frac{1}{3}$ ④ $-\frac{1}{6}$ ⑤ 0

05 상중하 ▸ 23643-0066

함수 $f(x)=\begin{cases} 5x+6 & (x<a) \\ x^3-2a & (x\ge a)\end{cases}$가 $x=a$에서 연속일 때, 실수 a의 최솟값은?

① -3 ② -2 ③ -1 ④ 0 ⑤ 1

06 상중하 ▸ 23643-0067

함수 $f(x)=\begin{cases} x^2+k & (x<a) \\ 6x+1 & (x\ge a)\end{cases}$가 $x=a$에서 연속이 되도록 하는 서로 다른 실수 a의 개수가 2일 때, 자연수 k의 개수는?

① 5 ② 6 ③ 7 ④ 8 ⑤ 9

유형 완성하기

핵심 유형 정리

각 유형에 따른 핵심 개념 및 해결 전략을 제시하여 해당 유형을 완벽히 학습할 수 있도록 하였습니다.

❶ 

올림포스의 기본 유형 익히기 쪽수를 제시하였습니다.

❷ 중요

세분화된 유형 중 시험 출제율이 70% 이상인 유형으로 중요 유형은 반드시 익히도록 해야 합니다.

❸ 대표문제

각 유형에서 가장 자주 출제되는 문제를 대표문제로 선정하였습니다.

❹ 상중하

각 문제마다 상, 중, 하 3단계로 난이도를 표시하였습니다.

» 올림포스 수학Ⅱ 48쪽

서술형 완성하기

» 정답과 풀이 60쪽

01 ▸ 23643-0259

실수 t에 대하여 곡선 $y=\frac{1}{3}x^3-2tx^2+6t^2x$에 접하는 직선의 기울기가 최소일 때, 이 접선의 y절편을 $f(t)$라 하자. $f(2)+f'(2)=\frac{q}{p}$일 때, $p+q$의 값을 구하시오.

(단, p와 q는 서로소인 자연수이다.)

02 내신기출 ▸ 23643-0260

다항함수 $y=f(x)$의 그래프 위의 점 $(-2, -3)$에서의 접선이 원점을 지난다. 함수 $g(x)=(x^2+2)f(x)$에 대하여 곡선 $y=g(x)$ 위의 점 $(-2, g(-2))$에서의 접선과 x축 및 y축으로 둘러싸인 부분의 넓이를 구하시오.

03 ▸ 23643-0261

함수 $f(x)=-4x^3+ax^2+(a-9)x+1$이 임의의 서로 다른 두 실수 x_1, x_2에 대하여 $(x_1-x_2)\{f(x_1)-f(x_2)\}<0$을 만족시키도록 하는 실수 a의 최댓값을 M, 최솟값을 m이라 할 때, $M-m$의 값을 구하시오.

04 ▸ 23643-0262

다항함수 $f(x)$가 다음 조건을 만족시킨다.

(가) $\lim_{x\to\infty}\frac{f(x)-x^3}{2x^2}=3$
(나) 곡선 $y=f(x)$는 점 $(1, f(1))$에서 x축과 접한다.

함수 $f(x)$의 극댓값을 구하시오.

05 내신기출 ▸ 23643-0263

두 함수 $f(x)=x^3+ax^2+bx+c$, $g(x)=x^2+ax+b$가 다음 조건을 만족시킬 때, $f(3)+g(3)$의 값을 구하시오.

(단, a, b, c는 상수이다.)

(가) 두 함수 $f(x)$, $g(x)$는 $x=2$에서 극값을 갖는다.
(나) 함수 $f(x)$의 극댓값은 $\frac{5}{27}$이다.

06 ▸ 23643-0264

최고차항의 계수가 1인 삼차함수 $f(x)$의 도함수 $f'(x)$에 대하여 함수 $y=f'(x)+a$의 그래프가 두 점 $(-1, 0)$, $(3, 0)$을 지난다. 함수 $f(x)$가 극값을 갖지 않도록 하는 정수 a의 최댓값을 구하시오.

서술형 완성하기

시험에서 비중이 높아지는 서술형 문제를 제시하였습니다. 실제 시험과 유사한 형태의 서술형 문제로 시험을 더욱 완벽하게 대비할 수 있습니다.

▶ » **올림포스** 수학Ⅱ 48쪽

올림포스의 서술형 연습장 쪽수를 제시하였습니다.

▶ 내신기출

학교시험에서 출제되고 있는 실제 시험 문제를 엿볼 수 있습니다.

» 올림포스 수학Ⅱ 15쪽

내신 + 수능 고난도 도전

» 정답과 풀이 14쪽

01 ▸ 23643-0058

자연수 n과 두 실수 a, b에 대하여 $\lim_{x\to\infty}\frac{(ax+1)^n-8x^3}{2x^2+x-1}=b$일 때, $a+b$의 값을 구하시오.

02 ▸ 23643-0059

실수 a에 대하여 두 함수 $f(x)$, $g(x)$가

$$f(x)=x^2+(4-a)x-4a,\ g(x)=x^2+(a-3)x-3a$$

일 때, $\lim_{x\to a}\frac{f(x)}{g(x)}$의 최댓값을 M, 최솟값을 m이라 하자. $2M+m$의 값을 구하시오.

03 ▸ 23643-0060

다항함수 $f(x)$가 다음 조건을 만족시킬 때, $f(1)$의 값은?

(가) $\lim_{x\to\infty}\frac{f(x)-x^3}{x^2}=0$ (나) $\lim_{x\to -2}\frac{f(x)}{x+2}=5$

① -15 ② -12 ③ -9 ④ -6 ⑤ -3

04 ▸ 23643-0061

그림과 같이 곡선 $y=x^2$ 위에 있으며 제1사분면에 있는 점을 $\mathrm{P}(t, t^2)$이라 하자. 직선 OP에 평행하고 곡선 $y=x^2$에 접하는 직선이 곡선 $y=x^2$과 접하는 점을 Q, y축과 만나는 점을 R라 할 때, 삼각형 POQ의 넓이를 $f(t)$, 삼각형 QOR의 넓이를 $g(t)$라 하자. $\lim_{t\to\infty}\frac{2f(t)-3}{3g(t)+1}$의 값은? (단, O는 원점이다.)

① $\frac{1}{3}$ ② $\frac{2}{3}$ ③ 1

내신+수능 고난도 도전

수학적 사고력과 문제 해결 능력을 함양할 수 있는 난이도 높은 문제를 풀어 봄으로써 실전에 대비할 수 있습니다.

▶ » **올림포스** 수학Ⅱ 15쪽

올림포스의 고난도 문항 쪽수를 제시하였습니다.

차례

수학 Ⅱ

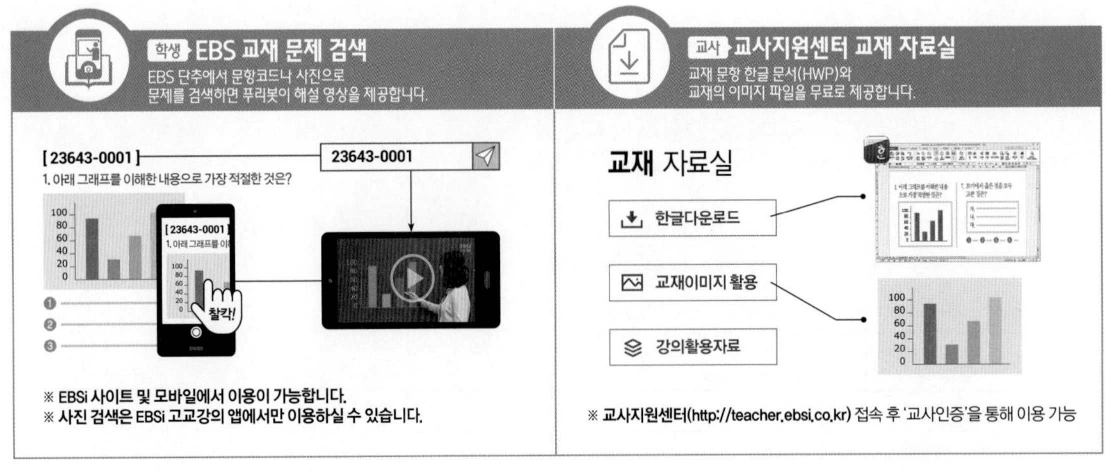

학생 EBS 교재 문제 검색
EBS 단추에서 문항코드나 사진으로
문제를 검색하면 푸리봇이 해설 영상을 제공합니다.
[23643-0001]
1. 아래 그래프를 이해한 내용으로 가장 적절한 것은?
23643-0001
찰칵!
※ EBSi 사이트 및 모바일에서 이용이 가능합니다.
※ 사진 검색은 EBSi 고교강의 앱에서만 이용하실 수 있습니다.
교사 교사지원센터 교재 자료실
교재 문항 한글 문서(HWP)와
교재의 이미지 파일을 무료로 제공합니다.
교재 자료실
한글다운로드
교재이미지 활용
강의활용자료
※ 교사지원센터(http://teacher.ebsi.co.kr) 접속 후 '교사인증'을 통해 이용 가능

함수의 극한과 연속

개념 확인하기

01 함수의 극한

01 함수의 극한

(1) 수렴

① 함수 $f(x)$에서 x의 값이 a가 아니면서 a에 한없이 가까워질 때, $f(x)$의 값이 일정한 값 α에 한없이 가까워지면 함수 $f(x)$는 α에 수렴한다고 한다. 이때 α를 $x=a$에서의 함수 $f(x)$의 극한 또는 극한값이라 하고, 기호로 다음과 같이 나타낸다.

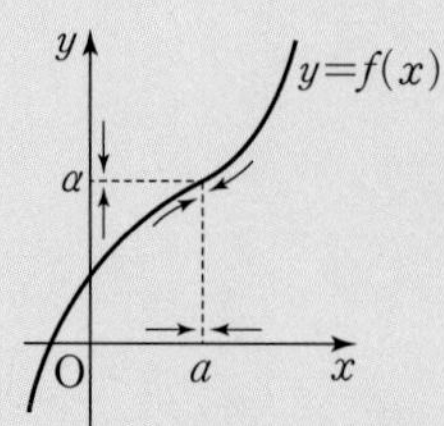

$\lim_{x\to a} f(x)=\alpha$ 또는 $x\to a$일 때 $f(x)\to\alpha$

② 함수 $f(x)$에서 x의 값이 한없이 커질 때, $f(x)$의 값이 일정한 값 α에 한없이 가까워지면 함수 $f(x)$는 α에 수렴한다고 하고, 기호로 다음과 같이 나타낸다.

$\lim_{x\to\infty} f(x)=\alpha$ 또는 $x\to\infty$일 때 $f(x)\to\alpha$

마찬가지로 함수 $f(x)$에서 x의 값이 음수이면서 그 절댓값이 한없이 커질 때, $f(x)$의 값이 일정한 값 β에 한없이 가까워지면 함수 $f(x)$는 β에 수렴한다고 하고, 기호로 다음과 같이 나타낸다.

$\lim_{x\to-\infty} f(x)=\beta$ 또는 $x\to-\infty$일 때 $f(x)\to\beta$

(2) 발산

함수 $f(x)$가 수렴하지 않으면 함수 $f(x)$는 발산한다고 한다.

∞는 한없이 커지는 상태를 나타내는 기호로 무한대라고 읽는다.

$x\to-\infty$는 x가 음수이면서 그 절댓값이 한없이 커지는 것을 나타낸다.

02 좌극한과 우극한

(1) 좌극한과 우극한

함수 $f(x)$에서 x가 a보다 작은 값을 가지면서 a에 한없이 가까워질 때, $f(x)$의 값이 α에 한없이 가까워지면 α를 $x=a$에서의 함수 $f(x)$의 좌극한이라 하고, 기호로 다음과 같이 나타낸다.

$\lim_{x\to a-} f(x)=\alpha$ 또는 $x\to a-$일 때 $f(x)\to\alpha$

또 함수 $f(x)$에서 x가 a보다 큰 값을 가지면서 a에 한없이 가까워질 때, $f(x)$의 값이 β에 한없이 가까워지면 β를 $x=a$에서의 함수 $f(x)$의 우극한이라 하고, 기호로 다음과 같이 나타낸다.

$\lim_{x\to a+} f(x)=\beta$ 또는 $x\to a+$일 때 $f(x)\to\beta$

(2) 함수의 극한과 좌극한, 우극한

$\lim_{x\to a-} f(x)=\lim_{x\to a+} f(x)=\alpha \Longleftrightarrow \lim_{x\to a} f(x)=\alpha$

보기

$f(x)=\begin{cases} 2 & (x<1) \\ x+1 & (x\geq 1)\end{cases}$

에 대하여

$\lim_{x\to 1+} f(x)=2$

$\lim_{x\to 1-} f(x)=2$

$\lim_{x\to 1} f(x)=2$

주의

좌극한과 우극한이 모두 존재하더라도 그 값이 서로 다르면 극한값은 존재하지 않는다.

01 함수의 극한

[01~06] 다음 극한값을 구하시오.

01 $\lim_{x\to 0}(2x+3)$

02 $\lim_{x\to -1}(-x+3)$

03 $\lim_{x\to 2}(-2x+5)$

04 $\lim_{x\to -3}5$

05 $\lim_{x\to 0}(x^2+1)$

06 $\lim_{x\to -1}(-2x^2+2x+12)$

[07~10] 다음 극한값을 구하시오.

07 $\lim_{x\to 1}\frac{x^2-1}{x-1}$

08 $\lim_{x\to -1}\frac{x^2-2x-3}{x+1}$

09 $\lim_{x\to 2}\sqrt{x+7}$

10 $\lim_{x\to -3}\sqrt{-2x-2}$

[11~16] 다음 극한을 조사하고, 수렴하면 극한값을 구하시오.

11 $\lim_{x\to \infty}\frac{3x}{x+2}$

12 $\lim_{x\to -\infty}\frac{2x-1}{x+1}$

13 $\lim_{x\to \infty}(x^2+2x-1)$

14 $\lim_{x\to -\infty}(-2x+4)$

15 $\lim_{x\to 1}\frac{-x+2}{x-1}$

16 $\lim_{x\to -1}\frac{2}{|x+1|}$

02 좌극한과 우극한

[17~18] 함수 $f(x)=\begin{cases} x & (x\geq 1) \\ -2x+1 & (x<1) \end{cases}$에 대하여 다음 극한값을 구하시오.

17 $\lim_{x\to 1+}f(x)$

18 $\lim_{x\to 1-}f(x)$

[19~24] 함수 $y=f(x)$의 그래프가 그림과 같을 때, 다음 극한값을 구하시오.

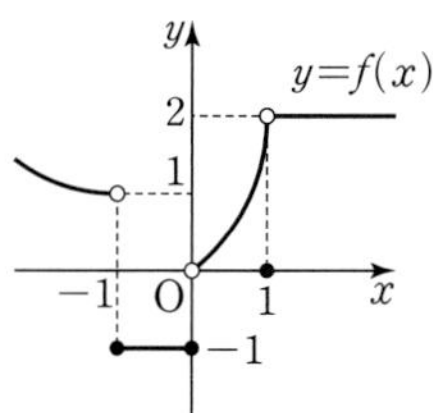

19 $\lim_{x\to -1-}f(x)$

20 $\lim_{x\to -1+}f(x)$

21 $\lim_{x\to 0-}f(x)$

22 $\lim_{x\to 0+}f(x)$

23 $\lim_{x\to 1-}f(x)$

24 $\lim_{x\to 1+}f(x)$

[25~26] 함수 $f(x)=\begin{cases} \frac{x^2+x}{|x+1|} & (x\neq -1) \\ 2 & (x=-1) \end{cases}$에 대하여 다음 극한값을 구하시오.

25 $\lim_{x\to -1-}f(x)$

26 $\lim_{x\to -1+}f(x)$

03 함수의 극한의 성질

(1) 함수의 극한의 성질

두 함수 $f(x)$, $g(x)$에 대하여 $\lim_{x\to a}f(x)=\alpha$, $\lim_{x\to a}g(x)=\beta$ (α, β는 실수)일 때

① $\lim_{x\to a}cf(x)=c\lim_{x\to a}f(x)=c\alpha$ (단, c는 상수)

② $\lim_{x\to a}\{f(x)+g(x)\}=\lim_{x\to a}f(x)+\lim_{x\to a}g(x)=\alpha+\beta$

③ $\lim_{x\to a}\{f(x)-g(x)\}=\lim_{x\to a}f(x)-\lim_{x\to a}g(x)=\alpha-\beta$

④ $\lim_{x\to a}f(x)g(x)=\lim_{x\to a}f(x)\times\lim_{x\to a}g(x)=\alpha\beta$

⑤ $\lim_{x\to a}\frac{f(x)}{g(x)}=\frac{\lim_{x\to a}f(x)}{\lim_{x\to a}g(x)}=\frac{\alpha}{\beta}$ (단, $\beta\neq0$)

(2) 함수의 극한값의 계산

① $\lim_{x\to a}\frac{f(x)}{g(x)}$에서 $\lim_{x\to a}f(x)=0$, $\lim_{x\to a}g(x)=0$인 경우

(i) $f(x)$, $g(x)$가 다항식이면 각각 인수분해하여 공통인수를 약분한 후 극한값을 구한다.

(ii) $f(x)$ 또는 $g(x)$가 무리식이면 무리식이 있는 쪽을 유리화한 다음 분모, 분자의 공통인수를 약분한 후 극한값을 구한다.

② $\lim_{x\to\infty}\frac{f(x)}{g(x)}$에서 $\lim_{x\to\infty}f(x)=\infty$, $\lim_{x\to\infty}g(x)=\infty$인 경우

$f(x)$, $g(x)$가 다항식이면 분모의 최고차항으로 분모, 분자를 각각 나누어 극한값을 구한다.

③ $\lim_{x\to\infty}\{f(x)-g(x)\}$에서 $\lim_{x\to\infty}f(x)=\infty$, $\lim_{x\to\infty}g(x)=\infty$인 경우

(i) $f(x)-g(x)$가 다항식이면 $f(x)-g(x)$의 최고차항으로 묶어 극한값을 구한다.

(ii) $f(x)-g(x)$가 무리식이면 분모가 1인 분수 꼴의 식으로 생각하여 분자를 유리화한 후 극한값을 구한다.

(3) 함수의 극한에 관련된 성질

두 함수 $f(x)$, $g(x)$에 대하여

$\lim_{x\to a}\frac{f(x)}{g(x)}=\alpha$ (α는 실수)이고 $\lim_{x\to a}g(x)=0$이면 $\lim_{x\to a}f(x)=0$이다.

설명 $\lim_{x\to a}\frac{f(x)}{g(x)}=\alpha$이고 $\lim_{x\to a}g(x)=0$이면

$$\lim_{x\to a}f(x)=\lim_{x\to a}\left\{\frac{f(x)}{g(x)}\times g(x)\right\}=\lim_{x\to a}\frac{f(x)}{g(x)}\times\lim_{x\to a}g(x)=\alpha\times0=0$$

함수의 극한에 대한 성질은 함수의 극한값이 존재할 때만 성립하고
$x\to a+$, $x\to a-$
$x\to\infty$, $x\to-\infty$
일 때에도 성립한다.

보기
$\lim_{x\to3}\frac{x^2-9}{x-3}$
$=\lim_{x\to3}\frac{(x-3)(x+3)}{x-3}$
$=\lim_{x\to3}(x+3)$
$=3+3=6$

04 함수의 극한의 대소 관계

두 함수 $f(x)$, $g(x)$에 대하여 $\lim_{x\to a}f(x)=\alpha$, $\lim_{x\to a}g(x)=\beta$ (α, β는 실수)일 때, a에 가까운 모든 실수 x에 대하여

(1) $f(x)\le g(x)$이면 $\alpha\le\beta$

(2) 함수 $h(x)$에 대하여 $f(x)\le h(x)\le g(x)$이고 $\alpha=\beta$이면 $\lim_{x\to a}h(x)=\alpha$

함수의 극한의 대소 관계는
$x\to a+$, $x\to a-$
$x\to\infty$, $x\to-\infty$
일 때에도 성립한다.

주의
$f(x)<g(x)$이지만
$\lim_{x\to a}f(x)=\lim_{x\to a}g(x)$인 경우도 있다.
예를 들어, 두 함수 $f(x)=0$,
$g(x)=\begin{cases}|x| & (x\neq0)\\ 1 & (x=0)\end{cases}$은 모든 실수 x에 대하여 $f(x)<g(x)$이지만
$\lim_{x\to0}f(x)=\lim_{x\to0}g(x)=0$이다.

03 함수의 극한의 성질

[27~30] 다음 극한값을 구하시오.

27 $\lim_{x\to 1} 2x$

28 $\lim_{x\to 2}(x+3)$

29 $\lim_{x\to 3} x^2$

30 $\lim_{x\to 1}\frac{x+3}{x-3}$

[31~36] 다음 극한값을 구하시오.

31 $\lim_{x\to -1}(2x^2-8x)$

32 $\lim_{x\to 1}(x^2-x+3)$

33 $\lim_{x\to 2}\frac{2x^2-x-1}{x^2+1}$

34 $\lim_{x\to -3}\frac{-x^2+5x+4}{-x^2-1}$

35 $\lim_{x\to 3}(\sqrt{x+1}+1)$

36 $\lim_{x\to -2}(\sqrt{2x^2+1}-1)$

[37~42] 다음 극한값을 구하시오.

37 $\lim_{x\to 1}\frac{2x^2-2x}{x-1}$

38 $\lim_{x\to -2}\frac{x+2}{3x+6}$

39 $\lim_{x\to 3}\frac{x^2-x-6}{x-3}$

40 $\lim_{x\to 4}\frac{x-4}{\sqrt{x}-2}$

41 $\lim_{x\to 0}\frac{\sqrt{x+4}-2}{x}$

42 $\lim_{x\to 3}\frac{x-3}{\sqrt{x+6}-3}$

[43~48] 다음 극한을 조사하고, 수렴하면 극한값을 구하시오.

43 $\lim_{x\to\infty}\frac{x^2-x-2}{x-2}$

44 $\lim_{x\to\infty}\frac{-2x^3-x^2+1}{x^2+1}$

45 $\lim_{x\to\infty}\frac{3x^2+1}{2x^2+3x-1}$

46 $\lim_{x\to\infty}\frac{6x^3-3x+1}{3x^3+2x}$

47 $\lim_{x\to\infty}\frac{x+1}{x^2-3x-4}$

48 $\lim_{x\to\infty}\frac{x^2-2}{3x^3-x+1}$

[49~50] 다음 극한값을 구하시오.

49 $\lim_{x\to\infty}(\sqrt{x^2+3x}-x)$

50 $\lim_{x\to\infty}(\sqrt{x^2-4x}-x)$

04 함수의 극한의 대소 관계

51 함수 $f(x)$가 모든 실수 x에 대하여

$$6x-9\le f(x)\le x^2$$

을 만족시킬 때, $\lim_{x\to 3}f(x)$의 값을 구하시오.

52 함수 $f(x)$가 모든 실수 x에 대하여

$$\frac{2x^2-1}{x^2+1}\le f(x)\le\frac{2x^2}{x^2+1}$$

을 만족시킬 때, $\lim_{x\to\infty}f(x)$의 값을 구하시오.

01 함수의 수렴과 발산 (1)

함수 $y=f(x)$의 그래프에서 x의 값이 어떤 수 a에 한없이 가까워질 때, $f(x)$의 값이 실수 b에 한없이 가까워지면 $\lim_{x\to a} f(x)=b$이다.

» 올림포스 수학Ⅱ 8쪽

01 대표문제 ▶ 23643-0001

이차함수 $y=f(x)$의 그래프가 그림과 같다. $\lim_{x\to -1} f(x)+\lim_{x\to 0} f(x)$의 값은?

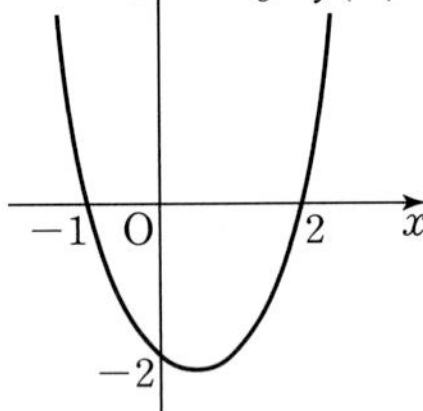

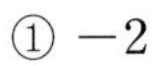
① -2　② -1　③ 0　④ 1　⑤ 2

02 상중하 ▶ 23643-0002

일차함수 $y=f(x)$의 그래프가 그림과 같다. $\lim_{x\to 6} f(x)=0$, $\lim_{x\to 0} f(x)=3$일 때, $f(4)$의 값을 구하시오.

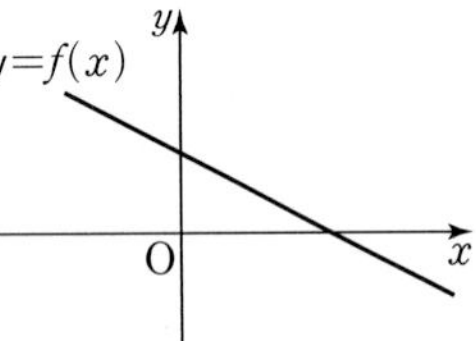

03 상중하 ▶ 23643-0003

함수 $f(x)=3\sqrt{|x-2|}-1$의 그래프가 그림과 같을 때, **보기**에서 옳은 것만을 있는 대로 고른 것은?

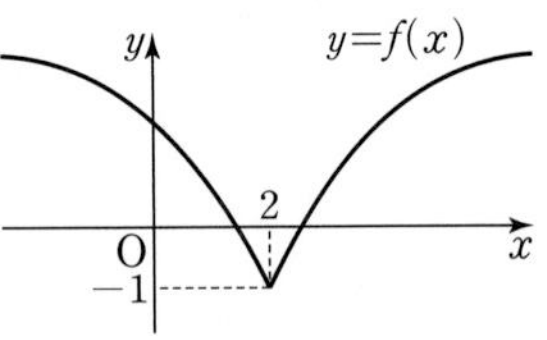

보기

ㄱ. $\lim_{x\to 2} f(x)=-1$

ㄴ. $\lim_{x\to \infty} f(x)=\infty$

ㄷ. $\lim_{x\to -\infty} f(x)=-\infty$

① ㄱ　② ㄷ　③ ㄱ, ㄴ　④ ㄱ, ㄷ　⑤ ㄱ, ㄴ, ㄷ

02 함수의 수렴과 발산 (2)

함수 $y=f(x)$의 그래프에서 극한값, x절편, y절편 및 그래프 위의 점, 점근선 등 그래프의 특징을 파악하여 미지수를 구한다.

» 올림포스 수학Ⅱ 8쪽

04 대표문제 ▶ 23643-0004

원점을 지나는 유리함수 $f(x)=\dfrac{ax+b}{x-1}$의 그래프가 그림과 같다. $\lim_{x\to \infty} f(x)=2$일 때, $f(5)$의 값은? (단, a, b는 상수이다.)

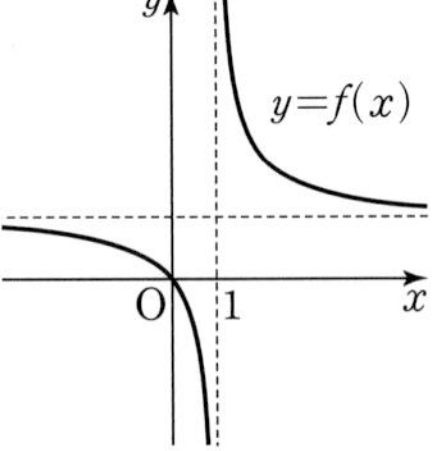

① $\frac{1}{2}$　② 1　③ $\frac{3}{2}$　④ 2　⑤ $\frac{5}{2}$

05 상중하 ▶ 23643-0005

함수 $f(x)=|3x+a|$의 그래프가 그림과 같다. $\lim_{x\to 2} f(x)=0$일 때, $f(a)$의 값을 구하시오. (단, a는 상수이다.)

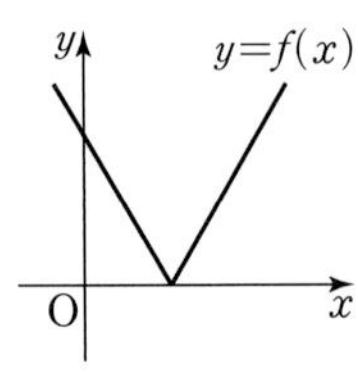

06 상중하 ▶ 23643-0006

함수 $f(x)=\left|\dfrac{b}{x+a}\right|+c$의 그래프가 그림과 같고 함수 $f(x)$가 다음 조건을 만족시킬 때, 세 상수 a, b, c에 대하여 $a+b+c$의 값은? (단, $b>0$)

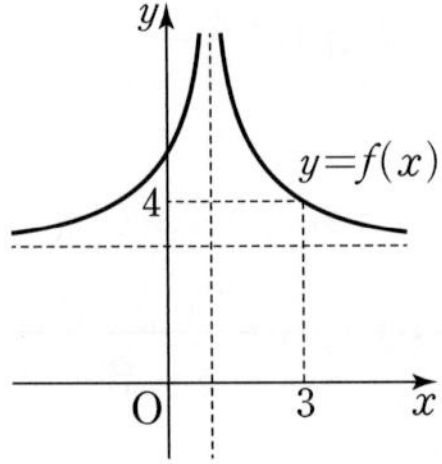

(가) $f(3)=4$

(나) $\lim_{x\to 1} f(x)=\infty$, $\lim_{x\to \infty} f(x)=3$

① 0　② 1　③ 2　④ 3　⑤ 4

중요

03 함수의 극한과 좌극한, 우극한 (1)

함수 $y=f(x)$의 그래프가 그림과 같을 때,

$\lim_{x\to 1+} f(x)=2$

$\lim_{x\to 1-} f(x)=-1$

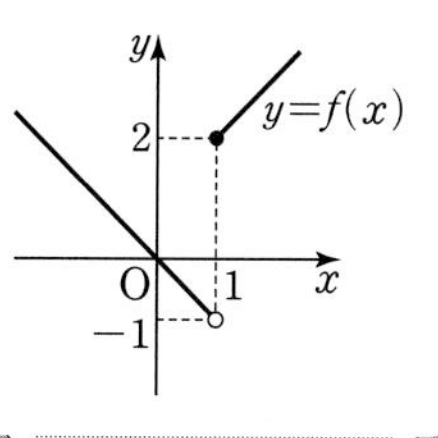

>> 올림포스 수학Ⅱ 8쪽

중요

04 함수의 극한과 좌극한, 우극한 (2)

함수 $f(x)=\begin{cases} g(x) & (x<a) \\ h(x) & (x\geq a) \end{cases}$에서

$\lim_{x\to a-} f(x)=\lim_{x\to a-} g(x)$

$\lim_{x\to a+} f(x)=\lim_{x\to a+} h(x)$

>> 올림포스 수학Ⅱ 8쪽

07 대표문제

▶ 23643-0007

함수 $y=f(x)$의 그래프가 그림과 같을 때,

$\lim_{x\to -1-} f(x)+\lim_{x\to 0} f(x)+\lim_{x\to 1+} f(x)$의 값은?

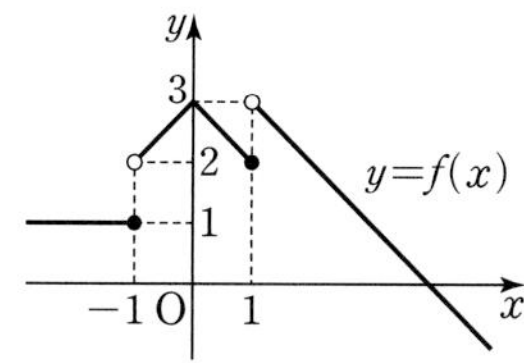

① 5 ② 6 ③ 7 ④ 8 ⑤ 9

08 상중하

▶ 23643-0008

함수 $y=f(x)$의 그래프가 그림과 같을 때, $\lim_{x\to 0-} f(x)+\lim_{x\to 2+} f(x)$의 값은?

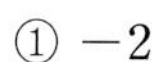

① -2 ② -1 ③ 0 ④ 1 ⑤ 2

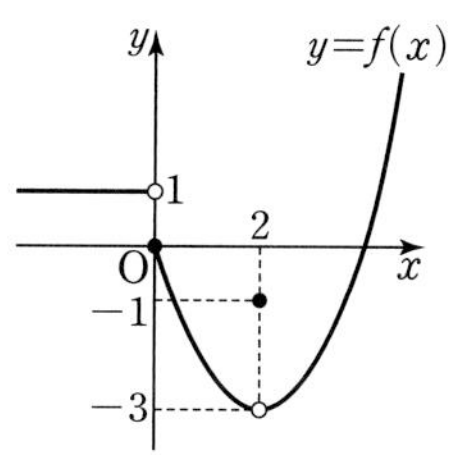

09 상중하

▶ 23643-0009

함수 $y=f(x)$의 그래프가 그림과 같다.

$\lim_{x\to -2-} f(x)=2$, $\lim_{x\to 1} f(x)=3$일 때,

$\lim_{x\to -2+} f(x)\times \lim_{x\to -1-} f(x)\times f(1)$의 값은?

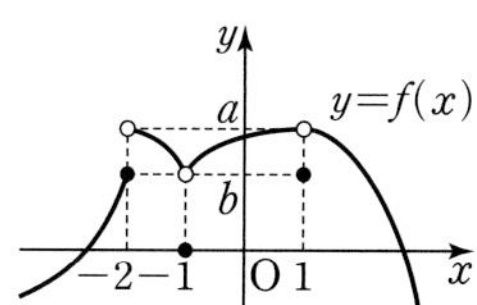

① -6 ② 0 ③ 6 ④ 12 ⑤ 18

10 대표문제

▶ 23643-0010

함수 $f(x)=\begin{cases} x+a & (x<2) \\ -x^2+1 & (x\geq 2) \end{cases}$에 대하여

$\lim_{x\to 2} f(x)$의 값이 존재할 때, 상수 a의 값은?

① -5 ② -4 ③ -3 ④ -2 ⑤ -1

11 상중하

▶ 23643-0011

함수 $f(x)=\begin{cases} -x+a & (x<-1) \\ 3 & (x\geq -1) \end{cases}$에 대하여

$\lim_{x\to -1} f(x)=b$일 때, $a+b$의 값은? (단, a, b는 상수이다.)

① 1 ② 2 ③ 3 ④ 4 ⑤ 5

12 상중하

▶ 23643-0012

함수 $y=f(x)$의 그래프가 그림과 같다. 함수 $(x+k)f(x)$가 $x=3$에서 극한값을 가질 때, 상수 k에 대하여 k^2의 값을 구하시오.

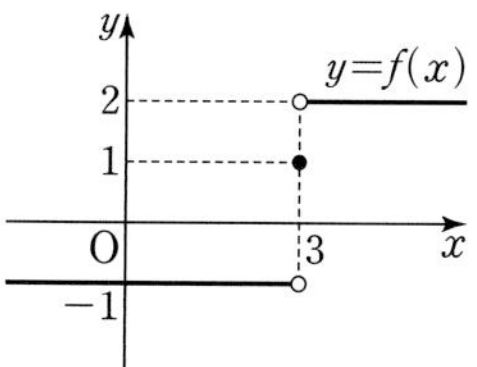

05 함수의 극한과 좌극한, 우극한 (3)

$\lim_{x\to a-} f(x)=\lim_{x\to a+} f(x)=\alpha \Longleftrightarrow \lim_{x\to a} f(x)=\alpha$

이때 좌극한과 우극한이 모두 존재하더라도 그 값이 서로 다르면 극한값은 존재하지 않는다.

» 올림포스 수학Ⅱ 8쪽

13 대표문제

▸ 23643-0013

함수 $f(x)=\frac{|x^2-1|}{x-1}$에 대하여 다음 중 극한값이 존재하지 않는 것은?

① $\lim_{x\to -2} f(x)$ ② $\lim_{x\to -1} f(x)$ ③ $\lim_{x\to 0} f(x)$
④ $\lim_{x\to 1} f(x)$ ⑤ $\lim_{x\to 2} f(x)$

14 상중하

▸ 23643-0014

함수 $f(x)=\frac{|x+1|}{x+1}$에 대하여 **보기**에서 옳은 것만을 있는 대로 고른 것은?

보기
ㄱ. $\lim_{x\to -1-} f(x)=-1$
ㄴ. 함수 $f(x)$는 $x=-1$에서 극한값을 갖는다.
ㄷ. $\lim_{x\to \infty} f(x)=\infty$

① ㄱ ② ㄴ ③ ㄱ, ㄴ
④ ㄱ, ㄷ ⑤ ㄱ, ㄴ, ㄷ

15 상중하

▸ 23643-0015

함수 $f(x)=\frac{x^2-9}{|x-3|}$에 대하여 함수 $(x-3)^k f(x)$가 $x=3$에서 극한값을 갖기 위한 정수 k의 최솟값은?

① -2 ② -1 ③ 0
④ 1 ⑤ 2

06 함수의 극한의 성질 (1)

두 함수 $f(x)$, $g(x)$에 대하여
$\lim_{x\to a} f(x)=\alpha$, $\lim_{x\to a} g(x)=\beta$ (α, β는 실수)일 때

(1) $\lim_{x\to a} cf(x)=c\lim_{x\to a} f(x)=c\alpha$ (단, c는 상수)
(2) $\lim_{x\to a}\{f(x)+g(x)\}=\lim_{x\to a} f(x)+\lim_{x\to a} g(x)=\alpha+\beta$
(3) $\lim_{x\to a}\{f(x)-g(x)\}=\lim_{x\to a} f(x)-\lim_{x\to a} g(x)=\alpha-\beta$
(4) $\lim_{x\to a} f(x)g(x)=\lim_{x\to a} f(x)\times\lim_{x\to a} g(x)=\alpha\beta$
(5) $\lim_{x\to a}\frac{f(x)}{g(x)}=\frac{\lim_{x\to a} f(x)}{\lim_{x\to a} g(x)}=\frac{\alpha}{\beta}$ (단, $\beta\neq 0$)

16 대표문제

▸ 23643-0016

함수 $f(x)$에 대하여 $\lim_{x\to 1} f(x)=-2$일 때, $\lim_{x\to 1}\frac{f(x)-x}{x^2+x+1}$의 값은?

① $-\frac{1}{5}$ ② $-\frac{1}{4}$ ③ $-\frac{1}{3}$
④ $-\frac{1}{2}$ ⑤ -1

17 상중하

▸ 23643-0017

두 함수 $f(x)$, $g(x)$에 대하여 $\lim_{x\to -1} f(x)=1$, $\lim_{x\to -1} g(x)=2$일 때, $\lim_{x\to -1}\frac{-3f(x)+g(x)+2}{2f(x)+g(x)+1}$의 값은?

① $\frac{1}{6}$ ② $\frac{1}{5}$ ③ $\frac{1}{4}$
④ $\frac{1}{3}$ ⑤ $\frac{1}{2}$

18 상중하

▸ 23643-0018

두 함수 $f(x)$, $g(x)$에 대하여
$\lim_{x\to \infty} f(x)=5$, $\lim_{x\to \infty}\{2f(x)-3g(x)\}=4$
일 때, $\lim_{x\to \infty} g(x)$의 값을 구하시오.

>> 정답과 풀이 7쪽

07 함수의 극한의 성질 (2)

$\lim_{x\to a}\frac{f(x)}{g(x)}$에서 $\lim_{x\to a}f(x)=0$, $\lim_{x\to a}g(x)=0$인 경우

⇨ $f(x)$, $g(x)$가 다항식이면 각각 인수분해하여 공통인 수를 약분한 후 극한값을 구한다.

>> 올림포스 수학Ⅱ 9쪽

19 대표문제 ▸ 23643-0019

$\lim_{x\to 1}\frac{x^3+3x^2-4x}{x^2-1}$의 값은?

① $\frac{1}{2}$ ② 1 ③ $\frac{3}{2}$
④ 2 ⑤ $\frac{5}{2}$

20 상중하 ▸ 23643-0020

$\lim_{x\to 3}\frac{x^3-3x^2-x+3}{x^2-5x+6}$의 값은?

① 1 ② 2 ③ 4
④ 8 ⑤ 16

21 상중하 ▸ 23643-0021

다항함수 $f(x)$에 대하여 $\lim_{x\to 2}\frac{x^2-4}{(x-2)f(x)}=\frac{1}{3}$, $\lim_{x\to 2}f(x)=a$일 때, 상수 a의 값은? (단, $f(x)\neq 0$)

① 4 ② 6 ③ 8
④ 10 ⑤ 12

22 상중하 ▸ 23643-0022

다항함수 $f(x)$에 대하여 $\lim_{x\to -1}\frac{f(x)-2}{x+1}=1$일 때, $\lim_{x\to -1}\frac{\{f(x)\}^2-2f(x)}{x^2f(x)-f(x)}$의 값은? (단, $f(x)\neq 0$)

① -2 ② $-\frac{1}{2}$ ③ 0
④ $\frac{1}{2}$ ⑤ 2

08 함수의 극한의 성질 (3)

$\lim_{x\to a}\frac{f(x)}{g(x)}$에서 $\lim_{x\to a}f(x)=0$, $\lim_{x\to a}g(x)=0$인 경우

⇨ $f(x)$ 또는 $g(x)$가 무리식이면 무리식이 있는 쪽을 유리화한 다음 분모, 분자의 공통인수를 약분한 후 극한값을 구한다.

>> 올림포스 수학Ⅱ 9쪽

23 대표문제 ▸ 23643-0023

$\lim_{x\to 3}\frac{\sqrt{x+6}-3}{x^2-x-6}$의 값은?

① $\frac{1}{6}$ ② $\frac{1}{12}$ ③ $\frac{1}{18}$
④ $\frac{1}{24}$ ⑤ $\frac{1}{30}$

24 상중하 ▸ 23643-0024

$\lim_{x\to -2}\frac{3-\sqrt{x^2+5}}{x+2}$의 값은?

① $\frac{1}{6}$ ② $\frac{1}{3}$ ③ $\frac{1}{2}$
④ $\frac{2}{3}$ ⑤ $\frac{5}{6}$

25 상중하 ▸ 23643-0025

함수 $f(x)$에 대하여 $\lim_{x\to 3}f(x)=18$일 때, $\lim_{x\to 3}\frac{(x-3)f(x)}{\sqrt{x^2+16}-5}$의 값을 구하시오.

26 상중하 ▸ 23643-0026

함수 $f(x)$에 대하여 $\lim_{x\to 2}\frac{(x-2)f(x)}{\sqrt{x+2}-2}=8$일 때, $\lim_{x\to 2}f(x)$의 값은?

① 1 ② 2 ③ 3
④ 4 ⑤ 5

09 함수의 극한의 성질 (4)

$\lim_{x\to\infty}\frac{f(x)}{g(x)}$에서 $\lim_{x\to\infty}f(x)=\infty$, $\lim_{x\to\infty}g(x)=\infty$인 경우

⇨ $f(x)$, $g(x)$가 다항식이면 분모의 최고차항으로 분모, 분자를 각각 나누어 극한값을 구한다.

≫ 올림포스 수학Ⅱ 9쪽

27 대표문제 ▸ 23643-0027

$\lim_{x\to\infty}\frac{4x^2+x+3}{2x^2+1}$의 값은?

① $\frac{1}{4}$　② $\frac{1}{2}$　③ 1　④ 2　⑤ 4

28 상중하 ▸ 23643-0028

$\lim_{x\to\infty}\frac{(3x-1)^3-27x^3}{-9x^2+x+1}$의 값은?

① -9　② -3　③ -1　④ 3　⑤ 9

29 상중하 ▸ 23643-0029

다항함수 $f(x)$에 대하여 $\lim_{x\to\infty}\frac{f(x)}{x^2}=-1$일 때,

$\lim_{x\to\infty}\frac{6x^2-f(x)}{3x^2+2f(x)}$의 값은?

① 1　② 3　③ 5　④ 7　⑤ 9

30 상중하 ▸ 23643-0030

$\lim_{x\to-\infty}\frac{4x^3-x-2}{2x^3+x^2}$의 값은?

① -2　② $-\frac{1}{2}$　③ 0　④ $\frac{1}{2}$　⑤ 2

10 함수의 극한의 성질 (5)

$\lim_{x\to\infty}\{f(x)-g(x)\}$에서 $\lim_{x\to\infty}f(x)=\infty$, $\lim_{x\to\infty}g(x)=\infty$인 경우

⇨ $f(x)-g(x)$가 무리식이면 분모가 1인 분수 꼴의 식으로 생각하여 분자를 유리화한 후 극한값을 구한다.

≫ 올림포스 수학Ⅱ 9쪽

31 대표문제 ▸ 23643-0031

$\lim_{x\to\infty}(\sqrt{x^2+6x}-x)$의 값은?

① 1　② 2　③ 3　④ 4　⑤ 5

32 상중하 ▸ 23643-0032

$\lim_{x\to\infty}(x-\sqrt{x^2+x})$의 값은?

① -1　② $-\frac{1}{2}$　③ 0　④ $\frac{1}{2}$　⑤ 1

33 상중하 ▸ 23643-0033

$\lim_{x\to\infty}(\sqrt{9x^2+ax}-3x)=-1$일 때, 상수 a의 값은?

① -6　② -3　③ 0　④ 3　⑤ 6

34 상중하 ▸ 23643-0034

$\lim_{x\to-\infty}(\sqrt{4x^2+8x}+2x)$의 값은?

① -5　② -4　③ -3　④ -2　⑤ -1

중요
11 함수의 극한의 성질 (6)

$\lim_{x \to a} \frac{f(x)}{g(x)} = \alpha$ (α는 실수)이고 $\lim_{x \to a} g(x) = 0$이면

$\lim_{x \to a} f(x) = 0$이다.

>> 올림포스 수학Ⅱ 10쪽

35 대표문제
▶ 23643-0035

두 상수 a, b에 대하여 $\lim_{x \to 1} \frac{x^2+ax+b}{x-1} = 4$일 때, ab의 값은?

① -10　② -8　③ -6　④ -4　⑤ -2

36 상중하
▶ 23643-0036

두 상수 a, b에 대하여 $\lim_{x \to -1} \frac{x^2+a}{x^2-4x-5} = b$일 때, $a+b$의 값은?

① $-\frac{2}{3}$　② $-\frac{1}{3}$　③ 0　④ $\frac{1}{3}$　⑤ $\frac{2}{3}$

37 상중하
▶ 23643-0037

두 상수 a, b에 대하여 $\lim_{x \to 3} \frac{a\sqrt{x+1}+b}{x-3} = -1$일 때, $a+b$의 값은?

① 1　② 2　③ 3　④ 4　⑤ 5

중요
12 함수의 극한의 성질 (7)

두 다항함수 $f(x)$, $g(x)$에 대하여

$\lim_{x \to \infty} \frac{f(x)}{g(x)} = \alpha$ (α는 $\alpha \neq 0$인 실수)이면

($f(x)$의 차수)$=$($g(x)$의 차수)이고,

$\alpha = \frac{(f(x)\text{의 최고차항의 계수})}{(g(x)\text{의 최고차항의 계수})}$이다.

>> 올림포스 수학Ⅱ 10쪽

38 대표문제
▶ 23643-0038

다항함수 $f(x)$가 다음 조건을 만족시킨다.

(가) $\lim_{x \to \infty} \frac{f(x)}{2x^2+1} = 2$　(나) $\lim_{x \to 1} \frac{f(x)}{x^2+2x-3} = 3$

$f(2)$의 값을 구하시오.

39 상중하
▶ 23643-0039

다항함수 $f(x)$가 다음 조건을 만족시킬 때, $f(4)$의 값은?

(가) $\lim_{x \to \infty} \frac{f(x)}{x^2-4x+1} = 1$　(나) $\lim_{x \to -1} \frac{f(x)}{x+1} = -4$

① 1　② 2　③ 3　④ 4　⑤ 5

40 상중하
▶ 23643-0040

다항함수 $f(x)$가 다음 조건을 만족시킬 때, 상수 a의 값은?

(가) $\lim_{x \to \infty} \frac{f(x)-4x^3}{x-1} = 1$　(나) $\lim_{x \to -1} \frac{f(x)}{x+1} = a$

① 11　② 12　③ 13　④ 14　⑤ 15

13 함수의 극한의 활용

선분의 길이 또는 넓이를 식으로 나타낸 후 극한값을 구한다.

41 대표문제

▶ 23643-0041

그림과 같이 곡선 $y=x^2$ 위에 있으며 제1사분면에 있는 점을 $\mathrm{P}(t,\ t^2)$이라 하자. 선분 OP의 수직이등분선이 y축과 만나는 점을 Q라 할 때, $\lim_{t\to\infty}\frac{\overline{\mathrm{OP}}}{\overline{\mathrm{OQ}}}$의 값은? (단, O는 원점이다.)

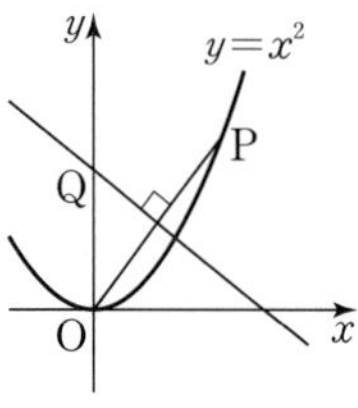

① $\frac{1}{4}$ ② $\frac{1}{2}$ ③ 1 ④ 2 ⑤ 4

42 상중하

▶ 23643-0042

그림과 같이 $t>2$인 실수 t에 대하여 직선 $x=t$가 두 직선 $y=x$, $y=x-2$ 및 x축과 만나는 점을 각각 P, Q, R라 하자.

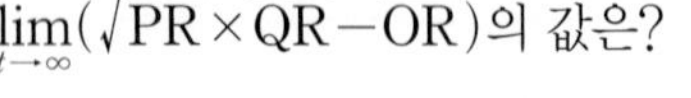

$\lim_{t\to\infty}(\sqrt{\overline{\mathrm{PR}}\times\overline{\mathrm{QR}}}-\overline{\mathrm{OR}})$의 값은? (단, O는 원점이다.)

① -2 ② -1 ③ 0 ④ 1 ⑤ 2

43 상중하

▶ 23643-0043

그림과 같이 곡선 $y=\sqrt{x+3}$과 두 직선 $x=1$, $x=t$가 만나는 점을 각각 P, Q라 하고 점 P를 지나고 x축과 평행한 직선이 직선 $x=t$와 만나는 점을 R라 하자. $\lim_{t\to1+}\frac{\overline{\mathrm{QR}}}{\overline{\mathrm{PR}}}$의 값은? (단, $t>1$)

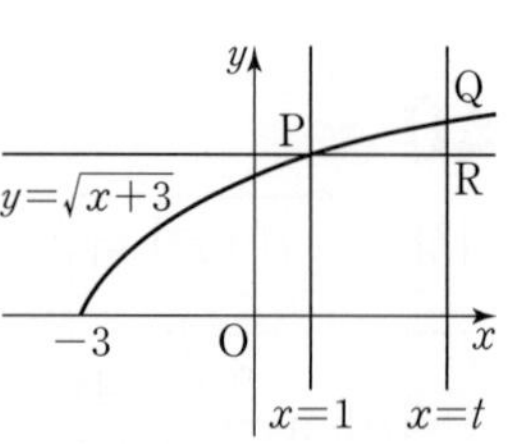

① $\frac{1}{6}$ ② $\frac{1}{5}$ ③ $\frac{1}{4}$ ④ $\frac{1}{3}$ ⑤ $\frac{1}{2}$

44 상중하

▶ 23643-0044

그림과 같이 곡선 $y=\frac{1}{x+3}$ 위에 있으며 제1사분면에 있는 점을 $\mathrm{P}\left(t,\ \frac{1}{t+3}\right)$이라 하자. 점 $\left(0,\ \frac{1}{3}\right)$을 지나고 x축과 평행한 직선이 직선 $x=t$와 만나는 점을 Q, 직선 $x=t$가 x축과 만나는 점을 R라 할 때, $\lim_{t\to0+}\frac{\overline{\mathrm{PQ}}}{\overline{\mathrm{OR}}}$의 값은? (단, O는 원점이다.)

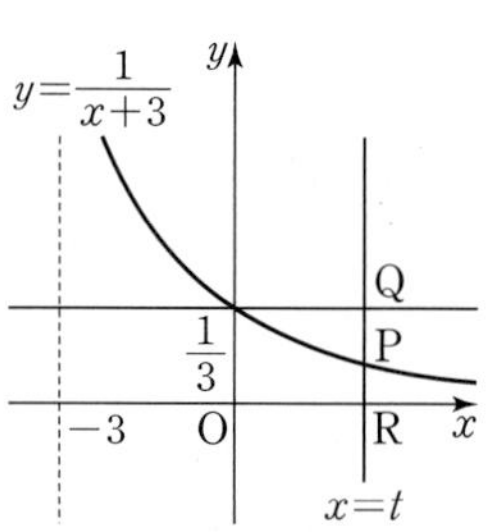

① $\frac{1}{18}$ ② $\frac{1}{9}$ ③ $\frac{1}{6}$ ④ $\frac{2}{9}$ ⑤ $\frac{5}{18}$

45 상중하

▶ 23643-0045

그림과 같이 곡선 $y=x^2$과 원 $x^2+y^2=t$가 제1사분면에서 만나는 점을 P라 하고 점 P에서 x축에 내린 수선의 발을 H라 하자. $\lim_{t\to0+}\frac{\overline{\mathrm{OP}}^2}{\overline{\mathrm{PH}}}$의 값은? (단, O는 원점이고, $t>0$이다.)

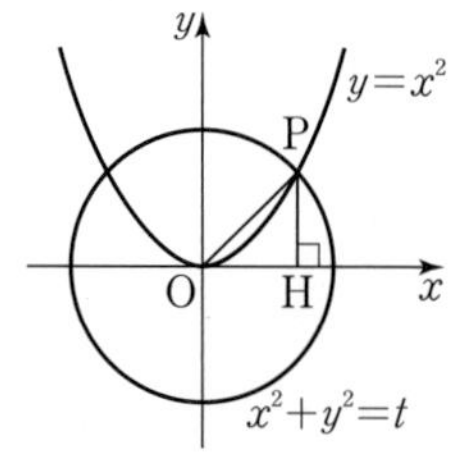

① $\frac{1}{3}$ ② $\frac{1}{2}$ ③ 1 ④ 2 ⑤ 3

14 함수의 극한의 대소 관계

두 함수 $f(x)$, $g(x)$에 대하여
$\lim_{x\to a} f(x)=\alpha$, $\lim_{x\to a} g(x)=\beta$ (α, β는 실수)일 때,
a에 가까운 모든 실수 x에 대하여
(1) $f(x)\le g(x)$이면 $\alpha\le\beta$
(2) 함수 $h(x)$에 대하여 $f(x)\le h(x)\le g(x)$이고 $\alpha=\beta$이면 $\lim_{x\to a} h(x)=\alpha$

» 올림포스 수학Ⅱ 10쪽

46 대표문제 ▶ 23643-0046

함수 $f(x)$가 모든 실수 x에 대하여

$$\frac{2x^2}{2x^2+3}\le f(x)\le\frac{2x^2+1}{2x^2+3}$$

을 만족시킬 때, $\lim_{x\to\infty} f(x)$의 값은?

① $\frac{1}{3}$　② $\frac{1}{2}$　③ 1　④ 2　⑤ 3

47 상중하 ▶ 23643-0047

함수 $f(x)$가 모든 실수 x에 대하여 $10x-25\le f(x)\le x^2$을 만족시킬 때, $\lim_{x\to 5} f(x)$의 값은?

① 5　② 10　③ 15　④ 20　⑤ 25

48 상중하 ▶ 23643-0048

함수 $f(x)$가 모든 실수 x에 대하여 $4x-4\le f(x)\le x^2$을 만족시킬 때, $\lim_{x\to 2}\frac{f(x)}{x+2}$의 값은?

① $\frac{1}{4}$　② $\frac{1}{2}$　③ 1　④ 2　⑤ 4

49 상중하 ▶ 23643-0049

함수 $f(x)$가 모든 실수 x에 대하여 $x^2+1\le f(x)\le x^2+2$를 만족시킬 때, $\lim_{x\to\infty}\frac{f(x)}{3x^2+1}$의 값은?

① $\frac{1}{6}$　② $\frac{1}{5}$　③ $\frac{1}{4}$　④ $\frac{1}{3}$　⑤ $\frac{1}{2}$

50 상중하 ▶ 23643-0050

함수 $f(x)$가 모든 실수 x에 대하여 $-1\le f(x)-2x^2\le 1$을 만족시킬 때, $\lim_{x\to\infty}\frac{f(x)}{x^2}$의 값은?

① $\frac{1}{4}$　② $\frac{1}{2}$　③ 1　④ 2　⑤ 4

51 상중하 ▶ 23643-0051

함수 $f(x)$가 다음 조건을 만족시킬 때, $\lim_{x\to -1}(x+3)f(x)$의 값을 구하시오.

(가) $-1<x<2$인 모든 실수 x에 대하여

$$\frac{x^3+x^2+x+1}{x+1}\le\frac{f(x)}{x+4}\le\frac{x^2+4x+3}{x+1}$$

(나) $\lim_{x\to -1} f(x)$의 값이 존재한다.

서술형 완성하기

» 정답과 풀이 13쪽

01

▶ 23643-0052

두 함수

$$f(x)=\begin{cases} \frac{|x|}{x} & (x\neq0) \\ 0 & (x=0) \end{cases},\ g(x)=\begin{cases} x+a & (x<0) \\ x^2+3-2a & (x\geq0) \end{cases}$$

에 대하여 함수 $f(x)g(x)$가 $x=0$에서 극한값을 가질 때, 상수 a의 값을 구하시오.

02

▶ 23643-0053

두 함수 $f(x)$, $g(x)$에 대하여

$$\lim_{x\to\infty}\{2f(x)+g(x)\}=4,\ \lim_{x\to\infty}\{f(x)-3g(x)\}=9$$

일 때, $\lim_{x\to\infty}\{f(x)-g(x)\}$의 값을 구하시오.

03

▶ 23643-0054

$\lim_{x\to5}\left\{\frac{x}{5-x}\left(\frac{1}{\sqrt{x+4}}-\frac{1}{3}\right)\right\}=\frac{q}{p}$이다. $p+q$의 값을 구하시오.

(단, p와 q는 서로소인 자연수이다.)

04

▶ 23643-0055

두 함수 $f(x)$, $g(x)$가

$$\lim_{x\to2}\frac{f(x)}{x^2-4}=12,\ \lim_{x\to2}\frac{g(x)}{x-2}=3$$

을 만족시킬 때, $\lim_{x\to2}\frac{f(x)}{g(x)}$의 값을 구하시오.

05

▶ 23643-0056

자연수 n에 대하여 다항함수 $f(x)$가 다음 조건을 만족시킬 때, $f(4)$의 최솟값을 구하시오.

(가) $\lim_{x\to\infty}\frac{f(x)}{x^2+3x-1}=n$ (나) $\lim_{x\to3}\frac{f(x)}{x-3}=6$

06

▶ 23643-0057

그림과 같이 곡선 $y=\sqrt{2x}$ 위의 점 $\mathrm{P}(t,\ \sqrt{2t})$와 점 $\mathrm{Q}(0,\ 2)$를 지나는 직선이 x축과 만나는 점을 R라 할 때, 삼각형 POR의 넓이를 $f(t)$, 삼각형 PQO의 넓이를 $g(t)$라 하자.

$\lim_{t\to2-}\frac{(2-t)f(t)}{g(t)}$의 값을 구하시오.

(단, O는 원점이고, $0<t<2$이다.)

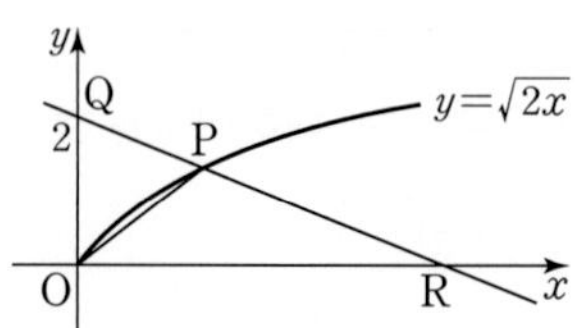

내신 + 수능 고난도 도전

>> 정답과 풀이 14쪽

▶ 23643-0058

01 자연수 n과 두 실수 a, b에 대하여 $\lim_{x\to\infty}\frac{(ax+1)^n-8x^3}{2x^2+x-1}=b$일 때, $a+b$의 값을 구하시오.

▶ 23643-0059

02 실수 a에 대하여 두 함수 $f(x)$, $g(x)$가

$$f(x)=x^2+(4-a)x-4a,\ g(x)=x^2+(a-3)x-3a$$

일 때, $\lim_{x\to a}\frac{f(x)}{g(x)}$의 최댓값을 M, 최솟값을 m이라 하자. $2M+m$의 값을 구하시오.

▶ 23643-0060

03 다항함수 $f(x)$가 다음 조건을 만족시킬 때, $f(1)$의 값은?

(가) $\lim_{x\to\infty}\frac{f(x)-x^3}{x^2}=0$　　(나) $\lim_{x\to-2}\frac{f(x)}{x+2}=5$

① -15　② -12　③ -9　④ -6　⑤ -3

▶ 23643-0061

04 그림과 같이 곡선 $y=x^2$ 위에 있으며 제1사분면에 있는 점을 $\mathrm{P}(t,\ t^2)$이라 하자. 직선 OP에 평행하고 곡선 $y=x^2$에 접하는 직선이 곡선 $y=x^2$과 접하는 점을 Q, y축과 만나는 점을 R라 할 때, 삼각형 POQ의 넓이를 $f(t)$, 삼각형 QOR의 넓이를 $g(t)$라 하자. $\lim_{t\to\infty}\frac{2f(t)-3}{3g(t)+1}$의 값은? (단, O는 원점이다.)

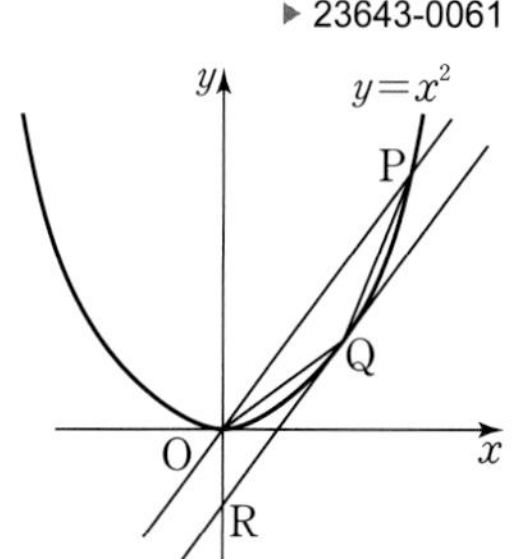

① $\frac{1}{3}$　② $\frac{2}{3}$　③ 1　④ $\frac{4}{3}$　⑤ $\frac{5}{3}$

02 함수의 연속

01 함수의 연속

(1) 함수의 연속

함수 $f(x)$가 실수 a에 대하여 다음 세 조건을 모두 만족시킬 때, $f(x)$는 $x=a$에서 연속이라 한다.

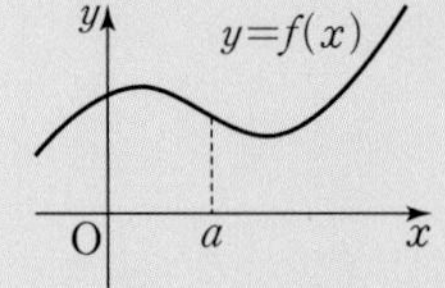

① 함숫값 $f(a)$가 정의되고

② $\lim_{x\to a} f(x)$가 존재하며

③ $\lim_{x\to a} f(x)=f(a)$

(참고) 함수 $f(x)$가 $x=a$에서 연속이면 이 함수의 그래프는 $x=a$에서 연결되어 있다.

함수 $f(x)$가 $x=a$에서 연속이다.
$\Longleftrightarrow$
$\lim_{x\to a+} f(x)=\lim_{x\to a-} f(x)=f(a)$

(2) 함수의 불연속

함수 $f(x)$가 $x=a$에서 연속이 아닐 때, 함수 $f(x)$는 $x=a$에서 불연속이라 한다. 즉, 함수 $f(x)$가 위의 (1)의 세 조건 중 어느 하나라도 만족시키지 않으면 $f(x)$는 $x=a$에서 불연속이다.

예 ① 함수 $f(x)=\begin{cases} x & (x<0) \\ x+1 & (x\ge 0) \end{cases}$은 $x=0$에서 $f(0)=1$로 정의되어 있지만 $\lim_{x\to 0-} f(x)=\lim_{x\to 0-} x=0$, $\lim_{x\to 0+} f(x)=\lim_{x\to 0+} (x+1)=1$이므로 극한값 $\lim_{x\to 0} f(x)$가 존재하지 않는다. 따라서 함수 $f(x)$는 $x=0$에서 불연속이다.

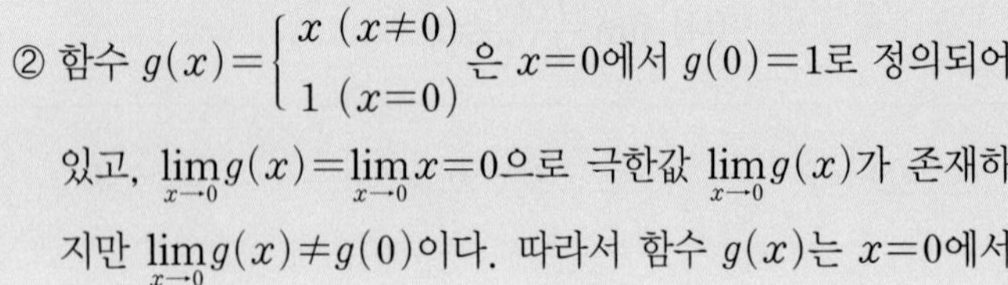

② 함수 $g(x)=\begin{cases} x & (x\ne 0) \\ 1 & (x=0) \end{cases}$은 $x=0$에서 $g(0)=1$로 정의되어 있고, $\lim_{x\to 0} g(x)=\lim_{x\to 0} x=0$으로 극한값 $\lim_{x\to 0} g(x)$가 존재하지만 $\lim_{x\to 0} g(x)\ne g(0)$이다. 따라서 함수 $g(x)$는 $x=0$에서 불연속이다.

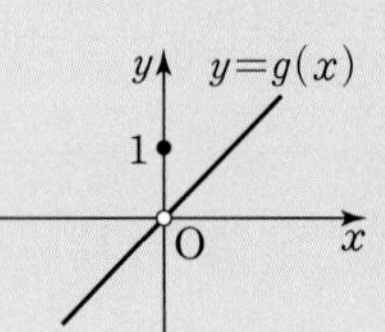

02 연속함수

(1) 구간

두 실수 a, b $(a<b)$에 대하여 다음 실수의 집합

$\{x|a\le x\le b\}$, $\{x|a<x<b\}$, $\{x|a\le x<b\}$, $\{x|a<x\le b\}$

를 구간이라 하며, 이것을 각각 기호로

$[a,\ b]$, $(a,\ b)$, $[a,\ b)$, $(a,\ b]$

와 같이 나타낸다. 이때 $[a,\ b]$를 닫힌구간, $(a,\ b)$를 열린구간, $[a,\ b)$, $(a,\ b]$를 반닫힌구간 또는 반열린구간이라 한다.

실수 a에 대하여 다음 실수의 집합 $\{x|x\le a\}$, $\{x|x<a\}$, $\{x|x\ge a\}$, $\{x|x>a\}$도 구간이라 하며, 이것을 각각 기호로 $(-\infty,\ a]$, $(-\infty,\ a)$, $[a,\ \infty)$, $(a,\ \infty)$와 같이 나타낸다.
특히, 실수 전체의 집합을 기호로 $(-\infty,\ \infty)$와 같이 나타낸다.

(2) 연속함수

함수 $f(x)$가 어떤 구간에 속하는 모든 실수 x에서 연속일 때, $f(x)$는 그 구간에서 연속이라 하고, 그 구간에서 연속인 함수를 그 구간에서 연속함수라고 한다.

특히, 함수 $f(x)$가

① 열린구간 $(a,\ b)$에서 연속이고

② $\lim_{x\to a+} f(x)=f(a)$, $\lim_{x\to b-} f(x)=f(b)$

일 때, 함수 $f(x)$는 닫힌구간 $[a,\ b]$에서 연속이라 한다.

01 함수의 연속

[01~04] 다음 함수가 $x=1$에서 연속인지 불연속인지 조사하시오.

01
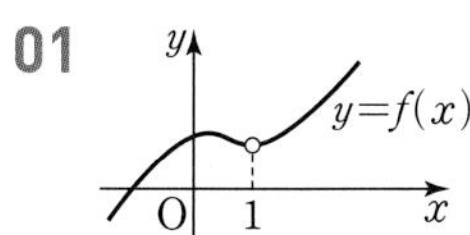

02
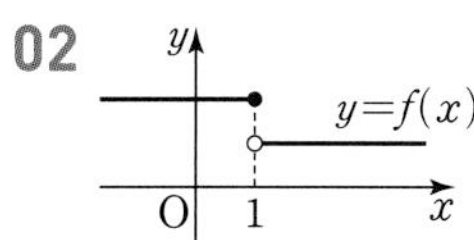

03
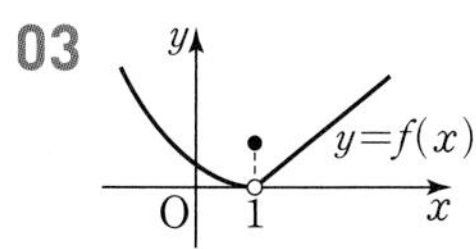

04
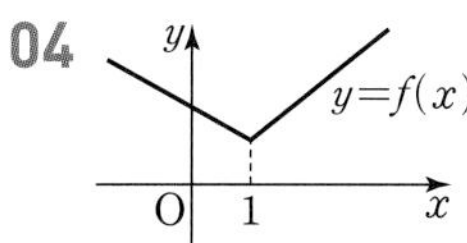

[05~11] 다음 함수가 $x=2$에서 연속인지 불연속인지 조사하시오.

05 $f(x)=\begin{cases} -2x & (x<2) \\ x-2 & (x\geq 2) \end{cases}$

06 $f(x)=\begin{cases} (x-2)^2+1 & (x\neq 2) \\ 0 & (x=2) \end{cases}$

07 $f(x)=\begin{cases} \dfrac{x^2-4}{x-2} & (x\neq 2) \\ 4 & (x=2) \end{cases}$

08 $f(x)=\dfrac{3x+2}{x-2}$

09 $f(x)=\begin{cases} -x+2 & (x<2) \\ \sqrt{x-2} & (x\geq 2) \end{cases}$

10 $f(x)=2x^2-x$

11 $f(x)=\begin{cases} x+1 & (x\neq 2) \\ 2 & (x=2) \end{cases}$

02 연속함수

[12~16] 다음 집합을 구간의 기호로 나타내시오.

12 $\{x|-1\leq x\leq 2\}$

13 $\{x|2<x<6\}$

14 $\{x|-3<x\leq 0\}$

15 $\{x|x<1\}$

16 $\{x|x\geq 5\}$

[17~19] 다음 함수의 정의역을 구간의 기호로 나타내시오.

17 $f(x)=-x^2+4$

18 $f(x)=\dfrac{2x}{x-1}$

19 $f(x)=\sqrt{6-2x}$

[20~23] 다음 함수가 연속인 구간을 구하시오.

20 $f(x)=\dfrac{1}{2}x^2-x$

21 $f(x)=\begin{cases} -x+1 & (x<0) \\ x^2 & (x\geq 0) \end{cases}$

22 $f(x)=\dfrac{3-x}{x+1}$

23 $f(x)=\sqrt{x-2}$

02 함수의 연속

03 연속함수의 성질

두 함수 $f(x)$, $g(x)$가 $x=a$에서 연속이면 다음 함수는 모두 $x=a$에서 연속이다.

(1) $f(x)+g(x)$ (2) $f(x)-g(x)$

(3) $f(x)g(x)$ (4) $\dfrac{f(x)}{g(x)}$ (단, $g(a)\neq 0$)

참고 두 함수 $f(x)$, $g(x)$가 어떤 구간에서 연속이면 그 구간에서 함수 $f(x)+g(x)$, $f(x)-g(x)$, $f(x)g(x)$, $\dfrac{f(x)}{g(x)}$ (단, $g(x)\neq 0$)도 모두 연속이다.

참고 일차함수 $y=x$는 실수 전체의 집합에서 연속이므로 연속함수의 성질 (3)에 의하여 함수 $y=x^2$, $y=x^3$, $\cdots$, $y=x^n$ (단, n은 자연수)도 실수 전체의 집합에서 연속이다.
이때 상수함수도 실수 전체의 집합에서 연속이므로 연속함수의 성질 (1), (2)에 의하여 다항함수

$$f(x)=a_nx^n+a_{n-1}x^{n-1}+\cdots+a_1x+a_0 \text{ (단, } a_0, a_1, \cdots, a_n\text{은 상수)}$$

도 실수 전체의 집합에서 연속이다. 즉, 모든 다항함수는 실수 전체의 집합에서 연속이다.

함수 $f(x)$가 $x=a$에서 연속이면 상수 c에 대하여 $cf(x)$도 $x=a$에서 연속이다.

주의
함수 $f(x)$ 또는 함수 $g(x)$가 $x=a$에서 불연속일 때에는 연속함수의 성질을 이용할 수 없다.

04 최대·최소 정리

함수 $f(x)$가 닫힌구간 $[a, b]$에서 연속이면 $f(x)$는 이 구간에서 반드시 최댓값과 최솟값을 갖는다.

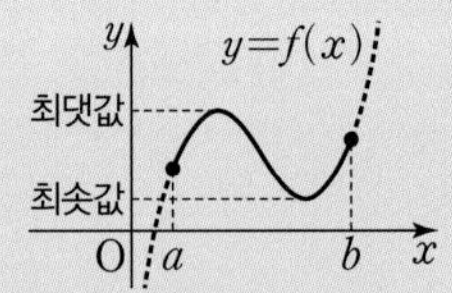

참고 함수 $f(x)$가 닫힌구간 $[a, b]$에서 연속이 아니면 $f(x)$는 이 구간에서 최댓값 또는 최솟값이 존재할 수도 있고 존재하지 않을 수도 있으므로 최댓값과 최솟값을 직접 확인해 봐야 한다.

참고 함수 $f(x)$가 열린구간 (a, b) 또는 구간 $[a, b)$ 또는 구간 $(a, b]$에서 연속인 경우에는 함수 $f(x)$가 이 구간에서 최댓값 또는 최솟값을 갖지 않을 수도 있다.

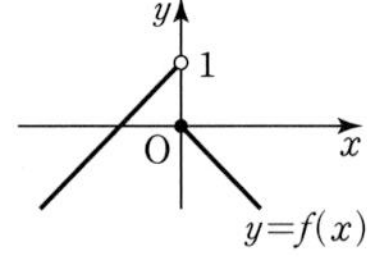

함수 $f(x)=\begin{cases} x+1 & (x<0) \\ -x & (x\geq 0) \end{cases}$은 닫힌구간 $[-1, 1]$에서 최댓값을 갖지 않는다.

함수 $f(x)=x$는 열린구간 $(-1, 1)$ 또는 구간 $[-1, 1)$ 또는 구간 $(-1, 1]$에서 연속이지만 이 구간에서 반드시 최댓값과 최솟값을 갖는 것은 아니다.

05 사잇값의 정리

(1) 사잇값의 정리

함수 $f(x)$가 닫힌구간 $[a, b]$에서 연속이고 $f(a)\neq f(b)$이면 $f(a)$와 $f(b)$ 사이의 임의의 실수 k에 대하여

$$f(c)=k$$

인 c가 열린구간 (a, b)에 적어도 하나 존재한다.

(2) 사잇값의 정리의 방정식에의 활용

함수 $f(x)$가 닫힌구간 $[a, b]$에서 연속이고 $f(a)$와 $f(b)$의 부호가 다르면

$$f(c)=0$$

인 c가 열린구간 (a, b)에 적어도 하나 존재한다. 즉, 방정식 $f(x)=0$은 열린구간 (a, b)에서 적어도 하나의 실근을 갖는다.

함수 $f(x)$가 닫힌구간 $[a, b]$에서 연속이고 $f(a)f(b)<0$이면 $f(a)$와 $f(b)$의 부호가 서로 다르므로 $f(a)$와 $f(b)$의 사이의 값인 0에 대하여 $f(c)=0$인 c가 열린구간 (a, b)에 적어도 하나 존재한다.

03 연속함수의 성질

[24~27] 다음 함수가 연속인 구간을 구하시오.

24 $f(x)=(x+1)(x-3)$

25 $f(x)=(x-1)(x^2+2x+1)$

26 $f(x)=\dfrac{x+2}{x-1}$

27 $f(x)=\dfrac{x-1}{x^2+4x+5}$

[28~35] 세 함수 $f(x)=x-2$, $g(x)=x^2-4$, $h(x)=x^2+2x+2$에 대하여 다음 함수가 연속인 구간을 구하시오.

28 $f(x)-2g(x)$

29 $3f(x)+2h(x)$

30 $f(x)g(x)$

31 $g(x)h(x)$

32 $\dfrac{f(x)}{g(x)}$

33 $\dfrac{g(x)}{f(x)}$

34 $\dfrac{f(x)}{h(x)}$

35 $\dfrac{h(x)}{g(x)}$

04 최대·최소 정리

[36~42] 다음 함수가 주어진 구간에서 최댓값 또는 최솟값을 갖는지 조사하고, 최댓값 또는 최솟값을 가지면 그 값을 구하시오.

36 $f(x)=\sqrt{x+1}$ $[0, 3]$

37 $f(x)=x^2-4x+5$ $[3, 4)$

38 $f(x)=x^2+6x-3$ $(-3, 0)$

39 $f(x)=\dfrac{3x-1}{x-1}$ $[2, 3]$

40 $f(x)=\dfrac{3x}{x+1}$ $[-2, -1)$

41 $f(x)=\left(\dfrac{1}{2}\right)^x$ $[0, 3]$

42 $f(x)=\log(x+1)$ $(-1, 0]$

05 사잇값의 정리

[43~46] 사잇값의 정리를 이용하여 다음 방정식이 주어진 구간에서 적어도 하나의 실근을 가짐을 보이시오.

43 $x^3+x^2+2=0$ $(-2, 0)$

44 $2x^3+x-1=0$ $(0, 1)$

45 $x^4+2x-2=0$ $(-1, 2)$

46 $x^4-3x^3+x^2-2=0$ $(-1, 0)$

유형 완성하기

중요

01 함수의 연속 (1)

함수 $f(x)=\begin{cases} g(x) & (x<a) \\ h(x) & (x\ge a) \end{cases}$가 $x=a$에서 연속이면

① $\lim_{x\to a-} f(x)=\lim_{x\to a-} g(x)$

② $\lim_{x\to a+} f(x)=\lim_{x\to a+} h(x)$

③ $f(a)=h(a)$

위의 세 값이 모두 같아야 한다.

≫ 올림포스 수학Ⅱ 18쪽

01 대표문제 ▸ 23643-0062

함수 $f(x)=\begin{cases} 2x^2 & (x<1) \\ 3x+a & (x\ge 1) \end{cases}$이 $x=1$에서 연속일 때, 상수 a의 값은?

① -2 ② -1 ③ 0
④ 1 ⑤ 2

02 상중하 ▸ 23643-0063

함수 $f(x)=\begin{cases} x-1 & (x<a) \\ 2x-3 & (x\ge a) \end{cases}$가 $x=a$에서 연속일 때, 상수 a의 값은?

① -2 ② -1 ③ 0
④ 1 ⑤ 2

03 상중하 ▸ 23643-0064

함수 $f(x)=\begin{cases} 3x+a^2 & (x\ne 2) \\ 7a & (x=2) \end{cases}$가 $x=2$에서 연속일 때, 모든 실수 a의 값의 합은?

① 4 ② 5 ③ 6
④ 7 ⑤ 8

04 상중하 ▸ 23643-0065

함수 $f(x)=\begin{cases} -3x^2+2x-3a & (x\ne a) \\ a-1 & (x=a) \end{cases}$가 $x=a$에서 연속일 때, 모든 실수 a의 값의 곱은?

① $-\frac{2}{3}$ ② $-\frac{1}{2}$ ③ $-\frac{1}{3}$
④ $-\frac{1}{6}$ ⑤ 0

05 상중하 ▸ 23643-0066

함수 $f(x)=\begin{cases} 5x+6 & (x<a) \\ x^3-2a & (x\ge a) \end{cases}$가 $x=a$에서 연속일 때, 실수 a의 최솟값은?

① -3 ② -2 ③ -1
④ 0 ⑤ 1

06 상중하 ▸ 23643-0067

함수 $f(x)=\begin{cases} x^2+k & (x<a) \\ 6x+1 & (x\ge a) \end{cases}$가 $x=a$에서 연속이 되도록 하는 서로 다른 실수 a의 개수가 2일 때, 자연수 k의 개수는?

① 5 ② 6 ③ 7
④ 8 ⑤ 9

중요

02 함수의 연속 (2)

함수 $f(x)$가 $x=a$에서 연속일 필요충분조건은
$\lim_{x \to a} f(x)=f(a)$

>> 올림포스 수학Ⅱ 18쪽

07 대표문제

▶ 23643-0068

함수 $f(x)=\begin{cases} \dfrac{x^2+x+a}{x-2} & (x\neq 2) \\ b & (x=2) \end{cases}$가 $x=2$에서 연속일 때, 두 상수 a, b에 대하여 $a+b$의 값은?

① -2 ② -1 ③ 0
④ 1 ⑤ 2

08 상중하

▶ 23643-0069

함수 $f(x)=\begin{cases} \dfrac{\sqrt{x+6}+a}{x+2} & (x\neq -2) \\ b & (x=-2) \end{cases}$가 $x=-2$에서 연속일 때, 두 상수 a, b에 대하여 ab의 값은?

① $-\frac{1}{4}$ ② $-\frac{1}{2}$ ③ -1
④ 2 ⑤ 4

09 상중하

▶ 23643-0070

함수 $f(x)=\begin{cases} \dfrac{x^2+ax+b}{x+1} & (x\neq -1) \\ 1 & (x=-1) \end{cases}$이 $x=-1$에서 연속일 때, 두 상수 a, b에 대하여 a^2+b^2의 값은?

① 13 ② 14 ③ 15
④ 16 ⑤ 17

10 상중하

▶ 23643-0071

양수 a와 상수 b에 대하여 함수

$$f(x)=\begin{cases} x-b & (x\leq a) \\ \dfrac{\sqrt{x+3}-2a}{x-a} & (x>a) \end{cases}$$

가 $x=a$에서 연속일 때, $a+b$의 값은?

① 1 ② $\frac{5}{4}$ ③ $\frac{3}{2}$
④ $\frac{7}{4}$ ⑤ 2

11 상중하

▶ 23643-0072

함수 $f(x)$가 $(x+1)f(x)=x^2-2x+a$를 만족시킨다. 함수 $f(x)$가 $x=-1$에서 연속일 때, $f(-1)$의 값은?
(단, a는 상수이다.)

① -5 ② -4 ③ -3
④ -2 ⑤ -1

12 상중하

▶ 23643-0073

함수 $f(x)$가

$$(x-a)f(x)=(x+a)(\sqrt{x^2+3a^2}+b)$$

를 만족시킨다. 함수 $f(x)$가 $x=a$에서 연속이고 $f(a)=3$일 때, 두 상수 a, b에 대하여 $a-b$의 값은? (단, $a>0$)

① 1 ② 3 ③ 5
④ 7 ⑤ 9

03 연속함수의 성질 (1)

함수 $f(x)$가 열린구간 $(-\infty,\ a)$에서 연속이고 구간 $[a,\ \infty)$에서 연속일 때, 함수 $f(x)$가 구간 $(-\infty,\ \infty)$에서 연속이려면 $x=a$에서 연속이어야 한다.

» 올림포스 수학Ⅱ 19쪽

13 대표문제

▸ 23643-0074

함수 $f(x)=\begin{cases} x^3+ax & (x<1) \\ 4x^2-a & (x\ge 1) \end{cases}$이 구간 $(-\infty,\ \infty)$에서 연속일 때, 상수 a의 값은?

① $\frac{1}{2}$ ② 1 ③ $\frac{3}{2}$ ④ 2 ⑤ $\frac{5}{2}$

14 상중하

▸ 23643-0075

함수 $f(x)=\begin{cases} x^2+a & (x<a) \\ -2x+4 & (x\ge a) \end{cases}$가 실수 전체의 집합에서 연속일 때, 양수 a의 값은?

① 1 ② 2 ③ 3 ④ 4 ⑤ 5

15 상중하

▸ 23643-0076

함수 $f(x)=\begin{cases} -x+a & (x<0) \\ 4x^2-4x+2 & (0\le x<1) \\ bx+4 & (x\ge 1) \end{cases}$이 실수 전체의 집합에서 연속일 때, 두 상수 a, b에 대하여 ab의 값은?

① -4 ② -2 ③ 0 ④ 2 ⑤ 4

04 연속함수의 성질 (2)

함수 $f(x)$가 실수 전체의 집합에서 연속이면 임의의 실수 a에 대하여 $x=a$에서도 연속이다.

16 대표문제

▸ 23643-0077

다항함수 $f(x)$에 대하여

$$\lim_{x\to -1}\frac{f(x)(x+1)}{\sqrt{x+5}-2}=20$$

일 때, $f(-1)$의 값은?

① 1 ② 2 ③ 3 ④ 4 ⑤ 5

17 상중하

▸ 23643-0078

두 다항함수 $f(x)$, $g(x)$에 대하여

$$\lim_{x\to 1}\{f(x)+g(x)\}=3,\ \lim_{x\to 1}f(x)g(x)=2$$

일 때, $\{f(1)\}^2+\{g(1)\}^2$의 값은?

① 1 ② 3 ③ 5 ④ 7 ⑤ 9

18 상중하

▸ 23643-0079

다항함수 $f(x)$에 대하여

$$g(x)=\begin{cases} x^2+x-f(x) & (x<-3) \\ 2x+f(x) & (x\ge -3) \end{cases}$$

이다. 함수 $g(x)$가 구간 $(-\infty,\ \infty)$에서 연속일 때, $f(-3)$의 값을 구하시오.

중요
05 연속함수의 성질 (3)

함수 $f(x)$가 실수 전체의 집합에서 연속이고 함수 $g(x)$가 $x=a$를 제외한 실수 전체의 집합에서 연속일 때, 함수 $f(x)g(x)$가 실수 전체의 집합에서 연속이려면 $x=a$에서 연속이어야 한다.

>> 올림포스 수학Ⅱ 19쪽

19 대표문제

▶ 23643-0080

두 함수 $f(x)=x^2+3x+a$, $g(x)=\begin{cases} x-2 & (x<1) \\ 2x+3 & (x\geq 1) \end{cases}$에 대하여 함수 $f(x)g(x)$가 구간 $(-\infty, \infty)$에서 연속일 때, 상수 a의 값은?

① -5 ② -4 ③ -3 ④ -2 ⑤ -1

20 상중하

▶ 23643-0081

두 함수 $f(x)=\begin{cases} -x & (x<-1) \\ 2x+1 & (x\geq -1) \end{cases}$, $g(x)=x+a$에 대하여 함수 $f(x)g(x)$가 구간 $(-\infty, \infty)$에서 연속일 때, 상수 a의 값은?

① -2 ② -1 ③ 0 ④ 1 ⑤ 2

21 상중하

▶ 23643-0082

함수 $f(x)=x+a$와 함수 $g(x)=\begin{cases} \dfrac{|x-2|}{2}+3 & (x\neq 2) \\ 1 & (x=2) \end{cases}$에 대하여 함수 $f(x)g(x)$가 실수 전체의 집합에서 연속일 때, $f(1)$의 값은? (단, a는 상수이다.)

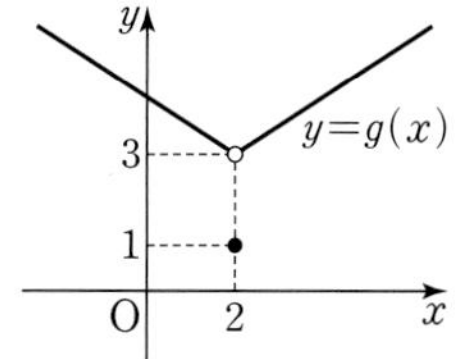

① -2 ② -1 ③ 0 ④ 1 ⑤ 2

22 상중하

▶ 23643-0083

실수 t에 대하여 곡선 $y=x^2$과 직선 $y=2x+t$가 만나는 점의 개수를 $f(t)$라 하자. 함수 $g(x)=2x+a$에 대하여 함수 $f(x)g(x)$가 실수 전체의 집합에서 연속일 때, 상수 a의 값은?

① -2 ② -1 ③ 0 ④ 1 ⑤ 2

23 상중하

▶ 23643-0084

함수 $f(x)=x^2+ax+b$와 함수

$g(x)=\begin{cases} -x+1 & (x\leq -1) \\ x^2-2 & (-1<x\leq 1) \\ -2x+4 & (x>1) \end{cases}$에 대하여 함수 $f(x)g(x)$가 실수 전체의 집합에서 연속일 때, $f(2)$의 값은?

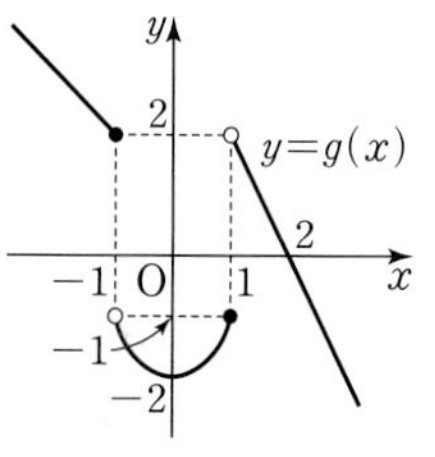

(단, a, b는 상수이다.)

① 1 ② 2 ③ 3 ④ 4 ⑤ 5

24 상중하

▶ 23643-0085

실수 t에 대하여 직선 $y=t$와 곡선 $y=|x^2-4|$가 만나는 점의 개수를 $f(t)$라 하자. 최고차항의 계수가 1인 이차함수 $g(x)$에 대하여 함수 $f(x)g(x)$가 실수 전체의 집합에서 연속일 때, $f(5)+g(5)$의 값을 구하시오.

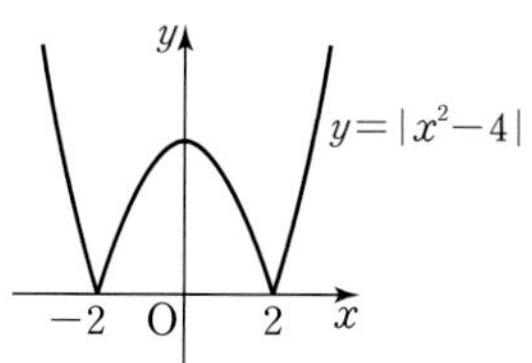

06 연속함수의 성질 (4)

두 함수 $f(x)$, $g(x)$가 $x=a$에서 연속이면 다음 함수는 모두 $x=a$에서 연속이다.

(1) $f(x)+g(x)$ (2) $f(x)-g(x)$ (3) $f(x)g(x)$

25 대표문제 ▸ 23643-0086

두 함수

$$f(x)=\begin{cases} \dfrac{1}{x-1} & (x<1) \\ 2x-3 & (x\ge1) \end{cases},\quad g(x)=\begin{cases} x^2-1 & (x<1) \\ x^2+a & (x\ge1) \end{cases}$$

에 대하여 함수 $f(x)g(x)$가 실수 전체의 집합에서 연속일 때, 상수 a의 값은?

① -5 ② -4 ③ -3
④ -2 ⑤ -1

26 상중하 ▸ 23643-0087

두 함수

$$f(x)=\begin{cases} \dfrac{1}{x-8} & (x\le4) \\ \dfrac{1}{x-4} & (x>4) \end{cases},\quad g(x)=\begin{cases} x^2+a & (x\le4) \\ \sqrt{x}+b & (x>4) \end{cases}$$

에 대하여 함수 $f(x)g(x)$가 실수 전체의 집합에서 연속일 때, 두 상수 a, b에 대하여 ab의 값을 구하시오.

27 상중하 ▸ 23643-0088

두 함수

$$f(x)=\begin{cases} x-1 & (x<0) \\ 2x+a & (x\ge0) \end{cases},\quad g(x)=\begin{cases} bx+3 & (x<1) \\ x^2+x & (x\ge1) \end{cases}$$

에 대하여 함수 $f(x)g(x)$가 실수 전체의 집합에서 연속일 때, $a+b$의 값은? (단, a, b는 상수이다.)

① -5 ② -4 ③ -3
④ -2 ⑤ -1

28 상중하 ▸ 23643-0089

함수 $f(x)=\begin{cases} x+3 & (x<0) \\ x-1 & (x\ge0) \end{cases}$에 대하여 함수 $y=\{f(x)+k\}^2$이 실수 전체의 집합에서 연속일 때, 상수 k의 값은?

① -2 ② -1 ③ 0
④ 1 ⑤ 2

29 상중하 ▸ 23643-0090

두 함수

$$f(x)=\begin{cases} 2x-1 & (x<1) \\ 4x+a & (x\ge1) \end{cases},\quad g(x)=\begin{cases} x^2-2a & (x<2) \\ -x^2+x+a & (x\ge2) \end{cases}$$

에 대하여 함수 $f\left(\dfrac{x}{2}\right)g(x)$가 실수 전체의 집합에서 연속일 때, 모든 실수 a의 값의 합은?

① -4 ② -2 ③ 0
④ 2 ⑤ 4

30 상중하 ▸ 23643-0091

함수 $f(x)=\begin{cases} x^2-x+3 & (x<a) \\ 4x-1 & (x\ge a) \end{cases}$에 대하여 함수 $|f(x)|$가 실수 전체의 집합에서 연속일 때, 모든 실수 a의 값의 합은?

① 1 ② 2 ③ 3
④ 4 ⑤ 5

07 연속함수의 성질 (5)

두 함수 $f(x)$, $g(x)$가 $x=a$에서 연속이고 $g(a)\neq 0$이면 $\frac{f(x)}{g(x)}$는 $x=a$에서 연속이다.

» 올림포스 수학Ⅱ 20쪽

31 대표문제

▸ 23643-0092

두 함수 $f(x)=x-1$, $g(x)=x^2-4x+a$에 대하여 함수 $\frac{f(x)}{g(x)}$가 실수 전체의 집합에서 연속일 때, 정수 a의 최솟값은?

① 3 ② 4 ③ 5 ④ 6 ⑤ 7

32 상중하

▸ 23643-0093

함수 $f(x)=\frac{x^2+4}{x^2+kx+9}$가 실수 전체의 집합에서 연속일 때, 정수 k의 개수는?

① 10 ② 11 ③ 12 ④ 13 ⑤ 14

33 상중하

▸ 23643-0094

함수 $f(x)=\frac{x}{kx^2+kx+1}$가 실수 전체의 집합에서 연속일 때, 정수 k의 개수는?

① 1 ② 2 ③ 3 ④ 4 ⑤ 5

34 상중하

▸ 23643-0095

함수 $f(x)=\begin{cases} x+a & (x\leq -3) \\ \frac{\sqrt{x+4}+b}{x+3} & (x>-3) \end{cases}$이 실수 전체의 집합에서 연속일 때, 두 상수 a, b에 대하여 $a+b$의 값은?

① $\frac{3}{2}$ ② 2 ③ $\frac{5}{2}$ ④ 3 ⑤ $\frac{7}{2}$

35 상중하

▸ 23643-0096

두 함수

$$f(x)=\begin{cases} x-3 & (x\leq 1) \\ \sqrt{x+8}-3 & (x>1) \end{cases},\ g(x)=\begin{cases} x+a & (x\leq 1) \\ 2x+b & (x>1) \end{cases}$$

에 대하여 함수 $\frac{g(x)}{f(x)}$가 실수 전체의 집합에서 연속일 때, 두 상수 a, b에 대하여 ab의 값을 구하시오.

36 상중하

▸ 23643-0097

두 함수

$$f(x)=\begin{cases} 2x-1 & (x\leq -1) \\ x+1 & (x>-1) \end{cases},\ g(x)=2x^3+ax^2+b$$

에 대하여 함수 $\frac{g(x)}{f(x)}$가 실수 전체의 집합에서 연속일 때, 두 상수 a, b에 대하여 $\frac{a}{b}$의 값은?

① -3 ② $-\frac{5}{2}$ ③ -2 ④ $-\frac{3}{2}$ ⑤ -1

08 사잇값의 정리

닫힌구간 $[a, b]$에서 연속인 함수 $f(x)$가 $f(a) \neq f(b)$이면 $f(a)$와 $f(b)$ 사이의 임의의 실수 k에 대하여 $f(c)=k$를 만족시키는 c가 열린구간 (a, b)에 적어도 하나 존재한다.

>> 올림포스 수학Ⅱ 20쪽

37 대표문제
▶ 23643-0098

닫힌구간 $[0, 4]$에서 연속인 함수 $f(x)$가

$f(0)=1$, $f(0)\times f(1)<0$, $f(1)\times f(2)<0$,

$f(2)\times f(3)<0$, $f(3)\times f(4)>0$

을 만족시킬 때, 방정식 $f(x)=0$은 열린구간 $(0, 4)$에서 적어도 n개의 실근을 갖는다. 자연수 n의 값을 구하시오.

38 상중하
▶ 23643-0099

닫힌구간 $[1, 4]$에서 연속인 함수 $f(x)$가

$f(1)=-1$, $f(2)=-2$, $f(3)=1$, $f(4)=-2$

를 만족시킬 때, 방정식 $f(x)=0$은 열린구간 $(1, 4)$에서 적어도 n개의 실근을 갖는다. 자연수 n의 값을 구하시오.

39 상중하
▶ 23643-0100

방정식 $x^3+4x-20=0$은 오직 하나의 실근 a를 갖는다. 실수 a가 열린구간 $(0, n)$에 존재할 때, 자연수 n의 최솟값은?

① 1 ② 2 ③ 3
④ 4 ⑤ 5

40 상중하
▶ 23643-0101

방정식 $-3x^3+2x^2-9=0$은 오직 하나의 실근 a를 갖는다. 실수 a가 존재하는 열린구간은?

① $(-3, -2)$ ② $(-2, -1)$ ③ $(-1, 0)$
④ $(0, 1)$ ⑤ $(1, 2)$

41 상중하
▶ 23643-0102

닫힌구간 $[1, 4]$에서 연속인 함수 $f(x)$가

$f(1)>1$, $f(1)+f(2)=0$,

$f(2)+f(3)>2$, $f(1)+f(4)<5$

를 만족시킬 때, 방정식 $f(x)-x=0$은 열린구간 $(1, 4)$에서 적어도 n개의 실근을 갖는다. 자연수 n의 값을 구하시오.

42 상중하
▶ 23643-0103

닫힌구간 $[-4, -1]$에서 연속인 두 함수 $f(x)$, $g(x)$가 다음 조건을 만족시킨다.

(가) $f(-4)>0$, $f(-4)+f(-3)=0$,
$f(-3)\times f(-2)>0$, $f(-2)+f(-1)=0$
(나) $g(-4)>0$, $g(-3)<0$, $\dfrac{g(-3)}{g(-2)}>0$, $\dfrac{g(-2)}{g(-1)}=-1$

방정식 $f(x)=-g(x)$는 열린구간 $(-4, -1)$에서 적어도 n개의 실근을 갖는다. 자연수 n의 값을 구하시오.

서술형 완성하기

>> 정답과 풀이 27쪽

01

▸ 23643-0104

열린구간 $(-3,\ 3)$에서 정의된 함수 $y=g(x)$의 그래프는 그림과 같다. 함수 $f(x)=2x^2+ax-a^2$에 대하여 열린구간 $(-3,\ 3)$에서 함수 $f(x)g(x)$가 $x=-1$에서만 불연속일 때, 모든 실수 a의 값의 합을 구하시오.

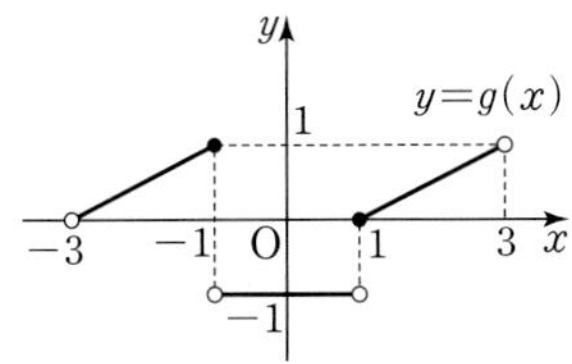

02

▸ 23643-0105

두 함수

$$f(x)=\begin{cases} -3x+2 & (x<a) \\ x^2-2x & (x\ge a)\end{cases},\ g(x)=-2x+a^2-3$$

에 대하여 함수 $f(x)g(x)$가 실수 전체의 집합에서 연속일 때, 모든 실수 a의 값의 곱을 구하시오.

03

▸ 23643-0106

삼차함수 $f(x)$가 다음 조건을 만족시킬 때, $f(2)$의 값을 구하시오.

(가) $x=-1,\ x=1$에서만 함수 $\dfrac{1}{f(x)}$은 불연속이다.

(나) $\displaystyle\lim_{x\to 1}\frac{f(x)}{x-1}=8$

04

▸ 23643-0107

실수 전체의 집합에서 연속인 함수 $f(x)$가

$$(x^3-8)f(x)=\sqrt{x+14}-a$$

를 만족시킬 때, $\dfrac{a}{f(2)}$의 값을 구하시오. (단, a는 상수이다.)

05

▸ 23643-0108

실수 전체의 집합에서 연속인 함수 $f(x)$와 최고차항의 계수가 1이고 계수가 모두 정수인 삼차함수 $g(x)$가 다음 조건을 만족시킬 때, $f(2)$의 최댓값을 구하시오.

(가) $x\ne1$일 때, $f(x)=\dfrac{x^2-1}{g(x)}$

(나) $f(1)=2$

06

▸ 23643-0109

네 실수 $a,\ b,\ c,\ d\ (a<b<c<d)$에 대하여 방정식

$$(x-b)(x-c)(x-d)+(x-a)(x-c)(x-d)$$
$$+(x-a)(x-b)(x-d)+(x-a)(x-b)(x-c)=0$$

의 서로 다른 실근의 개수를 사잇값의 정리를 이용하여 구하시오.

내신 + 수능 고난도 도전

>> 정답과 풀이 29쪽

▶ 23643-0110

01 실수 t에 대하여 원 $x^2+y^2=1$과 직선 $3x+4y+t=0$이 만나는 점의 개수를 $f(t)$라 하자. 함수 $g(x)=x^2+ax+b$에 대하여 함수 $f(x)g(x)$가 실수 전체의 집합에서 연속일 때, $a-b$의 값을 구하시오.

(단, a, b는 상수이다.)

▶ 23643-0111

02 실수 전체의 집합에서 정의된 두 함수 $f(x)$, $g(x)$에 대하여

$x<2$일 때, $f(x)+g(x)=2x^2-1$

$x>2$일 때, $2f(x)-g(x)=x^2-3x+4$

이다. 두 함수 $f(x)$, $g(x)$가 모두 $x=2$에서 연속일 때, $f(2)\times g(2)$의 값은?

① 10　② 12　③ 14　④ 16　⑤ 18

▶ 23643-0112

03 함수 $y=f(x)$의 그래프가 그림과 같다. 함수 $g(x)=x^2+x-2$에 대하여 함수 $f(x)g(x-k)$가 불연속인 x의 값이 오직 하나만 존재하도록 하는 모든 실수 k의 값의 합은? (단, 함수 $f(x)$가 불연속인 서로 다른 x의 값의 개수는 2이다.)

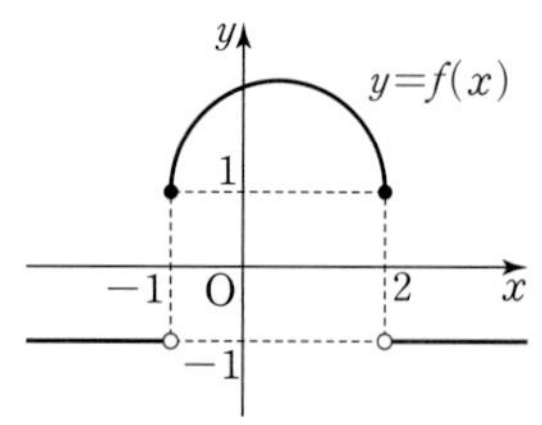

① 2　② 3　③ 4
④ 5　⑤ 6

▶ 23643-0113

04 함수 $f(x)=\begin{cases} -x-2 & (x<0) \\ -\dfrac{1}{2} & (x=0) \\ -\dfrac{1}{2}x+1 & (x>0) \end{cases}$에 대하여 함수 $y=f(x)$의 그래프가 그림과 같을 때, **보기**에서 옳은 것만을 있는 대로 고른 것은?

보기

ㄱ. 함수 $|f(x)|$는 $x=0$에서 연속이다.

ㄴ. 함수 $f(x)f(x-k)$가 $x=k$에서 연속이 되도록 하는 실수 k의 값은 -2 또는 2이다.

ㄷ. 함수 $f(x)+f(-x)$는 실수 전체의 집합에서 연속이다.

① ㄱ　② ㄴ　③ ㄱ, ㄴ　④ ㄴ, ㄷ　⑤ ㄱ, ㄴ, ㄷ

Ⅱ 미분

03 미분계수와 도함수

01 평균변화율

(1) 평균변화율

함수 $y=f(x)$에서 x의 값이 a에서 b까지 변할 때, y의 값은 $f(a)$에서 $f(b)$까지 변한다. 이때 x의 값의 변화량 $b-a$를 x의 증분, y의 값의 변화량 $f(b)-f(a)$를 y의 증분이라 하고, 각각 기호로 Δx, Δy와 같이 나타낸다. 여기서 x의 증분 Δx에 대한 y의 증분 Δy의 비율

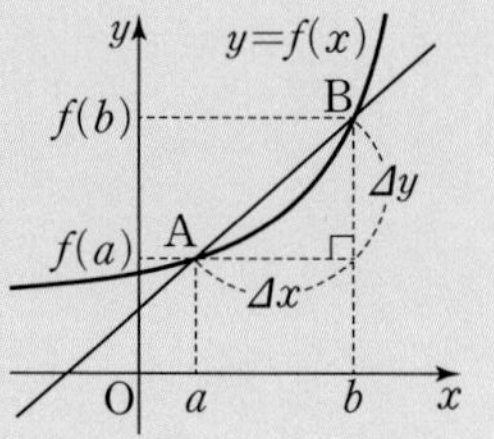

$$\frac{\Delta y}{\Delta x}=\frac{f(b)-f(a)}{b-a}=\frac{f(a+\Delta x)-f(a)}{\Delta x}$$

를 x의 값이 a에서 b까지 변할 때의 함수 $y=f(x)$의 평균변화율이라 한다.

(2) 평균변화율의 기하적 의미

x의 값이 a에서 b까지 변할 때의 함수 $y=f(x)$의 평균변화율은 곡선 $y=f(x)$ 위의 두 점 $\mathrm{A}(a,\ f(a))$, $\mathrm{B}(b,\ f(b))$를 지나는 직선의 기울기와 같다.

보기

함수 $f(x)=x^2$에서 x의 값이 a에서 $a+\Delta x$까지 변할 때의 평균변화율은

$$\frac{\Delta y}{\Delta x}=\frac{f(a+\Delta x)-f(a)}{\Delta x}=\frac{(a+\Delta x)^2-a^2}{\Delta x}=\frac{2a\Delta x+(\Delta x)^2}{\Delta x}=2a+\Delta x$$

02 미분계수와 미분가능

(1) 미분계수와 미분가능

함수 $y=f(x)$에서 x의 값이 a에서 $a+\Delta x$까지 변할 때의 평균변화율 $\dfrac{\Delta y}{\Delta x}=\dfrac{f(a+\Delta x)-f(a)}{\Delta x}$에서 $\Delta x \to 0$일 때 이 평균변화율의 극한값

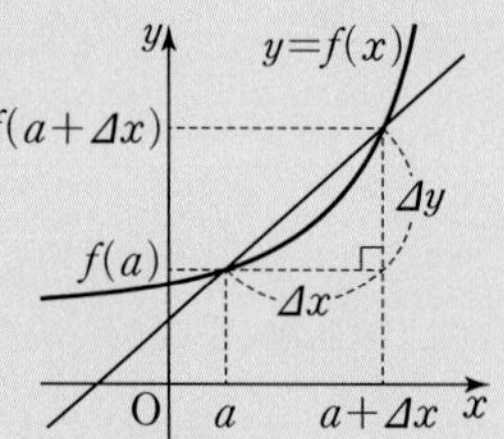

$$\lim_{\Delta x\to 0}\frac{\Delta y}{\Delta x}=\lim_{\Delta x\to 0}\frac{f(a+\Delta x)-f(a)}{\Delta x}$$

가 존재하면 함수 $y=f(x)$는 $x=a$에서 미분가능하다고 한다. 이때 이 극한값을 함수 $y=f(x)$의 $x=a$에서의 순간변화율 또는 미분계수라고 하며 이것을 기호로 $f'(a)$와 같이 나타낸다.

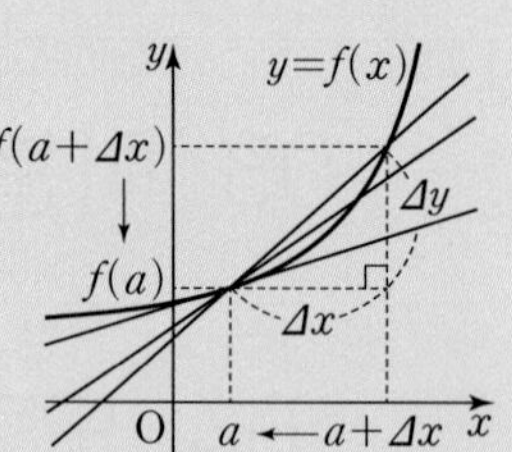

참고 ① Δx대신 h를 사용하여 표현하기도 한다. 즉,

$$f'(a)=\lim_{\Delta x\to 0}\frac{f(a+\Delta x)-f(a)}{\Delta x}=\lim_{h\to 0}\frac{f(a+h)-f(a)}{h}$$

② $a+\Delta x=x$로 놓으면 $\Delta x \to 0$일 때, $x \to a$이므로

$$f'(a)=\lim_{\Delta x\to 0}\frac{f(a+\Delta x)-f(a)}{\Delta x}=\lim_{x\to a}\frac{f(x)-f(a)}{x-a}$$

(2) 미분계수의 기하적 의미

함수 $f(x)$가 $x=a$에서 미분가능할 때, $x=a$에서의 미분계수 $f'(a)$는 곡선 $y=f(x)$ 위의 점 $(a,\ f(a))$에서의 접선의 기울기와 같다.

함수 $f(x)$가 어떤 구간에 속하는 모든 x에서 미분가능할 때, 함수 $f(x)$는 그 구간에서 미분가능하다고 한다.
특히, 함수 $f(x)$가 정의역에 속하는 모든 x에서 미분가능하면 함수 $f(x)$는 미분가능한 함수라 한다.

01 평균변화율

[01~04] 함수 $f(x)=x^2$에서 x의 값이 다음과 같이 변할 때의 평균변화율을 구하시오.

01 0에서 1까지

02 1에서 2까지

03 -1에서 3까지

04 -2에서 2까지

[05~08] 다음 함수 $f(x)$에 대하여 x의 값이 a에서 $a+\Delta x$까지 변할 때의 평균변화율을 구하시오.

05 $f(x)=x^2+x$

06 $f(x)=x^2-2x$

07 $f(x)=2x^2$

08 $f(x)=2x^2+x$

[09~12] 다음 함수 $f(x)$에 대하여 x의 값이 a에서 $a+1$까지 변할 때의 평균변화율이 3일 때, 상수 a의 값을 구하시오.

09 $f(x)=x^2$

10 $f(x)=x^2-x$

11 $f(x)=2x^2-3x$

12 $f(x)=x^3-4x$

02 미분계수와 미분가능

[13~16] 함수 $f(x)=x^2+1$의 다음 x의 값에서의 미분계수를 구하시오.

13 $x=1$

14 $x=-1$

15 $x=0$

16 $x=2$

[17~20] 다음 함수의 $x=1$에서의 미분계수를 구하시오.

17 $f(x)=x-2$

18 $f(x)=-2x+3$

19 $f(x)=x^2+2x-1$

20 $f(x)=-2x^2+x-3$

[21~24] 다음 곡선 위의 주어진 점에서의 접선의 기울기를 구하시오.

21 $y=x^2+x$ $(1, 2)$

22 $y=2x^2-1$ $(1, 1)$

23 $y=-x^2+x+2$ $(2, 0)$

24 $y=-3x^2-x+1$ $(0, 1)$

03 미분가능성과 연속성

함수 $f(x)$가 $x=a$에서 미분가능하면 $f(x)$는 $x=a$에서 연속이다.

설명 함수 $f(x)$가 $x=a$에서 미분가능하면 $x=a$에서의 미분계수

$$f'(a)=\lim_{x\to a}\frac{f(x)-f(a)}{x-a}$$

가 존재하므로

$$\begin{aligned}\lim_{x\to a}\{f(x)-f(a)\}&=\lim_{x\to a}\left\{\frac{f(x)-f(a)}{x-a}\times(x-a)\right\}\\&=\lim_{x\to a}\frac{f(x)-f(a)}{x-a}\times\lim_{x\to a}(x-a)\\&=f'(a)\times 0=0\end{aligned}$$

따라서 $\lim_{x\to a}f(x)=f(a)$이므로 함수 $f(x)$는 $x=a$에서 연속이다.

주의
함수 $f(x)$가 $x=a$에서 연속이지만 미분가능하지 않은 경우가 있다.
예를 들어, $y=|x|$는 $x=0$에서 연속이지만 $x=0$에서 미분가능하지는 않다.

04 도함수

(1) 도함수

미분가능한 함수 $y=f(x)$의 정의역의 각 원소 x에 미분계수 $f'(x)$를 대응시켜 만든 새로운 함수를 함수 $y=f(x)$의 도함수라 하며, 이것을 기호로

$$f'(x),\ y',\ \frac{dy}{dx},\ \frac{d}{dx}f(x)$$

와 같이 나타낸다.

즉, $f'(x)=\lim_{\Delta x\to 0}\dfrac{f(x+\Delta x)-f(x)}{\Delta x}$이다.

참고 $f'(x)=\lim_{h\to 0}\dfrac{f(x+h)-f(x)}{h}=\lim_{t\to x}\dfrac{f(t)-f(x)}{t-x}$

(2) 함수 $y=x^n$ (n은 자연수)와 상수함수의 도함수

① $y=x^n$ (n은 자연수)이면 $y'=\begin{cases}1 & (n=1)\\ nx^{n-1} & (n\ge 2)\end{cases}$

② $y=c$ (c는 상수)이면 $y'=0$

함수 $y=f(x)$에서 도함수 $f'(x)$를 구하는 것을 함수 $y=f(x)$를 x에 대하여 미분한다고 하고 그 계산법을 미분법이라 한다.

05 함수의 합, 차, 곱, 실수배의 미분법

미분가능한 두 함수 $f(x)$, $g(x)$에 대하여

(1) $\{f(x)+g(x)\}'=f'(x)+g'(x)$

(2) $\{f(x)-g(x)\}'=f'(x)-g'(x)$

(3) $\{f(x)g(x)\}'=f'(x)g(x)+f(x)g'(x)$

(4) $\{cf(x)\}'=cf'(x)$ (단, c는 상수)

함수의 합, 차, 곱의 미분법은 세 개 이상의 함수에 대해서도 성립한다.

03 미분가능성과 연속성

[25~26] 다음 함수 $f(x)$가 주어진 점에서 연속이지만 미분가능하지 않음을 보이시오.

25 $f(x)=|x|,\ x=0$

26 $f(x)=|x-1|,\ x=1$

04 도함수

[27~30] 도함수의 정의를 이용하여 다음 함수의 도함수를 구하시오.

27 $f(x)=-2x+1$

28 $f(x)=x^2+2x$

29 $f(x)=2x^2-3x+1$

30 $f(x)=-x^3+2x$

[31~34] 다음 함수의 도함수를 구하시오.

31 $y=x^5$

32 $y=x^6$

33 $y=x^{10}$

34 $y=2^3$

05 함수의 합, 차, 곱, 실수배의 미분법

[35~42] 다음 함수를 미분하시오.

35 $y=2x^3$

36 $y=x^2-3x$

37 $y=-x^2+3x+2$

38 $y=3x^3+2x^2-5x+7$

39 $y=3x^4-2x^3+x^2-10$

40 $y=-2x^4+3x^3-2x-1$

41 $y=-\frac{1}{2}x^4-\frac{1}{3}x^3+2x-6$

42 $y=2x^5-3x^3+5x$

[43~48] 다음 함수를 미분하시오.

43 $y=(2x-1)(x^2+2x)$

44 $y=(x^2-2x)(x+3)$

45 $y=(-3x^2+2x-1)(2x+3)$

46 $y=(x-1)^2$

47 $y=(2x+1)^2$

48 $y=(x^2+3)(x^3-2x+4)$

유형 완성하기

01 평균변화율

함수 $f(x)$에 대하여 x의 값이 a에서 b까지 변할 때의 평균변화율은 $\frac{f(b)-f(a)}{b-a}$

≫ 올림포스 수학Ⅱ 32쪽

01 대표문제 ▶ 23643-0114

함수 $f(x)=x^2+3x$에 대하여 x의 값이 a에서 $a+2$까지 변할 때의 평균변화율이 11일 때, a의 값은?

① 1 ② 2 ③ 3
④ 4 ⑤ 5

02 상중하 ▶ 23643-0115

함수 $f(x)=x^2+ax$에 대하여 x의 값이 -1에서 3까지 변할 때의 평균변화율이 1일 때, 상수 a의 값은?

① -2 ② -1 ③ 0
④ 1 ⑤ 2

03 상중하 ▶ 23643-0116

원점을 지나는 곡선 $y=f(x)$에 대하여 x의 값이 0에서 a까지 변할 때의 평균변화율이 $2a+3$일 때, $f(2)$의 값은? (단, $a>0$)

① 6 ② 8 ③ 10
④ 12 ⑤ 14

04 상중하 ▶ 23643-0117

함수 $f(x)=x^2+2x+3$에 대하여 x의 값이 -1에서 3까지 변할 때의 평균변화율과 x의 값이 a에서 $a+2$까지 변할 때의 평균변화율이 같다. a의 값은?

① -4 ② -2 ③ 0
④ 2 ⑤ 4

05 상중하 ▶ 23643-0118

함수 $f(x)=-x^2+3x+1$에 대하여 두 점 $(0, f(0))$, $(2, f(2))$를 지나는 직선의 기울기와 x의 값이 a에서 $a+1$까지 변할 때의 평균변화율이 같다. a의 값은?

① $\frac{1}{6}$ ② $\frac{1}{4}$ ③ $\frac{1}{2}$
④ 1 ⑤ 2

06 상중하 ▶ 23643-0119

함수 $f(x)=\begin{cases} x^3-4x & (x\geq 0) \\ -2x^3+19x & (x<0) \end{cases}$에 대하여 x의 값이 0에서 3까지 변할 때의 평균변화율과 x의 값이 a에서 $a+1$까지 변할 때의 평균변화율이 같다. a의 값은? (단, $a<-1$)

① -4 ② $-\frac{7}{2}$ ③ -3
④ $-\frac{5}{2}$ ⑤ -2

02 미분계수 (1)

미분가능한 함수 $f(x)$에 대하여 $x=a$에서의 미분계수는

$$f'(a)=\lim_{\Delta x \to 0}\frac{f(a+\Delta x)-f(a)}{\Delta x}$$
$$=\lim_{h \to 0}\frac{f(a+h)-f(a)}{h}$$

>> 올림포스 수학Ⅱ 32쪽

07 대표문제

▸ 23643-0120

다항함수 $f(x)$에 대하여 $f'(1)=3$일 때,

$\lim_{h \to 0}\frac{f(1+2h)-f(1)}{h}$의 값은?

① 0 ② 2 ③ 4
④ 6 ⑤ 8

08 상중하

▸ 23643-0121

다항함수 $f(x)$에 대하여 $f'(-1)=4$이고

$\lim_{h \to 0}\frac{f(ah-1)-f(-1)}{h}=\frac{1}{2}$일 때, 양수 a의 값은?

① $\frac{1}{8}$ ② $\frac{1}{4}$ ③ $\frac{1}{2}$
④ 2 ⑤ 4

09 상중하

▸ 23643-0122

다항함수 $f(x)$에 대하여 x가 2에서 $2+h$까지 변할 때, y의 증분 Δy는 $\Delta y=h^3+4h^2+8h$이다. $f'(2)$의 값은?

① 2 ② 4 ③ 6
④ 8 ⑤ 10

03 미분계수 (2)

함수 $f(x)$에 대하여 $f'(a)$의 값이 존재할 때

$$\lim_{h \to 0}\frac{f(a+bh)-f(a+ch)}{dh}=\frac{b-c}{d}f'(a)$$

(단, $b\neq c$, $d\neq 0$)

>> 올림포스 수학Ⅱ 32쪽

10 대표문제

▸ 23643-0123

다항함수 $f(x)$에 대하여 $f'(2)=3$일 때,

$\lim_{h \to 0}\frac{f(2+h)-f(2-h)}{h}$의 값은?

① $\frac{1}{6}$ ② $\frac{1}{3}$ ③ 1
④ 3 ⑤ 6

11 상중하

▸ 23643-0124

다항함수 $f(x)$에 대하여 $f'(3)=a$이고

$$\lim_{h \to 0}\frac{f(3+2h)-f(3-4h)}{3h}=14$$

일 때, 실수 a의 값은?

① 7 ② 14 ③ 21
④ 28 ⑤ 35

12 상중하

▸ 23643-0125

다항함수 $f(x)$에 대하여 $\lim_{h \to 0}\frac{f(-2-h)-f(-2)}{h}=3$일 때,

$\lim_{h \to 0}\frac{f(-2-5h)-f(-2+3h)}{3h}$의 값을 구하시오.

04 미분계수 (3)

미분가능한 함수 $f(x)$에 대하여 $x=a$에서의 미분계수는

$$f'(a)=\lim_{\Delta x\to 0}\frac{f(a+\Delta x)-f(a)}{\Delta x}$$

$$=\lim_{x\to a}\frac{f(x)-f(a)}{x-a}$$

» 올림포스 수학Ⅱ 33쪽

13 대표문제

▸ 23643-0126

다항함수 $f(x)$에 대하여 $f'(-1)=3$일 때,

$\lim_{x\to -1}\frac{f(x)-f(-1)}{x^2-1}$의 값은?

① -3 ② $-\frac{5}{2}$ ③ -2

④ $-\frac{3}{2}$ ⑤ -1

14 상중하

▸ 23643-0127

다항함수 $f(x)$에 대하여 x의 값이 -1에서 t까지 변할 때의 평균변화율이 $\frac{2t^2-6t-8}{t+1}$일 때, $f'(-1)$의 값은?

① -10 ② -8 ③ -6

④ -4 ⑤ -2

15 상중하

▸ 23643-0128

다항함수 $f(x)$에 대하여 $f'(4)=3$일 때,

$\lim_{x\to 4}\frac{f(x)-f(4)}{\sqrt{x}-2}$의 값을 구하시오.

16 상중하

▸ 23643-0129

다항함수 $f(x)$에 대하여 $f'(9)=4$일 때, $\lim_{x\to 3}\frac{f(x^2)-f(9)}{x-3}$의 값을 구하시오.

17 상중하

▸ 23643-0130

다항함수 $f(x)$에 대하여 $f'(4)=12$일 때, $\lim_{x\to 2}\frac{f(x^2)-f(4)}{x^3-8}$의 값은?

① 1 ② 2 ③ 3

④ 4 ⑤ 5

18 상중하

▸ 23643-0131

다항함수 $f(x)$에 대하여 $\lim_{h\to 0}\frac{f(h)-f(0)}{h}=6$일 때,

$\lim_{x\to 1}\frac{f(x-1)-f(0)}{x^3-1}$의 값은?

① 2 ② 3 ③ 4

④ 5 ⑤ 6

중요

05 미분가능성과 연속성

함수 $f(x)$가 $x=a$에서 미분가능하면 함수 $f(x)$는 $x=a$에서 연속이다.

>> 올림포스 수학Ⅱ 33쪽

19 대표문제

▸ 23643-0132

함수 $f(x)=\begin{cases} x^2+ax & (x<1) \\ 4x+b & (x\ge1) \end{cases}$이 $x=1$에서 미분가능할 때, 두 상수 a, b에 대하여 ab의 값은?

① -2　② -1　③ 0　④ 1　⑤ 2

20 상중하

▸ 23643-0133

함수 $f(x)$가 $x=-1$에서 미분가능하고 $\lim_{x\to-1}\frac{f(x)}{x^2+1}=1$일 때, $f(-1)$의 값은?

① 1　② 2　③ 3　④ 4　⑤ 5

21 상중하

▸ 23643-0134

함수 $f(x)$가 $x=1$에서 미분가능하고 $f(1)=5$이다. 함수 $f(x)$가 모든 실수 x에 대하여 $(x-1)f(x)=x^2+ax+b$를 만족시킬 때, $a-b$의 값은? (단, a, b는 상수이다.)

① 1　② 3　③ 5　④ 7　⑤ 9

22 상중하

▸ 23643-0135

함수 $f(x)=\begin{cases} x^2 & (x<a) \\ -8x+b & (x\ge a) \end{cases}$가 $x=a$에서 미분가능할 때, 두 상수 a, b에 대하여 $\frac{b}{a}$의 값은?

① 1　② 2　③ 3　④ 4　⑤ 5

23 상중하

▸ 23643-0136

함수 $f(x)=\begin{cases} x^2+ax+1 & (x<-1) \\ bx^2-x+3 & (x\ge-1) \end{cases}$이 $x=-1$에서 미분가능할 때, $f(-1)\times f'(-1)$의 값은? (단, a, b는 상수이다.)

① -49　② -42　③ -35　④ -28　⑤ -21

24 상중하

▸ 23643-0137

함수 $f(x)=\begin{cases} x^2+ax & (x<3) \\ bx+c & (x\ge3) \end{cases}$에 대하여 $\lim_{h\to0}\frac{f(3+h)-f(3)}{h}=5$일 때, 세 상수 a, b, c에 대하여 $a+b+c$의 값은?

① -5　② -4　③ -3　④ -2　⑤ -1

중요

06 합, 차, 실수배의 미분법 (1)

두 함수 $f(x)$, $g(x)$가 미분가능할 때

(1) $\{f(x)+g(x)\}'=f'(x)+g'(x)$

(2) $\{f(x)-g(x)\}'=f'(x)-g'(x)$

(3) $\{cf(x)\}'=cf'(x)$ (단, c는 상수)

» 올림포스 수학Ⅱ 34쪽

25 대표문제 ▸ 23643-0138

함수 $f(x)=x^2-3x+4$에 대하여 $f'(1)$의 값은?

① -2 ② -1 ③ 0
④ 1 ⑤ 2

26 상중하 ▸ 23643-0139

함수 $f(x)=-2x^3+3x^2-x+5$에 대하여 $f'(-1)+f'(0)+f'(1)$의 값은?

① -15 ② -14 ③ -13
④ -12 ⑤ -11

27 상중하 ▸ 23643-0140

함수 $f(x)=x^3-3x^2-2x$에 대하여 x의 값이 0부터 3까지 변할 때의 평균변화율과 $f'(a)$의 값이 같게 되도록 하는 양수 a의 값은?

① 1 ② 2 ③ 3
④ 4 ⑤ 5

중요

07 합, 차, 실수배의 미분법 (2)

미분가능한 함수 $f(x)$가 주어져 있을 때

$$\lim_{h\to0}\frac{f(a+h)-f(a)}{h}=\lim_{x\to a}\frac{f(x)-f(a)}{x-a}=f'(a)$$

의 값은 도함수 $f'(x)$를 구해서 $x=a$를 대입한다.

» 올림포스 수학Ⅱ 34쪽

28 대표문제 ▸ 23643-0141

함수 $f(x)=2x^2-3x+1$에 대하여 $\lim_{h\to0}\frac{f(2+h)-f(2)}{h}$의 값은?

① 1 ② 2 ③ 3
④ 4 ⑤ 5

29 상중하 ▸ 23643-0142

함수 $f(x)=-x^3+2x^2+3x-5$에 대하여 $\lim_{h\to0}\frac{f(1+2h)-f(1-3h)}{2h}$의 값은?

① 5 ② 10 ③ 15
④ 20 ⑤ 25

30 상중하 ▸ 23643-0143

함수 $f(x)=-3x^2+2x-4$에 대하여 $\lim_{x\to3}\frac{f(x)-f(3)}{x^2+2x-15}$의 값은?

① -2 ② -1 ③ 0
④ 1 ⑤ 2

중요
08 곱의 미분법

두 함수 $f(x)$, $g(x)$가 미분가능할 때

$\{f(x)g(x)\}'=f'(x)g(x)+f(x)g'(x)$

≫ 올림포스 수학Ⅱ 34쪽

31 대표문제
▶ 23643-0144

두 함수 $f(x)=x^2+2x+3$, $g(x)=-2x+5$에 대하여 함수 $f(x)g(x)$의 $x=0$에서의 미분계수를 구하시오.

32 상중하
▶ 23643-0145

두 함수 $f(x)$, $g(x)$에 대하여 $f(1)=2$, $f'(1)=-3$, $g(1)=1$, $g'(1)=2$일 때, 함수 $f(x)g(x)$의 $x=1$에서의 미분계수는?

① -2 ② -1 ③ 0
④ 1 ⑤ 2

33 상중하
▶ 23643-0146

함수 $f(x)=(x-1)(x^2+3)$에 대하여 $\lim_{h\to 0}\frac{f(1+h)-f(1)}{h}$의 값은?

① 1 ② 2 ③ 3
④ 4 ⑤ 5

34 상중하
▶ 23643-0147

다항함수 $f(x)$에 대하여 함수 $g(x)$를

$g(x)=(x^2-3x-2)f(x)$

라 하자. $f(2)=3$, $f'(2)=1$일 때, $\lim_{x\to 2}\frac{g(x)-g(2)}{x-2}$의 값은?

① -2 ② -1 ③ 0
④ 1 ⑤ 2

35 상중하
▶ 23643-0148

두 다항함수 $f(x)$, $g(x)$가

$\lim_{x\to 1}\frac{f(x)-2}{x-1}=1$, $\lim_{x\to 1}\frac{g(x)+4}{x-1}=5$

를 만족시킬 때, $\lim_{x\to 1}\frac{f(x)g(x)-f(1)g(1)}{x-1}$의 값은?

① 2 ② 4 ③ 6
④ 8 ⑤ 10

36 상중하
▶ 23643-0149

두 함수 $f(x)=x^2-2x-4$, $g(x)=x^2+x-2$에 대하여 $\lim_{x\to -1}\frac{f(x)g(x)-2}{x+1}$의 값은?

① 8 ② 9 ③ 10
④ 11 ⑤ 12

09 미분계수의 기하적 의미

함수 $f(x)$가 $x=a$에서 미분가능할 때, $x=a$에서의 미분계수 $f'(a)$는 곡선 $y=f(x)$ 위의 점 $(a, f(a))$에서의 접선의 기울기와 같다.

37 대표문제 ▸ 23643-0150

함수 $f(x)=x^3+ax^2+bx$에 대하여 곡선 $y=f(x)$ 위의 점 $(1, 2)$에서의 접선의 기울기가 1일 때, $f(2)$의 값은?

(단, a, b는 상수이다.)

① -4 ② -2 ③ 0
④ 2 ⑤ 4

38 상중하 ▸ 23643-0151

함수 $f(x)=(x^2-2x)(3x+4)$에 대하여 곡선 $y=f(x)$ 위의 점 $(-1, f(-1))$에서의 접선의 기울기는?

① 1 ② 2 ③ 3
④ 4 ⑤ 5

39 상중하 ▸ 23643-0152

함수 $f(x)=\begin{cases} ax^2 & (x<2) \\ bx-4 & (x\geq 2) \end{cases}$에 대하여 곡선 $y=f(x)$ 위의 점 $(2, f(2))$에서 기울기가 양수인 접선이 존재할 때, $f(1)+f'(2)+f(3)$의 값을 구하시오. (단, a, b는 상수이다.)

10 평균변화율의 기하적 의미

x의 값이 a에서 b까지 변할 때의 함수 $y=f(x)$의 평균변화율은 함수의 그래프 위의 두 점 $\mathrm{A}(a, f(a))$, $\mathrm{B}(b, f(b))$를 지나는 직선의 기울기와 같다.

40 대표문제 ▸ 23643-0153

함수 $f(x)=x^3-9x$에서 x의 값이 0에서 4까지 변할 때의 평균변화율과 곡선 $y=f(x)$ 위의 점 $(a, f(a))$에서의 접선의 기울기가 같다. 양수 a에 대하여 a^2의 값은?

① $\frac{14}{3}$ ② 5 ③ $\frac{16}{3}$
④ $\frac{17}{3}$ ⑤ 6

41 상중하 ▸ 23643-0154

다항함수 $f(x)$에 대하여 곡선 $y=f(x)$는 그림과 같이 두 점 $(0, 0)$, $(1, 3)$을 지난다. $0<a<1$인 실수 a에 대하여 곡선 $y=f(x)$ 위의 점 $(a, f(a))$에서의 접선의 기울기와 함수 $f(x)$에서 x의 값이 0에서 1까지 변할 때의 평균변화율이 같다. $f'(a)$의 값은?

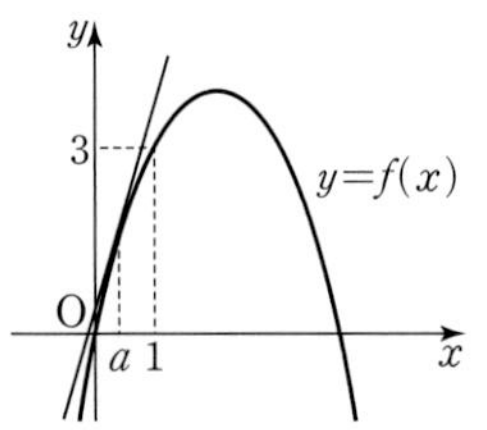

① $\frac{1}{6}$ ② $\frac{1}{3}$ ③ 1
④ 3 ⑤ 6

42  상중하 ▸ 23643-0155

최고차항의 계수가 1인 이차함수 $f(x)$에 대하여 x의 값이 0에서 1까지 변할 때의 평균변화율을 p, x의 값이 1에서 2까지 변할 때의 평균변화율을 q라 할 때, $2p=q$이다. 곡선 $y=f(x)$ 위의 점 $(1, f(1))$에서의 접선의 기울기를 구하시오.

11 함수 구하기

다항함수 $f(x)$를 미지수로 표현한 후, 조건에 맞게 미지수를 구해 함수 $f(x)$를 구한다.

43 대표문제 ▶ 23643-0156

최고차항의 계수가 1인 사차함수 $f(x)$가 다음 조건을 만족시킬 때, $f(2)$의 값은?

(가) 함수 $y=f(x)$의 그래프는 y축에 대하여 대칭이다.
(나) 함수 $y=f(x)$의 그래프 위의 점 $(1, 3)$에서의 접선의 기울기가 2이다.

① 11 ② 12 ③ 13 ④ 14 ⑤ 15

44 상중하 ▶ 23643-0157

최고차항의 계수가 1인 삼차함수 $f(x)$에 대하여

$$f(-2)=f(2)=0,\ f(0)=12$$

일 때, $f'(-1)+f'(0)+f'(1)$의 값은?

① -10 ② -8 ③ -6 ④ -4 ⑤ -2

45 상중하 ▶ 23643-0158

삼차함수 $f(x)$에 대하여 함수 $y=f(x)$의 그래프는 원점에 대하여 대칭이고 모든 실수 x에 대하여

$$2f(x)=xf'(x)+x^3+2x$$

일 때, $f(1)$의 값은?

① -2 ② -1 ③ 0 ④ 1 ⑤ 2

46 상중하 ▶ 23643-0159

다항함수 $f(x)$가 모든 실수 x에 대하여

$$f(x)=-xf'(x)-9x^2+4x-1$$

을 만족시킬 때, $f'(-1)$의 값을 구하시오.

47 상중하 ▶ 23643-0160

이차함수 $f(x)$가 다음 조건을 만족시킬 때, $f(2)$의 값을 구하시오.

(가) 함수 $y=f(x)$의 그래프가 x축에 접한다.
(나) $f(1)=32$, $f'(1)=16$

48 상중하 ▶ 23643-0161

함수 $y=f(x)$의 그래프가 그림과 같다. 최고차항의 계수가 1인 이차함수 $g(x)$에 대하여 함수 $f(x)g(x)$가 $x=1$에서 미분가능할 때, $g(3)$의 값을 구하시오.

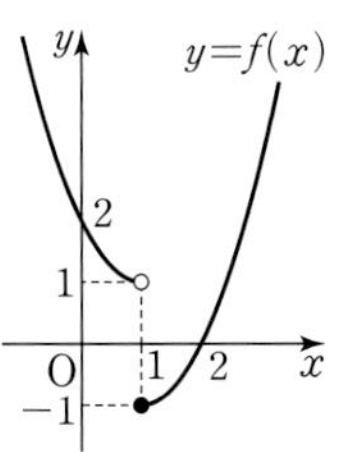

서술형 완성하기

>> 정답과 풀이 40쪽

01

▸ 23643-0162

함수 $f(x)=|x^2+x|$는 $x=-1$에서 연속이지만 미분가능하지 않음을 보이시오.

02

▸ 23643-0163

미분가능한 함수 $f(x)$에 대하여

$$\lim_{h\to 0}\frac{f(4+h)-f(4-2h)}{2h}=18$$

일 때, $\lim_{x\to 1}\frac{f(x^2+3)-f(4)}{x^3-1}$의 값을 구하시오.

03

▸ 23643-0164

함수 $f(x)=x^3+ax+b$에 대하여 $\lim_{x\to -2}\frac{f(x)+4}{x+2}=9$를 만족시키는 두 상수 a, b의 곱 ab의 값을 구하시오.

04

▸ 23643-0165

다항함수 $f(x)$에 대하여 함수 $g(x)$를

$$g(x)=(x^3+2x^2-3)f(x)$$

라 하자. 곡선 $y=g(x)$ 위의 점 $(-1, -2)$에서의 접선의 기울기가 -7일 때, $f'(-1)$의 값을 구하시오.

05

▸ 23643-0166

$\lim_{x\to -1}\frac{x^n+2x+3}{x+1}=13$을 만족시키는 자연수 n의 값을 구하시오.

06

▸ 23643-0167

x에 대한 다항식 $f(x)=x^3+ax^2+b$를 $(x-2)^2$으로 나누었을 때의 나머지가 1이 되도록 하는 두 상수 a, b에 대하여 $a+b$의 값을 구하시오.

내신 + 수능 고난도 도전

» 정답과 풀이 42쪽

▶ 23643-0168

01 두 함수 $f(x)=|x^2-2x|$, $g(x)=(3x+a)(x+b)$에 대하여 함수 $f(x)g(x)$가 실수 전체의 집합에서 미분가능할 때, $g'(2)$의 값은? (단, a, b는 상수이다.)

① 3 ② 6 ③ 9 ④ 12 ⑤ 15

▶ 23643-0169

02 이차함수 $f(x)$에 대하여 함수 $y=f(x)$의 그래프는 y축에 대하여 대칭이고 모든 실수 x에 대하여

$$5f(x)+\{f'(x)\}^2=6x^2+15$$

이다. $f(1)>1$일 때, $f'(2)$의 값은?

① 1 ② 2 ③ 3 ④ 4 ⑤ 5

▶ 23643-0170

03 최고차항의 계수가 1인 삼차함수 $f(x)$가 다음 조건을 만족시킬 때, $f(3)$의 값을 구하시오.

(가) $\lim_{x \to 1} \frac{f(x)}{(x-1)f'(x)}=\frac{1}{2}$

(나) $f'(2)=13$

▶ 23643-0171

04 최고차항의 계수가 1인 이차함수 $f(x)$에 대하여 함수 $y=f(x)$의 그래프가 직선 $y=3x-5$와 한 점에서 접한다. $f'(1)=-1$일 때, $f(-1)$의 값을 구하시오.

04 도함수의 활용 (1)

01 접선의 방정식

(1) 접선의 기울기

함수 $f(x)$가 $x=a$에서 미분가능할 때, 곡선 $y=f(x)$ 위의 점 $\mathrm{P}(a,\ f(a))$에서의 접선의 기울기는 $x=a$에서의 미분계수 $f'(a)$와 같다.

(2) 접선의 방정식

함수 $f(x)$가 $x=a$에서 미분가능할 때, 곡선 $y=f(x)$ 위의 점 $\mathrm{P}(a,\ f(a))$에서의 접선의 방정식은

$$y-f(a)=f'(a)(x-a)$$

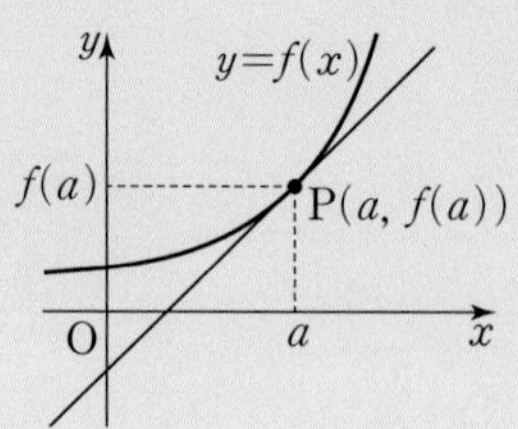

곡선 $y=f(x)$ 위의 점 $\mathrm{P}(a,\ f(a))$에서의 접선과 수직인 직선의 방정식은

$$y-f(a)=-\frac{1}{f'(a)}(x-a)$$

(단, $f'(a)\neq 0$)

02 접선의 방정식을 구하는 방법

(1) 곡선 $y=f(x)$ 위의 점 $\mathrm{P}(a, f(a))$에서의 접선의 방정식

① 접선의 기울기 $f'(a)$를 구한다.

② $y-f(a)=f'(a)(x-a)$를 이용하여 접선의 방정식을 구한다.

(2) 곡선 $y=f(x)$에 접하고 기울기가 m인 접선의 방정식

① 접점의 좌표를 $(a,\ f(a))$로 놓는다.

② $f'(a)=m$임을 이용하여 a의 값을 구한다.

③ $y-f(a)=m(x-a)$를 이용하여 접선의 방정식을 구한다.

(3) 곡선 $y=f(x)$ 위에 있지 않은 점 (x_1, y_1)에서 곡선에 그은 접선의 방정식

① 접점의 좌표를 $(a,\ f(a))$라 하고, 접선의 기울기 $f'(a)$를 구한다.

② 직선 $y-f(a)=f'(a)(x-a)$가 점 $(x_1,\ y_1)$을 지남을 이용하여 a의 값을 구한다.

③ a의 값을 $y-f(a)=f'(a)(x-a)$에 대입하여 접선의 방정식을 구한다.

접선의 방정식을 구할 때, 주어진 점의 좌표를 곡선의 방정식에 대입하여 곡선 위의 점인지 아닌지를 확인한다.

03 롤의 정리

함수 $y=f(x)$가 닫힌구간 $[a,\ b]$에서 연속이고 열린구간 $(a,\ b)$에서 미분가능할 때, $f(a)=f(b)$이면

$$f'(c)=0$$

인 c가 열린구간 $(a,\ b)$에 적어도 하나 존재한다.

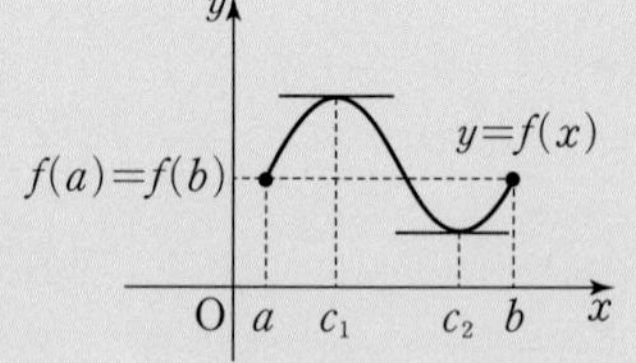

롤의 정리는 열린구간 $(a,\ b)$에서 곡선 $y=f(x)$에 접하고 기울기가 0인 접선이 적어도 하나 존재함을 의미한다.

04 평균값 정리

함수 $y=f(x)$가 닫힌구간 $[a,\ b]$에서 연속이고 열린구간 $(a,\ b)$에서 미분가능할 때,

$$\frac{f(b)-f(a)}{b-a}=f'(c)$$

인 c가 열린구간 $(a,\ b)$에 적어도 하나 존재한다.

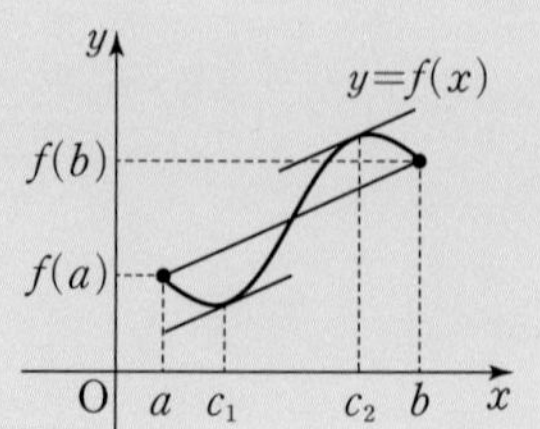

평균값 정리는 열린구간 $(a,\ b)$에서 곡선 $y=f(x)$에 접하고 두 점 $(a,\ f(a))$, $(b,\ f(b))$를 지나는 직선에 평행한 접선이 적어도 하나 존재함을 의미한다.

>> 정답과 풀이 43쪽

01 접선의 방정식

[01~02] 다음 곡선 위의 주어진 점에서의 접선의 기울기를 구하시오.

01 $y=x^3-4x^2+2x \quad (1, -1)$

02 $y=x^4-2x^3-3x+6 \quad (2, 0)$

02 접선의 방정식을 구하는 방법

[03~05] 다음 곡선 위의 주어진 점에서의 접선의 방정식을 구하시오.

03 $y=x^2+3x-2 \quad (1, 2)$

04 $y=2x^3+3x^2-4x \quad (-2, 4)$

05 $y=x^4-4x^2-6x \quad (-1, 3)$

[06~08] 다음 곡선에 접하고 기울기가 2인 접선의 방정식을 구하시오.

06 $y=\frac{1}{2}x^2+2x-4$

07 $y=-x^2-4x+7$

08 $y=x^3-3x^2+5x-4$

[09~12] 다음 직선의 방정식을 구하시오.

09 곡선 $y=x^3-2x$ 위의 점 $(-1, 1)$을 지나고 이 점에서의 접선에 수직인 직선

10 곡선 $y=-x^4+6x-2$ 위의 점 $(1, 3)$을 지나고 이 점에서의 접선에 수직인 직선

11 곡선 $y=x^2-3x+9$에 접하고 직선 $y=-5x+7$에 평행한 직선

12 곡선 $y=\frac{1}{3}x^3+x^2$에 접하고 직선 $y=-\frac{1}{3}x+3$에 수직인 직선

[13~15] 다음 곡선에 대하여 주어진 점에서 그은 접선의 방정식을 구하시오.

13 $y=x^2+2 \quad (-1, -1)$

14 $y=-x^2+2x-2 \quad (1, 0)$

15 $y=x^3-2x+1 \quad (0, 3)$

03 롤의 정리

[16~19] 다음 함수에 대하여 주어진 구간에서 롤의 정리를 만족시키는 실수 c의 값을 구하시오.

16 $f(x)=2x^2-4x+1 \quad [-1, 3]$

17 $f(x)=-x^2+5x \quad [1, 4]$

18 $f(x)=x^3-6x^2+9x-1 \quad [0, 3]$

19 $f(x)=x^4-4x^2+3 \quad [-1, 1]$

04 평균값 정리

[20~23] 다음 함수에 대하여 주어진 구간에서 평균값 정리를 만족시키는 실수 c의 값을 구하시오.

20 $f(x)=x^2+3x \quad [1, 4]$

21 $f(x)=2x^2-x+1 \quad [-1, 1]$

22 $f(x)=x^3 \quad [-1, 2]$

23 $f(x)=x^3-2x^2+3x \quad [0, 2]$

04 도함수의 활용 (1)

05 함수의 증가와 감소

(1) 함수의 증가와 감소의 뜻

함수 $f(x)$가 어떤 구간에 속하는 임의의 두 수 x_1, x_2에 대하여

① $x_1<x_2$일 때, $f(x_1)<f(x_2)$이면 함수 $f(x)$는 이 구간에서 증가한다고 한다.

② $x_1<x_2$일 때, $f(x_1)>f(x_2)$이면 함수 $f(x)$는 이 구간에서 감소한다고 한다.

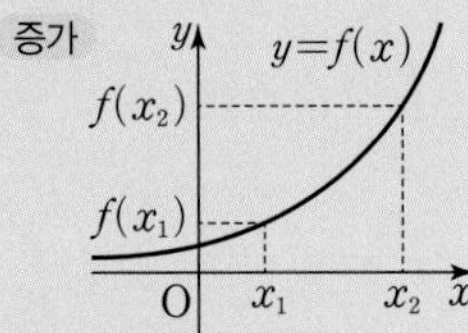

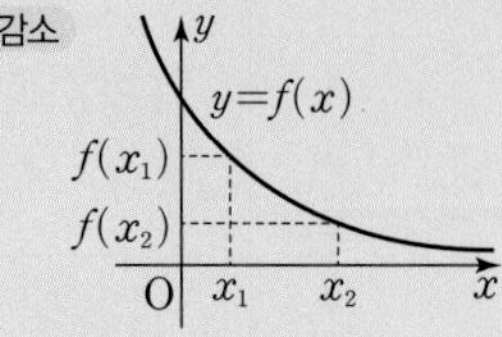

(2) 미분가능한 함수의 증가, 감소의 판정

① 함수 $f(x)$가 어떤 열린구간에서 미분가능하고, 이 구간의 모든 x에 대하여

(i) $f'(x)>0$이면 함수 $f(x)$는 이 구간에서 증가한다.

(ii) $f'(x)<0$이면 함수 $f(x)$는 이 구간에서 감소한다.

② 상수함수가 아닌 다항함수 $f(x)$에 대하여

(i) 함수 $f(x)$가 어떤 열린구간에서 증가할 필요충분조건은 이 구간에서 $f'(x)\geq 0$이다.

(ii) 함수 $f(x)$가 어떤 열린구간에서 감소할 필요충분조건은 이 구간에서 $f'(x)\leq 0$이다.

예 함수 $f(x)=x^3-3x^2+2$에서 $f'(x)=3x^2-6x=3x(x-2)$이므로
$f'(x)>0$을 만족시키는 x의 값의 범위인 $x<0$ 또는 $x>2$에서 함수 $f(x)$는 증가하고
$f'(x)<0$을 만족시키는 x의 값의 범위인 $0<x<2$에서 함수 $f(x)$는 감소한다.

상수함수가 아닌 다항함수 $f(x)$에 대하여 다음 조건은 모두 서로 필요충분조건이다.
① 함수 $f(x)$가 실수 전체의 집합에서 증가 또는 감소한다.
② 모든 실수 x에 대하여 $f'(x)\geq 0$ 또는 $f'(x)\leq 0$이다.
③ 함수 $f(x)$가 일대일대응이다.
④ 함수 $f(x)$가 역함수를 갖는다.

06 함수의 극대와 극소

(1) 함수의 극대와 극소의 뜻

함수 $f(x)$가 $x=a$를 포함하는 어떤 열린구간에 속하는 모든 x에 대하여

① $f(x)\leq f(a)$일 때, 함수 $f(x)$는 $x=a$에서 극대라 하고, 이때의 함숫값 $f(a)$를 극댓값이라 한다.

② $f(x)\geq f(a)$일 때, 함수 $f(x)$는 $x=a$에서 극소라 하고, 이때의 함숫값 $f(a)$를 극솟값이라 한다.

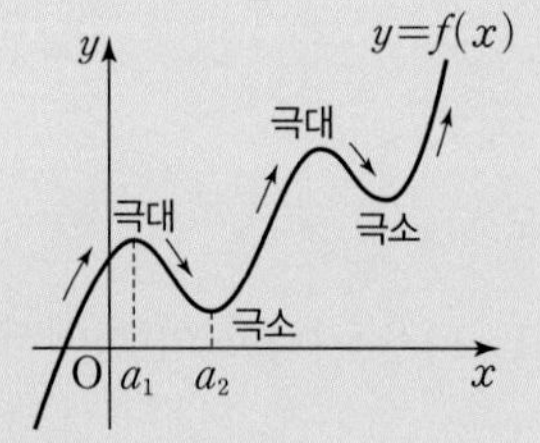

극댓값과 극솟값을 통틀어 극값이라 한다.

(2) 극값과 미분계수

미분가능한 함수 $f(x)$가 $x=a$에서 극값을 가지면 $f'(a)=0$이다.

(3) 미분가능한 함수의 극대, 극소

미분가능한 함수 $f(x)$가 $f'(a)=0$이고 $x=a$의 좌우에서

① $f'(x)$의 부호가 양(+)에서 음(−)으로 바뀌면 함수 $f(x)$는 $x=a$에서 극대이고, 극댓값 $f(a)$를 갖는다.

② $f'(x)$의 부호가 음(−)에서 양(+)으로 바뀌면 함수 $f(x)$는 $x=a$에서 극소이고, 극솟값 $f(a)$를 갖는다.

$f'(a)=0$이라고 해서 함수 $f(x)$가 $x=a$에서 극값을 갖는 것은 아니다.
예를 들어, 함수 $f(x)=x^3$에서 $f'(0)=0$이지만 함수 $f(x)$는 $x=0$에서 극값을 갖지 않는다.

함수 $f(x)$가 $x=a$에서 미분가능하지 않더라도 $x=a$에서 극값을 가질 수 있다.
예를 들어, 함수 $f(x)=|x|$는 $x=0$에서 미분가능하지 않지만 $x=0$을 포함하는 어떤 열린구간에서 $f(x)\geq f(0)$이므로 함수 $f(x)$는 $x=0$에서 극솟값을 갖는다.

05 함수의 증가와 감소

[24~27] 주어진 구간에서 다음 함수의 증가와 감소를 조사하시오.

24 $f(x)=x^2+1 \quad (0, \infty)$

25 $f(x)=x^3 \quad (-\infty, \infty)$

26 $f(x)=-x^2+4x \quad (2, \infty)$

27 $f(x)=-x^4 \quad (-\infty, 0)$

[28~31] 다음 함수의 증가와 감소를 조사하시오.

28 $f(x)=x^2+4x-3$

29 $f(x)=x^3-3x^2+5$

30 $f(x)=-\frac{1}{3}x^3+2x^2-3x$

31 $f(x)=x^4-2x^3+x^2$

32 삼차함수 $f(x)$의 도함수 $y=f'(x)$의 그래프가 그림과 같을 때, 함수 $f(x)$의 증가와 감소를 조사하시오.

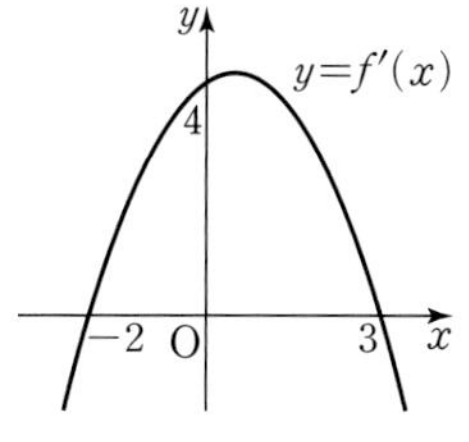

06 함수의 극대와 극소

33 함수 $y=f(x)$의 그래프가 그림과 같을 때, 함수 $f(x)$의 극댓값과 극솟값을 구하시오.

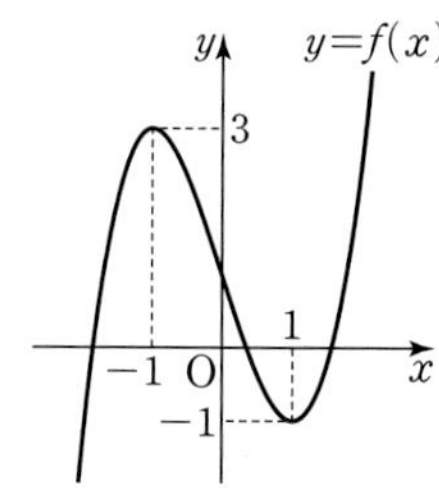

[34~35] 함수 $y=f(x)$의 그래프가 그림과 같을 때, 구간 (α, β)에서 다음을 구하시오.

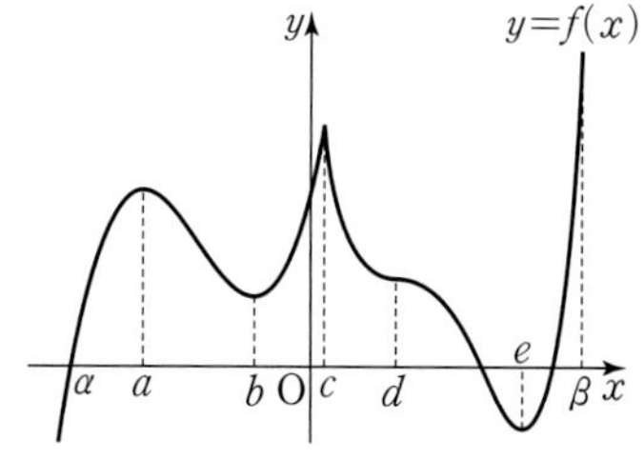

34 함수 $f(x)$가 극댓값을 갖는 x의 값

35 함수 $f(x)$가 극솟값을 갖는 x의 값

36 실수 전체의 집합에서 미분가능한 함수 $f(x)$가 $x=1$에서 극댓값 7을 가질 때, $f(1)+f'(1)$의 값을 구하시오.

[37~40] 다음 함수의 극값을 구하시오.

37 $f(x)=x^3+\frac{3}{2}x^2$

38 $f(x)=-\frac{1}{3}x^3+x+2$

39 $f(x)=x^4-\frac{4}{3}x^3-4x^2$

40 $f(x)=-x^4+4x^3+1$

유형 완성하기

01 접선의 기울기

함수 $f(x)$가 $x=a$에서 미분가능할 때, 곡선 $y=f(x)$ 위의 점 $(a, f(a))$에서의 접선의 기울기는 $f'(a)$와 같다.

01 대표문제 ▸ 23643-0172

함수 $f(x)=x^3+ax^2+bx+2$에 대하여 곡선 $y=f(x)$ 위의 두 점 $(-1, -4)$, $(3, f(3))$에서의 접선의 기울기가 서로 같을 때, 두 상수 a, b에 대하여 $a+b$의 값은?

① -2　② -1　③ 0　④ 1　⑤ 2

02 상중하 ▸ 23643-0173

곡선 $y=f(x)$ 위의 점 $(1, f(1))$에서의 접선의 기울기가 2일 때, $\lim_{h\to 0}\frac{f(1+3h)-f(1)}{h}$의 값을 구하시오.

03 상중하 ▸ 23643-0174

곡선 $y=x^3-6x^2+11x+5$의 접선 중 기울기가 최소인 직선을 l이라 하자. 직선 l의 기울기를 m, 곡선과 직선 l이 접하는 점의 좌표를 (a, b)라 할 때, $a+b+m$의 값은?

① 12　② 14　③ 16　④ 18　⑤ 20

중요

02 곡선 위의 점에서의 접선의 방정식

함수 $f(x)$가 $x=a$에서 미분가능할 때, 곡선 $y=f(x)$ 위의 한 점 $(a, f(a))$에서의 접선의 방정식은

$$y-f(a)=f'(a)(x-a)$$

≫ 올림포스 수학Ⅱ 42쪽

04 대표문제 ▸ 23643-0175

곡선 $y=x^3-5x+5$ 위의 점 $(2, 3)$에서의 접선의 방정식은 $y=ax+b$이다. 두 상수 a, b에 대하여 $a+b$의 값은?

① -10　② -8　③ -6　④ -4　⑤ -2

05 상중하 ▸ 23643-0176

곡선 $y=x^3-2x^2+4$ 위의 점 $(1, 3)$에서의 접선의 x절편과 y절편의 합은?

① 6　② 7　③ 8　④ 9　⑤ 10

06 상중하 ▸ 23643-0177

곡선 $y=x^3+2x^2+ax+b$ 위의 점 $(-1, 2)$에서의 접선의 방정식이 $y=2x+4$일 때, 두 상수 a, b에 대하여 $a+b$의 값은?

① 6　② 7　③ 8　④ 9　⑤ 10

07 상중하

▶ 23643-0178

곡선 $y=x^3+ax^2+ax+3$ 위의 점 $(-1, 2)$에서의 접선이 점 $(3, a)$를 지날 때, 상수 a의 값은?

① 2 ② $\frac{12}{5}$ ③ $\frac{14}{5}$
④ $\frac{16}{5}$ ⑤ $\frac{18}{5}$

08 상중하

▶ 23643-0179

다항함수 $f(x)$에 대하여

$$\lim_{h \to 0} \frac{f(2+h)-4}{h}=3$$

이 성립할 때, 곡선 $y=f(x)$ 위의 점 $(2, f(2))$에서의 접선의 방정식은 $y=ax+b$이다. $a+b$의 값은?

(단, a, b는 상수이다.)

① -2 ② -1 ③ 0
④ 1 ⑤ 2

09 상중하

▶ 23643-0180

다항함수 $f(x)$에 대하여 곡선 $y=f(x)$ 위의 점 $(2, f(2))$에서의 접선의 방정식이 $y=3x-5$이다. 함수 $g(x)=xf(x)$에 대하여 곡선 $y=g(x)$ 위의 점 $(2, g(2))$에서의 접선의 방정식이 $y=mx+n$일 때, $m+n$의 값은?

(단, m, n은 상수이다.)

① -5 ② -4 ③ -3
④ -2 ⑤ -1

03 접선과 수직인 직선의 방정식

곡선 $y=f(x)$ 위의 한 점 $(a, f(a))$를 지나고 이 점에서의 접선과 수직인 직선의 방정식은

$$y-f(a)=-\frac{1}{f'(a)}(x-a) \text{ (단, } f'(a)\neq 0)$$

>> 올림포스 수학Ⅱ 42쪽

10 대표문제

▶ 23643-0181

곡선 $y=x^3-2x^2+3x$ 위의 점 $(1, 2)$를 지나고 이 점에서의 접선에 수직인 직선의 방정식이 $y=ax+b$일 때, ab의 값은?

(단, a, b는 상수이다.)

① $-\frac{9}{4}$ ② $-\frac{7}{4}$ ③ $-\frac{5}{4}$
④ $-\frac{3}{4}$ ⑤ $-\frac{1}{4}$

11 상중하

▶ 23643-0182

곡선 $y=\frac{1}{3}x^3+ax+2$ 위의 점 $(3, 5)$를 지나고 이 점에서의 접선에 수직인 직선의 y절편은? (단, a는 상수이다.)

① $\frac{32}{7}$ ② $\frac{34}{7}$ ③ $\frac{36}{7}$
④ $\frac{38}{7}$ ⑤ $\frac{40}{7}$

12 상중하

▶ 23643-0183

함수 $f(x)=\frac{1}{3}x^3-3x+\frac{1}{3}$과 최고차항의 계수가 1인 이차함수 $g(x)$에 대하여 두 곡선 $y=f(x)$, $y=g(x)$가 점 $\mathrm{P}(2, f(2))$에서 만난다. 곡선 $y=f(x)$ 위의 점 P에서의 접선과 곡선 $y=g(x)$ 위의 점 P에서의 접선이 서로 수직일 때, $g(-1)$의 값을 구하시오.

04 접선과 곡선이 다시 만나는 점

곡선 $y=f(x)$ 위의 점 $(a, f(a))$에서의 접선이 이 곡선과 만나는 점 중 점 $(a, f(a))$가 아닌 점의 x좌표는 방정식 $f(x)=f'(a)(x-a)+f(a)$의 a가 아닌 실근이다.

≫ 올림포스 수학Ⅱ 42쪽

13 대표문제 ▸ 23643-0184

곡선 $y=-x^3+3x^2$ 위의 점 $(-1, 4)$에서의 접선이 이 곡선과 만나는 점 중 점 $(-1, 4)$가 아닌 점의 좌표가 (a, b)일 때, $a+b$의 값은?

① -48 ② -45 ③ -42
④ -39 ⑤ -36

14 상중하 ▸ 23643-0185

곡선 $y=x^3-2x^2-4x+12$ 위의 점 $P(2, 4)$에서의 접선이 이 곡선과 만나는 점 중 P가 아닌 점을 Q라 할 때, 삼각형 OPQ의 넓이를 구하시오. (단, O는 원점이다.)

15 상중하 ▸ 23643-0186

함수 $f(x)=x^3-2x^2+ax+1$에 대하여 곡선 $y=f(x)$ 위의 점 $A(1, f(1))$에서의 접선이 이 곡선과 만나는 점 중에서 A가 아닌 점을 B라 하자. $\overline{AB}=\sqrt{10}$일 때, 양수 a의 값은?

① 1 ② 2 ③ 3
④ 4 ⑤ 5

중요

05 기울기가 주어진 경우 접선의 방정식

곡선 $y=f(x)$의 접선의 기울기 m이 주어질 때
(i) 접점의 좌표를 $(a, f(a))$로 놓고 방정식 $f'(a)=m$을 만족시키는 실수 a의 값을 구한다.
(ii) $y-f(a)=m(x-a)$임을 이용하여 접선의 방정식을 구한다.

≫ 올림포스 수학Ⅱ 42쪽

16 대표문제 ▸ 23643-0187

곡선 $y=x^3+3x^2+5x$에 접하고 기울기가 2인 직선의 방정식이 $y=mx+n$일 때, $m+n$의 값은? (단, m, n은 상수이다.)

① -2 ② -1 ③ 0
④ 1 ⑤ 2

17 상중하 ▸ 23643-0188

곡선 $y=x^2-5x+7$에 접하고 기울기가 -1인 직선의 y절편은?

① 1 ② 2 ③ 3
④ 4 ⑤ 5

18 상중하 ▸ 23643-0189

곡선 $y=x^3-3x^2-6x+9$에 접하고 기울기가 3인 직선 중 y절편이 음수인 직선의 x절편은?

① 3 ② 4 ③ 5
④ 6 ⑤ 7

19 상중하

▶ 23643-0190

직선 $y=-\frac{1}{2}x+4$와 수직이고 곡선 $y=x^3-6x^2+14x-6$에 접하는 직선의 y절편은?

① 2 ② 4 ③ 6
④ 8 ⑤ 10

20 상중하

▶ 23643-0191

곡선 $y=x^3-x+7$ 위의 점 $(1, 7)$에서의 접선 l과 기울기가 같으면서 이 곡선에 접하는 다른 접선 m이 점 $(k, -k)$를 지날 때, k의 값은?

① -5 ② -4 ③ -3
④ -2 ⑤ -1

21 상중하

▶ 23643-0192

함수 $f(x)=x^3-\frac{3}{2}x^2-4x+1$에 대하여 곡선 $y=f(x)$에 접하고 기울기가 2인 두 직선 사이의 거리는?

① $\frac{13\sqrt{5}}{5}$ ② $\frac{27\sqrt{5}}{10}$ ③ $\frac{14\sqrt{5}}{5}$
④ $\frac{29\sqrt{5}}{10}$ ⑤ $3\sqrt{5}$

06 곡선과 직선이 접할 때 미정계수의 결정

접점의 좌표를 $(a, f(a))$로 놓고, 접선의 방정식 $y=f'(a)(x-a)+f(a)$가 주어진 직선의 방정식과 일치함을 이용하여 미정계수를 구한다.

» 올림포스 수학Ⅱ 42쪽

22 대표문제

▶ 23643-0193

곡선 $y=x^3+3x^2-6x+k$와 직선 $y=3x-7$이 접하도록 하는 모든 실수 k의 값의 합은?

① -38 ② -36 ③ -34
④ -32 ⑤ -30

23 상중하

▶ 23643-0194

곡선 $y=x^3-9x+k$와 직선 $y=3x+2k$가 접하도록 하는 양수 k의 값을 구하시오.

24 상중하

▶ 23643-0195

곡선 $y=x^2-3x+5$ 위의 점 $(2, 3)$에서의 접선이 곡선 $y=x^3-x^2+k$와 접하도록 하는 모든 실수 k의 값의 합은?

① $\frac{8}{3}$ ② $\frac{74}{27}$ ③ $\frac{76}{27}$
④ $\frac{26}{9}$ ⑤ $\frac{80}{27}$

중요

07 곡선 위에 있지 않은 점에서 그은 접선의 방정식

곡선 $y=f(x)$ 위에 있지 않은 점 (x_1, y_1)이 주어질 때

(i) 접점의 좌표를 $(a, f(a))$로 놓는다.

(ii) $y-f(a)=f'(a)(x-a)$에 $x=x_1$, $y=y_1$을 대입하여 a의 값을 구한다.

(iii) (ii)의 식에 a의 값을 대입하여 접선의 방정식을 구한다.

≫ 올림포스 수학Ⅱ 42쪽

25 대표문제

▸ 23643-0196

점 $(1, 3)$에서 곡선 $y=x^3-2x$에 그은 접선의 x절편은?

① -3　② $-\frac{5}{2}$　③ -2
④ $-\frac{3}{2}$　⑤ -1

26 상중하

▸ 23643-0197

점 $(2, -2)$에서 곡선 $y=x^2-5x+5$에 그은 서로 다른 두 접선을 l_1, l_2라 할 때, 두 직선 l_1, l_2의 기울기의 합은?

① -4　② -2　③ 0
④ 2　⑤ 4

27 상중하

▸ 23643-0198

점 $(2, 7)$에서 곡선 $y=x^3-4x^2+5x-3$에 그은 접선의 방정식이 $y=mx+n$일 때, $m+n$의 값은?

(단, m, n은 상수이다.)

① 1　② 2　③ 3
④ 4　⑤ 5

28 상중하

▸ 23643-0199

함수 $f(x)=-x^2+4x-2$에 대하여 점 $(2, 3)$에서 곡선 $y=f(x)$에 그은 서로 다른 두 접선을 l, m이라 하자. 직선 l과 직선 m이 곡선 $y=f(x)$와 만나는 점을 각각 A, B라 할 때, 선분 AB의 길이는?

① $\sqrt{2}$　② 2　③ $\sqrt{6}$
④ $2\sqrt{2}$　⑤ $\sqrt{10}$

29 상중하

▸ 23643-0200

곡선 $y=x^3+2x^2+4$의 접선 중 원점을 지나는 직선이 점 $(a, -2a+3)$을 지날 때, a의 값은?

① $\frac{1}{3}$　② $\frac{2}{3}$　③ 1
④ $\frac{4}{3}$　⑤ $\frac{5}{3}$

30 상중하

▸ 23643-0201

제2사분면 위의 점 $(-1, k)$에서 곡선 $y=-x^2+5x+6$에 그은 두 접선이 서로 수직일 때, k의 값은?

① $\frac{15}{2}$　② $\frac{35}{4}$　③ 10
④ $\frac{45}{4}$　⑤ $\frac{25}{2}$

08 두 곡선에 동시에 접하는 직선의 방정식

곡선 $y=f(x)$ 위의 점 $(a,\ f(a))$에서의 접선과 곡선 $y=g(x)$ 위의 점 $(a, g(a))$에서의 접선이 일치하는 경우 $f(a)=g(a)$, $f'(a)=g'(a)$임을 이용하여 직선의 방정식을 구한다.

>> 올림포스 수학Ⅱ 42쪽

31 대표문제 ▸ 23643-0202

두 곡선 $y=x^3+x^2+2$, $y=x^2+3x$의 교점 $(a,\ b)$에서의 접선이 서로 같을 때, $a+b$의 값은?

① 1 ② 3 ③ 5 ④ 7 ⑤ 9

32 상중하 ▸ 23643-0203

두 곡선 $y=x^3+ax^2-2x$, $y=x^4+bx^2+cx$의 교점 $(-1,\ 3)$에서의 접선이 서로 같을 때, $a+b+c$의 값은? (단, a, b, c는 상수이다.)

① -10 ② -9 ③ -8 ④ -7 ⑤ -6

33 상중하 ▸ 23643-0204

함수 $f(x)=2x^2-3x+3$에 대하여 곡선 $y=f(x)$ 위의 점 $\mathrm{A}(2,\ f(2))$에서의 접선을 l이라 하자. 곡선 $y=x^3+ax^2+bx+1$이 직선 l과 점 A에서 접할 때, $a+b$의 값은? (단, a, b는 상수이다.)

① $\frac{1}{2}$ ② 1 ③ $\frac{3}{2}$ ④ 2 ⑤ $\frac{5}{2}$

09 접선과 좌표축으로 둘러싸인 도형의 넓이

(ⅰ) 접선의 방정식을 구한다.
(ⅱ) 접선의 x절편과 y절편을 찾는다.
(ⅲ) 접선과 x축 및 y축으로 둘러싸인 도형의 넓이를 구한다.

>> 올림포스 수학Ⅱ 42쪽

34 대표문제 ▸ 23643-0205

곡선 $y=2x^3-3x$ 위의 점 $(1,\ -1)$에서의 접선과 x축 및 y축으로 둘러싸인 부분의 넓이는?

① $\frac{7}{3}$ ② $\frac{5}{2}$ ③ $\frac{8}{3}$ ④ $\frac{17}{6}$ ⑤ 3

35 상중하 ▸ 23643-0206

곡선 $y=-x^2+7x+2$에 접하고 기울기가 3인 직선과 x축 및 y축으로 둘러싸인 부분의 넓이는?

① $\frac{3}{2}$ ② 3 ③ $\frac{9}{2}$ ④ 6 ⑤ $\frac{15}{2}$

36 상중하 ▸ 23643-0207

함수 $f(x)=x^3+ax+1$에 대하여 곡선 $y=f(x)$ 위의 점 $(2,\ 3)$에서의 접선과 x축 및 y축으로 둘러싸인 부분의 넓이는? (단, a는 상수이다.)

① $\frac{15}{2}$ ② $\frac{35}{4}$ ③ 10 ④ $\frac{45}{4}$ ⑤ $\frac{25}{2}$

37 상중하 ▸ 23643-0208

점 $(-1,\ 3)$에서 곡선 $y=x^2+x+4$에 그은 두 접선과 x축으로 둘러싸인 부분의 넓이를 구하시오.

38 상중하 ▸ 23643-0209

다항함수 $f(x)$가

$$\lim_{x\to 1}\frac{f(x)-4}{x^2-1}=3$$

을 만족시킬 때, 곡선 $y=f(x)$ 위의 점 $(1,\ f(1))$에서의 접선과 x축 및 y축으로 둘러싸인 부분의 넓이는?

① $\frac{1}{6}$　② $\frac{1}{3}$　③ $\frac{1}{2}$　④ $\frac{2}{3}$　⑤ $\frac{5}{6}$

39 상중하 ▸ 23643-0210

함수 $f(x)=x^4-3x^2+a$에 대하여 곡선 $y=f(x)$ 위의 점 $(1,\ f(1))$에서의 접선과 x축, y축으로 둘러싸인 도형의 넓이가 3이 되도록 하는 양수 a의 값은?

① 2　② $2\sqrt{2}$　③ $2\sqrt{3}$　④ 4　⑤ $2\sqrt{5}$

10 롤의 정리

함수 $f(x)$가 닫힌구간 $[a,\ b]$에서 연속이고 열린구간 $(a,\ b)$에서 미분가능할 때, $f(a)=f(b)$이면

$f'(c)=0$

인 c가 열린구간 $(a,\ b)$에 적어도 하나 존재한다.

≫ 올림포스 수학Ⅱ 43쪽

40 대표문제 ▸ 23643-0211

함수 $f(x)=(x+1)(x-6)^2$에 대하여 닫힌구간 $[-1,\ 6]$에서 롤의 정리를 만족시키는 실수 c의 값은?

① 1　② $\frac{4}{3}$　③ $\frac{5}{3}$　④ 2　⑤ $\frac{7}{3}$

41 상중하 ▸ 23643-0212

함수 $f(x)=-x^3+2x^2+5$에 대하여 $f'(c)=0$을 만족시키고 열린구간 $(0,\ 2)$에 속하는 실수 c의 값은?

① $\frac{1}{3}$　② $\frac{2}{3}$　③ 1　④ $\frac{4}{3}$　⑤ $\frac{5}{3}$

42 상중하 ▸ 23643-0213

함수 $f(x)=\frac{1}{2}x^4-2x^3-x^2+6x+1$에 대하여 닫힌구간 $[-2,\ 4]$에서 롤의 정리를 만족시키는 모든 실수 c의 값의 합을 구하시오.

11 평균값 정리

함수 $f(x)$가 닫힌구간 $[a, b]$에서 연속이고 열린구간 (a, b)에서 미분가능할 때

$$\frac{f(b)-f(a)}{b-a}=f'(c)$$

인 c가 열린구간 (a, b)에 적어도 하나 존재한다.

>> 올림포스 수학Ⅱ 43쪽

43 대표문제

▸ 23643-0214

함수 $f(x)=x^3+5x^2-8$에 대하여 닫힌구간 $[-1, 2]$에서 평균값 정리를 만족시키는 실수 c의 값은?

① $\frac{1}{6}$ ② $\frac{1}{3}$ ③ $\frac{1}{2}$
④ $\frac{2}{3}$ ⑤ $\frac{5}{6}$

44 상중하

▸ 23643-0215

함수 $f(x)=x^3-4x$에 대하여 $\frac{f(1)-f(-2)}{3}=f'(c)$를 만족시키고 열린구간 $(-2, 1)$에 속하는 실수를 c라 하자. $f(c+3)+f'(c+3)$의 값은?

① 6 ② 7 ③ 8
④ 9 ⑤ 10

45 상중하

▸ 23643-0216

다음 조건을 만족시키는 모든 다항함수 $f(x)$에 대하여 $f(3)$의 최댓값을 구하시오.

(가) $f(-1)=-1$
(나) $-1<x<3$인 모든 실수 x에 대하여 $f'(x)\leq 2$이다.

12 함수의 증가와 감소

함수 $f(x)$가 어떤 열린구간에서 미분가능하고, 이 구간에 속하는 모든 x에 대하여

(1) $f'(x)>0$이면 함수 $f(x)$는 이 구간에서 증가한다.
(2) $f'(x)<0$이면 함수 $f(x)$는 이 구간에서 감소한다.

>> 올림포스 수학Ⅱ 43쪽

46 대표문제

▸ 23643-0217

함수 $f(x)=x^3+3x^2-24x+9$가 닫힌구간 $[a, b]$에서 감소할 때, $b-a$의 최댓값은?

① 3 ② 4 ③ 5
④ 6 ⑤ 7

47 상중하

▸ 23643-0218

함수 $f(x)=-\frac{1}{3}x^3+x^2+15x-3$이 닫힌구간 $[-a, a]$에서 증가할 때, 양수 a의 최댓값은?

① 1 ② 2 ③ 3
④ 4 ⑤ 5

48 상중하

▸ 23643-0219

최고차항의 계수가 1인 삼차함수 $f(x)$가 감소하는 모든 x의 값의 범위가 $-1\leq x\leq 2$이다. $f(0)=1$일 때, $f(4)$의 값을 구하시오.

13 함수가 증가 또는 감소하기 위한 조건

상수함수가 아닌 다항함수 $f(x)$에 대하여

(1) 함수 $f(x)$가 실수 전체의 집합에서 증가하면 모든 실수 x에 대하여 $f'(x)\ge 0$이다.

(2) 함수 $f(x)$가 실수 전체의 집합에서 감소하면 모든 실수 x에 대하여 $f'(x)\le 0$이다.

» 올림포스 수학Ⅱ 43쪽

49 대표문제 ▸ 23643-0220

함수 $f(x)=-x^3-7x^2+ax$가 실수 전체의 집합에서 감소하도록 하는 정수 a의 최댓값은?

① -19 ② -17 ③ -15
④ -13 ⑤ -11

50 상중하 ▸ 23643-0221

함수 $f(x)=x^3+ax^2+7x-4$가 임의의 두 실수 x_1, x_2에 대하여 $x_1\neq x_2$이면 $f(x_1)\neq f(x_2)$를 만족시키도록 하는 정수 a의 최댓값은?

① 1 ② 2 ③ 3
④ 4 ⑤ 5

51 상중하 ▸ 23643-0222

함수 $f(x)=\frac{1}{2}x^3-4x^2+ax$가 역함수를 갖도록 하는 실수 a의 최솟값은?

① 8 ② $\frac{26}{3}$ ③ $\frac{28}{3}$
④ 10 ⑤ $\frac{32}{3}$

52 상중하 ▸ 23643-0223

함수 $f(x)=x^3+ax^2+2ax+3a$가 $x_1<x_2$인 모든 실수 x_1, x_2에 대하여 $f(x_1)<f(x_2)$를 만족시키도록 하는 정수 a의 개수는?

① 1 ② 3 ③ 5
④ 7 ⑤ 9

53 상중하 ▸ 23643-0224

실수 a에 대하여 함수 $f(x)=x^3-2x^2+ax$가 실수 전체의 집합에서 증가할 때, $f(3)$의 최솟값은?

① 11 ② 13 ③ 15
④ 17 ⑤ 19

54 상중하 ▸ 23643-0225

함수 $f(x)=x^3-x^2+|x-a|$가 실수 전체의 집합에서 증가하도록 하는 실수 a의 최댓값은?

① $-\frac{2}{3}$ ② $-\frac{1}{3}$ ③ 0
④ $\frac{1}{3}$ ⑤ $\frac{2}{3}$

14 주어진 구간에서 함수가 증가 또는 감소하기 위한 조건

상수함수가 아닌 다항함수 $f(x)$에 대하여 $f(x)$가 어떤 구간에서 증가(감소)하기 위한 필요충분조건은 이 구간에 속하는 모든 x에 대하여 $f'(x)\ge 0$ $(f'(x)\le 0)$이다.

>> 올림포스 수학Ⅱ 43쪽

55 대표문제 ▶ 23643-0226

함수 $f(x)=x^3-4x^2+ax-3$이 닫힌구간 $[2, 4]$에서 증가하도록 하는 실수 a의 최솟값은?

① 1 ② 2 ③ 3
④ 4 ⑤ 5

56 상중하 ▶ 23643-0227

함수 $f(x)=x^4-4x^3+4$와 구간 $(-\infty, k]$에 속하는 임의의 두 실수 x_1, x_2에 대하여 $x_1<x_2$일 때 $f(x_1)>f(x_2)$가 되도록 하는 실수 k의 최댓값은?

① 1 ② 2 ③ 3
④ 4 ⑤ 5

57 상중하 ▶ 23643-0228

정의역이 $\{x|x\ge a\}$인 함수 $f(x)=4x^3-6x^2-9x$가 다음 조건을 만족시키도록 하는 실수 a의 최솟값은?

> 정의역에 속하는 임의의 서로 다른 두 실수 x_1, x_2에 대하여 $(x_1-x_2)\{f(x_1)-f(x_2)\}>0$이다.

① $\frac{1}{2}$ ② 1 ③ $\frac{3}{2}$
④ 2 ⑤ $\frac{5}{2}$

15 함수의 극대와 극소 (중요)

미분가능한 함수 $f(x)$에 대하여 $f'(a)=0$을 만족시키는 a의 값을 구한 뒤, $x=a$의 좌우에서 $f'(x)$의 부호가

(1) 양$(+)$에서 음$(-)$으로 바뀌면 함수 $f(x)$는 $x=a$에서 극대이고, 극댓값 $f(a)$를 갖는다.

(2) 음$(-)$에서 양$(+)$으로 바뀌면 함수 $f(x)$는 $x=a$에서 극소이고, 극솟값 $f(a)$를 갖는다.

>> 올림포스 수학Ⅱ 44쪽

58 대표문제 ▶ 23643-0229

함수 $f(x)=2x^3-3x^2-12x+4$는 $x=a$에서 극대이고, $x=b$에서 극소이다. $f(a)+f(b)$의 값은? (단, a, b는 상수이다.)

① -5 ② -4 ③ -3
④ -2 ⑤ -1

59 상중하 ▶ 23643-0230

함수 $f(x)=-2x^3+9x^2+24x+7$의 극솟값은?

① -15 ② -12 ③ -9
④ -6 ⑤ -3

60 상중하 ▶ 23643-0231

함수 $f(x)=x^4-4x^3-2x^2+12x$의 극댓값은?

① 7 ② 10 ③ 13
④ 16 ⑤ 19

61 상중하

▶ 23643-0232

함수 $f(x)=x^4-\frac{16}{3}x^3+2x^2+24x$가 $x=a$에서 극값을 가질 때, 모든 실수 a의 값의 합은?

① -4　② -2　③ 0　④ 2　⑤ 4

62 상중하

▶ 23643-0233

최고차항의 계수가 1인 삼차함수 $f(x)$가 $x=-1$, $x=3$에서 각각 극값을 갖는다. 함수 $f(x)$의 모든 극값의 합이 4일 때, $f(1)$의 값은?

① 1　② 2　③ 3　④ 4　⑤ 5

63 상중하

▶ 23643-0234

함수 $f(x)=2x^3-15x^2+24$는 $x=a$에서 극대이고, $x=b$에서 극소이다. 곡선 $y=f(x)$ 위의 두 점 $\mathrm{A}(a, f(a))$, $\mathrm{B}(b, f(b))$에 대하여 삼각형 OAB의 넓이를 구하시오.

(단, O는 원점이고, a, b는 상수이다.)

16 함수의 극값과 미정계수의 결정

미분가능한 함수 $f(x)$가 $x=a$에서 극값 b를 가지면 $f'(a)=0$, $f(a)=b$이다.

≫ 올림포스 수학 Ⅱ 44쪽

64 대표문제

▶ 23643-0235

함수 $f(x)=x^3+ax^2+bx+2$가 $x=1$에서 극댓값 4를 가질 때, $f(2)$의 값은? (단, a, b는 상수이다.)

① 4　② 5　③ 6　④ 7　⑤ 8

65 상중하

▶ 23643-0236

함수 $f(x)=x^3-3x^2-9x+a$의 극댓값이 12일 때, 함수 $f(x)$의 극솟값은? (단, a는 상수이다.)

① -20　② -18　③ -16　④ -14　⑤ -12

66 상중하

▶ 23643-0237

함수 $f(x)=x^3+ax^2+bx+2a$가 $x=-3$, $x=1$에서 각각 극값을 가질 때, $f(2)$의 값은? (단, a, b는 상수이다.)

① 2　② 4　③ 6　④ 8　⑤ 10

67 상중하

▶ 23643-0238

함수 $f(x)=x^3+3ax^2-108$에 대하여 곡선 $y=f(x)$가 x축에 접할 때, $f(a+1)$의 값은? (단, a는 상수이다.)

① 84 ② 88 ③ 92 ④ 96 ⑤ 100

68 상중하

▶ 23643-0239

함수 $f(x)=x^4-x^3+ax^2+b$가 $x=2$에서 극소이다. 함수 $f(x)$의 극댓값이 7일 때, $f(1)$의 값은?

(단, a, b는 상수이다.)

① 1 ② 2 ③ 3 ④ 4 ⑤ 5

69 상중하

▶ 23643-0240

함수 $f(x)=x^3-ax^2-4x+a$가 $x=a$에서 극소일 때, 함수 $f(x)$의 극댓값은? (단, a는 상수이다.)

① $\frac{10}{3}$ ② $\frac{92}{27}$ ③ $\frac{94}{27}$ ④ $\frac{32}{9}$ ⑤ $\frac{98}{27}$

17 도함수의 그래프와 함수의 극값

그림과 같이 미분가능한 함수 $f(x)$에 대하여 $f'(a)=0$이고 $x=a$의 좌우에서 $f'(x)$의 부호가

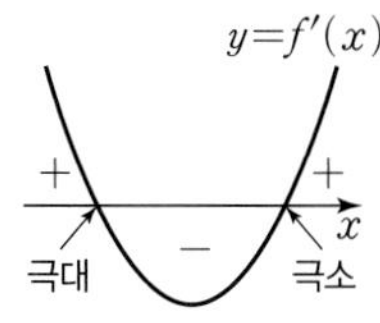

(1) 양에서 음으로 바뀌면 $f(x)$는 $x=a$에서 극대이다.

(2) 음에서 양으로 바뀌면 $f(x)$는 $x=a$에서 극소이다.

>> 올림포스 수학Ⅱ 44쪽

70 대표문제

▶ 23643-0241

최고차항의 계수가 1인 삼차함수 $f(x)$의 도함수 $y=f'(x)$의 그래프가 그림과 같다. 함수 $f(x)$의 극댓값과 극솟값의 합이 12일 때, $f(0)$의 값은? (단, $f'(-2)=f'(1)=0$)

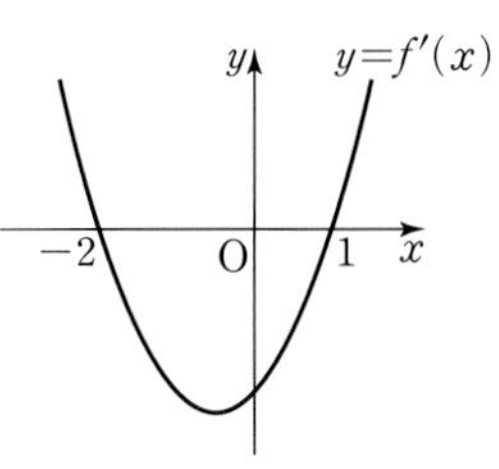

① 2 ② $\frac{9}{4}$ ③ $\frac{5}{2}$ ④ $\frac{11}{4}$ ⑤ 3

71 상중하

▶ 23643-0242

삼차함수 $f(x)$의 도함수 $y=f'(x)$의 그래프가 그림과 같다. 함수 $f(x)$의 극댓값이 10이고 $f(0)=0$일 때, $f(-2)$의 값은? (단, $f'(-1)=f'(3)=0$)

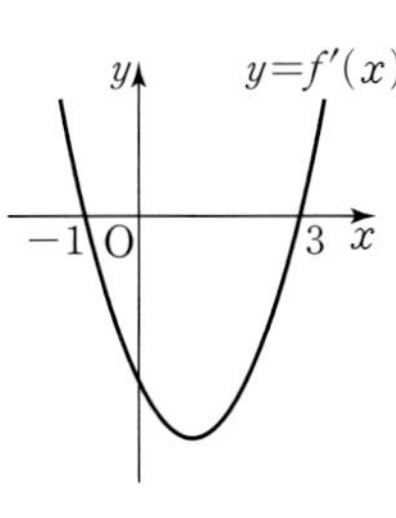

① -5 ② -4 ③ -3 ④ -2 ⑤ -1

18 도함수의 그래프 해석

함수 $y=f(x)$의 도함수 $y=f'(x)$의 그래프에서

(1) $f'(x)>0$인 구간에서 $f(x)$는 증가하고, $f'(x)<0$인 구간에서 $f(x)$는 감소한다.

(2) $f'(a)=0$이고 $x=a$의 좌우에서 $f'(x)$의 부호가 바뀌면 $f(x)$는 $x=a$에서 극값을 갖는다.

» 올림포스 수학Ⅱ 44쪽

72 대표문제

▸ 23643-0243

열린구간 $(0, 10)$에서 정의된 함수 $f(x)$의 도함수 $y=f'(x)$의 그래프가 그림과 같다. 함수 $f(x)$가 열린구간 $(a-1, a+1)$에서 증가하도록 하는 모든 자연수 a의 값의 합은?

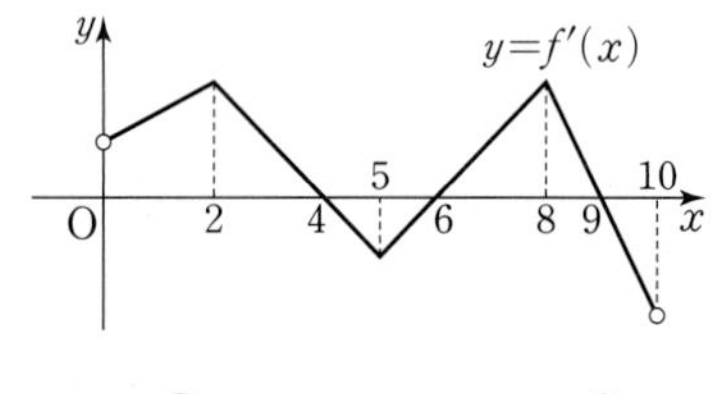

① 21 ② 23 ③ 25 ④ 27 ⑤ 29

73 상중하

▸ 23643-0244

사차함수 $f(x)$의 도함수 $y=f'(x)$의 그래프가 그림과 같다. 함수 $f(x)$가 열린구간 $(a, a+1)$에서 감소하도록 하는 양의 정수 a의 최댓값과 최솟값을 각각 p, q라 하고, 음의 정수 a의 최댓값을 r라 하자. $p+q+r$의 값을 구하시오.

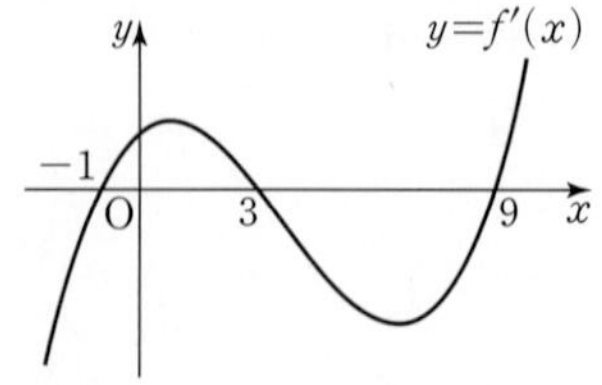

74 상중하

▸ 23643-0245

최고차항의 계수가 1인 삼차함수 $f(x)$의 도함수 $y=f'(x)$의 그래프가 그림과 같다. 함수 $g(x)=f(x)-kx^2$이 $x=3$에서 극값을 가질 때, 상수 k의 값은?

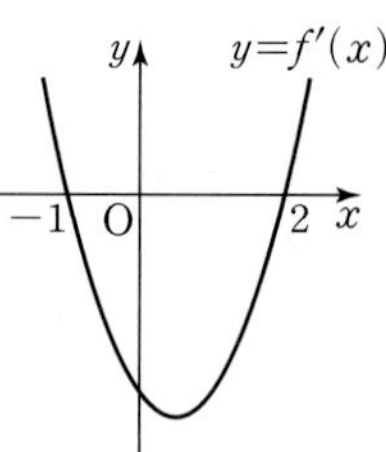

① 1 ② 2 ③ 3 ④ 4 ⑤ 5

75 상중하

▸ 23643-0246

삼차함수 $f(x)$의 도함수 $y=f'(x)$의 그래프와 이차함수 $g(x)$의 도함수 $y=g'(x)$의 그래프가 그림과 같다. 함수 $h(x)$를 $h(x)=f(x)-g(x)$라 할 때, **보기**에서 옳은 것만을 있는 대로 고른 것은?

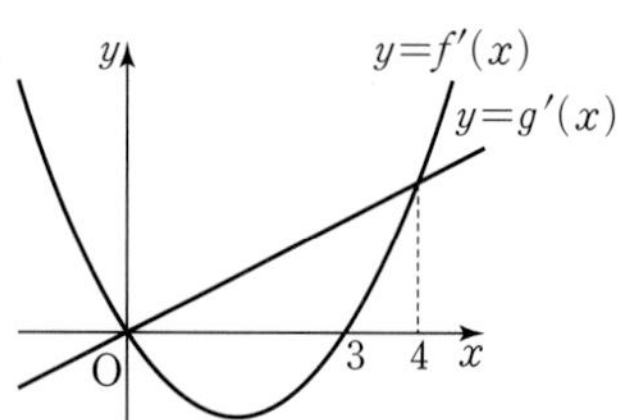

보기

ㄱ. $f(0)>f(3)$

ㄴ. $h(0)<h(3)$

ㄷ. 함수 $h(x)$는 $x=4$에서 극소이다.

① ㄱ ② ㄴ ③ ㄱ, ㄷ ④ ㄴ, ㄷ ⑤ ㄱ, ㄴ, ㄷ

19 삼차함수가 극값을 가질 조건

삼차함수 $f(x)$가 극값을 가질 필요충분조건은

(1) 이차방정식 $f'(x)=0$이 서로 다른 두 실근을 갖는다.

(2) 이차방정식 $f'(x)=0$의 판별식 D의 값이 $D>0$이다.

올림포스 수학Ⅱ 44쪽

76 대표문제 ▶ 23643-0247

함수 $f(x)=x^3+ax^2+5x-4$가 극값을 갖도록 하는 자연수 a의 최솟값을 구하시오.

77 상중하 ▶ 23643-0248

함수 $f(x)=-\frac{1}{3}x^3+3x^2+ax-1$이 극값을 갖도록 하는 정수 a의 최솟값은?

① -10 ② -8 ③ -6
④ -4 ⑤ -2

78 상중하 ▶ 23643-0249

함수 $f(x)=x^3+ax^2+4ax+2$가 극값을 갖도록 하는 20 이하의 자연수 a의 개수는?

① 2 ② 4 ③ 6
④ 8 ⑤ 10

79 상중하 ▶ 23643-0250

함수 $f(x)=ax^3-6x^2+ax-6$이 극값을 갖도록 하는 모든 자연수 a의 값의 합을 구하시오.

80 상중하 ▶ 23643-0251

함수 $f(x)=x^3+(k+4)x^2+(k+10)x+7$이 극값을 갖도록 하는 양의 정수 k의 최솟값을 α, 음의 정수 k의 최댓값을 β라 할 때, $\alpha-\beta$의 값은?

① 11 ② 12 ③ 13
④ 14 ⑤ 15

81 상중하 ▶ 23643-0252

함수 $f(x)=x^3+2x^2+ax$가 열린구간 $(-3, -1)$에서 극댓값을 갖도록 하는 모든 정수 a의 개수는?

① 9 ② 12 ③ 15
④ 18 ⑤ 21

>> 정답과 풀이 59쪽

20 삼차함수가 극값을 갖지 않을 조건

삼차함수 $f(x)$가 극값을 갖지 않을 필요충분조건은
(1) 이차방정식 $f'(x)=0$이 중근 또는 허근을 갖는다.
(2) 이차방정식 $f'(x)=0$의 판별식 D의 값이 $D\le 0$이다.

» 올림포스 수학Ⅱ 44쪽

82 대표문제 ▸ 23643-0253

함수 $f(x)=x^3+ax^2+12x-1$이 극값을 갖지 않도록 하는 모든 정수 a의 개수는?

① 11 ② 12 ③ 13
④ 14 ⑤ 15

83 상중하 ▸ 23643-0254

함수 $f(x)=x^3+2x^2+ax-1$이 극값을 갖지 않도록 하는 실수 a의 최솟값은?

① $\frac{1}{3}$ ② $\frac{2}{3}$ ③ 1
④ $\frac{4}{3}$ ⑤ $\frac{5}{3}$

84 상중하 ▸ 23643-0255

함수 $f(x)=\frac{1}{3}x^3-(k-2)x^2+\left(k-\frac{9}{4}\right)x-1$이 극값을 갖지 않도록 하는 실수 k의 값은?

① $\frac{5}{2}$ ② 3 ③ $\frac{7}{2}$
④ 4 ⑤ $\frac{9}{2}$

21 사차함수가 극댓값 또는 극솟값을 가질 조건

(1) 삼차방정식 $f'(x)=0$이 서로 다른 세 실근을 가지면 사차함수 $f(x)$는 극댓값, 극솟값을 모두 갖는다.
(2) 삼차방정식 $f'(x)=0$이 한 실근과 두 허근 또는 한 실근과 중근 또는 삼중근을 가지면 사차함수 $f(x)$는 극댓값 또는 극솟값 중 하나만 갖는다.

» 올림포스 수학Ⅱ 44쪽

85 대표문제 ▸ 23643-0256

함수 $f(x)=x^4-8x^3+2ax^2-2$가 극댓값과 극솟값을 모두 갖도록 하는 자연수 a의 개수를 구하시오.

86 상중하 ▸ 23643-0257

함수 $f(x)=x^4-2x^3+ax^2+(2-2a)x$가 극댓값을 갖도록 하는 정수 a의 최댓값은?

① -2 ② -1 ③ 0
④ 1 ⑤ 2

87 상중하 ▸ 23643-0258

함수 $f(x)=x^4+4kx^3+12x^2-2$가 극댓값을 갖지 않도록 하는 실수 k의 최댓값을 M, 최솟값을 m이라 할 때, M^2+m^2의 값은?

① 4 ② $\frac{16}{3}$ ③ $\frac{20}{3}$
④ 8 ⑤ $\frac{28}{3}$

서술형 완성하기

» 정답과 풀이 60쪽

01

▸ 23643-0259

실수 t에 대하여 곡선 $y=\frac{1}{3}x^3-2tx^2+6t^2x$에 접하는 직선의 기울기가 최소일 때, 이 접선의 y절편을 $f(t)$라 하자. $f(2)+f'(2)=\frac{q}{p}$일 때, $p+q$의 값을 구하시오.

(단, p와 q는 서로소인 자연수이다.)

02 내신기출

▸ 23643-0260

다항함수 $y=f(x)$의 그래프 위의 점 $(-2, -3)$에서의 접선이 원점을 지난다. 함수 $g(x)=(x^2+2)f(x)$에 대하여 곡선 $y=g(x)$ 위의 점 $(-2, g(-2))$에서의 접선과 x축 및 y축으로 둘러싸인 부분의 넓이를 구하시오.

03

▸ 23643-0261

함수 $f(x)=-4x^3+ax^2+(a-9)x+1$이 임의의 서로 다른 두 실수 x_1, x_2에 대하여 $(x_1-x_2)\{f(x_1)-f(x_2)\}<0$을 만족시키도록 하는 실수 a의 최댓값을 M, 최솟값을 m이라 할 때, $M-m$의 값을 구하시오.

04

▸ 23643-0262

다항함수 $f(x)$가 다음 조건을 만족시킨다.

(가) $\lim_{x\to\infty}\frac{f(x)-x^3}{2x^2}=3$

(나) 곡선 $y=f(x)$는 점 $(1, f(1))$에서 x축과 접한다.

함수 $f(x)$의 극댓값을 구하시오.

05 내신기출

▸ 23643-0263

두 함수 $f(x)=x^3+ax^2+bx+c$, $g(x)=x^2+ax+b$가 다음 조건을 만족시킬 때, $f(3)+g(3)$의 값을 구하시오.

(단, a, b, c는 상수이다.)

(가) 두 함수 $f(x)$, $g(x)$는 $x=2$에서 극값을 갖는다.

(나) 함수 $f(x)$의 극댓값은 $\frac{5}{27}$이다.

06

▸ 23643-0264

최고차항의 계수가 1인 삼차함수 $f(x)$의 도함수 $f'(x)$에 대하여 함수 $y=f'(x)+a$의 그래프가 두 점 $(-1, 0)$, $(3, 0)$을 지난다. 함수 $f(x)$가 극값을 갖지 않도록 하는 정수 a의 최댓값을 구하시오.

≫ 올림포스 수학Ⅱ 49쪽

내신 + 수능 고난도 도전

▶ 23643-0265

01 두 다항함수 $f(x)$, $g(x)$에 대하여

$$\lim_{x \to 1} \frac{f(x)-3}{x-1}=a, \lim_{x \to 1} \frac{g(x)-b}{x-1}=2$$

일 때, 함수 $y=f(x)\{f(x)-g(x)\}$의 그래프는 직선 $y=4x+2$와 점 $(1, 6)$에서 접한다. 두 상수 a, b에 대하여 $a+b$의 값은?

① 1 ② 2 ③ 3 ④ 4 ⑤ 5

▶ 23643-0266

02 최고차항의 계수와 상수항이 모두 1인 삼차함수 $f(x)$가 다음 조건을 만족시킨다.

(가) 함수 $y=f(x)$의 그래프 위의 점 $(1, f(1))$에서의 접선이 원점을 지난다.
(나) 함수 $y=f(x)$의 그래프 위의 점 $(2, f(2))$에서의 접선은 x축과 평행하다.

$f(-2)$의 값을 구하시오.

▶ 23643-0267

03 함수 $f(x)=ax^3+ax^2+bx+1$의 역함수가 존재하도록 하는 10 이하의 두 자연수 a, b의 모든 순서쌍 (a, b)의 개수를 구하시오.

▶ 23643-0268

04 함수 $f(x)=\frac{1}{6}x^3+(a-1)x^2+(a+20)x$와 모든 실수 k에 대하여 곡선 $y=f(x)$와 직선 $y=k$가 만나는 점의 개수가 1이 되도록 하는 모든 정수 a의 개수는?

① 5 ② 7 ③ 9 ④ 11 ⑤ 13

▶ 23643-0269

05 삼차함수 $f(x)$가 다음 조건을 만족시킬 때, $f(3)$의 값을 구하시오.

> (가) $f(1)=f(7)=4$
> (나) 함수 $f(x)$는 $x=1$에서 극소이다.
> (다) 함수 $f(x)$의 극댓값은 100이다.

▶ 23643-0270

06 함수 $f(x)=2x^3-3x^2-12x+a$가 $x=\alpha$에서 극대이고 $x=\beta$에서 극소일 때, 두 점 A, B를 $\mathrm{A}(\alpha,\ f(\alpha))$, $\mathrm{B}(\beta,\ f(\beta))$라 하자. 좌표평면의 원점을 중심으로 하고 점 A를 지나는 원이 점 B도 지날 때, 상수 a의 값은?

① $\frac{17}{3}$　② $\frac{53}{9}$　③ $\frac{55}{9}$　④ $\frac{19}{3}$　⑤ $\frac{59}{9}$

▶ 23643-0271

07 최고차항의 계수와 상수항이 모두 1이고, 나머지 항의 계수가 모두 자연수인 삼차함수 $f(x)$가 있다. 다음 조건을 만족시키는 삼차함수 $f(x)$에 대하여 $f(-1)$의 최솟값은?

> (가) $f(1)=9$
> (나) 함수 $f(x)$는 극댓값과 극솟값을 모두 갖는다.

① -3　② -1　③ 1　④ 3　⑤ 5

▶ 23643-0272

08 최고차항의 계수가 1인 사차함수 $f(x)$가 다음 조건을 만족시킬 때, 함수 $f(x)$의 극솟값은?

> (가) $f(-2)=f(2)=f'(2)=0$
> (나) 함수 $f(x)$는 극댓값을 갖지 않는다.

① -36　② -33　③ -30　④ -27　⑤ -24

05 도함수의 활용 (2)

01 함수의 그래프

함수 $y=f(x)$의 그래프는 다음과 같은 방법으로 그린다.

① 도함수 $f'(x)$를 구하고, $f'(x)=0$을 만족시키는 x의 값을 구한다.

② 함수 $f(x)$의 증가와 감소, 극대와 극소를 조사한다.

③ 그래프가 좌표축과 만나는 점을 이용하여 함수 $y=f(x)$의 그래프를 그린다.

예 함수 $f(x)=x^3-3x+1$의 그래프를 그려 보자.

$f'(x)=3x^2-3=3(x+1)(x-1)$이므로 $f'(x)=0$에서 $x=-1$ 또는 $x=1$

함수 $f(x)$의 증가와 감소를 표로 나타내면 다음과 같다.

x	$\cdots$	-1	$\cdots$	1	$\cdots$
$f'(x)$	$+$	0	$-$	0	$+$
$f(x)$	↗	3	↘	-1	↗

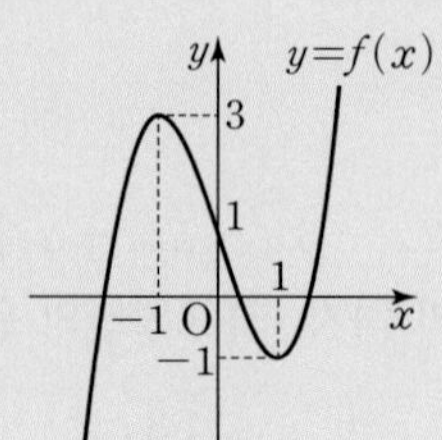

함수 $f(x)$는 $x=-1$에서 극댓값 3, $x=1$에서 극솟값 -1을 갖는다. 또한 $f(0)=1$이므로 함수 $y=f(x)$의 그래프는 그림과 같다.

최고차항의 계수가 양수인 삼차함수 $f(x)$에 대하여 이차방정식 $f'(x)=0$의 판별식을 D라 할 때, 함수 $y=f(x)$의 그래프의 개형은 그림과 같다.

① $D<0$인 경우

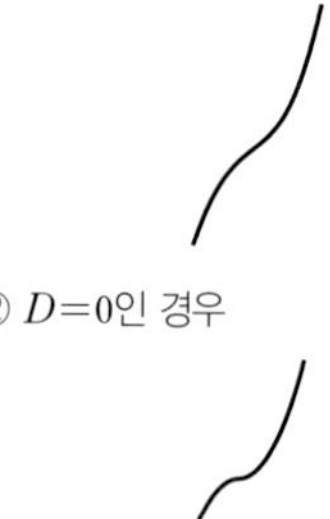

② $D=0$인 경우

③ $D>0$인 경우

02 함수의 최대와 최소

(1) 함수 $f(x)$가 닫힌구간 $[a, b]$에서 연속이면 최대·최소 정리에 의하여 함수 $f(x)$는 이 구간에서 반드시 최댓값과 최솟값을 갖는다.

(2) 함수 $f(x)$가 닫힌구간 $[a, b]$에서 연속일 때, 함수 $f(x)$의 최댓값과 최솟값은 다음과 같은 방법으로 구한다.

① 닫힌구간 $[a, b]$에서 함수 $f(x)$의 극댓값과 극솟값을 구한다.

② 닫힌구간 $[a, b]$의 양 끝점에서의 함숫값 $f(a)$, $f(b)$를 구한다.

③ ①과 ②에서 구한 극댓값, 극솟값, $f(a)$, $f(b)$ 중에서 가장 큰 값이 최댓값이고, 가장 작은 값이 최솟값이다.

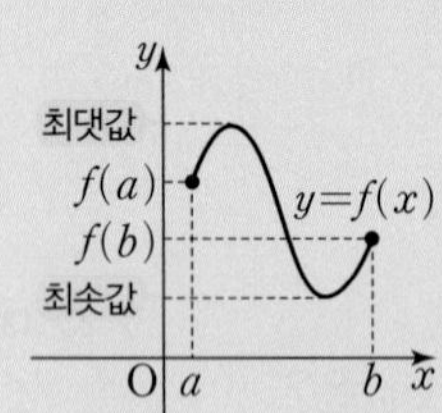

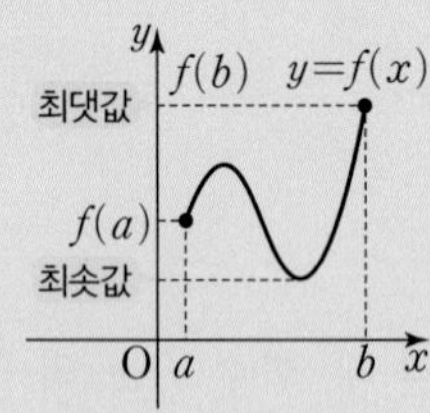

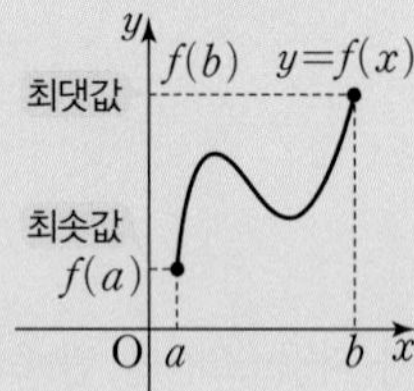

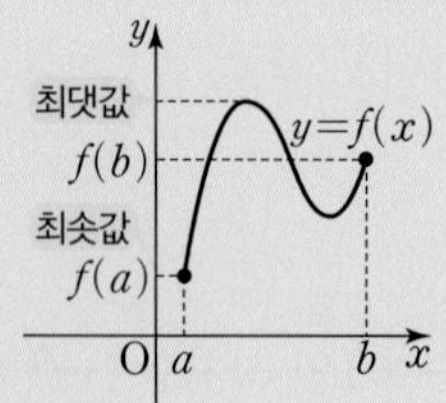

(3) 함수의 최대와 최소의 활용

도형의 길이, 넓이, 부피 등의 최댓값 또는 최솟값은 다음과 같은 방법으로 구한다.

① 주어진 조건에 적합한 변수를 정하여 미지수 x로 놓고 x의 값의 범위를 구한다.

② 도형의 길이, 넓이, 부피 등을 함수 $f(x)$로 나타낸다.

③ 함수 $y=f(x)$의 그래프를 이용하여 ①에서 구한 x의 값의 범위에서 함수 $f(x)$의 최댓값 또는 최솟값을 구한다.

>> 정답과 풀이 63쪽

01 함수의 그래프

[01~04] 다음 함수의 그래프를 그리시오.

01 $f(x)=2x^3+3x^2-12x-7$

02 $f(x)=-\frac{1}{3}x^3+2x^2$

03 $f(x)=x^4-2x^2+2$

04 $f(x)=-x^4+4x^3$

02 함수의 최대와 최소

[05~08] 다음 함수에 대하여 주어진 구간에서의 최댓값과 최솟값을 구하시오.

05 $f(x)=2x^3-9x^2+7 \quad [-1, 2]$

06 $f(x)=x^3-3x^2-9x+6 \quad [-2, 4]$

07 $f(x)=-x^3-3x^2+5 \quad [-2, 2]$

08 $f(x)=2x^3-3x^2+4 \quad [-1, 3]$

[09~12] 다음 함수에 대하여 주어진 구간에서의 최댓값과 최솟값을 구하시오.

09 $f(x)=3x^4-4x^3-12x^2+1 \quad [-2, 1]$

10 $f(x)=x^4-6x^2+8x-3 \quad [-3, 3]$

11 $f(x)=-x^4+\frac{8}{3}x^3+2 \quad [-1, 3]$

12 $f(x)=x^4-\frac{16}{3}x^3-2x^2+16x \quad [0, 3]$

[13~15] 그림과 같이 한 변의 길이가 9인 정사각형 모양의 종이가 있다. 이 종이의 네 귀퉁이에서 크기가 같은 정사각형을 잘라내고 남은 부분을 접어서 뚜껑이 없는 직육면체 모양의 상자를 만들려고 한다. 다음 물음에 답하시오.

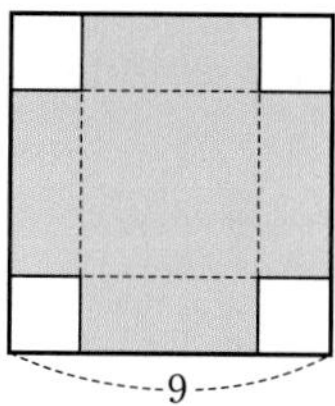

13 잘라낼 정사각형의 한 변의 길이를 x라 할 때, x의 값의 범위를 구하시오.

14 상자의 부피를 x에 대한 식으로 나타내시오.

15 상자의 부피의 최댓값을 구하시오.

05 도함수의 활용 (2)

03 방정식에의 활용

(1) 방정식 $f(x)=0$의 실근은 함수 $y=f(x)$의 그래프와 x축이 만나는 점의 x좌표와 같다. 그러므로 방정식 $f(x)=0$의 서로 다른 실근의 개수는 함수 $y=f(x)$의 그래프와 x축이 만나는 점의 개수와 같다.

(2) 방정식 $f(x)=k$ (k는 상수)의 실근은 함수 $y=f(x)$의 그래프와 직선 $y=k$가 만나는 점의 x좌표와 같다. 그러므로 방정식 $f(x)=k$의 서로 다른 실근의 개수는 함수 $y=f(x)$의 그래프와 직선 $y=k$가 만나는 점의 개수와 같다.

(3) 방정식 $f(x)=g(x)$의 실근은 함수 $y=f(x)$의 그래프와 함수 $y=g(x)$의 그래프가 만나는 점의 x좌표와 같다. 그러므로 방정식 $f(x)=g(x)$의 서로 다른 실근의 개수는 함수 $y=f(x)$의 그래프와 함수 $y=g(x)$의 그래프가 만나는 점의 개수와 같다.

삼차함수 $f(x)$가 극값을 가질 때, 삼차방정식 $f(x)=0$의 실근의 개수는 다음과 같다.
① (극댓값)×(극솟값)<0이면 서로 다른 실근의 개수는 3이다.
② (극댓값)×(극솟값)=0이면 서로 다른 실근의 개수는 2이다.
③ (극댓값)×(극솟값)>0이면 서로 다른 실근의 개수는 1이다.

04 부등식에의 활용

(1) 모든 실수 x에 대하여 성립하는 부등식
① 모든 실수 x에 대하여 $f(x)\ge 0$의 증명
➡ ($f(x)$의 최솟값)≥ 0임을 보인다.
② 모든 실수 x에 대하여 $f(x)\ge g(x)$의 증명
➡ $h(x)=f(x)-g(x)$로 놓고 ($h(x)$의 최솟값)≥ 0임을 보인다.

(2) 주어진 구간에서 성립하는 부등식
① 주어진 구간에서 $f(x)>0$의 증명
➡ 주어진 구간에서 ($f(x)$의 최솟값)>0임을 보인다.
② 주어진 구간에서 $f(x)<0$의 증명
➡ 주어진 구간에서 ($f(x)$의 최댓값)<0임을 보인다.

(3) 닫힌구간 $[a, b]$에서 성립하는 부등식
닫힌구간 $[a, b]$에서 연속이고 열린구간 (a, b)에서 미분가능한 함수 $f(x)$에 대하여 닫힌구간 $[a, b]$에서 $f(x)\ge 0$의 증명
① 열린구간 (a, b)에서 $f'(x)\ge 0$이면 $f(a)\ge 0$임을 보인다.
② 열린구간 (a, b)에서 $f'(x)\le 0$이면 $f(b)\ge 0$임을 보인다.
③ 열린구간 (a, b)에서 함수 $f(x)$의 극값이 존재하면 극값을 고려하여 닫힌구간 $[a, b]$에서 함수 $f(x)$의 최솟값을 구하고 ($f(x)$의 최솟값)≥ 0임을 보인다.

05 직선 운동에서의 속도와 가속도

(1) 수직선 위를 움직이는 점의 속도
수직선 위를 움직이는 점 P의 시각 t에서의 위치가 $x=f(t)$일 때, 점 P의 시각 t에서의 속도 v는

$$v=\frac{dx}{dt}=f'(t)$$

(2) 수직선 위를 움직이는 점의 가속도
수직선 위를 움직이는 점 P의 시각 t에서의 속도가 $v(t)$일 때, 점 P의 시각 t에서의 가속도 a는

$$a=\frac{dv}{dt}=v'(t)$$

속도 v의 부호는 점 P의 운동 방향을 나타낸다. $v>0$이면 점 P는 양의 방향으로 움직이고, $v<0$이면 점 P는 음의 방향으로 움직인다.

03 방정식에의 활용

[16~19] 다음 방정식의 서로 다른 실근의 개수를 구하시오.

16 $x^3-3x-1=0$

17 $x^3-3x^2-9x+11=0$

18 $x^4-4x^2+1=0$

19 $\frac{1}{4}x^4+4x+4=\frac{1}{3}x^3+2x^2$

[20~22] 방정식 $x^3-6x^2+9x+k=0$의 근이 다음 조건을 만족시키도록 하는 실수 k의 값 또는 범위를 구하시오.

20 서로 다른 세 실근

21 한 실근과 중근

22 한 실근과 두 허근

[23~25] 다음 삼차방정식의 서로 다른 실근의 개수를 구하시오.

23 $x^3-3x+3=0$

24 $x^3+6x^2+9x+1=0$

25 $x^3-9x^2+15x+25=0$

04 부등식에의 활용

26 $x\geq0$일 때, 부등식

$x^3-3x+2\geq0$

이 성립함을 증명하시오.

27 모든 실수 x에 대하여 부등식

$x^4+4x+3\geq0$

이 성립함을 증명하시오.

28 $x\geq0$인 모든 실수 x에 대하여 부등식

$x^3+k\geq3x^2+9x$

가 성립하도록 하는 실수 k의 최솟값을 구하시오.

05 직선 운동에서의 속도와 가속도

[29~31] 수직선 위를 움직이는 점 P의 시각 t $(t\geq0)$에서의 위치 x가 다음과 같을 때, 주어진 시각 t에서의 점 P의 속도 v와 가속도 a를 구하시오.

29 $x=t^2-4t+5$ $(t=3)$

30 $x=2t^3-t^2+4t-3$ $(t=2)$

31 $x=-t^4+3t^2+5t-7$ $(t=1)$

[32~33] 수직선 위를 움직이는 점 P의 시각 t $(t\geq0)$에서의 위치 x가 다음과 같을 때, 점 P가 운동 방향을 바꿀 때의 시각을 구하시오.

32 $x=t^3+3t^2-24t$

33 $x=\frac{1}{4}t^4-t^3-\frac{1}{2}t^2+3t+1$

01 함수의 최댓값과 최솟값

함수 $f(x)$가 닫힌구간 $[a, b]$에서 연속일 때, 닫힌구간 $[a, b]$에서 $f(x)$의 극값과 $f(a)$, $f(b)$ 중 가장 큰 값이 최댓값, 가장 작은 값이 최솟값이다.

≫ 올림포스 수학Ⅱ 52쪽

01 대표문제

▶ 23643-0273

닫힌구간 $[0, 4]$에서 함수 $f(x)=\frac{1}{3}x^3-3x^2+5x+\frac{2}{3}$의 최댓값을 M, 최솟값을 m이라 할 때, $M-m$의 값은?

① 6 ② 7 ③ 8
④ 9 ⑤ 10

02 상중하

▶ 23643-0274

닫힌구간 $[-1, 3]$에서 함수 $f(x)=2x^3-9x^2+12x+5$의 최솟값은?

① -20 ② -19 ③ -18
④ -17 ⑤ -16

03 상중하

▶ 23643-0275

닫힌구간 $[0, 4]$에서 함수 $f(x)=x^3-\frac{15}{2}x^2+12x+3$의 최댓값은?

① 4 ② $\frac{11}{2}$ ③ 7
④ $\frac{17}{2}$ ⑤ 10

04 상중하

▶ 23643-0276

닫힌구간 $[-2, 1]$에서 함수 $f(x)=x^4+\frac{4}{3}x^3-2$의 최댓값을 M, 최솟값을 m이라 할 때, $M+m$의 값은?

① $\frac{1}{3}$ ② 1 ③ $\frac{5}{3}$
④ $\frac{7}{3}$ ⑤ 3

05 상중하

▶ 23643-0277

닫힌구간 $[-5, n]$에서 함수 $f(x)=x^3+6x^2-16$의 최댓값과 최솟값의 합이 0이 되도록 하는 모든 자연수 n의 값의 합을 구하시오.

06 상중하

▶ 23643-0278

자연수 n에 대하여 닫힌구간 $[-1, n]$에서 함수 $f(x)=2x^3-9x^2-24x+48$의 최솟값을 $g(n)$이라 하자. $g(n)=g(n+1)$을 만족시키는 n의 최솟값을 구하시오.

중요

02 함수의 최대와 최소를 이용한 미정계수의 결정

미정계수를 포함한 함수 $f(x)$의 최댓값 또는 최솟값이 주어진 경우 함수 $f(x)$의 최댓값 또는 최솟값을 구한 뒤 주어진 값과 비교하여 미정계수를 구한다.

>> 올림포스 수학Ⅱ 52쪽

07 대표문제 ▸ 23643-0279

함수 $f(x)=x^3-6x^2+9x+a$에 대하여 닫힌구간 $[-1, 3]$에서 최댓값이 12일 때, 이 구간에서 함수 $f(x)$의 최솟값은? (단, a는 상수이다.)

① -10 ② -8 ③ -6
④ -4 ⑤ -2

08 상중하 ▸ 23643-0280

닫힌구간 $[-2, 3]$에서 함수 $f(x)=x^3-12x+a$의 최솟값이 5일 때, 상수 a의 값은?

① 21 ② 22 ③ 23
④ 24 ⑤ 25

09 상중하 ▸ 23643-0281

닫힌구간 $[-2, 2]$에서 함수 $f(x)=\frac{1}{3}x^3-x^2+k$의 최댓값을 M, 최솟값을 m이라 할 때, $M+m=\frac{10}{3}$이 되도록 하는 상수 k의 값은?

① 1 ② 3 ③ 5
④ 7 ⑤ 9

10 상중하 ▸ 23643-0282

닫힌구간 $[-1, 1]$에서 함수 $f(x)=x^3-3x^2+a$의 최댓값과 최솟값을 각각 M, m이라 하자. $M\times m=32$가 되도록 하는 양수 a의 값은?

① 6 ② 7 ③ 8
④ 9 ⑤ 10

11 상중하 ▸ 23643-0283

함수 $f(x)=-x^3+ax^2+b$에 대하여 $f'(2)=12$이고, 닫힌구간 $[1, 5]$에서 함수 $f(x)$의 최댓값이 40이다. $f(2)$의 값을 구하시오. (단, a, b는 상수이다.)

12 상중하 ▸ 23643-0284

최고차항의 계수가 1인 삼차함수 $f(x)$가 다음 조건을 만족시킬 때, $f(4)$의 값은?

(가) $x=1$, $x=3$에서 극값을 갖는다.
(나) 닫힌구간 $[-1, 3]$에서 최댓값과 최솟값의 합이 0이다.

① 6 ② 7 ③ 8
④ 9 ⑤ 10

03 최대·최소의 활용

도형의 길이, 넓이, 부피 등을 하나의 문자에 대한 함수로 나타낸 후 최댓값 또는 최솟값을 구한다.

≫ 올림포스 수학Ⅱ 52쪽

13 대표문제 ▸ 23643-0285

밑면이 한 변의 길이가 x인 정사각형이고, 높이가 $9-x$인 직육면체의 부피의 최댓값은? (단, $0<x<9$)

① 72 ② 84 ③ 96
④ 108 ⑤ 120

14 상중하 ▸ 23643-0286

곡선 $y=x^2+1$ 위를 움직이는 점 P와 점 $(5,\ 0)$ 사이의 거리의 최솟값은?

① $2\sqrt{2}$ ② $2\sqrt{3}$ ③ 4
④ $2\sqrt{5}$ ⑤ $2\sqrt{6}$

15 상중하 ▸ 23643-0287

함수 $f(x)=x(x-3)^2$에 대하여 곡선 $y=f(x)$ 위의 점 $\mathrm{P}(t,\ f(t))$ $(0<t<3)$에서 x축, y축에 내린 수선의 발을 각각 Q, R라 하자. 사각형 OQPR의 넓이의 최댓값이 $\frac{q}{p}$일 때, $p+q$의 값을 구하시오.

(단, O는 원점이고, p와 q는 서로소인 자연수이다.)

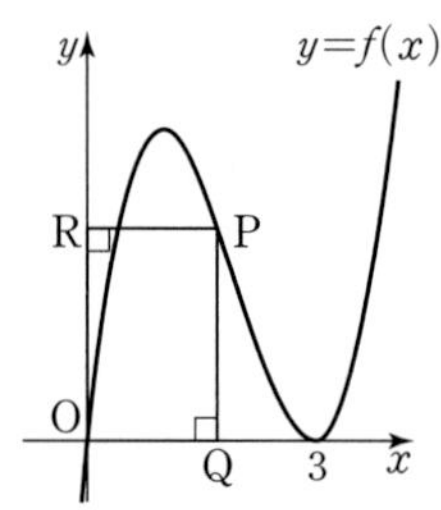

16 상중하 ▸ 23643-0288

함수 $f(x)=x^2-4x+4$에 대하여 곡선 $y=f(x)$ 위의 점 $\mathrm{P}(t,\ f(t))$ $(0<t<2)$에서의 접선이 y축과 만나는 점을 Q라 할 때, 삼각형 OPQ의 넓이의 최댓값은? (단, O는 원점이다.)

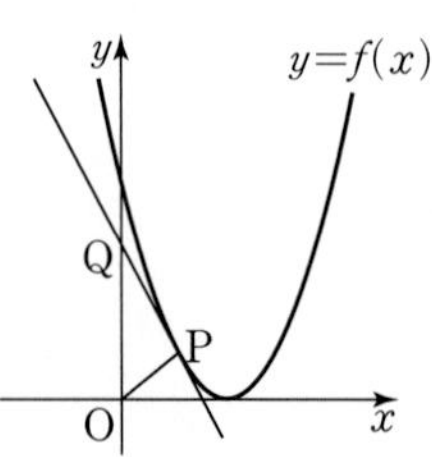

① $\frac{2\sqrt{3}}{3}$ ② $\frac{8\sqrt{3}}{9}$ ③ $\frac{10\sqrt{3}}{9}$
④ $\frac{4\sqrt{3}}{3}$ ⑤ $\frac{14\sqrt{3}}{9}$

중요
04 방정식 $f(x)=k$ (k는 상수)의 실근의 개수

방정식 $f(x)=k$의 서로 다른 실근의 개수는 함수 $y=f(x)$의 그래프와 직선 $y=k$의 교점의 개수와 같다.

>> 올림포스 수학Ⅱ 53쪽

17 대표문제
▸ 23643-0289

x에 대한 방정식 $2x^3-3x^2+5=k$가 서로 다른 두 개의 실근을 갖도록 하는 모든 실수 k의 값의 합은?

① 3 ② 6 ③ 9
④ 12 ⑤ 15

18 상중하
▸ 23643-0290

x에 대한 방정식 $x^4-\frac{4}{3}x^3-4x^2=a$가 오직 하나의 실근을 갖도록 하는 상수 a의 값은?

① $-\frac{32}{3}$ ② -10 ③ $-\frac{28}{3}$
④ $-\frac{26}{3}$ ⑤ -8

19 상중하
▸ 23643-0291

x에 대한 방정식 $x^3+3x^2-9x-2=3a$의 서로 다른 실근의 개수가 3이 되도록 하는 정수 a의 최댓값과 최솟값을 각각 M, m이라 할 때, $M+m$의 값은?

① 2 ② 4 ③ 6
④ 8 ⑤ 10

20 상중하
▸ 23643-0292

x에 대한 방정식 $3x^4-8x^3-6x^2+24x=k$가 서로 다른 4개의 실근을 갖도록 하는 모든 정수 k의 값의 합을 구하시오.

21 상중하
▸ 23643-0293

함수 $f(x)=x^3-\frac{3}{2}x^2-6x$에 대하여 x에 대한 방정식 $|f(x)|=k$가 서로 다른 4개의 실근을 갖도록 하는 자연수 k의 개수는?

① 6 ② 7 ③ 8
④ 9 ⑤ 10

22 상중하
▸ 23643-0294

자연수 n에 대하여 x에 대한 방정식 $x^3-6x^2+9x=2n$의 서로 다른 실근의 개수를 $f(n)$이라 하자. $f(1)+f(2)+f(3)$의 값을 구하시오.

05 방정식 $f(x)=k$ (k는 상수)의 실근의 부호

방정식 $f(x)=k$의 실근은 함수 $y=f(x)$의 그래프와 직선 $y=k$의 교점의 x좌표와 같다. 이때 방정식 $f(x)=k$가 양(음)의 실근을 가지면 교점의 x좌표가 양(음)수이다.

≫ 올림포스 수학Ⅱ 53쪽

23 대표문제 ▸ 23643-0295

x에 대한 방정식 $x^3-12x+7=k$가 서로 다른 두 개의 음의 실근과 한 개의 양의 실근을 갖도록 하는 정수 k의 최댓값과 최솟값의 합을 구하시오.

24 상중하 ▸ 23643-0296

x에 대한 방정식 $x^4-4x^3-2x^2+12x=k$가 서로 다른 세 개의 양의 실근과 한 개의 음의 실근을 갖도록 하는 정수 k의 값의 합을 구하시오.

25 상중하 ▸ 23643-0297

x에 대한 방정식 $2x^3-3x^2-12x+9=a$가 서로 다른 두 개의 양의 실근과 한 개의 음의 실근을 갖도록 하는 정수 a의 개수는?

① 11 ② 13 ③ 15 ④ 17 ⑤ 19

26 상중하 ▸ 23643-0298

x에 대한 방정식 $x^4+\frac{16}{3}x^3+6x^2=k$가 한 개의 양의 실근과 한 개의 음의 실근을 갖도록 하는 정수 k의 최솟값은?

① 1 ② 2 ③ 3 ④ 4 ⑤ 5

27 상중하 ▸ 23643-0299

x에 대한 방정식 $\frac{1}{4}x^4-\frac{1}{3}x^3-2x^2+4x=k+4$가 서로 다른 두 개의 음의 실근을 갖도록 하는 정수 k의 최댓값을 M, 최솟값을 m이라 할 때, $M-m$의 값은?

① 6 ② 7 ③ 8 ④ 9 ⑤ 10

28 상중하 ▸ 23643-0300

x에 대한 방정식 $x^3-6x^2+9x+3=a$가 서로 다른 두 개의 양의 실근을 갖도록 하는 상수 a의 값은?

① 1 ② 3 ③ 5 ④ 7 ⑤ 9

06 삼차방정식의 근의 판별

삼차함수 $f(x)$의 극댓값과 극솟값이 모두 존재할 때
(1) (극댓값)×(극솟값)<0이면 방정식 $f(x)=0$의 서로 다른 실근의 개수는 3이다.
(2) (극댓값)×(극솟값)=0이면 방정식 $f(x)=0$의 서로 다른 실근의 개수는 2이다.
(3) (극댓값)×(극솟값)>0이면 방정식 $f(x)=0$의 서로 다른 실근의 개수는 1이다.

>> 올림포스 수학Ⅱ 53쪽

29 대표문제 ▸ 23643-0301

x에 대한 방정식 $x^3-6x^2+a=0$이 서로 다른 세 실근을 갖도록 하는 정수 a의 개수는?

① 31 ② 33 ③ 35
④ 37 ⑤ 39

30 상중하 ▸ 23643-0302

x에 대한 방정식 $2x^3-9x^2+12x+a=0$이 서로 다른 두 실근을 갖도록 하는 모든 실수 a의 값의 합은?

① -10 ② -9 ③ -8
④ -7 ⑤ -6

31 상중하 ▸ 23643-0303

x에 대한 방정식 $x^3-9x^2+15x+a=0$이 오직 하나의 실근을 갖도록 하는 자연수 a의 최솟값은?

① 22 ② 24 ③ 26
④ 28 ⑤ 30

32 상중하 ▸ 23643-0304

x에 대한 방정식 $2x^3-3x^2-12x+8=k$가 서로 다른 두 실근을 갖도록 하는 양수 k의 값을 구하시오.

33 상중하 ▸ 23643-0305

두 함수 $f(x)=x^3-x^2-x+a$, $g(x)=\frac{1}{2}x^2+5x$에 대하여 x에 대한 방정식 $f(x)=g(x)$가 서로 다른 세 실근을 갖도록 하는 정수 a의 최댓값과 최솟값의 합은?

① 6 ② 7 ③ 8
④ 9 ⑤ 10

34 상중하 ▸ 23643-0306

자연수 n에 대하여 x에 대한 방정식 $x^3+3nx^2-32=0$의 서로 다른 실근의 개수를 $f(n)$이라 하자. $\sum_{n=1}^{5} f(n)$의 값을 구하시오.

중요

07 두 곡선의 교점의 개수

두 곡선 $y=f(x)$, $y=g(x)$의 교점의 개수는 방정식 $f(x)=g(x)$의 실근의 개수와 같다.

≫ 올림포스 수학Ⅱ 53쪽

35 대표문제 ▸ 23643-0307

두 곡선 $y=x^3-2x^2+3x+6$, $y=x^2+3x+a$가 서로 다른 세 점에서 만나도록 하는 정수 a의 최댓값은?

① 1 ② 3 ③ 5
④ 7 ⑤ 9

36 상중하 ▸ 23643-0308

곡선 $y=-x^3+3x^2+10x$와 직선 $y=x+a$가 서로 다른 두 점에서 만나도록 하는 양수 a의 값은?

① 18 ② 21 ③ 24
④ 27 ⑤ 30

37 상중하 ▸ 23643-0309

두 곡선 $y=x^3-4x$, $y=-2x^2+k$가 오직 한 점에서 만나도록 하는 자연수 k의 최솟값은?

① 3 ② 6 ③ 9
④ 12 ⑤ 15

38 상중하 ▸ 23643-0310

사차함수 $f(x)=x^4-5x^3+\frac{4}{3}$의 그래프와 삼차함수 $g(x)=\frac{1}{3}x^3-6x^2+a$의 그래프가 서로 다른 세 점에서 만나도록 하는 모든 실수 a의 값의 곱은?

① 1 ② 2 ③ 3
④ 4 ⑤ 5

39 상중하 ▸ 23643-0311

곡선 $y=\frac{1}{3}x^3+3x^2+6x$와 직선 $y=x+k$가 서로 다른 세 점에서 만나도록 하는 정수 k의 최댓값을 M, 최솟값을 m이라 할 때, M^2+m^2의 값을 구하시오.

40 상중하 ▸ 23643-0312

곡선 $y=x^4-8x^2+x-4$와 직선 $y=x+k$가 서로 다른 두 점에서 만나도록 하는 모든 음의 정수 k의 값의 합은?

① -30 ② -28 ③ -26
④ -24 ⑤ -22

08 주어진 구간에서 부등식이 항상 성립할 조건(증가·감소의 활용)

(1) 열린구간 (a, b)에서 증가하는 함수 $f(x)$가 $f(x)>k$ (k는 상수)이려면 $f(a)\ge k$이어야 한다.
(2) 열린구간 (a, b)에서 감소하는 함수 $f(x)$가 $f(x)<k$ (k는 상수)이려면 $f(a)\le k$이어야 한다.

>> 올림포스 수학Ⅱ 54쪽

41 대표문제 ▶ 23643-0313

$0<x<2$일 때, 부등식 $x^3-3x^2-9x>k$가 항상 성립하도록 하는 실수 k의 최댓값은?

① -30 ② -28 ③ -26
④ -24 ⑤ -22

42 상중하 ▶ 23643-0314

$x<-1$일 때, 부등식 $\frac{1}{3}x^3-2x^2+3x+k<0$이 항상 성립하도록 하는 정수 k의 최댓값은?

① 3 ② 4 ③ 5
④ 6 ⑤ 7

43 상중하 ▶ 23643-0315

$-1<x<2$일 때, 부등식 $x^4-6x^2+8x+k>0$이 항상 성립하도록 하는 실수 k의 최솟값을 구하시오.

09 주어진 구간에서 부등식이 항상 성립할 조건(최대·최소의 활용)

(1) 주어진 구간에서 부등식 $f(x)\le k$ (k는 상수)를 증명하려면 주어진 구간에서 ($f(x)$의 최댓값)$\le k$임을 보이면 된다.
(2) 주어진 구간에서 부등식 $f(x)\ge k$ (k는 상수)를 증명하려면 주어진 구간에서 ($f(x)$의 최솟값)$\ge k$임을 보이면 된다.

>> 올림포스 수학Ⅱ 54쪽

44 대표문제 ▶ 23643-0316

$-2<x<2$에서 부등식 $-x^3-3x^2+9x\le k$가 항상 성립하도록 하는 실수 k의 최솟값은?

① 1 ② 3 ③ 5
④ 7 ⑤ 9

45 상중하 ▶ 23643-0317

$x>0$에서 부등식 $2x^3-6x^2+a\ge 0$이 항상 성립하도록 하는 실수 a의 최솟값은?

① 2 ② 4 ③ 6
④ 8 ⑤ 10

46 상중하 ▶ 23643-0318

$x\ge 1$에서 부등식 $x^4-8x^2\ge a$가 항상 성립하도록 하는 실수 a의 최댓값은?

① -20 ② -18 ③ -16
④ -14 ⑤ -12

47 상중하

▶ 23643-0319

$0 \le x \le 3$에서 부등식 $x^3-9x^2+15x \ge k$가 항상 성립하도록 하는 실수 k의 최댓값은?

① -10 ② -9 ③ -8
④ -7 ⑤ -6

48 상중하

▶ 23643-0320

$1 < x < 4$에서 부등식 $x^4-4x^3-k \ge 0$이 항상 성립하도록 하는 실수 k의 최댓값은?

① -30 ② -27 ③ -24
④ -21 ⑤ -18

49 상중하

▶ 23643-0321

$x \le k$에서 부등식 $\frac{1}{4}x^4+\frac{1}{3}x^3-2x^2-4x+\frac{28}{3}>0$이 항상 성립하도록 하는 정수 k의 최댓값은?

① -2 ② -1 ③ 0
④ 1 ⑤ 2

10 모든 실수에서 부등식이 항상 성립할 조건

모든 실수 x에 대하여 부등식 $f(x) \ge k$ (k는 상수)가 성립함을 증명하려면 ($f(x)$의 최솟값)$\ge k$임을 보이면 된다.

≫ 올림포스 수학Ⅱ 54쪽

50 대표문제

▶ 23643-0322

모든 실수 x에 대하여 부등식 $x^4-2x^3+3 \ge a$가 성립하도록 하는 실수 a의 최댓값은?

① $\frac{3}{4}$ ② $\frac{15}{16}$ ③ $\frac{9}{8}$
④ $\frac{21}{16}$ ⑤ $\frac{3}{2}$

51 상중하

▶ 23643-0323

모든 실수 x에 대하여 부등식 $3x^4-4x^3-12x^2+16 \ge k$가 성립하도록 하는 실수 k의 최댓값은?

① -20 ② -18 ③ -16
④ -14 ⑤ -12

52 상중하

▶ 23643-0324

모든 실수 x에 대하여 부등식

$$\frac{1}{2}x^4+(a+1)x^2+(2a+4)x+9>0$$

이 성립하도록 하는 자연수 a의 최댓값을 구하시오.

중요
11 부등식 $f(x)>g(x)$가 성립할 조건

$h(x)=f(x)-g(x)$로 놓고 $h(x)>0$임을 보인다.

>> 올림포스 수학Ⅱ 54쪽

53 대표문제 ▸ 23643-0325

$-1<x<3$에서 부등식 $2x^3+4x^2-12x \ge x^2+24x-k$가 항상 성립하도록 하는 실수 k의 최솟값을 구하시오.

54 상중하 ▸ 23643-0326

$0<x<2$에서 부등식 $2x^3-2x^2+k \ge x^2+12x$가 항상 성립하도록 하는 실수 k의 최솟값은?

① 12 ② 14 ③ 16 ④ 18 ⑤ 20

55 상중하 ▸ 23643-0327

모든 실수 x에 대하여 부등식 $x^4+x^3-x^2-4 \ge x^3+x^2-k$가 성립하도록 하는 실수 k의 최솟값은?

① 1 ② 2 ③ 3 ④ 4 ⑤ 5

56 상중하 ▸ 23643-0328

두 함수 $f(x)=x^4+20$, $g(x)=-ax^2+(2a+1)x$가 있다. 모든 실수 x에 대하여 부등식 $f(x) \ge 4g(x)$가 성립하도록 하는 모든 자연수 a의 값의 합을 구하시오.

57 상중하 ▸ 23643-0329

두 함수 $f(x)=x^4-3x^3+5x^2+k$, $g(x)=x^3-5x^2+12x$에 대하여 함수 $y=f(x)$의 그래프와 함수 $y=g(x)$의 그래프가 서로 만나지 않을 때, 정수 k의 최솟값을 구하시오.

58 상중하 ▸ 23643-0330

$a<x<a+2$에서 부등식 $x^3-5 \le 3x^2+9x$가 항상 성립하도록 하는 모든 자연수 a의 개수는?

① 1 ② 2 ③ 3 ④ 4 ⑤ 5

중요

12 속도

수직선 위를 움직이는 점 P의 시각 t에서의 위치가 $x=f(t)$일 때, 점 P의 시각 t에서의 속도 v는

$$v=\frac{dx}{dt}=f'(t)$$

≫ 올림포스 수학Ⅱ 54쪽

59 대표문제 ▶ 23643-0331

수직선 위를 움직이는 점 P의 시각 $t\ (t\geq 0)$에서의 위치 x가

$x=t^3-2t^2+3t-4$

이다. 점 P의 시각 $t=2$에서의 속도는?

① 6 ② 7 ③ 8
④ 9 ⑤ 10

60 상중하 ▶ 23643-0332

수직선 위를 움직이는 점 P의 시각 $t\ (t\geq 0)$에서의 위치 x가

$x=-t^2+10t+3$

이다. 점 P의 속도가 2가 되는 시각에서의 점 P의 위치는?

① 21 ② 23 ③ 25
④ 27 ⑤ 29

61 상중하 ▶ 23643-0333

수직선 위를 움직이는 점 P의 시각 $t\ (t\geq 0)$에서의 위치 x가

$x=t^3+t^2-8t-10$

이다. 점 P의 위치가 2가 되는 시각에서의 점 P의 속도는?

① 21 ② 23 ③ 25
④ 27 ⑤ 29

62 상중하 ▶ 23643-0334

수직선 위를 움직이는 두 점 P, Q의 시각 $t\ (t\geq 0)$에서의 위치는 각각

$f(t)=2t^3+4t^2-20t+10,\ g(t)=t^2+16t-8$

이다. 두 점 P, Q의 속도가 같아지는 순간, 두 점 P, Q 사이의 거리를 구하시오.

63 상중하 ▶ 23643-0335

수직선 위를 움직이는 두 점 P, Q의 시각 $t\ (t\geq 0)$에서의 위치는 각각

$f(t)=t^3+3t^2-6t-9,\ g(t)=t^2+5t+3$

이다. 두 점 P, Q의 위치가 같아지는 순간, 두 점 P, Q의 속도는 각각 p, q이다. $p-q$의 값은?

① 20 ② 22 ③ 24
④ 26 ⑤ 28

64 상중하 ▶ 23643-0336

수직선 위를 움직이는 점 P의 시각 $t\ (t\geq 0)$에서의 위치 x가

$x=t^3-6t^2+7t+a$

이다. 점 P의 속도가 최소가 되는 시각에서의 점 P의 위치가 9가 되도록 하는 상수 a의 값은?

① 11 ② 12 ③ 13
④ 14 ⑤ 15

중요
13 가속도

수직선 위를 움직이는 점 P의 시각 t에서의 속도가 $v(t)$일 때, 점 P의 시각 t에서의 가속도 a는

$$a=\frac{dv}{dt}=v'(t)$$

>> 올림포스 수학Ⅱ 54쪽

65 대표문제 ▶ 23643-0337

수직선 위를 움직이는 점 P의 시각 t $(t\geq 0)$에서의 위치 x가

$x=t^3-t^2-4t$

이다. 점 P의 속도가 4가 되는 시각에서의 점 P의 가속도는?

① 2 ② 4 ③ 6
④ 8 ⑤ 10

66 상중하 ▶ 23643-0338

수직선 위를 움직이는 점 P의 시각 t $(t\geq 0)$에서의 위치 x가

$x=t^3-7t-6$

이다. 점 P가 원점을 지나는 순간, 점 P의 가속도는?

① 12 ② 15 ③ 18
④ 21 ⑤ 24

67 상중하 ▶ 23643-0339

수직선 위를 움직이는 점 P의 시각 t $(t\geq 0)$에서의 위치 x가

$x=t^3-kt^2+10t$

이다. 점 P의 시각 $t=2$에서의 가속도가 0일 때, 점 P의 시각 $t=2$에서의 속도는? (단, k는 상수이다.)

① -10 ② -8 ③ -6
④ -4 ⑤ -2

68 상중하 ▶ 23643-0340

수직선 위를 움직이는 점 P의 시각 t $(t\geq 0)$에서의 위치 x가

$x=-t^3+kt^2+8t$

이다. 점 P의 시각 $t=4$에서의 속도가 0일 때, 점 P의 시각 $t=k$에서의 가속도는? (단, k는 상수이다.)

① -20 ② -16 ③ -12
④ -8 ⑤ -4

69 상중하 ▶ 23643-0341

수직선 위를 움직이는 점 P의 시각 t $(t\geq 0)$에서의 위치 x가

$x=t^3-4t^2+3t-6$

이다. 시각 $t=k$에서 점 P의 위치와 속도의 합이 0일 때, 점 P의 시각 $t=k$에서의 가속도는?

① 1 ② 4 ③ 7
④ 10 ⑤ 13

70 상중하 ▶ 23643-0342

수직선 위를 움직이는 점 P의 시각 t $(t\geq 0)$에서의 위치 x가

$x=t^4+pt^3+qt^2$

이다. 점 P의 시각 $t=1$에서의 속도와 가속도가 각각 5, 4일 때, 시각 $t=2$에서 점 P의 위치는? (단, p, q는 상수이다.)

① 12 ② 14 ③ 16
④ 18 ⑤ 20

14 속도와 운동 방향

(1) 수직선 위를 움직이는 점이 운동 방향을 바꾸는 순간의 속도는 0이다.
(2) 수직선 위를 움직이는 두 점이 서로 반대 방향으로 움직이면 (두 점의 속도의 곱)<0이다.

» 올림포스 수학Ⅱ 54쪽

71 대표문제 ▶ 23643-0343

수직선 위를 움직이는 점 P의 시각 t $(t\geq0)$에서의 위치 x가

$$x=2t^3-3t^2-12t+1$$

이다. 점 P가 운동 방향을 바꾸는 순간, 점 P의 가속도는?

① 10 ② 12 ③ 14
④ 16 ⑤ 18

72 상중하 ▶ 23643-0344

수직선 위를 움직이는 점 P의 시각 t $(t\geq0)$에서의 위치 x가

$$x=t^3+3t^2-24t+20$$

이다. 점 P가 운동 방향을 바꾸는 순간, 점 P의 위치는?

① -10 ② -8 ③ -6
④ -4 ⑤ -2

73 상중하 ▶ 23643-0345

수직선 위를 움직이는 두 점 P, Q의 시각 t $(t\geq0)$에서의 위치는 각각

$$f(t)=\frac{1}{3}t^3-3t^2-7t,\ g(t)=t^2-6t+1$$

이다. 두 점 P와 Q가 서로 반대 방향으로 움직이는 시각 t의 범위가 $a<t<b$일 때, $b-a$의 최댓값은?

① 3 ② 4 ③ 5
④ 6 ⑤ 7

74 상중하 ▶ 23643-0346

수직선 위를 움직이는 두 점 P, Q의 시각 t $(t\geq0)$에서의 위치는 각각

$$f(t)=at^3-2t^2,\ g(t)=at^2-5t$$

이다. 시각 $t=1$에서 두 점 P와 Q가 서로 반대 방향으로 움직이도록 하는 정수 a의 값을 구하시오.

75 상중하 ▶ 23643-0347

수직선 위를 움직이는 점 P의 시각 t $(t\geq0)$에서의 위치 x가

$$x=t^3-9t^2+24t-15$$

이다. 점 P가 출발 후 두 번째로 운동 방향을 바꾸는 순간, 점 P의 가속도는?

① 3 ② 6 ③ 9
④ 12 ⑤ 15

76 상중하 ▶ 23643-0348

수직선 위를 움직이는 점 P의 시각 t $(t\geq0)$에서의 위치 x가

$$x=\frac{1}{3}t^3+pt^2+qt$$

이다. 점 P는 시각 $t=3$에서 운동 방향을 바꾸고, 이때의 점 P의 가속도는 -2이다. 점 P의 가속도가 4가 되는 순간, 점 P의 속도는? (단, p, q는 상수이다.)

① 1 ② 3 ③ 5
④ 7 ⑤ 9

15 속도의 그래프의 해석

수직선 위를 움직이는 점 P의 시각 t에서의 속도 $v(t)$의 그래프에서

(1) $y=v(t)$의 그래프가 t축과 $t=t_1$에서 만나고 $t=t_1$의 좌우에서 $v(t)$의 부호가 바뀌면 점 P는 $t=t_1$에서 운동 방향을 바꾼다.

(2) $v(t)$가 미분가능할 때, $t=t_1$에서의 접선의 기울기 $v'(t_1)$은 $t=t_1$일 때 점 P의 가속도와 같다.

>> 올림포스 수학Ⅱ 54쪽

77 대표문제

▸ 23643-0349

원점에서 출발하여 수직선 위를 움직이는 점 P의 시각 t $(t\geq 0)$에서의 속도 $v(t)$의 그래프가 그림과 같다. **보기**에서 옳은 것만을 있는 대로 고른 것은? (단, $v(t)$는 미분가능한 함수이다.)

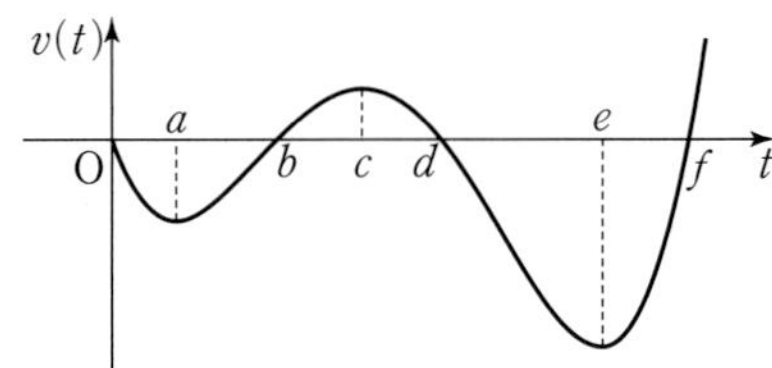

보기

ㄱ. 시각 $t=a$일 때와 시각 $t=e$일 때 점 P의 운동 방향은 서로 같다.

ㄴ. 시각 $t=b$와 시각 $t=d$에서 점 P는 운동 방향을 바꾼다.

ㄷ. 시각 $t=f$일 때 점 P의 가속도는 0이다.

① ㄱ ② ㄷ ③ ㄱ, ㄴ
④ ㄴ, ㄷ ⑤ ㄱ, ㄴ, ㄷ

78 상중하

▸ 23643-0350

원점에서 출발하여 수직선 위를 움직이는 점 P의 시각 t $(t\geq 0)$에서의 속도 $v(t)$의 그래프가 그림과 같다. 2 이상 10 이하의 자연수 n에 대하여 시각 $t=1$에서의 점 P의 운동 방향과 시각 $t=n$에서의 운동 방향이 서로 반대이도록 하는 모든 자연수 n의 값의 합을 구하시오.

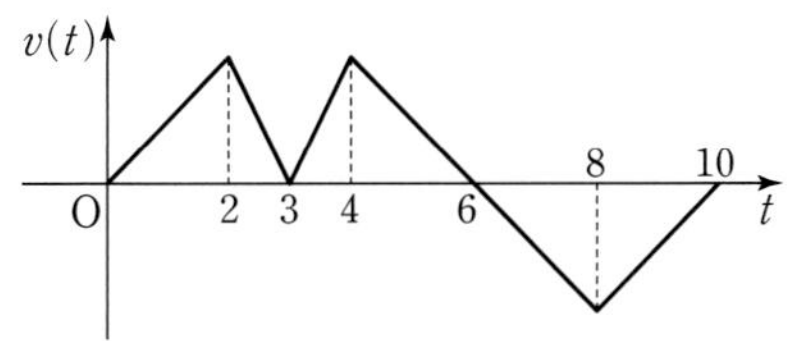

16 위치의 그래프의 해석

수직선 위를 움직이는 점 P의 시각 t에서의 위치 $x(t)$가 미분가능할 때

(1) $x'(t)>0$이면 점 P는 양의 방향으로 움직인다.

(2) $x'(t)<0$이면 점 P는 음의 방향으로 움직인다.

(3) $x'(t)=0$이면 점 P는 정지하거나 운동 방향을 바꾼다.

>> 올림포스 수학Ⅱ 54쪽

79 대표문제

▸ 23643-0351

수직선 위를 움직이는 점 P의 시각 t $(t\geq 0)$에서의 위치 $x(t)$의 그래프가 그림과 같다. **보기**에서 옳은 것만을 있는 대로 고른 것은? (단, $x(t)$는 미분가능한 함수이다.)

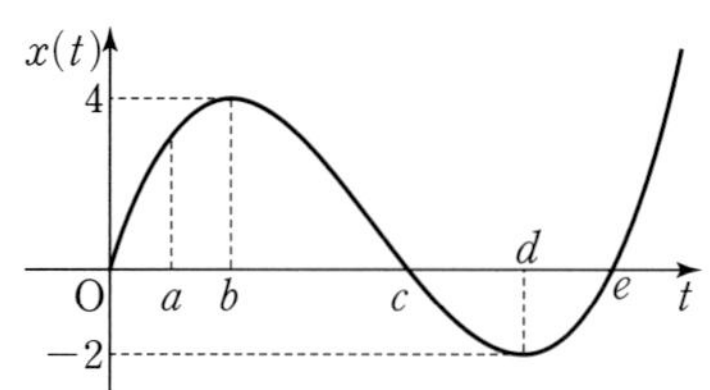

보기

ㄱ. $0<t<e$에서 점 P는 시각 $t=b$일 때, 원점으로부터 가장 멀리 떨어져 있다.

ㄴ. 시각 $t=a$일 때 점 P의 속도는 시각 $t=c$일 때 점 P의 속도보다 크다.

ㄷ. 점 P는 시각 $t=d$에서 운동 방향을 바꾼다.

① ㄱ ② ㄷ ③ ㄱ, ㄴ
④ ㄴ, ㄷ ⑤ ㄱ, ㄴ, ㄷ

80 상중하

▸ 23643-0352

수직선 위를 움직이는 점 P의 시각 t $(t\geq 0)$에서의 위치 $x(t)$는 t에 대한 삼차식이고, 그래프가 그림과 같다. 시각 $t=k$에서의 점 P의 가속도가 0이고 속도가 -8일 때, 시각 $t=k+1$에서의 점 P의 위치는?

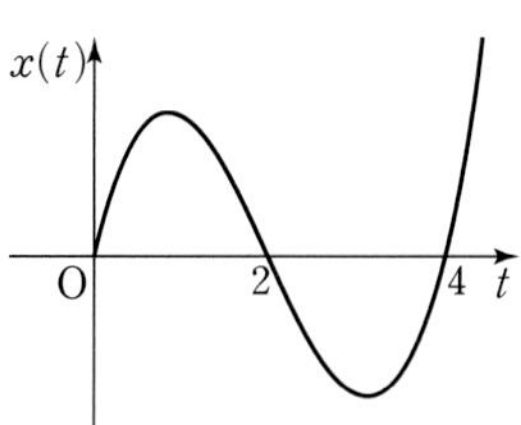

① -10 ② -9 ③ -8
④ -7 ⑤ -6

서술형 완성하기

>> 정답과 풀이 81쪽

01 내신기출

▸ 23643-0353

닫힌구간 $[-1, 3]$에서 함수 $f(x)=x^3-\frac{9}{2}x^2+a$의 최댓값과 최솟값의 합이 $-\frac{11}{2}$일 때, $f(a)$의 값을 구하시오.

(단, a는 상수이다.)

02

▸ 23643-0354

그림과 같이 곡선 $y=-x^2+4$에 대하여 이 곡선 위에 있고 제1사분면에 있는 점 P와 점 A$(-2, 0)$이 있다. 점 P에서 x축에 내린 수선의 발을 H라 할 때, 삼각형 AHP의 넓이의 최댓값은 $\frac{q}{p}$이다. $p+q$의 값을 구하시오.

(단, p와 q는 서로소인 자연수이다.)

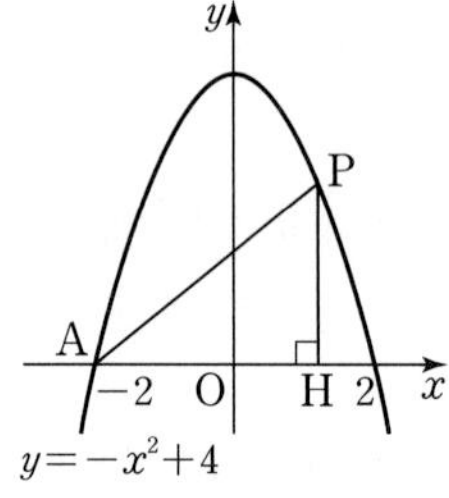

03

▸ 23643-0355

점 $(2, 4)$에서 곡선 $y=x^3+kx$에 그은 서로 다른 접선의 개수가 2가 되도록 하는 양수 k의 값을 구하시오.

04

▸ 23643-0356

$x\geq 0$인 모든 실수 x에 대하여 등식

$$|2x^3-9x^2+32-a|=2x^3-9x^2+32-a$$

를 만족시키는 모든 자연수 a의 개수를 구하시오.

05

▸ 23643-0357

두 함수 $f(x)=\frac{1}{3}x^3+\frac{3}{2}x^2+5$, $g(x)=x^2+2x$에 대하여 $0\leq x\leq 2$에서 부등식 $g(x)+k\leq f(x)\leq g(x)+3k$가 항상 성립하도록 하는 모든 자연수 k의 값의 합을 구하시오.

06 내신기출

▸ 23643-0358

수직선 위를 움직이는 점 P의 시각 t $(t\geq 0)$에서의 위치 x가

$$x=t^3-9t^2+kt+k$$

이다. 점 P의 가속도가 0이 되는 순간, 점 P의 위치와 속도가 서로 같다. 시각 $t=1$에서 점 P의 위치를 구하시오.

(단, k는 상수이다.)

내신 + 수능 고난도 도전

>> 정답과 풀이 83쪽

▶ 23643-0359

01 닫힌구간 $[a, a+3]$에서 함수 $f(x)=\frac{1}{3}x^3-2x^2+5$의 최댓값이 5가 되도록 하는 모든 정수 a의 개수는?

① 3　② 4　③ 5　④ 6　⑤ 7

▶ 23643-0360

02 함수 $f(x)=3x^4-4x^3-24x^2+48x+2a$가 $x=a$에서 극대일 때, 함수 $f(x)$의 최솟값은? (단, a는 상수이다.)

① -150　② -140　③ -130　④ -120　⑤ -110

▶ 23643-0361

03 양수 a에 대하여 닫힌구간 $[-a, 2a]$에서 함수 $f(x)=x^3-3x^2-9x$의 최댓값과 최솟값의 차를 $g(a)$라 하자. $g(1)+g(2)+g(3)$의 값을 구하시오.

▶ 23643-0362

04 점 $(1, k)$를 지나고 곡선 $y=x^3+6x^2+3$에 접하는 서로 다른 직선의 개수가 3이 되도록 하는 정수 k의 최댓값과 최솟값의 합은?

① -12　② -7　③ -2　④ 3　⑤ 8

>> 정답과 풀이 84쪽

▶ 23643-0363

05 함수 $f(x)=x^3-10x+k$와 좌표평면 위의 점 A$(3,\ 6)$에 대하여 곡선 $y=f(x)$와 선분 OA가 오직 한 점에서 만나도록 하는 모든 정수 k의 개수는? (단, O는 원점이다.)

① 4 ② 6 ③ 8 ④ 10 ⑤ 12

▶ 23643-0364

06 $x\geq 0$일 때, 부등식 $x^3+3x^2\geq kx-5$가 항상 성립하도록 하는 양수 k의 최댓값을 구하시오.

▶ 23643-0365

07 수직선 위를 움직이는 점 P의 시각 t $(t\geq 0)$에서의 위치 x가

$$x=t^4+at^3+bt^2+c$$

이다. 시각 $t=1$, $t=2$에서 점 P의 운동 방향이 바뀌고, $t=1$에서 점 P의 위치가 6일 때, 시각 $t=3$에서 점 P의 위치는? (단, a, b, c는 상수이다.)

① 12 ② 14 ③ 16 ④ 18 ⑤ 20

▶ 23643-0366

08 수직선 위를 움직이는 점 P의 시각 t $(t\geq 0)$에서의 위치 x가

$$x=t^4-6t^3+pt^2+2pt-1$$

이다. 점 P의 가속도가 최소인 시각을 $t=k$라 할 때, 시각 $t=2k$에서 점 P의 위치와 속도가 서로 같도록 하는 상수 p의 값은?

① 2 ② $\frac{5}{2}$ ③ 3 ④ $\frac{7}{2}$ ⑤ 4

적분

06 부정적분과 정적분

01 부정적분의 뜻

(1) 함수 $F(x)$의 도함수가 $f(x)$일 때, 즉 $F'(x)=f(x)$일 때, 함수 $F(x)$를 $f(x)$의 부정적분이라 하고, 함수 $f(x)$의 부정적분을 구하는 것을 $f(x)$를 적분한다고 한다.

(2) 함수 $f(x)$의 한 부정적분을 $F(x)$라고 하면 함수 $f(x)$의 모든 부정적분은

$F(x)+C$ (C는 상수)

의 꼴로 나타낼 수 있다. 이것을 기호로

$$\int f(x)dx$$

와 같이 나타낸다. 즉,

$$\int f(x)dx=F(x)+C$$

이다. 이때 C를 적분상수라 한다.

부정적분의 '부정(不定)'은 어느 하나로 정할 수 없다는 뜻이다.

$\int f(x)dx$는 '$f(x)$의 부정적분' 또는 'integral $f(x)dx$'라고 읽는다.

$\int f(x)dx$에서 $f(x)$를 피적분함수라 한다.

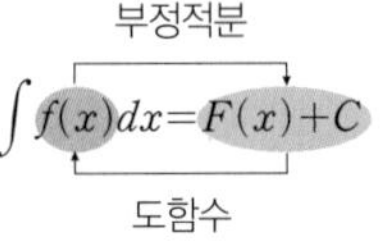

02 부정적분과 미분의 관계

(1) $\dfrac{d}{dx}\left\{\int f(x)dx\right\}=f(x)$

(2) $\int\left\{\dfrac{d}{dx}f(x)\right\}dx=f(x)+C$ (단, C는 적분상수)

$\dfrac{d}{dx}\left\{\int f(x)dx\right\}$
$\neq\int\left\{\dfrac{d}{dx}f(x)\right\}dx$

03 함수 $y=x^n$의 부정적분

n이 음이 아닌 정수일 때,

$$\int x^n dx=\frac{1}{n+1}x^{n+1}+C \text{ (단, } C\text{는 적분상수)}$$

참고 k가 상수일 때, $\int k dx=kx+C$ (단, C는 적분상수)

$\int 1\,dx=\int dx$로 나타낸다.

즉, $\int dx=x+C$ (단, C는 적분상수)

04 부정적분의 성질

두 함수 $f(x)$, $g(x)$가 연속함수일 때

(1) $\int kf(x)dx=k\int f(x)dx$ (단, k는 0이 아닌 실수)

(2) $\int\{f(x)+g(x)\}dx=\int f(x)dx+\int g(x)dx$

(3) $\int\{f(x)-g(x)\}dx=\int f(x)dx-\int g(x)dx$

세 개 이상의 함수에 대해서도 (2), (3)이 성립한다.

적분상수가 여러 개일 때에는 이들을 묶어서 하나의 적분상수 C로 나타낼 수 있다.

01 부정적분의 뜻

[01~04] 다음 부정적분을 구하시오.

01 $\int 3dx$

02 $\int 2xdx$

03 $\int (-3x^2)dx$

04 $\int 4x^3dx$

[05~07] 다음 등식을 만족시키는 함수 $f(x)$를 구하시오. (단, C는 적분상수이다.)

05 $\int f(x)dx=x^2+4x+C$

06 $\int f(x)dx=-\frac{1}{3}x^3+x^2+C$

07 $\int f(x)dx=\frac{1}{2}x^4-\frac{3}{2}x^2+x+C$

[08~09] 다음 등식을 만족시키는 다항함수 $f(x)$를 구하시오. (단, C는 적분상수이다.)

08 $\int xf(x)dx=x^3+3x^2+C$

09 $\int (x-1)f(x)dx=\frac{1}{3}x^3-2x^2+3x+C$

02 부정적분과 미분의 관계

[10~13] 다음을 계산하시오.

10 $\frac{d}{dx}\left\{\int (x^2-2x)dx\right\}$

11 $\int\left\{\frac{d}{dx}(x^2-2x)\right\}dx$

12 $\frac{d}{dx}\left\{\int (x^3-3x^2+4x)dx\right\}$

13 $\int\left\{\frac{d}{dx}(x^3-3x^2+4x)\right\}dx$

03 함수 $y=x^n$의 부정적분

[14~17] 다음 부정적분을 구하시오.

14 $\int x^2dx$

15 $\int x^5dx$

16 $\int x^{10}dx$

17 $\int x^{99}dx$

04 부정적분의 성질

[18~25] 다음 부정적분을 구하시오.

18 $\int (2x-3)dx$

19 $\int (3x^2-4x+2)dx$

20 $\int (-2x^3+3x^2+1)dx$

21 $\int (3x-2)^2dx$

22 $\int (2x+1)^3dx$

23 $\int (x-2)(x^2+2x+4)dx$

24 $\int (x-1)(x+1)(x+3)dx$

25 $\int \frac{x^2-4}{x-2}dx$

[26~28] 다음 부정적분을 구하시오.

26 $\int (x-1)^2dx+\int 2xdx$

27 $\int (x+1)^3dx-3\int (x^2+x)dx$

28 $\int \frac{x^3}{x+1}dx+\int \frac{1}{x+1}dx$

06 부정적분과 정적분

05 정적분의 정의

함수 $f(x)$가 닫힌구간 $[a, b]$에서 연속일 때, 함수 $f(x)$의 부정적분 중의 하나를 $F(x)$라 하면

$F(b)-F(a)$

를 $f(x)$의 a에서 b까지의 정적분이라 하고, 기호로

$$\int_a^b f(x)dx$$

와 같이 나타낸다. 또 $F(b)-F(a)$를 기호 $\Big[F(x)\Big]_a^b$로도 나타낸다. 즉,

$$\int_a^b f(x)dx=\Big[F(x)\Big]_a^b=F(b)-F(a)$$

참고 ① $\int_a^a f(x)dx=0$ ② $\int_a^b f(x)dx=-\int_b^a f(x)dx$

정적분 $\int_a^b f(x)dx$의 값을 구하는 것을 함수 $f(x)$를 a에서 b까지 적분한다고 한다. 이때 a를 아래끝, b를 위끝이라 한다.

$\Big[F(x)+C\Big]_a^b$
$=\{F(b)+C\}-\{F(a)+C\}$
$=F(b)-F(a)$
이므로 정적분의 계산에서 적분상수에 관계없이 같은 값이 나온다.

06 정적분의 성질

두 함수 $f(x)$, $g(x)$가 세 실수 a, b, c를 포함하는 구간에서 연속일 때

(1) $\int_a^b kf(x)dx=k\int_a^b f(x)dx$ (단, k는 실수)

(2) $\int_a^b \{f(x)+g(x)\}dx=\int_a^b f(x)dx+\int_a^b g(x)dx$

(3) $\int_a^b \{f(x)-g(x)\}dx=\int_a^b f(x)dx-\int_a^b g(x)dx$

(4) $\int_a^c f(x)dx+\int_c^b f(x)dx=\int_a^b f(x)dx$

정적분의 정의에서 변수를 x 대신 다른 문자를 사용해도 정적분의 값은 변하지 않는다. 즉,

$$\int_a^b f(x)dx=\int_a^b f(t)dt=\int_a^b f(u)du=\cdots$$

(4)는 세 실수 a, b, c의 대소 관계에 관계없이 성립한다.

07 y축 또는 원점에 대하여 대칭인 함수의 정적분

연속함수 $f(x)$가 모든 실수 x에 대하여

(1) $f(-x)=f(x)$, 즉 함수 $y=f(x)$의 그래프가 y축에 대하여 대칭이면

$$\int_{-a}^a f(x)dx=2\int_0^a f(x)dx$$

(2) $f(-x)=-f(x)$, 즉 함수 $y=f(x)$의 그래프가 원점에 대하여 대칭이면

$$\int_{-a}^a f(x)dx=0$$

(1)

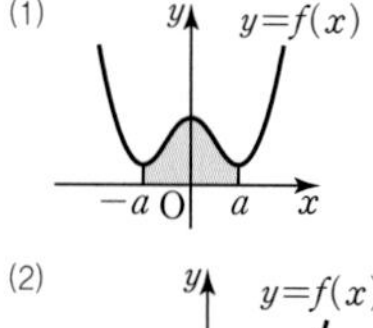

(2)

08 정적분으로 나타낸 함수의 미분과 극한

(1) 정적분으로 나타낸 함수의 미분

함수 $f(x)$가 닫힌구간 $[a, b]$에서 연속이면

$$\frac{d}{dx}\int_a^x f(t)dt=f(x) \text{ (단, } a<x<b\text{)}$$

(2) 정적분으로 나타낸 함수의 극한

함수 $f(x)$가 실수 a를 포함하는 구간에서 연속일 때

① $\lim_{h \to 0}\frac{1}{h}\int_a^{a+h} f(t)dt=f(a)$

② $\lim_{x \to a}\frac{1}{x-a}\int_a^x f(t)dt=f(a)$

정적분 $\int_a^x f(t)dt$는 x에 대한 함수이다.

함수 $f(x)$가 닫힌구간 $[a, b]$에서 연속이면 정적분 $\int_a^x f(t)dt$는 열린구간 (a, b)에서 미분가능한 함수이다.

05 정적분의 정의

[29~32] 다음 정적분의 값을 구하시오.

29 $\int_{0}^{1} x^2 dx$

30 $\int_{1}^{3} (2x+1)dx$

31 $\int_{-1}^{2} (3t^2-4t)dt$

32 $\int_{-2}^{1} (1+u)(1-u)du$

[33~36] 다음 정적분의 값을 구하시오.

33 $\int_{2}^{2} (x^2-x+2)dx$

34 $\int_{1}^{0} (3x^2-2x-5)dx$

35 $\int_{0}^{-2} (-x^3+3x^2-4)dx$

36 $\int_{3}^{-1} (t+3)(t^2-3t-1)dt$

06 정적분의 성질

[37~40] 다음 정적분의 값을 구하시오.

37 $\int_{1}^{2} (x-1)^2 dx+\int_{1}^{2} x(x+2)dx$

38 $\int_{-2}^{0} (x+1)(2x+3)dx-\int_{-2}^{0} (x+1)(x+3)dx$

39 $\int_{1}^{3} (x-1)(x^2+1)dx-\int_{1}^{3} (x+1)(x^2-x-1)dx$

40 $\int_{-1}^{3} (x-2)^3 dx+6\int_{-1}^{3} x(x-2)dx$

[41~44] 다음 정적분의 값을 구하시오.

41 $\int_{-1}^{0} (3x+1)dx+\int_{0}^{2} (3x+1)dx$

42 $\int_{1}^{0} \left(\frac{1}{2}x^2+x-1\right)dx+\int_{0}^{1} \left(\frac{1}{2}x^2+x-1\right)dx$

43 $\int_{-1}^{2} (x^2-3x+2)dx+\int_{2}^{3} (t^2-3t+2)dt$

44 $\int_{0}^{1} \left(\frac{1}{2}x^3-4x+2\right)dx-\int_{2}^{1} \left(\frac{1}{2}x^3-4x+2\right)dx$

07 y축 또는 원점에 대하여 대칭인 함수의 정적분

[45~47] 다음 정적분의 값을 구하시오.

45 $\int_{-1}^{1} (x^4+2x^2+1)dx$

46 $\int_{-2}^{2} (x^3+3x^2+2x)dx-\int_{-2}^{2} (3x^2+2x+1)dx$

47 $\int_{-2}^{2} (x^2+1)(x^3-2x+1)dx$

08 정적분으로 나타낸 함수의 미분과 극한

[48~49] 다음을 구하시오.

48 $\frac{d}{dx}\int_{0}^{x} (t^2-t+2)dt$

49 $\frac{d}{dx}\int_{1}^{x} (t-1)(t^2+2t+3)dt$

[50~51] 다음 극한값을 구하시오.

50 $\lim_{h \to 0}\frac{1}{h}\int_{1}^{1+h} (3x^2-1)dx$

51 $\lim_{x \to 2}\frac{1}{x-2}\int_{2}^{x} (t+1)(t^2-1)dt$

01 부정적분의 뜻

함수 $f(x)$의 한 부정적분을 $F(x)$라 할 때

(1) $\int f(x)dx=F(x)+C$ (단, C는 적분상수)

(2) $F'(x)=f(x)$

» 올림포스 수학Ⅱ 67쪽

01 대표문제

▶ 23643-0367

함수 $f(x)$에 대하여

$$\int f(x)dx=x^3-3x+4$$

가 성립할 때, $f(2)$의 값은?

① 3　② 6　③ 9　④ 12　⑤ 15

02 상중하

▶ 23643-0368

함수 $f(x)$의 한 부정적분이 $2x^2-x+6$일 때, $f(3)$의 값은?

① 7　② 9　③ 11　④ 13　⑤ 15

03 상중하

▶ 23643-0369

두 함수 $F(x)=2x^3+x^2-1$, $G(x)$가 모두 함수 $f(x)$의 부정적분이고 $G(0)=2$일 때, $f(1)\times G(1)$의 값을 구하시오.

04 상중하

▶ 23643-0370

다항함수 $f(x)$가 모든 실수 x에 대하여

$$\int (x-1)f(x)dx=\frac{1}{3}x^3+ax^2-5x$$

를 만족시킬 때, $f(a)$의 값을 구하시오. (단, a는 상수이다.)

02 부정적분과 미분의 관계

(1) $\frac{d}{dx}\left\{\int f(x)dx\right\}=f(x)$

(2) $\int\left\{\frac{d}{dx}f(x)\right\}dx=f(x)+C$ (단, C는 적분상수)

» 올림포스 수학Ⅱ 67쪽

05 대표문제

▶ 23643-0371

함수 $f(x)=3x^2-4x+a$에 대하여 연속함수 $g(x)$가

$$g(x)=\frac{d}{dx}\int\{f(x)-g(x)\}dx$$

이고 $g(2)=3$일 때, $g(0)$의 값을 구하시오. (단, a는 상수이다.)

06 상중하

▶ 23643-0372

모든 실수 x에 대하여

$$\frac{d}{dx}\int(2x^2+ax-2)dx=(2x-1)(x+b)$$

가 성립할 때, $a+b$의 값을 구하시오. (단, a, b는 상수이다.)

07 상중하

▶ 23643-0373

함수 $f(x)=\int\left\{\frac{d}{dx}\left(\frac{1}{3}x^3-3x\right)\right\}dx$에 대하여 $f(3)=2$일 때, $f(1)$의 값은?

① $-\frac{5}{3}$　② $-\frac{4}{3}$　③ -1　④ $-\frac{2}{3}$　⑤ $-\frac{1}{3}$

08 상중하

▶ 23643-0374

다항함수 $f(x)$가 모든 실수 x에 대하여

$$(x-2)f(x)=\frac{d}{dx}\int(x^3+x^2-12)dx$$

를 만족시킬 때, $f(2)$의 값을 구하시오.

09 상중하

▶ 23643-0375

함수 $f(x)=\frac{d}{dx}\int(x^3+ax+b)dx$에 대하여

$f(1)=f(2)=0$일 때, $f(3)$의 값은? (단, a, b는 상수이다.)

① 6　② 9　③ 12
④ 15　⑤ 18

10 상중하

▶ 23643-0376

함수 $f(x)=-x^2+2x$에 대하여 함수 $g(x)$가

$$g(x)=\frac{d}{dx}\int f(x)dx+\int\left\{\frac{d}{dx}f(x)\right\}dx$$

이다. 함수 $g(x)$의 최댓값이 5일 때, $g(3)$의 값은?

① -5　② -4　③ -3
④ -2　⑤ -1

11 상중하

▶ 23643-0377

이차함수 $f(x)$에 대하여 함수 $g(x)$가

$$g(x)=\int\left\{\frac{d}{dx}xf(x)\right\}dx$$

일 때, 함수 $g(x)$가 다음 조건을 만족시킨다.

(가) 모든 실수 x에 대하여 $g(-x)=-g(x)$이다.

(나) $\lim_{x\to\infty}\frac{g(x)-x^3}{x}=3$

$f(2)$의 값을 구하시오.

03 부정적분의 계산

(1) n이 음이 아닌 정수일 때

$\int x^n dx=\frac{1}{n+1}x^{n+1}+C$ (단, C는 적분상수)

(2) 두 함수 $f(x)$, $g(x)$가 연속함수일 때

① $\int kf(x)dx=k\int f(x)dx$ (단, k는 0이 아닌 실수)

② $\int\{f(x)+g(x)\}dx=\int f(x)dx+\int g(x)dx$

③ $\int\{f(x)-g(x)\}dx=\int f(x)dx-\int g(x)dx$

>> 올림포스 수학Ⅱ 67쪽

12 대표문제

▶ 23643-0378

$x>1$에서 정의된 함수 $f(x)$가

$$f(x)=\int\frac{x^3+x}{x-1}dx+\int\frac{x^2+1}{1-x}dx$$

이고 $f(2)=\frac{11}{3}$일 때, $f(3)$의 값은?

① 10　② 11　③ 12
④ 13　⑤ 14

13 상중하

▶ 23643-0379

함수 $f(x)$가

$$f(x)=\int\left(x^3+\frac{1}{2}x^2+2x\right)dx-\int\left(x^3-\frac{3}{2}x^2\right)dx$$

이고 $f(0)=2$일 때, $f(3)$의 값은?

① 21　② 23　③ 25
④ 27　⑤ 29

14 상중하

▶ 23643-0380

자연수 n에 대하여 함수 $f(x)$가

$$f(x)=\int(x^n-1)dx$$

이고 $f(0)=2$, $f(1)=\frac{6}{5}$일 때, $10\times f(2)$의 값을 구하시오.

중요

04 $f'(x)$로부터 $f(x)$ 구하기

(1) 함수 $f(x)$의 도함수 $f'(x)$가 주어진 경우

⇨ $f(x)=\int f'(x)dx$임을 이용한다.

(2) $\frac{d}{dx}f(x)=g(x)$ 꼴이 주어진 경우

⇨ 양변을 적분하여 $\int\left\{\frac{d}{dx}f(x)\right\}dx=f(x)+C$임을 이용한다. (단, C는 적분상수)

» 올림포스 수학Ⅱ 67쪽

15 대표문제 ▸ 23643-0381

다항함수 $f(x)$에 대하여 $f'(x)=2x-6$이고 $f(x)$의 최솟값이 -1일 때, $f(5)$의 값은?

① 1 ② 2 ③ 3 ④ 4 ⑤ 5

16 상중하 ▸ 23643-0382

함수 $f(x)$에 대하여 $f'(x)=x^2-1$이고 $f(2)=1$일 때, $f(3)$의 값은?

① $\frac{11}{3}$ ② $\frac{13}{3}$ ③ 5 ④ $\frac{17}{3}$ ⑤ $\frac{19}{3}$

17 상중하 ▸ 23643-0383

함수 $f(x)$에 대하여

$$\frac{d}{dx}\{f(x)+x\}=4x^3-4$$

이고 $f(1)=0$일 때, $f(2)$의 값은?

① 6 ② 7 ③ 8 ④ 9 ⑤ 10

18 상중하 ▸ 23643-0384

$x>2$에서 정의된 함수 $f(x)$에 대하여

$$f'(x)=\frac{x^3-7x+6}{x-2}$$

이고 $f(3)=3$일 때, $f(4)$의 값은?

① $\frac{56}{3}$ ② 19 ③ $\frac{58}{3}$ ④ $\frac{59}{3}$ ⑤ 20

19 상중하 ▸ 23643-0385

함수 $f(x)$에 대하여 $f'(x)=3x^2+ax-1$이고 $f(1)=3$, $f(2)=12$일 때, $f(3)$의 값을 구하시오. (단, a는 상수이다.)

20 상중하 ▸ 23643-0386

상수함수가 아니고 모든 항의 계수가 실수인 두 다항함수 $f(x)$, $g(x)$가 다음 조건을 만족시킨다.

(가) $\frac{d}{dx}\{f(x)g(x)\}=3x^2-2x+1$

(나) $f(1)=0$, $g(1)=2$

$f(3)\times g(2)$의 값을 구하시오.

21 상중하 ▸ 23643-0387

다항함수 $f(x)$가

$$\frac{d}{dx}\{x^2f(x)\}=f'(x)+ax^2-6x-2$$

를 만족시킬 때, $a\times f(4)$의 값을 구하시오.

(단, a는 0이 아닌 상수이다.)

중요

05 $f(x)$와 그 부정적분 $F(x)$의 관계

함수 $f(x)$와 그 부정적분 $F(x)$ 사이의 관계식이 주어진 경우
(i) 양변을 x에 대하여 미분한다.
(ii) $F'(x)=f(x)$임을 이용한다.

>> 올림포스 수학Ⅱ 67쪽

22 대표문제

▶ 23643-0388

다항함수 $f(x)$의 한 부정적분 $F(x)$가 모든 실수 x에 대하여

$$F(x)=xf(x)+x^3-3x^2$$

을 만족시키고, $f(2)=5$이다. $f(4)$의 값은?

① -2 ② -1 ③ 0
④ 1 ⑤ 2

23 상중하

▶ 23643-0389

다항함수 $f(x)$에 대하여

$$\int f(x)dx=xf(x)+x^4-\frac{2}{3}x^3$$

이 성립하고 $f(1)=\frac{1}{3}$일 때, $f(2)$의 값은?

① -15 ② -12 ③ -9
④ -6 ⑤ -3

24 상중하

▶ 23643-0390

다항함수 $f(x)$가 다음 조건을 만족시킬 때, $f(1)$의 값을 구하시오.

(가) $\int f(x)dx=xf(x)+2x^3-6x^2$
(나) 방정식 $f(x)=0$의 서로 다른 모든 실근의 곱이 $\frac{4}{3}$이다.

25 상중하

▶ 23643-0391

다항함수 $f(x)$에 대하여

$$xf(x)-\int f(x)dx=3x^4+ax^2$$

이 성립하고 $f(-1)=f'(-1)=0$일 때, $f(1)$의 값은? (단, a는 상수이다.)

① -20 ② -16 ③ -12
④ -8 ⑤ -4

26 상중하

▶ 23643-0392

다항함수 $f(x)$에 대하여

$$\int xf(x)dx=f(x)+x^4-4x^3+12x$$

가 성립할 때, $f(4)$의 값은?

① 12 ② 16 ③ 20
④ 24 ⑤ 28

27 상중하

▶ 23643-0393

다항함수 $f(x)$의 한 부정적분을 $F(x)$라 할 때, 두 함수 $f(x)$, $F(x)$가 다음 조건을 만족시킨다.

(가) $F(x)=xf(x)-2x^3+x^2$
(나) 모든 실수 x에 대하여 $f(x)\geq 0$이다.

$F(3)$의 최솟값은?

① 19 ② 20 ③ 21
④ 22 ⑤ 23

06 함수의 연속과 부정적분

미분가능한 함수 $f(x)$에 대하여 함수 $f'(x)$가

$$f'(x)=\begin{cases} f_1(x) & (x<a) \\ f_2(x) & (x>a) \end{cases} \ (f_1(x),\ f_2(x)\text{는 다항함수})$$

일 때, 함수 $f(x)$는 $x=a$에서 연속이므로

$f(a)=\lim_{x \to a-}\int f_1(x)dx=\lim_{x \to a+}\int f_2(x)dx$이다.

» 올림포스 수학Ⅱ 67쪽

28 대표문제 ▸ 23643-0394

실수 전체의 집합에서 미분가능한 함수 $f(x)$의 도함수 $f'(x)$가

$$f'(x)=\begin{cases} 3x^2+2x & (x<0) \\ kx & (x\geq 0) \end{cases}$$

이고 $f(-2)=f(2)$일 때, 상수 k의 값은?

① $-\frac{5}{2}$ ② -2 ③ $-\frac{3}{2}$
④ -1 ⑤ $-\frac{1}{2}$

29 상중하 ▸ 23643-0395

실수 전체의 집합에서 미분가능한 함수 $f(x)$의 도함수 $f'(x)$가

$$f'(x)=\begin{cases} 2x+1 & (x\leq 0) \\ -x^2+1 & (x>0) \end{cases}$$

이고 $f(-2)=4$일 때, $f(2)$의 값은?

① $\frac{2}{3}$ ② $\frac{4}{3}$ ③ 2
④ $\frac{8}{3}$ ⑤ $\frac{10}{3}$

30 상중하 ▸ 23643-0396

실수 전체의 집합에서 미분가능한 함수 $f(x)$의 도함수 $f'(x)$가

$$f'(x)=x^2+2|x-1|$$

이고 $f(-1)+f(2)=\frac{20}{3}$일 때, $f(1)$의 값을 구하시오.

07 접선의 기울기와 부정적분

곡선 $y=f(x)$ 위의 임의의 점 $(x,\ f(x))$에서의 접선의 기울기는 $f'(x)$이다.

» 올림포스 수학Ⅱ 67쪽

31 대표문제 ▸ 23643-0397

원점을 지나는 곡선 $y=f(x)$ 위의 임의의 점 $(x,\ f(x))$에서의 접선의 기울기가 $2x^2-3$일 때, $f(2)$의 값은?

① $-\frac{4}{3}$ ② $-\frac{2}{3}$ ③ 0
④ $\frac{2}{3}$ ⑤ $\frac{4}{3}$

32 상중하 ▸ 23643-0398

곡선 $y=f(x)$ 위의 임의의 점 $(x,\ f(x))$에서의 접선의 기울기가 $2x^3+kx+1$이다. 곡선 $y=f(x)$ 위의 점 $(1,\ 4)$에서의 접선의 기울기가 6일 때, $f(2)$의 값은? (단, k는 상수이다.)

① 11 ② 13 ③ 15
④ 17 ⑤ 19

33 상중하 ▸ 23643-0399

곡선 $y=f(x)$ 위의 임의의 점 $(x,\ f(x))$에서의 접선의 기울기가 $-2x+3$이다. 곡선 $y=f(x)$ 위의 점 $(1,\ f(1))$에서의 접선이 점 $(-1,\ 0)$을 지날 때, $f(4)$의 값은?

① -4 ② -2 ③ 0
④ 2 ⑤ 4

34 상중하 ▸ 23643-0400

점 $(2,\ 4)$를 지나는 곡선 $y=f(x)$ 위의 임의의 점 $(x,\ f(x))$에서의 접선의 기울기가 $3x^2-3$이다. 곡선 $y=f(x)$가 x축과 만나는 서로 다른 두 점 사이의 거리를 구하시오.

08 미분계수와 부정적분

함수 $f(x)$의 $x=a$에서의 미분계수는

$$f'(a)=\lim_{h\to0}\frac{f(a+h)-f(a)}{h}=\lim_{x\to a}\frac{f(x)-f(a)}{x-a}$$

» 올림포스 수학Ⅱ 67쪽

35 대표문제

▶ 23643-0401

함수 $f(x)=\int(3x^2+ax+1)dx$에 대하여

$\lim_{x\to1}\frac{f(x)}{x-1}=0$일 때, $f(3)$의 값은? (단, a는 상수이다.)

① 8 ② 9 ③ 10
④ 11 ⑤ 12

36 상중하

▶ 23643-0402

함수 $f(x)=\int(2x^3+4x^2-1)dx$에 대하여

$\lim_{h\to0}\frac{f(-1+h)-f(-1)}{h}$의 값은?

① 1 ② 2 ③ 3
④ 4 ⑤ 5

37 상중하

▶ 23643-0403

함수 $f(x)=4x^3-x^2+a$의 한 부정적분을 $F(x)$라 할 때,

$\lim_{x\to1}\frac{F(x)-F(1)}{x^2-1}=3$을 만족시킨다. $f(2)$의 값을 구하시오.

(단, a는 상수이다.)

38 상중하

▶ 23643-0404

함수 $f(x)=\int(x-2)(x^2+ax+1)dx$에 대하여

$\lim_{h\to0}\frac{f(1+3h)-1}{2h}=-6$일 때, $f(3)$의 값을 구하시오.

(단, a는 상수이다.)

09 도함수의 정의를 이용한 부정적분

미분가능한 함수 $f(x)$의 도함수 $f'(x)$는

$$f'(x)=\lim_{h\to0}\frac{f(x+h)-f(x)}{h}$$

» 올림포스 수학Ⅱ 67쪽

39 대표문제

▶ 23643-0405

미분가능한 함수 $f(x)$가 모든 실수 x, y에 대하여

$f(x+y)=f(x)+f(y)+2xy-1$

을 만족시키고 $f'(0)=4$일 때, $f(2)$의 값을 구하시오.

40 상중하

▶ 23643-0406

미분가능한 함수 $f(x)$가 모든 실수 x, y에 대하여

$f(x+y)=f(x)+f(y)+4xy$

를 만족시키고 $\lim_{h\to0}\frac{f(h)}{h}=-3$일 때, $f(1)$의 값은?

① -5 ② -4 ③ -3
④ -2 ⑤ -1

41 상중하

▶ 23643-0407

미분가능한 함수 $f(x)$가 다음 조건을 만족시킬 때, $a+f(3)$의 값은? (단, a는 상수이다.)

(가) $\lim_{x\to0}\frac{f(x)-3}{x}=2$

(나) 모든 실수 x, y에 대하여
$f(x+y)=f(x)+f(y)+x^2y+xy^2+2xy+a$
이다.

① 18 ② 21 ③ 24
④ 27 ⑤ 30

중요
10 함수의 극대·극소와 부정적분

미분가능한 함수 $f(x)$에 대하여 $f'(a)=0$이고, $x=a$의 좌우에서

① $f'(x)$의 부호가 양에서 음으로 바뀌면 $f(x)$는 $x=a$에서 극대이고 극댓값 $f(a)$를 갖는다.

② $f'(x)$의 부호가 음에서 양으로 바뀌면 $f(x)$는 $x=a$에서 극소이고 극솟값 $f(a)$를 갖는다.

≫ 올림포스 수학Ⅱ 67쪽

42 대표문제 ▶ 23643-0408

삼차함수 $f(x)$에 대하여 함수 $y=f'(x)$의 그래프가 그림과 같다. 함수 $f(x)$의 극댓값이 5, 극솟값이 -4일 때, $f(2)$의 값은?

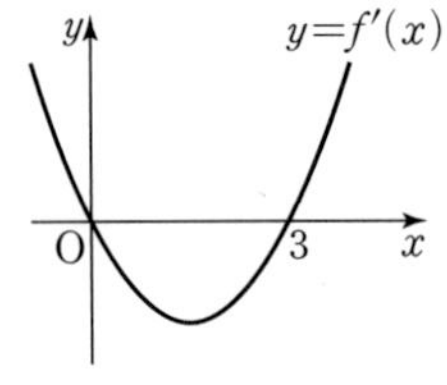

① $-\frac{5}{3}$ ② $-\frac{4}{3}$ ③ -1 ④ $-\frac{2}{3}$ ⑤ $-\frac{1}{3}$

43 상중하 ▶ 23643-0409

다항함수 $f(x)$에 대하여 $f'(x)=-x^2+4x$일 때, 함수 $f(x)$의 극댓값과 극솟값의 차는?

① 10 ② $\frac{32}{3}$ ③ $\frac{34}{3}$ ④ 12 ⑤ $\frac{38}{3}$

44 상중하 ▶ 23643-0410

함수 $f(x)=\int(x^2+x-2)dx$의 극댓값이 6일 때, 함수 $f(x)$의 극솟값은?

① $\frac{1}{6}$ ② $\frac{1}{2}$ ③ $\frac{5}{6}$ ④ $\frac{7}{6}$ ⑤ $\frac{3}{2}$

45 상중하 ▶ 23643-0411

다항함수 $f(x)$가 다음 조건을 만족시킨다.

(가) $f'(x)=3x^2+ax-9$

(나) $\lim_{x\to 3}\frac{f(x)}{x-3}=0$

함수 $f(x)$의 극댓값을 구하시오. (단, a는 상수이다.)

46 상중하 ▶ 23643-0412

다항함수 $f(x)$의 한 부정적분 $F(x)$가 모든 실수 x에 대하여

$$F(x)=xf(x)+x^4-2x^3+ax^2$$

을 만족시킨다. 함수 $f(x)$의 극값이 존재하지 않도록 하는 정수 a의 최솟값은?

① 1 ② 2 ③ 3 ④ 4 ⑤ 5

47 상중하 ▶ 23643-0413

함수 $f(x)=\int(x^2-2x)dx$에 대하여 양의 실수 전체의 집합에서 $f(x)\geq 0$일 때, $f(4)$의 최솟값은?

① 4 ② $\frac{14}{3}$ ③ $\frac{16}{3}$ ④ 6 ⑤ $\frac{20}{3}$

중요
11 정적분의 정의

(1) 함수 $f(x)$의 한 부정적분을 $F(x)$라 할 때

$$\int_a^b f(x)dx=\Big[F(x)\Big]_a^b=F(b)-F(a)$$

(2) $\int_a^a f(x)dx=0$, $\int_a^b f(x)dx=-\int_b^a f(x)dx$

» 올림포스 수학Ⅱ 68쪽

48 대표문제
▸ 23643-0414

$\int_{-1}^{a}(x^2-1)dx=0$일 때, 양수 a의 값은?

① $\frac{1}{2}$ ② 1 ③ $\frac{3}{2}$
④ 2 ⑤ $\frac{5}{2}$

49 상중하
▸ 23643-0415

$\int_0^2(3x^2+ax)dx=12$일 때, 상수 a의 값을 구하시오.

50 상중하
▸ 23643-0416

$\int_3^1(x-2)(1-x^2)dx$의 값은?

① $\frac{4}{3}$ ② $\frac{8}{3}$ ③ 4
④ $\frac{16}{3}$ ⑤ $\frac{20}{3}$

51 상중하
▸ 23643-0417

미분가능한 함수 $f(x)$에 대하여

$$\int_{-3}^{1}\{f'(x)-2x\}dx=0$$

이고 $f(-3)=11$일 때, $f(1)$의 값을 구하시오.

52 상중하
▸ 23643-0418

함수 $f(x)=2x^3+ax$가

$$\int_{-1}^{3}\{f(x)+xf'(x)\}dx=80$$

을 만족시킬 때, $f(3)$의 값은? (단, a는 상수이다.)

① 24 ② 28 ③ 32
④ 36 ⑤ 40

53 상중하
▸ 23643-0419

함수 $f(x)=x+a$가

$$\int_0^3\{f(x)\}^2dx=\frac{4}{3}\left(\int_0^3 f(x)dx\right)^2$$

을 만족시킬 때, 모든 실수 a의 값의 합은?

① -9 ② -7 ③ -5
④ -3 ⑤ -1

54 상중하
▸ 23643-0420

이차함수 $f(x)$가 다음 조건을 만족시킬 때, $f(3)$의 값은?

(가) $\int_0^2 f'(x)dx=\int_0^2 f(x)dx=0$

(나) 함수 $f(x)$의 최댓값은 1이다.

① -15 ② -13 ③ -11
④ -9 ⑤ -7

12 정적분의 계산 (1)

두 함수 $f(x)$, $g(x)$가 닫힌구간 $[a, b]$에서 연속일 때

(1) $\int_a^b kf(x)dx = k\int_a^b f(x)dx$ (단, k는 실수)

(2) $\int_a^b \{f(x)+g(x)\}dx = \int_a^b f(x)dx + \int_a^b g(x)dx$

(3) $\int_a^b \{f(x)-g(x)\}dx = \int_a^b f(x)dx - \int_a^b g(x)dx$

» 올림포스 수학Ⅱ 68쪽

55 대표문제 ▸ 23643-0421

$\int_2^3 \frac{x^3+3x}{x-1}dx + \int_3^2 \frac{3x^2+1}{x-1}dx$의 값은?

① 1 ② $\frac{4}{3}$ ③ $\frac{5}{3}$
④ 2 ⑤ $\frac{7}{3}$

56 상중하 ▸ 23643-0422

$\int_0^2 (x+2)^2dx - \int_0^2 (t-2)^2dt$의 값은?

① 4 ② 8 ③ 12
④ 16 ⑤ 20

57 상중하 ▸ 23643-0423

실수 전체의 집합에서 연속인 두 함수 $f(x)$, $g(x)$가

$$\int_0^1 \{f(x)+g(x)\}dx = 2, \int_0^1 \{f(x)-g(x)\}dx = 8$$

을 만족시킬 때, $\int_0^1 \{3f(x)-2g(x)\}dx$의 값을 구하시오.

58 상중하 ▸ 23643-0424

함수 $f(x)=x^2+ax$가

$$\int_{-2}^1 \{f(x)+1\}^2dx + \int_1^{-2} \{f(x)-1\}^2dx = 10$$

을 만족시킬 때, $f(6)$의 값을 구하시오. (단, a는 상수이다.)

중요 13 정적분의 계산 (2)

함수 $f(x)$가 세 실수 a, b, c를 포함하는 구간에서 연속일 때

$$\int_a^c f(x)dx + \int_c^b f(x)dx = \int_a^b f(x)dx$$

» 올림포스 수학Ⅱ 69쪽

59 대표문제 ▸ 23643-0425

함수 $f(x)=3x^2+a$가

$$\int_{-1}^0 f(x)dx + \int_0^3 f(x)dx - \int_2^3 f(x)dx = -6$$

을 만족시킬 때, $f(2)$의 값을 구하시오. (단, a는 상수이다.)

60 상중하 ▸ 23643-0426

$\int_{-2}^3 (x^2-3x+4)dx - \int_{-2}^1 (x^2-3x+4)dx$의 값은?

① 2 ② $\frac{8}{3}$ ③ $\frac{10}{3}$
④ 4 ⑤ $\frac{14}{3}$

61 상중하 ▸ 23643-0427

실수 전체의 집합에서 연속인 함수 $f(x)$에 대하여

$$\int_{-2}^1 f(x)dx = 2, \int_0^1 f(x)dx = 4, \int_0^3 f(x)dx = 6$$

일 때, $\int_{-2}^3 f(x)dx$의 값을 구하시오.

62 상중하 ▸ 23643-0428

함수 $f(x)=2x^3+ax+3$에 대하여

$$\int_{-1}^3 f(x)dx = \int_{-1}^2 f(x)dx + 18$$

일 때, 상수 a의 값은?

① -10 ② -9 ③ -8
④ -7 ⑤ -6

14 구간에 따라 함수가 다를 때의 정적분

두 연속함수 $f_1(x)$, $f_2(x)$에 대하여 함수

$$f(x)=\begin{cases} f_1(x) & (x\le c) \\ f_2(x) & (x>c) \end{cases}$$

가 닫힌구간 $[a, b]$에서 연속이고 $a<c<b$일 때

$$\int_a^b f(x)dx=\int_a^c f_1(x)dx+\int_c^b f_2(x)dx$$

>> 올림포스 수학Ⅱ 69쪽

63 대표문제

▶ 23643-0429

실수 전체의 집합에서 연속인 함수

$$f(x)=\begin{cases} -2x+a & (x\le 1) \\ -x^2+4x-2 & (x>1) \end{cases}$$

에 대하여 $\int_{-2}^{2} f(x)dx$의 값은? (단, a는 상수이다.)

① $\frac{41}{3}$ ② 14 ③ $\frac{43}{3}$ ④ $\frac{44}{3}$ ⑤ 15

64 상중하

▶ 23643-0430

함수 $f(x)=\begin{cases} x^2 & (x\le 1) \\ 3x-2 & (x>1) \end{cases}$에 대하여 $\int_0^3 f(x)dx$의 값은?

① 7 ② $\frac{23}{3}$ ③ $\frac{25}{3}$ ④ 9 ⑤ $\frac{29}{3}$

65 상중하

▶ 23643-0431

두 일차함수 $f(x)$, $g(x)$에 대하여 함수 $h(x)$가

$$h(x)=\begin{cases} f(x) & (x\le 0) \\ g(x) & (x>0) \end{cases}$$

일 때, 함수 $y=h(x)$의 그래프가 그림과 같다. $\int_{-1}^{2} xh(x)dx$의 값을 구하시오.

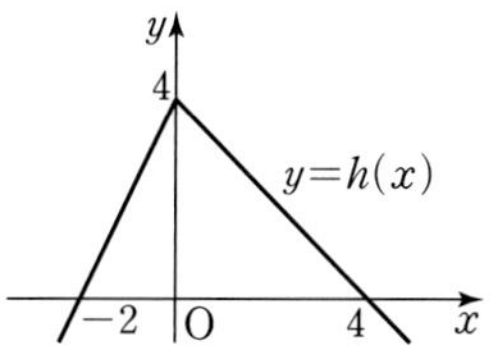

66 상중하

▶ 23643-0432

1보다 큰 실수 a와 실수 전체의 집합에서 연속인 함수

$$f(x)=\begin{cases} 3x+1 & (x\le a) \\ x^3-2x+3 & (x>a) \end{cases}$$

에 대하여 $\int_0^3 f(x)dx$의 값은?

① $\frac{81}{4}$ ② $\frac{83}{4}$ ③ $\frac{85}{4}$ ④ $\frac{87}{4}$ ⑤ $\frac{89}{4}$

67 상중하

▶ 23643-0433

실수 전체의 집합에서 미분가능한 함수 $f(x)$의 도함수 $f'(x)$가

$$f'(x)=\begin{cases} 2x+4 & (x\le 0) \\ x^2-3x+4 & (x>0) \end{cases}$$

이고 $f(-1)=-1$일 때, $\int_{-2}^{2} f(x)dx$의 값은?

① 6 ② 8 ③ 10 ④ 12 ⑤ 14

68 상중하

▶ 23643-0434

최고차항의 계수가 1인 삼차함수 $f(x)$에 대하여 실수 전체의 집합에서 미분가능한 함수 $g(x)$가

$$g(x)=\begin{cases} f(x) & (x\le 0) \\ 2-f(x) & (x>0) \end{cases}$$

이고 $\int_{-2}^{1} g(x)dx=4$일 때, $f(2)$의 값을 구하시오.

중요
15 절댓값 기호를 포함한 함수의 정적분

(i) 절댓값 기호 안의 식의 값을 0이 되게 하는 x의 값을 경계로 적분 구간을 나눈다.

(ii) $\int_a^b f(x)dx=\int_a^c f(x)dx+\int_c^b f(x)dx$를 이용한다.

≫ 올림포스 수학Ⅱ 69쪽

69 대표문제 ▸ 23643-0435

$\int_{-1}^{3}|x^2-x-2|dx$의 값은?

① 6 ② $\frac{37}{6}$ ③ $\frac{19}{3}$ ④ $\frac{13}{2}$ ⑤ $\frac{20}{3}$

70 상중하 ▸ 23643-0436

$\int_{-1}^{2}(|x|^3+2|x|)dx$의 값은?

① $\frac{31}{4}$ ② $\frac{33}{4}$ ③ $\frac{35}{4}$ ④ $\frac{37}{4}$ ⑤ $\frac{39}{4}$

71 상중하 ▸ 23643-0437

$\int_{0}^{3}x|x-2|dx$의 값은?

① 2 ② $\frac{8}{3}$ ③ $\frac{10}{3}$ ④ 4 ⑤ $\frac{14}{3}$

72 상중하 ▸ 23643-0438

함수 $f(x)=|x-1|$에 대하여 $\int_{-1}^{4}(f\circ f)(x)dx$의 값은?

① 2 ② $\frac{5}{2}$ ③ 3 ④ $\frac{7}{2}$ ⑤ 4

73 상중하 ▸ 23643-0439

함수 $f(x)=-x^3$에 대하여 곡선 $y=f(x)$ 위의 점 $(-1, 1)$에서의 접선의 방정식을 $y=g(x)$라 할 때, $\int_{-1}^{3}|f(x)-g(x)|dx$의 값은?

① $\frac{21}{2}$ ② $\frac{23}{2}$ ③ $\frac{25}{2}$ ④ $\frac{27}{2}$ ⑤ $\frac{29}{2}$

74 상중하 ▸ 23643-0440

이차함수 $f(x)=ax^2+bx$가 다음 조건을 만족시킬 때, $f(3)$의 값은? (단, a, b는 상수이고, $a>0$이다.)

(가) 모든 실수 x에 대하여 $f(1+x)=f(1-x)$이다.

(나) $\int_{0}^{3}|f'(x)|dx=10$

① 6 ② 7 ③ 8 ④ 9 ⑤ 10

16 y축 또는 원점에 대하여 대칭인 함수의 정적분

연속함수 $f(x)$가 모든 실수 x에 대하여

(1) $f(-x)=f(x)$이면 $\int_{-a}^{a} f(x)dx=2\int_{0}^{a} f(x)dx$

(2) $f(-x)=-f(x)$이면 $\int_{-a}^{a} f(x)dx=0$

≫ 올림포스 수학Ⅱ 69쪽

75 대표문제 ▸ 23643-0441

함수 $f(x)=x^2+ax+b$가 다음 조건을 만족시킨다.

(가) $f'(1)=4$

(나) $\int_{-1}^{1} f(x)dx=2$

$f(2)$의 값은? (단, a, b는 상수이다.)

① $\frac{22}{3}$ ② 8 ③ $\frac{26}{3}$

④ $\frac{28}{3}$ ⑤ 10

76 상중하 ▸ 23643-0442

$\int_{-2}^{2} x(x^2+3x-2)dx$의 값은?

① 12 ② 14 ③ 16

④ 18 ⑤ 20

77 상중하 ▸ 23643-0443

$\int_{-a}^{a} (2x^3+3x^2-5x+1)dx=60$을 만족시키는 실수 a의 값을 구하시오.

78 상중하 ▸ 23643-0444

함수 $f(x)=2x^4-x^3+3x+a$가

$$\int_{-1}^{3} f(x)dx-\int_{2}^{3} f(x)dx+\int_{2}^{1} f(x)dx=4$$

를 만족시킨다. 상수 a에 대하여 $10a$의 값을 구하시오.

79 상중하 ▸ 23643-0445

실수 전체의 집합에서 연속인 함수 $f(x)$가 다음 조건을 만족시킬 때, $\int_{-2}^{3} \{2x+f(x)\}dx$의 값을 구하시오.

(가) 모든 실수 x에 대하여 $f(-x)=-f(x)$이다.

(나) $\int_{-1}^{2} f(x)dx=3$, $\int_{1}^{3} f(x)dx=8$

80 상중하 ▸ 23643-0446

최고차항의 계수가 1인 이차함수 $f(x)$가

$$\int_{-2}^{2} f(x)dx=\int_{-2}^{2} xf(x)dx=\int_{-2}^{2} x^2f(x)dx$$

를 만족시킬 때, $f(2)$의 값은?

① -10 ② -8 ③ -6

④ -4 ⑤ -2

17 주기함수의 정적분

함수 $f(x)$의 정의역에 속하는 모든 실수 x에 대하여 $f(x+p)=f(x)$를 만족시키는 0이 아닌 상수 p가 존재할 때

$$\int_a^b f(x)dx=\int_{a+p}^{b+p} f(x)dx$$

≫ 올림포스 수학Ⅱ 69쪽

81 대표문제 ▸ 23643-0447

실수 전체의 집합에서 연속인 함수 $f(x)$가 모든 실수 x에 대하여 $f(x+3)=f(x)$이고 $\int_{-2}^{1} f(x)dx=4$일 때, $\int_{-2}^{10} f(x)dx$의 값은?

① 12 ② 14 ③ 16 ④ 18 ⑤ 20

82 상중하 ▸ 23643-0448

실수 전체의 집합에서 연속인 함수 $f(x)$가 모든 실수 x에 대하여 $f(x+2)=f(x)$를 만족시킨다.

$\int_{-3}^{1} f(x)dx=2$, $\int_{0}^{3} f(x)dx=4$일 때, $\int_{-2}^{5} f(x)dx$의 값은?

① 6 ② 7 ③ 8 ④ 9 ⑤ 10

83 상중하 ▸ 23643-0449

실수 전체의 집합에서 연속인 함수 $f(x)$가 다음 조건을 만족시킨다.

> (가) $0\le x\le 2$에서 $f(x)=a(x-1)^2$
> (나) 모든 실수 x에 대하여 $f(x+2)=f(x)$이다.

$\int_{-2}^{7} f(x)dx=12$일 때, 상수 a의 값은?

① 2 ② $\frac{5}{2}$ ③ 3 ④ $\frac{7}{2}$ ⑤ 4

18 정적분을 포함한 등식

$f(x)=g(x)+\int_a^b f(x)dx$ (a, b는 상수) 꼴이 주어진 경우 $\int_a^b f(x)dx=k$ (k는 상수)로 놓고 $f(x)=g(x)+k$임을 이용한다.

≫ 올림포스 수학Ⅱ 68쪽

84 대표문제 ▸ 23643-0450

다항함수 $f(x)$에 대하여

$$f(x)=3x^2+\int_0^2 f(x)dx$$

일 때, $f(2)$의 값은?

① 1 ② 2 ③ 3 ④ 4 ⑤ 5

85 상중하 ▸ 23643-0451

다항함수 $f(x)$가 모든 실수 x에 대하여

$$f(x)=x^3+2x\int_0^1 f'(x)dx$$

를 만족시킬 때, $f(3)$의 값을 구하시오.

86 상중하 ▸ 23643-0452

다항함수 $f(x)$에 대하여

$$f(x)=3x^2-\int_0^2 (2x-1)f(t)dt$$

일 때, $f(2)$의 값은?

① $\frac{11}{3}$ ② 4 ③ $\frac{13}{3}$ ④ $\frac{14}{3}$ ⑤ 5

중요

19 정적분으로 나타낸 함수 (1)

$\int_{a}^{x} f(t)dt=g(x)$ (a는 상수) 꼴이 주어진 경우

(1) 양변에 $x=a$를 대입하면 $\int_{a}^{a} f(t)dt=g(a)=0$

(2) 양변을 x에 대하여 미분하면 $f(x)=g'(x)$

» 올림포스 수학Ⅱ 68쪽

87 대표문제 ▸ 23643-0453

다항함수 $f(x)$가 모든 실수 x에 대하여

$$\int_{3}^{x} f(t)dt=-2x^2+ax-3$$

을 만족시킬 때, $f(-2)$의 값은? (단, a는 상수이다.)

① 3 ② 6 ③ 9
④ 12 ⑤ 15

88 상중하 ▸ 23643-0454

다항함수 $f(x)$가 모든 실수 x에 대하여

$$\int_{1}^{x} f(t)dt=x^3-4x^2+ax$$

를 만족시킬 때, $\int_{1}^{2} f(t)dt$의 값은? (단, a는 상수이다.)

① -4 ② -2 ③ 0
④ 2 ⑤ 4

89 상중하 ▸ 23643-0455

다항함수 $f(x)$가 모든 실수 x에 대하여

$$xf(x)=\int_{2}^{x} f(t)dt+x^4-2x^3$$

을 만족시킬 때, $f(1)$의 값은?

① -3 ② $-\frac{7}{3}$ ③ $-\frac{5}{3}$
④ -1 ⑤ $-\frac{1}{3}$

90 상중하 ▸ 23643-0456

다항함수 $f(x)$가 모든 실수 x에 대하여

$$\int_{-1}^{x} \left\{\frac{d}{dt}f(t)\right\}dt=x^4+ax^3-4$$

를 만족시킬 때, $f'(2)$의 값은? (단, a는 상수이다.)

① -5 ② -4 ③ -3
④ -2 ⑤ -1

91 상중하 ▸ 23643-0457

함수 $f(x)=x^3-3x+2$에 대하여

$$\frac{d}{dx}\int_{0}^{x} f(t)dt=\int_{a}^{x} \left\{\frac{d}{dt}f(t)\right\}dt$$

를 만족시키는 서로 다른 모든 실수 a의 값의 합은?

① -2 ② -1 ③ 0
④ 1 ⑤ 2

92 상중하 ▸ 23643-0458

다항함수 $f(x)$가 모든 실수 x에 대하여

$$\int_{1}^{x} tf(t)dt=\frac{1}{2}x^4+ax^3+3x^2\int_{0}^{1} f(t)dt$$

를 만족시킬 때, $f(3)$의 값을 구하시오. (단, a는 상수이다.)

20 정적분으로 나타낸 함수 (2)

$\int_a^x (x-t)f(t)dt=g(x)$ (a는 상수) 꼴이 주어진 경우

(i) $x\int_a^x f(t)dt-\int_a^x tf(t)dt=g(x)$로 식을 변형한다.

(ii) (i)에서 얻은 등식의 양변을 두 번 미분하여 $f(x)$를 구한다.

» 올림포스 수학Ⅱ 68쪽

93 대표문제 ▸ 23643-0459

다항함수 $f(x)$가 모든 실수 x에 대하여

$$\int_1^x (x-t)f(t)dt=x^4+ax^2+1$$

을 만족시킬 때, $f(a)$의 값을 구하시오. (단, a는 상수이다.)

94 상중하 ▸ 23643-0460

다항함수 $f(x)$가 모든 실수 x에 대하여

$$\int_2^x (x-t)f(t)dt=x^3+ax^2+bx$$

를 만족시킬 때, $f(b-a)$의 값은? (단, a, b는 상수이다.)

① 24 ② 28 ③ 32 ④ 36 ⑤ 40

95 상중하 ▸ 23643-0461

다항함수 $f(x)$가 모든 실수 x에 대하여

$$\int_0^x (x-t)f(t)dt=ax^3+bx^2$$

을 만족시키고 $\lim_{x\to 0}\frac{f(x)-6}{x}=3$일 때, $4a+3b$의 값을 구하시오. (단, a, b는 상수이다.)

중요

21 정적분으로 나타낸 함수의 극대·극소

$f(x)=\int_a^x g(t)dt$와 같이 정의된 함수 $f(x)$의 극값을 구하는 경우

(i) 양변을 미분하여 $f'(x)=g(x)=0$인 x의 값을 구한다.

(ii) 함수 $f(x)$의 증가와 감소를 조사하여 함수 $y=f(x)$의 그래프의 개형을 그리고 극값을 구한다.

» 올림포스 수학Ⅱ 68쪽

96 대표문제 ▸ 23643-0462

함수 $f(x)=\int_0^x (3t^2+at+b)dt$가 $x=1$에서 극댓값 $\frac{5}{2}$를 가질 때, $f(2)$의 값은? (단, a, b는 상수이다.)

① 1 ② $\frac{5}{4}$ ③ $\frac{3}{2}$ ④ $\frac{7}{4}$ ⑤ 2

97 상중하 ▸ 23643-0463

함수 $f(x)=\int_{-2}^x (t^2-1)dt$의 극댓값을 M, 극솟값을 m이라 할 때, $M+m$의 값은?

① $\frac{4}{3}$ ② $\frac{8}{3}$ ③ 4 ④ $\frac{16}{3}$ ⑤ $\frac{20}{3}$

98 상중하 ▸ 23643-0464

이차함수 $y=f(x)$의 그래프가 그림과 같고, 함수 $F(x)$가

$$F(x)=\int_{-1}^x f(t)dt$$

일 때, $F(x)$의 극솟값은?

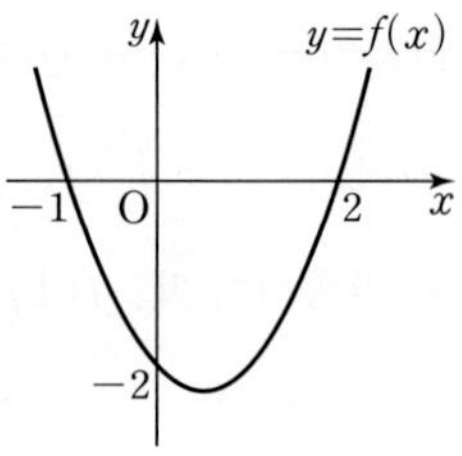

① $-\frac{9}{2}$ ② $-\frac{7}{2}$ ③ $-\frac{5}{2}$ ④ $-\frac{3}{2}$ ⑤ $-\frac{1}{2}$

>> 정답과 풀이 107쪽

99 상중하

▸ 23643-0465

함수 $f(x)=\int_a^x (4-t^2)dt$의 극댓값이 0이 되도록 하는 서로 다른 모든 실수 a의 값의 합은?

① -5 ② -4 ③ -3
④ -2 ⑤ -1

100 상중하

▸ 23643-0466

함수 $f(x)=\int_k^x (t^2-4t)dt$에 대하여 방정식 $f(x)=0$이 서로 다른 세 실근을 갖도록 하는 정수 k의 개수는?

① 1 ② 2 ③ 3
④ 4 ⑤ 5

101 상중하

▸ 23643-0467

함수 $f(x)=\int_{-1}^x (t^2+at+b)dt$가 다음 조건을 만족시킬 때, $f(x)$의 극댓값은? (단, a, b는 상수이다.)

> (가) 함수 $f(x)$는 $x=0$에서 극대이다.
> (나) 곡선 $y=f(x)$는 x축과 서로 다른 두 점에서 만난다.

① $\frac{1}{3}$ ② $\frac{2}{3}$ ③ 1
④ $\frac{4}{3}$ ⑤ $\frac{5}{3}$

22 정적분으로 나타낸 함수의 최대·최소

$f(x)=\int_a^x g(t)dt$와 같이 정의된 함수 $f(x)$의 양변을 미분하여 $f'(x)$를 구한 후, 주어진 구간에서 함수 $f(x)$의 증가와 감소를 조사하여 함수 $f(x)$의 최댓값과 최솟값을 구한다.

>> 올림포스 수학Ⅱ 68쪽

102 대표문제

▸ 23643-0468

닫힌구간 $[0, 4]$에서 함수 $f(x)=\int_1^x (t^2-2t-3)dt$의 최댓값과 최솟값의 합은?

① -3 ② $-\frac{7}{3}$ ③ $-\frac{5}{3}$
④ -1 ⑤ $-\frac{1}{3}$

103 상중하

▸ 23643-0469

$0\le x\le 3$에서 함수 $f(x)=\int_{-2}^x (t^2-t-2)dt$의 최솟값은?

① $-\frac{16}{3}$ ② -4 ③ $-\frac{10}{3}$
④ $-\frac{8}{3}$ ⑤ -2

104 상중하

▸ 23643-0470

함수 $f(x)=\int_0^x (t^3+at^2+b)dt$가 $x=-1$에서 극솟값 $-\frac{11}{4}$을 가질 때, $-2\le x\le 1$에서 함수 $f(x)$의 최댓값은?

(단, a, b는 상수이다.)

① 3 ② $\frac{13}{4}$ ③ $\frac{7}{2}$
④ $\frac{15}{4}$ ⑤ 4

23 정적분으로 나타낸 함수의 극한

(1) $\lim_{h\to 0}\frac{1}{h}\int_{a}^{a+h}f(t)dt=f(a)$

(2) $\lim_{x\to a}\frac{1}{x-a}\int_{a}^{x}f(t)dt=f(a)$

>> 올림포스 수학Ⅱ 68쪽

105 대표문제

▸ 23643-0471

$\lim_{x\to 1}\frac{1}{x-1}\int_{1}^{x}(2t^3+at-5)dt=1$일 때, 상수 a의 값은?

① 1 ② 2 ③ 3 ④ 4 ⑤ 5

106 상중하

▸ 23643-0472

$\lim_{h\to 0}\frac{1}{h}\int_{2}^{2+h}(x^3-2x)dx$의 값은?

① 2 ② 4 ③ 6 ④ 8 ⑤ 10

107 상중하

▸ 23643-0473

함수 $f(x)=3x^2-5x+2$에 대하여

$\lim_{x\to 2}\frac{1}{x^2-2x}\int_{2}^{x}f(t)dt$의 값은?

① 1 ② 2 ③ 3 ④ 4 ⑤ 5

108 상중하

▸ 23643-0474

$\lim_{h\to 0}\frac{1}{h}\int_{1}^{1+2h}(x^3+ax^2+2)dx=18$일 때, 상수 a의 값을 구하시오.

109 상중하

▸ 23643-0475

$f(x)=x^3+5x^2-2x+1$에 대하여

$\lim_{x\to 1}\frac{1}{x-1}\int_{1}^{x^2}f(t)dt$의 값은?

① 2 ② 4 ③ 6 ④ 8 ⑤ 10

110 상중하

▸ 23643-0476

함수 $f(x)=ax^3-4x+3$에 대하여

$\lim_{h\to 0}\frac{1}{2h}\int_{2-h}^{2+h}f(x)dx=11$일 때, $f(3)$의 값은?

(단, a는 상수이다.)

① 41 ② 43 ③ 45 ④ 47 ⑤ 49

111 상중하

▸ 23643-0477

함수 $f(x)=x^3-2x^2-4$에 대하여

$$\lim_{x\to a}\frac{1}{x-a}\int_{a}^{x}f(t)dt=5$$

를 만족시키는 실수 a의 값을 구하시오.

112 상중하

▸ 23643-0478

함수 $f(x)=|x^2-ax|$에 대하여 x에 대한 부등식

$$\lim_{h\to 0}\frac{1}{h}\int_{3}^{3+h}f(x)dx\le 5$$

를 만족시키는 모든 정수 a의 값의 합을 구하시오.

서술형 완성하기

>> 정답과 풀이 112쪽

01

▶ 23643-0479

최고차항의 계수가 1이고 상수함수가 아닌 두 다항함수 $f(x)$, $g(x)$에 대하여

$$\frac{d}{dx}\{f(x)+g(x)\}=2x,\ \frac{d}{dx}\{f(x)g(x)\}=3x^2-1$$

이고 $g(0)=0$일 때, $f(1)\times g(3)$의 값을 구하시오.

02

▶ 23643-0480

다항함수 $f(x)$의 한 부정적분 $F(x)$가 모든 실수 x에 대하여

$$F(x)=(x-2)f(x)-x^4+ax^2$$

을 만족시키고, $F(0)=10$이다. $f(3)$의 값을 구하시오.

(단, a는 상수이다.)

03

▶ 23643-0481

자연수 k에 대하여 함수

$$f(x)=\int(3x^2-4x+k)dx$$

가 극댓값과 극솟값을 모두 가질 때, 함수 $f(x)$의 극댓값과 극솟값의 차를 구하시오.

04

▶ 23643-0482

다항함수 $f(x)$가 모든 실수 x에 대하여 $f(-x)=-f(x)$를 만족시키고 $\int_0^1 xf(x)dx=4$일 때, $\int_{-1}^1 (x-1)^2f(x)dx$의 값을 구하시오.

05

▶ 23643-0483

최고차항의 계수가 1인 삼차함수 $f(x)$가 다음 조건을 만족시킬 때, $f(5)$의 값을 구하시오.

(가) 방정식 $f(x)=0$의 실근은 0 또는 3뿐이다.

(나) $\int_0^2 |f'(x)|dx=6$

06

▶ 23643-0484

이차함수 $f(x)=x^2-4x+k$에 대하여 함수 $g(x)$를

$$g(x)=\int_1^x (x-t)f(t)dt$$

라 하자. $g'(4)=0$일 때, 다음 물음에 답하시오.

(단, k는 상수이다.)

(1) 함수 $g(x)$를 구하시오.

(2) 함수 $g(x)$의 최솟값을 구하시오.

≫ 올림포스 수학Ⅱ 75쪽

내신 + 수능 고난도 도전

▶ 23643-0485

01 최고차항의 계수가 모두 양수이고 상수함수가 아닌 두 다항함수 $f(x)$, $g(x)$가 다음 조건을 만족시킨다.

> (가) $f'(x)g(x)+f(x)g'(x)=6x^2+2$
> (나) 곡선 $y=f(x)$ 위의 점 $(1, 2)$에서의 접선의 방정식은 $y=g(x)$이다.

$f(2)\times g(4)$의 값을 구하시오.

▶ 23643-0486

02 실수 전체의 집합에서 미분가능한 함수 $f(x)$의 도함수 $f'(x)$가

$$f'(x)=\begin{cases} ax+3 & (x<0) \\ x^2+bx+3 & (x\geq 0) \end{cases}$$

일 때, 함수 $f(x)$가 다음 조건을 만족시킨다.

> (가) $\lim_{x\to 1}\frac{3f(x)-4}{x-1}=0$
> (나) 방정식 $f(x)=0$은 서로 다른 세 실근 α, β, γ $(\alpha<\beta<\gamma)$를 갖고, $\alpha+\beta+\gamma=0$이다.

$f(a)\times f(b)$의 값은? (단, a, b는 상수이다.)

① $\frac{4}{3}$ ② $\frac{8}{3}$ ③ 4 ④ $\frac{16}{3}$ ⑤ $\frac{20}{3}$

▶ 23643-0487

03 실수 전체의 집합에서 연속인 함수 $f(x)$가 다음 조건을 만족시킨다.

> (가) $f(x)=ax^2+2x$ $(0\leq x<2)$
> (나) 모든 실수 x에 대하여 $f(x+2)=f(x)+2$이다.

$\int_{-3}^{6} f(x)dx$의 값은?

① 12 ② $\frac{27}{2}$ ③ 15 ④ $\frac{33}{2}$ ⑤ 18

▸ 23643-0488

04 최고차항의 계수가 1인 이차함수 $f(x)$와 실수 t에 대하여 함수 $g(t)$가 다음과 같다.

$$g(t)=\int_{t}^{t+3} f(x)dx$$

$g(0)=g(1)=0$일 때, 함수 $g(t)$의 최솟값은?

① $-\frac{5}{4}$　② -1　③ $-\frac{3}{4}$　④ $-\frac{1}{2}$　⑤ $-\frac{1}{4}$

▸ 23643-0489

05 최고차항의 계수가 1이고 모든 항의 계수가 실수인 삼차함수 $f(x)$에 대하여 함수 $g(x)$가

$$g(x)=\int_{0}^{x} \{f(t)-2t\}dt$$

일 때, 함수 $g(x)$가 다음 조건을 만족시킨다.

(가) 함수 $|g'(x)|$는 실수 전체의 집합에서 미분가능하다.
(나) $g(2)-g(-2)=-20$

$f(4)$의 값을 구하시오.

▸ 23643-0490

06 상수함수가 아닌 다항함수 $f(x)$가 0을 제외한 모든 실수 x에 대하여 $xf'(x)>0$을 만족시키고, 함수 $g(x)$를

$$g(x)=(x-1)f(x)-\int_{1}^{x} f(t)dt$$

라 할 때, **보기**에서 옳은 것만을 있는 대로 고른 것은?

보기

ㄱ. $g'(0)=0$
ㄴ. 함수 $g(x)$는 극솟값 0을 갖는다.
ㄷ. 함수 $|g(x)-g(0)|$의 미분가능하지 않은 실수 x의 개수는 1이다.

① ㄱ　② ㄴ　③ ㄱ, ㄴ　④ ㄴ, ㄷ　⑤ ㄱ, ㄴ, ㄷ

07 정적분의 활용

01 곡선과 x축 사이의 넓이

함수 $f(x)$가 닫힌구간 $[a, b]$에서 연속일 때, 곡선 $y=f(x)$와 x축 및 두 직선 $x=a$, $x=b$로 둘러싸인 도형의 넓이 S는

$$S=\int_a^b |f(x)|dx$$

설명 $a<c<b$인 c에 대하여 닫힌구간 $[a, c]$에서 $f(x)\geq 0$이고, 닫힌구간 $[c, b]$에서 $f(x)\leq 0$일 때, 도형의 넓이 S는

$$S=\int_a^c f(x)dx+\int_c^b \{-f(x)\}dx$$
$$=\int_a^c |f(x)|dx+\int_c^b |f(x)|dx$$
$$=\int_a^b |f(x)|dx$$

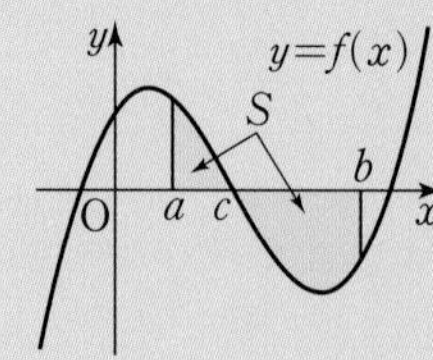

닫힌구간 $[a, b]$에서 $f(x)\geq 0$일 때
$S=\int_a^b f(x)dx$

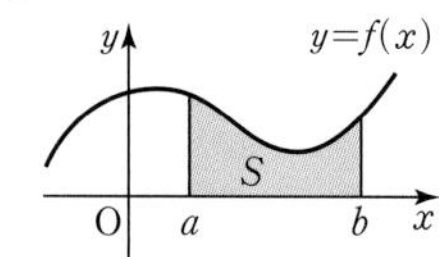

닫힌구간 $[a, b]$에서 함수 $f(x)$가 양의 값과 음의 값을 모두 가질 때는 $f(x)$의 값이 양수인 구간과 음수인 구간으로 나누어 넓이를 구한다.

02 두 곡선 사이의 넓이

두 함수 $y=f(x)$, $y=g(x)$가 닫힌구간 $[a, b]$에서 연속일 때, 두 곡선 $y=f(x)$, $y=g(x)$와 두 직선 $x=a$, $x=b$로 둘러싸인 부분의 넓이 S는

$$S=\int_a^b |f(x)-g(x)|dx$$

설명 $a<c<b$인 c에 대하여 닫힌구간 $[a, c]$에서 $f(x)\geq g(x)$이고, 닫힌구간 $[c, b]$에서 $f(x)\leq g(x)$일 때, 도형의 넓이 S는

$$S=\int_a^c \{f(x)-g(x)\}dx+\int_c^b \{g(x)-f(x)\}dx$$
$$=\int_a^c |f(x)-g(x)|dx+\int_c^b |f(x)-g(x)|dx$$
$$=\int_a^b |f(x)-g(x)|dx$$

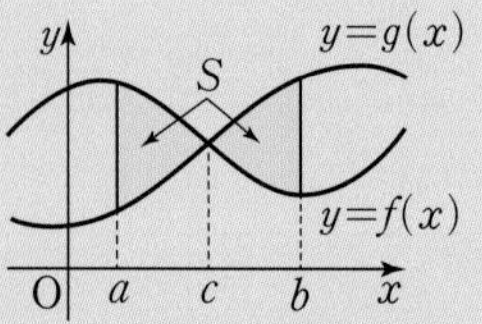

03 직선 운동에서의 위치와 움직인 거리

(1) 직선 운동에서의 위치

수직선 위를 움직이는 점 P의 시각 t에서의 속도를 $v(t)$, 시각 $t=a$에서의 점 P의 위치를 $x(a)$라 하면 시각 t에서의 점 P의 위치 $x(t)$는

$$x(t)=x(a)+\int_a^t v(t)dt$$

(2) 직선 운동에서의 위치의 변화량과 움직인 거리

수직선 위를 움직이는 점 P의 시각 t에서의 속도를 $v(t)$라 하면

① 시각 $t=a$에서 시각 $t=b$ $(a\leq b)$까지 점 P의 위치의 변화량은

$$\int_a^b v(t)dt$$

② 시각 $t=a$에서 시각 $t=b$ $(a\leq b)$까지 점 P가 움직인 거리 s는

$$s=\int_a^b |v(t)|dt$$

미분
위치 → 속도
적분

점 P의 시각 t에서의 위치가 $x=f(t)$이고 $a<b<c$일 때

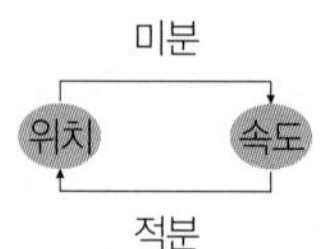

① $t=a$에서 $t=c$까지 점 P의 위치의 변화량은
$f(c)-f(a)$

② $t=a$에서 $t=c$까지 점 P가 움직인 거리는
$|f(b)-f(a)|+|f(c)-f(b)|$

01 곡선과 x축 사이의 넓이

01 그림과 같이 곡선 $y=-x^2+2x$와 x축으로 둘러싸인 도형의 넓이를 구하시오.

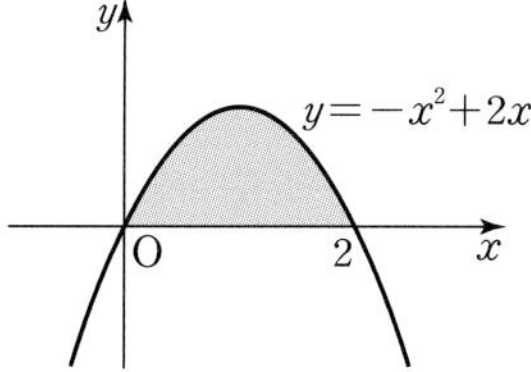

[02~04] 다음 곡선과 x축으로 둘러싸인 도형의 넓이를 구하시오.

02 $y=x^2-4$

03 $y=x^3+2x^2$

04 $y=x(x-1)(x-2)$

05 그림과 같이 곡선 $y=x^2-4x+3$과 x축 및 y축으로 둘러싸인 두 도형의 넓이의 합을 구하시오.

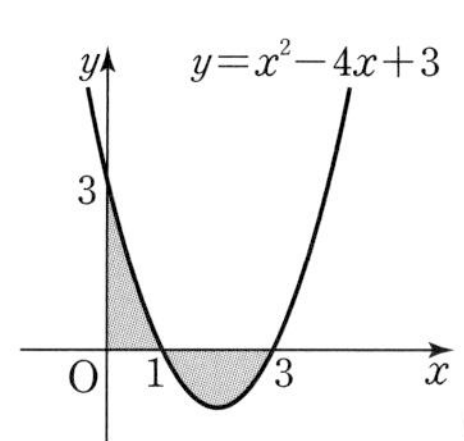

[06~07] 다음 곡선과 두 직선 및 x축으로 둘러싸인 도형의 넓이를 구하시오.

06 $y=3x^2+2$, $x=-1$, $x=1$

07 $y=-(x+1)(x-2)$, $x=0$, $x=3$

02 두 곡선 사이의 넓이

[08~10] 다음 곡선과 직선으로 둘러싸인 도형의 넓이를 구하시오.

08 $y=x^2$, $y=2x$

09 $y=-x^2+4$, $y=x+2$

10 $y=x^3$, $y=4x$

[11~12] 다음 두 곡선으로 둘러싸인 도형의 넓이를 구하시오.

11 $y=x^2$, $y=-x^2+4x$

12 $y=x^3-x^2$, $y=2x^2$

03 직선 운동에서의 위치와 움직인 거리

[13~15] 원점을 출발하여 수직선 위를 움직이는 점 P의 시각 t $(t\geq0)$에서의 속도가 $v(t)=t^2-2t$일 때, 다음을 구하시오.

13 시각 $t=2$에서의 점 P의 위치

14 시각 $t=1$에서 $t=3$까지 점 P의 위치의 변화량

15 시각 $t=1$에서 $t=3$까지 점 P가 움직인 거리

01 곡선과 x축 사이의 넓이

곡선 $y=f(x)$와 x축 및 두 직선 $x=a$, $x=b$로 둘러싸인 도형의 넓이 S는

$$S=\int_a^b |f(x)|dx$$

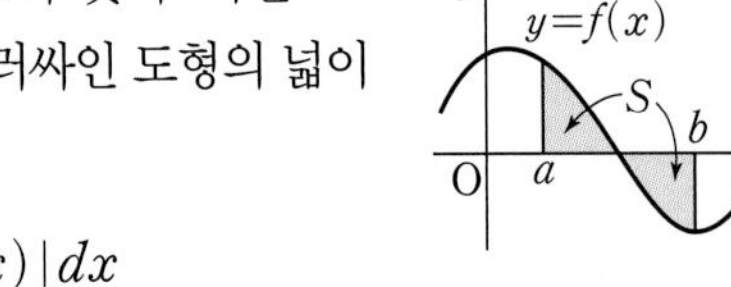

≫ 올림포스 수학Ⅱ 78쪽

01 대표문제 ▶ 23643-0491

곡선 $y=(x-1)^3$과 x축 및 두 직선 $x=0$, $x=3$으로 둘러싸인 도형의 넓이는?

① 4 ② $\frac{17}{4}$ ③ $\frac{9}{2}$ ④ $\frac{19}{4}$ ⑤ 5

02 상중하 ▶ 23643-0492

곡선 $y=x^2-2x-3$과 x축 및 두 직선 $x=0$, $x=2$로 둘러싸인 도형의 넓이는?

① $\frac{22}{3}$ ② 8 ③ $\frac{26}{3}$ ④ $\frac{28}{3}$ ⑤ 10

03 상중하 ▶ 23643-0493

곡선 $y=-x^3+x^2+2x$와 x축으로 둘러싸인 도형의 넓이는?

① $\frac{31}{12}$ ② $\frac{11}{4}$ ③ $\frac{35}{12}$ ④ $\frac{37}{12}$ ⑤ $\frac{13}{4}$

04 상중하 ▶ 23643-0494

곡선 $y=-x^3+ax^2$과 x축으로 둘러싸인 도형의 넓이가 $\frac{27}{4}$일 때, 양수 a의 값은?

① 1 ② $\frac{3}{2}$ ③ 2 ④ $\frac{5}{2}$ ⑤ 3

05 상중하 ▶ 23643-0495

삼차함수 $f(x)$에 대하여 함수 $y=f'(x)$의 그래프가 그림과 같다. 곡선 $y=f'(x)$와 x축으로 둘러싸인 도형의 넓이가 4일 때, $f(3)-f(2)$의 값은?

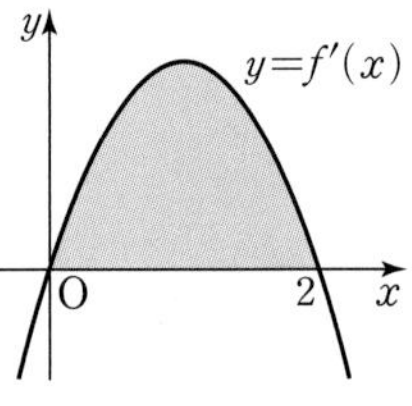

① $-\frac{20}{3}$ ② $-\frac{16}{3}$ ③ -4 ④ $-\frac{8}{3}$ ⑤ $-\frac{4}{3}$

06 상중하 ▶ 23643-0496

최고차항의 계수가 양수인 이차함수 $f(x)$가 다음 조건을 만족시킨다.

> (가) $\lim_{x\to 2}\frac{f(x)}{x-2}=0$
>
> (나) 곡선 $y=f(x)$와 x축 및 y축으로 둘러싸인 부분의 넓이는 8이다.

$f(4)$의 값을 구하시오.

02 곡선과 직선 사이의 넓이

곡선 $y=f(x)$와 직선 $y=g(x)$로 둘러싸인 도형의 넓이 S는

$$S=\int_a^b |f(x)-g(x)|dx$$

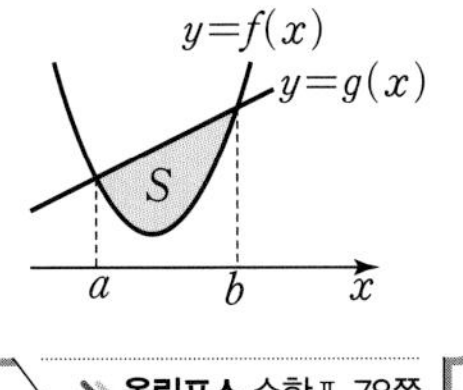

>> 올림포스 수학Ⅱ 78쪽

07 대표문제 ▸ 23643-0497

곡선 $y=x^3-3x^2$과 직선 $y=x-3$으로 둘러싸인 도형의 넓이는?

① 6 ② 7 ③ 8
④ 9 ⑤ 10

08 상중하 ▸ 23643-0498

곡선 $y=x^2$과 직선 $y=mx$로 둘러싸인 도형의 넓이가 $\frac{9}{2}$일 때, 양수 m의 값을 구하시오.

09 상중하 ▸ 23643-0499

그림과 같이 최고차항의 계수가 양수인 이차함수 $y=f(x)$의 그래프와 직선 $y=x+2$가 서로 다른 두 점에서 만나고 이 두 점의 x좌표가 -1, 3이다. 곡선 $y=f(x)$와 직선 $y=x+2$로 둘러싸인 도형의 넓이가 32일 때, $f(4)$의 값을 구하시오.

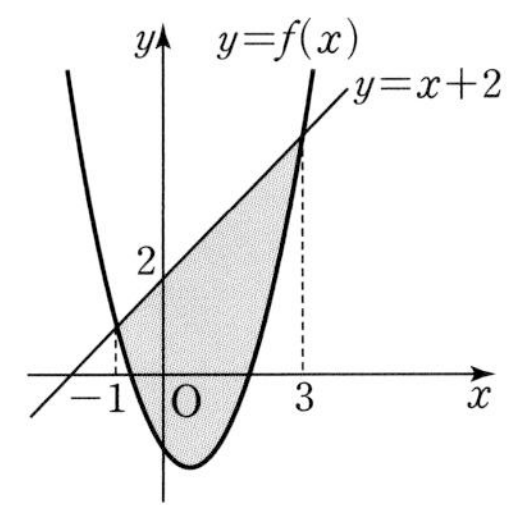

중요

03 두 곡선 사이의 넓이

두 곡선 $y=f(x)$, $y=g(x)$와 두 직선 $x=a$, $x=b$로 둘러싸인 도형의 넓이 S는

$$S=\int_a^b |f(x)-g(x)|dx$$

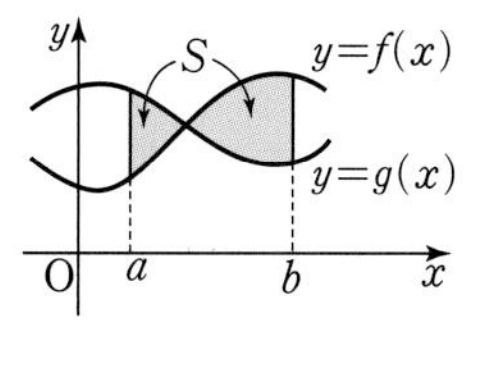

>> 올림포스 수학Ⅱ 78쪽

10 대표문제 ▸ 23643-0500

두 곡선 $y=x^4$, $y=4x^2$으로 둘러싸인 도형의 넓이는?

① 8 ② $\frac{122}{15}$ ③ $\frac{124}{15}$
④ $\frac{42}{5}$ ⑤ $\frac{128}{15}$

11 상중하 ▸ 23643-0501

두 곡선 $y=x^2-1$, $y=-x^2+2x+3$으로 둘러싸인 도형의 넓이를 구하시오.

12 상중하 ▸ 23643-0502

두 곡선 $y=x^3-x$, $y=-x^2+x$로 둘러싸인 도형의 넓이는?

① 3 ② $\frac{37}{12}$ ③ $\frac{19}{6}$
④ $\frac{13}{4}$ ⑤ $\frac{10}{3}$

13 상중하

▶ 23643-0503

함수 $f(x)=x^2$에 대하여 두 곡선 $y=f(x)$, $y=-f(x-1)+1$로 둘러싸인 도형의 넓이는?

① $\frac{1}{12}$ ② $\frac{1}{6}$ ③ $\frac{1}{4}$
④ $\frac{1}{3}$ ⑤ $\frac{5}{12}$

14 상중하

▶ 23643-0504

두 다항함수 $f(x)$, $g(x)$가 모든 실수 x에 대하여

$g(x)=f(x)+x^3+3x^2$

을 만족시킬 때, 두 곡선 $y=f(x)$, $y=g(x)$로 둘러싸인 도형의 넓이는?

① 6 ② $\frac{25}{4}$ ③ $\frac{13}{2}$
④ $\frac{27}{4}$ ⑤ 7

15 상중하

▶ 23643-0505

$x\geq0$에서 정의된 두 함수 $f(x)=-x^2+4$, $g(x)=ax^2$ $(a>0)$에 대하여 그림과 같이 두 곡선 $y=f(x)$, $y=g(x)$ 및 y축으로 둘러싸인 부분의 넓이를 S_1, 두 곡선 $y=f(x)$, $y=g(x)$ 및 x축으로 둘러싸인 부분의 넓이를 S_2, 두 곡선 $y=f(x)$, $y=g(x)$ 및 직선 $x=2$로 둘러싸인 부분의 넓이를 S_3이라 하자. $S_1+2S_2+S_3=\frac{40}{3}$일 때, S_1+S_3의 값을 구하시오.

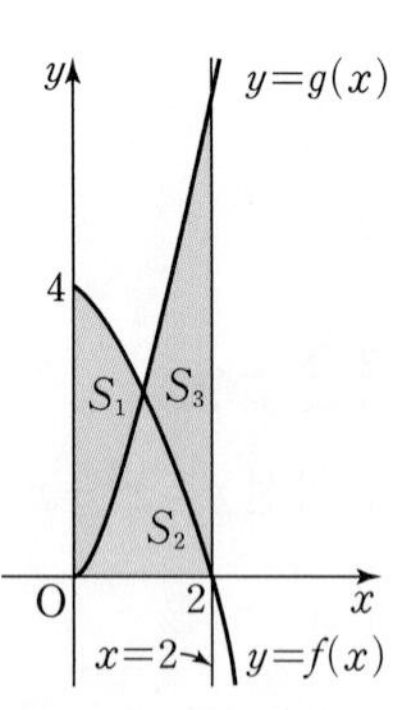

(단, a는 상수이다.)

04 절댓값 기호를 포함한 함수의 그래프와 넓이

(i) 함수 $y=|f(x)|$의 그래프 그리기
⇨ 함수 $y=f(x)$의 그래프에서 x축의 아랫부분을 x축에 대하여 대칭이동시켜 그린다.
(ii) 정적분을 이용하여 넓이를 구한다.

≫ 올림포스 수학Ⅱ 78쪽

16 대표문제

▶ 23643-0506

곡선 $y=-x^2+4x$와 함수 $y=3|x-2|$의 그래프로 둘러싸인 도형의 넓이는?

① $\frac{13}{3}$ ② $\frac{9}{2}$ ③ $\frac{14}{3}$
④ $\frac{29}{6}$ ⑤ 5

17 상중하

▶ 23643-0507

함수 $y=|x|(x+2)$의 그래프와 x축 및 직선 $x=2$로 둘러싸인 도형의 넓이는?

① $\frac{20}{3}$ ② $\frac{22}{3}$ ③ 8
④ $\frac{26}{3}$ ⑤ $\frac{28}{3}$

18 상중하

▶ 23643-0508

두 함수 $y=|x^3|$, $y=|x^2-2x|$의 그래프로 둘러싸인 도형의 넓이는?

① $\frac{31}{12}$ ② $\frac{17}{6}$ ③ $\frac{37}{12}$
④ $\frac{10}{3}$ ⑤ $\frac{43}{12}$

>> 정답과 풀이 122쪽

05 곡선과 접선으로 둘러싸인 도형의 넓이

(i) 곡선 $y=f(x)$ 위의 점 $(a, f(a))$에서의 접선의 방정식

$$y-f(a)=f'(a)(x-a)$$

를 구한다.

(ii) 정적분을 이용하여 넓이를 구한다.

>> 올림포스 수학Ⅱ 78쪽

19 대표문제

▸ 23643-0509

함수 $f(x)=\frac{1}{2}x^2+k$에 대하여 곡선 $y=f(x)$ 위의 점 $(1, f(1))$에서의 접선 l이 원점을 지날 때, 곡선 $y=f(x)$와 접선 l 및 y축으로 둘러싸인 도형의 넓이는? (단, k는 상수이다.)

① $\frac{1}{6}$　② $\frac{1}{3}$　③ $\frac{1}{2}$　④ $\frac{2}{3}$　⑤ $\frac{5}{6}$

20 상중하

▸ 23643-0510

곡선 $y=x^2-4x+3$ 위의 점 $(1, 0)$에서의 접선을 l이라 할 때, 곡선 $y=x^2-4x+3$과 접선 l 및 y축으로 둘러싸인 도형의 넓이는?

① $\frac{1}{6}$　② $\frac{1}{3}$　③ $\frac{1}{2}$　④ $\frac{2}{3}$　⑤ $\frac{5}{6}$

21 상중하

▸ 23643-0511

곡선 $y=\frac{1}{2}x^3-x^2$ 위의 점 $(2, 0)$에서의 접선을 l이라 할 때, 곡선 $y=\frac{1}{2}x^3-x^2$과 접선 l로 둘러싸인 도형의 넓이는?

① $\frac{28}{3}$　② 10　③ $\frac{32}{3}$　④ $\frac{34}{3}$　⑤ 12

22 상중하

▸ 23643-0512

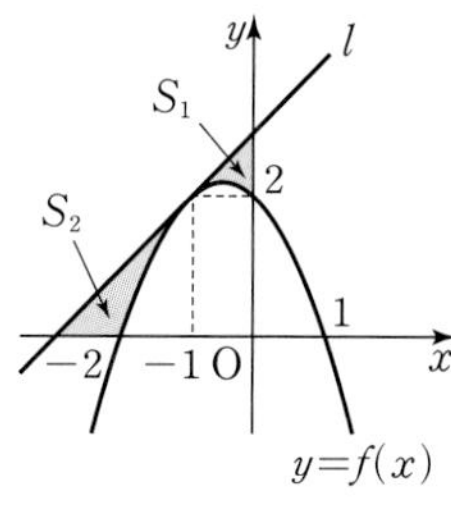

함수 $f(x)=-x^2-x+2$에 대하여 그림과 같이 곡선 $y=f(x)$ 위의 점 $(-1, 2)$에서의 접선을 l이라 할 때, 곡선 $y=f(x)$와 접선 l 및 y축으로 둘러싸인 도형의 넓이를 S_1, 곡선 $y=f(x)$와 접선 l 및 x축으로 둘러싸인 도형의 넓이를 S_2라 하자. S_1+S_2의 값은?

① 1　② $\frac{7}{6}$　③ $\frac{4}{3}$　④ $\frac{3}{2}$　⑤ $\frac{5}{3}$

23 상중하

▸ 23643-0513

원점에서 곡선 $y=x^2-3x+4$에 그은 두 접선을 각각 l, m이라 할 때, 곡선 $y=x^2-3x+4$와 두 접선 l, m으로 둘러싸인 도형의 넓이는?

① 4　② $\frac{13}{3}$　③ $\frac{14}{3}$　④ 5　⑤ $\frac{16}{3}$

24 상중하

▸ 23643-0514

함수 $f(x)=-x(x+1)(x-a)$ $(a>1)$에 대하여 곡선 $y=f(x)$ 위의 점 $(0, 0)$에서의 접선을 l이라 하자. 곡선 $y=f(x)$와 접선 l로 둘러싸인 도형의 넓이가 $\frac{27}{4}$일 때, 상수 a의 값을 구하시오.

06 두 도형의 넓이가 같을 때

(1) $S_1=S_2$이면

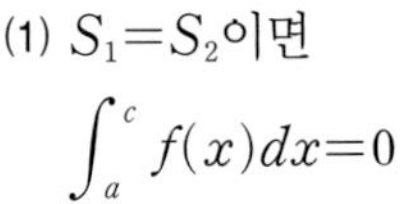

$$\int_a^c f(x)dx=0$$

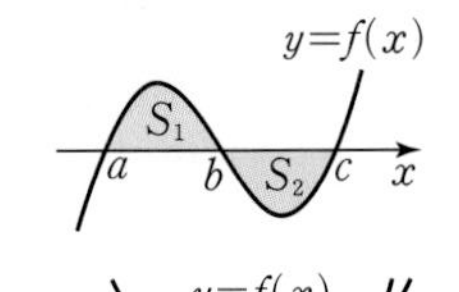

(2) $S_1=S_2$이면

$$\int_a^c \{f(x)-g(x)\}dx=0$$

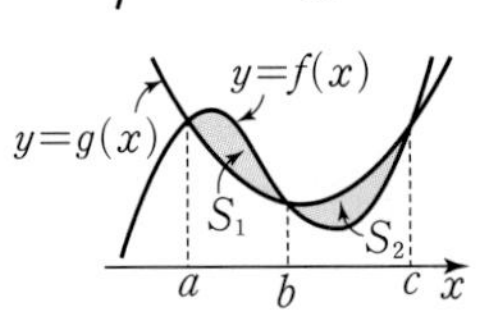

» 올림포스 수학Ⅱ 78쪽

25 대표문제

▶ 23643-0515

함수 $f(x)=-x^2+(k+2)x-2k$에 대하여 곡선 $y=f(x)$와 x축 및 y축으로 둘러싸인 도형의 넓이를 S_1, 곡선 $y=f(x)$와 x축으로 둘러싸인 도형의 넓이를 S_2라 하자. $S_1=S_2$일 때, $f(4)$의 값을 구하시오. (단, k는 $k>2$인 상수이다.)

26 상중하

▶ 23643-0516

그림과 같이 곡선 $y=-x^2+4\ (x\geq 0)$과 직선 $y=mx\ (m>0)$및 두 직선 $x=0$, $x=2$로 둘러싸인 두 도형의 넓이가 같을 때, 상수 m에 대하여 $9m$의 값을 구하시오.

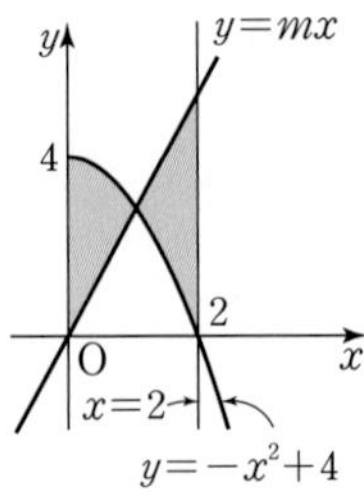

27 상중하

▶ 23643-0517

그림과 같이 곡선 $y=x^3+8$과 x축 및 직선 $x=k$로 둘러싸인 도형의 넓이를 S_1, 곡선 $y=x^3+8$과 두 직선 $x=k$, $y=8$로 둘러싸인 도형의 넓이를 S_2라 하자. $S_1=S_2$일 때, k의 값은?

(단, $-2<k<0$)

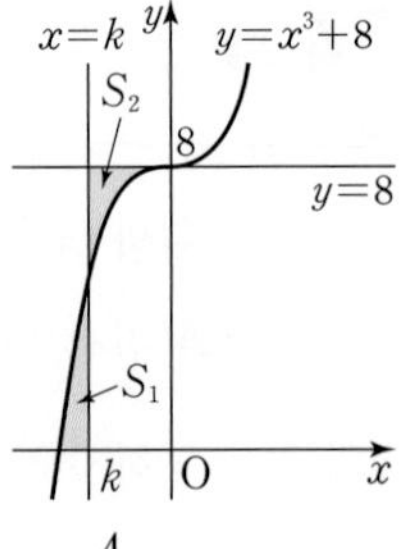

① $-\frac{3}{2}$ ② $-\frac{17}{12}$ ③ $-\frac{4}{3}$

④ $-\frac{5}{4}$ ⑤ $-\frac{7}{6}$

07 넓이의 활용 - 넓이를 이등분할 때

두 곡선 $y=f(x)$, $y=g(x)$로 둘러싸인 도형의 넓이 S를 곡선 $y=h(x)$가 이등분할 때

$$S=S_1+S_2=2S_1$$

즉, $\int_0^a |f(x)-h(x)|dx=\frac{1}{2}S$

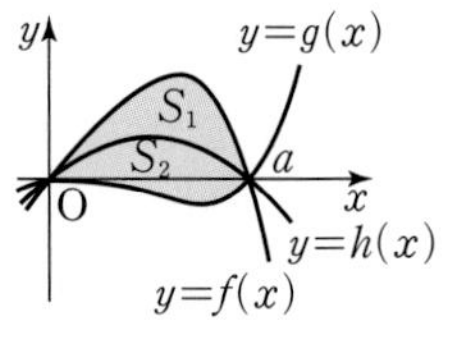

» 올림포스 수학Ⅱ 78쪽

28 대표문제

▶ 23643-0518

두 곡선 $y=x^2-3x$, $y=-\frac{1}{2}x^2+\frac{3}{2}x$로 둘러싸인 도형의 넓이를 곡선 $y=ax(x-3)$이 이등분할 때, 상수 a의 값은?

(단, $0<a<1$)

① $\frac{1}{6}$ ② $\frac{1}{5}$ ③ $\frac{1}{4}$

④ $\frac{1}{3}$ ⑤ $\frac{1}{2}$

29 상중하

▶ 23643-0519

곡선 $y=x^2-4x$와 직선 $y=2x$로 둘러싸인 도형의 넓이를 직선 $x=k$가 이등분할 때, 상수 k의 값은?

① 2 ② $\frac{9}{4}$ ③ $\frac{5}{2}$

④ $\frac{11}{4}$ ⑤ 3

30 상중하

▶ 23643-0520

최고차항의 계수가 음수인 이차함수 $f(x)$에 대하여 그림과 같이 두 곡선 $y=(x-2)^2$, $y=f(x)$가 두 점 A(0, 4), B(3, 1)에서 만난다. 두 곡선 $y=(x-2)^2$, $y=f(x)$로 둘러싸인 부분의 넓이를 직선 AB가 이등분할 때, $\int_0^3 f(x)dx$의 값을 구하시오.

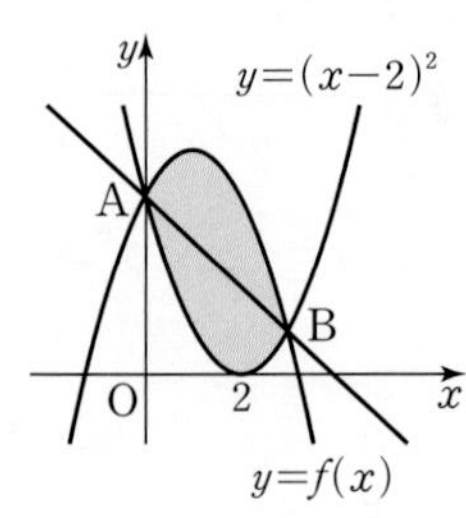

08 넓이의 활용 - 역함수의 그래프와 넓이

함수 $f(x)$의 역함수가 $g(x)$일 때

(1) 두 곡선 $y=f(x)$, $y=g(x)$로 둘러싸인 도형의 넓이는 곡선 $y=f(x)$와 직선 $y=x$로 둘러싸인 도형의 넓이의 2배임을 이용한다.

(2) 역함수의 정적분의 값은 넓이가 같은 도형을 이용한다.

>> 올림포스 수학Ⅱ 78쪽

31 대표문제 ▸ 23643-0521

정의역이 $\{x|x\geq 0\}$인 함수 $f(x)=ax^2\ (a>0)$의 역함수를 $g(x)$라 하자. 두 곡선 $y=f(x)$, $y=g(x)$로 둘러싸인 부분의 넓이가 $\frac{3}{4}$일 때, 상수 a의 값은?

① $\frac{1}{6}$ ② $\frac{1}{3}$ ③ $\frac{1}{2}$
④ $\frac{2}{3}$ ⑤ $\frac{5}{6}$

32 상중하 ▸ 23643-0522

정의역이 $\{x|x\geq -3\}$인 함수 $f(x)=\frac{1}{2}x^2+3x+2$의 역함수를 $g(x)$라 할 때, 곡선 $y=f(x)$가 y축과 만나는 점을 A, 곡선 $y=g(x)$가 x축과 만나는 점을 B라 하자. 두 곡선 $y=f(x)$, $y=g(x)$ 및 직선 AB로 둘러싸인 도형의 넓이는?

① $\frac{11}{3}$ ② 4 ③ $\frac{13}{3}$
④ $\frac{14}{3}$ ⑤ 5

33 상중하 ▸ 23643-0523

함수 $f(x)=x^3-3x^2+3x$의 역함수를 $g(x)$라 할 때, $\int_0^1 f(x)dx+\int_1^2 g(x)dx$의 값은?

① $\frac{11}{6}$ ② 2 ③ $\frac{13}{6}$
④ $\frac{7}{3}$ ⑤ $\frac{5}{2}$

09 위치와 위치의 변화량

수직선 위를 움직이는 점 P의 시각 t에서의 속도를 $v(t)$, 시각 $t=t_0$에서의 점 P의 위치를 $x(t_0)$이라 하면

(1) 시각 t에서의 점 P의 위치 $x(t)$는

$$x(t)=x(t_0)+\int_{t_0}^{t} v(t)dt$$

(2) 시각 $t=a$에서 시각 $t=b\ (a\leq b)$까지 점 P의 위치의 변화량은 $\int_a^b v(t)dt$

>> 올림포스 수학Ⅱ 79쪽

34 대표문제 ▸ 23643-0524

수직선 위를 움직이는 점 P의 시각 $t\ (t\geq 0)$에서의 속도가 $v(t)=2t^2-3t$이다. 점 P의 시각 $t=0$에서의 위치가 원점일 때, 속도가 2가 되는 시각에서의 점 P의 위치는?

① $-\frac{2}{3}$ ② $-\frac{1}{3}$ ③ 0
④ $\frac{1}{3}$ ⑤ $\frac{2}{3}$

35 상중하 ▸ 23643-0525

수직선 위를 움직이는 점 P의 시각 $t\ (t\geq 0)$에서의 속도가 $v(t)=3t-6$이다. 점 P의 시각 $t=3$에서의 위치가 5일 때, 점 P의 시각 $t=0$에서의 위치는?

① $\frac{11}{2}$ ② $\frac{13}{2}$ ③ $\frac{15}{2}$
④ $\frac{17}{2}$ ⑤ $\frac{19}{2}$

36 상중하 ▸ 23643-0526

시각 $t=0$일 때 원점을 출발하여 수직선 위를 움직이는 점 P의 시각 $t\ (t\geq 0)$에서의 속도가 $v(t)=\frac{3}{2}t^2-2t+k$이다. 점 P의 가속도가 10일 때, 점 P의 위치는 원점이다. 상수 k의 값은?

① -5 ② -4 ③ -3
④ -2 ⑤ -1

37 상중하

▶ 23643-0527

수직선 위를 움직이는 점 P의 시각 t $(t \geq 0)$에서의 속도가 $v(t)=-t^2+2t+k$이다. 점 P의 시각 $t=0$에서의 위치가 원점이고, 시각 $t=1$에서의 위치가 $\frac{11}{3}$일 때, 시각 $t=1$에서 점 P의 운동 방향이 바뀌는 시각까지 점 P의 위치의 변화량은? (단, k는 상수이다.)

① $\frac{10}{3}$ ② 4 ③ $\frac{14}{3}$
④ $\frac{16}{3}$ ⑤ 6

38 상중하

▶ 23643-0528

수직선 위를 움직이는 두 점 P, Q의 시각 t $(t \geq 0)$에서의 속도를 각각 $v_1(t)$, $v_2(t)$라 할 때,

$$v_1(t)=3t^2+4t+1,\ v_2(t)=6t+3$$

이다. 시각 $t=0$에서 두 점 P, Q의 위치가 모두 원점일 때, 두 점 P, Q는 시각 $t=a$에서 다시 만난다. a의 값을 구하시오.

39 상중하

▶ 23643-0529

수직선 위를 움직이는 두 점 P, Q의 시각 t $(t \geq 0)$에서의 속도를 각각 $v_1(t)$, $v_2(t)$라 할 때,

$$v_1(t)=t^2+at+4,\ v_2(t)=|t-b|+1$$

이다. 점 P의 시각 $t=1$, $t=2$, $t=3$에서의 위치를 각각 x_1, x_2, x_3이라 하고, 점 Q의 시각 $t=1$, $t=2$, $t=3$에서의 위치를 각각 y_1, y_2, y_3이라 할 때, x_1, x_2, x_3과 y_1, y_2, y_3은 모두 이 순서대로 등차수열을 이룬다. 시각 $t=0$에서 두 점 P, Q의 위치가 모두 원점일 때, 시각 $t=2$에서 두 점 P, Q 사이의 거리는? (단, a, b는 상수이다.)

① $\frac{2}{3}$ ② $\frac{4}{3}$ ③ 2
④ $\frac{8}{3}$ ⑤ $\frac{10}{3}$

중요

10 속도와 움직인 거리

수직선 위를 움직이는 점 P의 시각 t에서의 속도가 $v(t)$일 때, 시각 $t=a$에서 시각 $t=b$ $(a \leq b)$까지 점 P가 움직인 거리 s는

$$s=\int_a^b |v(t)|dt$$

» 올림포스 수학Ⅱ 79쪽

40 대표문제

▶ 23643-0530

수직선 위를 움직이는 점 P의 시각 t $(t \geq 0)$에서의 속도가 $v(t)=-t^2+at$이다. 점 P의 시각 $t=0$, $t=6$에서의 위치가 모두 원점일 때, 점 P가 시각 $t=0$에서 $t=6$까지 움직인 거리는? (단, a는 상수이다.)

① 20 ② $\frac{64}{3}$ ③ $\frac{68}{3}$
④ 24 ⑤ $\frac{76}{3}$

41 상중하

▶ 23643-0531

원점을 출발하여 수직선 위를 움직이는 점 P의 시각 t $(t \geq 0)$에서의 속도가 $v(t)=t^2-4$이다. 점 P가 시각 $t=0$에서 $t=4$까지 움직인 거리는?

① 10 ② 12 ③ 14
④ 16 ⑤ 18

42 상중하

▶ 23643-0532

수직선 위를 움직이는 점 P의 시각 t $(t \geq 0)$에서의 속도가 $v(t)=2t^2-4t$이다. 점 P가 시각 $t=0$에서 점 P의 가속도가 12가 되는 시각까지 움직인 거리는?

① $\frac{44}{3}$ ② 16 ③ $\frac{52}{3}$
④ $\frac{56}{3}$ ⑤ 20

43 상중하

▶ 23643-0533

수직선 위를 움직이는 두 점 P, Q의 시각 t $(t\geq 0)$에서의 속도를 각각 $v_1(t)$, $v_2(t)$라 할 때,

$$v_1(t)=-t^2+3t,\ v_2(t)=a(t-2)\ (a>0)$$

이다. 시각 $t=0$에서의 두 점 P, Q의 위치가 모두 원점이고 출발한 후 시각 $t=3$까지 두 점 P, Q가 움직인 거리가 같을 때, 상수 a의 값은?

① 1　② $\frac{6}{5}$　③ $\frac{7}{5}$　④ $\frac{8}{5}$　⑤ $\frac{9}{5}$

44 상중하

▶ 23643-0534

수직선 위를 움직이는 점 P의 시각 t $(t\geq 0)$에서의 속도가 $v(t)=t^2+at+8$이다. 시각 $t=1$에서 시각 $t=3$까지 점 P의 위치의 변화량과 시각 $t=3$에서 시각 $t=5$까지 점 P의 위치의 변화량이 서로 같을 때, 점 P가 시각 $t=1$에서 시각 $t=3$까지 움직인 거리는? (단, a는 상수이다.)

① 2　② $\frac{7}{3}$　③ $\frac{8}{3}$　④ 3　⑤ $\frac{10}{3}$

45 상중하

▶ 23643-0535

수직선 위를 움직이는 점 P의 시각 t $(t\geq 0)$에서의 위치 x가

$$x=\frac{1}{4}t^4-\frac{3}{2}t^2-2t$$

이다. $t=k$ $(k>0)$에서 점 P의 속도가 0일 때, 점 P가 시각 $t=0$에서 $t=2k$까지 움직인 거리를 구하시오.

11 그래프에서 위치와 움직인 거리

수직선 위를 움직이는 점 P의 시각 t에서의 속도 $v(t)$의 그래프가 그림과 같을 때, 시각 $t=0$에서 $t=a$까지

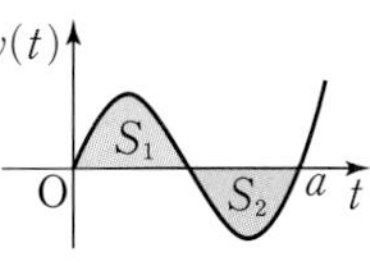

(1) 점 P의 위치의 변화량은 $\int_0^a v(t)dt=S_1-S_2$

(2) 점 P가 움직인 거리는 $\int_0^a |v(t)|dt=S_1+S_2$

>> 올림포스 수학Ⅱ 79쪽

46 대표문제

▶ 23643-0536

수직선 위를 움직이는 점 P의 시각 t에서의 속도를 $v(t)$라 할 때, $0\leq t\leq 8$에서 $v(t)$의 그래프가 그림과 같다. 점 P의 시각 $t=0$에서의 위치가 원점일 때, **보기**에서 옳은 것만을 있는 대로 고른 것은?

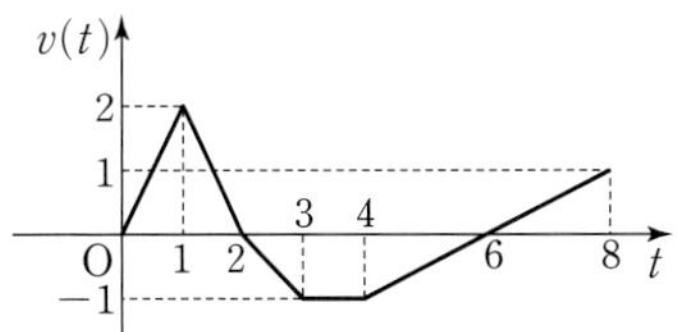

보기

ㄱ. 점 P는 $0\leq t\leq 8$에서 운동 방향이 두 번 바뀐다.

ㄴ. 점 P가 시각 $t=1$에서 $t=6$까지 움직인 거리는 4이다.

ㄷ. 점 P는 $0<t\leq 8$에서 원점을 두 번 지난다.

① ㄱ　② ㄱ, ㄴ　③ ㄱ, ㄷ　④ ㄴ, ㄷ　⑤ ㄱ, ㄴ, ㄷ

47 상중하

▶ 23643-0537

수직선 위를 움직이는 점 P의 시각 t에서의 속도를 $v(t)$라 할 때, $0\leq t\leq 6$에서 $v(t)$의 그래프가 그림과 같다. 점 P의 시각 $t=0$에서의 위치가 원점이고, 점 P가 원점에서 가장 멀리 떨어져 있을 때의 위치가 3일 때, 점 P의 시각 $t=6$에서의 위치는? (단, $a>0$)

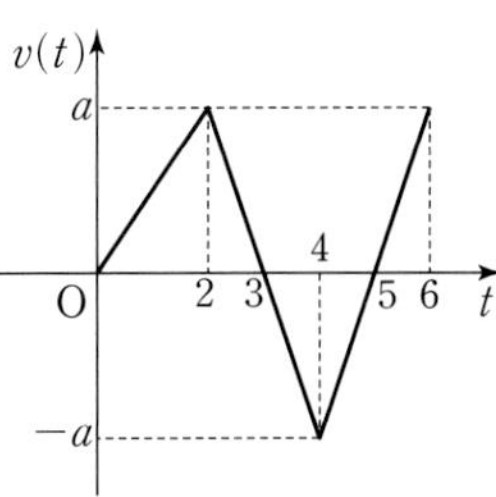

① 1　② $\frac{3}{2}$　③ 2　④ $\frac{5}{2}$　⑤ 3

서술형 완성하기

>> 정답과 풀이 132쪽

01

▶ 23643-0538

다항함수 $f(x)$에 대하여 $f'(x)=2x-4$이고 $f(x)$의 최솟값이 -1일 때, 곡선 $y=f(x)$와 x축 및 두 직선 $x=0$, $x=3$으로 둘러싸인 도형의 넓이를 구하시오.

02

▶ 23643-0539

양수 k와 함수 $f(x)=x^3-3x^2+4$에 대하여 곡선 $y=f(x)$와 직선 $y=k$가 서로 다른 두 점에서 만날 때, 곡선 $y=f(x)$와 직선 $y=k$로 둘러싸인 도형의 넓이를 구하시오.

03

▶ 23643-0540

최고차항의 계수가 양수인 이차함수 $f(x)$에 대하여 함수 $g(x)$가

$$g(x)=\int_2^x f(t)dt$$

일 때, 두 함수 $f(x)$, $g(x)$가 다음 조건을 만족시킨다.

(가) 함수 $g(x)$는 $x=0$에서 극댓값 0을 갖는다.
(나) 두 곡선 $y=f(x)$, $y=g(x)$로 둘러싸인 도형의 넓이는 $\frac{71}{2}$이다.

$f(1)\times g(1)$의 값을 구하시오.

04

▶ 23643-0541

함수 $f(x)=-x^2+4x$에 대하여 함수 $g(x)$가 다음과 같다.

$$g(x)=\begin{cases} f(-x) & (x<0) \\ f(x) & (x\geq 0) \end{cases}$$

곡선 $y=g(x)$와 직선 $y=k$가 서로 다른 네 점에서 만나고, 곡선 $y=g(x)$와 직선 $y=k$로 둘러싸인 세 부분의 넓이가 모두 같을 때, 상수 k의 값을 구하시오.

05

▶ 23643-0542

시각 $t=0$일 때 동시에 원점을 출발하여 수직선 위를 움직이는 두 점 P, Q의 시각 t $(t\geq 0)$에서의 속도가 각각

$$v_1(t)=3t^2-2t,\ v_2(t)=t^2+4t$$

이다. 출발한 후 두 점 P, Q의 속도가 같아지는 순간, 두 점 P, Q 사이의 거리를 구하시오.

06

▶ 23643-0543

수직선 위를 움직이는 두 점 P, Q의 시각 t $(t\geq 0)$에서의 속도를 각각 $v_1(t)$, $v_2(t)$라 할 때,

$$v_1(t)=3t^2-6t,\ v_2(t)=-4t+6$$

이다. 시각 $t=0$에서의 두 점 P, Q의 위치가 모두 원점이고 출발한 후 시각 $t=a$ $(a>0)$에서 두 점 P, Q가 만난다. 두 점 P, Q가 시각 $t=0$에서 $t=a$까지 움직인 거리를 각각 s_1, s_2라 할 때, s_1+s_2의 값을 구하시오.

내신 + 수능 고난도 도전

>> 정답과 풀이 134쪽

▶ 23643-0544

01 함수 $f(x)=|x(x-5)|$에 대하여 두 곡선 $y=f(x)$, $y=f(x-3)$으로 둘러싸인 도형의 넓이가 $\frac{q}{p}$일 때, $p+q$의 값을 구하시오. (단, p와 q는 서로소인 자연수이다.)

▶ 23643-0545

02 함수

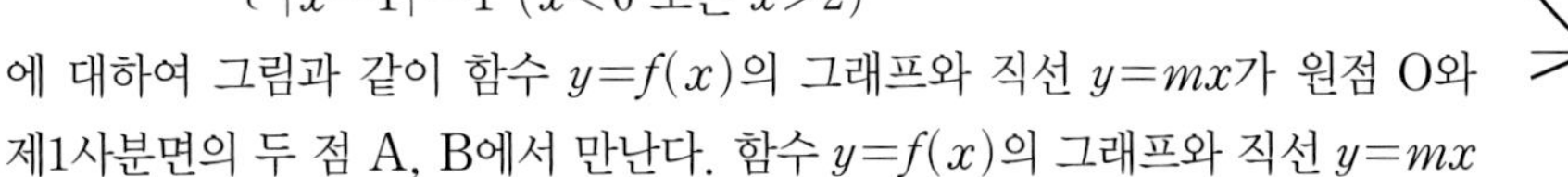

$$f(x)=\begin{cases} -x^2+2x & (0\le x\le 2) \\ |x-1|-1 & (x<0 \text{ 또는 } x>2) \end{cases}$$

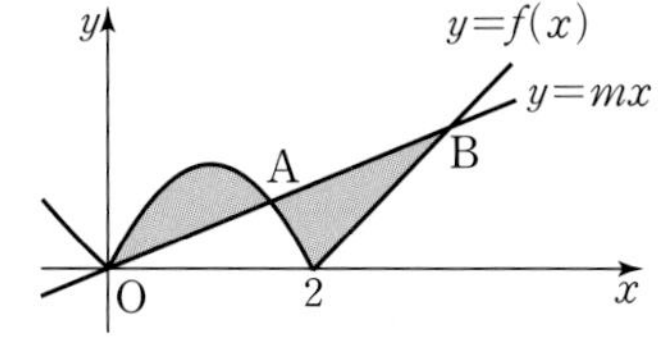

에 대하여 그림과 같이 함수 $y=f(x)$의 그래프와 직선 $y=mx$가 원점 O와 제1사분면의 두 점 A, B에서 만난다. 함수 $y=f(x)$의 그래프와 직선 $y=mx$로 둘러싸인 두 부분의 넓이가 서로 같을 때, 상수 m에 대하여 $10m$의 값을 구하시오. (단, $0<m<2$이다.)

▶ 23643-0546

03 곡선 $y=x^2-2x+k$ 위의 점 $(2, k)$에서의 접선을 l이라 하자. 곡선 $y=x^2-2x+k$와 접선 l 및 y축으로 둘러싸인 도형의 넓이가 x축에 의하여 이등분될 때, 상수 k의 값은 $p+q\sqrt{3}$이다. $9(p+q)$의 값을 구하시오.

(단, k는 $1<k<4$인 상수이고, p와 q는 유리수이다.)

▶ 23643-0547

04 실수 전체의 집합에서 증가하면서 연속인 함수 $f(x)$가 다음 조건을 만족시킨다.

> (가) 모든 실수 x에 대하여 $f(x)=f(x-3)+2$이다.
> (나) $\int_0^6 f(x)dx=2$, $\int_0^6 |f(x)|dx=6$

함수 $y=f(x)$의 그래프와 x축 및 직선 $x=12$로 둘러싸인 도형의 넓이는?

① 22 ② 24 ③ 26 ④ 28 ⑤ 30

▶ 23643-0548

05 시각 $t=0$일 때 동시에 원점을 출발하여 수직선 위를 움직이는 두 점 P, Q의 시각 t $(t\geq 0)$에서의 속도를 각각 $v_1(t)$, $v_2(t)$라 할 때,

$v_1(t)=t^2-2t$, $v_2(t)=-t^2+4$

이다. $0\leq t\leq 3$에서 두 점 P, Q 사이의 거리의 최댓값은?

① $\frac{20}{3}$ ② $\frac{22}{3}$ ③ 8 ④ $\frac{26}{3}$ ⑤ $\frac{28}{3}$

▶ 23643-0549

06 원점을 출발하여 수직선 위를 움직이는 점 P의 시각 t $(0\leq t\leq 6)$에서의 속도 $v(t)$의 그래프가 그림과 같다. 점 P가 점 A(2)를 세 번 지날 때, 점 P가 시각 $t=0$에서 $t=6$까지 움직인 거리를 l이라 할 때, $\alpha\leq l<\beta$이다. $\alpha+\beta$의 값은?

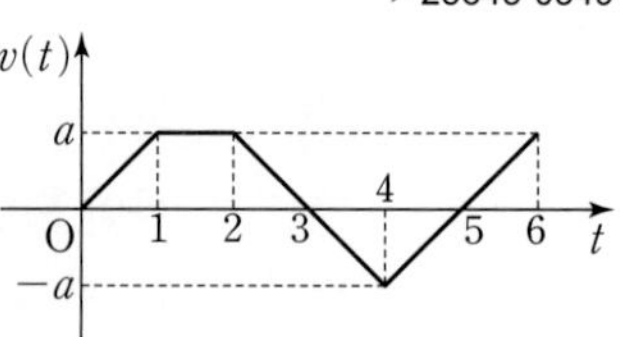

(단, $a>0$이고, 점 P가 점 A에 도달했을 때에도 점 A를 지난 것으로 한다.)

① 11 ② $\frac{35}{3}$ ③ $\frac{37}{3}$ ④ 13 ⑤ $\frac{41}{3}$

01 함수의 극한

개념 확인하기 본문 7~9쪽

01 3　02 4　03 1　04 5　05 1　06 8
07 2　08 -4　09 3　10 2　11 3　12 2
13 양의 무한대로 발산한다.　14 양의 무한대로 발산한다.
15 발산한다.　16 양의 무한대로 발산한다.
17 1　18 -1　19 1　20 -1　21 -1　22 0
23 2　24 2　25 1　26 -1　27 2　28 5
29 9　30 -2　31 10　32 3　33 1　34 2
35 3　36 2　37 2　38 $\frac{1}{3}$　39 5　40 4
41 $\frac{1}{4}$　42 6　43 양의 무한대로 발산한다.
44 음의 무한대로 발산한다.　45 $\frac{3}{2}$　46 2　47 0
48 0　49 $\frac{3}{2}$　50 -2　51 9　52 2

유형 완성하기 본문 10~17쪽

01 ①　02 1　03 ③　04 ⑤　05 24　06 ⑤　07 ③　08 ①
09 ④　10 ①　11 ⑤　12 9　13 ④　14 ①　15 ④　16 ⑤
17 ②　18 2　19 ⑤　20 ④　21 ⑤　22 ②　23 ⑤　24 ④
25 30　26 ②　27 ④　28 ④　29 ④　30 ⑤　31 ③　32 ②
33 ①　34 ④　35 ③　36 ①　37 ④　38 16　39 ⑤　40 ③
41 ④　42 ②　43 ③　44 ②　45 ③　46 ③　47 ⑤　48 ③
49 ④　50 ④　51 12

서술형 완성하기 본문 18쪽

01 3　02 5　03 59　04 16　05 7　06 4

내신 + 수능 고난도 도전 본문 19쪽

01 8　02 1　03 ②　04 ④

02 함수의 연속

개념 확인하기 본문 21~23쪽

01 불연속　02 불연속　03 불연속　04 연속　05 불연속　06 불연속
07 연속　08 불연속　09 연속　10 연속　11 불연속
12 $[-1, 2]$　13 $(2, 6)$　14 $(-3, 0]$
15 $(-\infty, 1)$　16 $[5, \infty)$　17 $(-\infty, \infty)$
18 $(-\infty, 1), (1, \infty)$　19 $(-\infty, 3]$　20 $(-\infty, \infty)$
21 $(-\infty, 0), (0, \infty)$　22 $(-\infty, -1), (-1, \infty)$
23 $[2, \infty)$　24 $(-\infty, \infty)$　25 $(-\infty, \infty)$
26 $(-\infty, 1), (1, \infty)$　27 $(-\infty, \infty)$　28 $(-\infty, \infty)$
29 $(-\infty, \infty)$　30 $(-\infty, \infty)$　31 $(-\infty, \infty)$
32 $(-\infty, -2), (-2, 2), (2, \infty)$　33 $(-\infty, 2), (2, \infty)$
34 $(-\infty, \infty)$　35 $(-\infty, -2), (-2, 2), (2, \infty)$
36 최댓값: 2, 최솟값: 1　37 최댓값은 갖지 않는다, 최솟값: 2
38 최댓값, 최솟값을 모두 갖지 않는다.
39 최댓값: 5, 최솟값: 4
40 최댓값은 갖지 않는다, 최솟값: 6　41 최댓값: 1, 최솟값: $\frac{1}{8}$
42 최댓값: 0, 최솟값은 갖지 않는다.　43 풀이 참조
44 풀이 참조　45 풀이 참조　46 풀이 참조

유형 완성하기 본문 24~30쪽

01 ②　02 ⑤　03 ④　04 ③　05 ②　06 ⑤　07 ②　08 ②
09 ①　10 ④　11 ②　12 ⑤　13 ③　14 ①　15 ①　16 ⑤
17 ③　18 6　19 ②　20 ④　21 ②　22 ⑤　23 ③　24 7
25 ③　26 34　27 ④　28 ②　29 ①　30 ②　31 ③　32 ②
33 ④　34 ③　35 50　36 ①　37 3　38 2　39 ③　40 ②
41 3　42 2

서술형 완성하기 본문 31쪽

01 1　02 6　03 18　04 384　05 3　06 3

내신 + 수능 고난도 도전 본문 32쪽

01 25　02 ②　03 ①　04 ④

03 미분계수와 도함수

개념 확인하기 본문 35~37쪽

01 1 02 3 03 2 04 0 05 $2a+1+\Delta x$
06 $2a-2+\Delta x$ 07 $4a+2\Delta x$ 08 $4a+1+2\Delta x$
09 1 10 $\frac{3}{2}$ 11 1 12 -2 또는 1 13 2
14 -2 15 0 16 4 17 1 18 -2 19 4
20 -3 21 3 22 4 23 -3 24 -1
25 풀이 참조 26 풀이 참조 27 $f'(x)=-2$
28 $f'(x)=2x+2$ 29 $f'(x)=4x-3$ 30 $f'(x)=-3x^2+2$
31 $y'=5x^4$ 32 $y'=6x^5$ 33 $y'=10x^9$
34 $y'=0$ 35 $y'=6x^2$ 36 $y'=2x-3$
37 $y'=-2x+3$ 38 $y'=9x^2+4x-5$ 39 $y'=12x^3-6x^2+2x$
40 $y'=-8x^3+9x^2-2$ 41 $y'=-2x^3-x^2+2$
42 $y'=10x^4-9x^2+5$ 43 $y'=6x^2+6x-2$
44 $y'=3x^2+2x-6$ 45 $y'=-18x^2-10x+4$
46 $y'=2x-2$ 47 $y'=8x+4$
48 $y'=5x^4+3x^2+8x-6$

유형 완성하기 본문 38~45쪽

01 ③ 02 ② 03 ⑤ 04 ③ 05 ③ 06 ⑤ 07 ④ 08 ①
09 ④ 10 ⑤ 11 ① 12 8 13 ④ 14 ① 15 12 16 24
17 ④ 18 ① 19 ① 20 ② 21 ④ 22 ④ 23 ① 24 ①
25 ② 26 ① 27 ② 28 ⑤ 29 ② 30 ① 31 4 32 ④
33 ④ 34 ② 35 ③ 36 ② 37 ⑤ 38 ⑤ 39 13 40 ③
41 ④ 42 3 43 ⑤ 44 ③ 45 ④ 46 8 47 50 48 4

서술형 완성하기 본문 46쪽

01 풀이 참조 02 8 03 6 04 3 05 11
06 2

내신 + 수능 고난도 도전 본문 47쪽

01 ② 02 ③ 03 28 04 8

04 도함수의 활용 (1)

개념 확인하기 본문 49~51쪽

01 -3 02 5 03 $y=5x-3$ 04 $y=8x+20$
05 $y=-2x+1$ 06 $y=2x-4$ 07 $y=2x+16$
08 $y=2x-3$ 09 $y=-x$ 10 $y=-\frac{1}{2}x+\frac{7}{2}$
11 $y=-5x+8$ 12 $y=3x+9$ 또는 $y=3x-\frac{5}{3}$
13 $y=-6x-7$ 또는 $y=2x+1$ 14 $y=2x-2$ 또는 $y=-2x+2$
15 $y=x+3$ 16 1 17 $\frac{5}{2}$ 18 1 19 0
20 $\frac{5}{2}$ 21 0 22 1 23 $\frac{4}{3}$ 24 증가 25 증가
26 감소 27 증가 28 풀이 참조 29 풀이 참조
30 풀이 참조 31 풀이 참조 32 풀이 참조
33 극댓값: 3, 극솟값: -1 34 $x=a$, $x=c$
35 $x=b$, $x=e$ 36 7 37 극댓값: $\frac{1}{2}$, 극솟값: 0
38 극댓값: $\frac{8}{3}$, 극솟값: $\frac{4}{3}$ 39 극댓값: 0, 극솟값: $-\frac{5}{3}$, $-\frac{32}{3}$
40 극댓값: 28, 극솟값은 갖지 않는다.

유형 완성하기 본문 52~66쪽

01 ② 02 6 03 ① 04 ④ 05 ③ 06 ② 07 ③ 08 ④
09 ① 10 ③ 11 ④ 12 9 13 ② 14 8 15 ④ 16 ④
17 ③ 18 ④ 19 ① 20 ③ 21 ② 22 ② 23 16 24 ③
25 ③ 26 ② 27 ② 28 ② 29 ① 30 ⑤ 31 ③ 32 ⑤
33 ① 34 ③ 35 ④ 36 ⑤ 37 6 38 ② 39 ③ 40 ②
41 ④ 42 3 43 ④ 44 ③ 45 7 46 ④ 47 ③ 48 17
49 ② 50 ④ 51 ⑤ 52 ④ 53 ② 54 ② 55 ④ 56 ③
57 ③ 58 ① 59 ④ 60 ① 61 ⑤ 62 ② 63 60 64 ①
65 ① 66 ④ 67 ⑤ 68 ② 69 ③ 70 ④ 71 ② 72 ①
73 9 74 ② 75 ③ 76 4 77 ② 78 ④ 79 6 80 ①
81 ③ 82 ③ 83 ④ 84 ① 85 8 86 ④ 87 ②

서술형 완성하기 본문 67쪽

01 163 02 $\frac{96}{7}$ 03 24 04 108 05 3 06 -12

내신 + 수능 고난도 도전 본문 68~69쪽

01 ③ 02 5 03 88 04 ② 05 52 06 ⑤ 07 ③ 08 ④

05 도함수의 활용 (2)

개념 확인하기 본문 71~73쪽

01
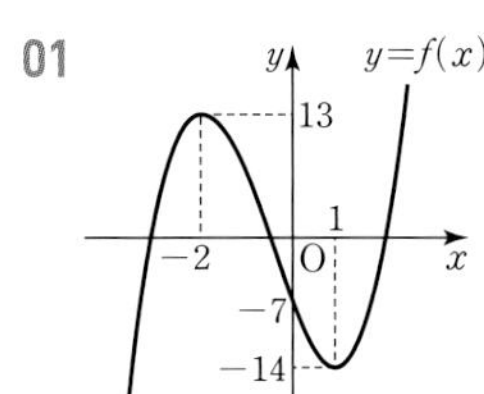

02
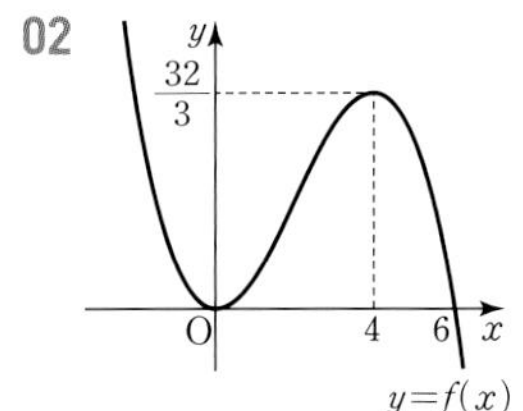

03
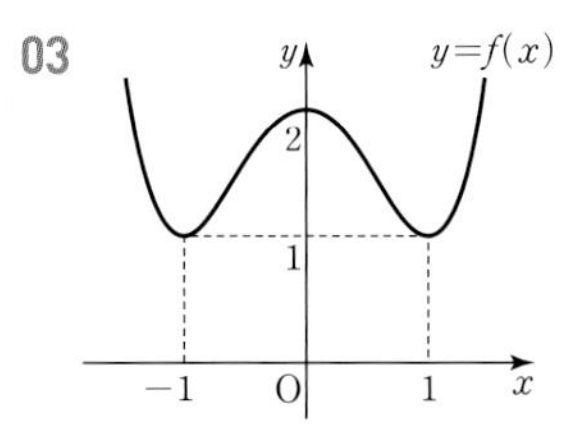

04
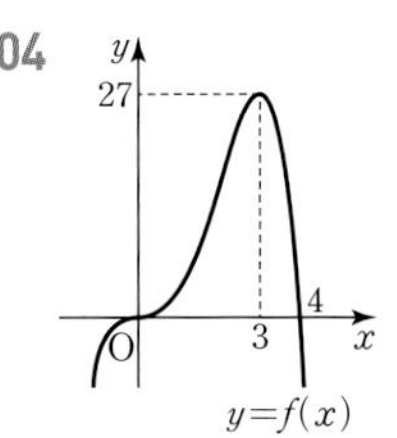

05 최댓값: 7, 최솟값: -13　06 최댓값: 11, 최솟값: -21
07 최댓값: 5, 최솟값: -15　08 최댓값: 31, 최솟값: -1
09 최댓값: 33, 최솟값: -12　10 최댓값: 48, 최솟값: -27
11 최댓값: $\frac{22}{3}$, 최솟값: -7　12 최댓값: $\frac{29}{3}$, 최솟값: -33
13 $0<x<\frac{9}{2}$　14 $4x^3-36x^2+81x$　15 54
16 3　17 3　18 4　19 2　20 $-4<k<0$
21 $k=-4$ 또는 $k=0$　22 $k<-4$ 또는 $k>0$
23 1　24 3　25 2　26 풀이 참조
27 풀이 참조　28 27　29 $v=2$, $a=2$
30 $v=24$, $a=22$　31 $v=7$, $a=-6$　32 2
33 1 또는 3

유형 완성하기 본문 74~87쪽

01 ④	02 ③	03 ④	04 ②	05 3	06 4	07 ②	08 ①
09 ③	10 ③	11 24	12 ⑤	13 ④	14 ④	15 97	16 ②
17 ③	18 ①	19 ③	20 42	21 ①	22 6	23 30	24 21
25 ⑤	26 ②	27 ③	28 ④	29 ①	30 ②	31 ③	32 15
33 ①	34 12	35 ③	36 ④	37 ③	38 ④	39 68	40 ③
41 ⑤	42 ③	43 13	44 ③	45 ④	46 ③	47 ②	48 ②
49 ④	50 ④	51 ③	52 6	53 44	54 ⑤	55 ⑤	56 10
57 6	58 ③	59 ②	60 ④	61 ③	62 26	63 ⑤	64 ①
65 ⑤	66 ③	67 ⑤	68 ①	69 ④	70 ①	71 ⑤	72 ②
73 ②	74 2	75 ②	76 ②	77 ③	78 24	79 ⑤	80 ⑤

서술형 완성하기 본문 88쪽

01 -4　02 155　03 2　04 5　05 5　06 10

내신 + 수능 고난도 도전 본문 89~90쪽

01 ③　02 ⑤　03 140　04 ②　05 ④　06 9　07 ②　08 ⑤

06 부정적분과 정적분

개념 확인하기 본문 93~95쪽

01 $3x+C$　02 x^2+C　03 $-x^3+C$
04 x^4+C　05 $2x+4$　06 $-x^2+2x$
07 $2x^3-3x+1$　08 $3x+6$　09 $x-3$
10 x^2-2x　11 x^2-2x+C　12 x^3-3x^2+4x
13 x^3-3x^2+4x+C　14 $\frac{1}{3}x^3+C$　15 $\frac{1}{6}x^6+C$
16 $\frac{1}{11}x^{11}+C$　17 $\frac{1}{100}x^{100}+C$　18 x^2-3x+C
19 x^3-2x^2+2x+C　20 $-\frac{1}{2}x^4+x^3+x+C$
21 $3x^3-6x^2+4x+C$　22 $2x^4+4x^3+3x^2+x+C$
23 $\frac{1}{4}x^4-8x+C$　24 $\frac{1}{4}x^4+x^3-\frac{1}{2}x^2-3x+C$
25 $\frac{1}{2}x^2+2x+C$　26 $\frac{1}{3}x^3+x+C$
27 $\frac{1}{4}x^4+x+C$　28 $\frac{1}{3}x^3-\frac{1}{2}x^2+x+C$
29 $\frac{1}{3}$　30 10　31 3　32 0　33 0　34 5
35 -4　36 32　37 $\frac{17}{3}$　38 $\frac{2}{3}$　39 $\frac{10}{3}$　40 -12
41 $\frac{15}{2}$　42 0　43 $\frac{16}{3}$　44 -2　45 $\frac{56}{15}$　46 -4
47 $\frac{28}{3}$　48 x^2-x+2　49 $(x-1)(x^2+2x+3)$
50 2　51 9

유형 완성하기 본문 96~112쪽

01 ③	02 ③	03 40	04 7	05 1	06 5	07 ④	08 16
09 ③	10 ③	11 7	12 ②	13 ⑤	14 64	15 ③	16 ⑤
17 ⑤	18 ③	19 35	20 10	21 30	22 ②	23 ④	24 5
25 ②	26 ④	27 ①	28 ②	29 ②	30 4	31 ②	32 ④
33 ①	34 3	35 ⑤	36 ①	37 31	38 5	39 13	40 ⑤
41 ③	42 ①	43 ②	44 ⑤	45 32	46 ②	47 ⑤	48 ④
49 2	50 ②	51 3	52 ①	53 ④	54 ③	55 ⑤	56 ④
57 21	58 38	59 7	60 ⑤	61 4	62 ④	63 ①	64 ③
65 4	66 ⑤	67 ②	68 18	69 ③	70 ④	71 ②	72 ④
73 ④	74 ①	75 ③	76 ③	77 3	78 16	79 10	80 ②
81 ③	82 ①	83 ⑤	84 ④	85 21	86 ②	87 ⑤	88 ②
89 ⑤	90 ②	91 ②	92 10	93 44	94 ⑤	95 11	96 ⑤
97 ①	98 ①	99 ④	100 ⑤	101 ④	102 ③	103 ④	104 ⑤
105 ④	106 ②	107 ②	108 6	109 ⑤	110 ③	111 3	112 9

서술형 완성하기 본문 113쪽

01 12 **02** 67 **03** $\frac{4}{27}$ **04** -16 **05** 20

06 (1) $g(x)=\frac{1}{12}x^4-\frac{2}{3}x^3+\frac{3}{2}x^2-\frac{4}{3}x+\frac{5}{12}$ (2) $-\frac{9}{4}$

내신 + 수능 고난도 도전 본문 114~115쪽

01 40 **02** ② **03** ④ **04** ③ **05** 35 **06** ⑤

07 정적분의 활용

개념 확인하기 본문 117쪽

01 $\frac{4}{3}$ **02** $\frac{32}{3}$ **03** $\frac{4}{3}$ **04** $\frac{1}{2}$ **05** $\frac{8}{3}$ **06** 6
07 $\frac{31}{6}$ **08** $\frac{4}{3}$ **09** $\frac{9}{2}$ **10** 8 **11** $\frac{8}{3}$ **12** $\frac{27}{4}$
13 $-\frac{4}{3}$ **14** $\frac{2}{3}$ **15** 2

유형 완성하기 본문 118~125쪽

01 ② **02** ① **03** ④ **04** ⑤ **05** ③ **06** 12 **07** ③ **08** 3
09 21 **10** ⑤ **11** 9 **12** ② **13** ④ **14** ④ **15** 8 **16** ①
17 ③ **18** ③ **19** ① **20** ② **21** ③ **22** ② **23** ⑤ **24** 4
25 4 **26** 24 **27** ① **28** ③ **29** ⑤ **30** 12 **31** ④ **32** ④
33 ⑤ **34** ① **35** ⑤ **36** ② **37** ④ **38** 2 **39** ② **40** ②
41 ④ **42** ② **43** ⑤ **44** ① **45** 44 **46** ③ **47** ③

서술형 완성하기 본문 126쪽

01 $\frac{8}{3}$ **02** $\frac{27}{4}$ **03** 9 **04** $\frac{8}{3}$ **05** 9 **06** 17

내신 + 수능 고난도 도전 본문 127~128쪽

01 41 **02** 4 **03** 24 **04** ⑤ **05** ① **06** ②

EBS

올림포스 유형편

학교 시험을 완벽하게 대비하는 유형 기본서

고교 내신 1위
올림포스 시리즈 누적판매 1000만

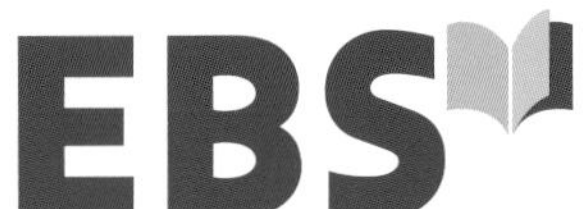

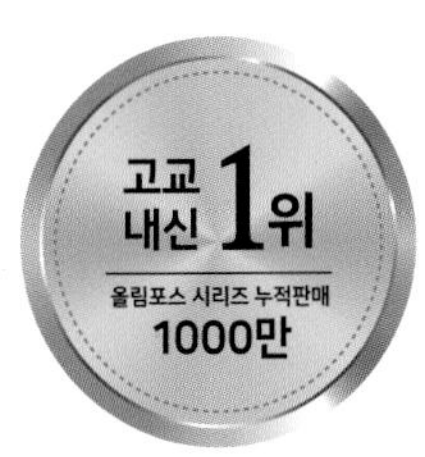

수학Ⅱ
정답과 풀이

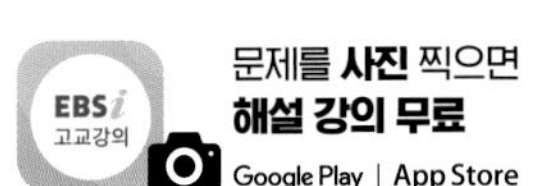

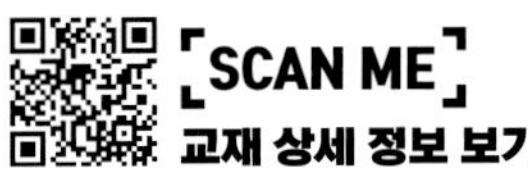

올림포스

유형편

수학 Ⅱ
정답과 풀이

I. 함수의 극한과 연속

01 함수의 극한

개념 확인하기

본문 7~9쪽

01 3 **02** 4 **03** 1 **04** 5 **05** 1
06 8 **07** 2 **08** −4 **09** 3 **10** 2
11 3 **12** 2 **13** 양의 무한대로 발산한다.
14 양의 무한대로 발산한다. **15** 발산한다.
16 양의 무한대로 발산한다. **17** 1 **18** −1
19 1 **20** −1 **21** −1 **22** 0 **23** 2
24 2 **25** 1 **26** −1 **27** 2 **28** 5
29 9 **30** −2 **31** 10 **32** 3 **33** 1
34 2 **35** 3 **36** 2 **37** 2 **38** $\frac{1}{3}$
39 5 **40** 4 **41** $\frac{1}{4}$ **42** 6
43 양의 무한대로 발산한다.
44 음의 무한대로 발산한다. **45** $\frac{3}{2}$ **46** 2
47 0 **48** 0 **49** $\frac{3}{2}$ **50** −2 **51** 9
52 2

01 $f(x)=2x+3$으로 놓으면 함수 $y=f(x)$의 그래프는 그림과 같다.
따라서 x의 값이 0에 한없이 가까워질 때, $f(x)$의 값은 3에 한없이 가까워지므로
$\lim_{x\to 0}(2x+3)=3$

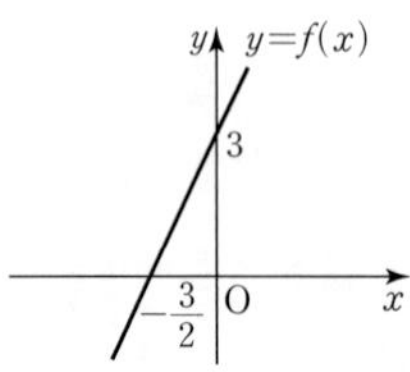

답 3

02 $f(x)=-x+3$으로 놓으면 함수 $y=f(x)$의 그래프는 그림과 같다.
따라서 x의 값이 -1에 한없이 가까워질 때, $f(x)$의 값은 4에 한없이 가까워지므로
$\lim_{x\to -1}(-x+3)=4$

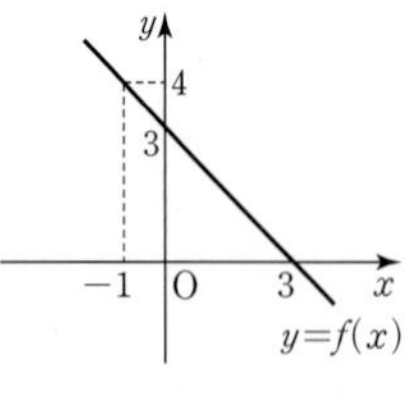

답 4

03 $f(x)=-2x+5$로 놓으면 함수 $y=f(x)$의 그래프는 그림과 같다.
따라서 x의 값이 2에 한없이 가까워질 때, $f(x)$의 값은 1에 한없이 가까워지므로
$\lim_{x\to 2}(-2x+5)=1$

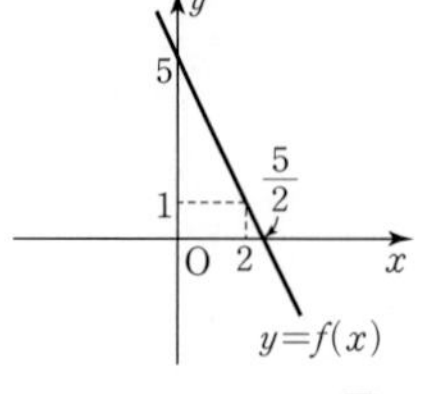

답 1

04 $f(x)=5$로 놓으면 함수 $y=f(x)$의 그래프는 그림과 같다.
따라서 x의 값이 -3에 한없이 가까워질 때, $f(x)$의 값은 항상 5이므로
$\lim_{x\to -3}5=5$

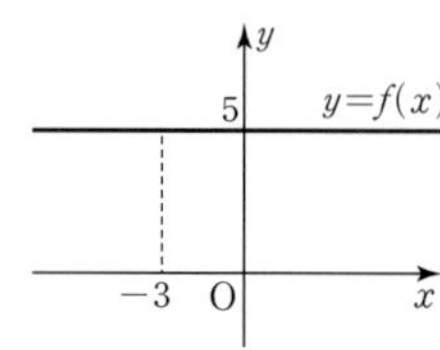

답 5

05 $f(x)=x^2+1$로 놓으면 함수 $y=f(x)$의 그래프는 그림과 같다.
따라서 x의 값이 0에 한없이 가까워질 때, $f(x)$의 값은 1에 한없이 가까워지므로
$\lim_{x\to 0}(x^2+1)=1$

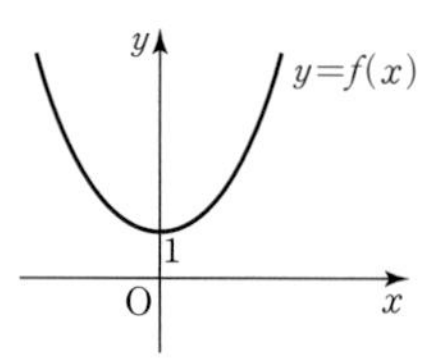

답 1

06 $f(x)=-2x^2+2x+12$로 놓으면
$f(x)=-2\left(x-\frac{1}{2}\right)^2+\frac{25}{2}$
이므로 함수 $y=f(x)$의 그래프는 그림과 같다.
따라서 x의 값이 -1에 한없이 가까워질 때, $f(x)$의 값은 8에 한없이 가까워지므로
$\lim_{x\to -1}(-2x^2+2x+12)=8$

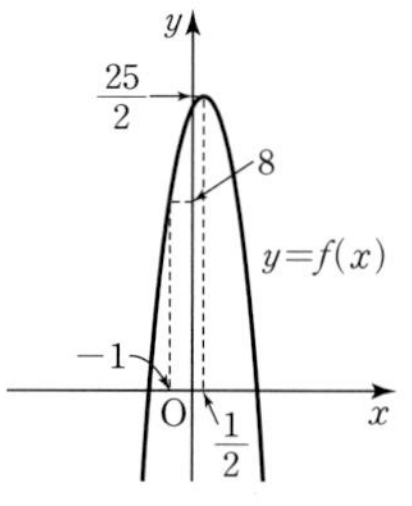

답 8

07 $f(x)=\frac{x^2-1}{x-1}$로 놓으면 $x\neq 1$일 때,
$f(x)=\frac{x^2-1}{x-1}=\frac{(x-1)(x+1)}{x-1}=x+1$
이므로 함수 $y=f(x)$의 그래프는 그림과 같다.
따라서 x의 값이 1이 아니면서 1에 한없이 가까워질 때, $f(x)$의 값은 2에 한없이 가까워지므로
$\lim_{x\to 1}\frac{x^2-1}{x-1}=2$

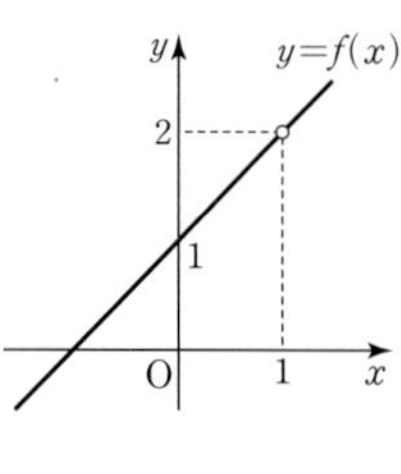

답 2

08 $f(x)=\frac{x^2-2x-3}{x+1}$으로 놓으면
$x\neq -1$일 때,
$f(x)=\frac{x^2-2x-3}{x+1}$
$=\frac{(x+1)(x-3)}{x+1}=x-3$
이므로 함수 $y=f(x)$의 그래프는 그림과 같다.
따라서 x의 값이 -1이 아니면서 -1에 한없이 가까워질 때, $f(x)$의 값은 -4에 한없이 가까워지므로
$\lim_{x\to -1}\frac{x^2-2x-3}{x+1}=-4$

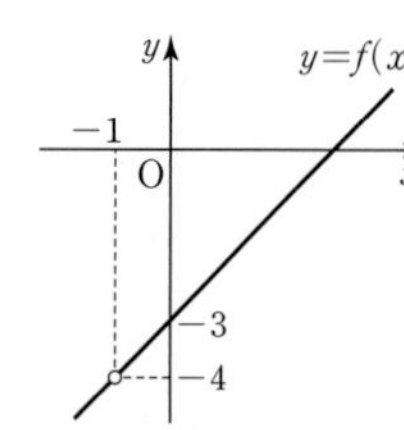

답 −4

09 $f(x)=\sqrt{x+7}$로 놓으면 함수 $y=f(x)$의 그래프는 그림과 같다.

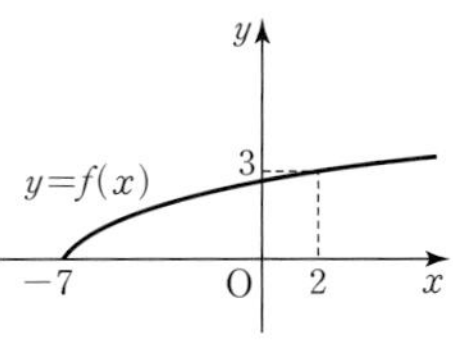

따라서 x의 값이 2에 한없이 가까워질 때, $f(x)$의 값은 3에 한없이 가까워지므로

$\lim_{x\to 2}\sqrt{x+7}=3$

답 3

10 $f(x)=\sqrt{-2x-2}$로 놓으면 함수 $y=f(x)$의 그래프는 그림과 같다.

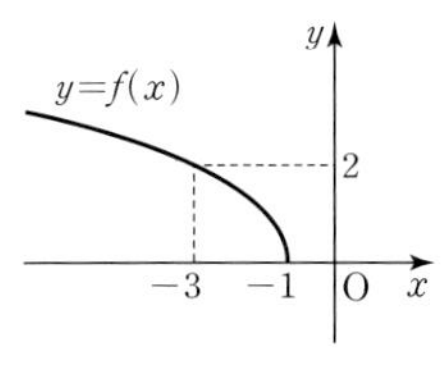

따라서 x의 값이 -3에 한없이 가까워질 때, $f(x)$의 값은 2에 한없이 가까워지므로

$\lim_{x\to -3}\sqrt{-2x-2}=2$

답 2

11 $f(x)=\dfrac{3x}{x+2}$로 놓으면

$f(x)=3-\dfrac{6}{x+2}$

이므로 함수 $y=f(x)$의 그래프는 그림과 같다.

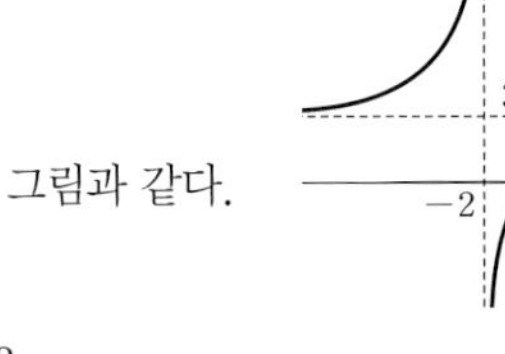

따라서

$\lim_{x\to\infty}\dfrac{3x}{x+2}=\lim_{x\to\infty}\left(3-\dfrac{6}{x+2}\right)=3$

답 3

12 $f(x)=\dfrac{2x-1}{x+1}$로 놓으면

$f(x)=2-\dfrac{3}{x+1}$

이므로 함수 $y=f(x)$의 그래프는 그림과 같다.

따라서

$\lim_{x\to -\infty}\dfrac{2x-1}{x+1}=\lim_{x\to -\infty}\left(2-\dfrac{3}{x+1}\right)=2$

답 2

13 $f(x)=x^2+2x-1$로 놓으면

$f(x)=(x+1)^2-2$

이므로 함수 $y=f(x)$의 그래프는 그림과 같다.

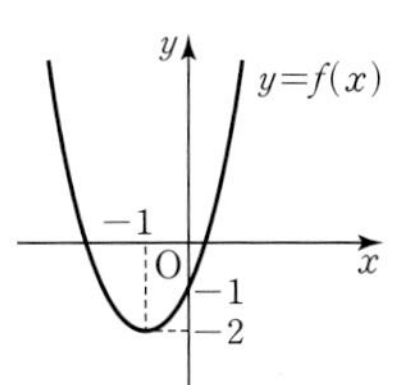

따라서 $\lim_{x\to\infty}(x^2+2x-1)=\infty$

답 양의 무한대로 발산한다.

14 $f(x)=-2x+4$로 놓으면

함수 $y=f(x)$의 그래프는 그림과 같다.

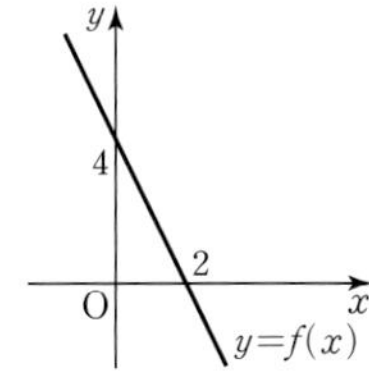

따라서 $\lim_{x\to -\infty}(-2x+4)=\infty$

답 양의 무한대로 발산한다.

15 $f(x)=\dfrac{-x+2}{x-1}$로 놓으면

$f(x)=-1+\dfrac{1}{x-1}$

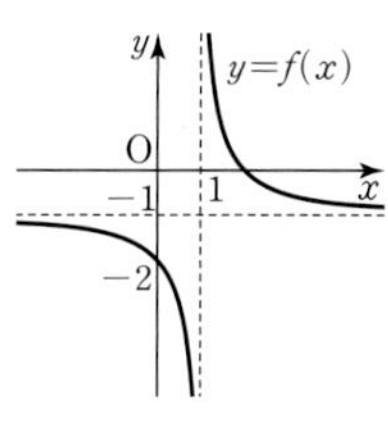

이므로 함수 $y=f(x)$의 그래프는 그림과 같다.

따라서 x의 값이 1이 아니면서 1에 한없이 가까워질 때, $f(x)$의 값은 발산한다.

답 발산한다.

16 $f(x)=\dfrac{2}{|x+1|}$로 놓으면

$x>-1$일 때, $f(x)=\dfrac{2}{x+1}$

$x<-1$일 때, $f(x)=-\dfrac{2}{x+1}$

즉, 함수 $y=f(x)$의 그래프는 그림과 같다.

따라서 $\lim_{x\to -1}\dfrac{2}{|x+1|}=\infty$

답 양의 무한대로 발산한다.

17 $\lim_{x\to 1+}f(x)=\lim_{x\to 1+}x=1$

답 1

18 $\lim_{x\to 1-}f(x)=\lim_{x\to 1-}(-2x+1)=-1$

답 -1

19 $\lim_{x\to -1-}f(x)=1$

답 1

20 $\lim_{x\to -1+}f(x)=-1$

답 -1

21 $\lim_{x\to 0-}f(x)=-1$

답 -1

22 $\lim_{x\to 0+}f(x)=0$

답 0

23 $\lim_{x\to 1-}f(x)=2$

답 2

24 $\lim_{x\to 1+}f(x)=2$

답 2

25 $x<-1$일 때,

$f(x)=\dfrac{x^2+x}{-(x+1)}=\dfrac{x(x+1)}{-(x+1)}=-x$

따라서 $\lim_{x\to -1-}f(x)=\lim_{x\to -1-}(-x)=1$

답 1

26 $x>-1$일 때,

$$f(x)=\frac{x^2+x}{x+1}=\frac{x(x+1)}{x+1}=x$$

따라서 $\lim_{x\to -1+} f(x)=\lim_{x\to -1+} x=-1$

답 -1

27 $\lim_{x\to 1}2x=2\lim_{x\to 1}x=2\times 1=2$

답 2

28 $\lim_{x\to 2}(x+3)=\lim_{x\to 2}x+\lim_{x\to 2}3=2+3=5$

답 5

29 $\lim_{x\to 3}x^2=\lim_{x\to 3}x\times\lim_{x\to 3}x=3\times 3=9$

답 9

30 $$\lim_{x\to 1}\frac{x+3}{x-3}=\frac{\lim_{x\to 1}x+\lim_{x\to 1}3}{\lim_{x\to 1}x-\lim_{x\to 1}3}=\frac{1+3}{1-3}=-2$$

답 -2

31 $$\begin{aligned}\lim_{x\to -1}(2x^2-8x)&=\lim_{x\to -1}2x^2-\lim_{x\to -1}8x\\&=2\lim_{x\to -1}x^2-8\lim_{x\to -1}x\\&=2\times 1-8\times(-1)=10\end{aligned}$$

답 10

32 $$\begin{aligned}\lim_{x\to 1}(x^2-x+3)&=\lim_{x\to 1}x^2-\lim_{x\to 1}x+\lim_{x\to 1}3\\&=1-1+3=3\end{aligned}$$

답 3

33 $$\begin{aligned}\lim_{x\to 2}\frac{2x^2-x-1}{x^2+1}&=\frac{\lim_{x\to 2}2x^2-\lim_{x\to 2}x-\lim_{x\to 2}1}{\lim_{x\to 2}x^2+\lim_{x\to 2}1}\\&=\frac{2\lim_{x\to 2}x^2-\lim_{x\to 2}x-\lim_{x\to 2}1}{\lim_{x\to 2}x^2+\lim_{x\to 2}1}\\&=\frac{2\times 4-2-1}{4+1}=1\end{aligned}$$

답 1

34 $$\begin{aligned}\lim_{x\to -3}\frac{-x^2+5x+4}{-x^2-1}&=\frac{\lim_{x\to -3}(-x^2)+\lim_{x\to -3}5x+\lim_{x\to -3}4}{\lim_{x\to -3}(-x^2)-\lim_{x\to -3}1}\\&=\frac{-\lim_{x\to -3}x^2+5\lim_{x\to -3}x+\lim_{x\to -3}4}{-\lim_{x\to -3}x^2-\lim_{x\to -3}1}\\&=\frac{-9+5\times(-3)+4}{-9-1}=2\end{aligned}$$

답 2

35 $$\begin{aligned}\lim_{x\to 3}(\sqrt{x+1}+1)&=\lim_{x\to 3}\sqrt{x+1}+\lim_{x\to 3}1\\&=2+1=3\end{aligned}$$

답 3

36 $$\begin{aligned}\lim_{x\to -2}(\sqrt{2x^2+1}-1)&=\lim_{x\to -2}\sqrt{2x^2+1}-\lim_{x\to -2}1\\&=3-1=2\end{aligned}$$

답 2

37 $$\lim_{x\to 1}\frac{2x^2-2x}{x-1}=\lim_{x\to 1}\frac{2x(x-1)}{x-1}=\lim_{x\to 1}2x=2\lim_{x\to 1}x=2$$

답 2

38 $$\lim_{x\to -2}\frac{x+2}{3x+6}=\lim_{x\to -2}\frac{x+2}{3(x+2)}=\lim_{x\to -2}\frac{1}{3}=\frac{1}{3}$$

답 $\frac{1}{3}$

39 $$\begin{aligned}\lim_{x\to 3}\frac{x^2-x-6}{x-3}&=\lim_{x\to 3}\frac{(x-3)(x+2)}{x-3}\\&=\lim_{x\to 3}(x+2)\\&=\lim_{x\to 3}x+\lim_{x\to 3}2=3+2=5\end{aligned}$$

답 5

40 $$\begin{aligned}\lim_{x\to 4}\frac{x-4}{\sqrt{x}-2}&=\lim_{x\to 4}\frac{(\sqrt{x})^2-2^2}{\sqrt{x}-2}\\&=\lim_{x\to 4}\frac{(\sqrt{x}-2)(\sqrt{x}+2)}{\sqrt{x}-2}\\&=\lim_{x\to 4}(\sqrt{x}+2)\\&=\lim_{x\to 4}\sqrt{x}+\lim_{x\to 4}2=2+2=4\end{aligned}$$

답 4

41 $$\begin{aligned}\lim_{x\to 0}\frac{\sqrt{x+4}-2}{x}&=\lim_{x\to 0}\frac{(\sqrt{x+4}-2)(\sqrt{x+4}+2)}{x(\sqrt{x+4}+2)}\\&=\lim_{x\to 0}\frac{(x+4)-4}{x(\sqrt{x+4}+2)}=\lim_{x\to 0}\frac{x}{x(\sqrt{x+4}+2)}\\&=\lim_{x\to 0}\frac{1}{\sqrt{x+4}+2}=\frac{\lim_{x\to 0}1}{\lim_{x\to 0}\sqrt{x+4}+\lim_{x\to 0}2}\\&=\frac{1}{2+2}=\frac{1}{4}\end{aligned}$$

답 $\frac{1}{4}$

42 $$\begin{aligned}\lim_{x\to 3}\frac{x-3}{\sqrt{x+6}-3}&=\lim_{x\to 3}\frac{(x-3)(\sqrt{x+6}+3)}{(\sqrt{x+6}-3)(\sqrt{x+6}+3)}\\&=\lim_{x\to 3}\frac{(x-3)(\sqrt{x+6}+3)}{(x+6)-9}\\&=\lim_{x\to 3}\frac{(x-3)(\sqrt{x+6}+3)}{x-3}\\&=\lim_{x\to 3}(\sqrt{x+6}+3)\\&=\lim_{x\to 3}\sqrt{x+6}+\lim_{x\to 3}3\\&=3+3=6\end{aligned}$$

답 6

43 분자와 분모를 각각 분모의 최고차항 x로 나누면

$$\lim_{x\to\infty}\frac{x^2-x-2}{x-2}=\lim_{x\to\infty}\frac{x-1-\frac{2}{x}}{1-\frac{2}{x}}=\infty$$

이므로 양의 무한대로 발산한다.

답 양의 무한대로 발산한다.

다른 풀이

$$\lim_{x\to\infty}\frac{x^2-x-2}{x-2}=\lim_{x\to\infty}\frac{(x-2)(x+1)}{x-2}=\lim_{x\to\infty}(x+1)=\infty$$

이므로 양의 무한대로 발산한다.

44 분자와 분모를 각각 분모의 최고차항 x^2으로 나누면

$$\lim_{x\to\infty}\frac{-2x^3-x^2+1}{x^2+1}=\lim_{x\to\infty}\frac{-2x-1+\frac{1}{x^2}}{1+\frac{1}{x^2}}=-\infty$$

이므로 음의 무한대로 발산한다.

답 음의 무한대로 발산한다.

45 분자와 분모를 각각 분모의 최고차항 x^2으로 나누면

$$\lim_{x\to\infty}\frac{3x^2+1}{2x^2+3x-1}=\lim_{x\to\infty}\frac{3+\frac{1}{x^2}}{2+\frac{3}{x}-\frac{1}{x^2}}=\frac{3+0}{2+0-0}=\frac{3}{2}$$

답 $\frac{3}{2}$

46 분자와 분모를 각각 분모의 최고차항 x^3으로 나누면

$$\lim_{x\to\infty}\frac{6x^3-3x+1}{3x^3+2x}=\lim_{x\to\infty}\frac{6-\frac{3}{x^2}+\frac{1}{x^3}}{3+\frac{2}{x^2}}=\frac{6-0+0}{3+0}=2$$

답 2

47 분자와 분모를 각각 분모의 최고차항 x^2으로 나누면

$$\lim_{x\to\infty}\frac{x+1}{x^2-3x-4}=\lim_{x\to\infty}\frac{\frac{1}{x}+\frac{1}{x^2}}{1-\frac{3}{x}-\frac{4}{x^2}}=\frac{0+0}{1-0-0}=0$$

답 0

다른 풀이

$$\lim_{x\to\infty}\frac{x+1}{x^2-3x-4}=\lim_{x\to\infty}\frac{x+1}{(x+1)(x-4)}=\lim_{x\to\infty}\frac{1}{x-4}=0$$

48 분자와 분모를 각각 분모의 최고차항 x^3으로 나누면

$$\lim_{x\to\infty}\frac{x^2-2}{3x^3-x+1}=\lim_{x\to\infty}\frac{\frac{1}{x}-\frac{2}{x^3}}{3-\frac{1}{x^2}+\frac{1}{x^3}}=\frac{0-0}{3-0+0}=0$$

답 0

참고

$f(x)$, $g(x)$가 다항식이면 $\lim_{x\to\infty}\frac{f(x)}{g(x)}$는 다음과 같다.

(1) (분자의 차수)>(분모의 차수)이면

$\lim_{x\to\infty}\frac{f(x)}{g(x)}=\infty$ 또는 $\lim_{x\to\infty}\frac{f(x)}{g(x)}=-\infty$

(2) (분자의 차수)=(분모의 차수)이면

$\lim_{x\to\infty}\frac{f(x)}{g(x)}=\frac{(f(x)\text{의 최고차항의 계수})}{(g(x)\text{의 최고차항의 계수})}$

(3) (분자의 차수)<(분모의 차수)이면

$\lim_{x\to\infty}\frac{f(x)}{g(x)}=0$

49

$$\begin{aligned}\lim_{x\to\infty}(\sqrt{x^2+3x}-x)&=\lim_{x\to\infty}\frac{(\sqrt{x^2+3x}-x)(\sqrt{x^2+3x}+x)}{\sqrt{x^2+3x}+x}\\&=\lim_{x\to\infty}\frac{(x^2+3x)-x^2}{\sqrt{x^2+3x}+x}\\&=\lim_{x\to\infty}\frac{3x}{\sqrt{x^2+3x}+x}\\&=\lim_{x\to\infty}\frac{3}{\sqrt{1+\frac{3}{x}}+1}\\&=\frac{3}{\sqrt{1+0}+1}=\frac{3}{2}\end{aligned}$$

답 $\frac{3}{2}$

50

$$\begin{aligned}\lim_{x\to\infty}(\sqrt{x^2-4x}-x)&=\lim_{x\to\infty}\frac{(\sqrt{x^2-4x}-x)(\sqrt{x^2-4x}+x)}{\sqrt{x^2-4x}+x}\\&=\lim_{x\to\infty}\frac{(x^2-4x)-x^2}{\sqrt{x^2-4x}+x}\\&=\lim_{x\to\infty}\frac{-4x}{\sqrt{x^2-4x}+x}\\&=\lim_{x\to\infty}\frac{-4}{\sqrt{1-\frac{4}{x}}+1}\\&=\frac{-4}{1+1}=-2\end{aligned}$$

답 -2

51 $\lim_{x\to3}(6x-9)=9$, $\lim_{x\to3}x^2=9$이므로 함수의 극한의 대소 관계에 의하여 $\lim_{x\to3}f(x)=9$

답 9

52 $\lim_{x\to\infty}\frac{2x^2-1}{x^2+1}=2$, $\lim_{x\to\infty}\frac{2x^2}{x^2+1}=2$이므로 함수의 극한의 대소 관계에 의하여 $\lim_{x\to\infty}f(x)=2$

답 2

유형 완성하기

본문 10~17쪽

01 ①	**02** 1	**03** ③	**04** ⑤	**05** 24
06 ⑤	**07** ③	**08** ①	**09** ④	**10** ①
11 ⑤	**12** 9	**13** ④	**14** ①	**15** ④
16 ⑤	**17** ②	**18** 2	**19** ⑤	**20** ④
21 ⑤	**22** ②	**23** ⑤	**24** ④	**25** 30
26 ②	**27** ④	**28** ④	**29** ④	**30** ⑤
31 ③	**32** ②	**33** ①	**34** ④	**35** ③
36 ①	**37** ④	**38** 16	**39** ⑤	**40** ③
41 ④	**42** ②	**43** ③	**44** ②	**45** ③
46 ③	**47** ⑤	**48** ③	**49** ④	**50** ④
51 12				

01 $x \to -1$일 때, $f(x) \to 0$이므로 $\lim_{x \to -1} f(x)=0$

$x \to 0$일 때, $f(x) \to -2$이므로 $\lim_{x \to 0} f(x)=-2$

따라서

$\lim_{x \to -1} f(x)+\lim_{x \to 0} f(x)=0+(-2)=-2$

답 ①

02 일차함수 $y=f(x)$의 그래프가 x축과 만나는 점의 좌표를 $(a, 0)$, y축과 만나는 점의 좌표를 $(0, b)$라 하면

$\lim_{x \to 6} f(x)=0$에서 $a=6$

$\lim_{x \to 0} f(x)=3$에서 $b=3$

따라서 $f(x)=-\frac{1}{2}x+3$에서 $f(4)=1$

답 1

03 ㄱ. $x \to 2$일 때, $f(x) \to -1$이므로

$\lim_{x \to 2} f(x)=-1$ (참)

ㄴ. $x \to \infty$일 때, $f(x) \to \infty$이므로

$\lim_{x \to \infty} f(x)=\infty$ (참)

ㄷ. $x \to -\infty$일 때, $f(x) \to \infty$이므로

$\lim_{x \to -\infty} f(x)=\infty$ (거짓)

이상에서 옳은 것은 ㄱ, ㄴ이다.

답 ③

04 $\lim_{x \to \infty} f(x)=2$이므로 함수 $y=f(x)$의 그래프의 한 점근선의 방정식은 $y=2$이다.

$f(x)=\frac{ax+b}{x-1}=\frac{a(x-1)+a+b}{x-1}=\frac{a+b}{x-1}+a$

이므로 $a=2$

함수 $f(x)=\frac{2x+b}{x-1}$의 그래프가 원점을 지나므로 $b=0$

따라서 $f(x)=\frac{2x}{x-1}$에서 $f(5)=\frac{5}{2}$

답 ⑤

05 $f(x)=|3x+a|=\left|3\left(x+\frac{a}{3}\right)\right|$

함수 $y=f(x)$의 그래프는 함수 $y=|3x|$의 그래프를 x축의 방향으로 $-\frac{a}{3}$만큼 평행이동한 것이다.

이때 $\lim_{x \to 2} f(x)=0$에서 $-\frac{a}{3}=2$이므로 $a=-6$

따라서 $f(x)=|3x-6|$에서

$f(-6)=|-18-6|=24$

답 24

06 조건 (나)에서 $\lim_{x \to 1} f(x)=\infty$이므로

$-a=1$, $a=-1$

조건 (나)에서 $\lim_{x \to \infty} f(x)=3$이므로 $c=3$

조건 (가)에서 $f(3)=4$이므로 $f(x)=\left|\frac{b}{x-1}\right|+3$에서

$f(3)=\left|\frac{b}{2}\right|+3=4$, $\left|\frac{b}{2}\right|=1$

$b>0$이므로 $\frac{b}{2}=1$, $b=2$

따라서 $a+b+c=-1+2+3=4$

답 ⑤

07 $x \to -1-$일 때, $f(x) \to 1$이므로 $\lim_{x \to -1-} f(x)=1$

$x \to 0$일 때, $f(x) \to 3$이므로 $\lim_{x \to 0} f(x)=3$

$x \to 1+$일 때, $f(x) \to 3$이므로 $\lim_{x \to 1+} f(x)=3$

따라서

$\lim_{x \to -1-} f(x)+\lim_{x \to 0} f(x)+\lim_{x \to 1+} f(x)=1+3+3=7$

답 ③

08 $x \to 0-$일 때, $f(x) \to 1$이므로 $\lim_{x \to 0-} f(x)=1$

$x \to 2+$일 때, $f(x) \to -3$이므로 $\lim_{x \to 2+} f(x)=-3$

따라서

$\lim_{x \to 0-} f(x)+\lim_{x \to 2+} f(x)=1+(-3)=-2$

답 ①

09 $x \to -2-$일 때, $f(x) \to b$에서 $\lim_{x \to -2-} f(x)=b$

이때 $\lim_{x \to -2-} f(x)=2$이므로 $b=2$

$x \to 1$일 때, $f(x) \to a$에서 $\lim_{x \to 1} f(x)=a$

이때 $\lim_{x \to 1} f(x)=3$이므로 $a=3$

$x \to -2+$일 때, $f(x) \to 3$에서 $\lim_{x \to -2+} f(x)=3$

$x \to -1-$일 때, $f(x) \to 2$에서 $\lim_{x \to -1-} f(x)=2$

$f(1)=2$이므로

$\lim_{x \to -2+} f(x) \times \lim_{x \to -1-} f(x) \times f(1)=3\times2\times2=12$

답 ④

10 $\lim_{x\to 2-} f(x) = \lim_{x\to 2-} (x+a) = 2+a$ …… ㉠

$\lim_{x\to 2+} f(x) = \lim_{x\to 2+} (-x^2+1) = -4+1 = -3$ …… ㉡

㉠과 ㉡의 값이 같아야 하므로

$2+a=-3$, $a=-5$

답 ①

11 $\lim_{x\to -1-} f(x) = \lim_{x\to -1-} (-x+a) = 1+a$ …… ㉠

$\lim_{x\to -1+} f(x) = \lim_{x\to -1+} 3 = 3$ …… ㉡

㉠과 ㉡의 값이 같아야 하므로

$1+a=3$, $a=2$

한편, $\lim_{x\to -1} f(x) = b = 3$이므로

$b=3$

따라서 $a+b=2+3=5$

답 ⑤

12 $f(x)=\begin{cases} -1 & (x<3) \\ 1 & (x=3) \\ 2 & (x>3) \end{cases}$이므로

$(x+k)f(x)=\begin{cases} -x-k & (x<3) \\ 3+k & (x=3) \\ 2x+2k & (x>3) \end{cases}$

$\lim_{x\to 3-} (x+k)f(x) = \lim_{x\to 3-} (-x-k) = -3-k$ …… ㉠

$\lim_{x\to 3+} (x+k)f(x) = \lim_{x\to 3+} (2x+2k) = 6+2k$ …… ㉡

㉠과 ㉡의 값이 같아야 하므로

$-3-k=6+2k$

$3k=-9$, $k=-3$

따라서 $k^2=(-3)^2=9$

답 9

13 (i) $x<-1$ 또는 $x>1$일 때

$f(x)=\dfrac{|x^2-1|}{x-1}=\dfrac{x^2-1}{x-1}=\dfrac{(x-1)(x+1)}{x-1}=x+1$

(ii) $-1\le x<1$일 때

$f(x)=\dfrac{|x^2-1|}{x-1}=\dfrac{-(x^2-1)}{x-1}=\dfrac{-(x-1)(x+1)}{x-1}=-x-1$

(i), (ii)에서 $f(x)=\begin{cases} x+1 & (x<-1 \text{ 또는 } x>1) \\ -x-1 & (-1\le x<1) \end{cases}$

① $\lim_{x\to -2-} f(x) = \lim_{x\to -2-} (x+1) = -1$

$\lim_{x\to -2+} f(x) = \lim_{x\to -2+} (x+1) = -1$

이므로 $\lim_{x\to -2} f(x) = -1$

② $\lim_{x\to -1-} f(x) = \lim_{x\to -1-} (x+1) = 0$

$\lim_{x\to -1+} f(x) = \lim_{x\to -1+} (-x-1) = 0$

이므로 $\lim_{x\to -1} f(x) = 0$

③ $\lim_{x\to 0-} f(x) = \lim_{x\to 0-} (-x-1) = -1$

$\lim_{x\to 0+} f(x) = \lim_{x\to 0+} (-x-1) = -1$

이므로 $\lim_{x\to 0} f(x) = -1$

④ $\lim_{x\to 1-} f(x) = \lim_{x\to 1-} (-x-1) = -2$

$\lim_{x\to 1+} f(x) = \lim_{x\to 1+} (x+1) = 2$

에서 $\lim_{x\to 1-} f(x) \ne \lim_{x\to 1+} f(x)$이므로 $\lim_{x\to 1} f(x)$의 값은 존재하지 않는다.

⑤ $\lim_{x\to 2-} f(x) = \lim_{x\to 2-} (x+1) = 3$

$\lim_{x\to 2+} f(x) = \lim_{x\to 2+} (x+1) = 3$

이므로 $\lim_{x\to 2} f(x) = 3$

따라서 극한값이 존재하지 않는 것은 ④이다.

답 ④

14 $f(x)=\begin{cases} -1 & (x<-1) \\ 1 & (x>-1) \end{cases}$이므로

ㄱ. $x\to -1-$일 때, $f(x)\to -1$이므로

$\lim_{x\to -1-} f(x) = -1$ (참)

ㄴ. $x\to -1+$일 때, $f(x)\to 1$이므로

$\lim_{x\to -1+} f(x) = 1$

이때 $\lim_{x\to -1-} f(x) \ne \lim_{x\to -1+} f(x)$이므로

함수 $f(x)$는 $x=-1$에서 극한값을 갖지 않는다. (거짓)

ㄷ. $\lim_{x\to \infty} f(x) = \lim_{x\to \infty} 1 = 1$ (거짓)

이상에서 옳은 것은 ㄱ이다.

답 ①

15 $x<3$일 때,

$f(x)=\dfrac{x^2-9}{-(x-3)}=\dfrac{-(x-3)(x+3)}{x-3}=-x-3$

$x>3$일 때,

$f(x)=\dfrac{x^2-9}{x-3}=\dfrac{(x-3)(x+3)}{x-3}=x+3$

이므로 $f(x)=\begin{cases} -x-3 & (x<3) \\ x+3 & (x>3) \end{cases}$

(i) k가 음의 정수일 때

$(x-3)^k f(x)=\begin{cases} -\dfrac{x+3}{(x-3)^{-k}} & (x<3) \\ \dfrac{x+3}{(x-3)^{-k}} & (x>3) \end{cases}$

이므로 함수 $(x-3)^k f(x)$는 $x=3$에서 발산한다.

(ii) $k=0$일 때

$x\ne 3$이면 $(x-3)^k f(x)=f(x)$

$(x-3)^k f(x)=\begin{cases} -x-3 & (x<3) \\ x+3 & (x>3) \end{cases}$

이므로

$\lim_{x\to 3-} (x-3)^k f(x) = -3-3 = -6$,

$\lim_{x\to 3+} (x-3)^k f(x) = 3+3 = 6$

이때 $\lim_{x\to 3-} (x-3)^k f(x) \ne \lim_{x\to 3+} (x-3)^k f(x)$이므로

함수 $(x-3)^k f(x)$는 $x=3$에서 극한값을 갖지 않는다.

즉, 함수 $(x-3)^k f(x)$는 $x=3$에서 발산한다.

(iii) k가 양의 정수일 때

$$(x-3)^k f(x)=\begin{cases} -(x-3)^k(x+3) & (x<3) \\ (x-3)^k(x+3) & (x>3) \end{cases}$$

이므로

$\lim_{x\to3-}(x-3)^k f(x)=0$, $\lim_{x\to3+}(x-3)^k f(x)=0$

이때 $\lim_{x\to3-}(x-3)^k f(x)=\lim_{x\to3+}(x-3)^k f(x)$이므로

함수 $(x-3)^k f(x)$는 $x=3$에서 극한값을 갖는다.

(i), (ii), (iii)에서 k가 양의 정수일 때, 즉 $k\ge1$에서 함수 $(x-3)^k f(x)$는 극한값을 가지므로 정수 k의 최솟값은 1이다.

답 ④

16 $$\lim_{x\to1}\frac{f(x)-x}{x^2+x+1}=\frac{\lim_{x\to1}\{f(x)-x\}}{\lim_{x\to1}(x^2+x+1)}=\frac{\lim_{x\to1}f(x)-\lim_{x\to1}x}{\lim_{x\to1}x^2+\lim_{x\to1}x+\lim_{x\to1}1}$$
$$=\frac{-2-1}{1+1+1}=-1$$

답 ⑤

17 $$\lim_{x\to-1}\frac{-3f(x)+g(x)+2}{2f(x)+g(x)+1}$$
$$=\frac{\lim_{x\to-1}\{-3f(x)+g(x)+2\}}{\lim_{x\to-1}\{2f(x)+g(x)+1\}}$$
$$=\frac{\lim_{x\to-1}\{-3f(x)\}+\lim_{x\to-1}g(x)+\lim_{x\to-1}2}{\lim_{x\to-1}\{2f(x)\}+\lim_{x\to-1}g(x)+\lim_{x\to-1}1}$$
$$=\frac{-3\lim_{x\to-1}f(x)+\lim_{x\to-1}g(x)+\lim_{x\to-1}2}{2\lim_{x\to-1}f(x)+\lim_{x\to-1}g(x)+\lim_{x\to-1}1}$$
$$=\frac{-3+2+2}{2+2+1}=\frac{1}{5}$$

답 ②

18 $2f(x)-3g(x)=h(x)$라 하면

$$g(x)=\frac{2f(x)}{3}-\frac{h(x)}{3}$$

이고 $\lim_{x\to\infty}h(x)=4$이므로

$$\lim_{x\to\infty}g(x)=\lim_{x\to\infty}\left\{\frac{2f(x)}{3}-\frac{h(x)}{3}\right\}$$
$$=\lim_{x\to\infty}\frac{2f(x)}{3}-\lim_{x\to\infty}\frac{h(x)}{3}$$
$$=\frac{2}{3}\lim_{x\to\infty}f(x)-\frac{1}{3}\lim_{x\to\infty}h(x)$$
$$=\frac{2}{3}\times5-\frac{1}{3}\times4=2$$

답 2

19 $$\lim_{x\to1}\frac{x^3+3x^2-4x}{x^2-1}=\lim_{x\to1}\frac{x(x^2+3x-4)}{(x-1)(x+1)}$$
$$=\lim_{x\to1}\frac{x(x-1)(x+4)}{(x-1)(x+1)}$$
$$=\lim_{x\to1}\frac{x(x+4)}{x+1}=\frac{1\times5}{1+1}=\frac{5}{2}$$

답 ⑤

20 $$\lim_{x\to3}\frac{x^3-3x^2-x+3}{x^2-5x+6}=\lim_{x\to3}\frac{x^2(x-3)-(x-3)}{(x-3)(x-2)}$$
$$=\lim_{x\to3}\frac{(x-3)(x^2-1)}{(x-3)(x-2)}$$
$$=\lim_{x\to3}\frac{x^2-1}{x-2}=\frac{9-1}{3-2}=8$$

답 ④

21 $$\lim_{x\to2}\frac{x^2-4}{(x-2)f(x)}=\lim_{x\to2}\frac{(x-2)(x+2)}{(x-2)f(x)}$$
$$=\lim_{x\to2}\frac{x+2}{f(x)}$$
$$=\frac{\lim_{x\to2}(x+2)}{\lim_{x\to2}f(x)}$$
$$=\frac{2+2}{a}=\frac{1}{3}$$

이므로 $a=12$

답 ⑤

22 $$\lim_{x\to-1}\frac{\{f(x)\}^2-2f(x)}{x^2f(x)-f(x)}=\lim_{x\to-1}\frac{f(x)\{f(x)-2\}}{f(x)(x^2-1)}$$
$$=\lim_{x\to-1}\frac{f(x)-2}{(x+1)(x-1)}$$
$$=\lim_{x\to-1}\frac{f(x)-2}{x+1}\times\lim_{x\to-1}\frac{1}{x-1}$$
$$=1\times\left(-\frac{1}{2}\right)=-\frac{1}{2}$$

답 ②

23 $$\lim_{x\to3}\frac{\sqrt{x+6}-3}{x^2-x-6}=\lim_{x\to3}\frac{\sqrt{x+6}-3}{(x-3)(x+2)}$$
$$=\lim_{x\to3}\frac{(\sqrt{x+6}-3)(\sqrt{x+6}+3)}{(x-3)(x+2)(\sqrt{x+6}+3)}$$
$$=\lim_{x\to3}\frac{(x+6)-9}{(x-3)(x+2)(\sqrt{x+6}+3)}$$
$$=\lim_{x\to3}\frac{x-3}{(x-3)(x+2)(\sqrt{x+6}+3)}$$
$$=\lim_{x\to3}\frac{1}{(x+2)(\sqrt{x+6}+3)}$$
$$=\frac{1}{(3+2)\times(\sqrt{3+6}+3)}=\frac{1}{30}$$

답 ⑤

24 $$\lim_{x\to-2}\frac{3-\sqrt{x^2+5}}{x+2}=\lim_{x\to-2}\frac{(3-\sqrt{x^2+5})(3+\sqrt{x^2+5})}{(x+2)(3+\sqrt{x^2+5})}$$
$$=\lim_{x\to-2}\frac{9-(x^2+5)}{(x+2)(3+\sqrt{x^2+5})}$$
$$=\lim_{x\to-2}\frac{4-x^2}{(x+2)(3+\sqrt{x^2+5})}$$
$$=\lim_{x\to-2}\frac{(2-x)(2+x)}{(x+2)(3+\sqrt{x^2+5})}$$

$$=\lim_{x\to-2}\frac{2-x}{3+\sqrt{x^2+5}}$$

$$=\frac{2-(-2)}{3+\sqrt{4+5}}=\frac{4}{3+3}=\frac{2}{3}$$

답 ④

25 $\lim_{x\to3}\frac{(x-3)f(x)}{\sqrt{x^2+16}-5}=\lim_{x\to3}\frac{(x-3)f(x)(\sqrt{x^2+16}+5)}{(\sqrt{x^2+16}-5)(\sqrt{x^2+16}+5)}$

$$=\lim_{x\to3}\frac{(x-3)f(x)(\sqrt{x^2+16}+5)}{(x^2+16)-25}$$

$$=\lim_{x\to3}\frac{(x-3)f(x)(\sqrt{x^2+16}+5)}{x^2-9}$$

$$=\lim_{x\to3}\frac{(x-3)f(x)(\sqrt{x^2+16}+5)}{(x-3)(x+3)}$$

$$=\lim_{x\to3}\frac{f(x)(\sqrt{x^2+16}+5)}{x+3}$$

$$=\frac{18\times(\sqrt{9+16}+5)}{3+3}=30$$

답 30

26 $\lim_{x\to2}\frac{(x-2)f(x)}{\sqrt{x+2}-2}=\lim_{x\to2}\frac{(x-2)f(x)(\sqrt{x+2}+2)}{(\sqrt{x+2}-2)(\sqrt{x+2}+2)}$

$$=\lim_{x\to2}\frac{(x-2)f(x)(\sqrt{x+2}+2)}{(x+2)-4}$$

$$=\lim_{x\to2}\frac{(x-2)f(x)(\sqrt{x+2}+2)}{x-2}$$

$$=\lim_{x\to2}\{f(x)(\sqrt{x+2}+2)\}=8$$

이때 $f(x)(\sqrt{x+2}+2)=g(x)$라 하면

$f(x)=\frac{g(x)}{\sqrt{x+2}+2}$

이고, $\lim_{x\to2}g(x)=8$

따라서

$\lim_{x\to2}f(x)=\lim_{x\to2}\frac{g(x)}{\sqrt{x+2}+2}=\frac{8}{\sqrt{2+2}+2}=2$

답 ②

27 $\lim_{x\to\infty}\frac{4x^2+x+3}{2x^2+1}=\lim_{x\to\infty}\frac{4+\frac{1}{x}+\frac{3}{x^2}}{2+\frac{1}{x^2}}$

$$=\frac{\lim_{x\to\infty}4+\lim_{x\to\infty}\frac{1}{x}+\lim_{x\to\infty}\frac{3}{x^2}}{\lim_{x\to\infty}2+\lim_{x\to\infty}\frac{1}{x^2}}$$

$$=\frac{4+0+0}{2+0}=2$$

답 ④

28 $\lim_{x\to\infty}\frac{(3x-1)^3-27x^3}{-9x^2+x+1}=\lim_{x\to\infty}\frac{(27x^3-27x^2+9x-1)-27x^3}{-9x^2+x+1}$

$$=\lim_{x\to\infty}\frac{-27x^2+9x-1}{-9x^2+x+1}$$

$$=\lim_{x\to\infty}\frac{-27+\frac{9}{x}-\frac{1}{x^2}}{-9+\frac{1}{x}+\frac{1}{x^2}}$$

$$=\frac{\lim_{x\to\infty}(-27)+\lim_{x\to\infty}\frac{9}{x}-\lim_{x\to\infty}\frac{1}{x^2}}{\lim_{x\to\infty}(-9)+\lim_{x\to\infty}\frac{1}{x}+\lim_{x\to\infty}\frac{1}{x^2}}$$

$$=\frac{-27+0-0}{-9+0+0}=3$$

답 ④

29 $\lim_{x\to\infty}\frac{6x^2-f(x)}{3x^2+2f(x)}=\lim_{x\to\infty}\frac{6-\frac{f(x)}{x^2}}{3+\frac{2f(x)}{x^2}}$

$$=\frac{\lim_{x\to\infty}6-\lim_{x\to\infty}\frac{f(x)}{x^2}}{\lim_{x\to\infty}3+2\lim_{x\to\infty}\frac{f(x)}{x^2}}$$

$$=\frac{6-(-1)}{3+2\times(-1)}=7$$

답 ④

30 $t=-x$로 놓으면 $x\to-\infty$일 때, $t\to\infty$이므로

$\lim_{x\to-\infty}\frac{4x^3-x-2}{2x^3+x^2}=\lim_{t\to\infty}\frac{-4t^3+t-2}{-2t^3+t^2}$

$$=\lim_{t\to\infty}\frac{-4+\frac{1}{t^2}-\frac{2}{t^3}}{-2+\frac{1}{t}}$$

$$=\frac{\lim_{t\to\infty}(-4)+\lim_{t\to\infty}\frac{1}{t^2}-\lim_{t\to\infty}\frac{2}{t^3}}{\lim_{t\to\infty}(-2)+\lim_{t\to\infty}\frac{1}{t}}$$

$$=\frac{-4+0-0}{-2+0}=2$$

답 ⑤

31 $\lim_{x\to\infty}(\sqrt{x^2+6x}-x)=\lim_{x\to\infty}\frac{(\sqrt{x^2+6x}-x)(\sqrt{x^2+6x}+x)}{\sqrt{x^2+6x}+x}$

$$=\lim_{x\to\infty}\frac{(x^2+6x)-x^2}{\sqrt{x^2+6x}+x}=\lim_{x\to\infty}\frac{6x}{\sqrt{x^2+6x}+x}$$

$$=\lim_{x\to\infty}\frac{6}{\sqrt{1+\frac{6}{x}}+1}$$

$$=\frac{6}{1+1}=3$$

답 ③

32 $\lim_{x\to\infty}(x-\sqrt{x^2+x})=\lim_{x\to\infty}\frac{(x-\sqrt{x^2+x})(x+\sqrt{x^2+x})}{x+\sqrt{x^2+x}}$

$$=\lim_{x\to\infty}\frac{x^2-(x^2+x)}{x+\sqrt{x^2+x}}=\lim_{x\to\infty}\frac{-x}{x+\sqrt{x^2+x}}$$

$$=\lim_{x\to\infty}\frac{-1}{1+\sqrt{1+\frac{1}{x}}}$$

$$=\frac{-1}{1+1}=-\frac{1}{2}$$

답 ②

33 $\lim_{x\to\infty}(\sqrt{9x^2+ax}-3x)$

$=\lim_{x\to\infty}\frac{(\sqrt{9x^2+ax}-3x)(\sqrt{9x^2+ax}+3x)}{\sqrt{9x^2+ax}+3x}$

$=\lim_{x\to\infty}\frac{(9x^2+ax)-9x^2}{\sqrt{9x^2+ax}+3x}=\lim_{x\to\infty}\frac{ax}{\sqrt{9x^2+ax}+3x}$

$=\lim_{x\to\infty}\frac{a}{\sqrt{9+\frac{a}{x}}+3}=\frac{a}{3+3}=\frac{a}{6}=-1$

따라서 $a=-6$

답 ①

34 $t=-x$로 놓으면 $x\to-\infty$일 때, $t\to\infty$이므로

$\lim_{x\to-\infty}(\sqrt{4x^2+8x}+2x)=\lim_{t\to\infty}(\sqrt{4t^2-8t}-2t)$

$=\lim_{t\to\infty}\frac{(\sqrt{4t^2-8t}-2t)(\sqrt{4t^2-8t}+2t)}{\sqrt{4t^2-8t}+2t}$

$=\lim_{t\to\infty}\frac{(4t^2-8t)-4t^2}{\sqrt{4t^2-8t}+2t}=\lim_{t\to\infty}\frac{-8t}{\sqrt{4t^2-8t}+2t}$

$=\lim_{t\to\infty}\frac{-8}{\sqrt{4-\frac{8}{t}}+2}=\frac{-8}{2+2}=-2$

답 ④

35 $\lim_{x\to1}\frac{x^2+ax+b}{x-1}=4$에서 극한값이 존재하고 $x\to1$일 때 (분모)$\to0$이므로 (분자)$\to0$이어야 한다.

즉, $\lim_{x\to1}(x^2+ax+b)=0$에서

$1+a+b=0$

$b=-a-1$

주어진 식에 대입하면

$\lim_{x\to1}\frac{x^2+ax-(a+1)}{x-1}=\lim_{x\to1}\frac{(x-1)(x+a+1)}{x-1}$

$=\lim_{x\to1}(x+a+1)=a+2=4$

따라서 $a=2$, $b=-3$이므로

$ab=2\times(-3)=-6$

답 ③

36 $\lim_{x\to-1}\frac{x^2+a}{x^2-4x-5}=b$에서 극한값이 존재하고 $x\to-1$일 때 (분모)$\to0$이므로 (분자)$\to0$이어야 한다.

즉, $\lim_{x\to-1}(x^2+a)=1+a=0$에서

$a=-1$

주어진 식에 대입하면

$\lim_{x\to-1}\frac{x^2-1}{x^2-4x-5}=\lim_{x\to-1}\frac{(x+1)(x-1)}{(x+1)(x-5)}$

$=\lim_{x\to-1}\frac{x-1}{x-5}=\frac{-1-1}{-1-5}=\frac{1}{3}=b$

따라서 $a+b=-1+\frac{1}{3}=-\frac{2}{3}$

답 ①

37 $\lim_{x\to3}\frac{a\sqrt{x+1}+b}{x-3}=-1$에서 극한값이 존재하고 $x\to3$일 때 (분모)$\to0$이므로 (분자)$\to0$이어야 한다.

즉, $\lim_{x\to3}(a\sqrt{x+1}+b)=a\sqrt{3+1}+b=2a+b=0$에서

$b=-2a$

주어진 식에 대입하면

$\lim_{x\to3}\frac{a\sqrt{x+1}-2a}{x-3}=\lim_{x\to3}\frac{a(\sqrt{x+1}-2)}{x-3}$

$=\lim_{x\to3}\frac{a(\sqrt{x+1}-2)(\sqrt{x+1}+2)}{(x-3)(\sqrt{x+1}+2)}$

$=\lim_{x\to3}\frac{a\{(x+1)-4\}}{(x-3)(\sqrt{x+1}+2)}$

$=\lim_{x\to3}\frac{a(x-3)}{(x-3)(\sqrt{x+1}+2)}$

$=\lim_{x\to3}\frac{a}{\sqrt{x+1}+2}$

$=\frac{a}{\sqrt{3+1}+2}=\frac{a}{4}=-1$

따라서 $a=-4$, $b=8$이므로

$a+b=-4+8=4$

답 ④

38 조건 (가)에서 $\lim_{x\to\infty}\frac{f(x)}{2x^2+1}=2$이므로 $f(x)$는 최고차항의 계수가 4인 이차함수이다.

조건 (나)의 $\lim_{x\to1}\frac{f(x)}{x^2+2x-3}=3$에서 극한값이 존재하고 $x\to1$일 때 (분모)$\to0$이므로 (분자)$\to0$이어야 한다.

즉, $\lim_{x\to1}f(x)=0$이므로

$f(x)=4(x-1)(x-a)$ (a는 상수)

로 놓을 수 있다. 이것을 조건 (나)의 등식에 대입하면

$\lim_{x\to1}\frac{f(x)}{x^2+2x-3}=\lim_{x\to1}\frac{4(x-1)(x-a)}{(x-1)(x+3)}$

$=\lim_{x\to1}\frac{4(x-a)}{x+3}=\frac{4(1-a)}{1+3}=1-a=3$

$a=-2$

따라서 $f(x)=4(x-1)(x+2)$이므로

$f(2)=4\times1\times4=16$

답 16

다른 풀이

조건 (가)에서 $\lim_{x\to\infty}\frac{f(x)}{2x^2+1}=2$이므로 $f(x)$는 최고차항의 계수가 4인 이차함수이다.

$f(x)=4x^2+ax+b$ (a, b는 상수)로 놓으면 조건 (나)에서 극한값이 존재하고 $x\to1$일 때 (분모)$\to0$이므로 (분자)$\to0$이어야 한다.

즉, $\lim_{x\to1}(4x^2+ax+b)=0$에서

$4+a+b=0$, $b=-a-4$

이것을 조건 (나)의 등식에 대입하면

$\lim_{x\to1}\frac{f(x)}{x^2+2x-3}=\lim_{x\to1}\frac{4x^2+ax-a-4}{x^2+2x-3}$

$=\lim_{x\to1}\frac{(x-1)(4x+a+4)}{(x-1)(x+3)}$

$=\lim_{x\to1}\frac{4x+a+4}{x+3}=\frac{a+8}{4}=3$

$a=4$

따라서 $f(x)=4x^2+4x-8$이므로

$f(2)=16+8-8=16$

39 조건 (가)에서 $\lim_{x\to\infty}\frac{f(x)}{x^2-4x+1}=1$이므로 $f(x)$는 최고차항의 계수가 1인 이차함수이다.

조건 (나)의 $\lim_{x\to-1}\frac{f(x)}{x+1}=-4$에서 극한값이 존재하고 $x\to-1$일 때 (분모)$\to0$이므로 (분자)$\to0$이어야 한다.

즉, $\lim_{x\to-1}f(x)=0$이므로

$f(x)=(x+1)(x-a)$ (a는 상수)

로 놓을 수 있다. 이것을 조건 (나)의 등식에 대입하면

$$\lim_{x\to-1}\frac{f(x)}{x+1}=\lim_{x\to-1}\frac{(x+1)(x-a)}{x+1}=\lim_{x\to-1}(x-a)=-1-a=-4$$

$a=3$

따라서 $f(x)=(x+1)(x-3)$이므로

$f(4)=5\times1=5$

답 ⑤

다른 풀이

조건 (가)에서 $\lim_{x\to\infty}\frac{f(x)}{x^2-4x+1}=1$이므로 $f(x)$는 최고차항의 계수가 1인 이차함수이다.

$f(x)=x^2+ax+b$ (a, b는 상수)로 놓으면 조건 (나)에서 극한값이 존재하고 $x\to-1$일 때 (분모)$\to0$이므로 (분자)$\to0$이어야 한다.

즉, $\lim_{x\to-1}(x^2+ax+b)=0$에서

$1-a+b=0$, $b=a-1$

이것을 조건 (나)의 등식에 대입하면

$$\lim_{x\to-1}\frac{f(x)}{x+1}=\lim_{x\to-1}\frac{x^2+ax+a-1}{x+1}=\lim_{x\to-1}\frac{(x+1)(x+a-1)}{x+1}=\lim_{x\to-1}(x+a-1)=-2+a=-4$$

$a=-2$

따라서 $f(x)=x^2-2x-3$이므로

$f(4)=16-8-3=5$

40 조건 (가)에서 $\lim_{x\to\infty}\frac{f(x)-4x^3}{x-1}=1$이므로 $f(x)-4x^3$은 최고차항의 계수가 1인 일차함수이다.

즉, $f(x)-4x^3=x+k$ (k는 상수)로 놓으면

$f(x)=4x^3+x+k$

조건 (나)의 등식에 대입하면

$$\lim_{x\to-1}\frac{f(x)}{x+1}=\lim_{x\to-1}\frac{4x^3+x+k}{x+1}=a$$

에서 극한값이 존재하고 $x\to-1$일 때 (분모)$\to0$이므로 (분자)$\to0$이어야 한다.

즉, $\lim_{x\to-1}(4x^3+x+k)=0$에서

$-4-1+k=0$, $k=5$

따라서 $f(x)=4x^3+x+5$이므로

$$\lim_{x\to-1}\frac{f(x)}{x+1}=\lim_{x\to-1}\frac{4x^3+x+5}{x+1}=\lim_{x\to-1}\frac{(x+1)(4x^2-4x+5)}{x+1}=\lim_{x\to-1}(4x^2-4x+5)=4+4+5=13$$

답 ③

41 직선 OP의 기울기는 $\frac{t^2-0}{t-0}=t$이므로 직선 OP와 수직인 직선의 기울기는 $-\frac{1}{t}$이다.

이때 선분 OP의 수직이등분선은 선분 OP의 중점 $\left(\frac{t}{2}, \frac{t^2}{2}\right)$을 지나므로 직선의 방정식은

$y-\frac{t^2}{2}=-\frac{1}{t}\left(x-\frac{t}{2}\right)$, 즉 $y=-\frac{1}{t}x+\frac{1+t^2}{2}$

그러므로 점 Q의 좌표는 $\left(0, \frac{1+t^2}{2}\right)$이다.

따라서 $\overline{OP}=\sqrt{t^2+t^4}$, $\overline{OQ}=\frac{1+t^2}{2}$이므로

$$\lim_{t\to\infty}\frac{\overline{OP}}{\overline{OQ}}=\lim_{t\to\infty}\frac{\sqrt{t^2+t^4}}{\frac{1+t^2}{2}}=\lim_{t\to\infty}\frac{2\sqrt{t^2+t^4}}{1+t^2}=\lim_{t\to\infty}\frac{2\sqrt{\frac{1}{t^2}+1}}{\frac{1}{t^2}+1}=2$$

답 ④

42 두 점 P, Q의 좌표는 각각 P(t, t), Q$(t, t-2)$

따라서 $\overline{PR}=t$, $\overline{QR}=t-2$, $\overline{OR}=t$이므로

$$\begin{aligned}\lim_{t\to\infty}(\sqrt{\overline{PR}\times\overline{QR}}-\overline{OR})&=\lim_{t\to\infty}\{\sqrt{t(t-2)}-t\}\\&=\lim_{t\to\infty}(\sqrt{t^2-2t}-t)\\&=\lim_{t\to\infty}\frac{(\sqrt{t^2-2t}-t)(\sqrt{t^2-2t}+t)}{\sqrt{t^2-2t}+t}\\&=\lim_{t\to\infty}\frac{(t^2-2t)-t^2}{\sqrt{t^2-2t}+t}=\lim_{t\to\infty}\frac{-2t}{\sqrt{t^2-2t}+t}\\&=\lim_{t\to\infty}\frac{-2}{\sqrt{1-\frac{2}{t}}+1}=\frac{-2}{1+1}=-1\end{aligned}$$

답 ②

43 두 점 P, Q의 좌표는 각각 P$(1, 2)$, Q$(t, \sqrt{t+3})$이고, 점 R의 좌표는 R$(t, 2)$이다.

따라서 $\overline{PR}=t-1$, $\overline{QR}=\sqrt{t+3}-2$이므로

$$\begin{aligned}\lim_{t\to1+}\frac{\overline{QR}}{\overline{PR}}&=\lim_{t\to1+}\frac{\sqrt{t+3}-2}{t-1}\\&=\lim_{t\to1+}\frac{(\sqrt{t+3}-2)(\sqrt{t+3}+2)}{(t-1)(\sqrt{t+3}+2)}\\&=\lim_{t\to1+}\frac{(t+3)-4}{(t-1)(\sqrt{t+3}+2)}\\&=\lim_{t\to1+}\frac{t-1}{(t-1)(\sqrt{t+3}+2)}\\&=\lim_{t\to1+}\frac{1}{\sqrt{t+3}+2}=\frac{1}{2+2}=\frac{1}{4}\end{aligned}$$

답 ③

44 두 점 P, Q의 좌표는 각각 P$\left(t, \frac{1}{t+3}\right)$, Q$\left(t, \frac{1}{3}\right)$이므로

$\overline{PQ}=\frac{1}{3}-\frac{1}{t+3}$

점 R의 좌표는 R$(t, 0)$이므로 $\overline{OR}=t$

따라서

$$\begin{aligned}\lim_{t\to0+}\frac{\overline{PQ}}{\overline{OR}}&=\lim_{t\to0+}\frac{1}{t}\left(\frac{1}{3}-\frac{1}{t+3}\right)=\lim_{t\to0+}\left\{\frac{1}{t}\times\frac{t}{3(t+3)}\right\}\\&=\lim_{t\to0+}\frac{1}{3(t+3)}=\frac{1}{3\times3}=\frac{1}{9}\end{aligned}$$

답 ②

45 $y=x^2$을 $x^2+y^2=t$에 대입하면

$y+y^2=t$, $y^2+y-t=0$

이때 $y=\frac{-1\pm\sqrt{1+4t}}{2}$에서 $y>0$이므로

$y=\frac{-1+\sqrt{1+4t}}{2}$, 즉 $\overline{PH}=\frac{-1+\sqrt{1+4t}}{2}$

한편, $\overline{OP}$는 원의 반지름의 길이이므로 $\overline{OP}=\sqrt{t}$에서 $\overline{OP}^2=t$

따라서

$$\lim_{t\to0+}\frac{\overline{OP}^2}{\overline{PH}}=\lim_{t\to0+}\frac{t}{\frac{-1+\sqrt{1+4t}}{2}}$$
$$=\lim_{t\to0+}\frac{2t}{-1+\sqrt{1+4t}}$$
$$=\lim_{t\to0+}\frac{2t(-1-\sqrt{1+4t})}{(-1+\sqrt{1+4t})(-1-\sqrt{1+4t})}$$
$$=\lim_{t\to0+}\frac{2t(-1-\sqrt{1+4t})}{1-(1+4t)}$$
$$=\lim_{t\to0+}\frac{2t(-1-\sqrt{1+4t})}{-4t}$$
$$=\lim_{t\to0+}\frac{1+\sqrt{1+4t}}{2}=\frac{1+1}{2}=1$$

답 ③

46 $\lim_{x\to\infty}\frac{2x^2}{2x^2+3}=\lim_{x\to\infty}\frac{2}{2+\frac{3}{x^2}}=\frac{2}{2}=1$

$$\lim_{x\to\infty}\frac{2x^2+1}{2x^2+3}=\lim_{x\to\infty}\frac{2+\frac{1}{x^2}}{2+\frac{3}{x^2}}=\frac{2}{2}=1$$

이므로 함수의 극한의 대소 관계에 의하여

$\lim_{x\to\infty}f(x)=1$

답 ③

47 $\lim_{x\to5}(10x-25)=50-25=25$

$\lim_{x\to5}x^2=5^2=25$

이므로 함수의 극한의 대소 관계에 의하여

$\lim_{x\to5}f(x)=25$

답 ⑤

48 $\lim_{x\to2}(4x-4)=8-4=4$

$\lim_{x\to2}x^2=2^2=4$

이므로 함수의 극한의 대소 관계에 의하여

$\lim_{x\to2}f(x)=4$

한편, $\lim_{x\to2}\frac{1}{x+2}=\frac{1}{2+2}=\frac{1}{4}$

따라서

$$\lim_{x\to2}\frac{f(x)}{x+2}=\lim_{x\to2}\frac{1}{x+2}\times\lim_{x\to2}f(x)=\frac{1}{4}\times4=1$$

답 ③

49 모든 실수 x에 대하여 $3x^2+1>0$이므로

$$\frac{x^2+1}{3x^2+1}\le\frac{f(x)}{3x^2+1}\le\frac{x^2+2}{3x^2+1}$$

이때

$$\lim_{x\to\infty}\frac{x^2+1}{3x^2+1}=\lim_{x\to\infty}\frac{1+\frac{1}{x^2}}{3+\frac{1}{x^2}}=\frac{1}{3}$$

$$\lim_{x\to\infty}\frac{x^2+2}{3x^2+1}=\lim_{x\to\infty}\frac{1+\frac{2}{x^2}}{3+\frac{1}{x^2}}=\frac{1}{3}$$

이므로 함수의 극한의 대소 관계에 의하여

$\lim_{x\to\infty}\frac{f(x)}{3x^2+1}=\frac{1}{3}$

답 ④

50 $-1\le f(x)-2x^2\le1$에서

$2x^2-1\le f(x)\le2x^2+1$

0이 아닌 모든 실수 x에 대하여 $x^2>0$이므로

$$2-\frac{1}{x^2}\le\frac{f(x)}{x^2}\le2+\frac{1}{x^2}$$

이때

$\lim_{x\to\infty}\left(2-\frac{1}{x^2}\right)=2$, $\lim_{x\to\infty}\left(2+\frac{1}{x^2}\right)=2$

이므로 함수의 극한의 대소 관계에 의하여

$\lim_{x\to\infty}\frac{f(x)}{x^2}=2$

답 ④

51 조건 (가)에 의하여 $-1<x<2$에서 $x+1>0$이므로

$$\frac{x^3+x^2+x+1}{x+1}\le\frac{f(x)}{x+4}\le\frac{x^2+4x+3}{x+1}$$
$$\frac{(x+1)(x^2+1)}{x+1}\le\frac{f(x)}{x+4}\le\frac{(x+1)(x+3)}{x+1}$$
$$x^2+1\le\frac{f(x)}{x+4}\le x+3$$

이때

$\lim_{x\to-1+}(x^2+1)=2$, $\lim_{x\to-1+}(x+3)=2$

이므로 함수의 극한의 대소 관계에 의하여

$\lim_{x\to-1+}\frac{f(x)}{x+4}=2$

조건 (나)에서 $\lim_{x\to-1}f(x)$의 값이 존재하므로

$$\lim_{x\to-1}f(x)=\lim_{x\to-1+}f(x)$$
$$=\lim_{x\to-1+}\left\{(x+4)\times\frac{f(x)}{x+4}\right\}$$
$$=\lim_{x\to-1+}(x+4)\times\lim_{x\to-1+}\frac{f(x)}{x+4}=3\times2=6$$

따라서

$$\lim_{x\to-1}(x+3)f(x)=\lim_{x\to-1}(x+3)\times\lim_{x\to-1}f(x)=2\times6=12$$

답 12

서술형 완성하기

본문 18쪽

01 3 **02** 5 **03** 59 **04** 16 **05** 7 **06** 4

01 $x\neq 0$일 때, $f(x)=\frac{|x|}{x}$에서

$$f(x)=\begin{cases}-1 & (x<0)\\ 1 & (x>0)\end{cases}$$

좌극한과 우극한을 나누어 구하면 다음과 같다.

(i) $\lim_{x\to 0-}f(x)=\lim_{x\to 0-}(-1)=-1$

$\lim_{x\to 0-}g(x)=\lim_{x\to 0-}(x+a)=a$

이므로

$\lim_{x\to 0-}f(x)g(x)=\lim_{x\to 0-}f(x)\times\lim_{x\to 0-}g(x)$

$=-1\times a=-a$ …… ❶

(ii) $\lim_{x\to 0+}f(x)=\lim_{x\to 0+}1=1$

$\lim_{x\to 0+}g(x)=\lim_{x\to 0+}(x^2+3-2a)=3-2a$

이므로

$\lim_{x\to 0+}f(x)g(x)=\lim_{x\to 0+}f(x)\times\lim_{x\to 0+}g(x)$

$=1\times(3-2a)=3-2a$ …… ❷

(i), (ii)의 두 극한값이 같아야 하므로

$-a=3-2a$, $a=3$ …… ❸

답 3

단계	채점 기준	비율
❶	좌극한을 구한 경우	40 %
❷	우극한을 구한 경우	40 %
❸	극한값이 존재할 조건을 이용하여 a의 값을 구한 경우	20 %

02 $2f(x)+g(x)=h(x)$, $f(x)-3g(x)=k(x)$라 하면

$f(x)=\frac{3}{7}h(x)+\frac{k(x)}{7}$

$g(x)=\frac{h(x)}{7}-\frac{2}{7}k(x)$

이므로 $f(x)-g(x)=\frac{2}{7}h(x)+\frac{3}{7}k(x)$ …… ❶

따라서

$\lim_{x\to\infty}\{f(x)-g(x)\}=\lim_{x\to\infty}\left\{\frac{2}{7}h(x)+\frac{3}{7}k(x)\right\}$

$=\frac{2}{7}\lim_{x\to\infty}h(x)+\frac{3}{7}\lim_{x\to\infty}k(x)$

$=\frac{2}{7}\times 4+\frac{3}{7}\times 9=5$ …… ❷

답 5

단계	채점 기준	비율
❶	함수의 극한의 성질을 이용할 수 있도록 식을 변형한 경우	60 %
❷	$f(x)-g(x)$의 극한값을 구한 경우	40 %

03 $\lim_{x\to 5}\left\{\frac{x}{5-x}\left(\frac{1}{\sqrt{x+4}}-\frac{1}{3}\right)\right\}$

$=\lim_{x\to 5}\left(\frac{x}{5-x}\times\frac{3-\sqrt{x+4}}{3\sqrt{x+4}}\right)$

$=\lim_{x\to 5}\left\{\frac{x}{5-x}\times\frac{(3-\sqrt{x+4})(3+\sqrt{x+4})}{3\sqrt{x+4}(3+\sqrt{x+4})}\right\}$

$=\lim_{x\to 5}\left\{\frac{x}{5-x}\times\frac{9-(x+4)}{3\sqrt{x+4}(3+\sqrt{x+4})}\right\}$

$=\lim_{x\to 5}\left\{\frac{x}{5-x}\times\frac{5-x}{3\sqrt{x+4}(3+\sqrt{x+4})}\right\}$

$=\lim_{x\to 5}\frac{x}{3\sqrt{x+4}(3+\sqrt{x+4})}$ …… ❶

$=\frac{5}{9\times 6}=\frac{5}{54}$ …… ❷

따라서 $p=54$, $q=5$이므로

$p+q=54+5=59$ …… ❸

답 59

단계	채점 기준	비율
❶	식을 유리화한 경우	50 %
❷	극한값을 구한 경우	30 %
❸	$p+q$의 값을 구한 경우	20 %

04 $\lim_{x\to 2}\frac{f(x)}{g(x)}=\lim_{x\to 2}\frac{\frac{f(x)}{x^2-4}}{\frac{g(x)}{x^2-4}}=\lim_{x\to 2}\frac{\frac{f(x)}{x^2-4}}{\frac{g(x)}{(x-2)(x+2)}}$

$=\lim_{x\to 2}\frac{\frac{f(x)}{x^2-4}}{\frac{g(x)}{x-2}\times\frac{1}{x+2}}$ …… ❶

$=\frac{\lim_{x\to 2}\frac{f(x)}{x^2-4}}{\lim_{x\to 2}\frac{g(x)}{x-2}\times\lim_{x\to 2}\frac{1}{x+2}}$

$=\frac{12}{3\times\frac{1}{4}}=16$ …… ❷

답 16

단계	채점 기준	비율
❶	함수의 극한의 성질을 이용할 수 있도록 식을 변형한 경우	50 %
❷	극한값을 구한 경우	50 %

05 조건 (가)에서 $\lim_{x\to\infty}\frac{f(x)}{x^2+3x-1}=n$이므로 $f(x)$는 최고차항의 계수가 n인 이차함수이다.

조건 (나)의 $\lim_{x\to 3}\frac{f(x)}{x-3}=6$에서 극한값이 존재하고 $x\to 3$일 때 (분모)$\to 0$이므로 (분자)$\to 0$이어야 한다.

즉, $\lim_{x\to 3}f(x)=0$이므로

$f(x)=n(x-3)(x-a)$ (a는 상수) …… ㉠

로 놓을 수 있다. 이것을 조건 (나)의 등식에 대입하면

$\lim_{x\to 3}\frac{f(x)}{x-3}=\lim_{x\to 3}\frac{n(x-3)(x-a)}{x-3}$

$=\lim_{x\to 3}n(x-a)=n(3-a)=6$ …… ❶

㉠에서

$f(4)=n(4-a)=4n-an$

$\quad=n+3n-an=n+n(3-a)=n+6$ …… ❷

따라서 n은 자연수이므로 $f(4)$의 최솟값은 $n=1$일 때 7이다. …… ❸

답 7

단계	채점 기준	비율
❶	n과 a의 관계식을 구한 경우	30 %
❷	$f(4)$를 n의 식으로 나타낸 경우	30 %
❸	최솟값을 구한 경우	40 %

다른 풀이

조건 (가)에서 $\lim_{x\to\infty}\frac{f(x)}{x^2+3x-1}=n$이므로 $f(x)$는 최고차항의 계수가 n인 이차함수이다.

$f(x)=nx^2+ax+b$ (a, b는 상수)로 놓으면 조건 (나)에서 극한값이 존재하고 $x\to 3$일 때 (분모)$\to 0$이므로 (분자)$\to 0$이어야 한다.

즉, $\lim_{x\to 3}(nx^2+ax+b)=0$에서

$9n+3a+b=0$, $b=-3a-9n$

즉, $f(x)=nx^2+ax-3a-9n$ …… ㉠

이것을 조건 (나)의 등식에 대입하면

$$\lim_{x\to 3}\frac{f(x)}{x-3}=\lim_{x\to 3}\frac{nx^2+ax-3a-9n}{x-3}$$
$$=\lim_{x\to 3}\frac{(x-3)(nx+3n+a)}{x-3}$$
$$=\lim_{x\to 3}(nx+3n+a)=6n+a=6 \quad \cdots\cdots ❶$$

㉠에서

$f(4)=16n+4a-3a-9n=7n+a$

$\quad=n+6n+a=n+6$ …… ❷

따라서 n은 자연수이므로 $f(4)$의 최솟값은 $n=1$일 때 7이다. …… ❸

06 두 점 $\mathrm{P}(t, \sqrt{2t})$, $\mathrm{Q}(0, 2)$를 지나는 직선의 방정식은

$y=\frac{\sqrt{2t}-2}{t}x+2$

이 식에 $y=0$을 대입하면 $x=\frac{2t}{2-\sqrt{2t}}$이므로 점 R의 좌표는

$\left(\frac{2t}{2-\sqrt{2t}}, 0\right)$이다.

따라서

$f(t)=\frac{1}{2}\times\frac{2t}{2-\sqrt{2t}}\times\sqrt{2t}=\frac{t\sqrt{2t}}{2-\sqrt{2t}}$ …… ❶

$g(t)=\frac{1}{2}\times 2\times t=t$ …… ❷

이므로

$$\lim_{t\to 2-}\frac{(2-t)f(t)}{g(t)}=\lim_{t\to 2-}\left(\frac{2-t}{t}\times\frac{t\sqrt{2t}}{2-\sqrt{2t}}\right)$$
$$=\lim_{t\to 2-}\frac{(2-t)\sqrt{2t}}{2-\sqrt{2t}}$$
$$=\lim_{t\to 2-}\frac{(2-t)\sqrt{2t}(2+\sqrt{2t})}{(2-\sqrt{2t})(2+\sqrt{2t})}$$
$$=\lim_{t\to 2-}\frac{(2-t)\sqrt{2t}(2+\sqrt{2t})}{4-2t}$$
$$=\lim_{t\to 2-}\frac{\sqrt{2t}(2+\sqrt{2t})}{2}=\frac{2\times(2+2)}{2}=4 \quad \cdots\cdots ❸$$

답 4

단계	채점 기준	비율
❶	$f(t)$를 구한 경우	30 %
❷	$g(t)$를 구한 경우	30 %
❸	극한값을 구한 경우	40 %

내신 + 수능 고난도 도전

본문 19쪽

01 8 **02** 1 **03** ② **04** ④

01 $a=0$이면 극한값이 존재하지 않으므로 $a\neq 0$이다.

(i) $n=1$일 때

$$\lim_{x\to\infty}\frac{(ax+1)^n-8x^3}{2x^2+x-1}=\lim_{x\to\infty}\frac{ax+1-8x^3}{2x^2+x-1}$$
$$=\lim_{x\to\infty}\frac{\frac{a}{x}+\frac{1}{x^2}-8x}{2+\frac{1}{x}-\frac{1}{x^2}}=-\infty$$

즉, 음의 무한대로 발산하므로 조건을 만족시키지 않는다.

(ii) $n=2$일 때

$$\lim_{x\to\infty}\frac{(ax+1)^n-8x^3}{2x^2+x-1}=\lim_{x\to\infty}\frac{(ax+1)^2-8x^3}{2x^2+x-1}$$
$$=\lim_{x\to\infty}\frac{a^2x^2+2ax+1-8x^3}{2x^2+x-1}$$
$$=\lim_{x\to\infty}\frac{a^2+\frac{2a}{x}+\frac{1}{x^2}-8x}{2+\frac{1}{x}-\frac{1}{x^2}}=-\infty$$

즉, 음의 무한대로 발산하므로 조건을 만족시키지 않는다.

(iii) $n=3$일 때

$$\lim_{x\to\infty}\frac{(ax+1)^n-8x^3}{2x^2+x-1}=\lim_{x\to\infty}\frac{(ax+1)^3-8x^3}{2x^2+x-1}$$
$$=\lim_{x\to\infty}\frac{a^3x^3+3a^2x^2+3ax+1-8x^3}{2x^2+x-1}$$
$$=\lim_{x\to\infty}\frac{(a^3-8)x^3+3a^2x^2+3ax+1}{2x^2+x-1}$$
$$=\lim_{x\to\infty}\frac{(a^3-8)x+3a^2+\frac{3a}{x}+\frac{1}{x^2}}{2+\frac{1}{x}-\frac{1}{x^2}}$$
$$=b$$

에서 b가 실수이므로 $a^3-8=0$이어야 한다.

이때 a가 실수이므로 $a=2$이고,

$$b=\lim_{x\to\infty}\frac{12+\frac{6}{x}+\frac{1}{x^2}}{2+\frac{1}{x}-\frac{1}{x^2}}=\frac{12+0+0}{2+0-0}=6$$

(iv) $n\geq 4$일 때

$$\lim_{x\to\infty}\frac{(ax+1)^n-8x^3}{2x^2+x-1}=\lim_{x\to\infty}\frac{x^n\left(a+\frac{1}{x}\right)^n-8x^3}{2x^2+x-1}$$

$$=\lim_{x\to\infty}\frac{x^{n-2}\left(a+\frac{1}{x}\right)^n-8x}{2+\frac{1}{x}-\frac{1}{x^2}}$$

위의 극한은 a의 값의 부호에 따라 양의 무한대 또는 음의 무한대로 발산하므로 조건을 만족시키지 않는다.

(i)~(iv)에서 $a=2$, $b=6$이므로

$a+b=2+6=8$

답 8

02 $f(x)=x^2+(4-a)x-4a=(x+4)(x-a)$

$g(x)=x^2+(a-3)x-3a=(x-3)(x+a)$

에서

$$\lim_{x\to a}\frac{f(x)}{g(x)}=\lim_{x\to a}\frac{(x+4)(x-a)}{(x-3)(x+a)}$$

이므로 a의 값에 따라 $\lim_{x\to a}\frac{f(x)}{g(x)}$의 값은 다음과 같다.

(i) $a=0$일 때

$$\lim_{x\to a}\frac{f(x)}{g(x)}=\lim_{x\to 0}\frac{(x+4)x}{(x-3)x}=\lim_{x\to 0}\frac{x+4}{x-3}=-\frac{4}{3}$$

(ii) $a=3$일 때

$$\lim_{x\to a}\frac{f(x)}{g(x)}=\lim_{x\to 3}\frac{(x+4)(x-3)}{(x-3)(x+3)}=\lim_{x\to 3}\frac{x+4}{x+3}=\frac{7}{6}$$

(iii) $a\neq0$이고 $a\neq3$일 때

$$\lim_{x\to a}\frac{f(x)}{g(x)}=\lim_{x\to a}\frac{(x+4)(x-a)}{(x-3)(x+a)}=\frac{(a+4)\times0}{(a-3)\times2a}=0$$

(i), (ii), (iii)에서 $\lim_{x\to a}\frac{f(x)}{g(x)}$의 최댓값은 $M=\frac{7}{6}$이고,

최솟값은 $m=-\frac{4}{3}$이므로

$$2M+m=2\times\frac{7}{6}+\left(-\frac{4}{3}\right)=1$$

답 1

03 조건 (가)에서 $\lim_{x\to\infty}\frac{f(x)-x^3}{x^2}=0$이므로 $f(x)-x^3$은 일차함수 또는 상수함수이다.

즉, $f(x)-x^3=ax+b$ (a, b는 상수)로 놓으면

$f(x)=x^3+ax+b$

이것을 조건 (나)의 등식에 대입하면

$$\lim_{x\to-2}\frac{f(x)}{x+2}=\lim_{x\to-2}\frac{x^3+ax+b}{x+2}=5 \quad \cdots\cdots ㉠$$

극한값이 존재하고 $x\to-2$일 때 (분모)$\to0$이므로 (분자)$\to0$이어야 한다.

즉, $\lim_{x\to-2}(x^3+ax+b)=0$에서

$-8-2a+b=0$

$b=2a+8$

㉠에 대입하면

$$\lim_{x\to-2}\frac{x^3+ax+b}{x+2}=\lim_{x\to-2}\frac{x^3+ax+2a+8}{x+2}$$

$$=\lim_{x\to-2}\frac{(x+2)(x^2-2x+4+a)}{x+2}$$

$$=\lim_{x\to-2}(x^2-2x+4+a)$$

$$=4+4+4+a=5$$

이므로 $a=-7$, $b=-6$

따라서 $f(x)=x^3-7x-6$이므로

$f(1)=1-7-6=-12$

답 ②

04 직선 OP의 기울기는 $\frac{t^2-0}{t-0}=t$이므로 직선 OP에 평행한 직선의 기울기는 t이다.

이때 기울기가 t이고 곡선 $y=x^2$에 접하는 직선의 방정식을 $y=tx+s$ (s는 상수)라 하면 이 직선과 곡선 $y=x^2$이 접해야 하므로 방정식 $x^2=tx+s$는 중근을 갖고, 그 중근이 점 Q의 x좌표이다.

$x^2-tx-s=0$에서

$$x^2-tx+\left(\frac{t}{2}\right)^2-\left(\frac{t}{2}\right)^2-s=0$$

$$\left(x-\frac{t}{2}\right)^2-\frac{t^2}{4}-s=0$$

즉, $s=-\frac{t^2}{4}$이고, 점 Q의 x좌표는 $\frac{t}{2}$이므로

$\overline{OP}=\sqrt{t^2+t^4}$, $\overline{OR}=|s|=\frac{t^2}{4}$

평행한 두 직선 OP, RQ 사이의 거리는 점 O와 직선 $y=tx-\frac{t^2}{4}$ 사이의 거리와 같으므로

$$\frac{\left|-\frac{t^2}{4}\right|}{\sqrt{t^2+1}}=\frac{\frac{t^2}{4}}{\sqrt{t^2+1}}=\frac{t^2}{4\sqrt{t^2+1}}$$

따라서

$$f(t)=\frac{1}{2}\times\sqrt{t^2+t^4}\times\frac{t^2}{4\sqrt{t^2+1}}=\frac{t^2\sqrt{t^2(1+t^2)}}{8\sqrt{t^2+1}}=\frac{t^3}{8}$$

$$g(t)=\frac{1}{2}\times\frac{t^2}{4}\times\frac{t}{2}=\frac{t^3}{16}$$

이므로

$$\lim_{t\to\infty}\frac{2f(t)-3}{3g(t)+1}=\lim_{t\to\infty}\frac{\frac{t^3}{4}-3}{\frac{3t^3}{16}+1}=\lim_{t\to\infty}\frac{\frac{1}{4}-\frac{3}{t^3}}{\frac{3}{16}+\frac{1}{t^3}}=\frac{\frac{1}{4}}{\frac{3}{16}}=\frac{4}{3}$$

답 ④

02 함수의 연속

개념 확인하기

본문 21~23쪽

01 불연속 **02** 불연속 **03** 불연속 **04** 연속 **05** 불연속
06 불연속 **07** 연속 **08** 불연속 **09** 연속 **10** 연속
11 불연속 **12** $[-1, 2]$ **13** $(2, 6)$ **14** $(-3, 0]$
15 $(-\infty, 1)$ **16** $[5, \infty)$ **17** $(-\infty, \infty)$
18 $(-\infty, 1)$, $(1, \infty)$ **19** $(-\infty, 3]$
20 $(-\infty, \infty)$ **21** $(-\infty, 0)$, $(0, \infty)$
22 $(-\infty, -1)$, $(-1, \infty)$ **23** $[2, \infty)$
24 $(-\infty, \infty)$ **25** $(-\infty, \infty)$
26 $(-\infty, 1)$, $(1, \infty)$ **27** $(-\infty, \infty)$
28 $(-\infty, \infty)$ **29** $(-\infty, \infty)$
30 $(-\infty, \infty)$ **31** $(-\infty, \infty)$
32 $(-\infty, -2)$, $(-2, 2)$, $(2, \infty)$ **33** $(-\infty, 2)$, $(2, \infty)$
34 $(-\infty, \infty)$ **35** $(-\infty, -2)$, $(-2, 2)$, $(2, \infty)$
36 최댓값: 2, 최솟값: 1 **37** 최솟값: 2 **38** 풀이 참조
39 최댓값: 5, 최솟값: 4 **40** 최솟값: 6
41 최댓값: 1, 최솟값: $\frac{1}{8}$ **42** 최댓값: 0 **43** 풀이 참조
44 풀이 참조 **45** 풀이 참조 **46** 풀이 참조

01 함수 $f(x)$는 $x=1$에서 정의되어 있지 않다.
따라서 함수 $f(x)$는 $x=1$에서 불연속이다.

답 불연속

02 함수 $f(x)$는 $x=1$에서 정의되어 있지만
$\lim_{x \to 1-} f(x) \neq \lim_{x \to 1+} f(x)$이므로 극한값 $\lim_{x \to 1} f(x)$가 존재하지 않는다.
따라서 함수 $f(x)$는 $x=1$에서 불연속이다.

답 불연속

03 함수 $f(x)$는 $x=1$에서 정의되어 있고,
$\lim_{x \to 1} f(x)$도 존재하지만
$\lim_{x \to 1} f(x) \neq f(1)$
따라서 함수 $f(x)$는 $x=1$에서 불연속이다.

답 불연속

04 함수 $f(x)$는 $x=1$에서 정의되어 있고,
$\lim_{x \to 1} f(x)$도 존재하고,
$\lim_{x \to 1} f(x) = f(1)$
따라서 함수 $f(x)$는 $x=1$에서 연속이다.

답 연속

05 함수 $f(x)$에 대하여 $f(2)=2-2=0$이므로 $x=2$에서 정의되어 있다.
$\lim_{x \to 2-} f(x) = \lim_{x \to 2-} (-2x) = -4$
$\lim_{x \to 2+} f(x) = \lim_{x \to 2+} (x-2) = 0$
이므로 $\lim_{x \to 2} f(x)$가 존재하지 않는다.
따라서 함수 $f(x)$는 $x=2$에서 불연속이다.

답 불연속

06 함수 $f(x)$에 대하여 $f(2)=0$이므로 $x=2$에서 정의되어 있다.
$\lim_{x \to 2} f(x) = \lim_{x \to 2} \{(x-2)^2+1\} = 1$
$\lim_{x \to 2} f(x) \neq f(2)$
따라서 함수 $f(x)$는 $x=2$에서 불연속이다.

답 불연속

07 함수 $f(x)$에 대하여 $f(2)=4$이므로 $x=2$에서 정의되어 있다.
$\lim_{x \to 2} f(x) = \lim_{x \to 2} \frac{x^2-4}{x-2} = \lim_{x \to 2} \frac{(x-2)(x+2)}{x-2} = \lim_{x \to 2} (x+2) = 4$
$\lim_{x \to 2} f(x) = f(2) = 4$
따라서 함수 $f(x)$는 $x=2$에서 연속이다.

답 연속

08 함수 $f(x)$는 $x=2$에서 정의되어 있지 않다.
따라서 함수 $f(x)$는 $x=2$에서 불연속이다.

답 불연속

09 함수 $f(x)$에 대하여 $f(2)=\sqrt{2-2}=0$이므로 $x=2$에서 정의되어 있다.
$\lim_{x \to 2-} f(x) = \lim_{x \to 2-} (-x+2) = 0$
$\lim_{x \to 2+} f(x) = \lim_{x \to 2+} \sqrt{x-2} = 0$
이므로 $\lim_{x \to 2} f(x) = 0$
$\lim_{x \to 2} f(x) = f(2) = 0$
따라서 함수 $f(x)$는 $x=2$에서 연속이다.

답 연속

10 함수 $f(x)$에 대하여 $f(2)=8-2=6$이므로 $x=2$에서 정의되어 있다.
$\lim_{x \to 2} f(x) = \lim_{x \to 2} (2x^2-x) = 6$
$\lim_{x \to 2} f(x) = f(2) = 6$
따라서 함수 $f(x)$는 $x=2$에서 연속이다.

답 연속

11 함수 $f(x)$에 대하여 $f(2)=2$이므로 $x=2$에서 정의되어 있다.
$\lim_{x \to 2} f(x) = \lim_{x \to 2} (x+1) = 3$
$\lim_{x \to 2} f(x) \neq f(2)$
따라서 함수 $f(x)$는 $x=2$에서 불연속이다.

답 불연속

12 답 $[-1, 2]$

13 답 $(2, 6)$

14 답 $(-3, 0]$

15 답 $(-\infty, 1)$

16 답 $[5, \infty)$

17 $f(x)=-x^2+4$의 정의역은 실수 전체의 집합이므로
$(-\infty, \infty)$

답 $(-\infty, \infty)$

18 $f(x)=\dfrac{2x}{x-1}$의 정의역은 $\{x \mid x$는 $x\neq1$인 실수$\}$이므로
$(-\infty, 1), (1, \infty)$

답 $(-\infty, 1), (1, \infty)$

19 $f(x)=\sqrt{6-2x}$의 정의역은 $\{x \mid 6-2x\geq0\}$이므로
$6-2x\geq0$, $2x\leq6$, $x\leq3$
에서 $(-\infty, 3]$

답 $(-\infty, 3]$

20 $f(x)=\dfrac{1}{2}x^2-x$에 대하여 함수 $y=f(x)$의 그래프는 그림과 같다.
함수 $f(x)$는 실수 전체의 집합에서 연속이므로
$(-\infty, \infty)$

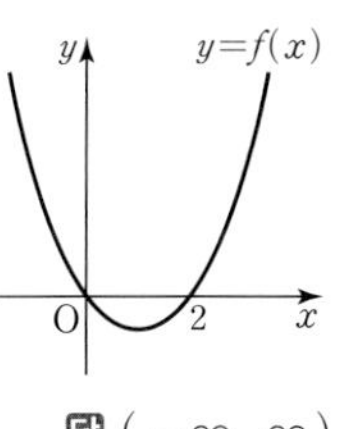

답 $(-\infty, \infty)$

21 $f(x)=\begin{cases} -x+1 & (x<0) \\ x^2 & (x\geq0) \end{cases}$에 대하여 함수 $y=f(x)$의 그래프는 그림과 같다.
함수 $f(x)$는 $x=0$을 제외한 실수 전체의 집합에서 연속이므로
$(-\infty, 0), (0, \infty)$

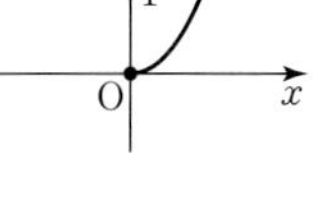

답 $(-\infty, 0), (0, \infty)$

22 $f(x)=\dfrac{3-x}{x+1}=\dfrac{4}{x+1}-1$에 대하여
함수 $y=f(x)$의 그래프는 그림과 같다.
함수 $f(x)$는 $x=-1$을 제외한 실수 전체의 집합에서 연속이므로
$(-\infty, -1), (-1, \infty)$

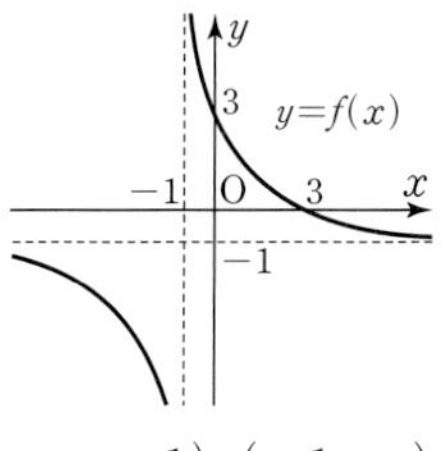

답 $(-\infty, -1), (-1, \infty)$

23 $f(x)=\sqrt{x-2}$에 대하여 함수 $y=f(x)$의 그래프는 그림과 같다.
함수 $f(x)$는 $x\geq2$에서 연속이므로
$[2, \infty)$

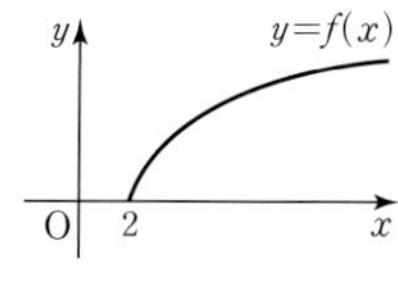

답 $[2, \infty)$

24 두 함수 $y=x+1$, $y=x-3$은 실수 전체의 집합에서 연속이므로 연속함수의 성질에 의하여 함수 $f(x)=(x+1)(x-3)$은 실수 전체의 집합에서 연속이다.

답 $(-\infty, \infty)$

25 두 함수 $y=x-1$, $y=x^2+2x+1$은 실수 전체의 집합에서 연속이므로 연속함수의 성질에 의하여 함수 $f(x)=(x-1)(x^2+2x+1)$은 실수 전체의 집합에서 연속이다.

답 $(-\infty, \infty)$

26 $f(x)=\dfrac{x+2}{x-1}$는 $x=1$에서 정의되지 않으므로
함수 $f(x)=\dfrac{x+2}{x-1}$는 $x\neq1$인 실수 전체의 집합에서 연속이다.

답 $(-\infty, 1), (1, \infty)$

27 두 함수 $y=x-1$, $y=x^2+4x+5$는 실수 전체의 집합에서 연속이다.
이차방정식 $x^2+4x+5=0$의 판별식을 D라 하면 $\dfrac{D}{4}=4-5<0$이므로 함수 $y=x^2+4x+5$는 실수 전체의 집합에서 $y>0$, 즉 $y\neq0$이다.
따라서 함수 $f(x)=\dfrac{x-1}{x^2+4x+5}$은 연속함수의 성질에 의하여 실수 전체의 집합에서 연속이다.

답 $(-\infty, \infty)$

28 두 함수 $f(x)$, $g(x)$는 실수 전체의 집합에서 연속이므로 연속함수의 성질에 의하여 함수 $f(x)-2g(x)$는 실수 전체의 집합에서 연속이다.

답 $(-\infty, \infty)$

29 두 함수 $f(x)$, $h(x)$는 실수 전체의 집합에서 연속이므로 연속함수의 성질에 의하여 함수 $3f(x)+2h(x)$는 실수 전체의 집합에서 연속이다.

답 $(-\infty, \infty)$

30 두 함수 $f(x)$, $g(x)$는 실수 전체의 집합에서 연속이므로 연속함수의 성질에 의하여 함수 $f(x)g(x)$는 실수 전체의 집합에서 연속이다.

답 $(-\infty, \infty)$

31 두 함수 $g(x)$, $h(x)$는 실수 전체의 집합에서 연속이므로 연속함수의 성질에 의하여 함수 $g(x)h(x)$는 실수 전체의 집합에서 연속이다.

답 $(-\infty, \infty)$

32 $g(x)=x^2-4=0$에서

$x=-2$ 또는 $x=2$

따라서 함수 $\dfrac{f(x)}{g(x)}$는 $x\neq-2$이고 $x\neq2$인 실수 전체의 집합에서 연속이다.

답 $(-\infty,\ -2),\ (-2,\ 2),\ (2,\ \infty)$

33 $f(x)=x-2=0$에서 $x=2$

따라서 함수 $\dfrac{g(x)}{f(x)}$는 $x\neq2$인 실수 전체의 집합에서 연속이다.

답 $(-\infty,\ 2),\ (2,\ \infty)$

34 이차방정식 $x^2+2x+2=0$의 판별식을 D라 하면

$\dfrac{D}{4}=1-2<0$이므로 함수 $h(x)=x^2+2x+2$는 실수 전체의 집합에서 $h(x)>0$, 즉 $h(x)\neq0$이다.

따라서 함수 $\dfrac{f(x)}{h(x)}$는 실수 전체의 집합에서 연속이다.

답 $(-\infty,\ \infty)$

35 $g(x)=x^2-4=0$에서

$x=-2$ 또는 $x=2$

따라서 함수 $\dfrac{h(x)}{g(x)}$는 $x\neq-2$이고 $x\neq2$인 실수 전체의 집합에서 연속이다.

답 $(-\infty,\ -2),\ (-2,\ 2),\ (2,\ \infty)$

36 닫힌구간 $[0,\ 3]$에서 함수 $f(x)=\sqrt{x+1}$은 연속이므로 $f(x)$는 이 구간에서 최댓값과 최솟값을 갖는다.

함수 $f(x)$는 $x=3$일 때, 최댓값

$f(3)=\sqrt{3+1}=2$

$x=0$일 때, 최솟값

$f(0)=\sqrt{0+1}=1$

을 갖는다.

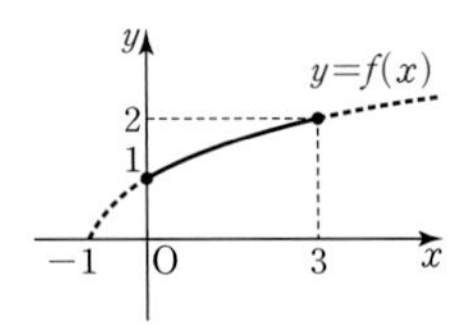

답 최댓값: 2, 최솟값: 1

37 $f(x)=x^2-4x+5=(x-2)^2+1$

함수 $f(x)$는 구간 $[3,\ 4)$에서 최댓값은 갖지 않고,

$x=3$일 때, 최솟값

$f(3)=(3-2)^2+1=2$

를 갖는다.

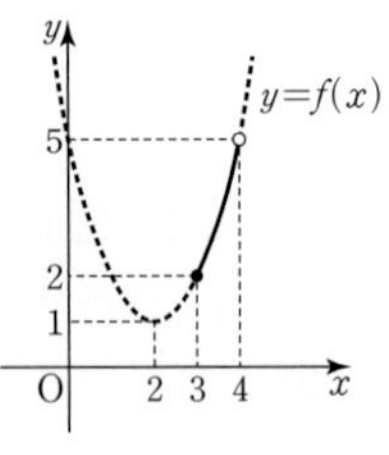

답 최솟값: 2

38 $f(x)=x^2+6x-3=(x+3)^2-12$

함수 $f(x)$는 열린구간 $(-3,\ 0)$에서 최댓값, 최솟값을 모두 갖지 않는다.

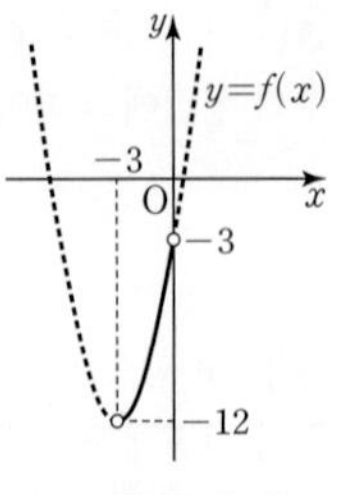

답 풀이 참조

39 $f(x)=\dfrac{3x-1}{x-1}=\dfrac{3(x-1)+2}{x-1}=\dfrac{2}{x-1}+3$

함수 $f(x)$는 닫힌구간 $[2,\ 3]$에서 연속이므로

함수 $f(x)$는 $x=2$일 때, 최댓값

$f(2)=\dfrac{2}{2-1}+3=5$

$x=3$일 때, 최솟값

$f(3)=\dfrac{2}{3-1}+3=4$

를 갖는다.

답 최댓값: 5, 최솟값: 4

40 $f(x)=\dfrac{3x}{x+1}=\dfrac{3(x+1)-3}{x+1}=-\dfrac{3}{x+1}+3$

함수 $f(x)$는 구간 $[-2,\ -1)$에서 최댓값은 갖지 않고,

$x=-2$일 때, 최솟값

$f(-2)=-\dfrac{3}{-2+1}+3=6$

을 갖는다.

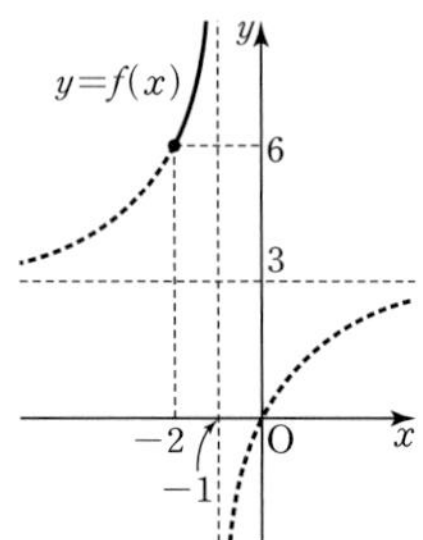

답 최솟값: 6

41 함수 $f(x)$는 닫힌구간 $[0,\ 3]$에서 연속이므로

함수 $f(x)$는 $x=0$일 때, 최댓값

$f(0)=\left(\dfrac{1}{2}\right)^0=1$

$x=3$일 때, 최솟값

$f(3)=\left(\dfrac{1}{2}\right)^3=\dfrac{1}{8}$

을 갖는다.

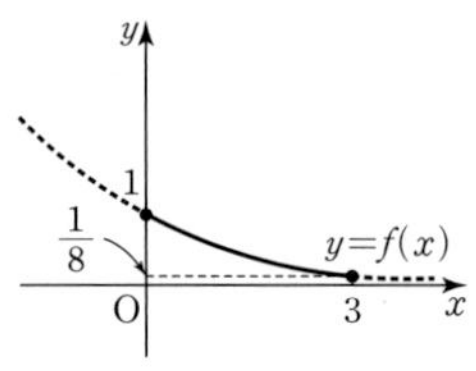

답 최댓값: 1, 최솟값: $\dfrac{1}{8}$

42 함수 $f(x)$는 구간 $(-1,\ 0]$에서

$x=0$일 때, 최댓값

$f(0)=\log(0+1)=0$

을 갖고, 최솟값은 갖지 않는다.

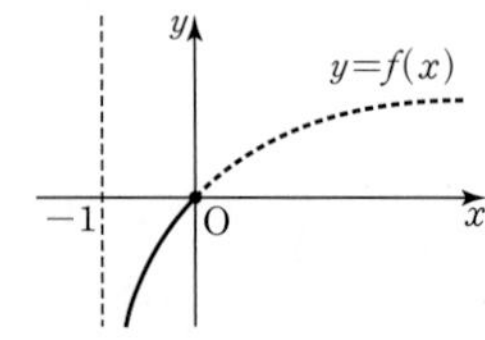

답 최댓값: 0

43 $f(x)=x^3+x^2+2$로 놓으면 함수 $f(x)$는 닫힌구간 $[-2,\ 0]$에서 연속이고

$f(-2)=-2<0,\ f(0)=2>0$

이므로 사잇값의 정리에 의하여 $f(c)=0$인 c가 열린구간 $(-2,\ 0)$에 적어도 하나 존재한다.

따라서 방정식 $x^3+x^2+2=0$은 열린구간 $(-2,\ 0)$에서 적어도 하나의 실근을 갖는다.

답 풀이 참조

44 $f(x)=2x^3+x-1$로 놓으면 함수 $f(x)$는 닫힌구간 $[0,\ 1]$에서 연속이고

$f(0)=-1<0$, $f(1)=2>0$
이므로 사잇값의 정리에 의하여 $f(c)=0$인 c가 열린구간 $(0, 1)$에 적어도 하나 존재한다.
따라서 방정식 $2x^3+x-1=0$은 열린구간 $(0, 1)$에서 적어도 하나의 실근을 갖는다.

답 풀이 참조

45 $f(x)=x^4+2x-2$로 놓으면 함수 $f(x)$는 닫힌구간 $[-1, 2]$에서 연속이고
$f(-1)=-3<0$, $f(2)=18>0$
이므로 사잇값의 정리에 의하여 $f(c)=0$인 c가 열린구간 $(-1, 2)$에 적어도 하나 존재한다.
따라서 방정식 $x^4+2x-2=0$은 열린구간 $(-1, 2)$에서 적어도 하나의 실근을 갖는다.

답 풀이 참조

46 $f(x)=x^4-3x^3+x^2-2$로 놓으면 함수 $f(x)$는 닫힌구간 $[-1, 0]$에서 연속이고
$f(-1)=3>0$, $f(0)=-2<0$
이므로 사잇값의 정리에 의하여 $f(c)=0$인 c가 열린구간 $(-1, 0)$에 적어도 하나 존재한다.
따라서 방정식 $x^4-3x^3+x^2-2=0$은 열린구간 $(-1, 0)$에서 적어도 하나의 실근을 갖는다.

답 풀이 참조

유형 완성하기

본문 24~30쪽

01 ②	02 ⑤	03 ④	04 ③	05 ②
06 ⑤	07 ②	08 ②	09 ①	10 ④
11 ②	12 ⑤	13 ③	14 ①	15 ①
16 ⑤	17 ③	18 6	19 ②	20 ④
21 ②	22 ⑤	23 ③	24 7	25 ③
26 34	27 ④	28 ②	29 ①	30 ②
31 ③	32 ②	33 ④	34 ③	35 50
36 ①	37 3	38 2	39 ③	40 ②
41 3	42 2			

01 함수 $f(x)$가 $x=1$에서 연속이므로
$\lim_{x\to1-} f(x)=\lim_{x\to1+} f(x)=f(1)$이어야 한다.
$\lim_{x\to1-} f(x)=\lim_{x\to1-} 2x^2=2$
$\lim_{x\to1+} f(x)=\lim_{x\to1+} (3x+a)=3+a$
$f(1)=3+a$
이므로 $2=3+a$
$a=-1$

답 ②

02 함수 $f(x)$가 $x=a$에서 연속이므로
$\lim_{x\to a-} f(x)=\lim_{x\to a+} f(x)=f(a)$이어야 한다.
$\lim_{x\to a-} f(x)=\lim_{x\to a-} (x-1)=a-1$
$\lim_{x\to a+} f(x)=\lim_{x\to a+} (2x-3)=2a-3$
$f(a)=2a-3$
이므로 $a-1=2a-3$
$a=2$

답 ⑤

03 함수 $f(x)$가 $x=2$에서 연속이므로
$\lim_{x\to2} f(x)=f(2)$이어야 한다.
$\lim_{x\to2} f(x)=\lim_{x\to2}(3x+a^2)=6+a^2$
$f(2)=7a$
이므로 $6+a^2=7a$
$a^2-7a+6=0$, $(a-1)(a-6)=0$
$a=1$ 또는 $a=6$
따라서 모든 실수 a의 값의 합은
$1+6=7$

답 ④

04 함수 $f(x)$가 $x=a$에서 연속이므로
$\lim_{x\to a} f(x)=f(a)$이어야 한다.
$\lim_{x\to a} f(x)=\lim_{x\to a}(-3x^2+2x-3a)=-3a^2-a$
$f(a)=a-1$
이므로 $-3a^2-a=a-1$
$3a^2+2a-1=0$, $(a+1)(3a-1)=0$
$a=-1$ 또는 $a=\frac{1}{3}$
따라서 모든 실수 a의 값의 곱은
$-1\times\frac{1}{3}=-\frac{1}{3}$

답 ③

05 함수 $f(x)$가 $x=a$에서 연속이므로
$\lim_{x\to a-} f(x)=\lim_{x\to a+} f(x)=f(a)$이어야 한다.
$\lim_{x\to a-} f(x)=\lim_{x\to a-} (5x+6)=5a+6$
$\lim_{x\to a+} f(x)=\lim_{x\to a+} (x^3-2a)=a^3-2a$
$f(a)=a^3-2a$
이므로 $5a+6=a^3-2a$
$a^3-7a-6=0$, $(a+2)(a+1)(a-3)=0$
$a=-2$ 또는 $a=-1$ 또는 $a=3$
따라서 실수 a의 최솟값은 -2이다.

답 ②

06 함수 $f(x)$가 $x=a$에서 연속이려면
$\lim_{x\to a-} f(x)=\lim_{x\to a+} f(x)=f(a)$이어야 한다.

$\lim_{x\to a-} f(x)=\lim_{x\to a-}(x^2+k)=a^2+k$

$\lim_{x\to a+} f(x)=\lim_{x\to a+}(6x+1)=6a+1$

$f(a)=6a+1$

이므로 $a^2+k=6a+1$

$a^2-6a+k-1=0$

이때 서로 다른 실수 a의 개수가 2이므로 a에 대한 이차방정식

$a^2-6a+k-1=0$의 판별식을 D라 하면

$\frac{D}{4}=9-(k-1)=10-k>0$

$k<10$

따라서 자연수 k는 1, 2, 3, ⋯, 9이므로 그 개수는 9이다.

답 ⑤

07 함수 $f(x)$가 $x=2$에서 연속이므로

$\lim_{x\to 2} f(x)=f(2)$이어야 한다.

$\lim_{x\to 2} f(x)=\lim_{x\to 2}\frac{x^2+x+a}{x-2}$ ⋯⋯ ㉠

㉠에서 극한값이 존재하고 $x\to 2$일 때 (분모) $\to 0$이므로 (분자) $\to 0$ 이어야 한다.

즉, $\lim_{x\to 2}(x^2+x+a)=4+2+a=6+a=0$에서

$a=-6$

㉠에 대입하면

$\lim_{x\to 2} f(x)=\lim_{x\to 2}\frac{x^2+x-6}{x-2}=\lim_{x\to 2}\frac{(x-2)(x+3)}{x-2}$

$=\lim_{x\to 2}(x+3)=5$

또 $f(2)=b$이므로 $b=5$

따라서 $a+b=(-6)+5=-1$

답 ②

08 함수 $f(x)$가 $x=-2$에서 연속이므로

$\lim_{x\to -2} f(x)=f(-2)$이어야 한다.

$\lim_{x\to -2} f(x)=\lim_{x\to -2}\frac{\sqrt{x+6}+a}{x+2}$ ⋯⋯ ㉠

㉠에서 극한값이 존재하고 $x\to -2$일 때 (분모) $\to 0$이므로 (분자) $\to 0$이어야 한다.

즉, $\lim_{x\to -2}(\sqrt{x+6}+a)=2+a=0$에서

$a=-2$

㉠에 대입하면

$\lim_{x\to -2} f(x)=\lim_{x\to -2}\frac{\sqrt{x+6}-2}{x+2}$

$=\lim_{x\to -2}\frac{(\sqrt{x+6}-2)(\sqrt{x+6}+2)}{(x+2)(\sqrt{x+6}+2)}$

$=\lim_{x\to -2}\frac{(x+6)-4}{(x+2)(\sqrt{x+6}+2)}$

$=\lim_{x\to -2}\frac{x+2}{(x+2)(\sqrt{x+6}+2)}$

$=\lim_{x\to -2}\frac{1}{\sqrt{x+6}+2}$

$=\frac{1}{4}$

또 $f(-2)=b$이므로 $b=\frac{1}{4}$

따라서 $ab=-2\times\frac{1}{4}=-\frac{1}{2}$

답 ②

09 함수 $f(x)$가 $x=-1$에서 연속이므로

$\lim_{x\to -1} f(x)=f(-1)$이어야 한다.

$\lim_{x\to -1} f(x)=\lim_{x\to -1}\frac{x^2+ax+b}{x+1}$ ⋯⋯ ㉠

㉠에서 극한값이 존재하고 $x\to -1$일 때 (분모) $\to 0$이므로 (분자) $\to 0$이어야 한다.

즉, $\lim_{x\to -1}(x^2+ax+b)=1-a+b=0$에서

$b=a-1$

㉠에 대입하면

$\lim_{x\to -1} f(x)=\lim_{x\to -1}\frac{x^2+ax+a-1}{x+1}$

$=\lim_{x\to -1}\frac{(x+1)(x-1+a)}{x+1}$

$=\lim_{x\to -1}(x-1+a)=-2+a$

또 $f(-1)=1$이므로

$-2+a=1$, $a=3$

$b=2$

따라서 $a^2+b^2=9+4=13$

답 ①

10 함수 $f(x)$가 $x=a$에서 연속이므로

$\lim_{x\to a-} f(x)=\lim_{x\to a+} f(x)=f(a)$이어야 한다.

$\lim_{x\to a-} f(x)=\lim_{x\to a-}(x-b)=a-b$

$\lim_{x\to a+} f(x)=\lim_{x\to a+}\frac{\sqrt{x+3}-2a}{x-a}$ ⋯⋯ ㉠

㉠에서 극한값이 존재하고 $x\to a+$일 때 (분모) $\to 0$이므로 (분자) $\to 0$이어야 한다.

즉, $\lim_{x\to a+}(\sqrt{x+3}-2a)=\sqrt{a+3}-2a=0$에서

$\sqrt{a+3}=2a$

양변을 제곱하면

$a+3=(2a)^2$

$4a^2-a-3=0$, $(a-1)(4a+3)=0$

$a>0$이므로 $a=1$

㉠에 대입하면

$\lim_{x\to 1+} f(x)=\lim_{x\to 1+}\frac{\sqrt{x+3}-2}{x-1}$

$=\lim_{x\to 1+}\frac{(\sqrt{x+3}-2)(\sqrt{x+3}+2)}{(x-1)(\sqrt{x+3}+2)}$

$=\lim_{x\to 1+}\frac{(x+3)-4}{(x-1)(\sqrt{x+3}+2)}$

$=\lim_{x\to 1+}\frac{1}{\sqrt{x+3}+2}=\frac{1}{4}$

또 $f(1)=1-b$에서 $1-b=\frac{1}{4}$, $b=\frac{3}{4}$

따라서 $a+b=1+\frac{3}{4}=\frac{7}{4}$

답 ④

11 함수 $f(x)$가 $x=-1$에서 연속이므로
$\lim_{x\to-1} f(x)=f(-1)$이어야 한다.
$x\neq-1$일 때, $(x+1)f(x)=x^2-2x+a$에서
$f(x)=\frac{x^2-2x+a}{x+1}$이므로
$f(-1)=\lim_{x\to-1}\frac{x^2-2x+a}{x+1}$ …… ㉠
㉠에서 극한값이 존재하고 $x\to-1$일 때 (분모)$\to0$이므로
(분자)$\to0$이어야 한다.
즉, $\lim_{x\to-1}(x^2-2x+a)=1+2+a=0$에서
$a=-3$
㉠에서
$$f(-1)=\lim_{x\to-1}\frac{x^2-2x-3}{x+1}=\lim_{x\to-1}\frac{(x+1)(x-3)}{x+1}$$
$$=\lim_{x\to-1}(x-3)=-4$$
답 ②

12 함수 $f(x)$가 $x=a$에서 연속이므로
$\lim_{x\to a} f(x)=f(a)$이어야 한다.
$x\neq a$일 때, $(x-a)f(x)=(x+a)(\sqrt{x^2+3a^2}+b)$에서
$f(x)=\frac{(x+a)(\sqrt{x^2+3a^2}+b)}{x-a}$이므로
$f(a)=\lim_{x\to a}\frac{(x+a)(\sqrt{x^2+3a^2}+b)}{x-a}$ …… ㉠
㉠에서 극한값이 존재하고 $x\to a$일 때 (분모)$\to0$이므로 (분자)$\to0$이어야 한다.
즉, $\lim_{x\to a}(x+a)(\sqrt{x^2+3a^2}+b)=2a(2a+b)=0$에서
$a=0$ 또는 $b=-2a$
그런데 $a>0$이므로 $b=-2a$
㉠에서
$$f(a)=\lim_{x\to a}\frac{(x+a)(\sqrt{x^2+3a^2}-2a)}{x-a}$$
$$=\lim_{x\to a}\frac{(x+a)(\sqrt{x^2+3a^2}-2a)(\sqrt{x^2+3a^2}+2a)}{(x-a)(\sqrt{x^2+3a^2}+2a)}$$
$$=\lim_{x\to a}\frac{(x+a)\{(x^2+3a^2)-4a^2\}}{(x-a)(\sqrt{x^2+3a^2}+2a)}$$
$$=\lim_{x\to a}\frac{(x+a)(x^2-a^2)}{(x-a)(\sqrt{x^2+3a^2}+2a)}$$
$$=\lim_{x\to a}\frac{(x+a)^2(x-a)}{(x-a)(\sqrt{x^2+3a^2}+2a)}$$
$$=\lim_{x\to a}\frac{(x+a)^2}{\sqrt{x^2+3a^2}+2a}$$
$$=a$$
$f(a)=3$이므로 $a=3$이고, $b=-6$
따라서 $a-b=3-(-6)=9$
답 ⑤

13 함수 $y=x^3+ax$는 구간 $(-\infty, 1)$에서 연속이고,
함수 $y=4x^2-a$는 구간 $[1, \infty)$에서 연속이므로 함수 $f(x)$가 구간 $(-\infty, \infty)$에서 연속이려면 $x=1$에서 연속이어야 한다.
즉, $\lim_{x\to1-} f(x)=\lim_{x\to1+} f(x)=f(1)$이어야 한다.
$\lim_{x\to1-} f(x)=\lim_{x\to1-}(x^3+ax)=1+a$
$\lim_{x\to1+} f(x)=\lim_{x\to1+}(4x^2-a)=4-a$
$f(1)=4-a$
이므로 $1+a=4-a$, $2a=3$
$a=\frac{3}{2}$
답 ③

14 함수 $y=x^2+a$는 구간 $(-\infty, a)$에서 연속이고,
함수 $y=-2x+4$는 구간 $[a, \infty)$에서 연속이므로 함수 $f(x)$가 실수 전체의 집합에서 연속이려면 $x=a$에서 연속이어야 한다.
즉, $\lim_{x\to a-} f(x)=\lim_{x\to a+} f(x)=f(a)$이어야 한다.
$\lim_{x\to a-} f(x)=\lim_{x\to a-}(x^2+a)=a^2+a$
$\lim_{x\to a+} f(x)=\lim_{x\to a+}(-2x+4)=-2a+4$
$f(a)=-2a+4$
이므로 $a^2+a=-2a+4$
$a^2+3a-4=0$, $(a+4)(a-1)=0$
$a>0$이므로 $a=1$
답 ①

15 함수 $y=-x+a$는 구간 $(-\infty, 0)$에서 연속이고,
함수 $y=4x^2-4x+2$는 구간 $[0, 1)$에서 연속,
함수 $y=bx+4$는 구간 $[1, \infty)$에서 연속이므로 함수 $f(x)$가 실수 전체의 집합에서 연속이려면 $x=0$, $x=1$에서 연속이어야 한다.
$\lim_{x\to0-} f(x)=\lim_{x\to0+} f(x)=f(0)$이어야 하므로
$\lim_{x\to0-} f(x)=\lim_{x\to0-}(-x+a)=a$
$\lim_{x\to0+} f(x)=\lim_{x\to0+}(4x^2-4x+2)=2$
$f(0)=2$
에서 $a=2$
$\lim_{x\to1-} f(x)=\lim_{x\to1+} f(x)=f(1)$이어야 하므로
$\lim_{x\to1-} f(x)=\lim_{x\to1-}(4x^2-4x+2)=2$
$\lim_{x\to1+} f(x)=\lim_{x\to1+}(bx+4)=b+4$
$f(1)=b+4$
에서 $b+4=2$, $b=-2$
따라서 $ab=2\times(-2)=-4$
답 ①

16 다항함수 $f(x)$는 실수 전체의 집합에서 연속이므로 $x=-1$에서 연속이다.
즉, $\lim_{x\to-1} f(x)=f(-1)$이므로
$$\lim_{x\to-1}\frac{f(x)(x+1)}{\sqrt{x+5}-2}$$
$$=\lim_{x\to-1} f(x)\times\lim_{x\to-1}\frac{x+1}{\sqrt{x+5}-2}$$
$$=f(-1)\times\lim_{x\to-1}\frac{(x+1)(\sqrt{x+5}+2)}{(\sqrt{x+5}-2)(\sqrt{x+5}+2)}$$

$=f(-1)\times\lim_{x\to-1}\frac{(x+1)(\sqrt{x+5}+2)}{(x+5)-4}$

$=f(-1)\times\lim_{x\to-1}\frac{(x+1)(\sqrt{x+5}+2)}{x+1}$

$=f(-1)\times\lim_{x\to-1}(\sqrt{x+5}+2)$

$=f(-1)\times4=20$

에서

$f(-1)=5$

답 ⑤

17 두 다항함수 $f(x)$, $g(x)$는 실수 전체의 집합에서 연속이므로 $x=1$에서 연속이다.

즉, $\lim_{x\to1}f(x)=f(1)$, $\lim_{x\to1}g(x)=g(1)$

$\lim_{x\to1}\{f(x)+g(x)\}=3$에서

$\lim_{x\to1}f(x)+\lim_{x\to1}g(x)=f(1)+g(1)=3$

$\lim_{x\to1}f(x)g(x)=2$에서

$\lim_{x\to1}f(x)\times\lim_{x\to1}g(x)=f(1)\times g(1)=2$

따라서

$\{f(1)\}^2+\{g(1)\}^2=\{f(1)+g(1)\}^2-2\times f(1)\times g(1)$

$=3^2-2\times2$

$=5$

답 ③

18 다항함수 $f(x)$는 실수 전체의 집합에서 연속이므로 $x=-3$에서 연속이다.

즉, $\lim_{x\to-3-}f(x)=\lim_{x\to-3+}f(x)=f(-3)$

한편, 함수 $g(x)$가 구간 $(-\infty,\ \infty)$에서 연속이므로 $x=-3$에서 연속이다.

즉, $\lim_{x\to-3-}g(x)=\lim_{x\to-3+}g(x)=g(-3)$이어야 한다.

$\lim_{x\to-3-}g(x)=\lim_{x\to-3-}\{x^2+x-f(x)\}$

$=\lim_{x\to-3-}(x^2+x)-\lim_{x\to-3-}f(x)$

$=6-f(-3)$

$\lim_{x\to-3+}g(x)=\lim_{x\to-3+}\{2x+f(x)\}$

$=\lim_{x\to-3+}2x+\lim_{x\to-3+}f(x)$

$=-6+f(-3)$

$g(-3)=-6+f(-3)$

이므로 $6-f(-3)=-6+f(-3)$

$2f(-3)=12$, $f(-3)=6$

답 6

19 함수 $f(x)$는 구간 $(-\infty,\ \infty)$에서 연속이고, 함수 $y=x-2$는 구간 $(-\infty,\ 1)$에서 연속, 함수 $y=2x+3$은 구간 $[1,\ \infty)$에서 연속이므로 함수 $g(x)$는 구간 $(-\infty,\ 1)$, $[1,\ \infty)$에서 연속이다.

그러므로 함수 $f(x)g(x)$는 구간 $(-\infty,\ 1)$, $[1,\ \infty)$에서 연속이다.

이때 함수 $f(x)g(x)$가 구간 $(-\infty,\ \infty)$에서 연속이려면 $x=1$에서 연속이어야 한다.

즉, $\lim_{x\to1-}f(x)g(x)=\lim_{x\to1+}f(x)g(x)=f(1)g(1)$이어야 하므로

$\lim_{x\to1-}f(x)g(x)=\lim_{x\to1-}f(x)\times\lim_{x\to1-}g(x)$

$=(4+a)\times(-1)=-4-a$

$\lim_{x\to1+}f(x)g(x)=\lim_{x\to1+}f(x)\times\lim_{x\to1+}g(x)$

$=(4+a)\times5=20+5a$

$f(1)g(1)=(4+a)\times5=20+5a$

에서 $-4-a=20+5a$

$6a=-24$, $a=-4$

답 ②

20 함수 $f(x)$는 구간 $(-\infty,\ -1)$, $[-1,\ \infty)$에서 연속이고, 함수 $g(x)$는 구간 $(-\infty,\ \infty)$에서 연속이다.

그러므로 함수 $f(x)g(x)$는 구간 $(-\infty,\ -1)$, $[-1,\ \infty)$에서 연속이다.

이때 함수 $f(x)g(x)$가 구간 $(-\infty,\ \infty)$에서 연속이려면 $x=-1$에서 연속이어야 한다.

즉, $\lim_{x\to-1-}f(x)g(x)=\lim_{x\to-1+}f(x)g(x)=f(-1)g(-1)$이어야 하므로

$\lim_{x\to-1-}f(x)g(x)=\lim_{x\to-1-}f(x)\times\lim_{x\to-1-}g(x)$

$=1\times(-1+a)=-1+a$

$\lim_{x\to-1+}f(x)g(x)=\lim_{x\to-1+}f(x)\times\lim_{x\to-1+}g(x)$

$=(-1)\times(-1+a)=1-a$

$f(-1)g(-1)=(-1)\times(-1+a)=1-a$

에서 $-1+a=1-a$

$a=1$

답 ④

21 함수 $f(x)$는 실수 전체의 집합에서 연속이고, 함수 $g(x)$는 $x=2$를 제외한 실수 전체의 집합에서 연속이다.

이때 함수 $f(x)g(x)$가 실수 전체의 집합에서 연속이려면 $x=2$에서 연속이어야 한다.

즉, $\lim_{x\to2}f(x)g(x)=f(2)g(2)$이어야 하므로

$\lim_{x\to2}f(x)g(x)=\lim_{x\to2}f(x)\times\lim_{x\to2}g(x)$

$=\lim_{x\to2}f(x)\times3=3(2+a)$

$f(2)g(2)=(2+a)\times1=a+2$

에서 $3(2+a)=a+2$, $a=-2$

따라서 $f(x)=x-2$에서

$f(1)=1-2=-1$

답 ②

22 곡선 $y=x^2$과 직선 $y=2x+t$가 만나는 점의 개수는 x에 대한 방정식 $x^2=2x+t$, 즉 $x^2-2x-t=0$의 서로 다른 실근의 개수이다.

이차방정식 $x^2-2x-t=0$의 판별식을 D라 하면

$\frac{D}{4}=1+t$

$1+t<0$일 때, $f(t)=0$
$1+t=0$일 때, $f(t)=1$
$1+t>0$일 때, $f(t)=2$

그러므로 $f(x)=\begin{cases} 0 & (x<-1) \\ 1 & (x=-1) \\ 2 & (x>-1) \end{cases}$

함수 $f(x)$는 $x=-1$을 제외한 실수 전체의 집합에서 연속이고, 함수 $g(x)=2x+a$는 실수 전체의 집합에서 연속이므로 함수 $f(x)g(x)$는 $x=-1$을 제외한 실수 전체의 집합에서 연속이다.
이때 함수 $f(x)g(x)$가 실수 전체의 집합에서 연속이려면 $x=-1$에서 연속이어야 한다.
즉, $\lim_{x\to-1-} f(x)g(x)=\lim_{x\to-1+} f(x)g(x)=f(-1)g(-1)$이어야 하므로

$\lim_{x\to-1-} f(x)g(x)=\lim_{x\to-1-} f(x)\times\lim_{x\to-1-} g(x)$
$=0\times g(-1)=0$

$\lim_{x\to-1+} f(x)g(x)=\lim_{x\to-1+} f(x)\times\lim_{x\to-1+} g(x)$
$=2g(-1)$

$f(-1)g(-1)=g(-1)$
에서 $0=2g(-1)=g(-1)$, 즉 $g(-1)=0$
따라서 $g(-1)=-2+a=0$에서
$a=2$

답 ⑤

23 함수 $f(x)$는 실수 전체의 집합에서 연속이고, 함수 $g(x)$는 $x=-1$, $x=1$을 제외한 실수 전체의 집합에서 연속이다.
이때 함수 $f(x)g(x)$가 실수 전체의 집합에서 연속이려면 $x=-1$, $x=1$에서 연속이어야 한다.
즉, $\lim_{x\to-1-} f(x)g(x)=\lim_{x\to-1+} f(x)g(x)=f(-1)g(-1)$이어야 하므로

$\lim_{x\to-1-} f(x)g(x)=\lim_{x\to-1-} f(x)\times\lim_{x\to-1-} g(x)$
$=\lim_{x\to-1-}(x^2+ax+b)\times2$
$=2(1-a+b)$

$\lim_{x\to-1+} f(x)g(x)=\lim_{x\to-1+} f(x)\times\lim_{x\to-1+} g(x)$
$=\lim_{x\to-1+}(x^2+ax+b)\times(-1)$
$=-(1-a+b)$

$f(-1)g(-1)=(1-a+b)\times2=2(1-a+b)$
에서 $2(1-a+b)=-(1-a+b)$
$3(1-a+b)=0$
$-a+b=-1$ ······ ㉠
또한 $\lim_{x\to1-} f(x)g(x)=\lim_{x\to1+} f(x)g(x)=f(1)g(1)$이어야 하므로

$\lim_{x\to1-} f(x)g(x)=\lim_{x\to1-} f(x)\times\lim_{x\to1-} g(x)$
$=\lim_{x\to1-}(x^2+ax+b)\times(-1)$
$=-(1+a+b)$

$\lim_{x\to1+} f(x)g(x)=\lim_{x\to1+} f(x)\times\lim_{x\to1+} g(x)$
$=\lim_{x\to1+}(x^2+ax+b)\times2$
$=2(1+a+b)$

$f(1)g(1)=(1+a+b)\times(-1)=-(1+a+b)$
에서 $-(1+a+b)=2(1+a+b)$
$3(1+a+b)=0$
$a+b=-1$ ······ ㉡
㉠, ㉡을 연립하여 풀면 $a=0$, $b=-1$
따라서 $f(x)=x^2-1$이므로
$f(2)=4-1=3$

답 ③

24

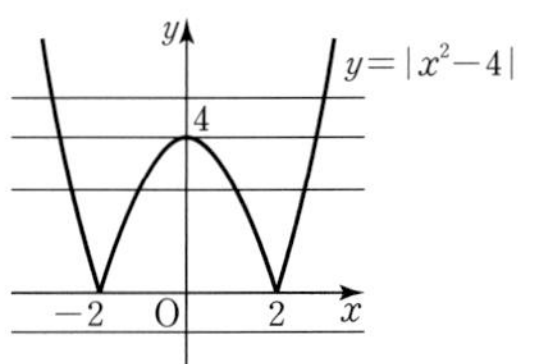

$f(t)=\begin{cases} 0 & (t<0) \\ 2 & (t=0) \\ 4 & (0<t<4) \\ 3 & (t=4) \\ 2 & (t>4) \end{cases}$에서 함수 $f(x)$는 $x=0$, $x=4$를 제외한 실수 전체의 집합에서 연속이고, 함수 $g(x)$는 실수 전체의 집합에서 연속이다.
이때 함수 $f(x)g(x)$가 실수 전체의 집합에서 연속이려면 $x=0$, $x=4$에서 연속이어야 한다.
즉, $\lim_{x\to0-} f(x)g(x)=\lim_{x\to0+} f(x)g(x)=f(0)g(0)$이어야 하므로

$\lim_{x\to0-} f(x)g(x)=\lim_{x\to0-} f(x)\times\lim_{x\to0-} g(x)$
$=0\times g(0)=0$

$\lim_{x\to0+} f(x)g(x)=\lim_{x\to0+} f(x)\times\lim_{x\to0+} g(x)$
$=4g(0)$

$f(0)g(0)=2g(0)$
에서 $0=4g(0)=2g(0)$, 즉 $g(0)=0$ ······ ㉠
또한 $\lim_{x\to4-} f(x)g(x)=\lim_{x\to4+} f(x)g(x)=f(4)g(4)$이어야 하므로

$\lim_{x\to4-} f(x)g(x)=\lim_{x\to4-} f(x)\times\lim_{x\to4-} g(x)$
$=4g(4)$

$\lim_{x\to4+} f(x)g(x)=\lim_{x\to4+} f(x)\times\lim_{x\to4+} g(x)$
$=2g(4)$

$f(4)g(4)=3g(4)$
에서 $4g(4)=2g(4)=3g(4)$, 즉 $g(4)=0$ ······ ㉡
㉠, ㉡에서 최고차항의 계수가 1인 이차함수 $g(x)$는
$g(x)=x(x-4)$
이므로 $g(5)=5$
따라서 $f(5)+g(5)=2+5=7$

답 7

25 함수 $f(x)$는 구간 $(-\infty, 1)$, $[1, \infty)$에서 연속이고, 함수 $g(x)$는 a의 값에 관계없이 구간 $(-\infty, 1)$, $[1, \infty)$에서 연속이므로 함수 $f(x)g(x)$는 구간 $(-\infty, 1)$, $[1, \infty)$에서 연속이다.
이때 함수 $f(x)g(x)$가 실수 전체의 집합에서 연속이려면 $x=1$에서 연속이어야 하므로

$\lim_{x\to1-} f(x)g(x)=\lim_{x\to1+} f(x)g(x)=f(1)g(1)$이어야 한다.

$$\lim_{x\to1-} f(x)g(x)=\lim_{x\to1-}\frac{x^2-1}{x-1}=\lim_{x\to1-}\frac{(x-1)(x+1)}{x-1}=\lim_{x\to1-}(x+1)=2$$

$$\lim_{x\to1+} f(x)g(x)=\lim_{x\to1+}(2x-3)(x^2+a)=-(1+a)$$

$f(1)g(1)=-(1+a)$

이므로 $2=-(1+a)$

$a=-3$

답 ③

26 함수 $f(x)$는 구간 $(-\infty, 4]$, $(4, \infty)$에서 연속이고, 함수 $g(x)$는 a, b의 값에 관계없이 구간 $(-\infty, 4]$, $(4, \infty)$에서 연속이므로 함수 $f(x)g(x)$는 구간 $(-\infty, 4]$, $(4, \infty)$에서 연속이다.

이때 함수 $f(x)g(x)$가 실수 전체의 집합에서 연속이려면 $x=4$에서 연속이어야 하므로

$\lim_{x\to4-} f(x)g(x)=\lim_{x\to4+} f(x)g(x)=f(4)g(4)$이어야 한다.

$$\lim_{x\to4-} f(x)g(x)=\lim_{x\to4-}\frac{x^2+a}{x-8}=-\frac{16+a}{4}$$

$$\lim_{x\to4+} f(x)g(x)=\lim_{x\to4+}\frac{\sqrt{x}+b}{x-4} \quad \cdots\cdots ㉠$$

㉠에서 극한값이 존재하고 $x\to4+$일 때 (분모)$\to0$이므로 (분자)$\to0$이어야 한다.

즉, $\lim_{x\to4+}(\sqrt{x}+b)=2+b=0$에서

$b=-2$

㉠에 대입하면

$$\lim_{x\to4+} f(x)g(x)=\lim_{x\to4+}\frac{\sqrt{x}-2}{x-4}=\lim_{x\to4+}\frac{(\sqrt{x}-2)(\sqrt{x}+2)}{(x-4)(\sqrt{x}+2)}=\lim_{x\to4+}\frac{x-4}{(x-4)(\sqrt{x}+2)}=\lim_{x\to4+}\frac{1}{\sqrt{x}+2}=\frac{1}{4}$$

$f(4)g(4)=-\frac{16+a}{4}$

즉, $\frac{1}{4}=-\frac{16+a}{4}$에서

$a=-17$

따라서 $ab=(-17)\times(-2)=34$

답 34

27 함수 $f(x)$는 a의 값에 관계없이 구간 $(-\infty, 0)$, $[0, \infty)$에서 연속이고, 함수 $g(x)$는 b의 값에 관계없이 구간 $(-\infty, 1)$, $[1, \infty)$에서 연속이므로 함수 $f(x)g(x)$는 구간 $(-\infty, 0)$, $[0, 1)$, $[1, \infty)$에서 연속이다.

이때 함수 $f(x)g(x)$가 실수 전체의 집합에서 연속이려면 $x=0$, $x=1$에서 연속이어야 한다.

즉, $\lim_{x\to0-} f(x)g(x)=\lim_{x\to0+} f(x)g(x)=f(0)g(0)$이어야 하므로

$$\lim_{x\to0-} f(x)g(x)=\lim_{x\to0-} f(x)\times\lim_{x\to0-} g(x)=\lim_{x\to0-}(x-1)\times(0+3)=-3$$

$$\lim_{x\to0+} f(x)g(x)=\lim_{x\to0+} f(x)\times\lim_{x\to0+} g(x)=\lim_{x\to0+}(2x+a)\times(0+3)=3a$$

$f(0)g(0)=3a$

에서 $-3=3a$, $a=-1$

또한 $\lim_{x\to1-} f(x)g(x)=\lim_{x\to1+} f(x)g(x)=f(1)g(1)$이어야 하므로

$$\lim_{x\to1-} f(x)g(x)=\lim_{x\to1-} f(x)\times\lim_{x\to1-} g(x)=1\times\lim_{x\to1-}(bx+3)=b+3$$

$$\lim_{x\to1+} f(x)g(x)=\lim_{x\to1+} f(x)\times\lim_{x\to1+} g(x)=1\times\lim_{x\to1+}(x^2+x)=2$$

$f(1)g(1)=2$

에서 $b+3=2$, $b=-1$

따라서 $a+b=-1+(-1)=-2$

답 ④

28 함수 $f(x)$가 $x=0$을 제외한 실수 전체의 집합에서 연속이므로 함수 $f(x)+k$도 $x=0$을 제외한 실수 전체의 집합에서 연속이고, 함수 $\{f(x)+k\}^2$도 $x=0$을 제외한 실수 전체의 집합에서 연속이다.

이때 함수 $\{f(x)+k\}^2$이 실수 전체의 집합에서 연속이려면 $x=0$에서 연속이어야 한다.

즉, $\lim_{x\to0-}\{f(x)+k\}^2=\lim_{x\to0+}\{f(x)+k\}^2=\{f(0)+k\}^2$이어야 하므로

$\lim_{x\to0-}\{f(x)+k\}^2=(3+k)^2$

$\lim_{x\to0+}\{f(x)+k\}^2=(-1+k)^2$

$\{f(0)+k\}^2=(-1+k)^2$

에서 $(3+k)^2=(-1+k)^2$

$9+6k+k^2=1-2k+k^2$, $8k=-8$

$k=-1$

답 ②

29 $f(x)=\begin{cases} 2x-1 & (x<1) \\ 4x+a & (x\ge1) \end{cases}$이므로

$$f\left(\frac{x}{2}\right)=\begin{cases} x-1 & \left(\frac{x}{2}<1\right) \\ 2x+a & \left(\frac{x}{2}\ge1\right) \end{cases}$$

즉, $f\left(\frac{x}{2}\right)=\begin{cases} x-1 & (x<2) \\ 2x+a & (x\ge2) \end{cases}$

함수 $f\left(\frac{x}{2}\right)$는 a의 값에 관계없이 구간 $(-\infty, 2)$, $[2, \infty)$에서 연속이고 함수 $g(x)$는 a의 값에 관계없이 구간 $(-\infty, 2)$, $[2, \infty)$에서 연속이므로 함수 $f\left(\frac{x}{2}\right)g(x)$는 구간 $(-\infty, 2)$, $[2, \infty)$에서 연속이다.

이때 함수 $f\left(\frac{x}{2}\right)g(x)$가 실수 전체의 집합에서 연속이려면 $x=2$에서 연속이어야 한다.

즉, $\lim_{x \to 2-} f\left(\frac{x}{2}\right)g(x)=\lim_{x \to 2+} f\left(\frac{x}{2}\right)g(x)=f(1)g(2)$이어야 하므로

$$\lim_{x \to 2-} f\left(\frac{x}{2}\right)g(x)=\lim_{x \to 2-} f\left(\frac{x}{2}\right)\times \lim_{x \to 2-} g(x)$$
$$=\lim_{x \to 2-}(x-1)\times \lim_{x \to 2-}(x^2-2a)$$
$$=4-2a$$

$$\lim_{x \to 2+} f\left(\frac{x}{2}\right)g(x)=\lim_{x \to 2+} f\left(\frac{x}{2}\right)\times \lim_{x \to 2+} g(x)$$
$$=\lim_{x \to 2+}(2x+a)\times \lim_{x \to 2+}(-x^2+x+a)$$
$$=(4+a)(-2+a)$$

$f(1)g(2)=(4+a)(-2+a)$

에서 $4-2a=(4+a)(-2+a)$

$a^2+4a-12=0$, $(a+6)(a-2)=0$

$a=-6$ 또는 $a=2$

따라서 모든 실수 a의 값의 합은

$-6+2=-4$

답 ①

30 함수 $f(x)$는 a의 값에 관계없이 구간 $(-\infty, a)$, $[a, \infty)$에서 연속이므로 함수 $|f(x)|$는 구간 $(-\infty, a)$, $[a, \infty)$에서 연속이다.

이때 함수 $|f(x)|$가 실수 전체의 집합에서 연속이려면 $x=a$에서 연속이어야 한다.

즉, $\lim_{x \to a-}|f(x)|=\lim_{x \to a+}|f(x)|=|f(a)|$이어야 하므로

$\lim_{x \to a-}|f(x)|=\lim_{x \to a-}|x^2-x+3|=|a^2-a+3|$

$\lim_{x \to a+}|f(x)|=\lim_{x \to a+}|4x-1|=|4a-1|$

$|f(a)|=|4a-1|$

에서 $|a^2-a+3|=|4a-1|$

(i) $a^2-a+3=4a-1$에서

$a^2-5a+4=0$, $(a-1)(a-4)=0$

$a=1$ 또는 $a=4$

(ii) $a^2-a+3=-4a+1$에서

$a^2+3a+2=0$, $(a+2)(a+1)=0$

$a=-2$ 또는 $a=-1$

(i), (ii)에서 모든 실수 a의 값의 합은

$1+4+(-2)+(-1)=2$

답 ②

31 두 다항함수 $f(x)$, $g(x)$가 실수 전체의 집합에서 연속이므로 함수 $\frac{f(x)}{g(x)}$가 실수 전체의 집합에서 연속이려면 모든 실수 x에 대하여 $g(x)\neq 0$이어야 한다.

이때 함수 $g(x)$가 최고차항의 계수가 양수인 이차함수이므로 모든 실수 x에 대하여 $g(x)>0$, 즉 $x^2-4x+a>0$이어야 한다.

이차방정식 $x^2-4x+a=0$의 판별식을 D라 하면

$\frac{D}{4}=4-a<0$에서 $a>4$

따라서 정수 a의 최솟값은 5이다.

답 ③

32 두 다항함수 $y=x^2+4$, $y=x^2+kx+9$가 실수 전체의 집합에서 연속이므로 함수 $f(x)$가 실수 전체의 집합에서 연속이려면 모든 실수 x에 대하여 $x^2+kx+9\neq 0$이어야 한다.

이때 함수 $y=x^2+kx+9$가 최고차항의 계수가 양수인 이차함수이므로 모든 실수 x에 대하여 $x^2+kx+9>0$이어야 한다.

이차방정식 $x^2+kx+9=0$의 판별식을 D라 하면

$D=k^2-36<0$에서

$(k+6)(k-6)<0$, $-6<k<6$

따라서 정수 k는 -5, -4, -3, -2, -1, 0, 1, 2, 3, 4, 5이므로 그 개수는 11이다.

답 ②

33 (i) $k=0$일 때

$f(x)=\frac{x}{kx^2+kx+1}=x$이므로 실수 전체의 집합에서 연속이다.

(ii) $k\neq 0$일 때

두 다항함수 $y=x$, $y=kx^2+kx+1$이 실수 전체의 집합에서 연속이므로 함수 $f(x)$가 실수 전체의 집합에서 연속이려면 모든 실수 x에 대하여 $kx^2+kx+1\neq 0$이어야 한다.

이때 함수 $y=kx^2+kx+1$의 그래프는 점 $(0, 1)$을 지나므로 $k>0$이어야 한다. 즉, 모든 실수 x에 대하여 $kx^2+kx+1>0$이어야 한다.

이차방정식 $kx^2+kx+1=0$의 판별식을 D라 하면

$D=k^2-4k<0$에서

$k(k-4)<0$, $0<k<4$

(i), (ii)에서 정수 k는 0, 1, 2, 3이므로 그 개수는 4이다.

답 ④

34 함수 $y=x+a$는 $x\leq -3$인 실수 x에서 연속이고

함수 $y=\frac{\sqrt{x+4}+b}{x+3}$는 $x>-3$인 실수 x에서 연속이다.

이때 함수 $f(x)$가 실수 전체의 집합에서 연속이려면 $x=-3$에서 연속이어야 한다.

즉, $\lim_{x \to -3-}f(x)=\lim_{x \to -3+}f(x)=f(-3)$이어야 한다.

$\lim_{x \to -3-}f(x)=\lim_{x \to -3-}(x+a)=-3+a$

$\lim_{x \to -3+}f(x)=\lim_{x \to -3+}\frac{\sqrt{x+4}+b}{x+3}$ ⋯⋯ ㉠

㉠에서 극한값이 존재하고 $x \to -3+$일 때 (분모)$\to 0$이므로 (분자)$\to 0$이어야 한다.

즉, $\lim_{x \to -3+}(\sqrt{x+4}+b)=1+b=0$에서

$b=-1$

㉠에 대입하면

$$\lim_{x \to -3+}f(x)=\lim_{x \to -3+}\frac{\sqrt{x+4}-1}{x+3}$$
$$=\lim_{x \to -3+}\frac{(\sqrt{x+4}-1)(\sqrt{x+4}+1)}{(x+3)(\sqrt{x+4}+1)}$$
$$=\lim_{x \to -3+}\frac{(x+4)-1}{(x+3)(\sqrt{x+4}+1)}$$
$$=\lim_{x \to -3+}\frac{x+3}{(x+3)(\sqrt{x+4}+1)}$$
$$=\lim_{x \to -3+}\frac{1}{\sqrt{x+4}+1}=\frac{1}{2}$$

$f(-3)=-3+a$

즉, $-3+a=\frac{1}{2}$에서 $a=\frac{7}{2}$

따라서 $a+b=\frac{7}{2}+(-1)=\frac{5}{2}$

답 ③

참고

$x>-3$인 실수 x에 대하여 두 함수 $y=x+3$, $y=\sqrt{x+4}+b$ (b는 상수)는 연속이고 $x+3\neq0$이다.

그러므로 함수 $y=\frac{\sqrt{x+4}+b}{x+3}$는 $x>-3$인 실수 x에서 연속이다.

35 함수 $f(x)$는 $x=1$을 제외한 실수 전체의 집합에서 연속이고 함수 $g(x)$는 a, b의 값에 관계없이 $x=1$을 제외한 실수 전체의 집합에서 연속이다.

또한 실수 전체의 집합에서 $f(x)\neq0$이므로 함수 $\frac{g(x)}{f(x)}$는 $x=1$을 제외한 실수 전체의 집합에서 연속이다.

이때 함수 $\frac{g(x)}{f(x)}$가 실수 전체의 집합에서 연속이려면 $x=1$에서 연속이어야 한다.

즉, $\lim_{x\to1-}\frac{g(x)}{f(x)}=\lim_{x\to1+}\frac{g(x)}{f(x)}=\frac{g(1)}{f(1)}$이어야 한다.

$\lim_{x\to1-}\frac{g(x)}{f(x)}=\lim_{x\to1-}\frac{x+a}{x-3}=-\frac{1+a}{2}$

$\lim_{x\to1+}\frac{g(x)}{f(x)}=\lim_{x\to1+}\frac{2x+b}{\sqrt{x+8}-3}$ ...... ㉠

㉠에서 극한값이 존재하고 $x\to1+$일 때 (분모)$\to0$이므로 (분자)$\to0$이어야 한다.

즉, $\lim_{x\to1+}(2x+b)=2+b=0$에서

$b=-2$

㉠에 대입하면

$$\begin{aligned}\lim_{x\to1+}\frac{g(x)}{f(x)}&=\lim_{x\to1+}\frac{2x-2}{\sqrt{x+8}-3}\\&=\lim_{x\to1+}\frac{(2x-2)(\sqrt{x+8}+3)}{(\sqrt{x+8}-3)(\sqrt{x+8}+3)}\\&=\lim_{x\to1+}\frac{2(x-1)(\sqrt{x+8}+3)}{(x+8)-9}\\&=\lim_{x\to1+}\frac{2(x-1)(\sqrt{x+8}+3)}{x-1}\\&=\lim_{x\to1+}2(\sqrt{x+8}+3)=12\end{aligned}$$

$\frac{g(1)}{f(1)}=-\frac{1+a}{2}$

즉, $-\frac{1+a}{2}=12$에서 $a=-25$

따라서 $ab=(-25)\times(-2)=50$

답 50

36 함수 $f(x)$는 $x=-1$을 제외한 실수 전체의 집합에서 연속이고, 함수 $g(x)$는 실수 전체의 집합에서 연속이다. 또한 실수 전체의 집합에서 $f(x)\neq0$이므로 함수 $\frac{g(x)}{f(x)}$는 $x=-1$을 제외한 실수 전체의 집합에서 연속이다.

이때 함수 $\frac{g(x)}{f(x)}$가 실수 전체의 집합에서 연속이려면 $x=-1$에서 연속이어야 한다.

즉, $\lim_{x\to-1-}\frac{g(x)}{f(x)}=\lim_{x\to-1+}\frac{g(x)}{f(x)}=\frac{g(-1)}{f(-1)}$이어야 한다.

$\lim_{x\to-1-}\frac{g(x)}{f(x)}=\lim_{x\to-1-}\frac{2x^3+ax^2+b}{2x-1}=\frac{-2+a+b}{-3}$

$\lim_{x\to-1+}\frac{g(x)}{f(x)}=\lim_{x\to-1+}\frac{2x^3+ax^2+b}{x+1}$ ...... ㉠

㉠에서 극한값이 존재하고 $x\to-1+$일 때 (분모)$\to0$이므로 (분자)$\to0$이어야 한다.

즉, $\lim_{x\to-1+}(2x^3+ax^2+b)=-2+a+b=0$에서

$b=-a+2$

㉠에 대입하면

$$\begin{aligned}\lim_{x\to-1+}\frac{g(x)}{f(x)}&=\lim_{x\to-1+}\frac{2x^3+ax^2-a+2}{x+1}\\&=\lim_{x\to-1+}\frac{(x+1)\{2x^2+(a-2)x+2-a\}}{x+1}\\&=\lim_{x\to-1+}\{2x^2+(a-2)x+2-a\}\\&=2-(a-2)+2-a=-2a+6\end{aligned}$$

$\frac{g(-1)}{f(-1)}=\frac{-2+a+b}{-3}=\frac{-2+a+(-a+2)}{-3}=0$

즉, $-2a+6=0$에서 $a=3$이고, $b=-1$

따라서 $\frac{a}{b}=-3$

답 ①

37 $f(0)=1$, $f(0)\times f(1)<0$, $f(1)\times f(2)<0$, $f(2)\times f(3)<0$, $f(3)\times f(4)>0$

에서

$f(0)=1>0$, $f(1)<0$, $f(2)>0$, $f(3)<0$, $f(4)<0$

이때 함수 $f(x)$가 닫힌구간 $[0, 4]$에서 연속이므로 사잇값의 정리에 의하여 방정식 $f(x)=0$은 구간

$(0, 1)$, $(1, 2)$, $(2, 3)$

에서 각각 적어도 하나의 실근을 갖는다.

그러므로 방정식 $f(x)=0$은 열린구간 $(0, 4)$에서 적어도 3개의 실근을 갖는다.

따라서 $n=3$

답 3

38 함수 $f(x)$가 닫힌구간 $[1, 4]$에서 연속이고

$f(1)<0$, $f(2)<0$, $f(3)>0$, $f(4)<0$

이므로 사잇값의 정리에 의하여 방정식 $f(x)=0$은 구간

$(2, 3)$, $(3, 4)$

에서 각각 적어도 하나의 실근을 갖는다.

그러므로 방정식 $f(x)=0$은 열린구간 $(1, 4)$에서 적어도 2개의 실근을 갖는다.

따라서 $n=2$

답 2

39 $f(x)=x^3+4x-20$이라 하면

함수 $f(x)$는 실수 전체의 집합에서 연속이고

$f(0)=-20<0$
$f(1)=1+4-20=-15<0$
$f(2)=8+8-20=-4<0$
$f(3)=27+12-20=19>0$
이므로 사잇값의 정리에 의하여 방정식 $f(x)=0$은 열린구간 $(2, 3)$에서 실근을 갖는다.
따라서 자연수 n의 최솟값은 3이다.

답 ③

40 함수 $f(x)=-3x^3+2x^2-9$라 하면
함수 $f(x)$는 실수 전체의 집합에서 연속이고
$f(-3)=81+18-9=90>0$
$f(-2)=24+8-9=23>0$
$f(-1)=3+2-9=-4<0$
$f(0)=-9<0$
$f(1)=-3+2-9=-10<0$
$f(2)=-24+8-9=-25<0$
이므로 사잇값의 정리에 의하여 방정식 $f(x)=0$은 열린구간 $(-2, -1)$에서 실근을 갖는다.

답 ②

41 함수 $g(x)=f(x)-x$라 하면 함수 $f(x)$가 닫힌구간 $[1, 4]$에서 연속이므로 함수 $g(x)$도 닫힌구간 $[1, 4]$에서 연속이다.
$f(1)>1$에서 $f(1)-1>0$이므로 $g(1)>0$
$f(1)+f(2)=0$에서
$f(2)=-f(1)<-1$ …… ㉠
$f(2)-2<-1-2=-3$이므로 $g(2)<0$
$f(2)+f(3)>2$에서
$f(3)>2-f(2)$
이때 ㉠에서 $f(2)<-1$이므로
$-f(2)>1$에서
$f(3)>2-f(2)>2+1=3$
즉, $f(3)-3>0$이므로 $g(3)>0$
$f(1)+f(4)<5$에서
$f(4)<5-f(1)$
이때 $f(1)>1$에서 $-f(1)<-1$이므로
$f(4)<5-f(1)<5-1=4$
즉, $f(4)-4<0$이므로 $g(4)<0$
따라서 사잇값의 정리에 의하여 방정식 $f(x)-x=0$은 열린구간 $(1, 4)$에서 적어도 3개의 실근을 갖는다. 즉, $n=3$이다.

답 3

42 두 함수 $f(x)$, $g(x)$가 닫힌구간 $[-4, -1]$에서 연속이므로 함수 $f(x)+g(x)$는 닫힌구간 $[-4, -1]$에서 연속이다.
$f(-4)>0$, $g(-4)>0$이므로
$f(-4)+g(-4)>0$
$f(-4)+f(-3)=0$에서 $f(-3)<0$이고,
$g(-3)<0$이므로
$f(-3)+g(-3)<0$
$f(-3)\times f(-2)>0$에서 $f(-3)<0$이므로 $f(-2)<0$이고,
$\frac{g(-3)}{g(-2)}>0$에서 $g(-3)<0$이므로 $g(-2)<0$
즉, $f(-2)+g(-2)<0$
$f(-2)+f(-1)=0$에서 $f(-2)<0$이므로 $f(-1)>0$이고,
$\frac{g(-2)}{g(-1)}=-1$에서 $g(-2)=-g(-1)$이고, $g(-2)<0$이므로
$g(-1)>0$
즉, $f(-1)+g(-1)>0$
따라서 사잇값의 정리에 의하여 방정식 $f(x)=-g(x)$, 즉 $f(x)+g(x)=0$은 열린구간 $(-4, -1)$에서 적어도 2개의 실근을 갖는다. 즉, $n=2$이다.

답 2

서술형 완성하기

본문 31쪽

01 1 **02** 6 **03** 18 **04** 384 **05** 3 **06** 3

01 함수 $f(x)$는 다항함수이므로 열린구간 $(-3, 3)$에서 연속이고, 함수 $g(x)$는 구간 $(-3, -1]$, $(-1, 1)$, $[1, 3)$에서 연속이다.
그러므로 연속함수의 성질에 의하여 함수 $f(x)g(x)$는 구간 $(-3, -1]$, $(-1, 1)$, $[1, 3)$에서 연속이다.
함수 $f(x)g(x)$가 $x=-1$에서만 불연속이므로 $x=1$에서는 연속이다.
(i) 함수 $f(x)g(x)$가 $x=-1$에서 불연속이므로
$\lim_{x\to-1-} f(x)g(x)=\lim_{x\to-1-} f(x)\times\lim_{x\to-1-} g(x)$
$=(2-a-a^2)\times1=2-a-a^2$
$\lim_{x\to-1+} f(x)g(x)=\lim_{x\to-1+} f(x)\times\lim_{x\to-1+} g(x)$
$=(2-a-a^2)\times(-1)=a^2+a-2$
$f(-1)g(-1)=(2-a-a^2)\times1=2-a-a^2$
에서 $2-a-a^2\neq a^2+a-2$
$a^2+a-2\neq0$, $(a+2)(a-1)\neq0$
$a\neq-2$, $a\neq1$ …… ❶
(ii) 함수 $f(x)g(x)$가 $x=1$에서 연속이므로
$\lim_{x\to1-} f(x)g(x)=\lim_{x\to1-} f(x)\times\lim_{x\to1-} g(x)$
$=(2+a-a^2)\times(-1)=a^2-a-2$
$\lim_{x\to1+} f(x)g(x)=\lim_{x\to1+} f(x)\times\lim_{x\to1+} g(x)$
$=(2+a-a^2)\times0=0$
$f(1)g(1)=(2+a-a^2)\times0=0$
에서 $a^2-a-2=0$
$(a+1)(a-2)=0$
$a=-1$ 또는 $a=2$ …… ❷
(i), (ii)에서 모든 실수 a의 값은 -1, 2이므로 그 합은
$-1+2=1$ …… ❸

답 1

단계	채점 기준	비율
❶	$x=-1$에서 불연속인 조건을 찾은 경우	30 %
❷	$x=1$에서 연속이 되는 실수 a의 값을 구한 경우	40 %
❸	모든 실수 a의 값의 합을 구한 경우	30 %

02 함수 $f(x)$가 $x=a$에서 연속인 경우와 불연속인 경우로 나누어 구한다.

(i) 함수 $f(x)$가 $x=a$에서 연속인 경우

$\lim_{x \to a-} f(x) = \lim_{x \to a+} f(x) = f(a)$이므로

$\lim_{x \to a-} f(x) = \lim_{x \to a-} (-3x+2) = -3a+2$

$\lim_{x \to a+} f(x) = \lim_{x \to a+} (x^2-2x) = a^2-2a$

$f(a) = a^2-2a$

에서 $-3a+2 = a^2-2a$

$a^2+a-2=0$, $(a+2)(a-1)=0$

$a=-2$ 또는 $a=1$ ...... ❶

따라서 $a=-2$ 또는 $a=1$이면 두 함수 $f(x)$, $g(x)$가 실수 전체의 집합에서 연속이므로 함수 $f(x)g(x)$가 실수 전체의 집합에서 연속이다.

(ii) 함수 $f(x)$가 $x=a$에서 불연속인 경우

$f(x)g(x) = \begin{cases} (-3x+2)g(x) & (x<a) \\ (x^2-2x)g(x) & (x \ge a) \end{cases}$에서

$\lim_{x \to a-} f(x)g(x) = \lim_{x \to a+} f(x)g(x) = f(a)g(a)$이어야 하므로

$(-3a+2)g(a) = (a^2-2a)g(a)$

이때 $-3a+2 \ne a^2-2a$이므로 $g(a)=0$에서

$a^2-2a-3=0$, $(a+1)(a-3)=0$

$a=-1$ 또는 $a=3$ ...... ❷

(i), (ii)에서 실수 a의 값은 -2, -1, 1, 3이므로 모든 실수 a의 값의 곱은

$(-2) \times (-1) \times 1 \times 3 = 6$ ...... ❸

답 6

단계	채점 기준	비율
❶	함수 $f(x)$가 연속이 되도록 하는 실수 a의 값을 구한 경우	40 %
❷	$g(a)=0$인 실수 a의 값을 구한 경우	40 %
❸	모든 실수 a의 값의 곱을 구한 경우	20 %

참고

$\lim_{x \to a-} f(x)g(x) = \lim_{x \to a+} f(x)g(x) = f(a)g(a)$에서

$(-3a+2)(a^2-2a-3) = (a^2-2a)(a^2-2a-3)$

$(a^2+a-2)(a^2-2a-3)=0$

$(a+2)(a-1)(a+1)(a-3)=0$

따라서 실수 a의 값은 -2, -1, 1, 3이다.

03 조건 (가)에서 함수 $\frac{1}{f(x)}$은 $x=-1$, $x=1$에서만 불연속이므로 $k \ne 0$인 상수 k에 대하여

$f(x)=k(x+1)^2(x-1)$ 또는 $f(x)=k(x+1)(x-1)^2$ ...... ❶

으로 놓을 수 있다.

(i) $f(x)=k(x+1)^2(x-1)$인 경우

조건 (나)에서

$\lim_{x \to 1} \frac{f(x)}{x-1} = \lim_{x \to 1} \frac{k(x+1)^2(x-1)}{x-1} = \lim_{x \to 1} k(x+1)^2 = 4k = 8$

즉, $k=2$이므로 $f(x)=2(x+1)^2(x-1)$

(ii) $f(x)=k(x+1)(x-1)^2$인 경우

$\lim_{x \to 1} \frac{f(x)}{x-1} = \lim_{x \to 1} \frac{k(x+1)(x-1)^2}{x-1} = \lim_{x \to 1} k(x+1)(x-1) = 0$

이므로 조건 (나)를 만족시키지 않는다.

(i), (ii)에서 $f(x)=2(x+1)^2(x-1)$이므로 ...... ❷

$f(2) = 2 \times 9 \times 1 = 18$ ...... ❸

답 18

단계	채점 기준	비율
❶	조건 (가)를 이용하여 함수 $f(x)$의 식을 세운 경우	30 %
❷	조건 (나)를 이용하여 함수 $f(x)$를 구한 경우	50 %
❸	$f(2)$의 값을 구한 경우	20 %

04 함수 $f(x)$가 실수 전체의 집합에서 연속이므로 $x=2$에서 연속이다.

즉, $\lim_{x \to 2} f(x) = f(2)$ ...... ❶

$x \ne 2$일 때, $f(x) = \frac{\sqrt{x+14}-a}{x^3-8}$이므로

$\lim_{x \to 2} f(x) = \lim_{x \to 2} \frac{\sqrt{x+14}-a}{x^3-8}$ ...... ㉠

㉠에서 극한값이 존재하고 $x \to 2$일 때 (분모) $\to 0$이므로 (분자) $\to 0$이어야 한다.

즉, $\lim_{x \to 2} (\sqrt{x+14}-a) = 4-a = 0$에서

$a=4$ ...... ❷

㉠에 대입하면

$$f(2) = \lim_{x \to 2} f(x)$$
$$= \lim_{x \to 2} \frac{\sqrt{x+14}-4}{x^3-8}$$
$$= \lim_{x \to 2} \frac{(\sqrt{x+14}-4)(\sqrt{x+14}+4)}{(x-2)(x^2+2x+4)(\sqrt{x+14}+4)}$$
$$= \lim_{x \to 2} \frac{x-2}{(x-2)(x^2+2x+4)(\sqrt{x+14}+4)}$$
$$= \lim_{x \to 2} \frac{1}{(x^2+2x+4)(\sqrt{x+14}+4)}$$
$$= \frac{1}{96}$$

따라서 $\frac{a}{f(2)} = \frac{4}{\frac{1}{96}} = 384$ ...... ❸

답 384

단계	채점 기준	비율
❶	$x=2$에서 연속일 조건을 구한 경우	30 %
❷	상수 a의 값을 구한 경우	30 %
❸	$f(2)$의 값을 구하여 $\frac{a}{f(2)}$의 값을 구한 경우	40 %

05 함수 $f(x)$는 실수 전체의 집합에서 연속이므로 $x=1$에서 연속이다.

즉, $\lim_{x \to 1} f(x) = f(1)$

$\lim_{x\to1}f(x)=\lim_{x\to1}\frac{x^2-1}{g(x)}=\lim_{x\to1}\frac{(x-1)(x+1)}{g(x)}$

$=f(1)=2$ ...... ㉠

㉠에서 0이 아닌 극한값이 존재하고 $x\to1$일 때 (분자)$\to0$이므로 (분모)$\to0$이어야 한다.

즉, $\lim_{x\to1}g(x)=g(1)=0$이므로 ...... ❶

$g(x)=(x-1)(x^2+ax+b)$ (a, b는 정수)

로 놓을 수 있다. 이것을 ㉠에 대입하면

$\lim_{x\to1}f(x)=\lim_{x\to1}\frac{(x-1)(x+1)}{g(x)}=\lim_{x\to1}\frac{(x-1)(x+1)}{(x-1)(x^2+ax+b)}$

$=\lim_{x\to1}\frac{x+1}{x^2+ax+b}=\frac{2}{1+a+b}=2$

에서 $1+a+b=1$, $b=-a$

따라서 $x\neq1$일 때, $f(x)=\frac{x+1}{x^2+ax-a}$이고, 함수 $f(x)$가 실수 전체의 집합에서 연속이므로 이차방정식 $x^2+ax-a=0$은 실근을 갖지 않아야 한다.

이차방정식 $x^2+ax-a=0$의 판별식을 D라 하면

$D=a^2+4a<0$에서 $a(a+4)<0$, $-4<a<0$

a는 정수이므로 a의 값은 -3, -2, -1이다. ...... ❷

이때 $f(2)=\frac{3}{4+2a-a}=\frac{3}{4+a}$이므로 $f(2)$의 최댓값은

$a=-3$일 때, $f(2)=\frac{3}{4-3}=3$ ...... ❸

답 3

단계	채점 기준	비율
❶	조건 (가), (나)를 이용하여 $g(1)=0$임을 찾은 경우	30 %
❷	정수 a의 값을 구한 경우	40 %
❸	$f(2)$의 최댓값을 구한 경우	30 %

참고

$g(x)=(x-1)(x^2+ax+b)=x^3+(a-1)x^2+(b-a)x-b$

이때 함수 $g(x)$의 계수가 모두 정수이어야 하므로 $a-1$과 $b-a$가 모두 정수이다. 즉, a와 b가 모두 정수이다.

06 $f(x)=(x-b)(x-c)(x-d)+(x-a)(x-c)(x-d)$
$+(x-a)(x-b)(x-d)+(x-a)(x-b)(x-c)$

라 하면 함수 $f(x)$는 삼차함수이므로 실수 전체의 집합에서 연속이다. ...... ❶

한편,

$f(a)=(a-b)(a-c)(a-d)<0$

$f(b)=(b-a)(b-c)(b-d)>0$

$f(c)=(c-a)(c-b)(c-d)<0$

$f(d)=(d-a)(d-b)(d-c)>0$

이므로 사잇값의 정리에 의하여 방정식 $f(x)=0$은 구간

(a, b), (b, c), (c, d)

에서 각각 적어도 하나의 실근을 갖는다. ...... ❷

그러므로 방정식 $f(x)=0$은 구간 (a, d)에서 적어도 세 개의 실근을 갖고, 삼차방정식 $f(x)=0$의 실근의 개수의 최댓값은 3이므로 삼차방정식 $f(x)=0$의 서로 다른 실근의 개수는 3이다. ...... ❸

답 3

단계	채점 기준	비율
❶	실수 전체의 집합에서의 연속성을 조사한 경우	30 %
❷	사잇값의 정리를 이용한 경우	50 %
❸	삼차방정식의 서로 다른 실근의 개수를 구한 경우	20 %

내신 + 수능 고난도 도전

본문 32쪽

01 25 **02** ② **03** ① **04** ④

01 원 $x^2+y^2=1$의 중심 $(0, 0)$과 직선 $3x+4y+t=0$ 사이의 거리는 $\frac{|t|}{\sqrt{3^2+4^2}}=\frac{|t|}{5}$이므로

$\frac{|t|}{5}<1$일 때, $f(t)=2$

$\frac{|t|}{5}=1$일 때, $f(t)=1$

$\frac{|t|}{5}>1$일 때, $f(t)=0$

그러므로 $f(x)=\begin{cases}2 & (|x|<5)\\ 1 & (|x|=5)\\ 0 & (|x|>5)\end{cases}$

함수 $f(x)$는 $x=-5$, $x=5$를 제외한 실수 전체의 집합에서 연속이고, 함수 $g(x)=x^2+ax+b$는 실수 전체의 집합에서 연속이므로 함수 $f(x)g(x)$는 $x=-5$, $x=5$를 제외한 실수 전체의 집합에서 연속이다.

이때 함수 $f(x)g(x)$가 실수 전체의 집합에서 연속이려면 $x=-5$, $x=5$에서 연속이어야 한다.

즉, $\lim_{x\to-5-}f(x)g(x)=\lim_{x\to-5+}f(x)g(x)=f(-5)g(-5)$이어야 하므로

$0\times(25-5a+b)=2\times(25-5a+b)=1\times(25-5a+b)$

에서 $25-5a+b=0$ ...... ㉠

또한 $\lim_{x\to5-}f(x)g(x)=\lim_{x\to5+}f(x)g(x)=f(5)g(5)$이어야 하므로

$2\times(25+5a+b)=0\times(25+5a+b)=1\times(25+5a+b)$

에서 $25+5a+b=0$ ...... ㉡

㉠, ㉡을 연립하여 풀면 $a=0$, $b=-25$

따라서 $a-b=0-(-25)=25$

답 25

02 두 함수 $f(x)$, $g(x)$가 $x=2$에서 연속이므로

$\lim_{x\to2-}f(x)=\lim_{x\to2+}f(x)=f(2)$

$\lim_{x\to2-}g(x)=\lim_{x\to2+}g(x)=g(2)$

이다.

$x<2$일 때, $f(x)+g(x)=2x^2-1$이므로

$\lim_{x\to2-}\{f(x)+g(x)\}=\lim_{x\to2-}(2x^2-1)$에서

$f(2)+g(2)=7$ ...... ㉠

$x>2$일 때, $2f(x)-g(x)=x^2-3x+4$이므로

$\lim_{x\to 2+}\{2f(x)-g(x)\}=\lim_{x\to 2+}(x^2-3x+4)$에서

$2f(2)-g(2)=2$ …… ㉡

㉠, ㉡을 연립하여 풀면 $f(2)=3$, $g(2)=4$

따라서 $f(2)\times g(2)=3\times 4=12$

답 ②

다른 풀이

$x<2$일 때, $g(x)=-f(x)+2x^2-1$

$x>2$일 때, $g(x)=2f(x)-x^2+3x-4$

두 함수 $f(x)$, $g(x)$가 $x=2$에서 연속이므로

$\lim_{x\to 2-}f(x)=\lim_{x\to 2+}f(x)=f(2)$

$\lim_{x\to 2-}g(x)=\lim_{x\to 2+}g(x)=g(2)$ …… ㉢

이다.

이때 $\lim_{x\to 2-}g(x)-\lim_{x\to 2+}g(x)=0$에서

$\lim_{x\to 2-}g(x)-\lim_{x\to 2+}g(x)$

$=\lim_{x\to 2-}\{-f(x)+2x^2-1\}-\lim_{x\to 2+}\{2f(x)-x^2+3x-4\}$

$=-f(2)+7-2f(2)+2$

$=-3f(2)+9=0$

이므로 $f(2)=3$

이 값을 ㉢에 대입하면

$\lim_{x\to 2-}g(x)=\lim_{x\to 2-}\{-f(x)+2x^2-1\}=-f(2)+7=4=g(2)$

따라서 $f(2)=3$, $g(2)=4$이므로

$f(2)\times g(2)=12$

03

$f(x)g(x-k)=f(x)\{(x-k)^2+(x-k)-2\}$
$=f(x)(x-k+2)(x-k-1)$ …… ㉠

함수 $f(x)g(x-k)$가 불연속인 x의 값이 오직 한 개만 존재하려면 $x=-1$에서만 불연속이거나 $x=2$에서만 불연속이어야 한다.

(i) $x=-1$에서만 불연속일 때

함수 $f(x)$가 $x=2$에서 불연속이므로 함수 $f(x)g(x-k)$가 $x=2$에서 연속이려면

$\lim_{x\to 2-}f(x)g(x-k)=\lim_{x\to 2+}f(x)g(x-k)=f(2)g(2-k)$

이어야 한다. ㉠에서

$\lim_{x\to 2-}f(x)(x-k+2)(x-k-1)$

$=\lim_{x\to 2+}f(x)(x-k+2)(x-k-1)$

$=f(2)(2-k+2)(2-k-1)$

$(2-k+2)(2-k-1)=-(2-k+2)(2-k-1)$

$(4-k)(1-k)=0$

$k=1$ 또는 $k=4$

(ii) $x=2$에서만 불연속일 때

함수 $f(x)$가 $x=-1$에서 불연속이므로 함수 $f(x)g(x-k)$가 $x=-1$에서 연속이려면

$\lim_{x\to -1-}f(x)g(x-k)=\lim_{x\to -1+}f(x)g(x-k)=f(-1)g(-1-k)$

이어야 한다. ㉠에서

$\lim_{x\to -1-}f(x)(x-k+2)(x-k-1)$

$=\lim_{x\to -1+}f(x)(x-k+2)(x-k-1)$

$=f(-1)(-1-k+2)(-1-k-1)$

$-(-1-k+2)(-1-k-1)=(-1-k+2)(-1-k-1)$

$(1-k)(-2-k)=0$

$k=1$ 또는 $k=-2$

(i), (ii)에서 $k=1$이면 $x=-1$, $x=2$ 모두에서 연속이므로 오직 한 점에서만 불연속이라는 조건을 만족시키지 않는다.

따라서 구하는 모든 실수 k의 값의 합은

$4+(-2)=2$

답 ①

04

ㄱ. 함수 $y=|f(x)|$의 그래프는 그림과 같으므로

$\lim_{x\to 0-}|f(x)|=2$, $\lim_{x\to 0+}|f(x)|=1$

즉, $\lim_{x\to 0-}|f(x)|\neq\lim_{x\to 0+}|f(x)|$이므로 함수 $|f(x)|$는 $x=0$에서 불연속이다. (거짓)

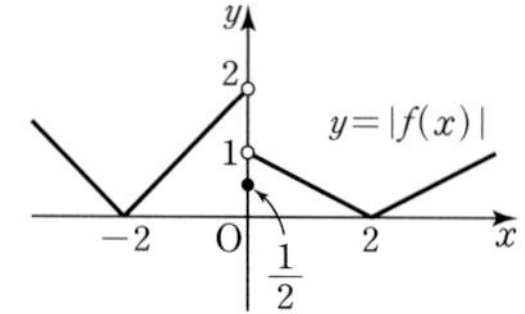

ㄴ. 함수 $y=f(x-k)$의 그래프는 함수 $y=f(x)$의 그래프를 x축의 방향으로 k만큼 평행이동한 것이다.

한편, 함수 $f(x)$는 $x=0$에서 불연속이므로 함수 $f(x-k)$는 $x=k$에서 불연속이다.

그러므로 함수 $f(x)f(x-k)$가 $x=k$에서 연속이려면 $f(k)=0$이어야 한다.

따라서 구하는 k의 값은 -2 또는 2이다. (참)

ㄷ. 함수 $y=f(-x)$의 그래프는 함수 $y=f(x)$의 그래프를 y축에 대하여 대칭이동한 것이므로 그림과 같다.

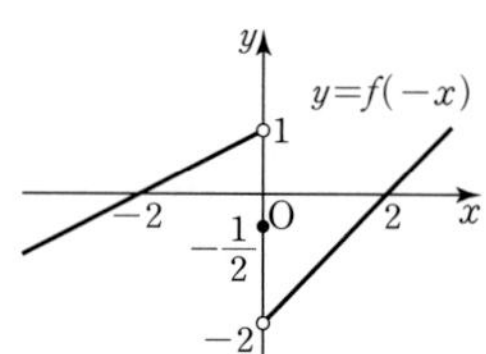

두 함수 $f(x)$, $f(-x)$가 모두 $x=0$을 제외한 실수 전체의 집합에서 연속이므로 함수 $f(x)+f(-x)$도 $x=0$을 제외한 실수 전체의 집합에서 연속이다.

이때

$\lim_{x\to 0-}\{f(x)+f(-x)\}=\lim_{x\to 0-}f(x)+\lim_{x\to 0-}f(-x)$

$=-2+1=-1$

$\lim_{x\to 0+}\{f(x)+f(-x)\}=\lim_{x\to 0+}f(x)+\lim_{x\to 0+}f(-x)$

$=1+(-2)=-1$

$f(0)+f(0)=-\frac{1}{2}+\left(-\frac{1}{2}\right)=-1$

이므로 함수 $f(x)+f(-x)$는 $x=0$에서 연속이다.

즉, 함수 $f(x)+f(-x)$는 실수 전체의 집합에서 연속이다. (참)

이상에서 옳은 것은 ㄴ, ㄷ이다.

답 ④

Ⅱ. 미분

03 미분계수와 도함수

개념 확인하기

본문 35~37쪽

01 1　**02** 3　**03** 2　**04** 0
05 $2a+1+\Delta x$　**06** $2a-2+\Delta x$
07 $4a+2\Delta x$　**08** $4a+1+2\Delta x$　**09** 1
10 $\frac{3}{2}$　**11** 1　**12** -2 또는 1　**13** 2
14 -2　**15** 0　**16** 4　**17** 1　**18** -2
19 4　**20** -3　**21** 3　**22** 4　**23** -3
24 -1　**25** 풀이 참조　**26** 풀이 참조
27 $f'(x)=-2$　**28** $f'(x)=2x+2$
29 $f'(x)=4x-3$　**30** $f'(x)=-3x^2+2$
31 $y'=5x^4$　**32** $y'=6x^5$
33 $y'=10x^9$　**34** $y'=0$
35 $y'=6x^2$　**36** $y'=2x-3$
37 $y'=-2x+3$　**38** $y'=9x^2+4x-5$
39 $y'=12x^3-6x^2+2x$　**40** $y'=-8x^3+9x^2-2$
41 $y'=-2x^3-x^2+2$　**42** $y'=10x^4-9x^2+5$
43 $y'=6x^2+6x-2$　**44** $y'=3x^2+2x-6$
45 $y'=-18x^2-10x+4$　**46** $y'=2x-2$
47 $y'=8x+4$　**48** $y'=5x^4+3x^2+8x-6$

01 $\frac{\Delta y}{\Delta x}=\frac{f(1)-f(0)}{1-0}=\frac{1^2-0^2}{1-0}=1$

답 1

02 $\frac{\Delta y}{\Delta x}=\frac{f(2)-f(1)}{2-1}=\frac{2^2-1^2}{2-1}=3$

답 3

03 $\frac{\Delta y}{\Delta x}=\frac{f(3)-f(-1)}{3-(-1)}=\frac{3^2-(-1)^2}{4}=2$

답 2

04 $\frac{\Delta y}{\Delta x}=\frac{f(2)-f(-2)}{2-(-2)}=\frac{2^2-(-2)^2}{4}=0$

답 0

05 $\frac{\Delta y}{\Delta x}=\frac{f(a+\Delta x)-f(a)}{\Delta x}$
$=\frac{(a+\Delta x)^2+(a+\Delta x)-(a^2+a)}{\Delta x}$
$=\frac{2a\Delta x+(\Delta x)^2+\Delta x}{\Delta x}$
$=2a+1+\Delta x$

답 $2a+1+\Delta x$

06 $\frac{\Delta y}{\Delta x}=\frac{f(a+\Delta x)-f(a)}{\Delta x}$
$=\frac{(a+\Delta x)^2-2(a+\Delta x)-(a^2-2a)}{\Delta x}$
$=\frac{2a\Delta x+(\Delta x)^2-2\Delta x}{\Delta x}=2a-2+\Delta x$

답 $2a-2+\Delta x$

07 $\frac{\Delta y}{\Delta x}=\frac{f(a+\Delta x)-f(a)}{\Delta x}=\frac{2(a+\Delta x)^2-2a^2}{\Delta x}$
$=\frac{4a\Delta x+2(\Delta x)^2}{\Delta x}=4a+2\Delta x$

답 $4a+2\Delta x$

08 $\frac{\Delta y}{\Delta x}=\frac{f(a+\Delta x)-f(a)}{\Delta x}$
$=\frac{2(a+\Delta x)^2+(a+\Delta x)-(2a^2+a)}{\Delta x}$
$=\frac{4a\Delta x+2(\Delta x)^2+\Delta x}{\Delta x}=4a+1+2\Delta x$

답 $4a+1+2\Delta x$

09 $\frac{\Delta y}{\Delta x}=\frac{f(a+1)-f(a)}{(a+1)-a}=(a+1)^2-a^2$
$=2a+1=3$
따라서 $a=1$

답 1

10 $\frac{\Delta y}{\Delta x}=\frac{f(a+1)-f(a)}{(a+1)-a}=(a+1)^2-(a+1)-(a^2-a)$
$=2a=3$
따라서 $a=\frac{3}{2}$

답 $\frac{3}{2}$

11 $\frac{\Delta y}{\Delta x}=\frac{f(a+1)-f(a)}{(a+1)-a}=2(a+1)^2-3(a+1)-(2a^2-3a)$
$=4a-1=3$
따라서 $a=1$

답 1

12 $\frac{\Delta y}{\Delta x}=\frac{f(a+1)-f(a)}{(a+1)-a}=(a+1)^3-4(a+1)-(a^3-4a)$
$=3a^2+3a-3=3$
따라서 $3a^2+3a-6=0$에서 $3(a^2+a-2)=0$
$3(a+2)(a-1)=0$, $a=-2$ 또는 $a=1$

답 -2 또는 1

13 $f'(1)=\lim_{x\to1}\frac{f(x)-f(1)}{x-1}=\lim_{x\to1}\frac{(x^2+1)-2}{x-1}$
$=\lim_{x\to1}\frac{x^2-1}{x-1}=\lim_{x\to1}\frac{(x+1)(x-1)}{x-1}$
$=\lim_{x\to1}(x+1)=2$

답 2

다른 풀이

$$f'(1)=\lim_{h\to0}\frac{f(1+h)-f(1)}{h}=\lim_{h\to0}\frac{\{(1+h)^2+1\}-2}{h}$$
$$=\lim_{h\to0}\frac{2h+h^2}{h}=\lim_{h\to0}(2+h)=2$$

14 $f'(-1)=\lim_{x\to-1}\frac{f(x)-f(-1)}{x-(-1)}=\lim_{x\to-1}\frac{(x^2+1)-2}{x+1}$

$$=\lim_{x\to-1}\frac{x^2-1}{x+1}=\lim_{x\to-1}\frac{(x+1)(x-1)}{x+1}$$
$$=\lim_{x\to-1}(x-1)=-2$$

답 -2

다른 풀이

$$f'(-1)=\lim_{h\to0}\frac{f(-1+h)-f(-1)}{h}=\lim_{h\to0}\frac{\{(-1+h)^2+1\}-2}{h}$$
$$=\lim_{h\to0}\frac{-2h+h^2}{h}=\lim_{h\to0}(-2+h)=-2$$

15 $f'(0)=\lim_{x\to0}\frac{f(x)-f(0)}{x-0}=\lim_{x\to0}\frac{(x^2+1)-1}{x}$

$$=\lim_{x\to0}x=0$$

답 0

16 $f'(2)=\lim_{x\to2}\frac{f(x)-f(2)}{x-2}=\lim_{x\to2}\frac{(x^2+1)-5}{x-2}$

$$=\lim_{x\to2}\frac{x^2-4}{x-2}=\lim_{x\to2}\frac{(x+2)(x-2)}{x-2}$$
$$=\lim_{x\to2}(x+2)=4$$

답 4

다른 풀이

$$f'(2)=\lim_{h\to0}\frac{f(2+h)-f(2)}{h}=\lim_{h\to0}\frac{\{(2+h)^2+1\}-5}{h}$$
$$=\lim_{h\to0}\frac{4h+h^2}{h}=\lim_{h\to0}(4+h)=4$$

17 $f'(1)=\lim_{x\to1}\frac{f(x)-f(1)}{x-1}=\lim_{x\to1}\frac{(x-2)-(-1)}{x-1}$

$$=\lim_{x\to1}\frac{x-1}{x-1}=\lim_{x\to1}1=1$$

답 1

다른 풀이

$$f'(1)=\lim_{h\to0}\frac{f(1+h)-f(1)}{h}=\lim_{h\to0}\frac{\{(1+h)-2\}-(-1)}{h}$$
$$=\lim_{h\to0}\frac{h}{h}=\lim_{h\to0}1=1$$

18 $f'(1)=\lim_{x\to1}\frac{f(x)-f(1)}{x-1}=\lim_{x\to1}\frac{(-2x+3)-1}{x-1}$

$$=\lim_{x\to1}\frac{-2x+2}{x-1}=\lim_{x\to1}\frac{-2(x-1)}{x-1}$$
$$=\lim_{x\to1}(-2)=-2$$

답 -2

다른 풀이

$$f'(1)=\lim_{h\to0}\frac{f(1+h)-f(1)}{h}=\lim_{h\to0}\frac{\{-2(1+h)+3\}-1}{h}$$
$$=\lim_{h\to0}\frac{-2h}{h}=\lim_{h\to0}(-2)=-2$$

19 $f'(1)=\lim_{x\to1}\frac{f(x)-f(1)}{x-1}=\lim_{x\to1}\frac{(x^2+2x-1)-2}{x-1}$

$$=\lim_{x\to1}\frac{x^2+2x-3}{x-1}=\lim_{x\to1}\frac{(x-1)(x+3)}{x-1}$$
$$=\lim_{x\to1}(x+3)=4$$

답 4

다른 풀이

$$f'(1)=\lim_{h\to0}\frac{f(1+h)-f(1)}{h}$$
$$=\lim_{h\to0}\frac{\{(1+h)^2+2(1+h)-1\}-2}{h}$$
$$=\lim_{h\to0}\frac{h^2+4h}{h}=\lim_{h\to0}(h+4)=4$$

20 $f'(1)=\lim_{x\to1}\frac{f(x)-f(1)}{x-1}=\lim_{x\to1}\frac{(-2x^2+x-3)-(-4)}{x-1}$

$$=\lim_{x\to1}\frac{-2x^2+x+1}{x-1}=\lim_{x\to1}\frac{-(x-1)(2x+1)}{x-1}$$
$$=\lim_{x\to1}(-2x-1)=-3$$

답 -3

다른 풀이

$$f'(1)=\lim_{h\to0}\frac{f(1+h)-f(1)}{h}$$
$$=\lim_{h\to0}\frac{\{-2(1+h)^2+(1+h)-3\}-(-4)}{h}$$
$$=\lim_{h\to0}\frac{-2h^2-3h}{h}=\lim_{h\to0}(-2h-3)=-3$$

21 $f(x)=x^2+x$로 놓으면 곡선 $y=f(x)$ 위의 점 $(1, 2)$에서의 접선의 기울기는 함수 $f(x)$의 $x=1$에서의 미분계수 $f'(1)$과 같으므로

$$f'(1)=\lim_{x\to1}\frac{f(x)-f(1)}{x-1}=\lim_{x\to1}\frac{x^2+x-2}{x-1}$$
$$=\lim_{x\to1}\frac{(x-1)(x+2)}{x-1}=\lim_{x\to1}(x+2)=3$$

답 3

22 $f(x)=2x^2-1$로 놓으면 곡선 $y=f(x)$ 위의 점 $(1, 1)$에서의 접선의 기울기는 함수 $f(x)$의 $x=1$에서의 미분계수 $f'(1)$과 같으므로

$$f'(1)=\lim_{x\to1}\frac{f(x)-f(1)}{x-1}=\lim_{x\to1}\frac{(2x^2-1)-1}{x-1}$$
$$=\lim_{x\to1}\frac{2(x^2-1)}{x-1}=\lim_{x\to1}\frac{2(x-1)(x+1)}{x-1}=\lim_{x\to1}2(x+1)=4$$

답 4

23 $f(x)=-x^2+x+2$로 놓으면 곡선 $y=f(x)$ 위의 점 $(2, 0)$에서의 접선의 기울기는 함수 $f(x)$의 $x=2$에서의 미분계수 $f'(2)$와 같으므로

$$f'(2)=\lim_{x\to2}\frac{f(x)-f(2)}{x-2}=\lim_{x\to2}\frac{(-x^2+x+2)-0}{x-2}$$
$$=\lim_{x\to2}\frac{-(x-2)(x+1)}{x-2}=\lim_{x\to2}\{-(x+1)\}=-3$$

답 -3

24 $f(x)=-3x^2-x+1$로 놓으면 곡선 $y=f(x)$ 위의 점 $(0, 1)$에서의 접선의 기울기는 함수 $f(x)$의 $x=0$에서의 미분계수 $f'(0)$과 같으므로

$$f'(0)=\lim_{x\to0}\frac{f(x)-f(0)}{x-0}=\lim_{x\to0}\frac{(-3x^2-x+1)-1}{x}$$
$$=\lim_{x\to0}\frac{-3x^2-x}{x}=\lim_{x\to0}(-3x-1)=-1$$

답 -1

25 $f(0)=0$이고 $\lim_{x\to0}f(x)=\lim_{x\to0}|x|=0$이므로

$\lim_{x\to0}f(x)=f(0)$

즉, 함수 $f(x)=|x|$는 $x=0$에서 연속이다.

$$\lim_{x\to0-}\frac{f(x)}{x}=\lim_{x\to0-}\frac{|x|}{x}=\lim_{x\to0-}\frac{-x}{x}=\lim_{x\to0-}(-1)=-1$$
$$\lim_{x\to0+}\frac{f(x)}{x}=\lim_{x\to0+}\frac{|x|}{x}=\lim_{x\to0+}\frac{x}{x}=\lim_{x\to0+}1=1$$

이므로 $f'(0)$이 존재하지 않는다.

따라서 함수 $f(x)=|x|$는 $x=0$에서 연속이지만 미분가능하지 않다.

답 풀이 참조

26 $f(1)=0$이고 $\lim_{x\to1}f(x)=\lim_{x\to1}|x-1|=0$이므로

$\lim_{x\to1}f(x)=f(1)$

즉, 함수 $f(x)=|x-1|$은 $x=1$에서 연속이다.

$$\lim_{x\to1-}\frac{f(x)-f(1)}{x-1}=\lim_{x\to1-}\frac{|x-1|}{x-1}=\lim_{x\to1-}\frac{-(x-1)}{x-1}$$
$$=\lim_{x\to1-}(-1)=-1$$
$$\lim_{x\to1+}\frac{f(x)-f(1)}{x-1}=\lim_{x\to1+}\frac{|x-1|}{x-1}=\lim_{x\to1+}\frac{x-1}{x-1}$$
$$=\lim_{x\to1+}1=1$$

이므로 $f'(1)$이 존재하지 않는다.

따라서 함수 $f(x)=|x-1|$은 $x=1$에서 연속이지만 미분가능하지 않다.

답 풀이 참조

27
$$f'(x)=\lim_{h\to0}\frac{f(x+h)-f(x)}{h}$$
$$=\lim_{h\to0}\frac{\{-2(x+h)+1\}-(-2x+1)}{h}$$
$$=\lim_{h\to0}\frac{-2h}{h}=\lim_{h\to0}(-2)=-2$$

답 $f'(x)=-2$

28
$$f'(x)=\lim_{h\to0}\frac{f(x+h)-f(x)}{h}$$
$$=\lim_{h\to0}\frac{\{(x+h)^2+2(x+h)\}-(x^2+2x)}{h}$$
$$=\lim_{h\to0}\frac{2xh+h^2+2h}{h}$$
$$=\lim_{h\to0}(2x+h+2)$$
$$=2x+2$$

답 $f'(x)=2x+2$

29
$$f'(x)=\lim_{h\to0}\frac{f(x+h)-f(x)}{h}$$
$$=\lim_{h\to0}\frac{\{2(x+h)^2-3(x+h)+1\}-(2x^2-3x+1)}{h}$$
$$=\lim_{h\to0}\frac{4xh+2h^2-3h}{h}$$
$$=\lim_{h\to0}(4x+2h-3)$$
$$=4x-3$$

답 $f'(x)=4x-3$

30
$$f'(x)=\lim_{h\to0}\frac{f(x+h)-f(x)}{h}$$
$$=\lim_{h\to0}\frac{\{-(x+h)^3+2(x+h)\}-(-x^3+2x)}{h}$$
$$=\lim_{h\to0}\frac{-3x^2h-3xh^2-h^3+2h}{h}$$
$$=\lim_{h\to0}(-3x^2-3xh-h^2+2)$$
$$=-3x^2+2$$

답 $f'(x)=-3x^2+2$

31 $y'=(x^5)'=5x^4$

답 $y'=5x^4$

32 $y'=(x^6)'=6x^5$

답 $y'=6x^5$

33 $y'=(x^{10})'=10x^9$

답 $y'=10x^9$

34 $y'=(2^3)'=0$

답 $y'=0$

35 $y'=(2x^3)'=6x^2$

답 $y'=6x^2$

36 $y'=(x^2-3x)'=2x-3$

답 $y'=2x-3$

37 $y'=(-x^2+3x+2)'=-2x+3$

답 $y'=-2x+3$

38 $y'=(3x^3+2x^2-5x+7)'=9x^2+4x-5$

답 $y'=9x^2+4x-5$

39 $y'=(3x^4-2x^3+x^2-10)'=12x^3-6x^2+2x$

답 $y'=12x^3-6x^2+2x$

40 $y'=(-2x^4+3x^3-2x-1)'=-8x^3+9x^2-2$

답 $y'=-8x^3+9x^2-2$

41 $y'=\left(-\frac{1}{2}x^4-\frac{1}{3}x^3+2x-6\right)'=-2x^3-x^2+2$

답 $y'=-2x^3-x^2+2$

42 $y'=(2x^5-3x^3+5x)'=10x^4-9x^2+5$

답 $y'=10x^4-9x^2+5$

43 $y'=\{(2x-1)(x^2+2x)\}'$
$=(2x-1)'(x^2+2x)+(2x-1)(x^2+2x)'$
$=2(x^2+2x)+(2x-1)(2x+2)$
$=6x^2+6x-2$

답 $y'=6x^2+6x-2$

44 $y'=\{(x^2-2x)(x+3)\}'$
$=(x^2-2x)'(x+3)+(x^2-2x)(x+3)'$
$=(2x-2)(x+3)+(x^2-2x)\times 1$
$=3x^2+2x-6$

답 $y'=3x^2+2x-6$

45 $y'=\{(-3x^2+2x-1)(2x+3)\}'$
$=(-3x^2+2x-1)'(2x+3)+(-3x^2+2x-1)(2x+3)'$
$=(-6x+2)(2x+3)+(-3x^2+2x-1)\times 2$
$=-18x^2-10x+4$

답 $y'=-18x^2-10x+4$

46 $y'=\{(x-1)(x-1)\}'$
$=(x-1)'(x-1)+(x-1)(x-1)'$
$=1\times(x-1)+(x-1)\times 1$
$=2(x-1)=2x-2$

답 $y'=2x-2$

47 $y'=\{(2x+1)(2x+1)\}'$
$=(2x+1)'(2x+1)+(2x+1)(2x+1)'$
$=2(2x+1)+(2x+1)\times 2$
$=4(2x+1)=8x+4$

답 $y'=8x+4$

48 $y'=\{(x^2+3)(x^3-2x+4)\}'$
$=(x^2+3)'(x^3-2x+4)+(x^2+3)(x^3-2x+4)'$
$=2x(x^3-2x+4)+(x^2+3)(3x^2-2)$
$=5x^4+3x^2+8x-6$

답 $y'=5x^4+3x^2+8x-6$

유형 완성하기

본문 38~45쪽

01 ③	02 ②	03 ⑤	04 ③	05 ③
06 ⑤	07 ④	08 ①	09 ④	10 ⑤
11 ①	12 8	13 ④	14 ①	15 12
16 24	17 ④	18 ①	19 ①	20 ②
21 ④	22 ④	23 ①	24 ①	25 ②
26 ①	27 ②	28 ⑤	29 ②	30 ①
31 4	32 ④	33 ④	34 ②	35 ③
36 ②	37 ⑤	38 ⑤	39 13	40 ③
41 ④	42 3	43 ⑤	44 ③	45 ④
46 8	47 50	48 4		

01 x의 값이 a에서 $a+2$까지 변할 때의 평균변화율이 11이므로
$\frac{f(a+2)-f(a)}{(a+2)-a}=\frac{(a+2)^2+3(a+2)-(a^2+3a)}{2}$
$=\frac{4a+10}{2}=2a+5=11$
에서 $2a=6$, $a=3$

답 ③

02 x의 값이 -1에서 3까지 변할 때의 평균변화율이 1이므로
$\frac{f(3)-f(-1)}{3-(-1)}=\frac{(9+3a)-(1-a)}{4}=\frac{4a+8}{4}=a+2=1$
에서 $a=-1$

답 ②

03 x의 값이 0에서 a까지 변할 때의 평균변화율이 $2a+3$이므로
$\frac{f(a)-f(0)}{a-0}=2a+3$
이때 곡선 $y=f(x)$가 원점을 지나므로 $f(0)=0$
따라서 $\frac{f(a)}{a}=2a+3$에서 $f(a)=2a^2+3a$이므로
$f(2)=8+6=14$

답 ⑤

04 x의 값이 -1에서 3까지 변할 때의 평균변화율은
$\frac{f(3)-f(-1)}{3-(-1)}=\frac{(9+6+3)-(1-2+3)}{4}=4$
x의 값이 a에서 $a+2$까지 변할 때의 평균변화율은
$\frac{f(a+2)-f(a)}{(a+2)-a}=\frac{\{(a+2)^2+2(a+2)+3\}-(a^2+2a+3)}{2}$
$=\frac{4a+8}{2}=2a+4$
따라서 $2a+4=4$에서 $2a=0$, $a=0$

답 ③

05 두 점 $(0, f(0))$, $(2, f(2))$를 지나는 직선의 기울기는
$\frac{f(2)-f(0)}{2-0}=\frac{(-4+6+1)-1}{2}=1$

x의 값이 a에서 $a+1$까지 변할 때의 평균변화율은

$$\frac{f(a+1)-f(a)}{(a+1)-a}=\{-(a+1)^2+3(a+1)+1\}-(-a^2+3a+1)$$
$$=-2a+2$$

따라서 $-2a+2=1$에서 $a=\frac{1}{2}$

답 ③

06 $x\geq0$일 때 $f(x)=x^3-4x$이므로 x의 값이 0에서 3까지 변할 때의 평균변화율은

$$\frac{f(3)-f(0)}{3-0}=\frac{27-12}{3}=5$$

$x<0$일 때 $f(x)=-2x^3+19x$이므로 x의 값이 a에서 $a+1$까지 변할 때의 평균변화율은

$$\frac{f(a+1)-f(a)}{(a+1)-a}=\{-2(a+1)^3+19(a+1)\}-(-2a^3+19a)$$
$$=-6a^2-6a+17$$

따라서 $-6a^2-6a+17=5$에서

$a^2+a-2=0$, $(a+2)(a-1)=0$

$a<-1$이므로 $a=-2$

답 ⑤

07 $$\lim_{h\to0}\frac{f(1+2h)-f(1)}{h}=\lim_{h\to0}\frac{f(1+2h)-f(1)}{2h\times\frac{1}{2}}$$
$$=2\lim_{h\to0}\frac{f(1+2h)-f(1)}{2h}$$
$$=2f'(1)=2\times3=6$$

답 ④

08 $$\lim_{h\to0}\frac{f(ah-1)-f(-1)}{h}=\lim_{h\to0}\frac{f(ah-1)-f(-1)}{ah\times\frac{1}{a}}$$
$$=a\lim_{h\to0}\frac{f(-1+ah)-f(-1)}{ah}$$
$$=af'(-1)=4a=\frac{1}{2}$$

따라서 $a=\frac{1}{8}$

답 ①

09 $\Delta y=h^3+4h^2+8h$이므로

$f(2+h)-f(2)=h^3+4h^2+8h$

따라서

$$f'(2)=\lim_{h\to0}\frac{f(2+h)-f(2)}{h}=\lim_{h\to0}\frac{h^3+4h^2+8h}{h}$$
$$=\lim_{h\to0}(h^2+4h+8)=8$$

답 ④

10 $$\lim_{h\to0}\frac{f(2+h)-f(2-h)}{h}$$
$$=\lim_{h\to0}\frac{\{f(2+h)-f(2)\}-\{f(2-h)-f(2)\}}{h}$$
$$=\lim_{h\to0}\frac{f(2+h)-f(2)}{h}+\lim_{h\to0}\frac{f(2-h)-f(2)}{-h}$$
$$=f'(2)+f'(2)=2f'(2)=2\times3=6$$

답 ⑤

11 $$\lim_{h\to0}\frac{f(3+2h)-f(3-4h)}{3h}$$
$$=\lim_{h\to0}\frac{\{f(3+2h)-f(3)\}-\{f(3-4h)-f(3)\}}{3h}$$
$$=\lim_{h\to0}\frac{f(3+2h)-f(3)}{3h}+\lim_{h\to0}\frac{f(3-4h)-f(3)}{-3h}$$
$$=\lim_{h\to0}\frac{f(3+2h)-f(3)}{2h\times\frac{3}{2}}+\lim_{h\to0}\frac{f(3-4h)-f(3)}{-4h\times\frac{3}{4}}$$
$$=\frac{2}{3}\lim_{h\to0}\frac{f(3+2h)-f(3)}{2h}+\frac{4}{3}\lim_{h\to0}\frac{f(3-4h)-f(3)}{-4h}$$
$$=\frac{2}{3}f'(3)+\frac{4}{3}f'(3)=2f'(3)=14$$

이므로 $2a=14$, $a=7$

답 ①

12 $$\lim_{h\to0}\frac{f(-2-h)-f(-2)}{h}=\lim_{h\to0}\frac{f(-2-h)-f(-2)}{-h\times(-1)}$$
$$=-\lim_{h\to0}\frac{f(-2-h)-f(-2)}{-h}$$
$$=-f'(-2)=3$$

에서 $f'(-2)=-3$

한편,

$$\lim_{h\to0}\frac{f(-2-5h)-f(-2+3h)}{3h}$$
$$=\lim_{h\to0}\frac{\{f(-2-5h)-f(-2)\}-\{f(-2+3h)-f(-2)\}}{3h}$$
$$=\lim_{h\to0}\frac{f(-2-5h)-f(-2)}{3h}-\lim_{h\to0}\frac{f(-2+3h)-f(-2)}{3h}$$
$$=\lim_{h\to0}\frac{f(-2-5h)-f(-2)}{-5h\times\left(-\frac{3}{5}\right)}-f'(-2)$$
$$=-\frac{5}{3}\lim_{h\to0}\frac{f(-2-5h)-f(-2)}{-5h}-f'(-2)$$
$$=-\frac{5}{3}f'(-2)-f'(-2)$$
$$=-\frac{8}{3}f'(-2)=-\frac{8}{3}\times(-3)=8$$

답 8

13 $$\lim_{x\to-1}\frac{f(x)-f(-1)}{x^2-1}=\lim_{x\to-1}\frac{f(x)-f(-1)}{(x+1)(x-1)}$$
$$=\lim_{x\to-1}\frac{f(x)-f(-1)}{x+1}\times\lim_{x\to-1}\frac{1}{x-1}$$
$$=f'(-1)\times\left(-\frac{1}{2}\right)$$
$$=3\times\left(-\frac{1}{2}\right)=-\frac{3}{2}$$

답 ④

14 $f'(-1)=\lim_{t\to-1}\frac{2t^2-6t-8}{t+1}=\lim_{t\to-1}\frac{2(t^2-3t-4)}{t+1}$

$=\lim_{t\to-1}\frac{2(t+1)(t-4)}{t+1}=\lim_{t\to-1}2(t-4)$

$=2\times(-5)=-10$

답 ①

15 $\lim_{x\to4}\frac{f(x)-f(4)}{\sqrt{x}-2}=\lim_{x\to4}\frac{\{f(x)-f(4)\}(\sqrt{x}+2)}{(\sqrt{x}-2)(\sqrt{x}+2)}$

$=\lim_{x\to4}\frac{\{f(x)-f(4)\}(\sqrt{x}+2)}{x-4}$

$=\lim_{x\to4}\frac{f(x)-f(4)}{x-4}\times\lim_{x\to4}(\sqrt{x}+2)$

$=f'(4)\times4$

$=3\times4=12$

답 12

16 $\lim_{x\to3}\frac{f(x^2)-f(9)}{x-3}=\lim_{x\to3}\frac{\{f(x^2)-f(9)\}(x+3)}{(x-3)(x+3)}$

$=\lim_{x\to3}\frac{\{f(x^2)-f(9)\}(x+3)}{x^2-9}$

$=\lim_{x\to3}\frac{f(x^2)-f(9)}{x^2-9}\times\lim_{x\to3}(x+3)$ …… ㉠

$x^2=t$로 놓으면 $x\to3$일 때, $t\to9$이므로

$\lim_{x\to3}\frac{f(x^2)-f(9)}{x^2-9}=\lim_{t\to9}\frac{f(t)-f(9)}{t-9}=f'(9)$

따라서 구하는 값은 ㉠에서

$f'(9)\times6=4\times6=24$

답 24

17 $\lim_{x\to2}\frac{f(x^2)-f(4)}{x^3-8}=\lim_{x\to2}\frac{f(x^2)-f(4)}{(x-2)(x^2+2x+4)}$

$=\lim_{x\to2}\frac{\{f(x^2)-f(4)\}(x+2)}{(x-2)(x^2+2x+4)(x+2)}$

$=\lim_{x\to2}\frac{\{f(x^2)-f(4)\}(x+2)}{(x^2-4)(x^2+2x+4)}$

$=\lim_{x\to2}\frac{f(x^2)-f(4)}{x^2-4}\times\lim_{x\to2}\frac{x+2}{x^2+2x+4}$

…… ㉠

$x^2=t$로 놓으면 $x\to2$일 때, $t\to4$이므로

$\lim_{x\to2}\frac{f(x^2)-f(4)}{x^2-4}=\lim_{t\to4}\frac{f(t)-f(4)}{t-4}=f'(4)$

따라서 구하는 값은 ㉠에서

$f'(4)\times\frac{1}{3}=12\times\frac{1}{3}=4$

답 ④

18 $\lim_{x\to1}\frac{f(x-1)-f(0)}{x^3-1}=\lim_{x\to1}\frac{f(x-1)-f(0)}{(x-1)(x^2+x+1)}$

$=\lim_{x\to1}\frac{f(x-1)-f(0)}{x-1}\times\lim_{x\to1}\frac{1}{x^2+x+1}$

…… ㉠

$x-1=t$로 놓으면 $x\to1$일 때, $t\to0$이므로

$\lim_{x\to1}\frac{f(x-1)-f(0)}{x-1}=\lim_{t\to0}\frac{f(t)-f(0)}{t}=6$

따라서 구하는 값은 ㉠에서

$6\times\frac{1}{3}=2$

답 ①

19 함수 $f(x)$가 $x=1$에서 미분가능하므로 $x=1$에서 연속이다.

즉, $\lim_{x\to1-}f(x)=\lim_{x\to1+}f(x)=f(1)$에서

$1+a=4+b=4+b$

$b=a-3$ …… ㉠

함수 $f(x)$가 $x=1$에서 미분가능하므로

$\lim_{x\to1-}\frac{f(x)-f(1)}{x-1}=\lim_{x\to1+}\frac{f(x)-f(1)}{x-1}$에서

$\lim_{x\to1-}\frac{(x^2+ax)-(1+a)}{x-1}=\lim_{x\to1+}\frac{(4x+b)-(4+b)}{x-1}$

$\lim_{x\to1-}\frac{(x-1)(x+1+a)}{x-1}=\lim_{x\to1+}\frac{4(x-1)}{x-1}$

$\lim_{x\to1-}(x+1+a)=\lim_{x\to1+}4$

$2+a=4$, $a=2$

㉠에서 $b=-1$

따라서 $ab=2\times(-1)=-2$

답 ①

20 함수 $f(x)$가 $x=-1$에서 미분가능하므로 $x=-1$에서 연속이다.

즉, $\lim_{x\to-1}f(x)=f(-1)$

따라서

$\lim_{x\to-1}\frac{f(x)}{x^2+1}=\lim_{x\to-1}f(x)\times\lim_{x\to-1}\frac{1}{x^2+1}=f(-1)\times\frac{1}{2}=1$

이므로 $f(-1)=2$

답 ②

21 함수 $f(x)$가 $x=1$에서 미분가능하므로 $x=1$에서 연속이다.

즉, $\lim_{x\to1}f(x)=f(1)$

$(x-1)f(x)=x^2+ax+b$에서

$x\neq1$일 때, $f(x)=\frac{x^2+ax+b}{x-1}$

$\lim_{x\to1}f(x)=\lim_{x\to1}\frac{x^2+ax+b}{x-1}$ …… ㉠

㉠에서 극한값이 존재하고 $x\to1$일 때 (분모)$\to0$이므로 (분자)$\to0$이어야 한다.

즉, $\lim_{x\to1}(x^2+ax+b)=1+a+b=0$

$b=-a-1$ …… ㉡

㉡을 ㉠에 대입하면

$\lim_{x\to1}\frac{x^2+ax+b}{x-1}=\lim_{x\to1}\frac{x^2+ax-a-1}{x-1}$

$=\lim_{x\to1}\frac{(x-1)(x+1+a)}{x-1}$

$=\lim_{x\to1}(x+1+a)=2+a$

$f(1)=5$이므로 $2+a=5$, $a=3$

㉡에 대입하면 $b=-4$

따라서 $a-b=3-(-4)=7$

답 ④

22 함수 $f(x)$가 $x=a$에서 미분가능하므로 $x=a$에서 연속이다.

즉, $\lim_{x\to a-} f(x)=\lim_{x\to a+} f(x)=f(a)$에서

$a^2=-8a+b=-8a+b$

$b=a^2+8a$ ...... ㉠

함수 $f(x)$가 $x=a$에서 미분가능하므로

$\lim_{x\to a-}\frac{f(x)-f(a)}{x-a}=\lim_{x\to a+}\frac{f(x)-f(a)}{x-a}$에서

$\lim_{x\to a-}\frac{x^2-a^2}{x-a}=\lim_{x\to a+}\frac{(-8x+b)-(-8a+b)}{x-a}$

$\lim_{x\to a-}\frac{(x-a)(x+a)}{x-a}=\lim_{x\to a+}\frac{-8(x-a)}{x-a}$

$\lim_{x\to a-}(x+a)=\lim_{x\to a+}(-8)$

$2a=-8$, $a=-4$

㉠에서 $b=-16$

따라서 $\frac{b}{a}=\frac{-16}{-4}=4$

답 ④

23 함수 $f(x)$가 $x=-1$에서 미분가능하므로 $x=-1$에서 연속이다.

즉, $\lim_{x\to -1-} f(x)=\lim_{x\to -1+} f(x)=f(-1)$에서

$1-a+1=b+1+3=b+1+3$

$b=-a-2$ ...... ㉠

함수 $f(x)$가 $x=-1$에서 미분가능하므로

$\lim_{x\to -1-}\frac{f(x)-f(-1)}{x+1}=\lim_{x\to -1+}\frac{f(x)-f(-1)}{x+1}$에서

$\lim_{x\to -1-}\frac{(x^2+ax+1)-(2-a)}{x+1}=\lim_{x\to -1+}\frac{(bx^2-x+3)-(b+4)}{x+1}$

$\lim_{x\to -1-}\frac{(x+1)(x-1+a)}{x+1}=\lim_{x\to -1+}\frac{(x+1)(bx-b-1)}{x+1}$

$\lim_{x\to -1-}(x-1+a)=\lim_{x\to -1+}(bx-b-1)$

$-2+a=-2b-1$

$a=-2b+1$ ...... ㉡

㉠, ㉡을 연립하여 풀면 $a=-5$, $b=3$

따라서

$f(-1)=b+1+3=7$

$f'(-1)=-2+a=-7$

이므로 $f(-1)\times f'(-1)=7\times(-7)=-49$

답 ①

24 $\lim_{h\to 0}\frac{f(3+h)-f(3)}{h}=5$에서 함수 $f(x)$는 $x=3$에서 미분가능하므로 $f'(3)=5$이고 $x=3$에서 연속이다.

즉, $\lim_{x\to 3-} f(x)=\lim_{x\to 3+} f(x)=f(3)$에서

$9+3a=3b+c=3b+c$

$c=3a-3b+9$ ...... ㉠

함수 $f(x)$가 $x=3$에서 미분가능하므로

$\lim_{x\to 3-}\frac{f(x)-f(3)}{x-3}=\lim_{x\to 3+}\frac{f(x)-f(3)}{x-3}$에서

$\lim_{x\to 3-}\frac{(x^2+ax)-(9+3a)}{x-3}=\lim_{x\to 3+}\frac{(bx+c)-(3b+c)}{x-3}$

$\lim_{x\to 3-}\frac{(x-3)(x+3+a)}{x-3}=\lim_{x\to 3+}\frac{b(x-3)}{x-3}$

$\lim_{x\to 3-}(x+3+a)=\lim_{x\to 3+} b$

$6+a=b$

이때 $f'(3)=5$이므로 $6+a=b=5$에서

$a=-1$, $b=5$

이것을 ㉠에 대입하면 $c=-9$

따라서 $a+b+c=-1+5+(-9)=-5$

답 ①

25 $f(x)=x^2-3x+4$에서

$f'(x)=2x-3$

따라서 $f'(1)=2-3=-1$

답 ②

26 $f(x)=-2x^3+3x^2-x+5$에서

$f'(x)=-6x^2+6x-1$

이므로

$f'(-1)=-6-6-1=-13$

$f'(0)=-1$

$f'(1)=-6+6-1=-1$

따라서 $f'(-1)+f'(0)+f'(1)=-13-1-1=-15$

답 ①

27 x의 값이 0부터 3까지 변할 때의 평균변화율은

$\frac{f(3)-f(0)}{3-0}=\frac{-6-0}{3}=-2$

이때 $f(x)=x^3-3x^2-2x$에서 $f'(x)=3x^2-6x-2$

즉, $f'(a)=3a^2-6a-2$에서

$-2=3a^2-6a-2$

$3a^2-6a=0$, $3a(a-2)=0$

$a>0$이므로 $a=2$

답 ②

28 $\lim_{h\to 0}\frac{f(2+h)-f(2)}{h}=f'(2)$

이때 $f(x)=2x^2-3x+1$에서

$f'(x)=4x-3$

따라서 $f'(2)=8-3=5$

답 ⑤

29 $\lim_{h\to 0}\frac{f(1+2h)-f(1-3h)}{2h}$

$=\lim_{h\to 0}\frac{\{f(1+2h)-f(1)\}-\{f(1-3h)-f(1)\}}{2h}$

$=\lim_{h\to 0}\frac{f(1+2h)-f(1)}{2h}+\lim_{h\to 0}\frac{f(1-3h)-f(1)}{-2h}$

$=f'(1)+\lim_{h\to 0}\frac{f(1-3h)-f(1)}{-3h\times\frac{2}{3}}$

$=f'(1)+\frac{3}{2}\lim_{h\to 0}\frac{f(1-3h)-f(1)}{-3h}$

$=f'(1)+\frac{3}{2}f'(1)=\frac{5}{2}f'(1)$

이때 $f(x)=-x^3+2x^2+3x-5$에서

$f'(x)=-3x^2+4x+3$

따라서 $f'(1)=-3+4+3=4$이므로

$\frac{5}{2}f'(1)=\frac{5}{2}\times4=10$

답 ②

30 $\lim_{x\to3}\frac{f(x)-f(3)}{x^2+2x-15}=\lim_{x\to3}\frac{f(x)-f(3)}{(x-3)(x+5)}$

$=\lim_{x\to3}\frac{f(x)-f(3)}{x-3}\times\lim_{x\to3}\frac{1}{x+5}$

$=f'(3)\times\frac{1}{8}$

이때 $f(x)=-3x^2+2x-4$에서

$f'(x)=-6x+2$

따라서 $f'(3)=-18+2=-16$이므로

$f'(3)\times\frac{1}{8}=-16\times\frac{1}{8}=-2$

답 ①

31 $f(x)=x^2+2x+3$, $g(x)=-2x+5$에서

$f(0)=3$, $g(0)=5$

$f'(x)=2x+2$, $g'(x)=-2$에서

$f'(0)=2$, $g'(0)=-2$

따라서 $\{f(x)g(x)\}'=f'(x)g(x)+f(x)g'(x)$에서

함수 $f(x)g(x)$의 $x=0$에서의 미분계수는

$f'(0)g(0)+f(0)g'(0)=2\times5+3\times(-2)=4$

답 4

32 $\{f(x)g(x)\}'=f'(x)g(x)+f(x)g'(x)$에서

함수 $f(x)g(x)$의 $x=1$에서의 미분계수는

$f'(1)g(1)+f(1)g'(1)=(-3)\times1+2\times2=1$

답 ④

33 $f(x)=(x-1)(x^2+3)$에서

$f'(x)=(x^2+3)+(x-1)\times2x=3x^2-2x+3$

따라서

$\lim_{h\to0}\frac{f(1+h)-f(1)}{h}=f'(1)=3-2+3=4$

답 ④

34 $g(x)=(x^2-3x-2)f(x)$에서

$g'(x)=(2x-3)f(x)+(x^2-3x-2)f'(x)$

이므로

$g'(2)=f(2)-4f'(2)=3-4=-1$

따라서

$\lim_{x\to2}\frac{g(x)-g(2)}{x-2}=g'(2)=-1$

답 ②

35 $\lim_{x\to1}\frac{f(x)-2}{x-1}$에서 극한값이 존재하고 $x\to1$일 때 (분모)$\to0$이므로 (분자)$\to0$이어야 한다.

즉, $\lim_{x\to1}\{f(x)-2\}=0$

이때 함수 $f(x)$가 $x=1$에서 연속이므로 $f(1)=2$

그러므로

$\lim_{x\to1}\frac{f(x)-2}{x-1}=\lim_{x\to1}\frac{f(x)-f(1)}{x-1}=f'(1)=1$

마찬가지로 $\lim_{x\to1}\frac{g(x)+4}{x-1}=5$에서 극한값이 존재하고 $x\to1$일 때 (분모)$\to0$이므로 (분자)$\to0$이어야 한다.

즉, $\lim_{x\to1}\{g(x)+4\}=0$

이때 함수 $g(x)$가 $x=1$에서 연속이므로 $g(1)=-4$

그러므로

$\lim_{x\to1}\frac{g(x)+4}{x-1}=\lim_{x\to1}\frac{g(x)-g(1)}{x-1}=g'(1)=5$

따라서 $h(x)=f(x)g(x)$로 놓으면

$h'(x)=f'(x)g(x)+f(x)g'(x)$에서

$h'(1)=f'(1)g(1)+f(1)g'(1)$

$=1\times(-4)+2\times5=6$

이고,

$\lim_{x\to1}\frac{f(x)g(x)-f(1)g(1)}{x-1}=\lim_{x\to1}\frac{h(x)-h(1)}{x-1}$

$=h'(1)=6$

답 ③

36 $h(x)=f(x)g(x)$로 놓으면

$h(-1)=f(-1)g(-1)=(-1)\times(-2)=2$이므로

$\lim_{x\to-1}\frac{f(x)g(x)-2}{x+1}=\lim_{x\to-1}\frac{h(x)-h(-1)}{x+1}=h'(-1)$

한편, $f(x)=x^2-2x-4$, $g(x)=x^2+x-2$에서

$f'(x)=2x-2$, $g'(x)=2x+1$이므로

$f'(-1)=-4$, $g'(-1)=-1$

따라서 $h'(x)=f'(x)g(x)+f(x)g'(x)$에서

$h'(-1)=f'(-1)g(-1)+f(-1)g'(-1)$

$=(-4)\times(-2)+(-1)\times(-1)=9$

답 ②

37 곡선 $y=f(x)$ 위의 점 $(1, 2)$에서의 접선의 기울기가 1이므로

$f'(1)=1$, $f(1)=2$

$f(x)=x^3+ax^2+bx$에서 $f'(x)=3x^2+2ax+b$

$f'(1)=3+2a+b=1$에서

$2a+b=-2$ ······ ㉠

$f(1)=1+a+b=2$에서

$a+b=1$ ······ ㉡

㉠, ㉡을 연립하여 풀면 $a=-3$, $b=4$

따라서 $f(x)=x^3-3x^2+4x$이므로

$f(2)=8-12+8=4$

답 ⑤

38 곡선 $y=f(x)$ 위의 점 $(-1,\ f(-1))$에서의 접선의 기울기는 $f'(-1)$이다.
이때 $f(x)=(x^2-2x)(3x+4)$에서
$f'(x)=(2x-2)(3x+4)+(x^2-2x)\times 3$
따라서 $f'(-1)=(-4)\times 1+3\times 3=5$

답 ⑤

39 점 $(2,\ f(2))$에서 기울기가 양수인 접선이 존재하므로 함수 $f(x)$는 $x=2$에서 미분가능하다.
이때 함수 $f(x)$는 $x=2$에서 연속이므로
$\lim_{x\to 2-} f(x)=\lim_{x\to 2+} f(x)=f(2)$
$4a=2b-4=2b-4$
$b=2a+2$ …… ㉠
또 함수 $f(x)$는 $x=2$에서 미분가능하므로
$\lim_{x\to 2-}\frac{f(x)-f(2)}{x-2}=\lim_{x\to 2+}\frac{f(x)-f(2)}{x-2}$에서
$\lim_{x\to 2-}\frac{ax^2-4a}{x-2}=\lim_{x\to 2+}\frac{(bx-4)-(2b-4)}{x-2}$
$\lim_{x\to 2-}\frac{a(x-2)(x+2)}{x-2}=\lim_{x\to 2+}\frac{b(x-2)}{x-2}$
$\lim_{x\to 2-} a(x+2)=\lim_{x\to 2+} b$
$4a=b$ …… ㉡
㉠, ㉡을 연립하여 풀면 $a=1,\ b=4$
즉, $f'(2)=4$
따라서 $f(x)=\begin{cases} x^2 & (x<2) \\ 4x-4 & (x\geq 2)\end{cases}$에서
$f(1)=1,\ f(3)=8$이므로
$f(1)+f'(2)+f(3)=1+4+8=13$

답 13

40 x의 값이 0에서 4까지 변할 때의 평균변화율은
$\frac{f(4)-f(0)}{4-0}=\frac{28-0}{4}=7$ …… ㉠
한편, 곡선 $y=f(x)$ 위의 점 $(a,\ f(a))$에서의 접선의 기울기는 $f'(a)$이다.
이때 $f(x)=x^3-9x$에서 $f'(x)=3x^2-9$
즉, $f'(a)=3a^2-9$
이 값이 ㉠과 같으므로
$3a^2-9=7,\ a^2=\frac{16}{3}$

답 ③

41 곡선 $y=f(x)$ 위의 점 $(a,\ f(a))$에서의 접선의 기울기는 $f'(a)$이고, 함수 $f(x)$에서 x의 값이 0에서 1까지 변할 때의 평균변화율은 두 점 $(0,\ 0)$, $(1,\ 3)$을 지나는 직선의 기울기이므로
$f'(a)=\frac{3-0}{1-0}=3$

답 ④

42 최고차항의 계수가 1인 이차함수 $f(x)$를
$f(x)=x^2+ax+b$ (a, b는 상수)
로 놓으면 x의 값이 0에서 1까지 변할 때의 평균변화율이 p이므로
$p=\frac{f(1)-f(0)}{1-0}=(1+a+b)-b=1+a$
x의 값이 1에서 2까지 변할 때의 평균변화율이 q이므로
$q=\frac{f(2)-f(1)}{2-1}=(4+2a+b)-(1+a+b)=3+a$
이때 $2p=q$이므로
$2(1+a)=3+a,\ a=1$
따라서 $f(x)=x^2+x+b$에서 $f'(x)=2x+1$이므로 구하는 접선의 기울기는 $f'(1)=2+1=3$

답 3

43 함수 $f(x)$는 최고차항의 계수가 1인 사차함수이고 조건 (가)에서 함수 $y=f(x)$의 그래프는 y축에 대하여 대칭이므로
$f(x)=x^4+ax^2+b$ (a, b는 상수)
로 놓을 수 있다.
조건 (나)에서 $f(1)=3,\ f'(1)=2$
$f(1)=1+a+b=3$에서
$a+b=2$ …… ㉠
$f'(x)=4x^3+2ax$에서
$f'(1)=4+2a=2,\ a=-1$
㉠에 대입하면 $b=3$
따라서 $f(x)=x^4-x^2+3$에서
$f(2)=16-4+3=15$

답 ⑤

참고
함수 $f(x)=x^4+\alpha x^3+\beta x^2+\gamma x+\delta$ (α, β, γ, δ는 상수)에 대하여 함수 $y=f(x)$의 그래프가 y축에 대하여 대칭이면 모든 실수 x에 대하여 $f(-x)=f(x)$이므로
$x^4-\alpha x^3+\beta x^2-\gamma x+\delta=x^4+\alpha x^3+\beta x^2+\gamma x+\delta$
$2\alpha x^3+2\gamma x=0$
위 등식은 x에 대한 항등식이므로 $\alpha=\gamma=0$
따라서 $f(x)=x^4+\beta x^2+\delta$로 놓을 수 있다.

44 함수 $f(x)$는 최고차항의 계수가 1인 삼차함수이고
$f(-2)=f(2)=0$이므로
$f(x)=(x+2)(x-2)(x-a)$ (a는 상수)
로 놓을 수 있다.
이때 $f(0)=12$이므로
$f(0)=-4\times(-a)=12$
$a=3$
즉, $f(x)=(x+2)(x-2)(x-3)$이므로
$f'(x)=(x-2)(x-3)+(x+2)(x-3)+(x+2)(x-2)$
따라서 $f'(-1)=5,\ f'(0)=-4,\ f'(1)=-7$이므로
$f'(-1)+f'(0)+f'(1)=5-4-7=-6$

답 ③

45 삼차함수 $y=f(x)$의 그래프는 원점에 대하여 대칭이므로
$f(x)=ax^3+bx$ (a, b는 상수, $a\neq 0$)
으로 놓으면 $f'(x)=3ax^2+b$
이때 $2f(x)=xf'(x)+x^3+2x$에 위의 두 식을 대입하면
$2(ax^3+bx)=x(3ax^2+b)+x^3+2x$
$2ax^3+2bx=3ax^3+bx+x^3+2x$
$2ax^3+2bx=(3a+1)x^3+(b+2)x$
즉, $2a=3a+1$, $2b=b+2$
$a=-1$, $b=2$
따라서 $f(x)=-x^3+2x$이므로
$f(1)=-1+2=1$

답 ④

참고
함수 $f(x)=\alpha x^3+\beta x^2+\gamma x+\delta$ (α, β, γ, δ는 상수)에 대하여 함수 $y=f(x)$의 그래프가 원점에 대하여 대칭이면 모든 실수 x에 대하여 $f(-x)=-f(x)$이므로
$-\alpha x^3+\beta x^2-\gamma x+\delta=-\alpha x^3-\beta x^2-\gamma x-\delta$
$2\beta x^2+2\delta=0$
위 등식은 x에 대한 항등식이므로 $\beta=\delta=0$
따라서 $f(x)=\alpha x^3+\gamma x$로 놓을 수 있다.

46 $f(x)=-xf'(x)-9x^2+4x-1$ …… ㉠
에서 $f(x)$가 상수함수이면 좌변은 상수함수이고 우변은 이차함수이므로 등식이 성립하지 않는다.
$f(x)$가 일차함수이면 좌변은 1차이고 우변은 2차이므로 등식이 성립하지 않는다.
2 이상의 자연수 n에 대하여 $f(x)$의 차수를 n이라 하면 $f'(x)$의 차수는 $n-1$이므로 $xf'(x)$의 차수는 n이다.
$n\geq 3$일 때, $f(x)$의 최고차항을 ax^n ($a\neq 0$)이라 하면 좌변의 최고차항은 ax^n이고 $f'(x)$의 최고차항은 $(ax^n)'=anx^{n-1}$이므로 우변의 최고차항은 $-anx^n$이다.
즉, $ax^n=-anx^n$에서 $ax^n(1+n)=0$
$n\geq 3$이므로 $a=0$
이는 $f(x)$의 최고차항이 ax^n ($a\neq 0$)이라는 조건을 만족시키지 않는다.
즉, $n=2$이므로
$f(x)=ax^2+bx+c$ (a, b, c는 상수, $a\neq 0$)
으로 놓으면 $f'(x)=2ax+b$
㉠에서
$ax^2+bx+c=-x(2ax+b)-9x^2+4x-1$
$ax^2+bx+c=(-2a-9)x^2+(-b+4)x-1$
에서 $a=-2a-9$, $b=-b+4$, $c=-1$
$a=-3$, $b=2$, $c=-1$
즉, $f(x)=-3x^2+2x-1$이므로 $f'(x)=-6x+2$
따라서 $f'(-1)=6+2=8$

답 8

47 조건 (가)에서 이차함수 $y=f(x)$의 그래프가 x축에 접하므로
$f(x)=a(x+b)^2$ (a, b는 상수, $a\neq 0$)
으로 놓을 수 있다. 조건 (나)에서
$f(1)=a(1+b)^2=32$ …… ㉠
$f(x)=a(x+b)^2=a(x+b)(x+b)$에서
$f'(x)=a(x+b)+a(x+b)=2a(x+b)$이므로
$f'(1)=2a(1+b)=16$
$a(1+b)=8$ …… ㉡
㉡을 ㉠에 대입하면
$8(1+b)=32$, $1+b=4$
$b=3$, $a=2$
따라서 $f(x)=2(x+3)^2$이므로
$f(2)=2\times 25=50$

답 50

48 함수 $f(x)g(x)$가 $x=1$에서 미분가능하므로 $x=1$에서 연속이다.
즉, $\lim_{x\to 1-} f(x)g(x)=\lim_{x\to 1+} f(x)g(x)=f(1)g(1)$이므로
$\lim_{x\to 1-} f(x)g(x)=\lim_{x\to 1-} f(x)\times\lim_{x\to 1-} g(x)=g(1)$
$\lim_{x\to 1+} f(x)g(x)=\lim_{x\to 1+} f(x)\times\lim_{x\to 1+} g(x)=-g(1)$
$f(1)g(1)=-g(1)$
에서 $g(1)=-g(1)$
즉, $g(1)=0$
이때 최고차항의 계수가 1인 이차함수 $g(x)$를
$g(x)=(x-1)(x+a)$ (a는 상수)
로 놓으면 함수 $f(x)g(x)$가 $x=1$에서 미분가능하므로
$$\lim_{x\to 1-}\frac{f(x)g(x)-f(1)g(1)}{x-1}=\lim_{x\to 1+}\frac{f(x)g(x)-f(1)g(1)}{x-1}$$
에서
$$\lim_{x\to 1-}\frac{(x-1)(x+a)}{x-1}=\lim_{x\to 1+}\frac{-(x-1)(x+a)}{x-1}$$
$\lim_{x\to 1-}(x+a)=\lim_{x\to 1+}\{-(x+a)\}$
$1+a=-(1+a)$
$2(1+a)=0$
$a=-1$
따라서 $g(x)=(x-1)^2$이므로
$g(3)=4$

답 4

서술형 완성하기

본문 46쪽

01 풀이 참조 **02** 8 **03** 6 **04** 3
05 11 **06** 2

01 $f(-1)=0$이고 $\lim_{x\to -1} f(x)=\lim_{x\to -1}|x^2+x|=0$이므로
$\lim_{x\to -1} f(x)=f(-1)$
즉, 함수 $f(x)=|x^2+x|$는 $x=-1$에서 연속이다. …… ❶
$$\lim_{x\to -1-}\frac{f(x)-f(-1)}{x-(-1)}=\lim_{x\to -1-}\frac{|x^2+x|}{x+1}=\lim_{x\to -1-}\frac{x^2+x}{x+1}$$
$$=\lim_{x\to -1-}\frac{x(x+1)}{x+1}$$
$$=\lim_{x\to -1-} x=-1$$ …… ❷

$$\lim_{x\to-1+}\frac{f(x)-f(-1)}{x-(-1)}=\lim_{x\to-1+}\frac{|x^2+x|}{x+1}=\lim_{x\to-1+}\frac{-(x^2+x)}{x+1}$$
$$=\lim_{x\to-1+}\frac{-x(x+1)}{x+1}$$
$$=\lim_{x\to-1+}(-x)=1 \quad \cdots\cdots ❸$$

이므로 $f'(-1)$이 존재하지 않는다.
따라서 함수 $f(x)=|x^2+x|$는 $x=-1$에서 연속이지만 미분가능하지 않다.

답 풀이 참조

단계	채점 기준	비율
❶	함수 $f(x)$가 $x=-1$에서 연속임을 보인 경우	40 %
❷	$\lim_{x\to-1-}\frac{f(x)-f(-1)}{x-(-1)}$의 값을 구한 경우	30 %
❸	$\lim_{x\to-1+}\frac{f(x)-f(-1)}{x-(-1)}$의 값을 구한 경우	30 %

02 $\lim_{h\to0}\frac{f(4+h)-f(4-2h)}{2h}=18$에서

$$\lim_{h\to0}\frac{f(4+h)-f(4-2h)}{2h}$$
$$=\lim_{h\to0}\frac{\{f(4+h)-f(4)\}-\{f(4-2h)-f(4)\}}{2h}$$
$$=\lim_{h\to0}\frac{f(4+h)-f(4)}{2h}+\lim_{h\to0}\frac{f(4-2h)-f(4)}{-2h}$$
$$=\frac{f'(4)}{2}+f'(4)=\frac{3}{2}f'(4)=18$$

이므로 $f'(4)=12$ ⋯⋯ ❶

한편, $\lim_{x\to1}\frac{f(x^2+3)-f(4)}{x^3-1}$에서

$x^2+3=t$로 놓으면 $x\to1$일 때, $t\to4$이므로

$$\lim_{x\to1}\frac{f(x^2+3)-f(4)}{x^3-1}=\lim_{x\to1}\frac{f(x^2+3)-f(4)}{(x-1)(x^2+x+1)}$$
$$=\lim_{x\to1}\frac{\{f(x^2+3)-f(4)\}(x+1)}{(x-1)(x^2+x+1)(x+1)}$$
$$=\lim_{x\to1}\frac{\{f(x^2+3)-f(4)\}(x+1)}{(x^2-1)(x^2+x+1)}$$
$$=\lim_{x\to1}\frac{f(x^2+3)-f(4)}{x^2-1}\times\lim_{x\to1}\frac{x+1}{x^2+x+1}$$
$$=\lim_{t\to4}\frac{f(t)-f(4)}{t-4}\times\frac{2}{3}$$
$$=\frac{2}{3}f'(4)=\frac{2}{3}\times12=8 \quad \cdots\cdots ❷$$

답 8

단계	채점 기준	비율
❶	$f'(4)$의 값을 구한 경우	50 %
❷	치환하여 극한값을 구한 경우	50 %

03 $\lim_{x\to-2}\frac{f(x)+4}{x+2}=9$에서 극한값이 존재하고 $x\to-2$일 때 (분모)$\to0$이므로 (분자)$\to0$이어야 한다.

즉, $\lim_{x\to-2}\{f(x)+4\}=0$

다항함수 $f(x)$는 실수 전체의 집합에서 연속이므로 $x=-2$에서도 연속이다.

즉, $f(-2)=-4$ ⋯⋯ ❶

$-8-2a+b=-4$

$b=2a+4$ ⋯⋯ ㉠

한편,

$$\lim_{x\to-2}\frac{f(x)+4}{x+2}=\lim_{x\to-2}\frac{f(x)-f(-2)}{x-(-2)}=9$$

에서 $f'(-2)=9$ ⋯⋯ ❷

$f(x)=x^3+ax+b$에서 $f'(x)=3x^2+a$이므로

$12+a=9$, $a=-3$

㉠에서 $b=-2$

따라서 $ab=(-3)\times(-2)=6$ ⋯⋯ ❸

답 6

단계	채점 기준	비율
❶	극한값이 존재할 조건을 이용하여 $f(-2)$의 값을 구한 경우	40 %
❷	$f'(-2)$의 값을 구한 경우	30 %
❸	ab의 값을 구한 경우	30 %

04 곡선 $y=g(x)$ 위의 점 $(-1, -2)$에서의 접선의 기울기가 -7이므로

$g(-1)=-2$, $g'(-1)=-7$

$g(x)=(x^3+2x^2-3)f(x)$에서

$g(-1)=(-1+2-3)f(-1)=-2f(-1)=-2$

$f(-1)=1$ ⋯⋯ ❶

$g'(x)=(3x^2+4x)f(x)+(x^3+2x^2-3)f'(x)$에서

$g'(-1)=(3-4)f(-1)+(-1+2-3)f'(-1)$
$\quad=-1-2f'(-1)=-7$

따라서 $f'(-1)=3$ ⋯⋯ ❷

답 3

단계	채점 기준	비율
❶	$f(-1)$의 값을 구한 경우	50 %
❷	$f'(-1)$의 값을 구한 경우	50 %

05 $\lim_{x\to-1}\frac{x^n+2x+3}{x+1}=13$에서 극한값이 존재하고 $x\to-1$일 때 (분모)$\to0$이므로 (분자)$\to0$이어야 한다.

즉, $\lim_{x\to-1}(x^n+2x+3)=0$에서

$(-1)^n-2+3=0$, $(-1)^n=-1$

이므로 자연수 n은 홀수이다. ⋯⋯ ❶

$f(x)=x^n+2x$로 놓으면

$f(-1)=(-1)^n-2=-3$이므로 주어진 식

$$\lim_{x\to-1}\frac{x^n+2x+3}{x+1}=\lim_{x\to-1}\frac{f(x)-f(-1)}{x-(-1)}=13$$

에서 $f'(-1)=13$ ⋯⋯ ❷

이때 $f'(x)=nx^{n-1}+2$이므로

$f'(-1)=n(-1)^{n-1}+2=13$

n은 홀수이므로 $n-1$은 0 또는 짝수

따라서 $n+2=13$에서

$n=11$ ⋯⋯ ❸

답 11

단계	채점 기준	비율
❶	n이 홀수임을 구한 경우	30 %
❷	$f'(-1)$의 값을 구한 경우	30 %
❸	n의 값을 구한 경우	40 %

06 $f(x)=x^3+ax^2+b$를 $(x-2)^2$으로 나누었을 때의 몫을 $Q(x)$라 하면

$x^3+ax^2+b=(x-2)^2Q(x)+1$ …… ㉠ …… ❶

㉠에 $x=2$를 대입하면

$8+4a+b=1$

$b=-4a-7$ …… ㉡ …… ❷

㉠의 양변을 x에 대하여 미분하면

$3x^2+2ax=2(x-2)Q(x)+(x-2)^2Q'(x)$

이 식에 $x=2$를 대입하면

$12+4a=0$, $a=-3$ …… ❸

㉡에서 $b=5$

따라서 $a+b=-3+5=2$ …… ❹

답 2

단계	채점 기준	비율
❶	주어진 식을 $(x-2)^2Q(x)+1$로 나타낸 경우	30 %
❷	$x=2$를 대입하여 a와 b의 식을 구한 경우	20 %
❸	a의 값을 구한 경우	30 %
❹	$a+b$의 값을 구한 경우	20 %

내신 + 수능 고난도 도전

본문 47쪽

01 ② **02** ③ **03** 28 **04** 8

01 $f(x)=|x^2-2x|$

$$=\begin{cases}-x^2+2x & (0\le x<2)\\ x^2-2x & (x<0 \text{ 또는 } x\ge 2)\end{cases}$$

이므로

$$f(x)g(x)=\begin{cases}(-x^2+2x)(3x+a)(x+b) & (0\le x<2)\\ (x^2-2x)(3x+a)(x+b) & (x<0 \text{ 또는 } x\ge 2)\end{cases}$$

함수 $f(x)g(x)$가 실수 전체의 집합에서 미분가능하므로 $x=0$, $x=2$에서 미분가능하다.

(i) 함수 $f(x)g(x)$가 $x=0$에서 미분가능하므로

$\displaystyle\lim_{x\to 0-}\frac{f(x)g(x)-f(0)g(0)}{x}=\lim_{x\to 0+}\frac{f(x)g(x)-f(0)g(0)}{x}$에서

$$\lim_{x\to 0-}\frac{(x^2-2x)(3x+a)(x+b)}{x}=\lim_{x\to 0+}\frac{(-x^2+2x)(3x+a)(x+b)}{x}$$

$\displaystyle\lim_{x\to 0-}(x-2)(3x+a)(x+b)=\lim_{x\to 0+}(-x+2)(3x+a)(x+b)$

이므로

$-2ab=2ab$, $4ab=0$

그러므로 $ab=0$

(ii) 함수 $f(x)g(x)$가 $x=2$에서 미분가능하므로

$\displaystyle\lim_{x\to 2-}\frac{f(x)g(x)-f(2)g(2)}{x-2}=\lim_{x\to 2+}\frac{f(x)g(x)-f(2)g(2)}{x-2}$에서

$$\lim_{x\to 2-}\frac{(-x^2+2x)(3x+a)(x+b)}{x-2}=\lim_{x\to 2+}\frac{(x^2-2x)(3x+a)(x+b)}{x-2}$$

$\displaystyle\lim_{x\to 2-}\{-x(3x+a)(x+b)\}=\lim_{x\to 2+}\{x(3x+a)(x+b)\}$

이므로

$-2(6+a)(2+b)=2(6+a)(2+b)$

$4(6+a)(2+b)=0$

그러므로 $a=-6$ 또는 $b=-2$

(i), (ii)에서 $a=-6$, $b=0$ 또는 $a=0$, $b=-2$이므로

$g(x)=(3x-6)x$ 또는 $g(x)=3x(x-2)$에서

$g(x)=3x^2-6x$

따라서 $g'(x)=6x-6$에서 $g'(2)=12-6=6$

답 ②

02 이차함수 $y=f(x)$의 그래프는 y축에 대하여 대칭이므로

$f(x)=ax^2+b$ (a, b는 상수, $a\ne 0$)

으로 놓으면 $f'(x)=2ax$

이때 $5f(x)+\{f'(x)\}^2=6x^2+15$에 위의 두 식을 대입하면

$5(ax^2+b)+(2ax)^2=6x^2+15$

$5ax^2+5b+4a^2x^2=6x^2+15$

$(5a+4a^2)x^2+5b=6x^2+15$

위의 등식은 x에 대한 항등식이므로

$5a+4a^2=6$에서

$4a^2+5a-6=0$, $(a+2)(4a-3)=0$

$a=-2$ 또는 $a=\frac{3}{4}$

또한 $5b=15$에서 $b=3$

따라서 $f(x)=-2x^2+3$ 또는 $f(x)=\frac{3}{4}x^2+3$

$f(x)=-2x^2+3$이면 $f(1)=1$이므로 $f(1)>1$이라는 조건을 만족시키지 않는다.

$f(x)=\frac{3}{4}x^2+3$이면 $f(1)=\frac{15}{4}>1$이므로 조건을 만족시킨다.

$f(x)=\frac{3}{4}x^2+3$에서 $f'(x)=\frac{3}{2}x$이므로

$f'(2)=\frac{3}{2}\times 2=3$

답 ③

03 $\displaystyle\lim_{x\to 1}\frac{f(x)}{(x-1)f'(x)}=\frac{1}{2}$에서 극한값이 존재하고 $x\to 1$일 때 (분모)$\to 0$이므로 (분자)$\to 0$이어야 한다.

즉, $\displaystyle\lim_{x\to 1}f(x)=0$

이때 삼차함수 $f(x)$의 최고차항의 계수가 1이므로

$f(x)=(x-1)(x^2+ax+b)$ (a, b는 상수)

로 놓으면

$f'(x)=(x^2+ax+b)+(x-1)(2x+a)$ …… ㉠

한편, $\displaystyle\lim_{x\to 1}\frac{f(x)}{(x-1)f'(x)}=\frac{1}{2}$에서

$$\lim_{x\to1}\frac{(x-1)(x^2+ax+b)}{(x-1)f'(x)}$$
$$=\lim_{x\to1}\frac{x^2+ax+b}{f'(x)}$$
$$=\lim_{x\to1}\frac{x^2+ax+b}{(x^2+ax+b)+(x-1)(2x+a)} \quad \cdots\cdots ㉡$$

이때 $1+a+b\neq0$이면 ㉡에서 $\lim_{x\to1}\frac{x^2+ax+b}{x^2+ax+b}=1$이 되어 조건을 만족시키지 않는다.

그러므로 $1+a+b=0$, $b=-a-1$

조건 (나)에서 $f'(2)=13$이므로 ㉠에서

$f'(2)=(4+2a+b)+4+a=8+3a+b$

$=8+3a-a-1=7+2a=13$

$2a=6$, $a=3$

$b=-4$

따라서

$f(x)=(x-1)(x^2+3x-4)=(x-1)^2(x+4)$

이므로 $f(3)=4\times7=28$

답 28

참고

$b=-a-1$을 ㉡에 대입하면

$$\lim_{x\to1}\frac{x^2+ax+b}{(x^2+ax+b)+(x-1)(2x+a)}$$
$$=\lim_{x\to1}\frac{x^2+ax-a-1}{(x^2+ax-a-1)+(x-1)(2x+a)}$$
$$=\lim_{x\to1}\frac{(x-1)(x+1+a)}{(x-1)(x+1+a)+(x-1)(2x+a)}$$
$$=\lim_{x\to1}\frac{(x-1)(x+1+a)}{(x-1)(3x+1+2a)}$$
$$=\lim_{x\to1}\frac{x+1+a}{3x+1+2a}$$

이때 $2+a=0$이면 $\lim_{x\to1}\frac{x-1}{3x-3}=\lim_{x\to1}\frac{x-1}{3(x-1)}=\lim_{x\to1}\frac{1}{3}=\frac{1}{3}$

이 되어 조건을 만족시키지 않는다.

그러므로 $2+a\neq0$

한편, $2+a\neq0$이면 $\lim_{x\to1}\frac{x+1+a}{3x+1+2a}=\frac{2+a}{4+2a}=\frac{2+a}{2(2+a)}=\frac{1}{2}$

04 최고차항의 계수가 1인 이차함수 $y=f(x)$의 그래프가 직선 $y=3x-5$와 한 점에서 접하므로 접점의 좌표를 $(a, f(a))$라 하면

$f(x)-(3x-5)=(x-a)^2$

으로 놓을 수 있다.

즉, $f(x)=x^2-(2a-3)x+a^2-5 \quad \cdots\cdots ㉠$

에서 $f'(x)=2x-(2a-3)$

$f'(1)=2-2a+3=-2a+5=-1$이므로 $a=3$

따라서 ㉠에서 $f(x)=x^2-3x+4$이므로

$f(-1)=1+3+4=8$

답 8

참고

$g(x)=f(x)-(3x-5)$로 놓으면

$g(a)=0$, $g'(a)=0$이므로 $g(x)=(x-a)^2$

즉, $f(x)-(3x-5)=(x-a)^2$

04 도함수의 활용 (1)

개념 확인하기 본문 49~51쪽

01 -3 **02** 5 **03** $y=5x-3$
04 $y=8x+20$ **05** $y=-2x+1$ **06** $y=2x-4$
07 $y=2x+16$ **08** $y=2x-3$ **09** $y=-x$
10 $y=-\frac{1}{2}x+\frac{7}{2}$ **11** $y=-5x+8$
12 $y=3x+9$ 또는 $y=3x-\frac{5}{3}$ **13** $y=-6x-7$ 또는 $y=2x+1$
14 $y=2x-2$ 또는 $y=-2x+2$ **15** $y=x+3$
16 1 **17** $\frac{5}{2}$ **18** 1 **19** 0 **20** $\frac{5}{2}$
21 0 **22** 1 **23** $\frac{4}{3}$ **24** 증가 **25** 증가
26 감소 **27** 증가 **28** 풀이 참조
29 풀이 참조 **30** 풀이 참조 **31** 풀이 참조
32 풀이 참조 **33** 극댓값: 3, 극솟값: -1
34 $x=a$, $x=c$ **35** $x=b$, $x=e$ **36** 7
37 극댓값: $\frac{1}{2}$, 극솟값: 0 **38** 극댓값: $\frac{8}{3}$, 극솟값: $\frac{4}{3}$
39 극댓값: 0, 극솟값: $-\frac{5}{3}$, $-\frac{32}{3}$
40 극댓값: 28, 극솟값은 갖지 않는다.

01 $f(x)=x^3-4x^2+2x$라 하면 $f'(x)=3x^2-8x+2$

따라서 점 $(1, -1)$에서의 접선의 기울기는

$f'(1)=3-8+2=-3$

답 -3

02 $f(x)=x^4-2x^3-3x+6$이라 하면 $f'(x)=4x^3-6x^2-3$

따라서 점 $(2, 0)$에서의 접선의 기울기는

$f'(2)=32-24-3=5$

답 5

03 $f(x)=x^2+3x-2$라 하면 $f'(x)=2x+3$

점 $(1, 2)$에서의 접선의 기울기는

$f'(1)=2+3=5$

따라서 구하는 접선의 방정식은

$y-2=5(x-1)$, 즉 $y=5x-3$

답 $y=5x-3$

04 $f(x)=2x^3+3x^2-4x$라 하면 $f'(x)=6x^2+6x-4$

점 $(-2, 4)$에서의 접선의 기울기는

$f'(-2)=24-12-4=8$

따라서 구하는 접선의 방정식은

$y-4=8(x+2)$, 즉 $y=8x+20$

답 $y=8x+20$

05 $f(x)=x^4-4x^2-6x$라 하면 $f'(x)=4x^3-8x-6$
점 $(-1, 3)$에서의 접선의 기울기는
$f'(-1)=-4+8-6=-2$
따라서 구하는 접선의 방정식은
$y-3=-2(x+1)$, 즉 $y=-2x+1$

답 $y=-2x+1$

06 $f(x)=\frac{1}{2}x^2+2x-4$라 하면 $f'(x)=x+2$
접점의 좌표를 $\left(t, \frac{1}{2}t^2+2t-4\right)$라 하면 접선의 기울기가 2이므로
$f'(t)=t+2=2$에서 $t=0$
구하는 접선의 방정식은 점 $(0, -4)$를 지나고 기울기가 2인 직선의 방정식이므로
$y+4=2x$, 즉 $y=2x-4$

답 $y=2x-4$

07 $f(x)=-x^2-4x+7$이라 하면 $f'(x)=-2x-4$
접점의 좌표를 $(t, -t^2-4t+7)$이라 하면 접선의 기울기가 2이므로
$f'(t)=-2t-4=2$에서 $t=-3$
구하는 접선의 방정식은 점 $(-3, 10)$을 지나고 기울기가 2인 직선의 방정식이므로
$y-10=2(x+3)$, 즉 $y=2x+16$

답 $y=2x+16$

08 $f(x)=x^3-3x^2+5x-4$라 하면 $f'(x)=3x^2-6x+5$
접점의 좌표를 (t, t^3-3t^2+5t-4)라 하면 접선의 기울기가 2이므로
$f'(t)=3t^2-6t+5=2$에서
$3t^2-6t+3=0$, $3(t-1)^2=0$, $t=1$
구하는 접선의 방정식은 점 $(1, -1)$을 지나고 기울기가 2인 직선의 방정식이므로
$y+1=2(x-1)$, 즉 $y=2x-3$

답 $y=2x-3$

09 $f(x)=x^3-2x$라 하면 $f'(x)=3x^2-2$
점 $(-1, 1)$에서의 접선의 기울기는
$f'(-1)=3-2=1$
그러므로 점 $(-1, 1)$에서의 접선에 수직인 직선의 기울기는 -1이고, 구하는 직선의 방정식은
$y-1=-(x+1)$, 즉 $y=-x$

답 $y=-x$

10 $f(x)=-x^4+6x-2$라 하면 $f'(x)=-4x^3+6$
점 $(1, 3)$에서의 접선의 기울기는
$f'(1)=-4+6=2$
그러므로 점 $(1, 3)$에서의 접선에 수직인 직선의 기울기는 $-\frac{1}{2}$이고, 구하는 직선의 방정식은
$y-3=-\frac{1}{2}(x-1)$, 즉 $y=-\frac{1}{2}x+\frac{7}{2}$

답 $y=-\frac{1}{2}x+\frac{7}{2}$

11 $f(x)=x^2-3x+9$라 하면 $f'(x)=2x-3$
접점의 좌표를 (t, t^2-3t+9)라 하면 직선 $y=-5x+7$에 평행한 직선의 기울기는 -5이므로
$f'(t)=2t-3=-5$에서 $t=-1$
따라서 점 $(-1, 13)$을 지나고 기울기가 -5인 직선의 방정식은
$y-13=-5(x+1)$, 즉 $y=-5x+8$

답 $y=-5x+8$

12 $f(x)=\frac{1}{3}x^3+x^2$이라 하면 $f'(x)=x^2+2x$
접점의 좌표를 $\left(t, \frac{1}{3}t^3+t^2\right)$이라 하면 직선 $y=-\frac{1}{3}x+3$에 수직인 직선의 기울기는 3이므로
$f'(t)=t^2+2t=3$에서
$t^2+2t-3=0$, $(t+3)(t-1)=0$
$t=-3$ 또는 $t=1$
$t=-3$일 때 접점의 좌표는 $(-3, 0)$이므로 구하는 접선의 방정식은
$y=3(x+3)$, 즉 $y=3x+9$
$t=1$일 때 접점의 좌표는 $\left(1, \frac{4}{3}\right)$이므로 구하는 접선의 방정식은
$y-\frac{4}{3}=3(x-1)$, 즉 $y=3x-\frac{5}{3}$
따라서 구하는 직선의 방정식은
$y=3x+9$ 또는 $y=3x-\frac{5}{3}$

답 $y=3x+9$ 또는 $y=3x-\frac{5}{3}$

13 $f(x)=x^2+2$라 하면 $f'(x)=2x$
접점의 좌표를 (t, t^2+2)라 하면 이 점에서의 접선의 기울기는 $f'(t)=2t$이므로 접선의 방정식은
$y-(t^2+2)=2t(x-t)$
$y=2tx-t^2+2$ …… ㉠
이 직선이 점 $(-1, -1)$을 지나므로
$-1=-t^2-2t+2$
$t^2+2t-3=0$, $(t+3)(t-1)=0$
$t=-3$ 또는 $t=1$
$t=-3$을 ㉠에 대입하면 $y=-6x-7$
$t=1$을 ㉠에 대입하면 $y=2x+1$
따라서 구하는 접선의 방정식은
$y=-6x-7$ 또는 $y=2x+1$

답 $y=-6x-7$ 또는 $y=2x+1$

14 $f(x)=-x^2+2x-2$라 하면 $f'(x)=-2x+2$
접점의 좌표를 $(t, -t^2+2t-2)$라 하면 이 점에서의 접선의 기울기는 $f'(t)=-2t+2$이므로 접선의 방정식은
$y-(-t^2+2t-2)=(-2t+2)(x-t)$
$y=(-2t+2)x+t^2-2$ …… ㉠
이 직선이 점 $(1, 0)$을 지나므로
$0=t^2-2t$, $t(t-2)=0$
$t=0$ 또는 $t=2$

$t=0$을 ㉠에 대입하면 $y=2x-2$

$t=2$를 ㉠에 대입하면 $y=-2x+2$

따라서 구하는 접선의 방정식은

$y=2x-2$ 또는 $y=-2x+2$

답 $y=2x-2$ 또는 $y=-2x+2$

15 $f(x)=x^3-2x+1$이라 하면 $f'(x)=3x^2-2$

접점의 좌표를 (t, t^3-2t+1)이라 하면 이 점에서의 접선의 기울기는 $f'(t)=3t^2-2$이므로 접선의 방정식은

$y-(t^3-2t+1)=(3t^2-2)(x-t)$

$y=(3t^2-2)x-2t^3+1$ …… ㉠

이 직선이 점 $(0, 3)$을 지나므로

$3=-2t^3+1$, $2t^3+2=0$, $2(t+1)(t^2-t+1)=0$

모든 실수 t에 대하여 $t^2-t+1>0$이므로 $t=-1$

$t=-1$을 ㉠에 대입하면 $y=x+3$

따라서 구하는 접선의 방정식은

$y=x+3$

답 $y=x+3$

16 함수 $f(x)=2x^2-4x+1$은 닫힌구간 $[-1, 3]$에서 연속이고 열린구간 $(-1, 3)$에서 미분가능하며 $f(-1)=f(3)=7$이므로 롤의 정리에 의하여 $f'(c)=0$인 c가 열린구간 $(-1, 3)$에 적어도 하나 존재한다.

이때 $f'(x)=4x-4$이므로 $f'(c)=4c-4=0$에서

$c=1$

답 1

17 함수 $f(x)=-x^2+5x$는 닫힌구간 $[1, 4]$에서 연속이고 열린구간 $(1, 4)$에서 미분가능하며 $f(1)=f(4)=4$이므로 롤의 정리에 의하여 $f'(c)=0$인 c가 열린구간 $(1, 4)$에 적어도 하나 존재한다.

이때 $f'(x)=-2x+5$이므로 $f'(c)=-2c+5=0$에서

$c=\frac{5}{2}$

답 $\frac{5}{2}$

18 함수 $f(x)=x^3-6x^2+9x-1$은 닫힌구간 $[0, 3]$에서 연속이고 열린구간 $(0, 3)$에서 미분가능하며 $f(0)=f(3)=-1$이므로 롤의 정리에 의하여 $f'(c)=0$인 c가 열린구간 $(0, 3)$에 적어도 하나 존재한다.

이때 $f'(x)=3x^2-12x+9$이므로

$f'(c)=3c^2-12c+9=0$

$3(c-1)(c-3)=0$

$c=1$ 또는 $c=3$

$0<c<3$이므로 $c=1$

답 1

19 함수 $f(x)=x^4-4x^2+3$은 닫힌구간 $[-1, 1]$에서 연속이고 열린구간 $(-1, 1)$에서 미분가능하며 $f(-1)=f(1)=0$이므로 롤의 정리에 의하여 $f'(c)=0$인 c가 열린구간 $(-1, 1)$에 적어도 하나 존재한다.

이때 $f'(x)=4x^3-8x$이므로

$f'(c)=4c^3-8c=0$

$4c(c+\sqrt{2})(c-\sqrt{2})=0$

$c=-\sqrt{2}$ 또는 $c=0$ 또는 $c=\sqrt{2}$

$-1<c<1$이므로 $c=0$

답 0

20 함수 $f(x)=x^2+3x$는 닫힌구간 $[1, 4]$에서 연속이고 열린구간 $(1, 4)$에서 미분가능하므로 평균값 정리에 의하여

$\frac{f(4)-f(1)}{4-1}=f'(c)$인 c가 열린구간 $(1, 4)$에 적어도 하나 존재한다.

$f'(x)=2x+3$이므로 $\frac{28-4}{4-1}=2c+3$, $2c+3=8$

따라서 $c=\frac{5}{2}$

답 $\frac{5}{2}$

21 함수 $f(x)=2x^2-x+1$은 닫힌구간 $[-1, 1]$에서 연속이고 열린구간 $(-1, 1)$에서 미분가능하므로 평균값 정리에 의하여

$\frac{f(1)-f(-1)}{1-(-1)}=f'(c)$인 c가 열린구간 $(-1, 1)$에 적어도 하나 존재한다.

$f'(x)=4x-1$이므로 $\frac{2-4}{1-(-1)}=4c-1$, $4c-1=-1$

따라서 $c=0$

답 0

22 함수 $f(x)=x^3$은 닫힌구간 $[-1, 2]$에서 연속이고 열린구간 $(-1, 2)$에서 미분가능하므로 평균값 정리에 의하여

$\frac{f(2)-f(-1)}{2-(-1)}=f'(c)$인 c가 열린구간 $(-1, 2)$에 적어도 하나 존재한다.

$f'(x)=3x^2$이므로 $\frac{8-(-1)}{2-(-1)}=3c^2$

$3c^2=3$, $3(c+1)(c-1)=0$

$c=-1$ 또는 $c=1$

$-1<c<2$이므로 $c=1$

답 1

23 함수 $f(x)=x^3-2x^2+3x$는 닫힌구간 $[0, 2]$에서 연속이고 열린구간 $(0, 2)$에서 미분가능하므로 평균값 정리에 의하여

$\frac{f(2)-f(0)}{2-0}=f'(c)$인 c가 열린구간 $(0, 2)$에 적어도 하나 존재한다.

$f'(x)=3x^2-4x+3$이므로 $\frac{6-0}{2-0}=3c^2-4c+3$

$3c^2-4c=0$, $3c\left(c-\frac{4}{3}\right)=0$

$c=0$ 또는 $c=\frac{4}{3}$

$0<c<2$이므로 $c=\frac{4}{3}$

답 $\frac{4}{3}$

24 $0<x_1<x_2$인 임의의 두 실수 x_1, x_2에 대하여

$f(x_1)-f(x_2)=(x_1^2+1)-(x_2^2+1)=x_1^2-x_2^2$
$=(x_1+x_2)(x_1-x_2)<0$

이므로 $f(x_1)<f(x_2)$

따라서 함수 $f(x)$는 구간 $(0, \infty)$에서 증가한다.

답 증가

25 $x_1<x_2$인 임의의 두 실수 x_1, x_2에 대하여

$f(x_1)-f(x_2)=x_1^3-x_2^3$
$=(x_1-x_2)(x_1^2+x_1x_2+x_2^2)$

이고 $x_1^2+x_1x_2+x_2^2=\left(x_1+\frac{x_2}{2}\right)^2+\frac{3}{4}x_2^2>0$이므로

$f(x_1)-f(x_2)<0$, $f(x_1)<f(x_2)$

따라서 함수 $f(x)$는 구간 $(-\infty, \infty)$에서 증가한다.

답 증가

26 $2<x_1<x_2$인 임의의 두 실수 x_1, x_2에 대하여

$f(x_1)-f(x_2)=(-x_1^2+4x_1)-(-x_2^2+4x_2)$
$=(x_2^2-x_1^2)-4(x_2-x_1)$
$=(x_2-x_1)(x_1+x_2-4)$

이고 $x_1+x_2-4>0$이므로

$f(x_1)-f(x_2)>0$, $f(x_1)>f(x_2)$

따라서 함수 $f(x)$는 구간 $(2, \infty)$에서 감소한다.

답 감소

27 $x_1<x_2<0$인 임의의 두 실수 x_1, x_2에 대하여

$f(x_1)-f(x_2)=-x_1^4-(-x_2^4)=x_2^4-x_1^4$
$=(x_2-x_1)(x_2+x_1)(x_2^2+x_1^2)<0$

이므로 $f(x_1)<f(x_2)$

따라서 함수 $f(x)$는 구간 $(-\infty, 0)$에서 증가한다.

답 증가

28 $f(x)=x^2+4x-3$에서

$f'(x)=2x+4$

$f'(x)=0$에서 $x=-2$

함수 $f(x)$의 증가와 감소를 표로 나타내면 다음과 같다.

x	$\cdots$	-2	$\cdots$
$f'(x)$	$-$	0	$+$
$f(x)$	↘		↗

따라서 함수 $f(x)$는 구간 $(-\infty, -2]$에서 감소하고, 구간 $[-2, \infty)$에서 증가한다.

답 풀이 참조

29 $f(x)=x^3-3x^2+5$에서

$f'(x)=3x^2-6x=3x(x-2)$

$f'(x)=0$에서 $x=0$ 또는 $x=2$

함수 $f(x)$의 증가와 감소를 표로 나타내면 다음과 같다.

x	$\cdots$	0	$\cdots$	2	$\cdots$
$f'(x)$	$+$	0	$-$	0	$+$
$f(x)$	↗		↘		↗

따라서 함수 $f(x)$는 구간 $(-\infty, 0]$, $[2, \infty)$에서 증가하고, 구간 $[0, 2]$에서 감소한다.

답 풀이 참조

30 $f(x)=-\frac{1}{3}x^3+2x^2-3x$에서

$f'(x)=-x^2+4x-3=-(x-1)(x-3)$

$f'(x)=0$에서 $x=1$ 또는 $x=3$

함수 $f(x)$의 증가와 감소를 표로 나타내면 다음과 같다.

x	$\cdots$	1	$\cdots$	3	$\cdots$
$f'(x)$	$-$	0	$+$	0	$-$
$f(x)$	↘		↗		↘

따라서 함수 $f(x)$는 구간 $(-\infty, 1]$, $[3, \infty)$에서 감소하고, 구간 $[1, 3]$에서 증가한다.

답 풀이 참조

31 $f(x)=x^4-2x^3+x^2$에서

$f'(x)=4x^3-6x^2+2x=2x(2x-1)(x-1)$

$f'(x)=0$에서 $x=0$ 또는 $x=\frac{1}{2}$ 또는 $x=1$

함수 $f(x)$의 증가와 감소를 표로 나타내면 다음과 같다.

x	$\cdots$	0	$\cdots$	$\frac{1}{2}$	$\cdots$	1	$\cdots$
$f'(x)$	$-$	0	$+$	0	$-$	0	$+$
$f(x)$	↘		↗		↘		↗

따라서 함수 $f(x)$는 구간 $(-\infty, 0]$, $\left[\frac{1}{2}, 1\right]$에서 감소하고, 구간 $\left[0, \frac{1}{2}\right]$, $[1, \infty)$에서 증가한다.

답 풀이 참조

32 함수 $y=f'(x)$의 그래프가 x축과 만나는 점의 x좌표가 -2, 3이므로 $f'(x)=0$에서

$x=-2$ 또는 $x=3$

함수 $f(x)$의 증가와 감소를 표로 나타내면 다음과 같다.

x	$\cdots$	-2	$\cdots$	3	$\cdots$
$f'(x)$	$-$	0	$+$	0	$-$
$f(x)$	↘		↗		↘

따라서 함수 $f(x)$는 구간 $(-\infty, -2]$, $[3, \infty)$에서 감소하고, 구간 $[-2, 3]$에서 증가한다.

답 풀이 참조

33 함수 $f(x)$는 $x=-1$의 좌우에서 증가하다가 감소하므로 함수 $f(x)$는 $x=-1$에서 극대이며 극댓값은 $f(-1)=3$

$x=1$의 좌우에서 감소하다가 증가하므로 함수 $f(x)$는 $x=1$에서 극소이며 극솟값은 $f(1)=-1$

답 극댓값: 3, 극솟값: -1

34 함수 $f(x)$는 $x=a$, $x=c$의 좌우에서 증가하다가 감소하므로 함수 $f(x)$는 $x=a$, $x=c$에서 극댓값을 갖는다.

답 $x=a$, $x=c$

35 함수 $f(x)$는 $x=b$, $x=e$의 좌우에서 감소하다가 증가하므로 함수 $f(x)$는 $x=b$, $x=e$에서 극솟값을 갖는다.

답 $x=b$, $x=e$

36 함수 $f(x)$가 $x=1$에서 극댓값 7을 가지므로
$f(1)=7$, $f'(1)=0$
따라서 $f(1)+f'(1)=7$

답 7

37 $f(x)=x^3+\frac{3}{2}x^2$에서
$f'(x)=3x^2+3x=3x(x+1)$
$f'(x)=0$에서 $x=-1$ 또는 $x=0$
함수 $f(x)$의 증가와 감소를 표로 나타내면 다음과 같다.

x	$\cdots$	-1	$\cdots$	0	$\cdots$
$f'(x)$	+	0	−	0	+
$f(x)$	↗	$\frac{1}{2}$	↘	0	↗

따라서 함수 $f(x)$는 $x=-1$에서 극댓값 $\frac{1}{2}$, $x=0$에서 극솟값 0을 갖는다.

답 극댓값: $\frac{1}{2}$, 극솟값: 0

38 $f(x)=-\frac{1}{3}x^3+x+2$에서
$f'(x)=-x^2+1=-(x+1)(x-1)$
$f'(x)=0$에서 $x=-1$ 또는 $x=1$
함수 $f(x)$의 증가와 감소를 표로 나타내면 다음과 같다.

x	$\cdots$	-1	$\cdots$	1	$\cdots$
$f'(x)$	−	0	+	0	−
$f(x)$	↘	$\frac{4}{3}$	↗	$\frac{8}{3}$	↘

따라서 함수 $f(x)$는 $x=-1$에서 극솟값 $\frac{4}{3}$, $x=1$에서 극댓값 $\frac{8}{3}$을 갖는다.

답 극댓값: $\frac{8}{3}$, 극솟값: $\frac{4}{3}$

39 $f(x)=x^4-\frac{4}{3}x^3-4x^2$에서
$f'(x)=4x^3-4x^2-8x=4x(x+1)(x-2)$
$f'(x)=0$에서 $x=-1$ 또는 $x=0$ 또는 $x=2$
함수 $f(x)$의 증가와 감소를 표로 나타내면 다음과 같다.

x	$\cdots$	-1	$\cdots$	0	$\cdots$	2	$\cdots$
$f'(x)$	−	0	+	0	−	0	+
$f(x)$	↘	$-\frac{5}{3}$	↗	0	↘	$-\frac{32}{3}$	↗

따라서 함수 $f(x)$는 $x=-1$에서 극솟값 $-\frac{5}{3}$, $x=0$에서 극댓값 0, $x=2$에서 극솟값 $-\frac{32}{3}$를 갖는다.

답 극댓값: 0, 극솟값: $-\frac{5}{3}$, $-\frac{32}{3}$

40 $f(x)=-x^4+4x^3+1$에서
$f'(x)=-4x^3+12x^2=-4x^2(x-3)$
$f'(x)=0$에서 $x=0$ 또는 $x=3$
함수 $f(x)$의 증가와 감소를 표로 나타내면 다음과 같다.

x	$\cdots$	0	$\cdots$	3	$\cdots$
$f'(x)$	+	0	+	0	−
$f(x)$	↗	1	↗	28	↘

따라서 함수 $f(x)$는 $x=3$에서 극댓값 28을 갖고 극솟값은 갖지 않는다.

답 극댓값: 28, 극솟값은 갖지 않는다.

유형 완성하기

본문 52~66쪽

01 ②	02 6	03 ①	04 ④	05 ③
06 ②	07 ③	08 ④	09 ①	10 ③
11 ④	12 9	13 ②	14 8	15 ④
16 ④	17 ③	18 ④	19 ①	20 ③
21 ②	22 ②	23 16	24 ③	25 ③
26 ②	27 ②	28 ②	29 ①	30 ⑤
31 ③	32 ⑤	33 ①	34 ③	35 ④
36 ⑤	37 6	38 ②	39 ③	40 ②
41 ④	42 3	43 ④	44 ③	45 7
46 ④	47 ③	48 17	49 ②	50 ④
51 ⑤	52 ④	53 ②	54 ②	55 ④
56 ③	57 ③	58 ①	59 ④	60 ①
61 ⑤	62 ②	63 60	64 ①	65 ①
66 ④	67 ⑤	68 ②	69 ③	70 ④
71 ②	72 ①	73 9	74 ②	75 ③
76 4	77 ②	78 ④	79 6	80 ①
81 ③	82 ③	83 ④	84 ①	85 8
86 ④	87 ②			

01 $f(x)=x^3+ax^2+bx+2$에서
$f'(x)=3x^2+2ax+b$
점 $(-1, -4)$가 곡선 $y=f(x)$ 위의 점이므로
$f(-1)=-1+a-b+2=-4$에서
$a-b=-5$ ...... ㉠
두 점 $(-1, -4)$, $(3, f(3))$에서의 접선의 기울기가 서로 같으므로
$f'(-1)=3-2a+b$, $f'(3)=27+6a+b$에서
$3-2a+b=27+6a+b$
$8a=-24$, $a=-3$ ...... ㉡
㉡을 ㉠에 대입하면 $b=2$
따라서 $a+b=-3+2=-1$

답 ②

02 곡선 $y=f(x)$ 위의 점 $(1, f(1))$에서의 접선의 기울기가 2이므로
$f'(1)=2$
따라서
$$\lim_{h\to0}\frac{f(1+3h)-f(1)}{h}=\lim_{h\to0}\frac{f(1+3h)-f(1)}{3h}\times3$$
$$=3\times f'(1)=3\times2=6$$

답 6

03 $f(x)=x^3-6x^2+11x+5$라 하면
$f'(x)=3x^2-12x+11=3(x-2)^2-1$이므로
$f'(x)$는 $x=2$일 때 최솟값 -1을 갖는다.
그러므로 $m=-1$
이때 $f(2)=8-24+22+5=11$이므로 접점의 좌표는 $(2, 11)$이고
$a=2$, $b=11$
따라서 $a+b+m=2+11+(-1)=12$

답 ①

04 $f(x)=x^3-5x+5$라 하면
$f'(x)=3x^2-5$
점 $(2, 3)$에서의 접선의 기울기는
$f'(2)=12-5=7$
곡선 $y=f(x)$ 위의 점 $(2, 3)$에서의 접선의 방정식은
$y-3=7(x-2)$, 즉 $y=7x-11$
따라서 $a=7$, $b=-11$이므로 $a+b=-4$

답 ④

05 $f(x)=x^3-2x^2+4$라 하면
$f'(x)=3x^2-4x$이므로
$f'(1)=3-4=-1$
곡선 $y=f(x)$ 위의 점 $(1, 3)$에서의 접선의 방정식은
$y-3=-(x-1)$, 즉 $y=-x+4$
따라서 접선의 x절편과 y절편 모두 4이므로 그 합은 8이다.

답 ③

06 $f(x)=x^3+2x^2+ax+b$라 하면
$f'(x)=3x^2+4x+a$
점 $(-1, 2)$가 곡선 $y=f(x)$ 위의 점이므로
$f(-1)=-1+2-a+b=2$에서 $-a+b=1$ …… ㉠
또한 곡선 $y=f(x)$ 위의 점 $(-1, 2)$에서의 접선의 기울기가 2이므로
$f'(-1)=3-4+a=2$에서 $a=3$ …… ㉡
㉡을 ㉠에 대입하면 $b=4$
따라서 $a+b=3+4=7$

답 ②

07 $f(x)=x^3+ax^2+ax+3$이라 하면
$f'(x)=3x^2+2ax+a$이므로
$f'(-1)=3-2a+a=3-a$
곡선 $y=f(x)$ 위의 점 $(-1, 2)$에서의 접선의 방정식은
$y-2=(3-a)(x+1)$
이 접선이 점 $(3, a)$를 지나므로
$a-2=(3-a)\times4$, $5a=14$
따라서 $a=\frac{14}{5}$

답 ③

08 $\lim_{h\to0}\frac{f(2+h)-4}{h}=3$에서 극한값이 존재하고 $h\to0$일 때
(분모)$\to0$이므로 (분자)$\to0$이어야 한다.
즉, $\lim_{h\to0}\{f(2+h)-4\}=0$이므로 $f(2)=4$이고,
$$\lim_{h\to0}\frac{f(2+h)-4}{h}=\lim_{h\to0}\frac{f(2+h)-f(2)}{h}=f'(2)=3$$
곡선 $y=f(x)$ 위의 점 $(2, 4)$에서의 접선의 기울기가 3이므로 접선의 방정식은
$y-4=3(x-2)$, 즉 $y=3x-2$
따라서 $a=3$, $b=-2$이므로 $a+b=1$

답 ④

09 곡선 $y=f(x)$ 위의 점 $(2, f(2))$에서의 접선의 방정식이
$y=3x-5$이고, 직선 $y=3x-5$가 점 $(2, 1)$을 지나므로 $f(2)=1$이다.
또한 곡선 $y=f(x)$ 위의 점 $(2, f(2))$에서의 접선의 기울기는 $f'(2)$이므로 $f'(2)=3$이다.
$g(x)=xf(x)$에서 $g(2)=2f(2)=2$
$g'(x)=f(x)+xf'(x)$이므로
$g'(2)=f(2)+2f'(2)=1+2\times3=7$
그러므로 곡선 $y=g(x)$ 위의 점 $(2, 2)$에서의 접선의 방정식은
$y-2=7(x-2)$, 즉 $y=7x-12$
따라서 $m=7$, $n=-12$이므로 $m+n=-5$

답 ①

10 $f(x)=x^3-2x^2+3x$라 하면
$f'(x)=3x^2-4x+3$이므로
$f'(1)=3-4+3=2$
점 $(1, 2)$를 지나고 이 점에서의 접선에 수직인 직선의 방정식은
$y-2=-\frac{1}{f'(1)}(x-1)$
$y=-\frac{1}{2}(x-1)+2$
$y=-\frac{1}{2}x+\frac{5}{2}$
따라서 $a=-\frac{1}{2}$, $b=\frac{5}{2}$이므로 $ab=-\frac{5}{4}$

답 ③

11 점 $(3, 5)$가 곡선 $y=\frac{1}{3}x^3+ax+2$ 위의 점이므로
$9+3a+2=5$, $3a=-6$, $a=-2$
$f(x)=\frac{1}{3}x^3-2x+2$라 하면
$f'(x)=x^2-2$
곡선 $y=f(x)$ 위의 점 $(3, 5)$에서의 접선의 기울기는 $f'(3)=7$이고,
접선에 수직인 직선의 기울기는 $-\frac{1}{7}$이므로 구하는 직선의 방정식은

$y-5=-\frac{1}{7}(x-3)$, 즉 $y=-\frac{1}{7}x+\frac{38}{7}$

따라서 구하는 직선의 y절편은 $\frac{38}{7}$이다.

답 ④

12 $f(x)=\frac{1}{3}x^3-3x+\frac{1}{3}$에서

$f'(x)=x^2-3$

$f(2)=\frac{8}{3}-6+\frac{1}{3}=-3$, $f'(2)=4-3=1$이므로 곡선 $y=f(x)$ 위의 점 $\text{P}(2, -3)$에서의 접선의 기울기는 1이다.

곡선 $y=f(x)$ 위의 점 $\text{P}(2, -3)$에서의 접선과 곡선 $y=g(x)$ 위의 점 $\text{P}(2, -3)$에서의 접선이 서로 수직이므로

$g(2)=-3$, $g'(2)=-1$

$g(x)=x^2+ax+b$ (a, b는 상수)로 놓으면

$g(2)=4+2a+b=-3$에서 $2a+b=-7$ …… ㉠

$g'(x)=2x+a$이므로

$g'(2)=4+a=-1$에서 $a=-5$ …… ㉡

㉡을 ㉠에 대입하면 $b=3$

따라서 $g(x)=x^2-5x+3$이므로

$g(-1)=1+5+3=9$

답 9

13 $f(x)=-x^3+3x^2$이라 하면

$f'(x)=-3x^2+6x$

점 $(-1, 4)$에서의 접선의 기울기는 $f'(-1)=-9$이므로 접선의 방정식은

$y-4=-9(x+1)$, 즉 $y=-9x-5$

직선 $y=-9x-5$가 곡선 $y=f(x)$와 만나는 점의 x좌표는

$-x^3+3x^2=-9x-5$에서

$x^3-3x^2-9x-5=0$, $(x+1)^2(x-5)=0$

$x=-1$ 또는 $x=5$

따라서 직선 $y=-9x-5$와 곡선 $y=f(x)$가 만나는 점 중 점 $(-1, 4)$가 아닌 점의 좌표가 $(5, -50)$이므로 $a=5$, $b=-50$이고

$a+b=-45$

답 ②

14 $f(x)=x^3-2x^2-4x+12$라 하면

$f'(x)=3x^2-4x-4$

점 $\text{P}(2, 4)$에서의 접선의 기울기는 $f'(2)=0$이므로 접선의 방정식은

$y=4$

직선 $y=4$가 곡선 $y=f(x)$와 만나는 점의 x좌표는

$x^3-2x^2-4x+12=4$에서

$x^3-2x^2-4x+8=0$, $(x+2)(x-2)^2=0$

$x=-2$ 또는 $x=2$

점 Q의 좌표가 $(-2, 4)$이므로 삼각형 OPQ의 넓이는

$\frac{1}{2}\times4\times4=8$

답 8

15 $f(x)=x^3-2x^2+ax+1$에서

$f'(x)=3x^2-4x+a$

곡선 $y=f(x)$ 위의 점 $\text{A}(1, f(1))$에서의 접선의 방정식은

$y-f(1)=f'(1)(x-1)$

이때 $f(1)=a$, $f'(1)=a-1$이므로 접선의 방정식은

$y-a=(a-1)(x-1)$, 즉 $y=(a-1)x+1$

이 접선이 곡선 $y=f(x)$와 만나는 점의 x좌표는

$x^3-2x^2+ax+1=(a-1)x+1$에서

$x^3-2x^2+x=0$, $x(x-1)^2=0$

$x=0$ 또는 $x=1$

그러므로 점 B의 좌표는 $(0, 1)$이다.

$\overline{\text{AB}}=\sqrt{(0-1)^2+(1-a)^2}=\sqrt{a^2-2a+2}=\sqrt{10}$에서

$a^2-2a+2=10$, $(a+2)(a-4)=0$

따라서 $a>0$이므로 $a=4$

답 ④

16 $f(x)=x^3+3x^2+5x$라 하면

$f'(x)=3x^2+6x+5$

접점의 x좌표를 a라 하면 접선의 기울기가 2이므로

$f'(a)=3a^2+6a+5=2$

$3a^2+6a+3=0$, $3(a+1)^2=0$, $a=-1$

그러므로 접점의 좌표는 $(-1, -3)$이고 접선의 방정식은

$y+3=2(x+1)$, 즉 $y=2x-1$

따라서 $m=2$, $n=-1$이므로 $m+n=1$

답 ④

17 $f(x)=x^2-5x+7$이라 하면

$f'(x)=2x-5$

접점의 x좌표를 a라 하면 접선의 기울기가 -1이므로

$f'(a)=2a-5=-1$

$2a=4$, $a=2$

그러므로 접점의 좌표는 $(2, 1)$이고 접선의 방정식은

$y-1=-(x-2)$, 즉 $y=-x+3$

따라서 구하는 직선의 y절편은 3이다.

답 ③

18 $f(x)=x^3-3x^2-6x+9$라 하면

$f'(x)=3x^2-6x-6$

접점의 x좌표를 a라 하면 접선의 기울기가 3이므로

$f'(a)=3a^2-6a-6=3$

$3a^2-6a-9=0$, $3(a+1)(a-3)=0$

$a=-1$ 또는 $a=3$

(i) $a=-1$일 때

접점의 좌표는 $(-1, 11)$이고 접선의 방정식은

$y-11=3(x+1)$, 즉 $y=3x+14$

(ii) $a=3$일 때

접점의 좌표는 $(3, -9)$이고 접선의 방정식은

$y+9=3(x-3)$, 즉 $y=3x-18$

(i), (ii)에서 y절편이 음수인 직선은 $y=3x-18$이고 이 직선의 x절편은 6이다.

답 ④

19 $f(x)=x^3-6x^2+14x-6$이라 하면

$f'(x)=3x^2-12x+14$

직선 $y=-\frac{1}{2}x+4$와 수직인 직선의 기울기는 2이므로 접점의 x좌표를 a라 하면 $f'(a)=2$

$3a^2-12a+14=2$, $a^2-4a+4=0$, $(a-2)^2=0$, $a=2$

접점의 좌표가 $(2, 6)$이므로 접선의 방정식은

$y-6=2(x-2)$, 즉 $y=2x+2$

따라서 구하는 직선의 y절편은 2이다.

답 ①

20 $f(x)=x^3-x+7$이라 하면

$f'(x)=3x^2-1$

$f'(1)=2$이므로 점 $(1, 7)$에서의 접선 l의 기울기는 2이다.

이때 기울기가 2인 다른 접선 m의 접점의 x좌표를 a라 하면

$f'(a)=3a^2-1=2$

$3a^2-3=0$, $3(a+1)(a-1)=0$

$a=-1$ 또는 $a=1$

접점의 x좌표가 -1이고 $f(-1)=7$이므로 접선 m의 방정식은

$y-7=2(x+1)$, 즉 $y=2x+9$

점 $(k, -k)$가 직선 $y=2x+9$ 위의 점이므로

$-k=2k+9$, $3k=-9$

따라서 $k=-3$

답 ③

21 $f(x)=x^3-\frac{3}{2}x^2-4x+1$에서

$f'(x)=3x^2-3x-4$

기울기가 2인 접선의 접점의 x좌표를 a라 하면

$f'(a)=3a^2-3a-4=2$

$3a^2-3a-6=0$, $3(a+1)(a-2)=0$

$a=-1$ 또는 $a=2$

(i) $a=-1$일 때

$f(-1)=-1-\frac{3}{2}+4+1=\frac{5}{2}$이므로 접점의 좌표는 $\left(-1, \frac{5}{2}\right)$이고, 접선의 방정식은

$y-\frac{5}{2}=2(x+1)$, 즉 $y=2x+\frac{9}{2}$

(ii) $a=2$일 때

$f(2)=8-6-8+1=-5$이므로 접점의 좌표는 $(2, -5)$이고, 접선의 방정식은

$y+5=2(x-2)$, 즉 $y=2x-9$

(i), (ii)에서 두 직선 $y=2x+\frac{9}{2}$, $y=2x-9$ 사이의 거리는 직선 $y=2x+\frac{9}{2}$ 위의 점 $\left(0, \frac{9}{2}\right)$와 직선 $2x-y-9=0$ 사이의 거리와 같으므로

$$\frac{\left|-\frac{9}{2}-9\right|}{\sqrt{2^2+(-1)^2}}=\frac{27\sqrt{5}}{10}$$

답 ②

22 $f(x)=x^3+3x^2-6x+k$라 하면

$f'(x)=3x^2+6x-6$

곡선 $y=f(x)$와 직선 $y=3x-7$이 접하므로 접점의 x좌표를 a라 하면

$f'(a)=3a^2+6a-6=3$에서

$3a^2+6a-9=0$, $3(a+3)(a-1)=0$

$a=-3$ 또는 $a=1$

(i) $a=-3$일 때

접점의 좌표가 $(-3, -16)$이므로

$f(-3)=-27+27+18+k=-16$에서

$k+18=-16$, $k=-34$

(ii) $a=1$일 때

접점의 좌표가 $(1, -4)$이므로

$f(1)=1+3-6+k=-4$에서

$k-2=-4$, $k=-2$

(i), (ii)에서 모든 실수 k의 값의 합은

$-34+(-2)=-36$

답 ②

23 $f(x)=x^3-9x+k$라 하면

$f'(x)=3x^2-9$

곡선 $y=f(x)$와 직선 $y=3x+2k$가 접하므로 접점의 x좌표를 a라 하면

$f'(a)=3a^2-9=3$에서

$3a^2-12=0$, $3(a+2)(a-2)=0$

$a=-2$ 또는 $a=2$

(i) $a=-2$일 때

곡선 $y=f(x)$와 직선 $y=3x+2k$가 접하므로

$-8+18+k=-6+2k$에서 $k=16$

(ii) $a=2$일 때

곡선 $y=f(x)$와 직선 $y=3x+2k$가 접하므로

$8-18+k=6+2k$에서 $k=-16$

(i), (ii)에서 양수 k의 값은 16이다.

답 16

24 $y=x^2-3x+5$에서

$y'=2x-3$

곡선 $y=x^2-3x+5$ 위의 점 $(2, 3)$에서의 접선의 기울기는

$2\times2-3=1$이므로 접선의 방정식은

$y-3=x-2$, 즉 $y=x+1$

$f(x)=x^3-x^2+k$라 하면

$f'(x)=3x^2-2x$

곡선 $y=f(x)$가 직선 $y=x+1$과 접하므로 접점의 x좌표를 a라 하면

$f'(a)=3a^2-2a=1$에서

$3a^2-2a-1=0$, $(3a+1)(a-1)=0$

$a=-\frac{1}{3}$ 또는 $a=1$

(i) $a=-\frac{1}{3}$일 때

접점의 좌표가 $\left(-\frac{1}{3}, \frac{2}{3}\right)$이므로

$-\frac{1}{27}-\frac{1}{9}+k=\frac{2}{3}$에서 $k=\frac{22}{27}$

(ii) $a=1$일 때

접점의 좌표가 $(1,\ 2)$이므로

$1-1+k=2$에서 $k=2$

(i), (ii)에서 모든 실수 k의 값의 합은

$\frac{22}{27}+2=\frac{76}{27}$

답 ③

25 $f(x)=x^3-2x$라 하면

$f'(x)=3x^2-2$

접점의 좌표를 $(a,\ a^3-2a)$라 하면 이 점에서의 접선의 기울기는

$f'(a)=3a^2-2$이므로 접선의 방정식은

$y-(a^3-2a)=(3a^2-2)(x-a)$

$y=(3a^2-2)x-2a^3$

이 직선이 점 $(1,\ 3)$을 지나므로

$3=-2a^3+3a^2-2$에서

$2a^3-3a^2+5=0,\ (a+1)(2a^2-5a+5)=0$

모든 실수 a에 대하여 $2a^2-5a+5>0$이므로 $a=-1$

따라서 접선의 방정식은 $y=x+2$이고 접선의 x절편은 -2이다.

답 ③

26 $f(x)=x^2-5x+5$라 하면

$f'(x)=2x-5$

접점의 좌표를 $(a,\ a^2-5a+5)$라 하면 이 점에서의 접선의 기울기는

$f'(a)=2a-5$이므로 접선의 방정식은

$y-(a^2-5a+5)=(2a-5)(x-a)$

$y=(2a-5)x-a^2+5$

이 직선이 점 $(2,\ -2)$를 지나므로

$-2=2(2a-5)-a^2+5$에서

$a^2-4a+3=0,\ (a-1)(a-3)=0$

$a=1$ 또는 $a=3$

따라서 두 직선 $l_1,\ l_2$의 기울기의 합은

$f'(1)+f'(3)=-3+1=-2$

답 ②

27 $f(x)=x^3-4x^2+5x-3$이라 하면

$f'(x)=3x^2-8x+5$

접점의 좌표를 $(a,\ a^3-4a^2+5a-3)$이라 하면 이 점에서의 접선의 기울기는 $f'(a)=3a^2-8a+5$이므로 접선의 방정식은

$y-(a^3-4a^2+5a-3)=(3a^2-8a+5)(x-a)$

$y=(3a^2-8a+5)x-2a^3+4a^2-3$

이 직선이 점 $(2,\ 7)$을 지나므로

$7=2(3a^2-8a+5)-2a^3+4a^2-3$에서

$2a^3-10a^2+16a=0,\ a(a^2-5a+8)=0$

모든 실수 a에 대하여 $a^2-5a+8>0$이므로 $a=0$

그러므로 접선의 방정식은 $y=5x-3$

따라서 $m=5,\ n=-3$이므로 $m+n=2$

답 ②

28 $f(x)=-x^2+4x-2$에서

$f'(x)=-2x+4$

접점의 좌표를 $(a,\ -a^2+4a-2)$라 하면 이 점에서의 접선의 기울기는

$f'(a)=-2a+4$이므로 접선의 방정식은

$y-(-a^2+4a-2)=(-2a+4)(x-a)$

$y=(-2a+4)x+a^2-2$

이 직선이 점 $(2,\ 3)$을 지나므로

$3=2(-2a+4)+a^2-2$에서

$a^2-4a+3=0,\ (a-1)(a-3)=0$

$a=1$ 또는 $a=3$

$a=1$인 경우 접점의 좌표는 $(1,\ 1)$

$a=3$인 경우 접점의 좌표는 $(3,\ 1)$

따라서 선분 AB의 길이는 2이다.

답 ②

29 $f(x)=x^3+2x^2+4$라 하면

$f'(x)=3x^2+4x$

접점의 좌표를 $(t,\ t^3+2t^2+4)$라 하면 이 점에서의 접선의 기울기는

$f'(t)=3t^2+4t$이므로 접선의 방정식은

$y-(t^3+2t^2+4)=(3t^2+4t)(x-t)$

$y=(3t^2+4t)x-2t^3-2t^2+4$

이 직선이 원점을 지나므로

$0=-2t^3-2t^2+4$에서

$t^3+t^2-2=0,\ (t-1)(t^2+2t+2)=0$

모든 실수 t에 대하여 $t^2+2t+2>0$이므로 $t=1$

그러므로 접선의 방정식은 $y=7x$

점 $(a, -2a+3)$이 이 직선 위의 점이므로

$-2a+3=7a$에서 $9a=3$

따라서 $a=\frac{1}{3}$

답 ①

30 $f(x)=-x^2+5x+6$이라 하면

$f'(x)=-2x+5$

접점의 좌표를 $(a,\ -a^2+5a+6)$이라 하면 이 점에서의 접선의 기울기는 $f'(a)=-2a+5$이므로 접선의 방정식은

$y-(-a^2+5a+6)=(-2a+5)(x-a)$

$y=(-2a+5)x+a^2+6$

점 $(-1,\ k)$가 이 직선을 지나므로

$k=a^2+2a+1=(a+1)^2$에서

$a+1=\pm\sqrt{k}$

$a=-1+\sqrt{k}$ 또는 $a=-1-\sqrt{k}$

$a=-1+\sqrt{k}$일 때, 접선의 기울기는 $7-2\sqrt{k}$

$a=-1-\sqrt{k}$일 때, 접선의 기울기는 $7+2\sqrt{k}$

두 접선이 서로 수직이므로

$(7-2\sqrt{k})(7+2\sqrt{k})=-1$

$49-4k=-1,\ 4k=50$

따라서 $k=\frac{25}{2}$

답 ⑤

31 $f(x)=x^3+x^2+2$, $g(x)=x^2+3x$라 하면
$f'(x)=3x^2+2x$, $g'(x)=2x+3$
두 곡선 $y=f(x)$, $y=g(x)$의 교점 (a, b)에서의 접선이 서로 같으므로
$f(a)=g(a)$, $f'(a)=g'(a)$
$f(a)=g(a)$에서
$a^3+a^2+2=a^2+3a$, $a^3-3a+2=0$, $(a-1)^2(a+2)=0$
$a=-2$ 또는 $a=1$ …… ㉠
$f'(a)=g'(a)$에서
$3a^2+2a=2a+3$, $3a^2-3=0$, $(a+1)(a-1)=0$
$a=-1$ 또는 $a=1$ …… ㉡
㉠, ㉡에서 $a=1$이므로 $b=f(1)=4$
따라서 $a+b=1+4=5$

답 ③

32 $f(x)=x^3+ax^2-2x$, $g(x)=x^4+bx^2+cx$라 하면
$f'(x)=3x^2+2ax-2$, $g'(x)=4x^3+2bx+c$
두 곡선 $y=f(x)$, $y=g(x)$의 교점 $(-1, 3)$에서의 접선이 서로 같으므로
$f(-1)=g(-1)=3$, $f'(-1)=g'(-1)$
$f(-1)=-1+a+2=3$에서 $a=2$
$g(-1)=1+b-c=3$에서 $b-c=2$ …… ㉠
$f'(x)=3x^2+4x-2$이므로
$f'(-1)=3-4-2=-3$
$g'(-1)=-4-2b+c=-3$에서 $-2b+c=1$ …… ㉡
㉠, ㉡을 연립하여 풀면 $b=-3$, $c=-5$
따라서 $a+b+c=2+(-3)+(-5)=-6$

답 ⑤

33 $f(x)=2x^2-3x+3$에서
$f'(x)=4x-3$
$f(2)=5$, $f'(2)=5$이므로 곡선 $y=f(x)$ 위의 점 $\mathrm{A}(2, 5)$에서의 접선 l의 방정식은
$y-5=5(x-2)$, 즉 $y=5x-5$
곡선 $y=x^3+ax^2+bx+1$이 직선 $y=5x-5$와 점 $\mathrm{A}(2, 5)$에서 접하므로 $g(x)=x^3+ax^2+bx+1$이라 하면
$g(2)=5$, $g'(2)=5$
$g(2)=8+4a+2b+1=5$에서 $2a+b=-2$ …… ㉠
한편, $g'(x)=3x^2+2ax+b$이므로
$g'(2)=12+4a+b=5$에서 $4a+b=-7$ …… ㉡
㉠, ㉡을 연립하여 풀면 $a=-\frac{5}{2}$, $b=3$
따라서 $a+b=\frac{1}{2}$

답 ①

34 $f(x)=2x^3-3x$라 하면
$f'(x)=6x^2-3$
곡선 $y=f(x)$ 위의 점 $(1, -1)$에서의 접선의 기울기가
$f'(1)=6-3=3$이므로 접선의 방정식은
$y-(-1)=3(x-1)$, 즉 $y=3x-4$
따라서 접선의 x절편이 $\frac{4}{3}$이고 y절편이 -4이므로 구하는 넓이는
$\frac{1}{2}\times\frac{4}{3}\times4=\frac{8}{3}$

답 ③

35 $f(x)=-x^2+7x+2$라 하면
$f'(x)=-2x+7$
접점의 x좌표를 a라 하면 접선의 기울기가 3이므로
$f'(a)=-2a+7=3$
$-2a=-4$, $a=2$
그러므로 접점의 좌표는 $(2, 12)$이고 접선의 방정식은
$y-12=3(x-2)$, 즉 $y=3x+6$
따라서 접선의 x절편이 -2이고 y절편이 6이므로 구하는 넓이는
$\frac{1}{2}\times2\times6=6$

답 ④

36 점 $(2, 3)$이 곡선 $y=f(x)$ 위의 점이므로
$f(2)=8+2a+1=3$에서 $a=-3$
$f(x)=x^3-3x+1$에서
$f'(x)=3x^2-3$
곡선 $y=f(x)$ 위의 점 $(2, 3)$에서 접선의 기울기가
$f'(2)=12-3=9$이므로 접선의 방정식은
$y-3=9(x-2)$, 즉 $y=9x-15$
따라서 접선의 x절편이 $\frac{5}{3}$이고 y절편이 -15이므로 구하는 넓이는
$\frac{1}{2}\times\frac{5}{3}\times15=\frac{25}{2}$

답 ⑤

37 $f(x)=x^2+x+4$라 하면
$f'(x)=2x+1$
접점의 좌표를 (a, a^2+a+4)라 하면 이 점에서의 접선의 기울기는
$f'(a)=2a+1$이므로 접선의 방정식은
$y-(a^2+a+4)=(2a+1)(x-a)$
$y=(2a+1)x-a^2+4$
이 직선이 점 $(-1, 3)$을 지나므로
$3=-(2a+1)-a^2+4$에서
$a^2+2a=0$, $a(a+2)=0$
$a=-2$ 또는 $a=0$
$a=-2$일 때 접선의 방정식은 $y=-3x$이므로 이 직선의 x절편은 0
$a=0$일 때 접선의 방정식은 $y=x+4$이므로 이 직선의 x절편은 -4
따라서 구하는 넓이는
$\frac{1}{2}\times4\times3=6$

답 6

38 $\lim_{x\to1}\frac{f(x)-4}{x^2-1}=3$에서 극한값이 존재하고 $x\to1$일 때
(분모)$\to0$이므로 (분자)$\to0$이어야 한다.
즉, $\lim_{x\to1}\{f(x)-4\}=f(1)-4=0$에서 $f(1)=4$

$$\lim_{x\to1}\frac{f(x)-4}{x^2-1}=\lim_{x\to1}\frac{f(x)-4}{x-1}\times\lim_{x\to1}\frac{1}{x+1}$$
$$=\frac{1}{2}\lim_{x\to1}\frac{f(x)-f(1)}{x-1}=\frac{1}{2}f'(1)=3$$

이므로 $f'(1)=6$

곡선 $y=f(x)$ 위의 점 $(1,\ f(1))$에서의 접선의 방정식은

$y-4=6(x-1)$, 즉 $y=6x-2$

따라서 접선의 x절편은 $\frac{1}{3}$, y절편은 -2이므로 구하는 넓이는

$\frac{1}{2}\times\frac{1}{3}\times2=\frac{1}{3}$

답 ②

39 $f(x)=x^4-3x^2+a$에서

$f'(x)=4x^3-6x$

$f(1)=1-3+a=a-2$이고 곡선 $y=f(x)$ 위의 점 $(1,\ a-2)$에서의 접선의 기울기가 $f'(1)=4-6=-2$이므로 접선의 방정식은

$y-(a-2)=-2(x-1)$, 즉 $y=-2x+a$

즉, 접선의 x절편은 $\frac{a}{2}$, y절편은 a이므로

$\frac{1}{2}\times\frac{a}{2}\times a=\frac{a^2}{4}=3$에서 $a^2=12$

$a>0$이므로 $a=2\sqrt{3}$

답 ③

40 함수 $f(x)=(x+1)(x-6)^2$은 닫힌구간 $[-1,\ 6]$에서 연속이고 열린구간 $(-1,\ 6)$에서 미분가능하며 $f(-1)=f(6)=0$이므로 롤의 정리에 의하여 $f'(c)=0$인 c가 열린구간 $(-1,\ 6)$에 적어도 하나 존재한다.

이때 $f(x)=(x+1)(x^2-12x+36)$이므로

$$f'(x)=(x^2-12x+36)+(x+1)(2x-12)$$
$$=(x-6)^2+2(x+1)(x-6)$$
$$=(3x-4)(x-6)$$

이고, $f'(c)=(3c-4)(c-6)=0$에서

$c=\frac{4}{3}$ 또는 $c=6$

이때 $-1<c<6$이므로 $c=\frac{4}{3}$

답 ②

41 $f(x)=-x^3+2x^2+5$에서

$f'(x)=-3x^2+4x$

$f'(c)=0$에서

$-3c^2+4c=0$, $c(-3c+4)=0$

$c=0$ 또는 $c=\frac{4}{3}$

이때 $0<c<2$이므로 $c=\frac{4}{3}$

답 ④

참고

함수 $f(x)=-x^3+2x^2+5$는 닫힌구간 $[0,\ 2]$에서 연속이고 열린구간 $(0,\ 2)$에서 미분가능하다.

또한 $f(0)=f(2)=5$이므로 롤의 정리에 의하여 $f'(c)=0$인 실수 c가 열린구간 $(0,\ 2)$에 적어도 하나 존재한다.

42 함수 $f(x)=\frac{1}{2}x^4-2x^3-x^2+6x+1$은 닫힌구간 $[-2,\ 4]$에서 연속이고 열린구간 $(-2,\ 4)$에서 미분가능하며

$f(-2)=8+16-4-12+1=9$

$f(4)=128-128-16+24+1=9$

에서 $f(-2)=f(4)$이므로 롤의 정리에 의하여 $f'(c)=0$인 c가 열린구간 $(-2,\ 4)$에 적어도 하나 존재한다. 이때

$$f'(x)=2x^3-6x^2-2x+6$$
$$=2(x+1)(x-1)(x-3)$$

이고, $-2<c<4$이므로

$f'(c)=2(c+1)(c-1)(c-3)=0$에서

$c=-1$ 또는 $c=1$ 또는 $c=3$

따라서 모든 실수 c의 값의 합은

$-1+1+3=3$

답 3

43 함수 $f(x)=x^3+5x^2-8$은 닫힌구간 $[-1,\ 2]$에서 연속이고 열린구간 $(-1,\ 2)$에서 미분가능하므로 평균값 정리에 의하여

$\frac{f(2)-f(-1)}{2-(-1)}=f'(c)$

인 c가 열린구간 $(-1,\ 2)$에 적어도 하나 존재한다.

이때

$f(2)=8+20-8=20$

$f(-1)=-1+5-8=-4$

이므로

$\frac{f(2)-f(-1)}{2-(-1)}=\frac{20-(-4)}{3}=8$

$f'(x)=3x^2+10x$이므로 $f'(c)=3c^2+10c=8$에서

$3c^2+10c-8=0$, $(3c-2)(c+4)=0$

이때 $-1<c<2$이므로 $c=\frac{2}{3}$

답 ④

44 $f(x)=x^3-4x$에서

$f'(x)=3x^2-4$

$\frac{f(1)-f(-2)}{1-(-2)}=\frac{(1-4)-(-8+8)}{3}=3c^2-4$

$3c^2-4=-1$, $c^2=1$

이때 $-2<c<1$이므로 $c=-1$

따라서 $f(c+3)+f'(c+3)=f(2)+f'(2)=0+8=8$

답 ③

45 다항함수 $f(x)$가 닫힌구간 $[-1,\ 3]$에서 연속이고 열린구간 $(-1,\ 3)$에서 미분가능하므로 평균값 정리에 의하여

$\frac{f(3)-f(-1)}{3-(-1)}=f'(c)$

를 만족시키는 실수 c가 열린구간 $(-1,\ 3)$에 적어도 하나 존재한다.

$-1<x<3$인 모든 실수 x에 대하여 $f'(x)\le2$이므로

$f'(c)\le2$

이때 $f'(c)=\frac{f(3)-(-1)}{4}$이므로

$\frac{f(3)+1}{4} \le 2$, $f(3) \le 7$

따라서 $f(3)$의 최댓값은 7이다.

답 7

46 $f(x)=x^3+3x^2-24x+9$에서

$f'(x)=3x^2+6x-24=3(x+4)(x-2)$

$f'(x)=0$에서 $x=-4$ 또는 $x=2$

함수 $f(x)$의 증가와 감소를 표로 나타내면 다음과 같다.

x	$\cdots$	-4	$\cdots$	2	$\cdots$
$f'(x)$	$+$	0	$-$	0	$+$
$f(x)$	↗	극대	↘	극소	↗

함수 $f(x)$는 닫힌구간 $[-4, 2]$에서 감소하므로 $b-a$의 최댓값은 $2-(-4)=6$이다.

답 ④

47 $f(x)=-\frac{1}{3}x^3+x^2+15x-3$에서

$f'(x)=-x^2+2x+15=-(x+3)(x-5)$

$f'(x)=0$에서 $x=-3$ 또는 $x=5$

함수 $f(x)$의 증가와 감소를 표로 나타내면 다음과 같다.

x	$\cdots$	-3	$\cdots$	5	$\cdots$
$f'(x)$	$-$	0	$+$	0	$-$
$f(x)$	↘	극소	↗	극대	↘

함수 $f(x)$는 닫힌구간 $[-3, 5]$에서 증가한다.

따라서 닫힌구간 $[-a, a]$에서 증가하도록 하는 양수 a의 최댓값은 3이다.

답 ③

48 함수 $f(x)$의 최고차항의 계수가 1이고, $f(0)=1$이므로

$f(x)=x^3+ax^2+bx+1$ (a, b는 상수)라 하면

$f'(x)=3x^2+2ax+b$

함수 $f(x)$가 감소하는 모든 x의 값의 범위가 $-1 \le x \le 2$이므로 이차방정식 $f'(x)=0$의 두 실근이 -1, 2이다.

이차방정식의 근과 계수의 관계에 의하여

$-\frac{2a}{3}=1$에서 $a=-\frac{3}{2}$

$\frac{b}{3}=-2$에서 $b=-6$

따라서 $f(x)=x^3-\frac{3}{2}x^2-6x+1$이므로

$f(4)=64-24-24+1=17$

답 17

49 $f(x)=-x^3-7x^2+ax$에서

$f'(x)=-3x^2-14x+a$

함수 $f(x)$가 실수 전체의 집합에서 감소하므로 모든 실수 x에 대하여 $f'(x) \le 0$이다.

이차방정식 $-3x^2-14x+a=0$의 판별식을 D라 하면 $D \le 0$이어야 한다.

$\frac{D}{4}=49+3a \le 0$에서 $a \le -\frac{49}{3}$

따라서 정수 a의 최댓값은 -17이다.

답 ②

50 임의의 두 실수 x_1, x_2에 대하여 $x_1 \ne x_2$이면 $f(x_1) \ne f(x_2)$인 함수는 일대일함수이다.

삼차함수 $f(x)$가 일대일함수이려면 실수 전체의 집합에서 함수 $f(x)$가 증가하거나 실수 전체의 집합에서 함수 $f(x)$가 감소해야 한다.

즉, 모든 실수 x에 대하여 $f'(x) \ge 0$ 또는 모든 실수 x에 대하여 $f'(x) \le 0$이어야 한다.

$f(x)=x^3+ax^2+7x-4$에서

$f'(x)=3x^2+2ax+7$

$f'(x)$의 이차항의 계수가 양수이므로 모든 실수 x에 대하여 $f'(x) \ge 0$이어야 하고, 이차방정식 $3x^2+2ax+7=0$의 판별식을 D라 하면 $D \le 0$이어야 한다.

$\frac{D}{4}=a^2-21 \le 0$에서 $a^2 \le 21$, $-\sqrt{21} \le a \le \sqrt{21}$

따라서 정수 a의 최댓값은 4이다.

답 ④

51 함수 $f(x)$가 역함수를 가지려면 $f(x)$가 일대일대응이어야 한다.

삼차함수 $f(x)$가 일대일대응이려면 실수 전체의 집합에서 함수 $f(x)$가 증가하거나 실수 전체의 집합에서 함수 $f(x)$가 감소해야 한다.

즉, 모든 실수 x에 대하여 $f'(x) \ge 0$ 또는 모든 실수 x에 대하여 $f'(x) \le 0$이어야 한다.

$f(x)=\frac{1}{2}x^3-4x^2+ax$에서

$f'(x)=\frac{3}{2}x^2-8x+a$

$f'(x)$의 이차항의 계수가 양수이므로 모든 실수 x에 대하여 $f'(x) \ge 0$이어야 하고, 이차방정식 $\frac{3}{2}x^2-8x+a=0$의 판별식을 D라 하면 $D \le 0$이어야 한다.

$\frac{D}{4}=16-\frac{3}{2}a \le 0$에서 $a \ge \frac{32}{3}$

따라서 실수 a의 최솟값은 $\frac{32}{3}$이다.

답 ⑤

52 $f(x)=x^3+ax^2+2ax+3a$에서

$f'(x)=3x^2+2ax+2a$

함수 $f(x)$가 $x_1<x_2$인 모든 실수 x_1, x_2에 대하여 $f(x_1)<f(x_2)$를 만족시키므로 실수 전체의 집합에서 증가한다.

즉, 모든 실수 x에 대하여 $f'(x) \ge 0$이므로 이차방정식 $3x^2+2ax+2a=0$의 판별식을 D라 하면 $D \le 0$이어야 한다.

$\frac{D}{4}=a^2-6a \le 0$에서 $a(a-6) \le 0$, $0 \le a \le 6$

따라서 구하는 정수 a는 0, 1, 2, 3, 4, 5, 6이므로 그 개수는 7이다.

답 ④

53 $f(x)=x^3-2x^2+ax$에서

$f'(x)=3x^2-4x+a$

함수 $f(x)$가 실수 전체의 집합에서 증가하므로 모든 실수 x에 대하여 $f'(x)\geq 0$이고, 이차방정식 $3x^2-4x+a=0$의 판별식을 D라 하면 $D\leq 0$이어야 한다.

$\frac{D}{4}=4-3a\leq 0$에서 $a\geq\frac{4}{3}$

$f(3)=27-18+3a$

$\geq 9+3\times\frac{4}{3}=13$

따라서 $f(3)$의 최솟값은 13이다.

답 ②

54 함수 $f(x)$가 실수 전체의 집합에서 증가하려면 a가 아닌 모든 실수 x에 대하여 $f'(x)\geq 0$이어야 한다.

$f(x)=\begin{cases} x^3-x^2+x-a & (x\geq a) \\ x^3-x^2-x+a & (x<a) \end{cases}$이므로

$f'(x)=\begin{cases} 3x^2-2x+1 & (x>a) \\ 3x^2-2x-1 & (x<a) \end{cases}$

(i) $x>a$일 때

$f'(x)=3x^2-2x+1$

이차방정식 $3x^2-2x+1=0$의 판별식을 D라 하면

$\frac{D}{4}=1-3=-2<0$

이므로 $x>a$인 모든 실수 x에 대하여 $f'(x)>0$이다.

(ii) $x<a$일 때

$f'(x)=3x^2-2x-1=(3x+1)(x-1)$이므로

$x<a$인 모든 실수 x에 대하여 $f'(x)\geq 0$이려면 $a\leq-\frac{1}{3}$이어야 한다.

(i), (ii)에서 실수 a의 최댓값은 $-\frac{1}{3}$이다.

답 ②

55 $f(x)=x^3-4x^2+ax-3$에서

$f'(x)=3x^2-8x+a=3\left(x-\frac{4}{3}\right)^2+a-\frac{16}{3}$

함수 $f(x)$가 닫힌구간 $[2, 4]$에서 증가하려면 $2\leq x\leq 4$에서 $f'(x)\geq 0$이어야 한다.

한편, 곡선 $y=f'(x)$의 축이 직선 $x=\frac{4}{3}$이므로 $f'(2)\geq 0$이면 $2\leq x\leq 4$에서 $f'(x)\geq 0$이다.

$f'(2)=12-16+a=a-4\geq 0$에서 $a\geq 4$

따라서 실수 a의 최솟값은 4이다.

답 ④

56 $f(x)=x^4-4x^3+4$에서

$f'(x)=4x^3-12x^2=4x^2(x-3)$

구간 $(-\infty, k]$에 속하는 임의의 두 실수 x_1, x_2에 대하여 $x_1<x_2$일 때 $f(x_1)>f(x_2)$가 되려면 함수 $f(x)$는 구간 $(-\infty, k]$에서 감소해야 한다.

즉, $x\leq k$인 모든 실수 x에 대하여 $f'(x)\leq 0$이어야 한다.

$4x^2(x-3)\leq 0$

에서 모든 실수 x에 대하여 $x^2\geq 0$이므로

$x-3\leq 0$, $x\leq 3$

$x\leq 3$인 모든 실수 x에 대하여 $f'(x)\leq 0$이므로 $k\leq 3$이다.

따라서 실수 k의 최댓값은 3이다.

답 ③

57 $(x_1-x_2)\{f(x_1)-f(x_2)\}>0$에서

$x_1>x_2$이면 $f(x_1)>f(x_2)$이고

$x_1<x_2$이면 $f(x_1)<f(x_2)$이다.

그러므로 $x\geq a$에서 함수 $f(x)$는 증가해야 한다.

실수 전체의 집합에서 정의된 함수 $g(x)=4x^3-6x^2-9x$에서

$g'(x)=12x^2-12x-9=3(2x+1)(2x-3)$

$g'(x)=0$에서 $x=-\frac{1}{2}$ 또는 $x=\frac{3}{2}$

함수 $g(x)$의 증가와 감소를 표로 나타내면 다음과 같다.

x	$\cdots$	$-\frac{1}{2}$	$\cdots$	$\frac{3}{2}$	$\cdots$
$g'(x)$	+	0	−	0	+
$g(x)$	↗	극대	↘	극소	↗

$x\geq a$에서 함수 $f(x)$가 증가하려면 $a\geq\frac{3}{2}$이어야 한다.

따라서 실수 a의 최솟값은 $\frac{3}{2}$이다.

답 ③

58 $f(x)=2x^3-3x^2-12x+4$에서

$f'(x)=6x^2-6x-12=6(x+1)(x-2)$

$f'(x)=0$에서 $x=-1$ 또는 $x=2$

함수 $f(x)$의 증가와 감소를 표로 나타내면 다음과 같다.

x	$\cdots$	-1	$\cdots$	2	$\cdots$
$f'(x)$	+	0	−	0	+
$f(x)$	↗	극대	↘	극소	↗

따라서 $a=-1$, $b=2$이므로

$f(a)+f(b)=f(-1)+f(2)$

$=(-2-3+12+4)+(16-12-24+4)=-5$

답 ①

59 $f(x)=-2x^3+9x^2+24x+7$에서

$f'(x)=-6x^2+18x+24=-6(x+1)(x-4)$

$f'(x)=0$에서 $x=-1$ 또는 $x=4$

함수 $f(x)$의 증가와 감소를 표로 나타내면 다음과 같다.

x	$\cdots$	-1	$\cdots$	4	$\cdots$
$f'(x)$	−	0	+	0	−
$f(x)$	↘	극소	↗	극대	↘

함수 $f(x)$는 $x=-1$에서 극솟값을 갖는다.

따라서 $f(-1)=2+9-24+7=-6$

답 ④

60 $f(x)=x^4-4x^3-2x^2+12x$에서

$f'(x)=4x^3-12x^2-4x+12=4(x+1)(x-1)(x-3)$

$f'(x)=0$에서 $x=-1$ 또는 $x=1$ 또는 $x=3$
함수 $f(x)$의 증가와 감소를 표로 나타내면 다음과 같다.

x	$\cdots$	-1	$\cdots$	1	$\cdots$	3	$\cdots$
$f'(x)$	$-$	0	$+$	0	$-$	0	$+$
$f(x)$	↘	극소	↗	극대	↘	극소	↗

함수 $f(x)$는 $x=1$에서 극댓값을 갖는다.
따라서 $f(1)=1-4-2+12=7$

답 ①

61 $f(x)=x^4-\frac{16}{3}x^3+2x^2+24x$에서
$f'(x)=4x^3-16x^2+4x+24=4(x+1)(x-2)(x-3)$
$f'(x)=0$에서 $x=-1$ 또는 $x=2$ 또는 $x=3$
함수 $f(x)$의 증가와 감소를 표로 나타내면 다음과 같다.

x	$\cdots$	-1	$\cdots$	2	$\cdots$	3	$\cdots$
$f'(x)$	$-$	0	$+$	0	$-$	0	$+$
$f(x)$	↘	극소	↗	극대	↘	극소	↗

함수 $f(x)$는 $x=-1$과 $x=3$에서 극솟값을 갖고, $x=2$에서 극댓값을 갖는다.
따라서 $a=-1$ 또는 $a=2$ 또는 $a=3$이므로 모든 실수 a의 값의 합은
$-1+2+3=4$

답 ⑤

62 $f(x)=x^3+ax^2+bx+c$ (a, b, c는 상수)라 하면
$f'(x)=3x^2+2ax+b$
함수 $f(x)$가 $x=-1$, $x=3$에서 각각 극값을 가지므로
$f'(-1)=0$, $f'(3)=0$이다.
즉, 이차방정식 $3x^2+2ax+b=0$의 두 근이 -1, 3이므로 이차방정식의 근과 계수의 관계에 의하여
$-\frac{2a}{3}=2$에서 $a=-3$
$\frac{b}{3}=-3$에서 $b=-9$
함수 $f(x)=x^3-3x^2-9x+c$의 극값이
$f(-1)=-1-3+9+c=c+5$
$f(3)=27-27-27+c=c-27$
이므로 모든 극값의 합은
$(c+5)+(c-27)=2c-22=4$에서 $c=13$
따라서 $f(x)=x^3-3x^2-9x+13$이므로
$f(1)=1-3-9+13=2$

답 ②

63 $f(x)=2x^3-15x^2+24$에서
$f'(x)=6x^2-30x=6x(x-5)$
$f'(x)=0$에서 $x=0$ 또는 $x=5$
함수 $f(x)$의 증가와 감소를 표로 나타내면 다음과 같다.

x	$\cdots$	0	$\cdots$	5	$\cdots$
$f'(x)$	$+$	0	$-$	0	$+$
$f(x)$	↗	극대	↘	극소	↗

함수 $f(x)$는 $x=0$에서 극대이고, $x=5$에서 극소이다.
$f(0)=24$, $f(5)=250-375+24=-101$이므로
두 점 A, B의 좌표는 각각 $(0, 24)$, $(5, -101)$이다.
따라서 삼각형 OAB의 넓이는
$\frac{1}{2}\times24\times5=60$

답 60

64 함수 $f(x)$가 $x=1$에서 극댓값 4를 가지므로
$f(1)=4$, $f'(1)=0$
$f(1)=1+a+b+2=4$에서 $a+b=1$ …… ㉠
$f(x)=x^3+ax^2+bx+2$에서
$f'(x)=3x^2+2ax+b$
$f'(1)=3+2a+b=0$에서 $2a+b=-3$ …… ㉡
㉠, ㉡을 연립하여 풀면 $a=-4$, $b=5$
따라서 $f(x)=x^3-4x^2+5x+2$이므로
$f(2)=8-16+10+2=4$

답 ①

65 $f(x)=x^3-3x^2-9x+a$에서
$f'(x)=3x^2-6x-9=3(x+1)(x-3)$
$f'(x)=0$에서 $x=-1$ 또는 $x=3$
함수 $f(x)$의 증가와 감소를 표로 나타내면 다음과 같다.

x	$\cdots$	-1	$\cdots$	3	$\cdots$
$f'(x)$	$+$	0	$-$	0	$+$
$f(x)$	↗	극대	↘	극소	↗

함수 $f(x)$는 $x=-1$에서 극댓값 12를 가지므로
$f(-1)=-1-3+9+a=12$에서 $a=7$
따라서 함수 $f(x)$의 극솟값은
$f(3)=27-27-27+7=-20$

답 ①

66 $f(x)=x^3+ax^2+bx+2a$에서
$f'(x)=3x^2+2ax+b$
함수 $f(x)$가 $x=-3$, $x=1$에서 각각 극값을 가지므로
$f'(x)=3(x+3)(x-1)=3x^2+6x-9$
그러므로 $a=3$, $b=-9$
따라서 $f(x)=x^3+3x^2-9x+6$이므로
$f(2)=8+12-18+6=8$

답 ④

67 $f(x)=x^3+3ax^2-108$에서
$f'(x)=3x^2+6ax=3x(x+2a)$
$f'(x)=0$에서 $x=0$ 또는 $x=-2a$
한편, 곡선 $y=f(x)$가 x축에 접하므로 함수 $f(x)$의 극값이 0이어야 한다.
즉, $f(0)=0$ 또는 $f(-2a)=0$이어야 한다.
$f(0)=-108$이므로
$f(-2a)=-8a^3+12a^3-108=4(a^3-27)$
$=4(a-3)(a^2+3a+9)=0$

이때 모든 실수 a에 대하여 $a^2+3a+9>0$이므로 $a=3$
따라서 $f(a+1)=f(4)=64+144-108=100$

답 ⑤

68 $f(x)=x^4-x^3+ax^2+b$에서
$f'(x)=4x^3-3x^2+2ax$
함수 $f(x)$가 $x=2$에서 극소이므로 $f'(2)=32-12+4a=0$에서
$4a+20=0$, $a=-5$
$f'(x)=4x^3-3x^2-10x=x(4x+5)(x-2)$
$f'(x)=0$에서 $x=-\frac{5}{4}$ 또는 $x=0$ 또는 $x=2$
함수 $f(x)$의 증가와 감소를 표로 나타내면 다음과 같다.

x	$\cdots$	$-\frac{5}{4}$	$\cdots$	0	$\cdots$	2	$\cdots$
$f'(x)$	$-$	0	$+$	0	$-$	0	$+$
$f(x)$	↘	극소	↗	극대	↘	극소	↗

함수 $f(x)$는 $x=0$에서 극대이므로 $f(0)=7$에서 $b=7$
따라서 $f(x)=x^4-x^3-5x^2+7$에서
$f(1)=1-1-5+7=2$

답 ②

69 $f(x)=x^3-ax^2-4x+a$에서
$f'(x)=3x^2-2ax-4$
함수 $f(x)$가 $x=a$에서 극소이므로
$f'(a)=a^2-4=(a+2)(a-2)=0$에서
$a=-2$ 또는 $a=2$
(i) $a=-2$일 때
$f(x)=x^3+2x^2-4x-2$
$f'(x)=3x^2+4x-4=(x+2)(3x-2)$
$f'(x)=0$에서 $x=-2$ 또는 $x=\frac{2}{3}$
함수 $f(x)$의 증가와 감소를 표로 나타내면 다음과 같다.

x	$\cdots$	-2	$\cdots$	$\frac{2}{3}$	$\cdots$
$f'(x)$	$+$	0	$-$	0	$+$
$f(x)$	↗	6	↘	$-\frac{94}{27}$	↗

함수 $f(x)$는 $x=-2$에서 극대이므로 주어진 조건을 만족시키지 않는다.
(ii) $a=2$일 때
$f(x)=x^3-2x^2-4x+2$
$f'(x)=3x^2-4x-4=(3x+2)(x-2)$
$f'(x)=0$에서 $x=-\frac{2}{3}$ 또는 $x=2$
함수 $f(x)$의 증가와 감소를 표로 나타내면 다음과 같다.

x	$\cdots$	$-\frac{2}{3}$	$\cdots$	2	$\cdots$
$f'(x)$	$+$	0	$-$	0	$+$
$f(x)$	↗	$\frac{94}{27}$	↘	-6	↗

함수 $f(x)$는 $x=2$에서 극솟값 -6을 가지므로 주어진 조건을 만족시킨다.
따라서 함수 $f(x)$의 극댓값은 $\frac{94}{27}$이다.

답 ③

70 $f(x)=x^3+ax^2+bx+c$ (a, b, c는 상수)라 하면
$f'(x)=3x^2+2ax+b$
함수 $y=f'(x)$의 그래프가 x축과 만나는 점의 x좌표가 -2, 1이므로
$f'(-2)=12-4a+b=0$에서 $4a-b=12$
$f'(1)=3+2a+b=0$에서 $2a+b=-3$
두 식을 연립하여 풀면 $a=\frac{3}{2}$, $b=-6$
즉, $f(x)=x^3+\frac{3}{2}x^2-6x+c$
함수 $f(x)$의 증가와 감소를 표로 나타내면 다음과 같다.

x	$\cdots$	-2	$\cdots$	1	$\cdots$
$f'(x)$	$+$	0	$-$	0	$+$
$f(x)$	↗	$c+10$	↘	$c-\frac{7}{2}$	↗

함수 $f(x)$는 $x=-2$에서 극댓값 $c+10$, $x=1$에서 극솟값 $c-\frac{7}{2}$을 갖는다.
$(c+10)+\left(c-\frac{7}{2}\right)=2c+\frac{13}{2}=12$에서
$2c=\frac{11}{2}$, $c=\frac{11}{4}$
따라서 $f(x)=x^3+\frac{3}{2}x^2-6x+\frac{11}{4}$이므로
$f(0)=\frac{11}{4}$

답 ④

71 $f(x)=ax^3+bx^2+cx+d$ (a, b, c, d는 상수, $a\neq0$)이라 하면
$f'(x)=3ax^2+2bx+c$
함수 $y=f'(x)$의 그래프가 x축과 만나는 점의 x좌표가 -1, 3이므로
이차방정식 $f'(x)=0$의 두 실근이 -1, 3이다.
즉, $f'(x)=3a(x+1)(x-3)=3ax^2-6ax-9a$이므로
$b=-3a$, $c=-9a$
또한 $f(0)=0$에서 $d=0$이므로 함수 $f(x)$는
$f(x)=ax^3-3ax^2-9ax$
함수 $f(x)$의 증가와 감소를 표로 나타내면 다음과 같다.

x	$\cdots$	-1	$\cdots$	3	$\cdots$
$f'(x)$	$+$	0	$-$	0	$+$
$f(x)$	↗	$5a$	↘	$-27a$	↗

함수 $f(x)$는 $x=-1$에서 극댓값 $5a$를 가지므로 $5a=10$에서 $a=2$
따라서 $f(x)=2x^3-6x^2-18x$이므로
$f(-2)=-16-24+36=-4$

답 ②

72 자연수 a가 1, 2, 3, 7, 8일 때,
열린구간 $(a-1, a+1)$에서 $f'(x)>0$이므로 함수 $f(x)$는 증가한다.
한편, 자연수 a가 4, 5, 6, 9일 때,
열린구간 $(a-1, a+1)$에서 $f'(x)<0$인 x가 존재하므로 함수 $f(x)$는 증가하지 않는다.

따라서 구하는 모든 자연수 a의 값의 합은

$1+2+3+7+8=21$

답 ①

73 3 이상 8 이하인 양의 정수 a에 대하여 열린구간 $(a,\ a+1)$에서 $f'(x)<0$이므로 함수 $f(x)$는 감소한다.

그러므로 $p=8,\ q=3$이다.

또한 -2 이하인 음의 정수 a에 대하여 열린구간 $(a,\ a+1)$에서 $f'(x)<0$이므로 함수 $f(x)$는 감소한다.

그러므로 $r=-2$이다.

따라서 $p+q+r=8+3+(-2)=9$

답 9

74 $f(x)$가 최고차항의 계수가 1인 삼차함수이고, $f'(-1)=f'(2)=0$이므로 $f'(x)=3(x+1)(x-2)$

또한 $g(x)=f(x)-kx^2$이 $x=3$에서 극값을 갖기 위해서는 $g'(3)=0$이고, $x=3$의 좌우에서 $g'(x)$의 부호가 바뀌어야 한다.

$g'(x)=f'(x)-2kx$에서 $g'(3)=f'(3)-6k=0$

이때 $f'(3)=3\times4\times1=12$이므로

$12-6k=0,\ k=2$

이때

$g'(x)=3(x+1)(x-2)-4x$

$\quad=3x^2-7x-6=(3x+2)(x-3)$

이므로 $g'(x)$는 $x=3$의 좌우에서 부호가 바뀐다.

따라서 $k=2$

답 ②

75 ㄱ. 열린구간 $(0,\ 3)$에서 $f'(x)<0$이므로 함수 $f(x)$는 열린구간 $(0,\ 3)$에서 감소한다.

그러므로 $f(0)>f(3)$이다. (참)

ㄴ. $h'(x)=f'(x)-g'(x)$이므로

$h'(x)=0$에서 $x=0$ 또는 $x=4$

함수 $h(x)$의 증가와 감소를 표로 나타내면 다음과 같다.

x	$\cdots$	0	$\cdots$	4	$\cdots$
$h'(x)$	+	0	−	0	+
$h(x)$	↗	극대	↘	극소	↗

그러므로 함수 $h(x)$는 열린구간 $(0,\ 4)$에서 감소하고, $h(0)>h(3)$이다. (거짓)

ㄷ. ㄴ의 증감표에서 함수 $h(x)$는 $x=4$에서 극소이다. (참)

이상에서 옳은 것은 ㄱ, ㄷ이다.

답 ③

76 $f(x)=x^3+ax^2+5x-4$에서

$f'(x)=3x^2+2ax+5$

함수 $f(x)$가 극값을 가지려면 이차방정식 $f'(x)=0$이 서로 다른 두 실근을 가져야 하므로 $f'(x)=0$의 판별식을 D라 하면

$\frac{D}{4}=a^2-15>0$에서 $(a+\sqrt{15})(a-\sqrt{15})>0$

$a<-\sqrt{15}$ 또는 $a>\sqrt{15}$

따라서 자연수 a의 최솟값은 4이다.

답 4

77 $f(x)=-\frac{1}{3}x^3+3x^2+ax-1$에서

$f'(x)=-x^2+6x+a$

함수 $f(x)$가 극값을 가지려면 이차방정식 $f'(x)=0$이 서로 다른 두 실근을 가져야 하므로 $f'(x)=0$의 판별식을 D라 하면

$\frac{D}{4}=9+a>0$에서 $a>-9$

따라서 정수 a의 최솟값은 -8이다.

답 ②

78 $f(x)=x^3+ax^2+4ax+2$에서

$f'(x)=3x^2+2ax+4a$

함수 $f(x)$가 극값을 가지려면 이차방정식 $f'(x)=0$이 서로 다른 두 실근을 가져야 하므로 $f'(x)=0$의 판별식을 D라 하면

$\frac{D}{4}=a^2-12a>0$에서 $a(a-12)>0$

$a<0$ 또는 $a>12$

따라서 20 이하의 자연수 a는 13, 14, 15, $\cdots$, 20이므로 그 개수는 8이다.

답 ④

79 $f(x)=ax^3-6x^2+ax-6$에서

$f'(x)=3ax^2-12x+a$

a가 자연수이므로 $a\neq0$

함수 $f(x)$가 극값을 가지려면 이차방정식 $f'(x)=0$이 서로 다른 두 실근을 가져야 하므로 $f'(x)=0$의 판별식을 D라 하면

$\frac{D}{4}=36-3a^2>0$에서

$a^2-12<0,\ (a+2\sqrt{3})(a-2\sqrt{3})<0$

$-2\sqrt{3}<a<2\sqrt{3}$

따라서 자연수 a의 값은 1, 2, 3이므로 그 합은

$1+2+3=6$

답 6

80 $f(x)=x^3+(k+4)x^2+(k+10)x+7$에서

$f'(x)=3x^2+2(k+4)x+(k+10)$

함수 $f(x)$가 극값을 가지려면 이차방정식 $f'(x)=0$이 서로 다른 두 실근을 가져야 하므로 $f'(x)=0$의 판별식을 D라 하면

$\frac{D}{4}=(k+4)^2-3(k+10)>0$에서

$k^2+5k-14>0,\ (k+7)(k-2)>0$

$k<-7$ 또는 $k>2$

그러므로 양의 정수 k의 최솟값은 3, 음의 정수 k의 최댓값은 -8이다.

따라서 $\alpha=3,\ \beta=-8$이므로 $\alpha-\beta=11$

답 ①

81 $f(x)=x^3+2x^2+ax$에서

$f'(x)=3x^2+4x+a$

함수 $f(x)$가 열린구간 $(-3, -1)$에서 극댓값을 가지려면 $f'(c)=0$인 실수 c가 열린구간 $(-3, -1)$에 존재하고, $x=c$의 좌우에서 $f'(x)$의 부호가 양$(+)$에서 음$(-)$으로 바뀌면 된다.

$f'(-3)=a+15$, $f'(-1)=a-1$이므로

$(a+15)(a-1)<0$, 즉 $-15<a<1$이면 $f'(-3)\times f'(-1)<0$이다.

이때 함수 $f'(x)$는 닫힌구간 $[-3, -1]$에서 연속이므로 사잇값의 정리에 의하여 $f'(c)=0$인 c가 열린구간 $(-3, -1)$에 존재한다.

이때 $f'(-3)>0$, $f'(-1)<0$이므로 $x=c$의 좌우에서 $f'(x)$의 부호가 양$(+)$에서 음$(-)$으로 바뀌는 c도 존재한다.

따라서 정수 a는 $-14, -13, -12, \cdots, -1, 0$이므로 그 개수는 15이다.

답 ③

82 $f(x)=x^3+ax^2+12x-1$에서

$f'(x)=3x^2+2ax+12$

함수 $f(x)$가 극값을 갖지 않으려면 이차방정식 $f'(x)=0$이 중근 또는 허근을 가져야 하므로 $f'(x)=0$의 판별식을 D라 하면

$\frac{D}{4}=a^2-36\le 0$에서 $(a+6)(a-6)\le 0$, $-6\le a\le 6$

따라서 정수 a는 $-6, -5, -4, \cdots, 6$이므로 그 개수는 13이다.

답 ③

83 $f(x)=x^3+2x^2+ax-1$에서

$f'(x)=3x^2+4x+a$

함수 $f(x)$가 극값을 갖지 않으려면 이차방정식 $f'(x)=0$이 중근 또는 허근을 가져야 하므로 $f'(x)=0$의 판별식을 D라 하면

$\frac{D}{4}=4-3a\le 0$에서 $4\le 3a$, $a\ge \frac{4}{3}$

따라서 실수 a의 최솟값은 $\frac{4}{3}$이다.

답 ④

84 $f(x)=\frac{1}{3}x^3-(k-2)x^2+\left(k-\frac{9}{4}\right)x-1$에서

$f'(x)=x^2-2(k-2)x+\left(k-\frac{9}{4}\right)$

함수 $f(x)$가 극값을 갖지 않으려면 이차방정식 $f'(x)=0$이 중근 또는 허근을 가져야 하므로 $f'(x)=0$의 판별식을 D라 하면

$\frac{D}{4}=(k-2)^2-\left(k-\frac{9}{4}\right)\le 0$에서

$k^2-5k+\frac{25}{4}\le 0$, $\left(k-\frac{5}{2}\right)^2\le 0$

따라서 $k=\frac{5}{2}$

답 ①

85 $f(x)=x^4-8x^3+2ax^2-2$에서

$f'(x)=4x^3-24x^2+4ax=4x(x^2-6x+a)$

함수 $f(x)$가 극댓값과 극솟값을 모두 가지려면 삼차방정식 $f'(x)=0$이 서로 다른 세 실근을 가져야 하므로

이차방정식 $x^2-6x+a=0$이 0이 아닌 서로 다른 두 실근을 가져야 한다.

$x=0$이 이차방정식 $x^2-6x+a=0$의 실근이 아니려면 $a\ne 0$이어야 하고, 이차방정식 $x^2-6x+a=0$의 판별식을 D라 하면

$\frac{D}{4}=9-a>0$에서 $a<9$

따라서 a의 값의 범위는 $a<0$ 또는 $0<a<9$이고 자연수 a는 1, 2, 3, $\cdots$, 8이므로 그 개수는 8이다.

답 8

86 $f(x)=x^4-2x^3+ax^2+(2-2a)x$에서

$f'(x)=4x^3-6x^2+2ax+2-2a$

$\quad=(x-1)(4x^2-2x+2a-2)$

함수 $f(x)$는 최고차항의 계수가 1인 사차함수이므로 극솟값은 반드시 갖고, 극댓값을 가지려면 삼차방정식 $f'(x)=0$이 서로 다른 세 실근을 가져야 한다.

즉, 이차방정식 $4x^2-2x+2a-2=0$이 1이 아닌 서로 다른 두 실근을 가져야 한다.

$x=1$이 이차방정식 $4x^2-2x+2a-2=0$의 실근이 아니려면 $a\ne 0$이어야 하고, 이차방정식 $4x^2-2x+2a-2=0$의 판별식을 D라 하면

$\frac{D}{4}=1-4(2a-2)>0$에서 $9-8a>0$, $a<\frac{9}{8}$

따라서 a의 값의 범위는 $a<0$ 또는 $0<a<\frac{9}{8}$이어야 하므로 정수 a의 최댓값은 1이다.

답 ④

87 $f(x)=x^4+4kx^3+12x^2-2$에서

$f'(x)=4x^3+12kx^2+24x=4x(x^2+3kx+6)$

사차함수 $f(x)$가 극댓값을 갖지 않으려면 삼차방정식 $f'(x)=0$이 한 실근과 두 허근을 갖거나 한 실근과 중근 또는 삼중근을 가져야 한다.

이차방정식 $x^2+3kx+6=0$의 판별식을 D라 하면

(i) 방정식 $f'(x)=0$이 한 실근과 두 허근을 갖는 경우

이차방정식 $x^2+3kx+6=0$이 두 허근을 가져야 하므로

$D=9k^2-24<0$에서 $9\left(k+\frac{2\sqrt{6}}{3}\right)\left(k-\frac{2\sqrt{6}}{3}\right)<0$

$-\frac{2\sqrt{6}}{3}<k<\frac{2\sqrt{6}}{3}$

(ii) 방정식 $f'(x)=0$이 한 실근과 중근을 갖는 경우

이차방정식 $x^2+3kx+6=0$이 $x=0$을 근으로 가질 수 없으므로 이차방정식 $x^2+3kx+6=0$이 중근을 가져야 한다.

$D=9k^2-24=0$에서

$k=-\frac{2\sqrt{6}}{3}$ 또는 $k=\frac{2\sqrt{6}}{3}$

(i), (ii)에서 $-\frac{2\sqrt{6}}{3}\le k\le \frac{2\sqrt{6}}{3}$이므로

$M=\frac{2\sqrt{6}}{3}$, $m=-\frac{2\sqrt{6}}{3}$이다.

따라서 $M^2+m^2=\frac{16}{3}$

답 ②

서술형 완성하기

본문 67쪽

01 163 **02** $\frac{96}{7}$ **03** 24 **04** 108 **05** 3 **06** -12

01 $y=\frac{1}{3}x^3-2tx^2+6t^2x$에서

$y'=x^2-4tx+6t^2=(x-2t)^2+2t^2$ …… ❶

곡선 $y=\frac{1}{3}x^3-2tx^2+6t^2x$에 접하는 직선의 기울기는 $x=2t$일 때 최솟값 $2t^2$을 갖고 이때 접점의 좌표는 $\left(2t, \frac{20}{3}t^3\right)$이므로 접선의 방정식은

$y-\frac{20}{3}t^3=2t^2(x-2t)$, 즉 $y=2t^2x+\frac{8}{3}t^3$ …… ❷

이 직선의 y절편은 $\frac{8}{3}t^3$이므로

$f(t)=\frac{8}{3}t^3$에서 $f(2)=\frac{64}{3}$

$f'(t)=8t^2$에서 $f'(2)=32$

이고 $f(2)+f'(2)=\frac{64}{3}+32=\frac{160}{3}$

따라서 $p=3$, $q=160$이므로 $p+q=163$ …… ❸

답 163

단계	채점 기준	비율
❶	도함수 y'을 구한 경우	30 %
❷	접선의 방정식을 구한 경우	30 %
❸	$p+q$의 값을 구한 경우	40 %

02 점 $(-2, -3)$이 함수 $y=f(x)$의 그래프 위의 점이므로

$f(-2)=-3$

점 $(-2, -3)$에서의 접선이 원점을 지나므로 이 접선의 기울기는

$f'(-2)=\frac{0-(-3)}{0-(-2)}=\frac{3}{2}$ …… ❶

$g(x)=(x^2+2)f(x)$에서

$g'(x)=2xf(x)+(x^2+2)f'(x)$

이때 $g(-2)=6f(-2)=-18$이고

$g'(-2)=-4f(-2)+6f'(-2)$

$=-4\times(-3)+6\times\frac{3}{2}=21$ …… ❷

따라서 곡선 $y=g(x)$ 위의 점 $(-2, g(-2))$에서의 접선의 방정식은

$y-g(-2)=g'(-2)\{x-(-2)\}$

$y+18=21(x+2)$

$y=21x+24$

따라서 접선의 x절편은 $-\frac{8}{7}$, y절편은 24이므로 구하는 넓이는

$\frac{1}{2}\times\frac{8}{7}\times24=\frac{96}{7}$ …… ❸

답 $\frac{96}{7}$

단계	채점 기준	비율
❶	$f(-2)$, $f'(-2)$의 값을 구한 경우	20 %
❷	$g(-2)$, $g'(-2)$의 값을 구한 경우	40 %
❸	접선의 방정식과 삼각형의 넓이를 구한 경우	40 %

03 $(x_1-x_2)\{f(x_1)-f(x_2)\}<0$에서

$x_1>x_2$이면 $f(x_1)<f(x_2)$이고

$x_1<x_2$이면 $f(x_1)>f(x_2)$이다.

그러므로 함수 $f(x)$는 실수 전체의 집합에서 감소해야 한다. …… ❶

$f(x)=-4x^3+ax^2+(a-9)x+1$에서

$f'(x)=-12x^2+2ax+(a-9)$

함수 $f(x)$가 실수 전체의 집합에서 감소하려면 모든 실수 x에 대하여 $f'(x)\le0$, 즉 $-12x^2+2ax+(a-9)\le0$이 성립해야 한다.

이차방정식 $-12x^2+2ax+(a-9)=0$의 판별식을 D라 하면

$\frac{D}{4}=a^2+12(a-9)\le0$에서

$a^2+12a-108\le0$, $(a+18)(a-6)\le0$

$-18\le a\le6$ …… ❷

따라서 실수 a의 최댓값은 6, 최솟값은 -18이므로

$M-m=6-(-18)=24$ …… ❸

답 24

단계	채점 기준	비율
❶	함수 $f(x)$가 실수 전체의 집합에서 감소해야 함을 파악한 경우	30 %
❷	이차방정식의 판별식을 이용하여 a의 값의 범위를 구한 경우	50 %
❸	$M-m$의 값을 구한 경우	20 %

04 조건 (가)에서 $f(x)-x^3$은 이차식이고 이차항의 계수가 6이므로

$f(x)=x^3+6x^2+ax+b$ (a, b는 상수)

로 놓을 수 있고, 이때

$f'(x)=3x^2+12x+a$

이다. 조건 (나)에서 $f'(1)=0$이므로

$3+12+a=0$에서 $a=-15$

또한 $f(1)=0$이므로 $1+6-15+b=0$에서 $b=8$

그러므로 $f(x)=x^3+6x^2-15x+8$ …… ❶

$f'(x)=3x^2+12x-15=3(x+5)(x-1)$

$f'(x)=0$에서 $x=-5$ 또는 $x=1$

함수 $f(x)$의 증가와 감소를 표로 나타내면 다음과 같다.

x	$\cdots$	-5	$\cdots$	1	$\cdots$
$f'(x)$	$+$	0	$-$	0	$+$
$f(x)$	↗	108	↘	0	↗

…… ❷

따라서 함수 $f(x)$는 $x=-5$에서 극댓값 108을 갖는다. …… ❸

답 108

단계	채점 기준	비율
❶	함수 $f(x)$를 구한 경우	40 %
❷	함수 $f(x)$의 증가와 감소를 표로 나타낸 경우	40 %
❸	함수 $f(x)$의 극댓값을 구한 경우	20 %

05 $f(x)=x^3+ax^2+bx+c$, $g(x)=x^2+ax+b$에서

$f'(x)=3x^2+2ax+b$, $g'(x)=2x+a$

두 함수 $f(x)$, $g(x)$는 $x=2$에서 극값을 가지므로

$f'(2)=0$, $g'(2)=0$

$g'(2)=4+a=0$에서 $a=-4$

$f'(2)=12+4a+b=12-16+b=0$에서 $b=4$ …… ❶

$f(x)=x^3-4x^2+4x+c$에서

$f'(x)=3x^2-8x+4=(3x-2)(x-2)$

$f'(x)=0$에서 $x=\frac{2}{3}$ 또는 $x=2$

함수 $f(x)$의 증가와 감소를 표로 나타내면 다음과 같다.

x	…	$\frac{2}{3}$	…	2	…
$f'(x)$	+	0	−	0	+
$f(x)$	↗	극대	↘	극소	↗

함수 $f(x)$는 $x=\frac{2}{3}$에서 극대이므로

$f\left(\frac{2}{3}\right)=\frac{8}{27}-\frac{16}{9}+\frac{8}{3}+c=\frac{5}{27}$에서 $c=-1$ …… ❷

따라서 $f(x)=x^3-4x^2+4x-1$, $g(x)=x^2-4x+4$에서

$f(3)=27-36+12-1=2$, $g(3)=9-12+4=1$

이므로 $f(3)+g(3)=2+1=3$ …… ❸

답 3

단계	채점 기준	비율
❶	a, b의 값을 구한 경우	40 %
❷	c의 값을 구한 경우	30 %
❸	$f(3)+g(3)$의 값을 구한 경우	30 %

06 $f(x)$가 최고차항의 계수가 1인 삼차함수이므로

$f'(x)$는 최고차항의 계수가 3인 이차함수이다.

함수 $y=f'(x)+a$의 그래프가 두 점 $(-1, 0)$, $(3, 0)$을 지나므로

$f'(x)+a=3(x+1)(x-3)$에서

$f'(x)=3x^2-6x-(a+9)$ …… ❶

함수 $f(x)$가 극값을 갖지 않기 위해서는 방정식 $f'(x)=0$이 중근 또는 허근을 가져야 하므로 이차방정식 $3x^2-6x-(a+9)=0$의 판별식을 D라 하면

$\frac{D}{4}=9+3(a+9)\le 0$에서 …… ❷

$3a\le -36$, $a\le -12$

따라서 정수 a의 최댓값은 -12이다. …… ❸

답 −12

단계	채점 기준	비율
❶	$f'(x)$를 식으로 나타낸 경우	40 %
❷	방정식 $f'(x)=0$의 판별식을 구한 경우	20 %
❸	정수 a의 최댓값을 구한 경우	40 %

내신 + 수능 고난도 도전

본문 68~69쪽

01 ③ **02** 5 **03** 88 **04** ② **05** 52
06 ⑤ **07** ③ **08** ④

01 $\lim_{x\to 1}\frac{f(x)-3}{x-1}=a$에서 극한값이 존재하고 $x\to 1$일 때

(분모)→0이므로 (분자)→0이어야 한다.

즉, $\lim_{x\to 1}f(x)=f(1)=3$이고, $\lim_{x\to 1}\frac{f(x)-f(1)}{x-1}=a$에서

$f'(1)=a$이다.

또한 $\lim_{x\to 1}\frac{g(x)-b}{x-1}=2$에서 극한값이 존재하고 $x\to 1$일 때

(분모)→0이므로 (분자)→0이어야 한다.

즉, $\lim_{x\to 1}g(x)=g(1)=b$이고, $\lim_{x\to 1}\frac{g(x)-g(1)}{x-1}=2$에서

$g'(1)=2$이다.

함수 $h(x)$를 $h(x)=f(x)\{f(x)-g(x)\}$라 하면 함수 $y=h(x)$의 그래프가 직선 $y=4x+2$와 점 $(1, 6)$에서 접하므로

$h(1)=6$, $h'(1)=4$

$h(1)=f(1)\{f(1)-g(1)\}=3(3-b)=6$에서 $3b=3$, $b=1$

한편, $h'(x)=f'(x)\{f(x)-g(x)\}+f(x)\{f'(x)-g'(x)\}$이므로

$h'(1)=f'(1)\{f(1)-g(1)\}+f(1)\{f'(1)-g'(1)\}$

$=a(3-1)+3(a-2)=5a-6=4$

에서 $5a=10$, $a=2$

따라서 $a+b=2+1=3$

답 ③

02 $f(x)=x^3+ax^2+bx+1$ (a, b는 상수)라 하면

$f'(x)=3x^2+2ax+b$

조건 (가)에서 원점과 $(1, f(1))$을 지나는 직선의 기울기가

$\frac{f(1)-0}{1-0}=f(1)$이므로 $f'(1)=f(1)$이다.

$f(1)=a+b+2$, $f'(1)=2a+b+3$이므로

$a+b+2=2a+b+3$에서

$a=-1$

그러므로 $f'(x)=3x^2-2x+b$이고, 조건 (나)에서 $f'(2)=0$이므로

$f'(2)=12-4+b=0$에서 $b=-8$

따라서 $f(x)=x^3-x^2-8x+1$이므로

$f(-2)=-8-4+16+1=5$

답 5

03 $f(x)=ax^3+ax^2+bx+1$에서

$f'(x)=3ax^2+2ax+b$

함수 $f(x)$의 역함수가 존재하려면 모든 실수 x에 대하여

$f'(x)\ge 0$, 즉 $3ax^2+2ax+b\ge 0$

이 성립해야 한다.

그러므로 이차방정식 $3ax^2+2ax+b=0$의 판별식을 D라 하면

$\frac{D}{4}=a^2-3ab\le 0$에서 $a(a-3b)\le 0$ …… ㉠

이어야 한다.

a, b는 10 이하의 자연수이므로 부등식 ㉠이 성립하려면 $a\le 3b$이어야 한다.

(i) $a=1$, $a=2$, $a=3$일 때

b는 10 이하의 자연수이면 되므로 ㉠을 만족시키는 순서쌍 (a, b)의 개수는 $3\times 10=30$

(ii) $a=4$, $a=5$, $a=6$일 때

b는 2 이상 10 이하의 자연수이면 되므로 ㉠을 만족시키는 순서쌍 (a, b)의 개수는 $3\times9=27$

(iii) $a=7$, $a=8$, $a=9$일 때

b는 3 이상 10 이하의 자연수이면 되므로 ㉠을 만족시키는 순서쌍 (a, b)의 개수는 $3\times8=24$

(iv) $a=10$일 때

b는 4 이상 10 이하의 자연수이면 되므로 ㉠을 만족시키는 순서쌍 (a, b)의 개수는 7

(i)~(iv)에 의하여 구하는 모든 순서쌍 (a, b)의 개수는

$30+27+24+7=88$

답 88

04 모든 실수 k에 대하여 직선 $y=k$와 곡선 $y=f(x)$가 만나는 점의 개수가 1이 되려면 삼차함수 $f(x)$의 최고차항의 계수가 양수이므로 함수 $f(x)$가 실수 전체의 집합에서 증가해야 한다. 즉, $f'(x)\geq0$이어야 한다.

$f(x)=\frac{1}{6}x^3+(a-1)x^2+(a+20)x$에서

$f'(x)=\frac{1}{2}x^2+2(a-1)x+a+20$

이차방정식 $\frac{1}{2}x^2+2(a-1)x+a+20=0$의 판별식을 D라 하면

$\frac{D}{4}=(a-1)^2-\frac{1}{2}(a+20)\leq0$에서

$a^2-\frac{5}{2}a-9\leq0$, $(a+2)\left(a-\frac{9}{2}\right)\leq0$

$-2\leq a\leq\frac{9}{2}$

따라서 정수 a는 -2, -1, 0, 1, 2, 3, 4이므로 그 개수는 7이다.

답 ②

05 함수 $f(x)$가 $x=1$에서 극소이므로 $f'(1)=0$

$f(1)=f(7)=4$이므로 삼차식 $f(x)-4$는 $(x-1)^2$과 $(x-7)$을 인수로 갖는다.

즉, $f(x)-4=a(x-1)^2(x-7)$ (a는 상수, $a\neq0$)으로 놓으면

$f(x)=a(x-1)^2(x-7)+4$

$=a(x^2-2x+1)(x-7)+4$

$f'(x)=a\{(2x-2)(x-7)+(x^2-2x+1)\}$

$=a\{2(x-1)(x-7)+(x-1)^2\}$

$=a(x-1)\{(2x-14)+(x-1)\}$

$=3a(x-1)(x-5)$

$f'(x)=0$에서 $x=1$ 또는 $x=5$

한편, 함수 $f(x)$가 $x=1$에서 극소이므로 $a<0$이고

함수 $f(x)$는 $x=5$에서 극대이다.

$f(5)=a\times16\times(-2)+4=-32a+4=100$

$32a=-96$, $a=-3$

따라서 $f(x)=-3(x-1)^2(x-7)+4$이므로

$f(3)=-3\times4\times(-4)+4=52$

답 52

06 $f(x)=2x^3-3x^2-12x+a$에서

$f'(x)=6x^2-6x-12=6(x+1)(x-2)$

$f'(x)=0$에서 $x=-1$ 또는 $x=2$

함수 $f(x)$의 증가와 감소를 표로 나타내면 다음과 같다.

x	$\cdots$	-1	$\cdots$	2	$\cdots$
$f'(x)$	$+$	0	$-$	0	$+$
$f(x)$	↗	$a+7$	↘	$a-20$	↗

함수 $f(x)$는 $x=-1$에서 극댓값 $a+7$을 가지므로 점 A의 좌표는 $(-1, a+7)$이고, $x=2$에서 극솟값 $a-20$을 가지므로 점 B의 좌표는 $(2, a-20)$이다.

원점을 중심으로 하고 점 A를 지나는 원이 점 B도 지나므로 원점을 O라 하면 $\overline{OA}=\overline{OB}$에서 $\overline{OA}^2=\overline{OB}^2$

$\overline{OA}^2=(-1)^2+(a+7)^2=a^2+14a+50$

$\overline{OB}^2=2^2+(a-20)^2=a^2-40a+404$

이므로

$a^2+14a+50=a^2-40a+404$, $54a=354$

따라서 $a=\frac{59}{9}$

답 ⑤

07 삼차함수 $f(x)$의 최고차항의 계수와 상수항이 모두 1이므로

$f(x)=x^3+ax^2+bx+1$ (a, b는 자연수)라 하자.

조건 (가)에서 $f(1)=9$이므로

$f(1)=1+a+b+1=9$에서 $a+b=7$ …… ㉠

또한 $f'(x)=3x^2+2ax+b$이고 조건 (나)에서 함수 $f(x)$가 극댓값과 극솟값을 모두 가지므로 이차방정식 $f'(x)=0$이 서로 다른 두 실근을 가져야 한다. 이차방정식 $3x^2+2ax+b=0$의 판별식을 D라 하면

$\frac{D}{4}=a^2-3b>0$에서 $a^2>3b$ …… ㉡

㉠, ㉡을 동시에 만족시키는 두 자연수 a, b의 순서쌍 (a, b)는

$(4, 3)$, $(5, 2)$, $(6, 1)$

한편, $f(-1)=-1+a-b+1=a-b$이므로

$a=4$, $b=3$일 때 $f(-1)$의 값이 최소이고, 그 값은 1이다.

답 ③

08 최고차항의 계수가 1인 사차함수 $f(x)$가 극댓값을 갖지 않으므로 방정식 $f(x)=0$의 실근은 $x=-2$, $x=2$뿐이어야 하고, $f'(2)=0$이므로 사차함수 $y=f(x)$의 그래프의 개형은 그림과 같다.

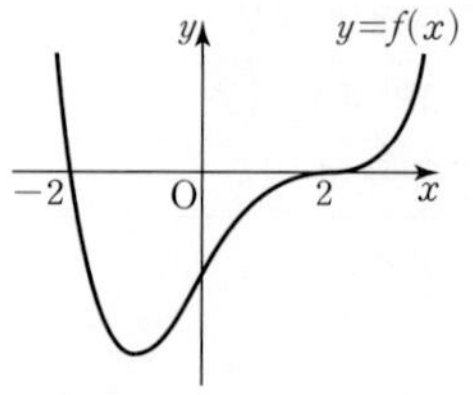

그러므로

$f(x)=(x+2)(x-2)^3=x^4-4x^3+16x-16$

$f'(x)=4x^3-12x^2+16=4(x+1)(x-2)^2$

$f'(x)=0$에서 $x=-1$ 또는 $x=2$

따라서 함수 $f(x)$는 $x=-1$에서 극솟값 $f(-1)=-27$을 갖는다.

답 ④

05 도함수의 활용 (2)

개념 확인하기

본문 71~73쪽

01 풀이 참조 **02** 풀이 참조
03 풀이 참조 **04** 풀이 참조
05 최댓값: 7, 최솟값: -13 **06** 최댓값: 11, 최솟값: -21
07 최댓값: 5, 최솟값: -15 **08** 최댓값: 31, 최솟값: -1
09 최댓값: 33, 최솟값: -12 **10** 최댓값: 48, 최솟값: -27
11 최댓값: $\frac{22}{3}$, 최솟값: -7 **12** 최댓값: $\frac{29}{3}$, 최솟값: -33
13 $0<x<\frac{9}{2}$ **14** $4x^3-36x^2+81x$
15 54 **16** 3 **17** 3 **18** 4 **19** 2
20 $-4<k<0$ **21** $k=-4$ 또는 $k=0$
22 $k<-4$ 또는 $k>0$ **23** 1 **24** 3 **25** 2
26 풀이 참조 **27** 풀이 참조 **28** 27
29 $v=2$, $a=2$ **30** $v=24$, $a=22$
31 $v=7$, $a=-6$ **32** 2 **33** 1 또는 3

01 $f(x)=2x^3+3x^2-12x-7$에서
$f'(x)=6x^2+6x-12=6(x+2)(x-1)$
$f'(x)=0$에서 $x=-2$ 또는 $x=1$
함수 $f(x)$의 증가와 감소를 표로 나타내면 다음과 같다.

x	$\cdots$	-2	$\cdots$	1	$\cdots$
$f'(x)$	$+$	0	$-$	0	$+$
$f(x)$	↗	13	↘	-14	↗

함수 $f(x)$는 $x=-2$에서 극댓값 13, $x=1$에서 극솟값 -14를 갖는다.
또한 $f(0)=-7$이므로 함수 $y=f(x)$의 그래프는 그림과 같다.

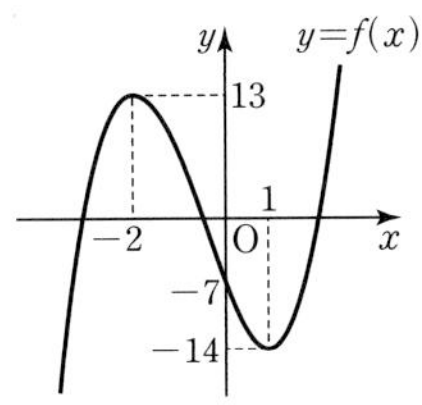

답 풀이 참조

02 $f(x)=-\frac{1}{3}x^3+2x^2$에서
$f'(x)=-x^2+4x=-x(x-4)$
$f'(x)=0$에서 $x=0$ 또는 $x=4$
함수 $f(x)$의 증가와 감소를 표로 나타내면 다음과 같다.

x	$\cdots$	0	$\cdots$	4	$\cdots$
$f'(x)$	$-$	0	$+$	0	$-$
$f(x)$	↘	0	↗	$\frac{32}{3}$	↘

함수 $f(x)$는 $x=0$에서 극솟값 0, $x=4$에서 극댓값 $\frac{32}{3}$를 갖는다.

$f(x)=0$에서 $x=0$ 또는 $x=6$이므로 함수 $y=f(x)$의 그래프는 그림과 같다.

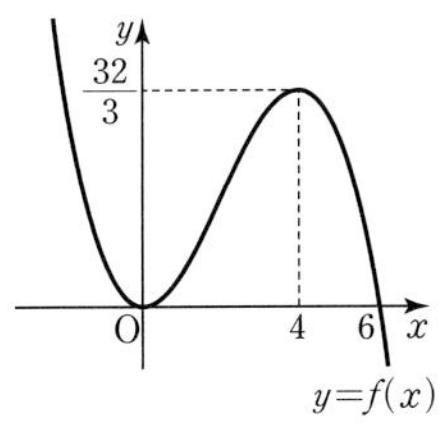

답 풀이 참조

03 $f(x)=x^4-2x^2+2$에서
$f'(x)=4x^3-4x=4x(x+1)(x-1)$
$f'(x)=0$에서 $x=-1$ 또는 $x=0$ 또는 $x=1$
함수 $f(x)$의 증가와 감소를 표로 나타내면 다음과 같다.

x	$\cdots$	-1	$\cdots$	0	$\cdots$	1	$\cdots$
$f'(x)$	$-$	0	$+$	0	$-$	0	$+$
$f(x)$	↘	1	↗	2	↘	1	↗

함수 $f(x)$는 $x=-1$, $x=1$에서 극솟값 1을 갖고, $x=0$에서 극댓값 2를 갖는다.
따라서 함수 $y=f(x)$의 그래프는 그림과 같다.

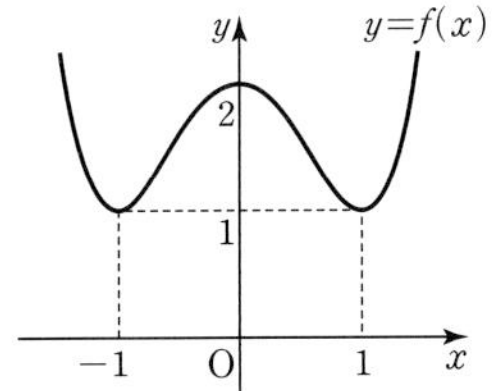

답 풀이 참조

04 $f(x)=-x^4+4x^3$에서
$f'(x)=-4x^3+12x^2=-4x^2(x-3)$
$f'(x)=0$에서 $x=0$ 또는 $x=3$
함수 $f(x)$의 증가와 감소를 표로 나타내면 다음과 같다.

x	$\cdots$	0	$\cdots$	3	$\cdots$
$f'(x)$	$+$	0	$+$	0	$-$
$f(x)$	↗	0	↗	27	↘

함수 $f(x)$는 $x=3$에서 극댓값 27을 갖는다.
$f(x)=0$에서 $x=0$ 또는 $x=4$이므로 함수 $y=f(x)$의 그래프는 그림과 같다.

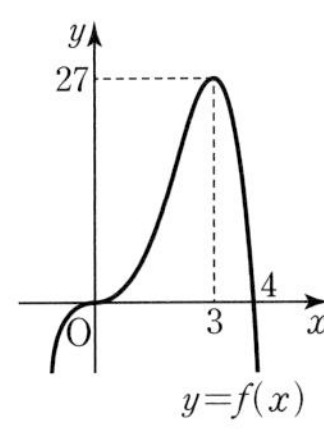

답 풀이 참조

05 $f(x)=2x^3-9x^2+7$에서
$f'(x)=6x^2-18x=6x(x-3)$
$f'(x)=0$에서 $x=0$ 또는 $x=3$
닫힌구간 $[-1, 2]$에서 함수 $f(x)$의 증가와 감소를 표로 나타내면 다음과 같다.

x	-1	$\cdots$	0	$\cdots$	2
$f'(x)$		$+$	0	$-$	
$f(x)$	-4	↗	7	↘	-13

따라서 함수 $f(x)$는 $x=0$에서 최댓값 7, $x=2$에서 최솟값 -13을 갖는다.

답 최댓값: 7, 최솟값: -13

06 $f(x)=x^3-3x^2-9x+6$에서

$f'(x)=3x^2-6x-9=3(x+1)(x-3)$

$f'(x)=0$에서 $x=-1$ 또는 $x=3$

닫힌구간 $[-2, 4]$에서 함수 $f(x)$의 증가와 감소를 표로 나타내면 다음과 같다.

x	-2	$\cdots$	-1	$\cdots$	3	$\cdots$	4
$f'(x)$		$+$	0	$-$	0	$+$	
$f(x)$	4	↗	11	↘	-21	↗	-14

따라서 함수 $f(x)$는 $x=-1$에서 최댓값 11, $x=3$에서 최솟값 -21을 갖는다.

답 최댓값: 11, 최솟값: -21

07 $f(x)=-x^3-3x^2+5$에서

$f'(x)=-3x^2-6x=-3x(x+2)$

$f'(x)=0$에서 $x=-2$ 또는 $x=0$

닫힌구간 $[-2, 2]$에서 함수 $f(x)$의 증가와 감소를 표로 나타내면 다음과 같다.

x	-2	$\cdots$	0	$\cdots$	2
$f'(x)$	0	$+$	0	$-$	
$f(x)$	1	↗	5	↘	-15

따라서 함수 $f(x)$는 $x=0$에서 최댓값 5, $x=2$에서 최솟값 -15를 갖는다.

답 최댓값: 5, 최솟값: -15

08 $f(x)=2x^3-3x^2+4$에서

$f'(x)=6x^2-6x=6x(x-1)$

$f'(x)=0$에서 $x=0$ 또는 $x=1$

닫힌구간 $[-1, 3]$에서 함수 $f(x)$의 증가와 감소를 표로 나타내면 다음과 같다.

x	-1	$\cdots$	0	$\cdots$	1	$\cdots$	3
$f'(x)$		$+$	0	$-$	0	$+$	
$f(x)$	-1	↗	4	↘	3	↗	31

따라서 함수 $f(x)$는 $x=3$에서 최댓값 31, $x=-1$에서 최솟값 -1을 갖는다.

답 최댓값: 31, 최솟값: -1

09 $f(x)=3x^4-4x^3-12x^2+1$에서

$f'(x)=12x^3-12x^2-24x=12x(x+1)(x-2)$

$f'(x)=0$에서 $x=-1$ 또는 $x=0$ 또는 $x=2$

닫힌구간 $[-2, 1]$에서 함수 $f(x)$의 증가와 감소를 표로 나타내면 다음과 같다.

x	-2	$\cdots$	-1	$\cdots$	0	$\cdots$	1
$f'(x)$		$-$	0	$+$	0	$-$	
$f(x)$	33	↘	-4	↗	1	↘	-12

따라서 함수 $f(x)$는 $x=-2$에서 최댓값 33, $x=1$에서 최솟값 -12를 갖는다.

답 최댓값: 33, 최솟값: -12

10 $f(x)=x^4-6x^2+8x-3$에서

$f'(x)=4x^3-12x+8=4(x+2)(x-1)^2$

$f'(x)=0$에서 $x=-2$ 또는 $x=1$

닫힌구간 $[-3, 3]$에서 함수 $f(x)$의 증가와 감소를 표로 나타내면 다음과 같다.

x	-3	$\cdots$	-2	$\cdots$	1	$\cdots$	3
$f'(x)$		$-$	0	$+$	0	$+$	
$f(x)$	0	↘	-27	↗	0	↗	48

따라서 함수 $f(x)$는 $x=3$에서 최댓값 48, $x=-2$에서 최솟값 -27을 갖는다.

답 최댓값: 48, 최솟값: -27

11 $f(x)=-x^4+\frac{8}{3}x^3+2$에서

$f'(x)=-4x^3+8x^2=-4x^2(x-2)$

$f'(x)=0$에서 $x=0$ 또는 $x=2$

닫힌구간 $[-1, 3]$에서 함수 $f(x)$의 증가와 감소를 표로 나타내면 다음과 같다.

x	-1	$\cdots$	0	$\cdots$	2	$\cdots$	3
$f'(x)$		$+$	0	$+$	0	$-$	
$f(x)$	$-\frac{5}{3}$	↗	2	↗	$\frac{22}{3}$	↘	-7

따라서 함수 $f(x)$는 $x=2$에서 최댓값 $\frac{22}{3}$, $x=3$에서 최솟값 -7을 갖는다.

답 최댓값: $\frac{22}{3}$, 최솟값: -7

12 $f(x)=x^4-\frac{16}{3}x^3-2x^2+16x$에서

$f'(x)=4x^3-16x^2-4x+16=4(x+1)(x-1)(x-4)$

$f'(x)=0$에서 $x=-1$ 또는 $x=1$ 또는 $x=4$

닫힌구간 $[0, 3]$에서 함수 $f(x)$의 증가와 감소를 표로 나타내면 다음과 같다.

x	0	$\cdots$	1	$\cdots$	3
$f'(x)$		$+$	0	$-$	
$f(x)$	0	↗	$\frac{29}{3}$	↘	-33

따라서 함수 $f(x)$는 $x=1$에서 최댓값 $\frac{29}{3}$, $x=3$에서 최솟값 -33을 갖는다.

답 최댓값: $\frac{29}{3}$, 최솟값: -33

13 잘라내고 남은 부분을 접어서 만든 상자의 밑면은 한 변의 길이가 $9-2x$인 정사각형이므로

$9-2x>0$, $x<\frac{9}{2}$

이고 $x>0$이므로 구하는 범위는

$0<x<\frac{9}{2}$

답 $0<x<\frac{9}{2}$

14 상자의 부피를 $V(x)$라 하면

$V(x)=x(9-2x)^2=4x^3-36x^2+81x$

답 $4x^3-36x^2+81x$

15 $V(x)=4x^3-36x^2+81x$에서

$V'(x)=12x^2-72x+81$

$=3(4x^2-24x+27)$

$=3(2x-3)(2x-9)$

$0<x<\frac{9}{2}$이므로 $V'(x)=0$에서 $x=\frac{3}{2}$

열린구간 $\left(0, \frac{9}{2}\right)$에서 함수 $V(x)$의 증가와 감소를 표로 나타내면 다음과 같다.

x	(0)	$\cdots$	$\frac{3}{2}$	$\cdots$	$\left(\frac{9}{2}\right)$
$V'(x)$		$+$	0	$-$	
$V(x)$		↗	54	↘	

따라서 $V(x)$는 $x=\frac{3}{2}$에서 최댓값 54를 가지므로 상자의 부피의 최댓값은 54이다.

답 54

16 $f(x)=x^3-3x-1$이라 하면

$f'(x)=3x^2-3=3(x+1)(x-1)$

$f'(x)=0$에서 $x=-1$ 또는 $x=1$

함수 $f(x)$의 증가와 감소를 표로 나타내면 다음과 같다.

x	$\cdots$	-1	$\cdots$	1	$\cdots$
$f'(x)$	$+$	0	$-$	0	$+$
$f(x)$	↗	1	↘	-3	↗

함수 $y=f(x)$의 그래프가 그림과 같으므로 주어진 방정식은 서로 다른 세 실근을 갖는다.

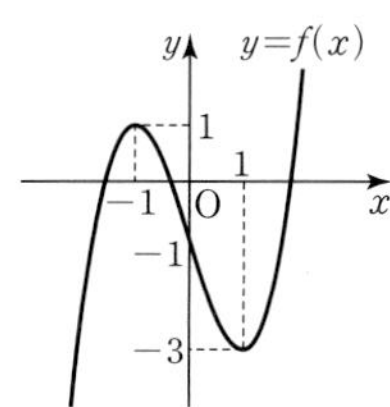

답 3

17 $f(x)=x^3-3x^2-9x+11$이라 하면

$f'(x)=3x^2-6x-9=3(x+1)(x-3)$

$f'(x)=0$에서 $x=-1$ 또는 $x=3$

함수 $f(x)$의 증가와 감소를 표로 나타내면 다음과 같다.

x	$\cdots$	-1	$\cdots$	3	$\cdots$
$f'(x)$	$+$	0	$-$	0	$+$
$f(x)$	↗	16	↘	-16	↗

함수 $y=f(x)$의 그래프가 그림과 같으므로 주어진 방정식은 서로 다른 세 실근을 갖는다.

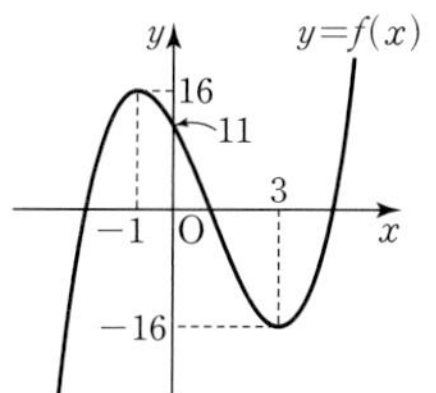

답 3

18 $f(x)=x^4-4x^2+1$이라 하면

$f'(x)=4x^3-8x=4x(x+\sqrt{2})(x-\sqrt{2})$

$f'(x)=0$에서 $x=-\sqrt{2}$ 또는 $x=0$ 또는 $x=\sqrt{2}$

함수 $f(x)$의 증가와 감소를 표로 나타내면 다음과 같다.

x	$\cdots$	$-\sqrt{2}$	$\cdots$	0	$\cdots$	$\sqrt{2}$	$\cdots$
$f'(x)$	$-$	0	$+$	0	$-$	0	$+$
$f(x)$	↘	-3	↗	1	↘	-3	↗

함수 $y=f(x)$의 그래프가 그림과 같으므로 주어진 방정식은 서로 다른 네 실근을 갖는다.

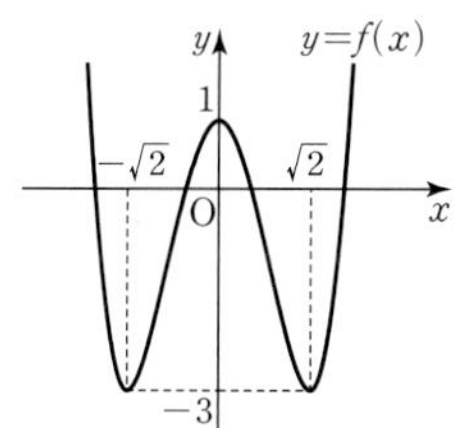

답 4

19 $\frac{1}{4}x^4+4x+4=\frac{1}{3}x^3+2x^2$에서

$\frac{1}{4}x^4-\frac{1}{3}x^3-2x^2+4x+4=0$

$f(x)=\frac{1}{4}x^4-\frac{1}{3}x^3-2x^2+4x+4$라 하면

$f'(x)=x^3-x^2-4x+4=(x+2)(x-1)(x-2)$

$f'(x)=0$에서 $x=-2$ 또는 $x=1$ 또는 $x=2$

함수 $f(x)$의 증가와 감소를 표로 나타내면 다음과 같다.

x	$\cdots$	-2	$\cdots$	1	$\cdots$	2	$\cdots$
$f'(x)$	$-$	0	$+$	0	$-$	0	$+$
$f(x)$	↘	$-\frac{16}{3}$	↗	$\frac{71}{12}$	↘	$\frac{16}{3}$	↗

함수 $y=f(x)$의 그래프가 그림과 같으므로 주어진 방정식은 서로 다른 두 실근을 갖는다.

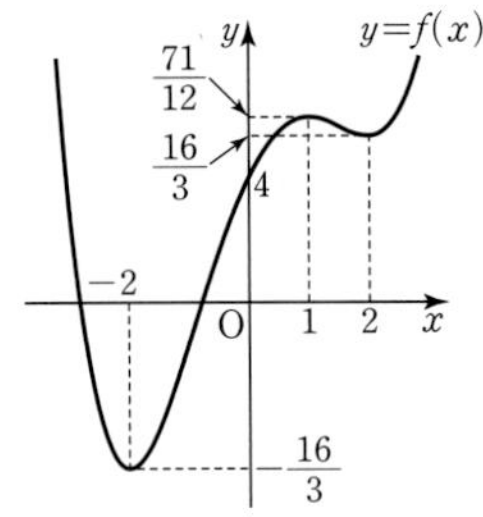

답 2

20 $f(x)=x^3-6x^2+9x+k$라 하면
$f'(x)=3x^2-12x+9=3(x-1)(x-3)$
$f'(x)=0$에서 $x=1$ 또는 $x=3$
삼차방정식 $f(x)=0$이 서로 다른 세 실근을 가지려면
$f(1)f(3)<0$
이어야 하므로 $k(k+4)<0$
따라서 $-4<k<0$

답 $-4<k<0$

21 삼차방정식 $f(x)=0$이 한 실근과 중근을 가지려면
$f(1)f(3)=0$
이어야 하므로 $k(k+4)=0$
따라서 $k=-4$ 또는 $k=0$

답 $k=-4$ 또는 $k=0$

22 삼차방정식 $f(x)=0$이 한 실근과 두 허근을 가지려면
$f(1)f(3)>0$
이어야 하므로 $k(k+4)>0$
따라서 $k<-4$ 또는 $k>0$

답 $k<-4$ 또는 $k>0$

23 $f(x)=x^3-3x+3$이라 하면
$f'(x)=3x^2-3=3(x+1)(x-1)$
$f'(x)=0$에서 $x=-1$ 또는 $x=1$
함수 $f(x)$는 $x=-1$에서 극댓값 5, $x=1$에서 극솟값 1을 갖고
(극댓값)×(극솟값)>0이므로 주어진 방정식은 하나의 실근을 갖는다.

답 1

24 $f(x)=x^3+6x^2+9x+1$이라 하면
$f'(x)=3x^2+12x+9=3(x+1)(x+3)$
$f'(x)=0$에서 $x=-3$ 또는 $x=-1$
함수 $f(x)$는 $x=-3$에서 극댓값 1, $x=-1$에서 극솟값 -3을 갖고
(극댓값)×(극솟값)<0이므로 주어진 방정식은 서로 다른 세 실근을 갖는다.

답 3

25 $f(x)=x^3-9x^2+15x+25$라 하면
$f'(x)=3x^2-18x+15=3(x-1)(x-5)$
$f'(x)=0$에서 $x=1$ 또는 $x=5$
함수 $f(x)$는 $x=1$에서 극댓값 32, $x=5$에서 극솟값 0을 갖고
(극댓값)×(극솟값)=0이므로 주어진 방정식은 서로 다른 두 실근을 갖는다.

답 2

26 $f(x)=x^3-3x+2$라 하면
$f'(x)=3x^2-3=3(x+1)(x-1)$
$f'(x)=0$에서 $x=-1$ 또는 $x=1$
$x\geq0$에서 함수 $f(x)$의 증가와 감소를 표로 나타내면 다음과 같다.

x	0	…	1	…
$f'(x)$		−	0	+
$f(x)$	2	↘	0	↗

$x\geq0$일 때, 함수 $f(x)$의 최솟값은 0이므로 $f(x)\geq0$이다.
따라서 $x\geq0$일 때, 부등식 $x^3-3x+2\geq0$이 성립한다.

답 풀이 참조

27 $f(x)=x^4+4x+3$이라 하면
$f'(x)=4x^3+4=4(x+1)(x^2-x+1)$
모든 실수 x에 대하여 $x^2-x+1>0$이므로 $f'(x)=0$에서 $x=-1$
실수 전체의 집합에서 함수 $f(x)$의 증가와 감소를 표로 나타내면 다음과 같다.

x	…	−1	…
$f'(x)$	−	0	+
$f(x)$	↘	0	↗

함수 $f(x)$의 최솟값은 0이므로 $f(x)\geq0$이다.
따라서 모든 실수 x에 대하여 부등식 $x^4+4x+3\geq0$이 성립한다.

답 풀이 참조

28 $x^3+k\geq3x^2+9x$에서 $x^3-3x^2-9x+k\geq0$이므로
$f(x)=x^3-3x^2-9x+k$라 하면
$f'(x)=3x^2-6x-9=3(x+1)(x-3)$
$f'(x)=0$에서 $x=-1$ 또는 $x=3$
$x\geq0$에서 함수 $f(x)$의 증가와 감소를 표로 나타내면 다음과 같다.

x	0	…	3	…
$f'(x)$		−	0	+
$f(x)$	k	↘	$k-27$	↗

$x\geq0$일 때, 함수 $f(x)$의 최솟값은 $k-27$이므로 $x\geq0$에서 부등식 $f(x)\geq0$이 성립하려면 $k-27\geq0$
즉, $k\geq27$이어야 한다.
따라서 주어진 부등식이 성립하도록 하는 실수 k의 최솟값은 27이다.

답 27

29 $v=\dfrac{dx}{dt}=2t-4$
$a=\dfrac{dv}{dt}=2$
시각 $t=3$에서의 속도는 $v=6-4=2$,
가속도는 $a=2$이다.

답 $v=2$, $a=2$

30 $v=\frac{dx}{dt}=6t^2-2t+4$

$a=\frac{dv}{dt}=12t-2$

시각 $t=2$에서의 속도는 $v=24-4+4=24$,
가속도는 $a=24-2=22$

답 $v=24$, $a=22$

31 $v=\frac{dx}{dt}=-4t^3+6t+5$

$a=\frac{dv}{dt}=-12t^2+6$

시각 $t=1$에서의 속도는 $v=-4+6+5=7$,
가속도는 $a=-12+6=-6$

답 $v=7$, $a=-6$

32 점 P의 속도를 v라 하면

$v=\frac{dx}{dt}=3t^2+6t-24=3(t+4)(t-2)$

점 P가 운동 방향을 바꿀 때의 속도가 0이므로 $v=0$에서
$t=2$

답 2

33 점 P의 속도를 v라 하면

$v=\frac{dx}{dt}=t^3-3t^2-t+3=(t+1)(t-1)(t-3)$

점 P가 운동 방향을 바꿀 때의 속도가 0이므로 $v=0$에서
$t=1$ 또는 $t=3$

답 1 또는 3

유형 완성하기

본문 74~87쪽

01 ④	**02** ③	**03** ④	**04** ②	**05** 3
06 4	**07** ②	**08** ①	**09** ③	**10** ③
11 24	**12** ⑤	**13** ④	**14** ④	**15** 97
16 ②	**17** ③	**18** ①	**19** ③	**20** 42
21 ①	**22** 6	**23** 30	**24** 21	**25** ⑤
26 ②	**27** ③	**28** ④	**29** ①	**30** ②
31 ③	**32** 15	**33** ①	**34** 12	**35** ③
36 ④	**37** ③	**38** ④	**39** 68	**40** ③
41 ⑤	**42** ③	**43** 13	**44** ③	**45** ④
46 ③	**47** ②	**48** ②	**49** ④	**50** ④
51 ③	**52** 6	**53** 44	**54** ⑤	**55** ⑤
56 10	**57** 6	**58** ③	**59** ②	**60** ④
61 ③	**62** 26	**63** ⑤	**64** ①	**65** ⑤
66 ③	**67** ⑤	**68** ①	**69** ④	**70** ①
71 ⑤	**72** ②	**73** ②	**74** 2	**75** ②
76 ②	**77** ③	**78** 24	**79** ⑤	**80** ⑤

01 $f(x)=\frac{1}{3}x^3-3x^2+5x+\frac{2}{3}$에서

$f'(x)=x^2-6x+5=(x-1)(x-5)$

$f'(x)=0$에서 $x=1$ 또는 $x=5$

닫힌구간 $[0, 4]$에서 함수 $f(x)$의 증가와 감소를 표로 나타내면 다음과 같다.

x	0	$\cdots$	1	$\cdots$	4
$f'(x)$		$+$	0	$-$	
$f(x)$	$\frac{2}{3}$	↗	3	↘	-6

닫힌구간 $[0, 4]$에서 함수 $f(x)$는 $x=1$에서 최댓값 3을 갖고, $x=4$에서 최솟값 -6을 갖는다.

따라서 $M=3$, $m=-6$이므로

$M-m=3-(-6)=9$

답 ④

02 $f(x)=2x^3-9x^2+12x+5$에서

$f'(x)=6x^2-18x+12=6(x-1)(x-2)$

$f'(x)=0$에서 $x=1$ 또는 $x=2$

닫힌구간 $[-1, 3]$에서 함수 $f(x)$의 증가와 감소를 표로 나타내면 다음과 같다.

x	-1	$\cdots$	1	$\cdots$	2	$\cdots$	3
$f'(x)$		$+$	0	$-$	0	$+$	
$f(x)$	-18	↗	10	↘	9	↗	14

따라서 닫힌구간 $[-1, 3]$에서 함수 $f(x)$는 $x=-1$에서 최솟값 -18을 갖는다.

답 ③

03 $f(x)=x^3-\frac{15}{2}x^2+12x+3$에서

$f'(x)=3x^2-15x+12=3(x-1)(x-4)$

$f'(x)=0$에서 $x=1$ 또는 $x=4$

닫힌구간 $[0, 4]$에서 함수 $f(x)$의 증가와 감소를 표로 나타내면 다음과 같다.

x	0	$\cdots$	1	$\cdots$	4
$f'(x)$		$+$	0	$-$	0
$f(x)$	3	↗	$\frac{17}{2}$	↘	-5

따라서 닫힌구간 $[0, 4]$에서 함수 $f(x)$는 $x=1$에서 최댓값 $\frac{17}{2}$을 갖는다.

답 ④

04 $f(x)=x^4+\frac{4}{3}x^3-2$에서

$f'(x)=4x^3+4x^2=4x^2(x+1)$

$f'(x)=0$에서 $x=-1$ 또는 $x=0$

닫힌구간 $[-2, 1]$에서 함수 $f(x)$의 증가와 감소를 표로 나타내면 다음과 같다.

x	-2	$\cdots$	-1	$\cdots$	0	$\cdots$	1
$f'(x)$		$-$	0	$+$	0	$+$	
$f(x)$	$\frac{10}{3}$	↘	$-\frac{7}{3}$	↗	-2	↗	$\frac{1}{3}$

닫힌구간 $[-2, 1]$에서 함수 $f(x)$는 $x=-2$에서 최댓값 $\frac{10}{3}$을 갖고,

$x=-1$에서 최솟값 $-\frac{7}{3}$을 갖는다.

따라서 $M=\frac{10}{3}$, $m=-\frac{7}{3}$이므로

$M+m=\frac{10}{3}+\left(-\frac{7}{3}\right)=1$

답 ②

05 $f(x)=x^3+6x^2-16$에서

$f'(x)=3x^2+12x=3x(x+4)$

$f'(x)=0$에서 $x=-4$ 또는 $x=0$

$x\geq-5$에서 함수 $f(x)$의 증가와 감소를 표로 나타내면 다음과 같다.

x	-5	$\cdots$	-4	$\cdots$	0	$\cdots$
$f'(x)$		$+$	0	$-$	0	$+$
$f(x)$	9	↗	16	↘	-16	↗

$x\geq-5$에서 함수 $y=f(x)$의 그래프는 그림과 같다.

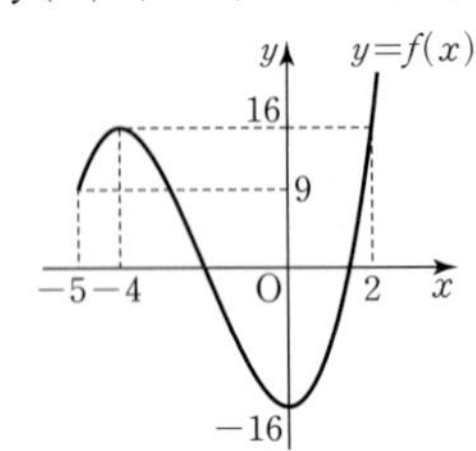

함수 $f(x)$는 $x=-4$에서 극댓값 16을, $x=0$에서 극솟값 -16을 갖는다.

한편, 자연수 n에 대하여 닫힌구간 $[-5, n]$에서 함수 $f(x)$의 최솟값은 -16이므로 닫힌구간 $[-5, n]$에서 함수 $f(x)$의 최댓값과 최솟값의 합이 0이려면 함수 $f(x)$의 최댓값이 16이어야 한다.

$x^3+6x^2-16=16$에서

$x^3+6x^2-32=0$, $(x+4)^2(x-2)=0$

$x=-4$ 또는 $x=2$

즉, $f(2)=16$이므로 자연수 n은 2 이하이어야 한다.

따라서 자연수 n의 값은 1, 2이므로 그 합은

$1+2=3$

답 3

06 $f(x)=2x^3-9x^2-24x+48$에서

$f'(x)=6x^2-18x-24=6(x+1)(x-4)$

$f'(x)=0$에서 $x=-1$ 또는 $x=4$

$x\geq-1$에서 함수 $f(x)$의 증가와 감소를 표로 나타내면 다음과 같다.

x	-1	$\cdots$	4	$\cdots$
$f'(x)$	0	$-$	0	$+$
$f(x)$	61	↘	-64	↗

$x\geq-1$에서 함수 $y=f(x)$의 그래프는 그림과 같다.

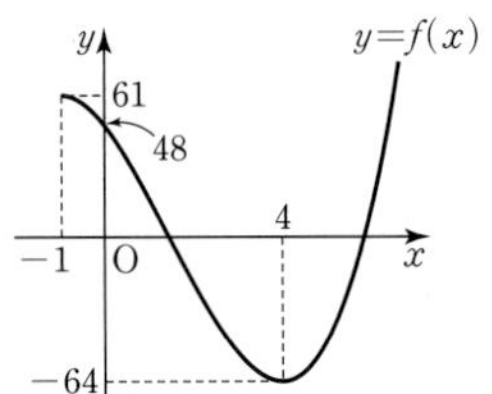

함수 $f(x)$는 닫힌구간 $[-1, 4]$에서 감소하므로

$g(1)=f(1)$, $g(2)=f(2)$, $g(3)=f(3)$, $g(4)=f(4)$이고,

닫힌구간 $[-1, 5]$에서 함수 $f(x)$의 최솟값은 $f(4)=-64$이므로

$g(5)=f(4)$이다.

따라서 $g(n)=g(n+1)$을 만족시키는 자연수 n의 최솟값은 4이다.

답 4

07 $f(x)=x^3-6x^2+9x+a$에서

$f'(x)=3x^2-12x+9=3(x-1)(x-3)$

$f'(x)=0$에서 $x=1$ 또는 $x=3$

닫힌구간 $[-1, 3]$에서 함수 $f(x)$의 증가와 감소를 표로 나타내면 다음과 같다.

x	-1	$\cdots$	1	$\cdots$	3
$f'(x)$		$+$	0	$-$	0
$f(x)$	$a-16$	↗	$a+4$	↘	a

닫힌구간 $[-1, 3]$에서 함수 $f(x)$는 $x=1$에서 최댓값 $a+4$를 갖고,

$x=-1$에서 최솟값 $a-16$을 갖는다.

즉, $a+4=12$에서 $a=8$

따라서 닫힌구간 $[-1, 3]$에서 함수 $f(x)$의 최솟값은

$a-16=8-16=-8$

답 ②

08 $f(x)=x^3-12x+a$에서

$f'(x)=3x^2-12=3(x+2)(x-2)$

$f'(x)=0$에서 $x=-2$ 또는 $x=2$

닫힌구간 $[-2, 3]$에서 함수 $f(x)$의 증가와 감소를 표로 나타내면 다음과 같다.

x	-2	$\cdots$	2	$\cdots$	3
$f'(x)$	0	$-$	0	$+$	
$f(x)$	$a+16$	↘	$a-16$	↗	$a-9$

닫힌구간 $[-2, 3]$에서 함수 $f(x)$는 $x=2$에서 최솟값 $a-16$을 갖는다.

따라서 $a-16=5$에서 $a=21$

답 ①

09 $f(x)=\frac{1}{3}x^3-x^2+k$에서

$f'(x)=x^2-2x=x(x-2)$

$f'(x)=0$에서 $x=0$ 또는 $x=2$

닫힌구간 $[-2, 2]$에서 함수 $f(x)$의 증가와 감소를 표로 나타내면 다음과 같다.

x	-2	$\cdots$	0	$\cdots$	2
$f'(x)$		$+$	0	$-$	0
$f(x)$	$k-\frac{20}{3}$	↗	k	↘	$k-\frac{4}{3}$

닫힌구간 $[-2, 2]$에서 함수 $f(x)$는 $x=0$에서 최댓값 $M=k$를 갖고, $x=-2$에서 최솟값 $m=k-\frac{20}{3}$을 갖는다.

즉, $M+m=k+\left(k-\frac{20}{3}\right)=\frac{10}{3}$에서 $2k=10$

따라서 $k=5$

답 ③

10 $f(x)=x^3-3x^2+a$에서
$f'(x)=3x^2-6x=3x(x-2)$
$f'(x)=0$에서 $x=0$ 또는 $x=2$
닫힌구간 $[-1, 1]$에서 함수 $f(x)$의 증가와 감소를 표로 나타내면 다음과 같다.

x	-1	$\cdots$	0	$\cdots$	1
$f'(x)$		$+$	0	$-$	
$f(x)$	$a-4$	↗	a	↘	$a-2$

닫힌구간 $[-1, 1]$에서 함수 $f(x)$는 $x=0$에서 최댓값 a를 갖고, $x=-1$에서 최솟값 $a-4$를 갖는다.
$M\times m=32$이므로 $a(a-4)=32$에서
$a^2-4a-32=0$, $(a+4)(a-8)=0$
$a=-4$ 또는 $a=8$
따라서 $a>0$이므로 $a=8$

답 ③

11 $f(x)=-x^3+ax^2+b$에서
$f'(x)=-3x^2+2ax$
$f'(2)=12$이므로
$-12+4a=12$, $a=6$
즉, $f'(x)=-3x^2+12x=-3x(x-4)$
$f'(x)=0$에서 $x=0$ 또는 $x=4$
닫힌구간 $[1, 5]$에서 함수 $f(x)$의 증가와 감소를 표로 나타내면 다음과 같다.

x	1	$\cdots$	4	$\cdots$	5
$f'(x)$		$+$	0	$-$	
$f(x)$	$b+5$	↗	$b+32$	↘	$b+25$

닫힌구간 $[1, 5]$에서 함수 $f(x)$는 $x=4$에서 최댓값 $b+32$를 가지므로
$b+32=40$에서 $b=8$
따라서 $f(x)=-x^3+6x^2+8$이므로
$f(2)=-8+24+8=24$

답 24

12 $f(x)=x^3+ax^2+bx+c$ (a, b, c는 상수)라 하면
$f'(x)=3x^2+2ax+b$
함수 $f(x)$가 $x=1$, $x=3$에서 극값을 가지므로
$f'(1)=3+2a+b=0$
$f'(3)=27+6a+b=0$
두 식을 연립하여 풀면 $a=-6$, $b=9$
즉, $f(x)=x^3-6x^2+9x+c$

닫힌구간 $[-1, 3]$에서 함수 $f(x)$의 증가와 감소를 표로 나타내면 다음과 같다.

x	-1	$\cdots$	1	$\cdots$	3
$f'(x)$		$+$	0	$-$	0
$f(x)$	$c-16$	↗	$c+4$	↘	c

닫힌구간 $[-1, 3]$에서 함수 $f(x)$는 $x=1$에서 최댓값 $c+4$를 갖고, $x=-1$에서 최솟값 $c-16$을 갖는다.
닫힌구간 $[-1, 3]$에서 함수 $f(x)$의 최댓값과 최솟값의 합이 0이므로
$(c+4)+(c-16)=0$, $2c-12=0$
$c=6$
따라서 $f(x)=x^3-6x^2+9x+6$이므로
$f(4)=64-96+36+6=10$

답 ⑤

13 밑면이 한 변의 길이가 x인 정사각형이고, 높이가 $9-x$인 직육면체의 부피를 $V(x)$라 하면
$V(x)=x^2(9-x)=-x^3+9x^2$
$V'(x)=-3x^2+18x=-3x(x-6)$
$0<x<9$이므로 $V'(x)=0$에서 $x=6$
$0<x<9$에서 함수 $V(x)$의 증가와 감소를 표로 나타내면 다음과 같다.

x	(0)	$\cdots$	6	$\cdots$	(9)
$V'(x)$		$+$	0	$-$	
$V(x)$		↗	108	↘	

$0<x<9$에서 함수 $V(x)$는 $x=6$에서 최댓값 108을 갖는다.
따라서 직육면체의 부피의 최댓값은 108이다.

답 ④

14 점 P의 좌표를 (t, t^2+1)이라 하면 점 P와 점 $(5, 0)$ 사이의 거리는
$\sqrt{(t-5)^2+(t^2+1)^2}=\sqrt{t^4+3t^2-10t+26}$
$f(t)=t^4+3t^2-10t+26$이라 하면
$f'(t)=4t^3+6t-10=2(t-1)(2t^2+2t+5)$
$2t^2+2t+5>0$이므로 $f'(t)=0$에서 $t=1$
함수 $f(t)$의 증가와 감소를 표로 나타내면 다음과 같다.

t	$\cdots$	1	$\cdots$
$f'(t)$	$-$	0	$+$
$f(t)$	↘	20	↗

함수 $f(t)$는 $t=1$에서 최솟값 20을 갖는다.
$f(t)$가 최소일 때 두 점 사이의 거리도 최소이므로 점 P와 점 $(5, 0)$ 사이의 거리의 최솟값은 $2\sqrt{5}$이다.

답 ④

15 점 P의 좌표가 $(t, t(t-3)^2)$이므로 점 P에서 x축에 내린 수선의 발 Q의 좌표는 $(t, 0)$이고, y축에 내린 수선의 발 R의 좌표는 $(0, t(t-3)^2)$이다.
사각형 OQPR의 넓이를 $S(t)$라 하면
$S(t)=t\times t(t-3)^2=t^4-6t^3+9t^2$
$S'(t)=4t^3-18t^2+18t=2t(t-3)(2t-3)$

$0<t<3$이므로 $S'(t)=0$에서 $t=\frac{3}{2}$

$0<t<3$에서 함수 $S(t)$의 증가와 감소를 표로 나타내면 다음과 같다.

t	(0)	$\cdots$	$\frac{3}{2}$	$\cdots$	(3)
$S'(t)$		$+$	0	$-$	
$S(t)$		↗	$\frac{81}{16}$	↘	

$0<t<3$에서 함수 $S(t)$는 $t=\frac{3}{2}$에서 최댓값 $\frac{81}{16}$을 갖는다.

따라서 사각형 OQPR의 넓이의 최댓값은 $\frac{81}{16}$이므로

$p=16$, $q=81$에서 $p+q=97$

답 97

16 $f(x)=x^2-4x+4$에서

$f'(x)=2x-4$

점 $P(t, f(t))$에서의 접선의 방정식은

$y-(t^2-4t+4)=(2t-4)(x-t)$

$y=2(t-2)x+4-t^2$

이때 $Q(0, 4-t^2)$이므로 삼각형 OPQ의 넓이를 $S(t)$라 하면

$S(t)=\frac{1}{2}\times t\times(4-t^2)=2t-\frac{1}{2}t^3$

$S'(t)=2-\frac{3}{2}t^2=-\frac{3}{2}\left(t+\frac{2\sqrt{3}}{3}\right)\left(t-\frac{2\sqrt{3}}{3}\right)$

$0<t<2$이므로 $S'(t)=0$에서 $t=\frac{2\sqrt{3}}{3}$

$0<t<2$에서 함수 $S(t)$의 증가와 감소를 표로 나타내면 다음과 같다.

t	(0)	$\cdots$	$\frac{2\sqrt{3}}{3}$	$\cdots$	(2)
$S'(t)$		$+$	0	$-$	
$S(t)$		↗	$\frac{8\sqrt{3}}{9}$	↘	

$0<t<2$에서 함수 $S(t)$는 $t=\frac{2\sqrt{3}}{3}$에서 최댓값 $\frac{8\sqrt{3}}{9}$을 갖는다.

따라서 삼각형 OPQ의 넓이의 최댓값은 $\frac{8\sqrt{3}}{9}$이다.

답 ②

17 $f(x)=2x^3-3x^2+5$라 하면

$f'(x)=6x^2-6x=6x(x-1)$

$f'(x)=0$에서 $x=0$ 또는 $x=1$

함수 $f(x)$의 증가와 감소를 표로 나타내면 다음과 같다.

x	$\cdots$	0	$\cdots$	1	$\cdots$
$f'(x)$	$+$	0	$-$	0	$+$
$f(x)$	↗	5	↘	4	↗

함수 $y=f(x)$의 그래프는 그림과 같다.

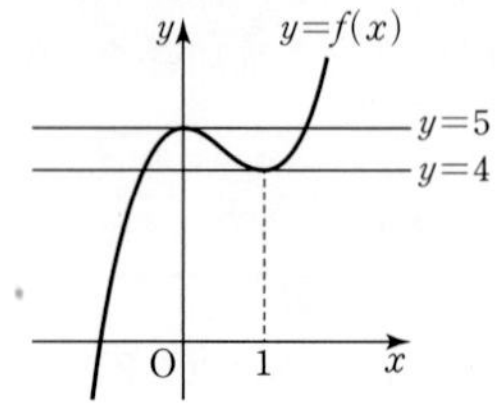

x에 대한 방정식 $2x^3-3x^2+5=k$가 서로 다른 두 개의 실근을 가지려면 함수 $y=f(x)$의 그래프와 직선 $y=k$가 서로 다른 두 점에서 만나야 한다.

따라서 $k=4$ 또는 $k=5$이므로 그 합은

$4+5=9$

답 ③

18 $f(x)=x^4-\frac{4}{3}x^3-4x^2$이라 하면

$f'(x)=4x^3-4x^2-8x=4x(x+1)(x-2)$

$f'(x)=0$에서 $x=-1$ 또는 $x=0$ 또는 $x=2$

함수 $f(x)$의 증가와 감소를 표로 나타내면 다음과 같다.

x	$\cdots$	-1	$\cdots$	0	$\cdots$	2	$\cdots$
$f'(x)$	$-$	0	$+$	0	$-$	0	$+$
$f(x)$	↘	$-\frac{5}{3}$	↗	0	↘	$-\frac{32}{3}$	↗

함수 $y=f(x)$의 그래프는 그림과 같다.

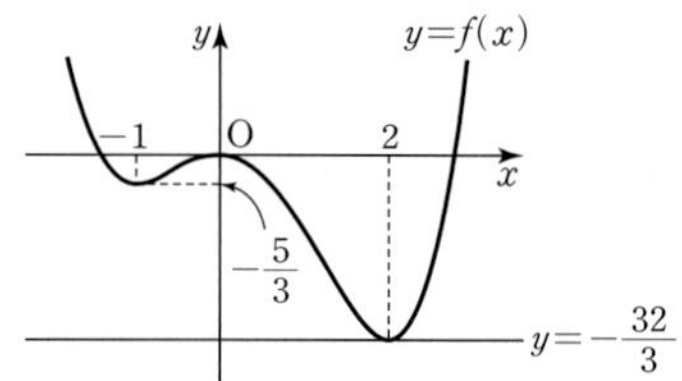

x에 대한 방정식 $x^4-\frac{4}{3}x^3-4x^2=a$가 오직 하나의 실근을 가지려면 함수 $y=f(x)$의 그래프와 직선 $y=a$가 오직 한 점에서 만나야 한다.

따라서 $a=-\frac{32}{3}$

답 ①

19 $f(x)=x^3+3x^2-9x-2$라 하면

$f'(x)=3x^2+6x-9=3(x+3)(x-1)$

$f'(x)=0$에서 $x=-3$ 또는 $x=1$

함수 $f(x)$의 증가와 감소를 표로 나타내면 다음과 같다.

x	$\cdots$	-3	$\cdots$	1	$\cdots$
$f'(x)$	$+$	0	$-$	0	$+$
$f(x)$	↗	25	↘	-7	↗

함수 $y=f(x)$의 그래프는 그림과 같다.

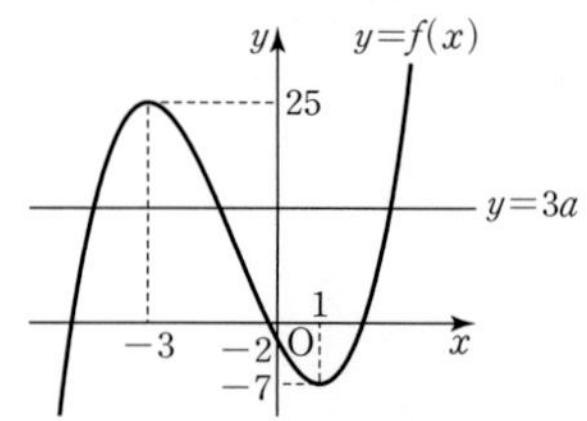

x에 대한 방정식 $x^3+3x^2-9x-2=3a$가 서로 다른 세 개의 실근을 가지려면 함수 $y=f(x)$의 그래프와 직선 $y=3a$가 서로 다른 세 점에서 만나야 한다.

즉, $-7<3a<25$에서 $-\frac{7}{3}<a<\frac{25}{3}$

따라서 $M=8$, $m=-2$이므로

$M+m=8+(-2)=6$

답 ③

20 $f(x)=3x^4-8x^3-6x^2+24x$라 하면

$f'(x)=12x^3-24x^2-12x+24$

$\quad=12(x+1)(x-1)(x-2)$

$f'(x)=0$에서 $x=-1$ 또는 $x=1$ 또는 $x=2$

함수 $f(x)$의 증가와 감소를 표로 나타내면 다음과 같다.

x	$\cdots$	-1	$\cdots$	1	$\cdots$	2	$\cdots$
$f'(x)$	$-$	0	$+$	0	$-$	0	$+$
$f(x)$	↘	-19	↗	13	↘	8	↗

함수 $y=f(x)$의 그래프는 그림과 같다.

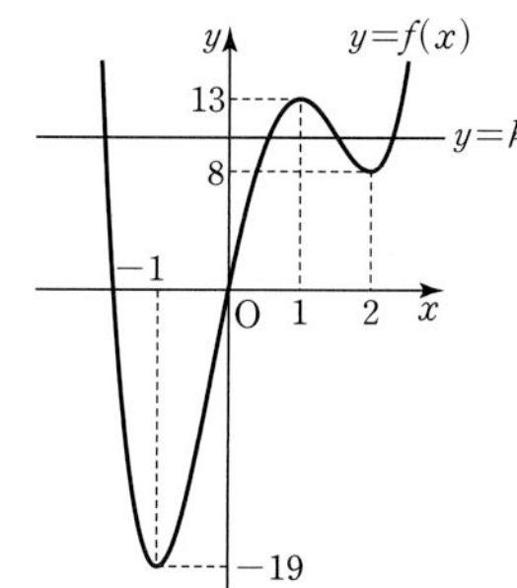

x에 대한 방정식 $3x^4-8x^3-6x^2+24x=k$가 서로 다른 4개의 실근을 가지려면 함수 $y=f(x)$의 그래프와 직선 $y=k$가 서로 다른 네 점에서 만나야 한다.

따라서 $8<k<13$이므로 모든 정수 k의 값은 9, 10, 11, 12이고 그 합은

$9+10+11+12=42$

답 42

21 $f(x)=x^3-\frac{3}{2}x^2-6x$에서

$f'(x)=3x^2-3x-6=3(x+1)(x-2)$

$f'(x)=0$에서 $x=-1$ 또는 $x=2$

함수 $f(x)$의 증가와 감소를 표로 나타내면 다음과 같다.

x	$\cdots$	-1	$\cdots$	2	$\cdots$
$f'(x)$	$+$	0	$-$	0	$+$
$f(x)$	↗	$\frac{7}{2}$	↘	-10	↗

함수 $y=|f(x)|$의 그래프는 그림과 같다.

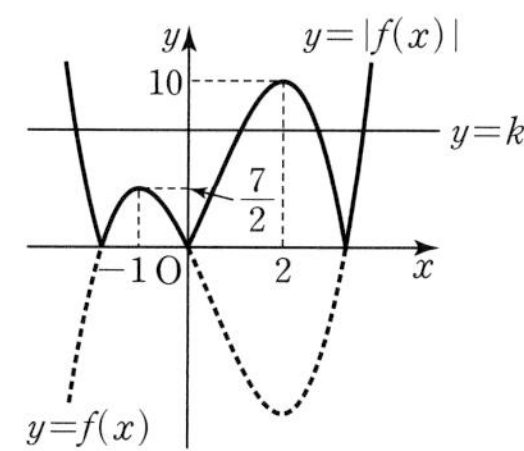

x에 대한 방정식 $|f(x)|=k$가 서로 다른 4개의 실근을 가지려면 함수 $y=|f(x)|$의 그래프와 직선 $y=k$가 서로 다른 네 점에서 만나야 한다.

따라서 $\frac{7}{2}<k<10$이므로 자연수 k는 4, 5, 6, 7, 8, 9이고 그 개수는 6이다.

답 ①

22 $g(x)=x^3-6x^2+9x$라 하면

$g'(x)=3x^2-12x+9=3(x-1)(x-3)$

$g'(x)=0$에서 $x=1$ 또는 $x=3$

함수 $g(x)$의 증가와 감소를 표로 나타내면 다음과 같다.

x	$\cdots$	1	$\cdots$	3	$\cdots$
$g'(x)$	$+$	0	$-$	0	$+$
$g(x)$	↗	4	↘	0	↗

함수 $y=g(x)$의 그래프는 그림과 같다.

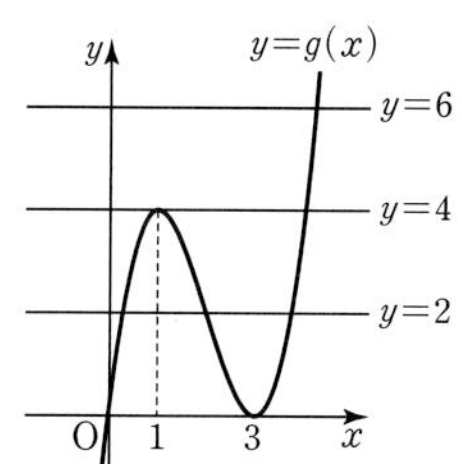

x에 대한 방정식 $x^3-6x^2+9x=2n$의 서로 다른 실근의 개수는 함수 $y=g(x)$의 그래프와 직선 $y=2n$이 만나는 서로 다른 점의 개수와 같다.

따라서 $f(1)=3$, $f(2)=2$, $f(3)=1$이므로

$f(1)+f(2)+f(3)=3+2+1=6$

답 6

23 $f(x)=x^3-12x+7$이라 하면

$f'(x)=3x^2-12=3(x+2)(x-2)$

$f'(x)=0$에서 $x=-2$ 또는 $x=2$

함수 $f(x)$의 증가와 감소를 표로 나타내면 다음과 같다.

x	$\cdots$	-2	$\cdots$	2	$\cdots$
$f'(x)$	$+$	0	$-$	0	$+$
$f(x)$	↗	23	↘	-9	↗

함수 $y=f(x)$의 그래프는 그림과 같다.

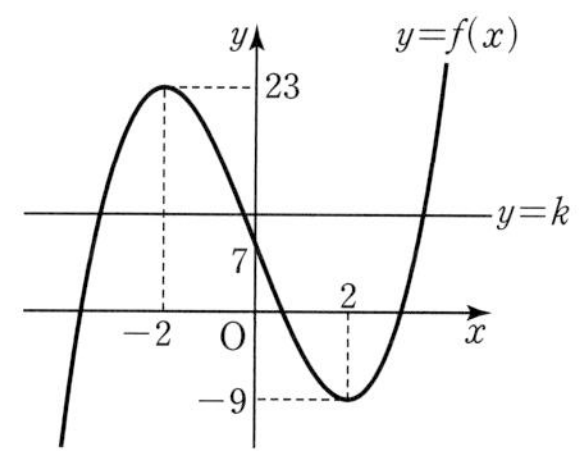

x에 대한 방정식 $x^3-12x+7=k$가 서로 다른 두 개의 음의 실근과 한 개의 양의 실근을 가지려면 함수 $y=f(x)$의 그래프와 직선 $y=k$가 x좌표가 양수인 한 점과 x좌표가 음수인 서로 다른 두 점에서 만나야 한다.

따라서 $7<k<23$이므로 정수 k의 최댓값은 22, 최솟값은 8이고 그 합은

$22+8=30$

답 30

24 $f(x)=x^4-4x^3-2x^2+12x$라 하면

$f'(x)=4x^3-12x^2-4x+12$

$\quad=4(x+1)(x-1)(x-3)$

$f'(x)=0$에서 $x=-1$ 또는 $x=1$ 또는 $x=3$

함수 $f(x)$의 증가와 감소를 표로 나타내면 다음과 같다.

x	$\cdots$	-1	$\cdots$	1	$\cdots$	3	$\cdots$
$f'(x)$	$-$	0	$+$	0	$-$	0	$+$
$f(x)$	↘	-9	↗	7	↘	-9	↗

함수 $y=f(x)$의 그래프는 그림과 같다.

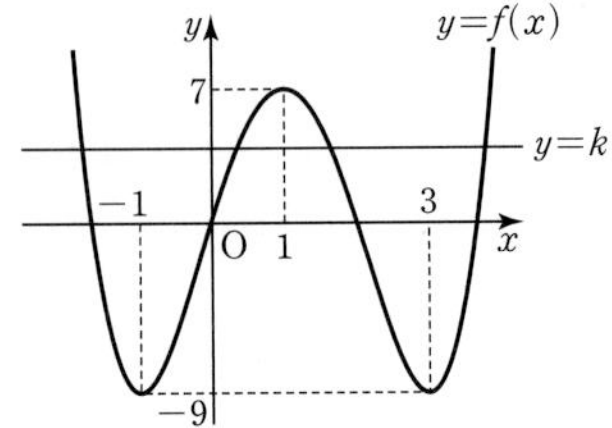

x에 대한 방정식 $x^4-4x^3-2x^2+12x=k$가 서로 다른 세 개의 양의 실근과 한 개의 음의 실근을 가지려면 함수 $y=f(x)$의 그래프와 직선 $y=k$가 x좌표가 음수인 한 점과 x좌표가 양수인 서로 다른 세 점에서 만나야 한다.

따라서 $0<k<7$이므로 구하는 정수 k의 값은 1, 2, 3, 4, 5, 6이고 그 합은

$1+2+3+4+5+6=21$

답 21

25 $f(x)=2x^3-3x^2-12x+9$라 하면

$f'(x)=6x^2-6x-12=6(x+1)(x-2)$

$f'(x)=0$에서 $x=-1$ 또는 $x=2$

함수 $f(x)$의 증가와 감소를 표로 나타내면 다음과 같다.

x	$\cdots$	-1	$\cdots$	2	$\cdots$
$f'(x)$	+	0	−	0	+
$f(x)$	↗	16	↘	−11	↗

함수 $y=f(x)$의 그래프는 그림과 같다.

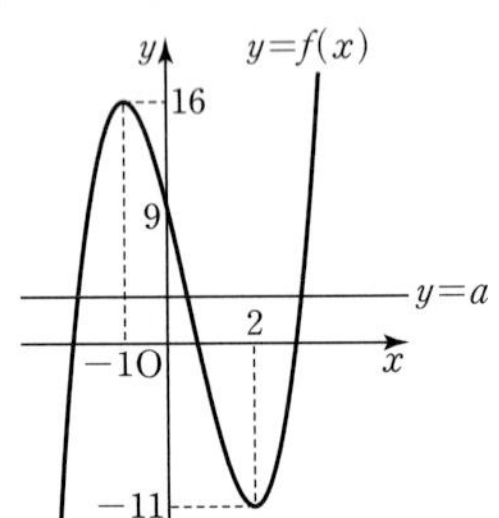

x에 대한 방정식 $2x^3-3x^2-12x+9=a$가 서로 다른 두 개의 양의 실근과 한 개의 음의 실근을 가지려면 함수 $y=f(x)$의 그래프와 직선 $y=a$가 x좌표가 음수인 한 점과 x좌표가 양수인 서로 다른 두 점에서 만나야 한다.

따라서 $-11<a<9$이므로 구하는 정수 a는 $-10, -9, -8, \cdots, 8$이고 그 개수는 19이다.

답 ⑤

26 $f(x)=x^4+\frac{16}{3}x^3+6x^2$이라 하면

$f'(x)=4x^3+16x^2+12x=4x(x+1)(x+3)$

$f'(x)=0$에서 $x=-3$ 또는 $x=-1$ 또는 $x=0$

함수 $f(x)$의 증가와 감소를 표로 나타내면 다음과 같다.

x	$\cdots$	-3	$\cdots$	-1	$\cdots$	0	$\cdots$
$f'(x)$	−	0	+	0	−	0	+
$f(x)$	↘	−9	↗	$\frac{5}{3}$	↘	0	↗

함수 $y=f(x)$의 그래프는 그림과 같다.

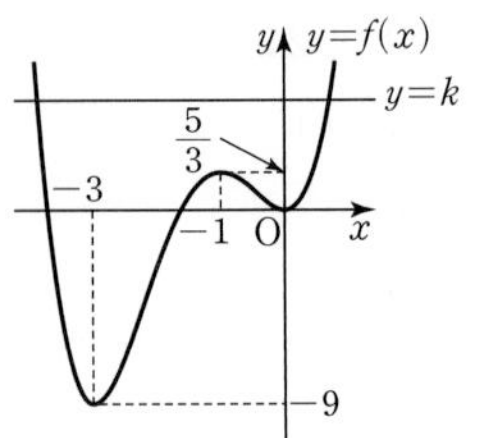

x에 대한 방정식 $x^4+\frac{16}{3}x^3+6x^2=k$가 한 개의 양의 실근과 한 개의 음의 실근을 가지려면 함수 $y=f(x)$의 그래프와 직선 $y=k$가 x좌표가 양수인 한 점과 x좌표가 음수인 한 점에서 만나야 한다.

따라서 $k>\frac{5}{3}$이므로 정수 k의 최솟값은 2이다.

답 ②

27 $\frac{1}{4}x^4-\frac{1}{3}x^3-2x^2+4x=k+4$에서

$\frac{1}{4}x^4-\frac{1}{3}x^3-2x^2+4x-4=k$

$f(x)=\frac{1}{4}x^4-\frac{1}{3}x^3-2x^2+4x-4$라 하면

$f'(x)=x^3-x^2-4x+4=(x+2)(x-1)(x-2)$

$f'(x)=0$에서 $x=-2$ 또는 $x=1$ 또는 $x=2$

함수 $f(x)$의 증가와 감소를 표로 나타내면 다음과 같다.

x	$\cdots$	-2	$\cdots$	1	$\cdots$	2	$\cdots$
$f'(x)$	−	0	+	0	−	0	+
$f(x)$	↘	$-\frac{40}{3}$	↗	$-\frac{25}{12}$	↘	$-\frac{8}{3}$	↗

함수 $y=f(x)$의 그래프는 그림과 같다.

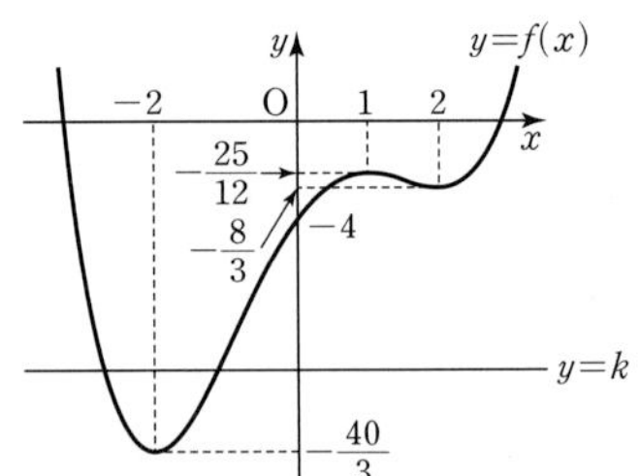

x에 대한 방정식 $\frac{1}{4}x^4-\frac{1}{3}x^3-2x^2+4x-4=k$가 서로 다른 두 개의 음의 실근을 가지려면 함수 $y=f(x)$의 그래프와 직선 $y=k$가 x좌표가 음수인 두 점에서 만나야 한다.

그러므로 $-\frac{40}{3}<k<-4$이므로 정수 k의 최댓값 M은 -5, 최솟값 m은 -13이다.

따라서 $M-m=-5-(-13)=8$

답 ③

28 $f(x)=x^3-6x^2+9x+3$이라 하면

$f'(x)=3x^2-12x+9=3(x-1)(x-3)$

$f'(x)=0$에서 $x=1$ 또는 $x=3$

함수 $f(x)$의 증가와 감소를 표로 나타내면 다음과 같다.

x	$\cdots$	1	$\cdots$	3	$\cdots$
$f'(x)$	+	0	−	0	+
$f(x)$	↗	7	↘	3	↗

함수 $y=f(x)$의 그래프는 그림과 같다.

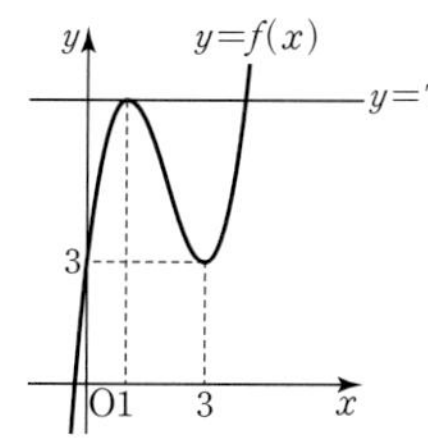

x에 대한 방정식 $x^3-6x^2+9x+3=a$가 서로 다른 두 개의 양의 실근을 가지려면 함수 $y=f(x)$의 그래프와 직선 $y=a$가 x좌표가 양수인 서로 다른 두 점에서 만나야 한다.
따라서 $a=7$

답 ④

29 $f(x)=x^3-6x^2+a$라 하면
$f'(x)=3x^2-12x=3x(x-4)$
$f'(x)=0$에서 $x=0$ 또는 $x=4$
함수 $f(x)$의 증가와 감소를 표로 나타내면 다음과 같다.

x	$\cdots$	0	$\cdots$	4	$\cdots$
$f'(x)$	+	0	−	0	+
$f(x)$	↗	a	↘	$a-32$	↗

그러므로 함수 $f(x)$의 극댓값은 $f(0)=a$, 극솟값은 $f(4)=a-32$이다.
방정식 $f(x)=0$이 서로 다른 세 실근을 가지려면
(극댓값)×(극솟값)<0이어야 하므로
$a(a-32)<0$
$0<a<32$
따라서 구하는 정수 a는 1, 2, 3, $\cdots$, 31이므로 그 개수는 31이다.

답 ①

30 $f(x)=2x^3-9x^2+12x+a$라 하면
$f'(x)=6x^2-18x+12=6(x-1)(x-2)$
$f'(x)=0$에서 $x=1$ 또는 $x=2$
함수 $f(x)$의 증가와 감소를 표로 나타내면 다음과 같다.

x	$\cdots$	1	$\cdots$	2	$\cdots$
$f'(x)$	+	0	−	0	+
$f(x)$	↗	$a+5$	↘	$a+4$	↗

그러므로 함수 $f(x)$의 극댓값은 $f(1)=a+5$, 극솟값은 $f(2)=a+4$이다.
방정식 $f(x)=0$이 서로 다른 두 실근을 가지려면
(극댓값)×(극솟값)$=0$이어야 하므로
$(a+5)(a+4)=0$
$a=-5$ 또는 $a=-4$
따라서 모든 실수 a의 값의 합은
$-5+(-4)=-9$

답 ②

31 $f(x)=x^3-9x^2+15x+a$라 하면
$f'(x)=3x^2-18x+15=3(x-1)(x-5)$
$f'(x)=0$에서 $x=1$ 또는 $x=5$
함수 $f(x)$의 증가와 감소를 표로 나타내면 다음과 같다.

x	$\cdots$	1	$\cdots$	5	$\cdots$
$f'(x)$	+	0	−	0	+
$f(x)$	↗	$a+7$	↘	$a-25$	↗

그러므로 함수 $f(x)$의 극댓값은 $f(1)=a+7$, 극솟값은 $f(5)=a-25$이다.
방정식 $f(x)=0$이 오직 하나의 실근을 가지려면
(극댓값)×(극솟값)>0이어야 하므로
$(a+7)(a-25)>0$
$a<-7$ 또는 $a>25$
따라서 자연수 a의 최솟값은 26이다.

답 ③

32 $2x^3-3x^2-12x+8=k$에서
$2x^3-3x^2-12x+8-k=0$
$f(x)=2x^3-3x^2-12x+8-k$라 하면
$f'(x)=6x^2-6x-12=6(x+1)(x-2)$
$f'(x)=0$에서 $x=-1$ 또는 $x=2$
함수 $f(x)$의 증가와 감소를 표로 나타내면 다음과 같다.

x	$\cdots$	-1	$\cdots$	2	$\cdots$
$f'(x)$	+	0	−	0	+
$f(x)$	↗	$15-k$	↘	$-12-k$	↗

그러므로 함수 $f(x)$의 극댓값은 $f(-1)=15-k$, 극솟값은 $f(2)=-12-k$이다.
방정식 $f(x)=0$이 서로 다른 두 실근을 가지려면
(극댓값)×(극솟값)$=0$이어야 하므로
$(15-k)(-12-k)=0$
$k=15$ 또는 $k=-12$
따라서 양수 k의 값은 15이다.

답 15

33 $f(x)=g(x)$에서
$x^3-x^2-x+a=\frac{1}{2}x^2+5x$
$x^3-\frac{3}{2}x^2-6x+a=0$
즉, 방정식 $f(x)=g(x)$가 서로 다른 세 실근을 가지려면 방정식 $x^3-\frac{3}{2}x^2-6x+a=0$이 서로 다른 세 실근을 가져야 한다.
$h(x)=x^3-\frac{3}{2}x^2-6x+a$라 하면
$h'(x)=3x^2-3x-6=3(x+1)(x-2)$
$h'(x)=0$에서 $x=-1$ 또는 $x=2$
함수 $h(x)$의 증가와 감소를 표로 나타내면 다음과 같다.

x	$\cdots$	-1	$\cdots$	2	$\cdots$
$h'(x)$	+	0	−	0	+
$h(x)$	↗	$a+\frac{7}{2}$	↘	$a-10$	↗

그러므로 함수 $h(x)$의 극댓값은 $h(-1)=a+\frac{7}{2}$, 극솟값은 $h(2)=a-10$이다.

방정식 $h(x)=0$이 서로 다른 세 실근을 가지려면

(극댓값)×(극솟값)<0이어야 하므로

$\left(a+\frac{7}{2}\right)(a-10)<0$

$-\frac{7}{2}<a<10$

따라서 정수 a의 최댓값은 9, 최솟값은 -3이므로 그 합은

$9+(-3)=6$

답 ①

34 $g(x)=x^3+3nx^2-32$라 하면

$g'(x)=3x^2+6nx=3x(x+2n)$

$g'(x)=0$에서 $x=-2n$ 또는 $x=0$

함수 $g(x)$의 증가와 감소를 표로 나타내면 다음과 같다.

x	$\cdots$	$-2n$	$\cdots$	0	$\cdots$
$g'(x)$	$+$	0	$-$	0	$+$
$g(x)$	↗	$4n^3-32$	↘	-32	↗

그러므로 함수 $g(x)$의 극댓값은 $g(-2n)=4n^3-32$, 극솟값은 $g(0)=-32$이고

(극댓값)×(극솟값)$=(4n^3-32)\times(-32)$

$=-128(n^3-8)$

(i) $n=1$일 때

(극댓값)×(극솟값)>0이므로 방정식 $g(x)=0$은 오직 하나의 실근을 갖는다.

즉, $f(1)=1$

(ii) $n=2$일 때

(극댓값)×(극솟값)$=0$이므로 방정식 $g(x)=0$은 서로 다른 두 실근을 갖는다.

즉, $f(2)=2$

(iii) $n\geq3$일 때

(극댓값)×(극솟값)<0이므로 방정식 $g(x)=0$은 서로 다른 세 실근을 갖는다.

즉, $f(3)=f(4)=f(5)=3$

(i), (ii), (iii)에 의하여

$\sum_{n=1}^{5} f(n)=1+2+3+3+3=12$

답 12

35 두 곡선 $y=x^3-2x^2+3x+6$, $y=x^2+3x+a$가 서로 다른 세 점에서 만나려면 x에 대한 방정식

$x^3-2x^2+3x+6=x^2+3x+a$

즉, $x^3-3x^2+6=a$가 서로 다른 세 실근을 가져야 한다.

$f(x)=x^3-3x^2+6$이라 하면

$f'(x)=3x^2-6x=3x(x-2)$

$f'(x)=0$에서 $x=0$ 또는 $x=2$

함수 $f(x)$의 증가와 감소를 표로 나타내면 다음과 같다.

x	$\cdots$	0	$\cdots$	2	$\cdots$
$f'(x)$	$+$	0	$-$	0	$+$
$f(x)$	↗	6	↘	2	↗

함수 $y=f(x)$의 그래프는 그림과 같다.

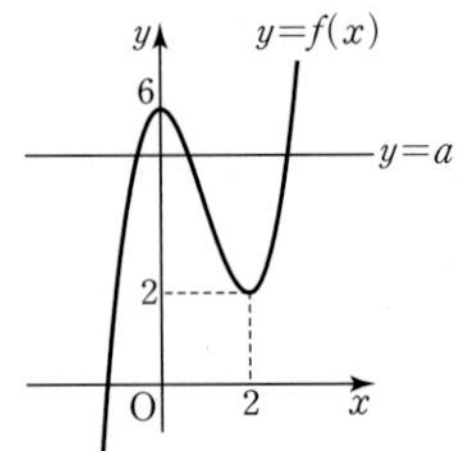

x에 대한 방정식 $x^3-3x^2+6=a$가 서로 다른 세 실근을 가지려면 함수 $y=f(x)$의 그래프와 직선 $y=a$가 서로 다른 세 점에서 만나야 한다.

따라서 $2<a<6$이므로 정수 a의 최댓값은 5이다.

답 ③

36 곡선 $y=-x^3+3x^2+10x$와 직선 $y=x+a$가 서로 다른 두 점에서 만나려면 x에 대한 방정식

$-x^3+3x^2+10x=x+a$

즉, $x^3-3x^2-9x=-a$가 서로 다른 두 실근을 가져야 한다.

$f(x)=x^3-3x^2-9x$라 하면

$f'(x)=3x^2-6x-9=3(x+1)(x-3)$

$f'(x)=0$에서 $x=-1$ 또는 $x=3$

함수 $f(x)$의 증가와 감소를 표로 나타내면 다음과 같다.

x	$\cdots$	-1	$\cdots$	3	$\cdots$
$f'(x)$	$+$	0	$-$	0	$+$
$f(x)$	↗	5	↘	-27	↗

함수 $y=f(x)$의 그래프는 그림과 같다.

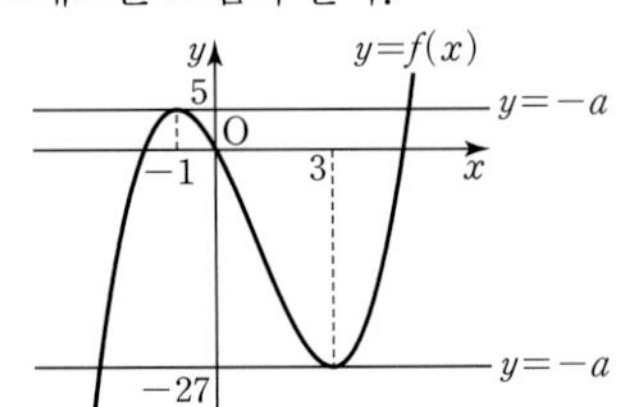

x에 대한 방정식 $x^3-3x^2-9x=-a$가 서로 다른 두 실근을 가지려면 함수 $y=f(x)$의 그래프와 직선 $y=-a$가 서로 다른 두 점에서 만나야 한다.

그러므로 $-a=5$ 또는 $-a=-27$에서

$a=-5$ 또는 $a=27$

따라서 구하는 양수 a의 값은 27이다.

답 ④

37 두 곡선 $y=x^3-4x$, $y=-2x^2+k$가 오직 한 점에서 만나려면 x에 대한 방정식

$x^3-4x=-2x^2+k$

즉, $x^3+2x^2-4x=k$가 오직 하나의 실근을 가져야 한다.

$f(x)=x^3+2x^2-4x$라 하면

$f'(x)=3x^2+4x-4=(x+2)(3x-2)$

$f'(x)=0$에서 $x=-2$ 또는 $x=\frac{2}{3}$

함수 $f(x)$의 증가와 감소를 표로 나타내면 다음과 같다.

x	$\cdots$	-2	$\cdots$	$\frac{2}{3}$	$\cdots$
$f'(x)$	$+$	0	$-$	0	$+$
$f(x)$	↗	8	↘	$-\frac{40}{27}$	↗

함수 $y=f(x)$의 그래프는 그림과 같다.

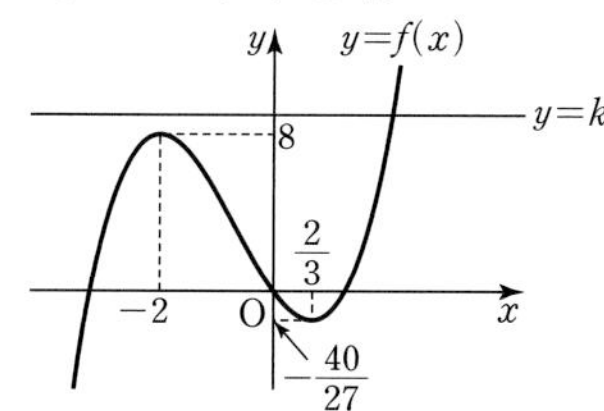

x에 대한 방정식 $x^3+2x^2-4x=k$가 오직 하나의 실근을 가지려면 함수 $y=f(x)$의 그래프와 직선 $y=k$가 오직 한 점에서 만나야 한다.

따라서 $k>8$ 또는 $k<-\frac{40}{27}$이므로 구하는 자연수 k의 최솟값은 9이다.

답 ③

38 사차함수 $y=f(x)$의 그래프와 삼차함수 $y=g(x)$의 그래프가 서로 다른 세 점에서 만나려면 x에 대한 방정식

$f(x)=g(x)$

$x^4-5x^3+\frac{4}{3}=\frac{1}{3}x^3-6x^2+a$

즉, $x^4-\frac{16}{3}x^3+6x^2+\frac{4}{3}=a$가 서로 다른 세 실근을 가져야 한다.

$h(x)=x^4-\frac{16}{3}x^3+6x^2+\frac{4}{3}$라 하면

$h'(x)=4x^3-16x^2+12x=4x(x-1)(x-3)$

$h'(x)=0$에서 $x=0$ 또는 $x=1$ 또는 $x=3$

함수 $h(x)$의 증가와 감소를 표로 나타내면 다음과 같다.

x	$\cdots$	0	$\cdots$	1	$\cdots$	3	$\cdots$
$h'(x)$	$-$	0	$+$	0	$-$	0	$+$
$h(x)$	↘	$\frac{4}{3}$	↗	3	↘	$-\frac{23}{3}$	↗

함수 $y=h(x)$의 그래프는 그림과 같다.

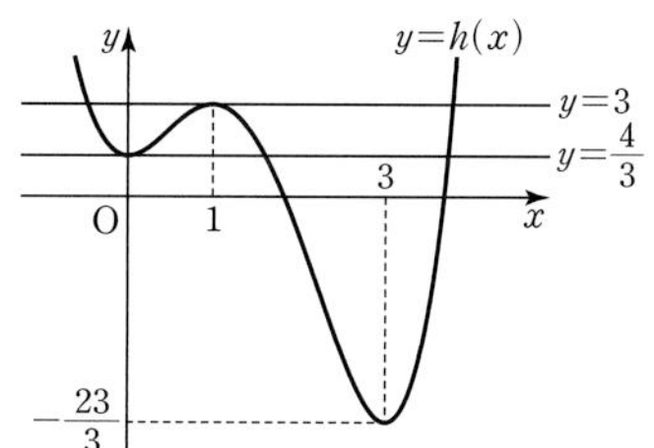

x에 대한 방정식 $x^4-\frac{16}{3}x^3+6x^2+\frac{4}{3}=a$가 서로 다른 세 실근을 가지려면 함수 $y=h(x)$의 그래프와 직선 $y=a$가 서로 다른 세 점에서 만나야 한다.

따라서 $a=\frac{4}{3}$ 또는 $a=3$이므로 모든 실수 a의 값의 곱은

$\frac{4}{3}\times3=4$

답 ④

39 곡선 $y=\frac{1}{3}x^3+3x^2+6x$와 직선 $y=x+k$가 서로 다른 세 점에서 만나려면 x에 대한 방정식

$\frac{1}{3}x^3+3x^2+6x=x+k$

즉, $\frac{1}{3}x^3+3x^2+5x=k$가 서로 다른 세 실근을 가져야 한다.

$f(x)=\frac{1}{3}x^3+3x^2+5x$라 하면

$f'(x)=x^2+6x+5=(x+1)(x+5)$

$f'(x)=0$에서 $x=-5$ 또는 $x=-1$

함수 $f(x)$의 증가와 감소를 표로 나타내면 다음과 같다.

x	$\cdots$	-5	$\cdots$	-1	$\cdots$
$f'(x)$	$+$	0	$-$	0	$+$
$f(x)$	↗	$\frac{25}{3}$	↘	$-\frac{7}{3}$	↗

함수 $y=f(x)$의 그래프는 그림과 같다.

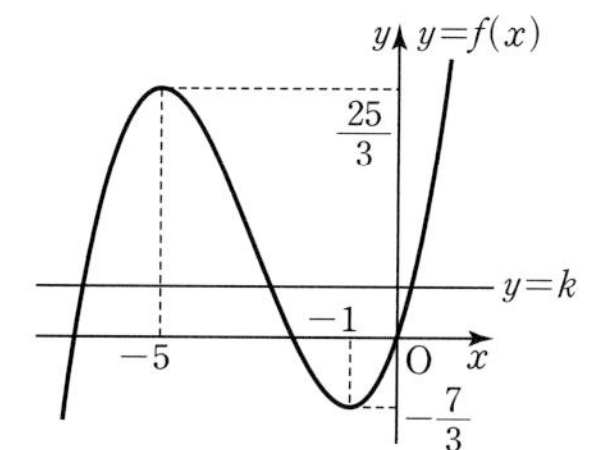

x에 대한 방정식 $\frac{1}{3}x^3+3x^2+5x=k$가 서로 다른 세 실근을 가지려면 함수 $y=f(x)$의 그래프와 직선 $y=k$가 서로 다른 세 점에서 만나야 한다.

그러므로 $-\frac{7}{3}<k<\frac{25}{3}$이므로 정수 k의 최댓값 M은 8, 최솟값 m은 -2이다.

따라서 $M^2+m^2=64+4=68$

답 68

40 곡선 $y=x^4-8x^2+x-4$와 직선 $y=x+k$가 서로 다른 두 점에서 만나려면 x에 대한 방정식

$x^4-8x^2+x-4=x+k$

즉, $x^4-8x^2-4=k$가 서로 다른 두 실근을 가져야 한다.

$f(x)=x^4-8x^2-4$라 하면

$f'(x)=4x^3-16x=4x(x+2)(x-2)$

$f'(x)=0$에서 $x=-2$ 또는 $x=0$ 또는 $x=2$

함수 $f(x)$의 증가와 감소를 표로 나타내면 다음과 같다.

x	$\cdots$	-2	$\cdots$	0	$\cdots$	2	$\cdots$
$f'(x)$	$-$	0	$+$	0	$-$	0	$+$
$f(x)$	↘	-20	↗	-4	↘	-20	↗

함수 $y=f(x)$의 그래프는 그림과 같다.

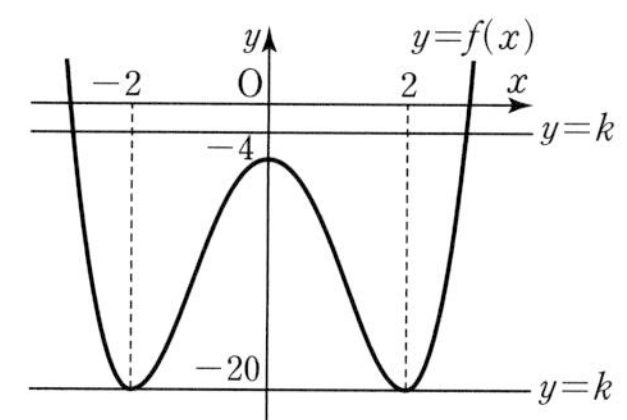

x에 대한 방정식 $x^4-8x^2-4=k$가 서로 다른 두 실근을 가지려면 함수 $y=f(x)$의 그래프와 직선 $y=k$가 서로 다른 두 점에서 만나야 한다.

따라서 $k>-4$ 또는 $k=-20$이므로 구하는 음의 정수 k의 값은

-1, -2, -3, -20이고 그 합은

$-1+(-2)+(-3)+(-20)=-26$

답 ③

41 $f(x)=x^3-3x^2-9x$라 하면
$f'(x)=3x^2-6x-9=3(x+1)(x-3)$
$0<x<2$일 때, $f'(x)<0$이므로 함수 $f(x)$는 열린구간 $(0,\ 2)$에서 감소한다.
그러므로 $0<x<2$에서 부등식 $f(x)>k$가 항상 성립하려면 $f(2)\ge k$이어야 한다.
$f(2)=8-12-18=-22$이므로
$k\le -22$
따라서 실수 k의 최댓값은 -22이다.

답 ⑤

42 $f(x)=\frac{1}{3}x^3-2x^2+3x+k$라 하면
$f'(x)=x^2-4x+3=(x-1)(x-3)$
$x<-1$일 때, $f'(x)>0$이므로 함수 $f(x)$는 구간 $(-\infty,\ -1)$에서 증가한다.
그러므로 $x<-1$에서 부등식 $f(x)<0$이 항상 성립하려면
$f(-1)\le 0$이어야 한다.
$f(-1)=-\frac{1}{3}-2-3+k=k-\frac{16}{3}$이므로
$k-\frac{16}{3}\le 0$에서 $k\le\frac{16}{3}$
따라서 정수 k의 최댓값은 5이다.

답 ③

43 $f(x)=x^4-6x^2+8x+k$라 하면
$f'(x)=4x^3-12x+8=4(x+2)(x-1)^2$
$-1<x<2$일 때, $f'(x)\ge 0$이므로 함수 $f(x)$는 열린구간 $(-1,\ 2)$에서 증가한다.
그러므로 $-1<x<2$에서 부등식 $f(x)>0$이 항상 성립하려면
$f(-1)\ge 0$이어야 한다.
$f(-1)=1-6-8+k=k-13$이므로
$k-13\ge 0$에서 $k\ge 13$
따라서 실수 k의 최솟값은 13이다.

답 13

44 $f(x)=-x^3-3x^2+9x$라 하면
$f'(x)=-3x^2-6x+9=-3(x+3)(x-1)$
$f'(x)=0$에서 $x=-3$ 또는 $x=1$
$-2<x<2$에서 함수 $f(x)$의 증가와 감소를 표로 나타내면 다음과 같다.

x	(-2)	$\cdots$	1	$\cdots$	(2)
$f'(x)$		$+$	0	$-$	
$f(x)$		↗	5	↘	

$-2<x<2$에서 함수 $f(x)$는 $x=1$에서 최댓값 5를 갖는다.
그러므로 $-2<x<2$에서 부등식 $f(x)\le k$가 항상 성립하려면
$k\ge 5$
이어야 한다.
따라서 실수 k의 최솟값은 5이다.

답 ③

45 $f(x)=2x^3-6x^2+a$라 하면
$f'(x)=6x^2-12x=6x(x-2)$
$f'(x)=0$에서 $x=0$ 또는 $x=2$
$x>0$에서 함수 $f(x)$의 증가와 감소를 표로 나타내면 다음과 같다.

x	(0)	$\cdots$	2	$\cdots$
$f'(x)$		$-$	0	$+$
$f(x)$		↘	$a-8$	↗

$x>0$에서 함수 $f(x)$는 $x=2$에서 최솟값 $a-8$을 갖는다.
그러므로 $x>0$에서 부등식 $2x^3-6x^2+a\ge 0$이 항상 성립하려면
$a-8\ge 0$, 즉 $a\ge 8$
이어야 한다.
따라서 실수 a의 최솟값은 8이다.

답 ④

46 $x^4-8x^2\ge a$에서
$x^4-8x^2-a\ge 0$
$f(x)=x^4-8x^2-a$라 하면
$f'(x)=4x^3-16x=4x(x+2)(x-2)$
$f'(x)=0$에서 $x=-2$ 또는 $x=0$ 또는 $x=2$
$x\ge 1$에서 함수 $f(x)$의 증가와 감소를 표로 나타내면 다음과 같다.

x	1	$\cdots$	2	$\cdots$
$f'(x)$		$-$	0	$+$
$f(x)$	$-7-a$	↘	$-16-a$	↗

$x\ge 1$에서 함수 $f(x)$는 $x=2$에서 최솟값 $-16-a$를 갖는다.
그러므로 $x\ge 1$에서 부등식 $f(x)\ge 0$이 항상 성립하려면
$-16-a\ge 0$, 즉 $a\le -16$
이어야 한다.
따라서 실수 a의 최댓값은 -16이다.

답 ③

47 $x^3-9x^2+15x\ge k$에서
$x^3-9x^2+15x-k\ge 0$
$f(x)=x^3-9x^2+15x-k$라 하면
$f'(x)=3x^2-18x+15=3(x-1)(x-5)$
$f'(x)=0$에서 $x=1$ 또는 $x=5$
$0\le x\le 3$에서 함수 $f(x)$의 증가와 감소를 표로 나타내면 다음과 같다.

x	0	$\cdots$	1	$\cdots$	3
$f'(x)$		$+$	0	$-$	
$f(x)$	$-k$	↗	$7-k$	↘	$-9-k$

$0\le x\le 3$에서 함수 $f(x)$는 $x=3$에서 최솟값 $-9-k$를 갖는다.
그러므로 $0\le x\le 3$에서 부등식 $f(x)\ge 0$이 항상 성립하려면
$-9-k\ge 0$, 즉 $k\le -9$
이어야 한다.
따라서 실수 k의 최댓값은 -9이다.

답 ②

48 $f(x)=x^4-4x^3-k$라 하면
$f'(x)=4x^3-12x^2=4x^2(x-3)$

$f'(x)=0$에서 $x=0$ 또는 $x=3$

$1<x<4$에서 함수 $f(x)$의 증가와 감소를 표로 나타내면 다음과 같다.

x	(1)	$\cdots$	3	$\cdots$	(4)
$f'(x)$		$-$	0	$+$	
$f(x)$		↘	$-k-27$	↗	

$1<x<4$에서 함수 $f(x)$는 $x=3$에서 최솟값 $-k-27$을 갖는다.

그러므로 $1<x<4$에서 부등식 $f(x)\geq 0$이 항상 성립하려면

$-k-27\geq 0$, 즉 $k\leq -27$

이어야 한다.

따라서 실수 k의 최댓값은 -27이다.

답 ②

49 $f(x)=\frac{1}{4}x^4+\frac{1}{3}x^3-2x^2-4x+\frac{28}{3}$이라 하면

$f'(x)=x^3+x^2-4x-4$

$=(x+2)(x+1)(x-2)$

$f'(x)=0$에서 $x=-2$ 또는 $x=-1$ 또는 $x=2$

함수 $f(x)$의 증가와 감소를 표로 나타내면 다음과 같다.

x	$\cdots$	-2	$\cdots$	-1	$\cdots$	2	$\cdots$
$f'(x)$	$-$	0	$+$	0	$-$	0	$+$
$f(x)$	↘	$\frac{32}{3}$	↗	$\frac{45}{4}$	↘	0	↗

함수 $f(x)$는 $x=2$에서 최솟값 0을 갖는다.

그러므로 $x\leq k$에서 부등식 $f(x)>0$이 항상 성립하려면

$k<2$

이어야 한다.

따라서 정수 k의 최댓값은 1이다.

답 ④

50 $f(x)=x^4-2x^3+3$이라 하면

$f'(x)=4x^3-6x^2=2x^2(2x-3)$

$f'(x)=0$에서 $x=0$ 또는 $x=\frac{3}{2}$

함수 $f(x)$의 증가와 감소를 표로 나타내면 다음과 같다.

x	$\cdots$	0	$\cdots$	$\frac{3}{2}$	$\cdots$
$f'(x)$	$-$	0	$-$	0	$+$
$f(x)$	↘	3	↘	$\frac{21}{16}$	↗

함수 $f(x)$는 $x=\frac{3}{2}$에서 최솟값 $\frac{21}{16}$을 가지므로 모든 실수 x에 대하여 부등식 $f(x)\geq a$가 성립하려면 $a\leq\frac{21}{16}$이어야 한다.

따라서 실수 a의 최댓값은 $\frac{21}{16}$이다.

답 ④

51 $f(x)=3x^4-4x^3-12x^2+16$이라 하면

$f'(x)=12x^3-12x^2-24x=12x(x+1)(x-2)$

$f'(x)=0$에서 $x=-1$ 또는 $x=0$ 또는 $x=2$

함수 $f(x)$의 증가와 감소를 표로 나타내면 다음과 같다.

x	$\cdots$	-1	$\cdots$	0	$\cdots$	2	$\cdots$
$f'(x)$	$-$	0	$+$	0	$-$	0	$+$
$f(x)$	↘	11	↗	16	↘	-16	↗

함수 $f(x)$는 $x=2$에서 최솟값 -16을 가지므로 모든 실수 x에 대하여 부등식 $f(x)\geq k$가 성립하려면 $k\leq -16$이어야 한다.

따라서 실수 k의 최댓값은 -16이다.

답 ③

52 $f(x)=\frac{1}{2}x^4+(a+1)x^2+(2a+4)x+9$라 하면

$f'(x)=2x^3+2(a+1)x+2a+4$

$=2(x+1)(x^2-x+a+2)$

a는 자연수이므로 모든 실수 x에 대하여

$x^2-x+a+2=\left(x-\frac{1}{2}\right)^2+a+\frac{7}{4}>0$

그러므로 $f'(x)=0$에서 $x=-1$

함수 $f(x)$의 증가와 감소를 표로 나타내면 다음과 같다.

x	$\cdots$	-1	$\cdots$
$f'(x)$	$-$	0	$+$
$f(x)$	↘	$-a+\frac{13}{2}$	↗

함수 $f(x)$는 $x=-1$에서 최솟값 $-a+\frac{13}{2}$을 가지므로 모든 실수 x에 대하여 부등식 $f(x)>0$이 성립하려면

$-a+\frac{13}{2}>0$, 즉 $a<\frac{13}{2}$

이어야 한다.

따라서 자연수 a의 최댓값은 6이다.

답 6

53 $2x^3+4x^2-12x\geq x^2+24x-k$에서

$2x^3+3x^2-36x+k\geq 0$

$f(x)=2x^3+3x^2-36x+k$라 하면

$f'(x)=6x^2+6x-36=6(x+3)(x-2)$

$f'(x)=0$에서 $x=-3$ 또는 $x=2$

$-1<x<3$에서 함수 $f(x)$의 증가와 감소를 표로 나타내면 다음과 같다.

x	(-1)	$\cdots$	2	$\cdots$	(3)
$f'(x)$		$-$	0	$+$	
$f(x)$		↘	$k-44$	↗	

$-1<x<3$에서 함수 $f(x)$는 $x=2$에서 최솟값 $k-44$를 갖는다.

그러므로 $-1<x<3$에서 부등식 $f(x)\geq 0$이 항상 성립하려면

$k-44\geq 0$, 즉 $k\geq 44$

이어야 한다.

따라서 실수 k의 최솟값은 44이다.

답 44

54 $2x^3-2x^2+k\geq x^2+12x$에서

$2x^3-3x^2-12x+k\geq 0$

$f(x)=2x^3-3x^2-12x+k$라 하면

$f'(x)=6x^2-6x-12=6(x+1)(x-2)$

$0<x<2$일 때, $f'(x)<0$이므로 함수 $f(x)$는 열린구간 $(0, 2)$에서 감소한다.

그러므로 $0<x<2$에서 $f(x)\geq 0$이 항상 성립하려면 $f(2)\geq 0$이어야 한다.

$f(2)=16-12-24+k=k-20\geq 0$에서

$k\geq 20$

따라서 실수 k의 최솟값은 20이다.

답 ⑤

55 $x^4+x^3-x^2-4\geq x^3+x^2-k$에서

$x^4-2x^2+k-4\geq 0$

$f(x)=x^4-2x^2+k-4$라 하면

$f'(x)=4x^3-4x=4x(x+1)(x-1)$

$f'(x)=0$에서 $x=-1$ 또는 $x=0$ 또는 $x=1$

함수 $f(x)$의 증가와 감소를 표로 나타내면 다음과 같다.

x	$\cdots$	-1	$\cdots$	0	$\cdots$	1	$\cdots$
$f'(x)$	$-$	0	$+$	0	$-$	0	$+$
$f(x)$	↘	$k-5$	↗	$k-4$	↘	$k-5$	↗

함수 $f(x)$는 $x=-1$, $x=1$에서 최솟값 $k-5$를 가지므로 모든 실수 x에 대하여 부등식 $f(x)\geq 0$이 성립하려면

$k-5\geq 0$, 즉 $k\geq 5$

이어야 한다.

따라서 실수 k의 최솟값은 5이다.

답 ⑤

56 $f(x)\geq 4g(x)$에서

$x^4+20\geq -4ax^2+4(2a+1)x$

$x^4+4ax^2-4(2a+1)x+20\geq 0$

$h(x)=x^4+4ax^2-4(2a+1)x+20$이라 하면

$h'(x)=4x^3+8ax-4(2a+1)$

$=4(x-1)(x^2+x+2a+1)$

a는 자연수이므로 모든 실수 x에 대하여

$x^2+x+2a+1=\left(x+\frac{1}{2}\right)^2+2a+\frac{3}{4}>0$

그러므로 $h'(x)=0$에서 $x=1$

함수 $h(x)$의 증가와 감소를 표로 나타내면 다음과 같다.

x	$\cdots$	1	$\cdots$
$h'(x)$	$-$	0	$+$
$h(x)$	↘	$-4a+17$	↗

함수 $h(x)$는 $x=1$에서 최솟값 $-4a+17$을 가지므로 모든 실수 x에 대하여 부등식 $h(x)\geq 0$이 성립하려면

$-4a+17\geq 0$, 즉 $a\leq \frac{17}{4}$

이어야 한다.

따라서 모든 자연수 a의 값은 1, 2, 3, 4이므로 그 합은

$1+2+3+4=10$

답 10

57 $f(x)$는 최고차항의 계수가 1인 사차함수이고, $g(x)$는 최고차항의 계수가 1인 삼차함수이므로 두 함수 $y=f(x)$, $y=g(x)$의 그래프가 서로 만나지 않으려면 모든 실수 x에 대하여 $f(x)>g(x)$가 성립해야 한다.

$h(x)=f(x)-g(x)$라 하면

$h(x)=x^4-4x^3+10x^2-12x+k$

$h'(x)=4x^3-12x^2+20x-12$

$=4(x-1)(x^2-2x+3)$

모든 실수 x에 대하여 $x^2-2x+3=(x-1)^2+2>0$이므로

$h'(x)=0$에서 $x=1$

함수 $h(x)$의 증가와 감소를 표로 나타내면 다음과 같다.

x	$\cdots$	1	$\cdots$
$h'(x)$	$-$	0	$+$
$h(x)$	↘	$k-5$	↗

함수 $h(x)$는 $x=1$에서 최솟값 $k-5$를 가지므로 모든 실수 x에 대하여 부등식 $h(x)>0$이 성립하려면

$k-5>0$, 즉 $k>5$

이어야 한다.

따라서 정수 k의 최솟값은 6이다.

답 6

58 $x^3-5\leq 3x^2+9x$에서

$x^3-3x^2-9x-5\leq 0$

$f(x)=x^3-3x^2-9x-5$라 하면

$f'(x)=3x^2-6x-9=3(x+1)(x-3)$

$f'(x)=0$에서 $x=-1$ 또는 $x=3$

함수 $f(x)$의 증가와 감소를 표로 나타내면 다음과 같다.

x	$\cdots$	-1	$\cdots$	3	$\cdots$
$f'(x)$	$+$	0	$-$	0	$+$
$f(x)$	↗	0	↘	-32	↗

또한 $f(x)=(x+1)^2(x-5)$이므로 $f(5)=0$

함수 $y=f(x)$의 그래프는 그림과 같다.

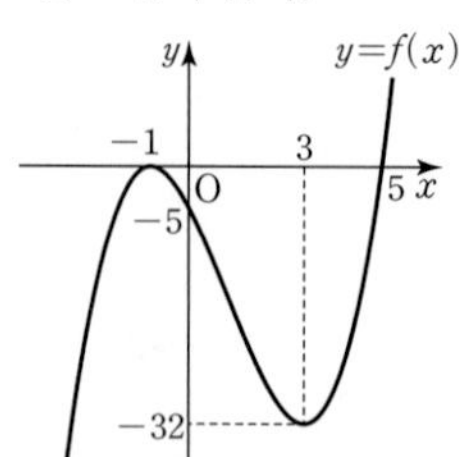

$a<x<a+2$일 때 주어진 부등식이 성립하려면 $f(x)\leq 0$이어야 한다.

따라서 모든 자연수 a는 1, 2, 3이므로 그 개수는 3이다.

답 ③

59 점 P의 시각 t에서의 속도 v는

$v=\frac{dx}{dt}=3t^2-4t+3$

이므로 시각 $t=2$에서 점 P의 속도는

$12-8+3=7$

답 ②

60 점 P의 시각 t에서의 속도 v는

$v=\dfrac{dx}{dt}=-2t+10$

점 P의 속도가 2일 때의 시각은 $-2t+10=2$에서 $t=4$

따라서 시각 $t=4$일 때 점 P의 위치는

$-16+40+3=27$

답 ④

61 점 P의 위치가 2일 때의 시각은

$t^3+t^2-8t-10=2$, $(t+2)^2(t-3)=0$

$t\geq0$이므로 $t=3$

점 P의 시각 t에서의 속도 v는

$v=\dfrac{dx}{dt}=3t^2+2t-8$

이므로 $t=3$일 때 점 P의 속도는

$27+6-8=25$

답 ③

62 시각 t에서의 두 점 P, Q의 속도를 각각 $v_1(t)$, $v_2(t)$라 하면

$v_1(t)=f'(t)=6t^2+8t-20$

$v_2(t)=g'(t)=2t+16$

두 점 P, Q의 속도가 같을 때, $v_1(t)=v_2(t)$에서

$6t^2+8t-20=2t+16$

$6t^2+6t-36=0$, $6(t+3)(t-2)=0$

$t\geq0$이므로 $t=2$

시각 $t=2$에서의 두 점 P, Q의 위치는 각각

$f(2)=16+16-40+10=2$

$g(2)=4+32-8=28$

이므로 두 점 사이의 거리는

$|2-28|=26$

답 26

63 두 점 P, Q의 위치가 같을 때, $f(t)=g(t)$에서

$t^3+3t^2-6t-9=t^2+5t+3$

$t^3+2t^2-11t-12=0$

$(t+4)(t+1)(t-3)=0$

$t\geq0$이므로 $t=3$

시각 t에서의 두 점 P, Q의 속도를 각각 $v_1(t)$, $v_2(t)$라 하면

$v_1(t)=f'(t)=3t^2+6t-6$

$v_2(t)=g'(t)=2t+5$

시각 $t=3$에서 두 점 P, Q의 속도는 각각

$p=v_1(3)=27+18-6=39$

$q=v_2(3)=6+5=11$

따라서 $p-q=39-11=28$

답 ⑤

64 점 P의 시각 t에서의 속도 v는

$v=\dfrac{dx}{dt}=3t^2-12t+7=3(t-2)^2-5$

이므로 속도 v는 $t=2$일 때 최소이다.

시각 $t=2$에서의 점 P의 위치가 9이므로

$8-24+14+a=9$, $a-2=9$

따라서 $a=11$

답 ①

65 점 P의 시각 t에서의 속도 v는

$v=\dfrac{dx}{dt}=3t^2-2t-4$

점 P의 속도가 4인 시각은

$3t^2-2t-4=4$, $(3t+4)(t-2)=0$

$t\geq0$이므로 $t=2$

점 P의 시각 t에서의 가속도 a는

$a=\dfrac{dv}{dt}=6t-2$

이므로 $t=2$일 때 점 P의 가속도는

$12-2=10$

답 ⑤

66 점 P가 원점을 지날 때 $x=0$이므로

$t^3-7t-6=0$

$(t+2)(t+1)(t-3)=0$

$t\geq0$이므로 점 P가 원점을 지나는 시각은 $t=3$이다.

점 P의 시각 t에서의 속도 v는

$v=\dfrac{dx}{dt}=3t^2-7$

이고, 점 P의 시각 t에서의 가속도 a는

$a=\dfrac{dv}{dt}=6t$

이므로 $t=3$일 때 점 P의 가속도는

$6\times3=18$

답 ③

67 점 P의 시각 t에서의 속도 v는

$v=\dfrac{dx}{dt}=3t^2-2kt+10$

이고, 점 P의 시각 t에서의 가속도 a는

$a=\dfrac{dv}{dt}=6t-2k$

시각 $t=2$에서의 점 P의 가속도가 0이므로

$12-2k=0$에서 $k=6$

따라서 점 P의 시각 t에서의 속도 v가

$v=3t^2-12t+10$

이므로 시각 $t=2$에서의 점 P의 속도는

$12-24+10=-2$

답 ⑤

68 점 P의 시각 t에서의 속도 v는

$v=\dfrac{dx}{dt}=-3t^2+2kt+8$

점 P의 시각 $t=4$에서의 속도가 0이므로

$-48+8k+8=0$에서 $8k-40=0$, $k=5$

그러므로 $v=-3t^2+10t+8$

점 P의 시각 t에서의 가속도 a는

$a=\dfrac{dv}{dt}=-6t+10$

이므로 점 P의 시각 $t=5$에서의 가속도는

$-30+10=-20$

답 ①

69 점 P의 시각 t에서의 속도 v는

$v=\dfrac{dx}{dt}=3t^2-8t+3$

시각 $t=k$에서 점 P의 위치와 속도의 합이 0이므로

$(k^3-4k^2+3k-6)+(3k^2-8k+3)=0$

$k^3-k^2-5k-3=0$, $(k+1)^2(k-3)=0$

$k\geq 0$이므로 $k=3$

점 P의 시각 t에서의 가속도 a는

$a=\dfrac{dv}{dt}=6t-8$

따라서 점 P의 시각 $t=3$에서의 가속도는

$18-8=10$

답 ④

70 점 P의 시각 t에서의 속도 v는

$v=\dfrac{dx}{dt}=4t^3+3pt^2+2qt$

점 P의 시각 $t=1$에서의 속도가 5이므로

$4+3p+2q=5$, $3p+2q=1$ ⋯⋯ ㉠

점 P의 시각 t에서의 가속도 a는

$a=\dfrac{dv}{dt}=12t^2+6pt+2q$

점 P의 시각 $t=1$에서의 가속도가 4이므로

$12+6p+2q=4$, $6p+2q=-8$ ⋯⋯ ㉡

㉠, ㉡을 연립하여 풀면 $p=-3$, $q=5$

따라서 점 P의 시각 t에서의 위치 x는

$x=t^4-3t^3+5t^2$

이므로 시각 $t=2$에서의 위치는

$16-24+20=12$

답 ①

71 점 P의 시각 t에서의 속도 v는

$v=\dfrac{dx}{dt}=6t^2-6t-12$

점 P가 운동 방향을 바꾸는 순간 점 P의 속도는 0이므로

$6t^2-6t-12=0$, $6(t+1)(t-2)=0$

$t\geq 0$이므로 $t=2$

점 P의 시각 t에서의 가속도 a는

$a=\dfrac{dv}{dt}=12t-6$

이므로 $t=2$일 때 점 P의 가속도는

$24-6=18$

답 ⑤

72 점 P의 시각 t에서의 속도 v는

$v=\dfrac{dx}{dt}=3t^2+6t-24$

점 P가 운동 방향을 바꾸는 순간 점 P의 속도는 0이므로

$3t^2+6t-24=0$, $3(t+4)(t-2)=0$

$t\geq 0$이므로 $t=2$

따라서 시각 $t=2$에서의 점 P의 위치는

$8+12-48+20=-8$

답 ②

73 두 점 P, Q의 시각 t에서의 속도를 각각 $v_1(t)$, $v_2(t)$라 하면

$v_1(t)=f'(t)=t^2-6t-7$

$v_2(t)=g'(t)=2t-6$

두 점 P와 Q가 서로 반대 방향으로 움직이려면 속도의 부호가 서로 달라야 하므로

$v_1(t)\times v_2(t)=(t^2-6t-7)(2t-6)$

$\qquad\qquad\qquad=2(t+1)(t-3)(t-7)<0$

이때 $t\geq 0$에서 $t+1>0$이므로 $3<t<7$

따라서 $b-a$의 최댓값은 $7-3=4$

답 ②

74 두 점 P, Q의 시각 t에서의 속도를 각각 $v_1(t)$, $v_2(t)$라 하면

$v_1(t)=f'(t)=3at^2-4t$

$v_2(t)=g'(t)=2at-5$

시각 $t=1$에서 두 점 P와 Q가 서로 반대 방향으로 움직이려면

$v_1(1)\times v_2(1)=(3a-4)(2a-5)<0$

이어야 하므로 $\dfrac{4}{3}<a<\dfrac{5}{2}$

따라서 구하는 정수 a의 값은 2이다.

답 2

75 점 P의 시각 t에서의 속도 v는

$v=\dfrac{dx}{dt}=3t^2-18t+24=3(t-2)(t-4)$

점 P의 운동 방향은 $t=2$, $t=4$일 때 바뀌므로 출발 후 두 번째로 운동 방향이 바뀌는 시각은 $t=4$이다.

점 P의 시각 t에서의 가속도 a는

$a=\dfrac{dv}{dt}=6t-18$

따라서 $t=4$에서 점 P의 가속도는

$24-18=6$

답 ②

76 점 P의 시각 t에서의 속도 v는

$v=\dfrac{dx}{dt}=t^2+2pt+q$

점 P가 시각 $t=3$에서 운동 방향을 바꾸므로 시각 $t=3$에서 점 P의 속도는 0이다. 즉,

$9+6p+q=0$ ⋯⋯ ㉠

점 P의 시각 t에서의 가속도 a는

$a=\frac{dv}{dt}=2t+2p$
시각 $t=3$에서 점 P의 가속도가 -2이므로
$6+2p=-2$에서 $p=-4$ …… ㉡
㉡을 ㉠에 대입하면 $q=15$
그러므로 점 P의 시각 t에서의 속도 v와 가속도 a는 각각
$v=t^2-8t+15$
$a=2t-8$
점 P의 가속도가 4인 시각은
$2t-8=4$에서 $2t=12$, $t=6$
따라서 시각 $t=6$에서의 점 P의 속도는
$36-48+15=3$

답 ②

77 ㄱ. $v(a)<0$, $v(e)<0$이므로 시각 $t=a$일 때와 시각 $t=e$일 때 점 P의 운동 방향은 서로 같다. (참)
ㄴ. $t=b$와 $t=d$의 좌우에서 $v(t)$의 부호가 바뀌므로 점 P는 시각 $t=b$와 시각 $t=d$에서 운동 방향을 바꾼다. (참)
ㄷ. $v'(f)>0$이므로 시각 $t=f$에서 점 P의 가속도는 0이 아니다. (거짓)
이상에서 옳은 것은 ㄱ, ㄴ이다.

답 ③

78 시각 $t=1$에서의 점 P의 운동 방향과 시각 $t=n$에서의 운동 방향이 서로 반대이려면 $v(1)>0$이므로 $v(n)<0$이어야 한다.
따라서 모든 자연수 n의 값은 7, 8, 9이므로 그 합은
$7+8+9=24$

답 24

79 ㄱ. $0<t<e$에서 시각 $t=b$일 때 $|x(t)|$의 값이 가장 크므로 점 P가 원점으로부터 가장 멀리 떨어져 있다. (참)
ㄴ. $x'(a)>0$, $x'(c)<0$이므로 시각 $t=a$일 때 점 P의 속도는 시각 $t=c$일 때 점 P의 속도보다 크다. (참)
ㄷ. $x'(d)=0$이고 $t=d$의 좌우에서 $x'(t)$의 부호가 바뀌므로 점 P는 시각 $t=d$에서 운동 방향을 바꾼다. (참)
이상에서 옳은 것은 ㄱ, ㄴ, ㄷ이다.

답 ⑤

80 $x(t)$의 최고차항의 계수가 양수이므로
$x(t)=pt(t-2)(t-4)$ (p는 $p>0$인 상수)
라 하자.
$x(t)=p(t^3-6t^2+8t)$이므로 시각 t에서의 점 P의 속도 v는
$v=\frac{dx}{dt}=p(3t^2-12t+8)$
이고, 시각 t에서의 점 P의 가속도 a는
$a=\frac{dv}{dt}=p(6t-12)$
시각 $t=k$에서 점 P의 가속도가 0이므로
$6k-12=0$에서 $k=2$
시각 $t=2$에서의 점 P의 속도가 -8이므로
$p(12-24+8)=-8$에서
$-4p=-8$, $p=2$

따라서 시각 $t=3$에서 점 P의 위치는
$2\times3\times1\times(-1)=-6$

답 ⑤

서술형 완성하기

본문 88쪽

01 -4　**02** 155　**03** 2　**04** 5　**05** 5
06 10

01 $f(x)=x^3-\frac{9}{2}x^2+a$에서
$f'(x)=3x^2-9x=3x(x-3)$
$f'(x)=0$에서 $x=0$ 또는 $x=3$
닫힌구간 $[-1, 3]$에서 함수 $f(x)$의 증가와 감소를 표로 나타내면 다음과 같다.

x	-1	$\cdots$	0	$\cdots$	3
$f'(x)$		+	0	$-$	0
$f(x)$	$a-\frac{11}{2}$	↗	a	↘	$a-\frac{27}{2}$

…… ❶

닫힌구간 $[-1, 3]$에서 함수 $f(x)$는 $x=0$에서 최댓값 a를 갖고, $x=3$에서 최솟값 $a-\frac{27}{2}$을 갖는다.
즉, $a+\left(a-\frac{27}{2}\right)=-\frac{11}{2}$에서 $2a-\frac{27}{2}=-\frac{11}{2}$, $a=4$ …… ❷
따라서 $f(x)=x^3-\frac{9}{2}x^2+4$이므로
$f(4)=64-72+4=-4$ …… ❸

답 -4

단계	채점 기준	비율
❶	함수 $f(x)$의 증가와 감소를 표로 나타낸 경우	40 %
❷	a의 값을 구한 경우	40 %
❸	$f(4)$의 값을 구한 경우	20 %

02 점 P의 x좌표를 a라 하면 점 P는 제1사분면 위의 점이므로 $0<a<2$이고, 점 P의 좌표는 $(a, -a^2+4)$이다.
점 P에서 x축에 내린 수선의 발 H의 좌표는 $(a, 0)$이므로 삼각형 AHP의 넓이를 $f(a)$라 하면
$f(a)=\frac{1}{2}\times\overline{AH}\times\overline{PH}=\frac{1}{2}\times(a+2)\times(-a^2+4)$
$=-\frac{1}{2}a^3-a^2+2a+4$ …… ❶
$f'(a)=-\frac{3}{2}a^2-2a+2=-\frac{1}{2}(a+2)(3a-2)$
$0<a<2$이므로 $f'(a)=0$에서 $a=\frac{2}{3}$
$0<a<2$에서 함수 $f(a)$의 증가와 감소를 표로 나타내면 다음과 같다.

a	(0)	$\cdots$	$\frac{2}{3}$	$\cdots$	(2)
$f'(a)$		+	0	$-$	
$f(a)$		↗	$\frac{128}{27}$	↘	

…… ❷

이때 $0<a<2$에서 함수 $f(a)$는 $a=\frac{2}{3}$에서 최댓값 $\frac{128}{27}$을 갖는다.

따라서 삼각형 AHP의 넓이의 최댓값이 $\frac{128}{27}$이므로

$p=27$, $q=128$에서 $p+q=155$ …… ❸

답 155

단계	채점 기준	비율
❶	삼각형의 넓이를 $f(a)$로 나타낸 경우	30 %
❷	함수 $f(a)$의 증가와 감소를 표로 나타낸 경우	40 %
❸	최댓값과 $p+q$의 값을 구한 경우	30 %

03 k는 양수이므로 $8+2k>4$

그러므로 점 $(2, 4)$는 곡선 $y=x^3+kx$ 위의 점이 아니다.

$f(x)=x^3+kx$라 하면

$f'(x)=3x^2+k$

접점의 좌표를 (a, a^3+ka)라 하면 이 점에서 접선의 기울기는

$f'(a)=3a^2+k$이므로 접선의 방정식은

$y-(a^3+ka)=(3a^2+k)(x-a)$

$y=(3a^2+k)x-2a^3$

이 직선이 점 $(2, 4)$를 지나므로

$4=-2a^3+6a^2+2k$

$a^3-3a^2+2-k=0$ …… ❶

점 $(2, 4)$에서 곡선 $y=x^3+kx$에 그은 접선의 개수가 2이려면 a에 대한 삼차방정식 $a^3-3a^2+2-k=0$의 서로 다른 실근의 개수가 2이어야 한다.

$g(a)=a^3-3a^2+2-k$라 하면

$g'(a)=3a^2-6a=3a(a-2)$

$g'(a)=0$에서 $a=0$ 또는 $a=2$

함수 $g(a)$의 증가와 감소를 표로 나타내면 다음과 같다.

a	$\cdots$	0	$\cdots$	2	$\cdots$
$g'(a)$	+	0	−	0	+
$g(a)$	↗	$2-k$	↘	$-2-k$	↗

함수 $g(a)$는 $a=0$에서 극댓값 $2-k$, $a=2$에서 극솟값 $-2-k$를 갖는다. …… ❷

삼차방정식 $g(a)=0$이 서로 다른 두 실근을 가지려면

(극댓값)$\times$(극솟값)$=0$이어야 하므로

$(2-k)(-2-k)=0$

$k=-2$ 또는 $k=2$

따라서 양수 k의 값은 2이다. …… ❸

답 2

단계	채점 기준	비율
❶	접선의 방정식과 a에 대한 삼차방정식을 구한 경우	40 %
❷	함수 $g(a)$의 극댓값과 극솟값을 구한 경우	40 %
❸	양수 k의 값을 구한 경우	20 %

04 $x\ge0$인 모든 실수 x에 대하여

$|2x^3-9x^2+32-a|=2x^3-9x^2+32-a$

가 성립하기 위해서는 $x\ge0$인 모든 실수 x에 대하여 부등식

$2x^3-9x^2+32-a\ge0$

이 성립해야 한다. …… ❶

$f(x)=2x^3-9x^2+32-a$라 하면

$f'(x)=6x^2-18x=6x(x-3)$

$f'(x)=0$에서 $x=0$ 또는 $x=3$

$x\ge0$에서 함수 $f(x)$의 증가와 감소를 표로 나타내면 다음과 같다.

x	0	$\cdots$	3	$\cdots$
$f'(x)$	0	−	0	+
$f(x)$	$32-a$	↘	$5-a$	↗

…… ❷

$x\ge0$에서 함수 $f(x)$는 $x=3$에서 최솟값 $5-a$를 갖는다.

그러므로 $x\ge0$에서 부등식 $2x^3-9x^2+32-a\ge0$이 항상 성립하려면

$5-a\ge0$, 즉 $a\le5$

이어야 한다.

따라서 모든 자연수 a는 1, 2, 3, 4, 5이므로 그 개수는 5이다. …… ❸

답 5

단계	채점 기준	비율
❶	주어진 등식이 성립하도록 하는 조건을 찾은 경우	30 %
❷	함수 $f(x)$의 증가와 감소를 표로 나타낸 경우	40 %
❸	모든 자연수 a의 개수를 구한 경우	30 %

05 $g(x)+k\le f(x)\le g(x)+3k$에서

$k\le f(x)-g(x)\le 3k$ …… ❶

$h(x)=f(x)-g(x)=\frac{1}{3}x^3+\frac{1}{2}x^2-2x+5$라 하면

$h'(x)=x^2+x-2=(x+2)(x-1)$

$h'(x)=0$에서 $x=-2$ 또는 $x=1$

$0\le x\le2$에서 함수 $h(x)$의 증가와 감소를 표로 나타내면 다음과 같다.

x	0	$\cdots$	1	$\cdots$	2
$h'(x)$		−	0	+	
$h(x)$	5	↘	$\frac{23}{6}$	↗	$\frac{17}{3}$

$0\le x\le2$에서 함수 $y=h(x)$의 그래프는 그림과 같다.

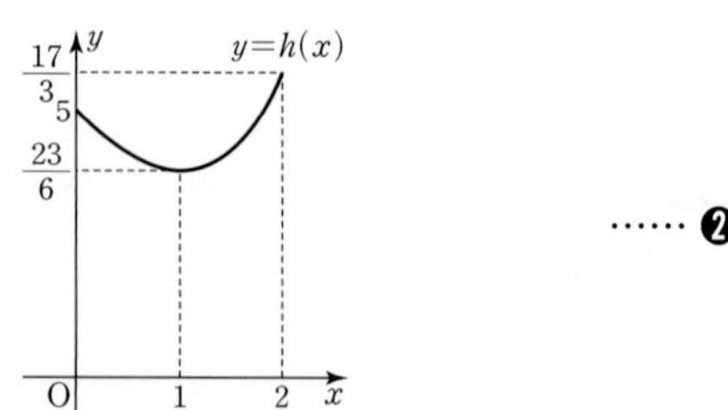

…… ❷

$0\le x\le2$에서 $\frac{23}{6}\le h(x)\le\frac{17}{3}$이므로 $k\le h(x)\le3k$를 만족시키려면

$k\le\frac{23}{6}$, $3k\ge\frac{17}{3}$

이어야 한다.

따라서 $\frac{17}{9}\le k\le\frac{23}{6}$이어야 하므로 구하는 자연수 k의 값은 2, 3이고 그 합은

$2+3=5$ …… ❸

답 5

단계	채점 기준	비율
❶	주어진 부등식을 변형한 경우	20 %
❷	함수 $h(x)$의 증가와 감소를 표로 나타내고 그래프를 그린 경우	40 %
❸	모든 자연수 k의 값의 합을 구한 경우	40 %

06 점 P의 시각 t에서의 속도 v는

$v=\frac{dx}{dt}=3t^2-18t+k$

이고, 점 P의 시각 t에서의 가속도 a는

$a=\frac{dv}{dt}=6t-18$

이므로 점 P의 가속도가 0이 되는 시각은

$6t-18=0$에서 $t=3$ …… ❶

시각 $t=3$에서의 위치는

$27-81+3k+k=4k-54$

시각 $t=3$에서의 속도는

$27-54+k=k-27$

즉, $4k-54=k-27$에서

$3k=27$, $k=9$ …… ❷

따라서 $x=t^3-9t^2+9t+9$이므로 시각 $t=1$에서 점 P의 위치는

$1-9+9+9=10$ …… ❸

답 10

단계	채점 기준	비율
❶	속도 v, 가속도 a와 가속도가 0이 되는 시각을 구한 경우	30 %
❷	상수 k의 값을 구한 경우	40 %
❸	시각 $t=1$에서 점 P의 위치를 구한 경우	30 %

내신 + 수능 고난도 도전

본문 89~90쪽

01 ③ **02** ⑤ **03** 140 **04** ② **05** ④
06 9 **07** ② **08** ⑤

01 $f(x)=\frac{1}{3}x^3-2x^2+5$에서

$f'(x)=x^2-4x=x(x-4)$

$f'(x)=0$에서 $x=0$ 또는 $x=4$

함수 $f(x)$의 증가와 감소를 표로 나타내면 다음과 같다.

x	⋯	0	⋯	4	⋯
$f'(x)$	+	0	−	0	+
$f(x)$	↗	5	↘	$-\frac{17}{3}$	↗

또한 $f(x)=5$에서

$\frac{1}{3}x^3-2x^2+5=5$, $\frac{1}{3}x^2(x-6)=0$

$x=0$ 또는 $x=6$

즉, $f(6)=5$이므로 함수 $y=f(x)$의 그래프는 그림과 같다.

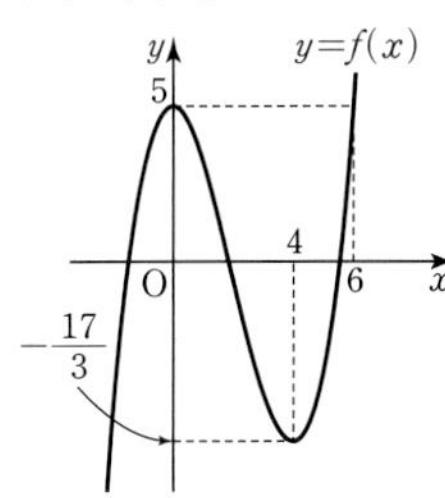

따라서 닫힌구간 $[a, a+3]$에서 함수 $f(x)=\frac{1}{3}x^3-2x^2+5$의 최댓값이 5가 되도록 하는 모든 정수 a는 -3, -2, -1, 0, 3이므로 그 개수는 5이다.

답 ③

02 $f(x)=3x^4-4x^3-24x^2+48x+2a$에서

$f'(x)=12x^3-12x^2-48x+48$

$=12(x+2)(x-1)(x-2)$

$f'(x)=0$에서 $x=-2$ 또는 $x=1$ 또는 $x=2$

함수 $f(x)$의 증가와 감소를 표로 나타내면 다음과 같다

x	⋯	-2	⋯	1	⋯	2	⋯
$f'(x)$	−	0	+	0	−	0	+
$f(x)$	↘	극소	↗	극대	↘	극소	↗

함수 $f(x)$는 $x=1$에서 극대이므로 $a=1$

그러므로 $f(x)=3x^4-4x^3-24x^2+48x+2$이고

$f(-2)=48+32-96-96+2=-110$

$f(2)=48-32-96+96+2=18$

따라서 함수 $f(x)$는 $x=-2$에서 최솟값 -110을 갖는다.

답 ⑤

03 $f(x)=x^3-3x^2-9x$에서

$f'(x)=3x^2-6x-9=3(x+1)(x-3)$

$f'(x)=0$에서 $x=-1$ 또는 $x=3$

함수 $f(x)$의 증가와 감소를 표로 나타내면 다음과 같다.

x	⋯	-1	⋯	3	⋯
$f'(x)$	+	0	−	0	+
$f(x)$	↗	5	↘	-27	↗

한편, $f(x)=f(-1)$에서

$x^3-3x^2-9x=5$

$x^3-3x^2-9x-5=0$, $(x+1)^2(x-5)=0$

$x=-1$ 또는 $x=5$

즉, $f(-1)=f(5)=5$

$f(x)=f(3)$에서

$x^3-3x^2-9x=-27$

$x^3-3x^2-9x+27=0$, $(x-3)^2(x+3)=0$

$x=-3$ 또는 $x=3$

즉, $f(-3)=f(3)=-27$

함수 $y=f(x)$의 그래프는 그림과 같다.

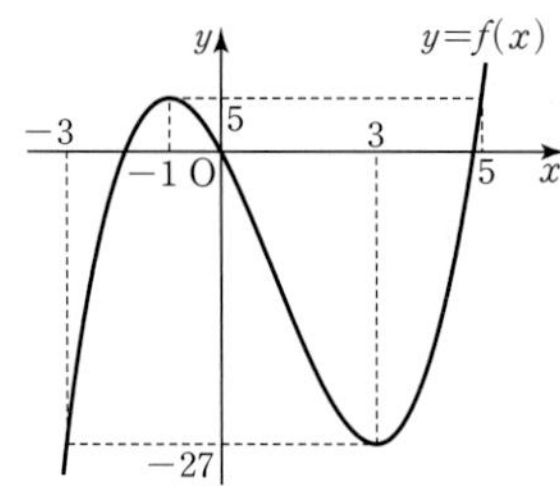

닫힌구간 $[-1, 2]$에서

함수 $f(x)$의 최댓값은 $f(-1)=5$, 최솟값은 $f(2)=-22$이므로

$g(1)=5-(-22)=27$

닫힌구간 $[-2, 4]$에서

함수 $f(x)$의 최댓값은 $f(-1)=5$, 최솟값은 $f(3)=-27$이므로

$g(2)=5-(-27)=32$

닫힌구간 $[-3, 6]$에서

함수 $f(x)$의 최댓값은 $f(6)=54$, 최솟값은 $f(3)=-27$이므로

$g(3)=54-(-27)=81$

따라서

$g(1)+g(2)+g(3)=27+32+81=140$

답 140

04 $f(x)=x^3+6x^2+3$이라 하면

$f'(x)=3x^2+12x$

접점의 좌표를 (a, a^3+6a^2+3)이라 하면 접선의 기울기는

$f'(a)=3a^2+12a$이므로 접선의 방정식은

$y-(a^3+6a^2+3)=(3a^2+12a)(x-a)$

$y=(3a^2+12a)x-2a^3-6a^2+3$

이 직선이 점 $(1, k)$를 지나므로

$k=-2a^3-3a^2+12a+3$

점 $(1, k)$를 지나고 곡선 $y=x^3+6x^2+3$에 접하는 서로 다른 직선의 개수가 3이려면 a에 대한 삼차방정식 $2a^3+3a^2-12a+k-3=0$이 서로 다른 세 실근을 가져야 한다.

$g(a)=2a^3+3a^2-12a+k-3$이라 하면

$g'(a)=6a^2+6a-12=6(a+2)(a-1)$

$g'(a)=0$에서 $a=-2$ 또는 $a=1$

함수 $g(a)$의 증가와 감소를 표로 나타내면 다음과 같다.

a	$\cdots$	-2	$\cdots$	1	$\cdots$
$g'(a)$	$+$	0	$-$	0	$+$
$g(a)$	↗	$k+17$	↘	$k-10$	↗

함수 $g(a)$는 $a=-2$에서 극댓값 $k+17$, $a=1$에서 극솟값 $k-10$을 갖는다.

삼차방정식 $g(a)=0$이 서로 다른 세 실근을 가지려면

(극댓값)×(극솟값)<0이어야 하므로

$(k+17)(k-10)<0$

$-17<k<10$

따라서 정수 k의 최댓값은 9, 최솟값은 -16이므로 그 합은

$9+(-16)=-7$

답 ②

05 두 점 O, A(3, 6)을 지나는 직선의 방정식은

$y=2x$

곡선 $y=f(x)$와 선분 OA가 오직 한 점에서 만나려면

방정식 $x^3-10x+k=2x$가 $0\le x\le 3$에서 하나의 실근을 가지면 된다.

즉, $x^3-10x+k=2x$에서

$x^3-12x=-k$

$g(x)=x^3-12x$라 하면 함수 $y=g(x)$의 그래프와 직선 $y=-k$가 $0\le x\le 3$에서 한 점에서 만나면 된다.

$g'(x)=3x^2-12=3(x+2)(x-2)$

$g'(x)=0$에서 $x=-2$ 또는 $x=2$

$0\le x\le 3$에서 함수 $g(x)$의 증가와 감소를 표로 나타내면 다음과 같다.

x	0	$\cdots$	2	$\cdots$	3
$g'(x)$		$-$	0	$+$	
$g(x)$	0	↘	-16	↗	-9

함수 $g(x)$는 $x=2$에서 극솟값 -16을 가지므로

$0\le x\le 3$에서 함수 $y=g(x)$의 그래프는 그림과 같다.

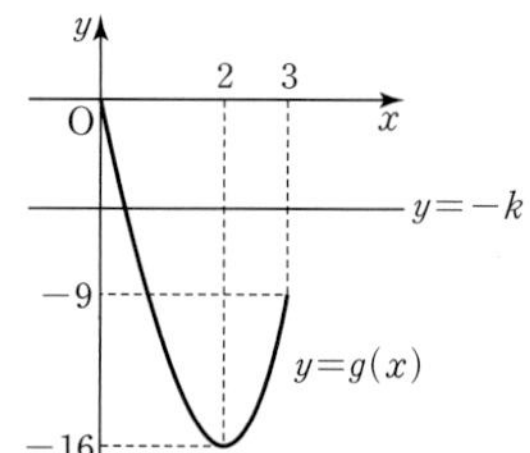

$0\le x\le 3$에서 함수 $y=g(x)$의 그래프와 직선 $y=-k$가 한 점에서 만나려면 $-9<-k\le 0$ 또는 $-k=-16$이어야 하므로

$0\le k<9$ 또는 $k=16$

따라서 모든 정수 k는 $0, 1, 2, 3, \cdots, 8, 16$이고 그 개수는 10이다.

답 ④

06 $x^3+3x^2\ge kx-5$에서

$x^3+3x^2+5\ge kx$

$f(x)=x^3+3x^2+5$, $g(x)=kx$라 하면

$f'(x)=3x^2+6x=3x(x+2)$

$f'(x)=0$에서 $x=-2$ 또는 $x=0$

함수 $f(x)$의 증가와 감소를 표로 나타내면 다음과 같다.

x	$\cdots$	-2	$\cdots$	0	$\cdots$
$f'(x)$	$+$	0	$-$	0	$+$
$f(x)$	↗	9	↘	5	↗

직선 $y=g(x)$는 원점을 지나는 직선이므로 $x\ge 0$일 때 $f(x)\ge g(x)$이려면 그림과 같이 $x\ge 0$에서 곡선 $y=f(x)$와 직선 $y=g(x)$가 만나지 않거나 접해야 한다.

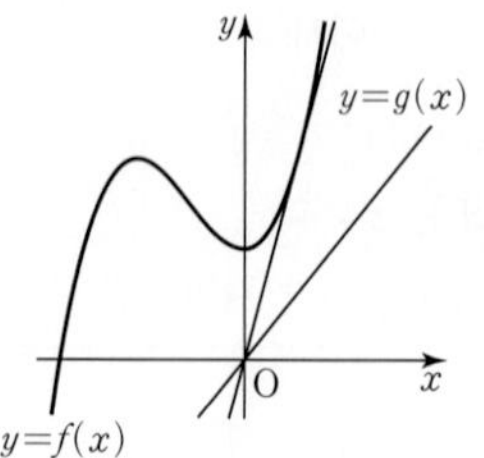

그러므로 $x\ge 0$에서 부등식 $f(x)\ge g(x)$를 만족시키는 실수 k는 곡선 $y=f(x)$와 직선 $y=g(x)$가 접할 때 최대이다.

접점의 좌표를 (a, a^3+3a^2+5)라 하면 이 점에서 접선의 기울기는 $f'(a)=3a^2+6a$이므로 접선의 방정식은

$y-(a^3+3a^2+5)=(3a^2+6a)(x-a)$

$y=(3a^2+6a)x-2a^3-3a^2+5$

이 직선이 원점을 지나므로

$2a^3+3a^2-5=0$

$(a-1)(2a^2+5a+5)=0$

모든 실수 a에 대하여 $2a^2+5a+5>0$이므로 $a=1$

따라서 접선의 방정식은 $y=9x$이므로 주어진 부등식을 만족시키는 양수 k의 최댓값은 9이다.

답 9

07 점 P의 시각 t에서의 속도 v는

$v=\dfrac{dx}{dt}=4t^3+3at^2+2bt$

이고, 시각 $t=1$, $t=2$에서 점 P의 운동 방향이 바뀌므로 시각 $t=1$, $t=2$에서 점 P의 속도는 0이다.

즉, $4+3a+2b=0$, $32+12a+4b=0$

두 식을 연립하여 풀면 $a=-4$, $b=4$

점 P의 시각 t에서의 위치는

$x=t^4-4t^3+4t^2+c$

시각 $t=1$에서 점 P의 위치는 6이므로

$1-4+4+c=6$에서 $c=5$

따라서 시각 $t=3$에서 점 P의 위치는

$81-108+36+5=14$

답 ②

08 점 P의 시각 t에서의 속도 v는

$v=\dfrac{dx}{dt}=4t^3-18t^2+2pt+2p$

이고, 점 P의 시각 t에서의 가속도 a는

$a=\dfrac{dv}{dt}=12t^2-36t+2p=12\left(t-\dfrac{3}{2}\right)^2-27+2p$

이므로 점 P는 시각 $t=\dfrac{3}{2}$에서 가속도가 최소이다.

그러므로 $k=\dfrac{3}{2}$

시각 $t=3$에서의 점 P의 위치는

$81-162+9p+6p-1=15p-82$

시각 $t=3$에서의 점 P의 속도는

$108-162+6p+2p=8p-54$

즉, $15p-82=8p-54$에서 $7p=28$

따라서 $p=4$

답 ⑤

Ⅲ. 적분

06 부정적분과 정적분

개념 확인하기

본문 93~95쪽

01 $3x+C$ **02** x^2+C **03** $-x^3+C$
04 x^4+C **05** $2x+4$ **06** $-x^2+2x$
07 $2x^3-3x+1$ **08** $3x+6$ **09** $x-3$
10 x^2-2x **11** x^2-2x+C **12** x^3-3x^2+4x
13 x^3-3x^2+4x+C **14** $\frac{1}{3}x^3+C$ **15** $\frac{1}{6}x^6+C$
16 $\frac{1}{11}x^{11}+C$ **17** $\frac{1}{100}x^{100}+C$ **18** x^2-3x+C
19 x^3-2x^2+2x+C **20** $-\frac{1}{2}x^4+x^3+x+C$
21 $3x^3-6x^2+4x+C$ **22** $2x^4+4x^3+3x^2+x+C$
23 $\frac{1}{4}x^4-8x+C$ **24** $\frac{1}{4}x^4+x^3-\frac{1}{2}x^2-3x+C$
25 $\frac{1}{2}x^2+2x+C$ **26** $\frac{1}{3}x^3+x+C$
27 $\frac{1}{4}x^4+x+C$ **28** $\frac{1}{3}x^3-\frac{1}{2}x^2+x+C$
29 $\frac{1}{3}$ **30** 10 **31** 3 **32** 0 **33** 0
34 5 **35** -4 **36** 32 **37** $\frac{17}{3}$ **38** $\frac{2}{3}$
39 $\frac{10}{3}$ **40** -12 **41** $\frac{15}{2}$ **42** 0 **43** $\frac{16}{3}$
44 -2 **45** $\frac{56}{15}$ **46** -4 **47** $\frac{28}{3}$
48 x^2-x+2 **49** $(x-1)(x^2+2x+3)$
50 2 **51** 9

01 $\int 3dx=3x+C$

답 $3x+C$

02 $\int 2xdx=x^2+C$

답 x^2+C

03 $\int (-3x^2)dx=-x^3+C$

답 $-x^3+C$

04 $\int 4x^3dx=x^4+C$

답 x^4+C

05 $f(x)=(x^2+4x+C)'=2x+4$

답 $2x+4$

06 $f(x)=\left(-\frac{1}{3}x^3+x^2+C\right)'=-x^2+2x$

답 $-x^2+2x$

07 $f(x)=\left(\frac{1}{2}x^4-\frac{3}{2}x^2+x+C\right)'=2x^3-3x+1$

답 $2x^3-3x+1$

08 $xf(x)=(x^3+3x^2+C)'=3x^2+6x$

$f(x)$가 다항함수이므로 $f(x)=3x+6$

답 $3x+6$

09 $(x-1)f(x)=\left(\frac{1}{3}x^3-2x^2+3x+C\right)'$

$=x^2-4x+3=(x-1)(x-3)$

$f(x)$가 다항함수이므로 $f(x)=x-3$

답 $x-3$

10 $\frac{d}{dx}\left\{\int f(x)dx\right\}=f(x)$이므로

$\frac{d}{dx}\left\{\int(x^2-2x)dx\right\}=x^2-2x$

답 x^2-2x

11 $\int\left\{\frac{d}{dx}f(x)\right\}dx=f(x)+C$이므로

$\int\left\{\frac{d}{dx}(x^2-2x)\right\}dx=x^2-2x+C$

답 x^2-2x+C

12 $\frac{d}{dx}\left\{\int f(x)dx\right\}=f(x)$이므로

$\frac{d}{dx}\left\{\int(x^3-3x^2+4x)dx\right\}=x^3-3x^2+4x$

답 x^3-3x^2+4x

13 $\int\left\{\frac{d}{dx}f(x)\right\}dx=f(x)+C$이므로

$\int\left\{\frac{d}{dx}(x^3-3x^2+4x)\right\}dx=x^3-3x^2+4x+C$

답 x^3-3x^2+4x+C

14 $\int x^2dx=\frac{1}{3}x^3+C$

답 $\frac{1}{3}x^3+C$

15 $\int x^5dx=\frac{1}{6}x^6+C$

답 $\frac{1}{6}x^6+C$

16 $\int x^{10}dx=\frac{1}{11}x^{11}+C$

답 $\frac{1}{11}x^{11}+C$

17 $\int x^{99}dx=\frac{1}{100}x^{100}+C$

답 $\frac{1}{100}x^{100}+C$

18 $\int(2x-3)dx=\int 2xdx-\int 3dx$

$=2\int xdx-3\int dx$

$=x^2-3x+C$

답 x^2-3x+C

19 $\int(3x^2-4x+2)dx=\int 3x^2dx-\int 4xdx+\int 2dx$

$=3\int x^2dx-4\int xdx+2\int dx$

$=x^3-2x^2+2x+C$

답 x^3-2x^2+2x+C

20 $\int(-2x^3+3x^2+1)dx=\int(-2x^3)dx+\int 3x^2dx+\int 1dx$

$=-2\int x^3dx+3\int x^2dx+\int dx$

$=-\frac{1}{2}x^4+x^3+x+C$

답 $-\frac{1}{2}x^4+x^3+x+C$

21 $\int(3x-2)^2dx=\int(9x^2-12x+4)dx$

$=\int 9x^2dx-\int 12xdx+\int 4dx$

$=9\int x^2dx-12\int xdx+4\int dx$

$=3x^3-6x^2+4x+C$

답 $3x^3-6x^2+4x+C$

22 $\int(2x+1)^3dx=\int(8x^3+12x^2+6x+1)dx$

$=\int 8x^3dx+\int 12x^2dx+\int 6xdx+\int 1dx$

$=8\int x^3dx+12\int x^2dx+6\int xdx+\int dx$

$=2x^4+4x^3+3x^2+x+C$

답 $2x^4+4x^3+3x^2+x+C$

23 $\int(x-2)(x^2+2x+4)dx=\int(x^3-8)dx$

$=\int x^3dx-\int 8dx$

$=\int x^3dx-8\int dx$

$=\frac{1}{4}x^4-8x+C$

답 $\frac{1}{4}x^4-8x+C$

24 $\int(x-1)(x+1)(x+3)dx$

$=\int(x^2-1)(x+3)dx$

$=\int(x^3+3x^2-x-3)dx$

$=\int x^3dx+\int 3x^2dx-\int xdx-\int 3dx$

$=\int x^3dx+3\int x^2dx-\int xdx-3\int dx$

$=\frac{1}{4}x^4+x^3-\frac{1}{2}x^2-3x+C$

답 $\frac{1}{4}x^4+x^3-\frac{1}{2}x^2-3x+C$

25 $\int\frac{x^2-4}{x-2}dx=\int\frac{(x-2)(x+2)}{x-2}dx$

$=\int(x+2)dx$

$=\int xdx+\int 2dx$

$=\int xdx+2\int dx$

$=\frac{1}{2}x^2+2x+C$

답 $\frac{1}{2}x^2+2x+C$

26 $\int(x-1)^2dx+\int 2xdx=\int\{(x-1)^2+2x\}dx$

$=\int\{(x^2-2x+1)+2x\}dx$

$=\int(x^2+1)dx$

$=\int x^2dx+\int 1dx$

$=\frac{1}{3}x^3+x+C$

답 $\frac{1}{3}x^3+x+C$

27 $\int(x+1)^3dx-3\int(x^2+x)dx$

$=\int(x+1)^3dx-\int 3(x^2+x)dx$

$=\int\{(x+1)^3-3(x^2+x)\}dx$

$=\int\{(x^3+3x^2+3x+1)-(3x^2+3x)\}dx$

$=\int(x^3+1)dx$

$=\int x^3dx+\int 1dx$

$=\frac{1}{4}x^4+x+C$

답 $\frac{1}{4}x^4+x+C$

28 $\int\frac{x^3}{x+1}dx+\int\frac{1}{x+1}dx=\int\left(\frac{x^3}{x+1}+\frac{1}{x+1}\right)dx$

$=\int\frac{x^3+1}{x+1}dx$

$=\int\frac{(x+1)(x^2-x+1)}{x+1}dx$

$=\int(x^2-x+1)dx$

$=\int x^2dx-\int xdx+\int 1dx$

$=\frac{1}{3}x^3-\frac{1}{2}x^2+x+C$

답 $\frac{1}{3}x^3-\frac{1}{2}x^2+x+C$

29 $\int_0^1 x^2dx=\left[\frac{1}{3}x^3\right]_0^1=\frac{1}{3}$

답 $\frac{1}{3}$

30 $\int_1^3(2x+1)dx=\left[x^2+x\right]_1^3$

$=(9+3)-(1+1)=10$

답 10

31 $\int_{-1}^2(3t^2-4t)dt=\left[t^3-2t^2\right]_{-1}^2$

$=(8-8)-(-1-2)=3$

답 3

32 $\int_{-2}^1(1+u)(1-u)du=\int_{-2}^1(1-u^2)du$

$=\left[u-\frac{1}{3}u^3\right]_{-2}^1$

$=\left(1-\frac{1}{3}\right)-\left(-2+\frac{8}{3}\right)=0$

답 0

33 $\int_2^2(x^2-x+2)dx=0$

답 0

34 $\int_1^0(3x^2-2x-5)dx=-\int_0^1(3x^2-2x-5)dx$

$=-\left[x^3-x^2-5x\right]_0^1$

$=-\{(1-1-5)-0\}=5$

답 5

35 $\int_0^{-2}(-x^3+3x^2-4)dx=-\int_{-2}^0(-x^3+3x^2-4)dx$

$=-\left[-\frac{1}{4}x^4+x^3-4x\right]_{-2}^0$

$=-\{0-(-4-8+8)\}=-4$

답 -4

36 $\int_{3}^{-1}(t+3)(t^2-3t-1)dt$

$=-\int_{-1}^{3}(t+3)(t^2-3t-1)dt$

$=-\int_{-1}^{3}(t^3-10t-3)dt$

$=-\left[\frac{1}{4}t^4-5t^2-3t\right]_{-1}^{3}$

$=-\left\{\left(\frac{81}{4}-45-9\right)-\left(\frac{1}{4}-5+3\right)\right\}=32$

답 32

37 $\int_{1}^{2}(x-1)^2dx+\int_{1}^{2}x(x+2)dx$

$=\int_{1}^{2}(x^2-2x+1)dx+\int_{1}^{2}(x^2+2x)dx$

$=\int_{1}^{2}\{(x^2-2x+1)+(x^2+2x)\}dx$

$=\int_{1}^{2}(2x^2+1)dx$

$=\left[\frac{2}{3}x^3+x\right]_{1}^{2}$

$=\left(\frac{16}{3}+2\right)-\left(\frac{2}{3}+1\right)=\frac{17}{3}$

답 $\frac{17}{3}$

38 $\int_{-2}^{0}(x+1)(2x+3)dx-\int_{-2}^{0}(x+1)(x+3)dx$

$=\int_{-2}^{0}(2x^2+5x+3)dx-\int_{-2}^{0}(x^2+4x+3)dx$

$=\int_{-2}^{0}\{(2x^2+5x+3)-(x^2+4x+3)\}dx$

$=\int_{-2}^{0}(x^2+x)dx$

$=\left[\frac{1}{3}x^3+\frac{1}{2}x^2\right]_{-2}^{0}$

$=0-\left(-\frac{8}{3}+2\right)=\frac{2}{3}$

답 $\frac{2}{3}$

39 $\int_{1}^{3}(x-1)(x^2+1)dx-\int_{1}^{3}(x+1)(x^2-x-1)dx$

$=\int_{1}^{3}(x^3-x^2+x-1)dx-\int_{1}^{3}(x^3-2x-1)dx$

$=\int_{1}^{3}\{(x^3-x^2+x-1)-(x^3-2x-1)\}dx$

$=\int_{1}^{3}(-x^2+3x)dx$

$=\left[-\frac{1}{3}x^3+\frac{3}{2}x^2\right]_{1}^{3}$

$=\left(-9+\frac{27}{2}\right)-\left(-\frac{1}{3}+\frac{3}{2}\right)=\frac{10}{3}$

답 $\frac{10}{3}$

40 $\int_{-1}^{3}(x-2)^3dx+6\int_{-1}^{3}x(x-2)dx$

$=\int_{-1}^{3}(x^3-6x^2+12x-8)dx+6\int_{-1}^{3}(x^2-2x)dx$

$=\int_{-1}^{3}(x^3-6x^2+12x-8)dx+\int_{-1}^{3}(6x^2-12x)dx$

$=\int_{-1}^{3}\{(x^3-6x^2+12x-8)+(6x^2-12x)\}dx$

$=\int_{-1}^{3}(x^3-8)dx$

$=\left[\frac{1}{4}x^4-8x\right]_{-1}^{3}$

$=\left(\frac{81}{4}-24\right)-\left(\frac{1}{4}+8\right)=-12$

답 -12

41 $\int_{-1}^{0}(3x+1)dx+\int_{0}^{2}(3x+1)dx=\int_{-1}^{2}(3x+1)dx$

$=\left[\frac{3}{2}x^2+x\right]_{-1}^{2}$

$=(6+2)-\left(\frac{3}{2}-1\right)$

$=\frac{15}{2}$

답 $\frac{15}{2}$

42 $\int_{1}^{0}\left(\frac{1}{2}x^2+x-1\right)dx+\int_{0}^{1}\left(\frac{1}{2}x^2+x-1\right)dx$

$=\int_{1}^{1}\left(\frac{1}{2}x^2+x-1\right)dx$

$=0$

답 0

다른 풀이

$\int_{1}^{0}\left(\frac{1}{2}x^2+x-1\right)dx+\int_{0}^{1}\left(\frac{1}{2}x^2+x-1\right)dx$

$=-\int_{0}^{1}\left(\frac{1}{2}x^2+x-1\right)dx+\int_{0}^{1}\left(\frac{1}{2}x^2+x-1\right)dx$

$=0$

43 $\int_{-1}^{2}(x^2-3x+2)dx+\int_{2}^{3}(t^2-3t+2)dt$

$=\int_{-1}^{2}(x^2-3x+2)dx+\int_{2}^{3}(x^2-3x+2)dx$

$=\int_{-1}^{3}(x^2-3x+2)dx$

$=\left[\frac{1}{3}x^3-\frac{3}{2}x^2+2x\right]_{-1}^{3}$

$=\left(9-\frac{27}{2}+6\right)-\left(-\frac{1}{3}-\frac{3}{2}-2\right)=\frac{16}{3}$

답 $\frac{16}{3}$

44 $\int_{0}^{1}\left(\frac{1}{2}x^3-4x+2\right)dx-\int_{2}^{1}\left(\frac{1}{2}x^3-4x+2\right)dx$

$=\int_{0}^{1}\left(\frac{1}{2}x^3-4x+2\right)dx+\int_{1}^{2}\left(\frac{1}{2}x^3-4x+2\right)dx$

$$=\int_0^2\left(\frac{1}{2}x^3-4x+2\right)dx$$
$$=\left[\frac{1}{8}x^4-2x^2+2x\right]_0^2$$
$$=(2-8+4)-0=-2$$

답 -2

45 $\int_{-1}^{1}(x^4+2x^2+1)dx=2\int_0^1(x^4+2x^2+1)dx$
$$=2\left[\frac{1}{5}x^5+\frac{2}{3}x^3+x\right]_0^1$$
$$=2\left(\frac{1}{5}+\frac{2}{3}+1\right)=\frac{56}{15}$$

답 $\frac{56}{15}$

46 $\int_{-2}^{2}(x^3+3x^2+2x)dx-\int_{-2}^{2}(3x^2+2x+1)dx$
$$=\int_{-2}^{2}\{(x^3+3x^2+2x)-(3x^2+2x+1)\}dx$$
$$=\int_{-2}^{2}(x^3-1)dx$$
$$=\int_{-2}^{2}x^3dx-\int_{-2}^{2}1dx$$
$$=0-2\int_0^2 1dx$$
$$=-2\Big[x\Big]_0^2=-2\times2=-4$$

답 -4

47 $\int_{-2}^{2}(x^2+1)(x^3-2x+1)dx$
$$=\int_{-2}^{2}(x^5-x^3+x^2-2x+1)dx$$
$$=\int_{-2}^{2}(x^5-x^3-2x)dx+\int_{-2}^{2}(x^2+1)dx$$
$$=0+2\int_0^2(x^2+1)dx$$
$$=2\left[\frac{1}{3}x^3+x\right]_0^2$$
$$=2\left(\frac{8}{3}+2\right)=\frac{28}{3}$$

답 $\frac{28}{3}$

48 연속함수 $f(x)$에 대하여 $\frac{d}{dx}\int_a^x f(t)dt=f(x)$이므로

$$\frac{d}{dx}\int_0^x(t^2-t+2)dt=x^2-x+2$$

답 x^2-x+2

49 연속함수 $f(x)$에 대하여 $\frac{d}{dx}\int_a^x f(t)dt=f(x)$이므로

$$\frac{d}{dx}\int_1^x(t-1)(t^2+2t+3)dt=(x-1)(x^2+2x+3)$$

답 $(x-1)(x^2+2x+3)$

50 $F(x)=\int(3x^2-1)dx$라 하면

$F'(x)=3x^2-1$이므로

$$\lim_{h\to0}\frac{1}{h}\int_1^{1+h}(3x^2-1)dx=\lim_{h\to0}\frac{F(1+h)-F(1)}{h}$$
$$=F'(1)$$
$$=3-1=2$$

답 2

51 $F(x)=\int(x+1)(x^2-1)dx$라 하면

$F'(x)=(x+1)(x^2-1)$이므로

$$\lim_{x\to2}\frac{1}{x-2}\int_2^x(t+1)(t^2-1)dt=\lim_{x\to2}\frac{F(x)-F(2)}{x-2}$$
$$=F'(2)$$
$$=3\times3=9$$

답 9

유형 완성하기

본문 96~112쪽

01 ③	**02** ③	**03** 40	**04** 7	**05** 1
06 5	**07** ④	**08** 16	**09** ③	**10** ③
11 7	**12** ②	**13** ⑤	**14** 64	**15** ③
16 ⑤	**17** ⑤	**18** ③	**19** 35	**20** 10
21 30	**22** ②	**23** ④	**24** 5	**25** ②
26 ④	**27** ①	**28** ②	**29** ②	**30** 4
31 ②	**32** ④	**33** ①	**34** 3	**35** ⑤
36 ①	**37** 31	**38** 5	**39** 13	**40** ⑤
41 ③	**42** ①	**43** ②	**44** ⑤	**45** 32
46 ②	**47** ⑤	**48** ④	**49** 2	**50** ②
51 3	**52** ①	**53** ④	**54** ③	**55** ⑤
56 ④	**57** 21	**58** 38	**59** 7	**60** ⑤
61 4	**62** ④	**63** ①	**64** ③	**65** 4
66 ⑤	**67** ②	**68** 18	**69** ③	**70** ④
71 ②	**72** ④	**73** ④	**74** ①	**75** ③
76 ③	**77** 3	**78** 16	**79** 10	**80** ②
81 ③	**82** ①	**83** ⑤	**84** ④	**85** 21
86 ②	**87** ⑤	**88** ②	**89** ⑤	**90** ②
91 ②	**92** 10	**93** 44	**94** ⑤	**95** 11
96 ⑤	**97** ①	**98** ①	**99** ④	**100** ⑤
101 ④	**102** ③	**103** ④	**104** ⑤	**105** ④
106 ②	**107** ②	**108** 6	**109** ⑤	**110** ③
111 3	**112** 9			

01 $\int f(x)dx=x^3-3x+4$에서

$f(x)=(x^3-3x+4)'=3x^2-3$

따라서 $f(2)=12-3=9$

답 ③

02 함수 $f(x)$의 한 부정적분을 $F(x)$라 하면 $F(x)=2x^2-x+6$
$F'(x)=f(x)$이므로
$f(x)=F'(x)=4x-1$
따라서 $f(3)=12-1=11$

답 ③

03 함수 $f(x)$의 부정적분 $F(x)$에 대하여
$f(x)=F'(x)=(2x^3+x^2-1)'=6x^2+2x$
함수 $f(x)$의 부정적분 $F(x)$, $G(x)$에 대하여
$F(x)-G(x)=k$ (k는 상수)
이고 $G(0)=2$이므로
$k=F(0)-G(0)=-1-2=-3$
그러므로
$G(x)=F(x)-k$
$=(2x^3+x^2-1)-(-3)$
$=2x^3+x^2+2$
따라서
$f(1)\times G(1)=(6+2)\times(2+1+2)=8\times 5=40$

답 40

04 $\int(x-1)f(x)dx=\frac{1}{3}x^3+ax^2-5x$에서
$(x-1)f(x)=\left(\frac{1}{3}x^3+ax^2-5x\right)'$
$=x^2+2ax-5$
즉, $(x-1)f(x)=x^2+2ax-5$ ...... ㉠
㉠은 x에 대한 항등식이므로 ㉠의 양변에 $x=1$을 대입하면
$0=1+2a-5$, $a=2$
㉠에서
$(x-1)f(x)=x^2+4x-5=(x-1)(x+5)$
$f(x)$는 다항함수이므로 $f(x)=x+5$
따라서 $f(a)=f(2)=2+5=7$

답 7

05 $g(x)=\frac{d}{dx}\int\{f(x)-g(x)\}dx=f(x)-g(x)$
이므로
$2g(x)=f(x)$, 즉 $g(x)=\frac{1}{2}f(x)$ ...... ㉠
$g(2)=3$이므로 ㉠에 $x=2$를 대입하면
$g(2)=\frac{1}{2}f(2)=3$, $f(2)=6$
$f(2)=12-8+a=6$, $a=2$
따라서 $f(x)=3x^2-4x+2$이므로 ㉠에서
$g(0)=\frac{1}{2}f(0)=\frac{1}{2}\times 2=1$

답 1

06 $\frac{d}{dx}\int(2x^2+ax-2)dx=2x^2+ax-2$
이므로
$2x^2+ax-2=(2x-1)(x+b)$
$2x^2+ax-2=2x^2+(2b-1)x-b$
위 등식은 x에 대한 항등식이므로
$a=2b-1$, $-2=-b$
따라서 $a=3$, $b=2$이므로
$a+b=3+2=5$

답 5

07 $f(x)=\int\left\{\frac{d}{dx}\left(\frac{1}{3}x^3-3x\right)\right\}dx$
$=\frac{1}{3}x^3-3x+C$ (단, C는 적분상수)
$f(3)=2$에서
$f(3)=9-9+C=2$, $C=2$
따라서 $f(x)=\frac{1}{3}x^3-3x+2$이므로
$f(1)=\frac{1}{3}-3+2=-\frac{2}{3}$

답 ④

08 $(x-2)f(x)=\frac{d}{dx}\int(x^3+x^2-12)dx$ ...... ㉠
$\frac{d}{dx}\int(x^3+x^2-12)dx=x^3+x^2-12$
$=(x-2)(x^2+3x+6)$
이므로 ㉠에서
$(x-2)f(x)=(x-2)(x^2+3x+6)$
$f(x)$는 다항함수이므로
$f(x)=x^2+3x+6$
따라서 $f(2)=4+6+6=16$

답 16

09 $f(x)=\frac{d}{dx}\int(x^3+ax+b)dx=x^3+ax+b$
$f(1)=0$에서 $1+a+b=0$
$a+b=-1$ ...... ㉠
$f(2)=0$에서 $8+2a+b=0$
$2a+b=-8$ ...... ㉡
㉠, ㉡을 연립하여 풀면
$a=-7$, $b=6$
따라서 $f(x)=x^3-7x+6$이므로
$f(3)=27-21+6=12$

답 ③

10 $g(x)=\frac{d}{dx}\int f(x)dx+\int\left\{\frac{d}{dx}f(x)\right\}dx$
$=f(x)+\{f(x)+C\}$
$=2f(x)+C$
$=-2x^2+4x+C$ (단, C는 적분상수)

이때

$g(x)=-2(x^2-2x+1-1)+C$

$\quad=-2(x-1)^2+2+C$

이므로 함수 $g(x)$는 $x=1$에서 최댓값 $2+C$를 갖는다.

즉, $2+C=5$에서 $C=3$

따라서 $g(x)=-2x^2+4x+3$이므로

$g(3)=-18+12+3=-3$

답 ③

11 $f(x)=px^2+qx+r$ (p, q, r는 상수, $p\neq0$)으로 놓으면

$g(x)=\int\left\{\frac{d}{dx}xf(x)\right\}dx$

$\quad=xf(x)+C$

$\quad=px^3+qx^2+rx+C$ (단, C는 적분상수) …… ㉠

$g(-x)=-px^3+qx^2-rx+C$

이므로 조건 (가)의 $g(-x)=-g(x)$에서

$-px^3+qx^2-rx+C=-px^3-qx^2-rx-C$

$2qx^2+2C=0$

위 등식은 x에 대한 항등식이므로

$q=0$, $C=0$

㉠에서 $g(x)=px^3+rx$

조건 (나)에서

$\lim_{x\to\infty}\frac{g(x)-x^3}{x}=\lim_{x\to\infty}\frac{(px^3+rx)-x^3}{x}$

$\quad=\lim_{x\to\infty}\frac{(p-1)x^3+rx}{x}$

$\quad=\lim_{x\to\infty}\{(p-1)x^2+r\}$ …… ㉡

이때 $\lim_{x\to\infty}\frac{g(x)-x^3}{x}=3$이므로 ㉡에서

$p=1$, $r=3$

즉, $g(x)=x^3+3x$이고, $f(x)=x^2+3$

따라서 $f(2)=4+3=7$

답 7

다른 풀이

조건 (나)에서 $\lim_{x\to\infty}\frac{g(x)-x^3}{x}=3$이므로

$g(x)=x^3+3x+k$ (k는 상수)

로 놓을 수 있다. 조건 (가)에서

$g(-x)=-g(x)$ …… ㉠

㉠의 양변에 $x=0$을 대입하면

$g(0)=-g(0)$, 즉 $g(0)=0$이므로

$g(0)=k=0$

그러므로 $g(x)=x^3+3x$

한편,

$g(x)=\int\left\{\frac{d}{dx}xf(x)\right\}dx=xf(x)+C$ (단, C는 적분상수)

이고, $g(0)=0$이므로 $C=0$

즉, $g(x)=xf(x)$이므로 $xf(x)=x^3+3x$

$f(x)$는 이차함수이므로 $f(x)=x^2+3$

따라서 $f(2)=4+3=7$

12 $f(x)=\int\frac{x^3+x}{x-1}dx+\int\frac{x^2+1}{1-x}dx$

$\quad=\int\left(\frac{x^3+x}{x-1}+\frac{x^2+1}{1-x}\right)dx$

$\quad=\int\left(\frac{x^3+x}{x-1}-\frac{x^2+1}{x-1}\right)dx$

$\quad=\int\frac{x(x^2+1)-(x^2+1)}{x-1}dx$

$\quad=\int\frac{(x-1)(x^2+1)}{x-1}dx$

$\quad=\int(x^2+1)dx$

$\quad=\frac{1}{3}x^3+x+C$ (단, C는 적분상수)

$f(2)=\frac{11}{3}$이므로 $\frac{8}{3}+2+C=\frac{11}{3}$, $C=-1$

따라서 $f(x)=\frac{1}{3}x^3+x-1$이므로

$f(3)=9+3-1=11$

답 ②

13 $f(x)=\int\left(x^3+\frac{1}{2}x^2+2x\right)dx-\int\left(x^3-\frac{3}{2}x^2\right)dx$

$\quad=\int\left\{\left(x^3+\frac{1}{2}x^2+2x\right)-\left(x^3-\frac{3}{2}x^2\right)\right\}dx$

$\quad=\int(2x^2+2x)dx$

$\quad=\frac{2}{3}x^3+x^2+C$ (단, C는 적분상수)

$f(0)=2$에서 $C=2$

따라서 $f(x)=\frac{2}{3}x^3+x^2+2$이므로

$f(3)=18+9+2=29$

답 ⑤

14 $f(x)=\int(x^n-1)dx$

$\quad=\frac{1}{n+1}x^{n+1}-x+C$ (단, C는 적분상수)

$f(0)=2$에서 $C=2$이므로

$f(x)=\frac{1}{n+1}x^{n+1}-x+2$

$f(1)=\frac{6}{5}$에서

$\frac{1}{n+1}-1+2=\frac{6}{5}$, $\frac{1}{n+1}=\frac{1}{5}$, $n=4$

따라서 $f(x)=\frac{1}{5}x^5-x+2$이므로

$10\times f(2)=10\times\left(\frac{32}{5}-2+2\right)=10\times\frac{32}{5}=64$

답 64

15 $f'(x)=2x-6$에서

$f(x)=\int f'(x)dx=\int(2x-6)dx$

$\quad=x^2-6x+C$ (단, C는 적분상수)

이때 함수 $f(x)$의 최솟값이 -1이므로

$f(x)=x^2-6x+C$

$=(x^2-6x+9-9)+C$

$=(x-3)^2-9+C$

즉, 함수 $f(x)$는 $x=3$에서 최솟값 $-9+C$를 가지므로

$-9+C=-1$에서 $C=8$

따라서 $f(x)=x^2-6x+8$이므로

$f(5)=25-30+8=3$

답 ③

16 $f'(x)=x^2-1$에서

$f(x)=\int f'(x)dx=\int (x^2-1)dx$

$=\frac{1}{3}x^3-x+C$ (단, C는 적분상수)

$f(2)=1$에서

$\frac{8}{3}-2+C=1$, $C=\frac{1}{3}$

따라서 $f(x)=\frac{1}{3}x^3-x+\frac{1}{3}$이므로

$f(3)=9-3+\frac{1}{3}=\frac{19}{3}$

답 ⑤

17 $\frac{d}{dx}\{f(x)+x\}=4x^3-4$에서

$\int\left[\frac{d}{dx}\{f(x)+x\}\right]dx=\int(4x^3-4)dx$

$f(x)+x=x^4-4x+C$ (단, C는 적분상수) …… ㉠

$f(1)=0$이므로 ㉠의 양변에 $x=1$을 대입하면

$0+1=1-4+C$, $C=4$

㉠에서 $f(x)+x=x^4-4x+4$이므로

$f(x)=x^4-5x+4$

따라서 $f(2)=16-10+4=10$

답 ⑤

참고

㉠은 다음과 같이 설명할 수 있다.

$\int\left[\frac{d}{dx}\{f(x)+x\}\right]dx=\int(4x^3-4)dx$ …… (*)

이때

$\int\left[\frac{d}{dx}\{f(x)+x\}\right]dx=f(x)+x+C_1$ (단 C_1은 적분상수)

$\int(4x^3-4)dx=x^4-4x+C_2$ (단, C_2는 적분상수)

이므로 (*)에서

$f(x)+x+C_1=x^4-4x+C_2$

$f(x)+x=x^4-4x+C_2-C_1$

이때 $C_2-C_1=C$ (C는 상수)라 하면

$f(x)+x=x^4-4x+C$

다른 풀이

$\frac{d}{dx}\{f(x)+x\}=f'(x)+1$이므로

$f'(x)+1=4x^3-4$에서

$f'(x)=4x^3-5$

$f(x)=\int f'(x)dx=\int(4x^3-5)dx$

$=x^4-5x+C$ (단, C는 적분상수)

$f(1)=0$에서

$1-5+C=0$, $C=4$

따라서 $f(x)=x^4-5x+4$이므로

$f(2)=16-10+4=10$

18 $f'(x)=\frac{x^3-7x+6}{x-2}=\frac{(x-2)(x^2+2x-3)}{x-2}$

$=x^2+2x-3$

이므로

$f(x)=\int f'(x)dx=\int(x^2+2x-3)dx$

$=\frac{1}{3}x^3+x^2-3x+C$ (단, C는 적분상수)

$f(3)=3$이므로

$9+9-9+C=3$, $C=-6$

따라서 $f(x)=\frac{1}{3}x^3+x^2-3x-6$이므로

$f(4)=\frac{64}{3}+16-12-6=\frac{58}{3}$

답 ③

19 $f'(x)=3x^2+ax-1$에서

$f(x)=\int f'(x)dx=\int(3x^2+ax-1)dx$

$=x^3+\frac{a}{2}x^2-x+C$ (단, C는 적분상수)

$f(1)=3$에서

$1+\frac{a}{2}-1+C=3$, $\frac{a}{2}+C=3$ …… ㉠

$f(2)=12$에서

$8+2a-2+C=12$, $2a+C=6$ …… ㉡

㉡$-$㉠을 하면 $\frac{3}{2}a=3$, $a=2$

㉠에서 $C=2$

따라서 $f(x)=x^3+x^2-x+2$이므로

$f(3)=27+9-3+2=35$

답 35

20 조건 (가)에서

$\frac{d}{dx}\{f(x)g(x)\}=3x^2-2x+1$

이므로

$\int\left[\frac{d}{dx}\{f(x)g(x)\}\right]dx=\int(3x^2-2x+1)dx$

$f(x)g(x)=x^3-x^2+x+C$ (단, C는 적분상수) …… ㉠

조건 (나)에서 $f(1)=0$, $g(1)=2$이므로 ㉠의 양변에 $x=1$을 대입하면

$0\times2=1-1+1+C$, $C=-1$

㉠에서

$f(x)g(x)=x^3-x^2+x-1=(x-1)(x^2+1)$

이때 두 함수 $f(x)$, $g(x)$가 모든 항의 계수가 실수이고 상수함수가 아닌 다항함수이므로 조건 (나)에 의하여

$f(x)=x-1$, $g(x)=x^2+1$

따라서

$f(3)\times g(2)=2\times 5=10$

답 10

21 $\frac{d}{dx}\{x^2f(x)\}=f'(x)+ax^2-6x-2$에서

$\int\left[\frac{d}{dx}\{x^2f(x)\}\right]dx=\int\{f'(x)+ax^2-6x-2\}dx$

$x^2f(x)=f(x)+\frac{a}{3}x^3-3x^2-2x+C$ (단, C는 적분상수)

즉, $(x^2-1)f(x)=\frac{a}{3}x^3-3x^2-2x+C$ ...... ㉠

㉠은 x에 대한 항등식이므로 ㉠의 양변에 $x=1$을 대입하면

$0=\frac{a}{3}-3-2+C$

$\frac{a}{3}+C=5$ ...... ㉡

㉠의 양변에 $x=-1$을 대입하면

$0=-\frac{a}{3}-3+2+C$

$\frac{a}{3}-C=-1$ ...... ㉢

㉡+㉢을 하면 $\frac{2}{3}a=4$, $a=6$

㉡에서 $C=3$

㉠에서

$(x^2-1)f(x)=2x^3-3x^2-2x+3$ ...... ㉣

이때

$2x^3-3x^2-2x+3=x^2(2x-3)-(2x-3)$

$=(x^2-1)(2x-3)$

이므로 ㉣에서 $(x^2-1)f(x)=(x^2-1)(2x-3)$

$f(x)$가 다항함수이므로 $f(x)=2x-3$

따라서 $a\times f(4)=6\times 5=30$

답 30

다른 풀이

$\frac{d}{dx}\{x^2f(x)\}=f'(x)+ax^2-6x-2$에서

$\frac{d}{dx}\{x^2f(x)\}=2xf(x)+x^2f'(x)$이므로

$2xf(x)+x^2f'(x)=f'(x)+ax^2-6x-2$

$2xf(x)+(x^2-1)f'(x)=ax^2-6x-2$ ...... ㉠

$f(x)$를 n차함수라 하면 $xf(x)$는 $(n+1)$차함수, $(x^2-1)f'(x)$는 $(n+1)$차함수이므로

$2xf(x)+(x^2-1)f'(x)$는 $(n+1)$차함수이다.

그러므로 ㉠에서 $f(x)$는 일차함수임을 알 수 있다.

$f(x)=px+q$ (p, q는 상수, $p\neq 0$)으로 놓으면

$f'(x)=p$

이때 $f(x)=px+q$, $f'(x)=p$를 ㉠에 대입하면

$2x(px+q)+p(x^2-1)=ax^2-6x-2$

$3px^2+2qx-p=ax^2-6x-2$

위의 등식은 x에 대한 항등식이므로

$3p=a$, $2q=-6$, $-p=-2$

즉, $p=2$, $q=-3$, $a=6$

따라서 $f(x)=2x-3$이므로

$a\times f(4)=6\times 5=30$

22 $F(x)=xf(x)+x^3-3x^2$

위 등식의 양변을 x에 대하여 미분하면

$f(x)=f(x)+xf'(x)+3x^2-6x$

$xf'(x)=-3x^2+6x$

$f'(x)$가 다항함수이므로

$f'(x)=-3x+6$

그러므로

$f(x)=\int f'(x)dx=\int(-3x+6)dx$

$=-\frac{3}{2}x^2+6x+C$ (단, C는 적분상수)

$f(2)=5$이므로

$-6+12+C=5$, $C=-1$

따라서 $f(x)=-\frac{3}{2}x^2+6x-1$이므로

$f(4)=-24+24-1=-1$

답 ②

23 $\int f(x)dx=xf(x)+x^4-\frac{2}{3}x^3$

위 등식의 양변을 x에 대하여 미분하면

$f(x)=f(x)+xf'(x)+4x^3-2x^2$

$xf'(x)=-4x^3+2x^2$

$f'(x)$가 다항함수이므로

$f'(x)=-4x^2+2x$

그러므로

$f(x)=\int f'(x)dx=\int(-4x^2+2x)dx$

$=-\frac{4}{3}x^3+x^2+C$ (단, C는 적분상수)

$f(1)=\frac{1}{3}$이므로

$-\frac{4}{3}+1+C=\frac{1}{3}$, $C=\frac{2}{3}$

따라서 $f(x)=-\frac{4}{3}x^3+x^2+\frac{2}{3}$이므로

$f(2)=-\frac{32}{3}+4+\frac{2}{3}=-6$

답 ④

24 $\int f(x)dx=xf(x)+2x^3-6x^2$

위 등식의 양변을 x에 대하여 미분하면

$f(x)=f(x)+xf'(x)+6x^2-12x$

$xf'(x)=-6x^2+12x$

$f'(x)$가 다항함수이므로 $f'(x)=-6x+12$

그러므로

$f(x)=\int f'(x)dx=\int(-6x+12)dx$

$=-3x^2+12x+C$ (단, C는 적분상수)

이때 방정식 $f(x)=0$에서

$-3x^2+12x+C=0$, 즉 $3x^2-12x-C=0$ ⋯⋯ ㉠

조건 (나)에서 이차방정식 ㉠의 서로 다른 모든 실근의 곱이 $\frac{4}{3}$이므로

이차방정식의 근과 계수의 관계에 의하여

$\frac{-C}{3}=\frac{4}{3}$, $C=-4$

따라서 $f(x)=-3x^2+12x-4$이므로

$f(1)=-3+12-4=5$

답 5

25 $xf(x)-\int f(x)dx=3x^4+ax^2$

위 등식의 양변을 x에 대하여 미분하면

$f(x)+xf'(x)-f(x)=12x^3+2ax$

$xf'(x)=12x^3+2ax$

$f'(x)$가 다항함수이므로 $f'(x)=12x^2+2a$

그러므로

$f(x)=\int f'(x)dx=\int(12x^2+2a)dx$

$=4x^3+2ax+C$ (단, C는 적분상수)

$f'(-1)=0$에서

$12+2a=0$, $a=-6$

$f(-1)=0$에서

$-4-2a+C=0$, $-4+12+C=0$, $C=-8$

따라서 $f(x)=4x^3-12x-8$이므로

$f(1)=4-12-8=-16$

답 ②

26 $\int xf(x)dx=f(x)+x^4-4x^3+12x$

위 등식의 양변을 x에 대하여 미분하면

$xf(x)=f'(x)+4x^3-12x^2+12$ ⋯⋯ ㉠

$f(x)$를 n차함수라 하면 $xf(x)$는 $(n+1)$차함수이므로 ㉠에서

$n+1=3$, $n=2$

즉, $f(x)$가 이차함수이므로

$f(x)=ax^2+bx+c$ (a, b, c는 상수, $a\neq0$)

으로 놓으면

$f'(x)=2ax+b$

이때 $f(x)=ax^2+bx+c$, $f'(x)=2ax+b$를 ㉠에 대입하면

$x(ax^2+bx+c)=(2ax+b)+4x^3-12x^2+12$

$ax^3+bx^2+cx=4x^3-12x^2+2ax+(b+12)$

이 등식은 x에 대한 항등식이므로

$a=4$, $b=-12$, $c=2a$, $0=b+12$

즉, $a=4$, $b=-12$, $c=8$

따라서 $f(x)=4x^2-12x+8$이므로

$f(4)=64-48+8=24$

답 ④

27 조건 (가)에서

$F(x)=xf(x)-2x^3+x^2$ ⋯⋯ ㉠

㉠의 양변을 x에 대하여 미분하면 $F'(x)=f(x)$이므로

$f(x)=f(x)+xf'(x)-6x^2+2x$

$xf'(x)=6x^2-2x$

$f'(x)$가 다항함수이므로 $f'(x)=6x-2$

그러므로

$f(x)=\int f'(x)dx=\int(6x-2)dx$

$=3x^2-2x+C$ (단, C는 적분상수)

조건 (나)에 의하여 x에 대한 이차방정식 $3x^2-2x+C=0$의 판별식을 D라 하면

$\frac{D}{4}=1-3C\leq0$

즉, $C\geq\frac{1}{3}$이어야 한다.

그러므로 $F(3)$의 최솟값을 구하기 위해 ㉠의 양변에 $x=3$을 대입하면

$F(3)=3f(3)-54+9$

$=3(27-6+C)-45$

$=63+3C-45=18+3C$

이때 $C\geq\frac{1}{3}$이므로

$F(3)=18+3C$

$\geq18+3\times\frac{1}{3}=19$

따라서 $F(3)$의 최솟값은 19이다.

답 ①

28 $f'(x)=\begin{cases}3x^2+2x & (x<0)\\ kx & (x\geq0)\end{cases}$에서

$f(x)=\begin{cases}x^3+x^2+C_1 & (x<0)\\ \frac{k}{2}x^2+C_2 & (x\geq0)\end{cases}$ (단, C_1, C_2는 적분상수)

$f(-2)=f(2)$에서

$-8+4+C_1=2k+C_2$

$C_1-C_2=2k+4$ ⋯⋯ ㉠

한편, 함수 $f(x)$가 실수 전체의 집합에서 미분가능하므로 함수 $f(x)$는 실수 전체의 집합에서 연속이다.

즉, 함수 $f(x)$는 $x=0$에서 연속이므로

$\lim_{x\to0-}f(x)=\lim_{x\to0+}f(x)=f(0)$

즉, $C_1=C_2$ ⋯⋯ ㉡

㉡을 ㉠에 대입하면

$2k+4=0$, $k=-2$

답 ②

29 $f'(x)=\begin{cases}2x+1 & (x\leq0)\\ -x^2+1 & (x>0)\end{cases}$에서

$f(x)=\begin{cases}x^2+x+C_1 & (x\leq0)\\ -\frac{1}{3}x^3+x+C_2 & (x>0)\end{cases}$ (단, C_1, C_2는 적분상수)

$f(-2)=4$에서

$4-2+C_1=4$, $C_1=2$

한편, 함수 $f(x)$가 실수 전체의 집합에서 미분가능하므로 함수 $f(x)$는 실수 전체의 집합에서 연속이다.

즉, 함수 $f(x)$는 $x=0$에서 연속이므로

$\lim_{x\to0-}f(x)=\lim_{x\to0+}f(x)=f(0)$

즉, $C_2=2$

따라서 $f(x)=\begin{cases} x^2+x+2 & (x\le0) \\ -\frac{1}{3}x^3+x+2 & (x>0) \end{cases}$이므로

$f(2)=-\frac{8}{3}+2+2=\frac{4}{3}$

답 ②

30 $f'(x)=x^2+2|x-1|$에서

$x<1$일 때, $f'(x)=x^2-2(x-1)=x^2-2x+2$

$x\ge1$일 때, $f'(x)=x^2+2(x-1)=x^2+2x-2$

그러므로

$f(x)=\begin{cases} \frac{1}{3}x^3-x^2+2x+C_1 & (x<1) \\ \frac{1}{3}x^3+x^2-2x+C_2 & (x\ge1) \end{cases}$ (단, C_1, C_2는 적분상수)

$f(-1)+f(2)=\frac{20}{3}$에서

$\left(-\frac{1}{3}-1-2+C_1\right)+\left(\frac{8}{3}+4-4+C_2\right)=\frac{20}{3}$

$C_1+C_2=\frac{22}{3}$ …… ㉠

한편, 함수 $f(x)$가 실수 전체의 집합에서 미분가능하므로 함수 $f(x)$는 실수 전체의 집합에서 연속이다.

즉, 함수 $f(x)$는 $x=1$에서 연속이므로

$\lim_{x\to1-}f(x)=\lim_{x\to1+}f(x)=f(1)$

$\frac{1}{3}-1+2+C_1=\frac{1}{3}+1-2+C_2$에서

$C_1-C_2=-2$ …… ㉡

㉠+㉡을 하면

$2C_1=\frac{16}{3}$, $C_1=\frac{8}{3}$

㉠에서 $C_2=\frac{14}{3}$

따라서 $f(x)=\begin{cases} \frac{1}{3}x^3-x^2+2x+\frac{8}{3} & (x<1) \\ \frac{1}{3}x^3+x^2-2x+\frac{14}{3} & (x\ge1) \end{cases}$이므로

$f(1)=\frac{1}{3}+1-2+\frac{14}{3}=4$

답 4

31 $f'(x)=2x^2-3$이므로

$f(x)=\int f'(x)dx=\int(2x^2-3)dx$

$=\frac{2}{3}x^3-3x+C$ (단, C는 적분상수)

곡선 $y=f(x)$가 원점을 지나므로

$f(0)=0$에서 $C=0$

따라서 $f(x)=\frac{2}{3}x^3-3x$이므로

$f(2)=\frac{16}{3}-6=-\frac{2}{3}$

답 ②

32 $f'(x)=2x^3+kx+1$이고, 곡선 $y=f(x)$ 위의 점 $(1, 4)$에서의 접선의 기울기가 6이므로 $f'(1)=6$에서

$2+k+1=6$, $k=3$

그러므로

$f(x)=\int f'(x)dx=\int(2x^3+3x+1)dx$

$=\frac{1}{2}x^4+\frac{3}{2}x^2+x+C$ (단, C는 적분상수)

곡선 $y=f(x)$가 점 $(1, 4)$를 지나므로 $f(1)=4$에서

$\frac{1}{2}+\frac{3}{2}+1+C=4$, $C=1$

따라서 $f(x)=\frac{1}{2}x^4+\frac{3}{2}x^2+x+1$이므로

$f(2)=8+6+2+1=17$

답 ④

33 $f'(x)=-2x+3$이므로 곡선 $y=f(x)$ 위의 점 $(1, f(1))$에서의 접선의 기울기는

$f'(1)=-2+3=1$

이 접선이 점 $(-1, 0)$을 지나므로 두 점 $(1, f(1))$, $(-1, 0)$을 지나는 직선의 기울기는 1이다. 즉,

$\frac{0-f(1)}{-1-1}=1$, $f(1)=2$

한편,

$f(x)=\int f'(x)dx=\int(-2x+3)dx$

$=-x^2+3x+C$ (단, C는 적분상수)

$f(1)=2$이므로

$-1+3+C=2$, $C=0$

따라서 $f(x)=-x^2+3x$이므로

$f(4)=-16+12=-4$

답 ①

34 $f'(x)=3x^2-3$이므로

$f(x)=\int f'(x)dx=\int(3x^2-3)dx$

$=x^3-3x+C$ (단, C는 적분상수)

곡선 $y=f(x)$가 점 $(2, 4)$를 지나므로 $f(2)=4$에서

$8-6+C=4$, $C=2$

즉, $f(x)=x^3-3x+2$

방정식 $f(x)=0$에서

$x^3-3x+2=0$, $(x+2)(x-1)^2=0$

$x=-2$ 또는 $x=1$

따라서 곡선 $y=f(x)$가 x축과 만나는 두 점의 좌표가 $(-2, 0)$, $(1, 0)$이므로 두 점 사이의 거리는 3이다.

답 3

35 $\lim_{x\to1}\frac{f(x)}{x-1}=0$에서 극한값이 존재하고 $x\to1$일 때 (분모) → 0이므로 (분자) → 0이어야 한다.
이때 함수 $f(x)$가 $x=1$에서 연속이므로
$\lim_{x\to1}f(x)=f(1)=0$ …… ㉠
또 미분계수의 정의에 의하여
$\lim_{x\to1}\frac{f(x)}{x-1}=\lim_{x\to1}\frac{f(x)-f(1)}{x-1}=f'(1)$
이므로
$f'(1)=0$ …… ㉡
한편, $f(x)=\int(3x^2+ax+1)dx$의 양변을 x에 대하여 미분하면
$f'(x)=3x^2+ax+1$
㉡에 의하여
$f'(1)=3+a+1=0,\ a=-4$
$f(x)=\int(3x^2-4x+1)dx$
$=x^3-2x^2+x+C$ (단, C는 적분상수)
㉠에 의하여
$f(1)=1-2+1+C=0,\ C=0$
따라서 $f(x)=x^3-2x^2+x$이므로
$f(3)=27-18+3=12$

답 ⑤

36 $f(x)=\int(2x^3+4x^2-1)dx$의 양변을 x에 대하여 미분하면
$f'(x)=2x^3+4x^2-1$
따라서
$\lim_{h\to0}\frac{f(-1+h)-f(-1)}{h}=f'(-1)=-2+4-1=1$

답 ①

37 $F(x)$가 함수 $f(x)$의 한 부정적분이므로
$F'(x)=f(x)$
$\lim_{x\to1}\frac{F(x)-F(1)}{x^2-1}=\lim_{x\to1}\frac{F(x)-F(1)}{(x-1)(x+1)}$
$=\lim_{x\to1}\left\{\frac{F(x)-F(1)}{x-1}\times\frac{1}{x+1}\right\}$
$=F'(1)\times\frac{1}{2}$
$\frac{1}{2}F'(1)=3$에서 $F'(1)=6$
즉, $f(1)=6$이므로
$f(1)=4-1+a=6,\ a=3$
따라서 $f(x)=4x^3-x^2+3$이므로
$f(2)=32-4+3=31$

답 31

38 $\lim_{h\to0}\frac{f(1+3h)-1}{2h}=-6$에서 극한값이 존재하고 $h\to0$일 때 (분모) → 0이므로 (분자) → 0이어야 한다.
즉, $\lim_{h\to0}\{f(1+3h)-1\}=0$에서 함수 $f(x)$가 실수 전체의 집합에서 연속이므로
$f(1)=1$ …… ㉠
또 미분계수의 정의에 의하여
$\lim_{h\to0}\frac{f(1+3h)-1}{2h}=\frac{3}{2}\lim_{h\to0}\frac{f(1+3h)-f(1)}{3h}$
$=\frac{3}{2}f'(1)$
$\frac{3}{2}f'(1)=-6,\ f'(1)=-4$ …… ㉡
한편, $f(x)=\int(x-2)(x^2+ax+1)dx$의 양변을 x에 대하여 미분하면
$f'(x)=(x-2)(x^2+ax+1)$
$f'(1)=(-1)\times(1+a+1)=-a-2$
이므로 ㉡에서
$-a-2=-4,\ a=2$
그러므로
$f'(x)=(x-2)(x^2+2x+1)=x^3-3x-2$
$f(x)=\int(x^3-3x-2)dx$
$=\frac{1}{4}x^4-\frac{3}{2}x^2-2x+C$ (단, C는 적분상수)
㉠에 의하여
$f(1)=\frac{1}{4}-\frac{3}{2}-2+C=1,\ C=\frac{17}{4}$
따라서 $f(x)=\frac{1}{4}x^4-\frac{3}{2}x^2-2x+\frac{17}{4}$이므로
$f(3)=\frac{81}{4}-\frac{27}{2}-6+\frac{17}{4}=5$

답 5

39 $f(x+y)=f(x)+f(y)+2xy-1$
위 등식의 양변에 $x=0,\ y=0$을 대입하면
$f(0)=f(0)+f(0)+0-1,\ f(0)=1$
$f'(x)=\lim_{h\to0}\frac{f(x+h)-f(x)}{h}$
$=\lim_{h\to0}\frac{\{f(x)+f(h)+2xh-1\}-f(x)}{h}$
$=\lim_{h\to0}\frac{f(h)-1+2xh}{h}$
$=\lim_{h\to0}\left\{\frac{f(h)-1}{h}+2x\right\}$
$=\lim_{h\to0}\left\{\frac{f(h)-f(0)}{h}+2x\right\}$
$=f'(0)+2x=4+2x$
그러므로
$f(x)=\int f'(x)dx=\int(2x+4)dx$
$=x^2+4x+C$ (단, C는 적분상수)
$f(0)=1$이므로 $C=1$
따라서 $f(x)=x^2+4x+1$이므로
$f(2)=4+8+1=13$

답 13

40 $f(x+y)=f(x)+f(y)+4xy$

위 등식의 양변에 $x=0$, $y=0$을 대입하면

$f(0)=f(0)+f(0)+0$, $f(0)=0$

$$f'(x)=\lim_{h\to0}\frac{f(x+h)-f(x)}{h}$$
$$=\lim_{h\to0}\frac{\{f(x)+f(h)+4xh\}-f(x)}{h}$$
$$=\lim_{h\to0}\frac{f(h)+4xh}{h}$$
$$=\lim_{h\to0}\left\{\frac{f(h)}{h}+4x\right\}$$
$$=-3+4x$$

그러므로

$$f(x)=\int f'(x)dx=\int(4x-3)dx$$
$$=2x^2-3x+C \text{ (단, } C\text{는 적분상수)}$$

$f(0)=0$이므로 $C=0$

따라서 $f(x)=2x^2-3x$이므로

$f(1)=2-3=-1$

답 ⑤

41 조건 (가)에서 $\lim_{x\to0}\frac{f(x)-3}{x}=2$

극한값이 존재하고 $x\to0$일 때 (분모) $\to0$이므로 (분자) $\to0$이어야 한다.

즉, $\lim_{x\to0}\{f(x)-3\}=0$이고 함수 $f(x)$가 $x=0$에서 연속이므로

$f(0)=3$ ······ ㉠

미분계수의 정의에 의하여

$$\lim_{x\to0}\frac{f(x)-3}{x}=\lim_{x\to0}\frac{f(x)-f(0)}{x}=f'(0)$$

이므로

$f'(0)=2$

조건 (나)에서

$f(x+y)=f(x)+f(y)+x^2y+xy^2+2xy+a$

위 등식의 양변에 $x=0$, $y=0$을 대입하면

$f(0)=f(0)+f(0)+0+0+0+a$, $f(0)=-a$

㉠에서 $-a=3$, $a=-3$

$$f'(x)=\lim_{h\to0}\frac{f(x+h)-f(x)}{h}$$
$$=\lim_{h\to0}\frac{\{f(x)+f(h)+x^2h+xh^2+2xh-3\}-f(x)}{h}$$
$$=\lim_{h\to0}\frac{f(h)-3+x^2h+xh^2+2xh}{h}$$
$$=\lim_{h\to0}\left\{\frac{f(h)-3}{h}+x^2+xh+2x\right\}$$
$$=f'(0)+x^2+2x$$
$$=x^2+2x+2$$

그러므로

$$f(x)=\int f'(x)dx=\int(x^2+2x+2)dx$$
$$=\frac{1}{3}x^3+x^2+2x+C \text{ (단, } C\text{는 적분상수)}$$

㉠에 의하여 $f(0)=3$이므로 $C=3$

즉, $f(x)=\frac{1}{3}x^3+x^2+2x+3$이므로

$f(3)=9+9+6+3=27$

따라서 $a+f(3)=-3+27=24$

답 ③

42 이차함수 $y=f'(x)$의 그래프가 아래로 볼록하고 x축과 만나는 두 점의 x좌표가 0, 3이므로

$f'(x)=ax(x-3)$ $(a>0)$

으로 놓으면

$$f(x)=\int f'(x)dx=\int(ax^2-3ax)dx$$
$$=\frac{a}{3}x^3-\frac{3}{2}ax^2+C \text{ (단, } C\text{는 적분상수)}$$

$f'(x)=0$에서 $x=0$ 또는 $x=3$

함수 $f(x)$의 증가와 감소를 표로 나타내면 다음과 같다.

x	$\cdots$	0	$\cdots$	3	$\cdots$
$f'(x)$	$+$	0	$-$	0	$+$
$f(x)$	↗	극대	↘	극소	↗

함수 $f(x)$는 $x=0$에서 극대이고 $x=3$에서 극소이므로

$f(0)=5$, $f(3)=-4$

$f(0)=5$에서 $C=5$

$f(3)=-4$에서

$9a-\frac{27}{2}a+5=-4$, $-\frac{9}{2}a=-9$, $a=2$

따라서 $f(x)=\frac{2}{3}x^3-3x^2+5$이므로

$f(2)=\frac{16}{3}-12+5=-\frac{5}{3}$

답 ①

43 $f(x)=\int f'(x)dx=\int(-x^2+4x)dx$

$$=-\frac{1}{3}x^3+2x^2+C \text{ (단, } C\text{는 적분상수)}$$

$f'(x)=4x-x^2=x(4-x)$

$f'(x)=0$에서 $x=0$ 또는 $x=4$

함수 $f(x)$의 증가와 감소를 표로 나타내면 다음과 같다.

x	$\cdots$	0	$\cdots$	4	$\cdots$
$f'(x)$	$-$	0	$+$	0	$-$
$f(x)$	↘	극소	↗	극대	↘

따라서 함수 $f(x)$의 극댓값과 극솟값의 차는

$f(4)-f(0)=\left(-\frac{64}{3}+32+C\right)-C=\frac{32}{3}$

답 ②

44 $f(x)=\int(x^2+x-2)dx$

$$=\frac{1}{3}x^3+\frac{1}{2}x^2-2x+C \text{ (단, } C\text{는 적분상수)}$$

$f(x)=\int(x^2+x-2)dx$의 양변을 x에 대하여 미분하면

$f'(x)=x^2+x-2=(x+2)(x-1)$

$f'(x)=0$에서 $x=-2$ 또는 $x=1$

함수 $f(x)$의 증가와 감소를 표로 나타내면 다음과 같다.

x	$\cdots$	-2	$\cdots$	1	$\cdots$
$f'(x)$	$+$	0	$-$	0	$+$
$f(x)$	↗	극대	↘	극소	↗

함수 $f(x)$는 $x=-2$에서 극대이므로 $f(-2)=6$에서

$-\frac{8}{3}+2+4+C=6,\ C=\frac{8}{3}$

따라서 $f(x)=\frac{1}{3}x^3+\frac{1}{2}x^2-2x+\frac{8}{3}$이고 함수 $f(x)$는 $x=1$에서 극소이므로 함수 $f(x)$의 극솟값은

$f(1)=\frac{1}{3}+\frac{1}{2}-2+\frac{8}{3}=\frac{3}{2}$

답 ⑤

45 조건 (가)에서

$f(x)=\int f'(x)dx=\int(3x^2+ax-9)dx$

$=x^3+\frac{a}{2}x^2-9x+C$ (단, C는 적분상수)

조건 (나)에서 $\lim_{x\to3}\frac{f(x)}{x-3}=0$

극한값이 존재하고 $x\to3$일 때 (분모)$\to0$이므로 (분자)$\to0$이어야 한다.

즉, $\lim_{x\to3}f(x)=0$이고 함수 $f(x)$가 $x=3$에서 연속이므로

$f(3)=0$, 즉 $\frac{9}{2}a+C=0$ $\cdots\cdots$ ㉠

미분계수의 정의에 의하여

$\lim_{x\to3}\frac{f(x)}{x-3}=\lim_{x\to3}\frac{f(x)-f(3)}{x-3}=f'(3)$

이므로

$f'(3)=0$

즉, $3a+18=0,\ a=-6$

㉠에서 $C=27$이므로 $f(x)=x^3-3x^2-9x+27$

이때 $f'(x)=3x^2-6x-9=3(x+1)(x-3)$

$f'(x)=0$에서 $x=-1$ 또는 $x=3$

함수 $f(x)$의 증가와 감소를 표로 나타내면 다음과 같다.

x	$\cdots$	-1	$\cdots$	3	$\cdots$
$f'(x)$	$+$	0	$-$	0	$+$
$f(x)$	↗	극대	↘	극소	↗

따라서 함수 $f(x)$는 $x=-1$에서 극대이므로 극댓값은

$f(-1)=-1-3+9+27=32$

답 32

46 $F(x)=xf(x)+x^4-2x^3+ax^2$

위 등식의 양변을 x에 대하여 미분하면 $F'(x)=f(x)$이므로

$f(x)=f(x)+xf'(x)+4x^3-6x^2+2ax$

$xf'(x)=-4x^3+6x^2-2ax$

$f(x)$가 다항함수이므로

$f'(x)=-4x^2+6x-2a$

이때 함수 $f(x)$의 극값이 존재하지 않으므로 x에 대한 이차방정식 $f'(x)=0$이 중근 또는 허근을 갖는다. 이차방정식 $-4x^2+6x-2a=0$의 판별식을 D라 하면 $D\le0$이어야 하므로

$\frac{D}{4}=9-8a\le0$

$a\ge\frac{9}{8}$

따라서 정수 a의 최솟값은 2이다.

답 ②

47 $f(x)=\int(x^2-2x)dx$

$=\frac{1}{3}x^3-x^2+C$ (단, C는 적분상수)

$f'(x)=x^2-2x=x(x-2)$

$f'(x)=0$에서 $x=0$ 또는 $x=2$

함수 $f(x)$의 증가와 감소를 표로 나타내면 다음과 같다.

x	$\cdots$	0	$\cdots$	2	$\cdots$
$f'(x)$	$+$	0	$-$	0	$+$
$f(x)$	↗	극대	↘	극소	↗

함수 $f(x)$는 $x=0$에서 극대이고 $x=2$에서 극소이므로 함수 $y=f(x)$의 그래프의 개형은 그림과 같다.

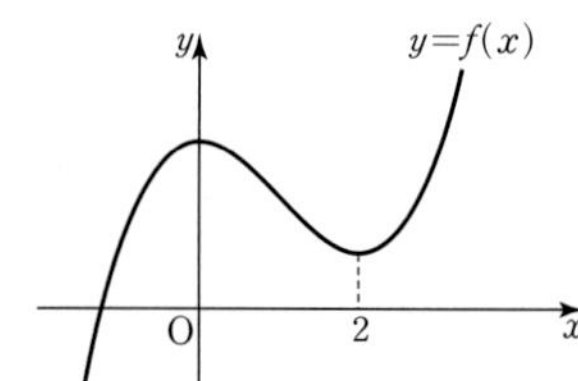

양의 실수 전체의 집합에서 $f(x)\ge0$이려면 함수 $f(x)$의 극솟값이 0보다 크거나 같아야 한다.

즉, $f(2)\ge0$에서

$\frac{8}{3}-4+C\ge0,\ C\ge\frac{4}{3}$

따라서

$f(4)=\frac{64}{3}-16+C=\frac{16}{3}+C\ge\frac{20}{3}$

이므로 $f(4)$의 최솟값은 $\frac{20}{3}$이다.

답 ⑤

48 $\int_{-1}^{a}(x^2-1)dx=\left[\frac{1}{3}x^3-x\right]_{-1}^{a}$

$=\left(\frac{1}{3}a^3-a\right)-\left(-\frac{1}{3}+1\right)$

$=\frac{1}{3}a^3-a-\frac{2}{3}$

즉, $\frac{1}{3}a^3-a-\frac{2}{3}=0$에서

$a^3-3a-2=0,\ (a+1)^2(a-2)=0$

$a>0$이므로 $a=2$

답 ④

49 $\int_0^2(3x^2+ax)dx=\left[x^3+\frac{a}{2}x^2\right]_0^2$

$=(8+2a)-0$

$=2a+8$

즉, $2a+8=12$에서 $a=2$

답 2

50 $\int_{3}^{1}(x-2)(1-x^2)dx$

$=-\int_{1}^{3}(x-2)(1-x^2)dx$

$=-\int_{1}^{3}(-x^3+2x^2+x-2)dx$

$=-\left[-\frac{1}{4}x^4+\frac{2}{3}x^3+\frac{1}{2}x^2-2x\right]_1^3$

$=-\left\{\left(-\frac{81}{4}+18+\frac{9}{2}-6\right)-\left(-\frac{1}{4}+\frac{2}{3}+\frac{1}{2}-2\right)\right\}$

$=-\left(-\frac{8}{3}\right)=\frac{8}{3}$

답 ②

51 $\int_{-3}^{1}\{f'(x)-2x\}dx=\Big[f(x)-x^2\Big]_{-3}^{1}$

$=\{f(1)-1\}-\{f(-3)-9\}$

$=f(1)-f(-3)+8$

$=f(1)-11+8$

$=f(1)-3$

즉, $f(1)-3=0$에서 $f(1)=3$

답 3

52 $f(x)=2x^3+ax$에서

$f'(x)=6x^2+a$

$f(x)+xf'(x)=(2x^3+ax)+x(6x^2+a)$

$=8x^3+2ax$

$\int_{-1}^{3}\{f(x)+xf'(x)\}dx=\int_{-1}^{3}(8x^3+2ax)dx$

$=\Big[2x^4+ax^2\Big]_{-1}^{3}$

$=(162+9a)-(2+a)$

$=8a+160$

즉, $8a+160=80$에서 $a=-10$

따라서 $f(x)=2x^3-10x$이므로

$f(3)=54-30=24$

답 ①

다른 풀이

$\{xf(x)\}'=f(x)+xf'(x)$이므로

$\int\{f(x)+xf'(x)\}dx=\int\{xf(x)\}'dx$

$=xf(x)+C$ (단, C는 적분상수)

즉, $f(x)+xf'(x)$의 부정적분이 $xf(x)+C$이므로

$\int_{-1}^{3}\{f(x)+xf'(x)\}dx=\Big[xf(x)\Big]_{-1}^{3}$

$=3f(3)-\{-f(-1)\}$

$=3f(3)+f(-1)$

$=3(54+3a)+(-2-a)$

$=8a+160$

즉, $8a+160=80$에서 $a=-10$

따라서 $f(x)=2x^3-10x$이므로

$f(3)=54-30=24$

53 $\int_{0}^{3}\{f(x)\}^2dx=\int_{0}^{3}(x+a)^2dx$

$=\int_{0}^{3}(x^2+2ax+a^2)dx$

$=\left[\frac{1}{3}x^3+ax^2+a^2x\right]_0^3$

$=(9+9a+3a^2)-0=3a^2+9a+9$

$\int_{0}^{3}f(x)dx=\int_{0}^{3}(x+a)dx$

$=\left[\frac{1}{2}x^2+ax\right]_0^3$

$=\left(\frac{9}{2}+3a\right)-0=3a+\frac{9}{2}$

즉,

$\frac{4}{3}\left(\int_{0}^{3}f(x)dx\right)^2=\frac{4}{3}\left(3a+\frac{9}{2}\right)^2$

$=\frac{4}{3}\left(9a^2+27a+\frac{81}{4}\right)=12a^2+36a+27$

그러므로 $\int_{0}^{3}\{f(x)\}^2dx=\frac{4}{3}\left(\int_{0}^{3}f(x)dx\right)^2$에서

$3a^2+9a+9=12a^2+36a+27$

$9a^2+27a+18=0$

$a^2+3a+2=0$

$(a+1)(a+2)=0$

$a=-2$ 또는 $a=-1$

따라서 모든 실수 a의 값의 합은

$-2+(-1)=-3$

답 ④

54 $f(x)=ax^2+bx+c$ (a, b, c는 상수, $a\neq0$)으로 놓으면

$f'(x)=2ax+b$

조건 (가)에서

$\int_{0}^{2}f'(x)dx=\int_{0}^{2}(2ax+b)dx$

$=\Big[ax^2+bx\Big]_0^2=4a+2b$

즉, $4a+2b=0$에서 $b=-2a$

$\int_{0}^{2}f(x)dx=\int_{0}^{2}(ax^2+bx+c)dx$

$=\int_{0}^{2}(ax^2-2ax+c)dx$

$=\left[\frac{a}{3}x^3-ax^2+cx\right]_0^2$

$=\frac{8}{3}a-4a+2c=-\frac{4}{3}a+2c$

즉, $-\frac{4}{3}a+2c=0$에서 $c=\frac{2}{3}a$

그러므로 $f(x)=ax^2-2ax+\frac{2}{3}a$

조건 (나)에 의하여 $a<0$이고

$f(x)=a\left(x^2-2x+\frac{2}{3}\right)$

$=a\left\{(x^2-2x+1-1)+\frac{2}{3}\right\}$

$=a\left\{(x-1)^2-\frac{1}{3}\right\}$

$=a(x-1)^2-\frac{1}{3}a$

즉, 함수 $f(x)$는 $x=1$에서 최댓값 $-\frac{1}{3}a$를 가지므로

$-\frac{1}{3}a=1,\ a=-3$

따라서 $f(x)=-3x^2+6x-2$이므로

$f(3)=-27+18-2=-11$

답 ③

다른 풀이

조건 (가)에서

$\int_0^2 f'(x)dx=\Big[f(x)\Big]_0^2=f(2)-f(0)$

이므로 $f(2)-f(0)=0$에서 $f(0)=f(2)$

이차함수의 그래프의 대칭성에 의하여 곡선 $y=f(x)$는 직선 $x=1$에 대하여 대칭이고 조건 (나)에 의하여

$f(x)=a(x-1)^2+1$ (a는 상수, $a<0$)

으로 놓을 수 있다.

$\int_0^2 f(x)dx=\int_0^2\{a(x-1)^2+1\}dx$

$=\int_0^2(ax^2-2ax+a+1)dx$

$=\left[\frac{a}{3}x^3-ax^2+(a+1)x\right]_0^2$

$=\frac{8}{3}a-4a+2(a+1)=\frac{2}{3}a+2$

즉, $\frac{2}{3}a+2=0$에서 $a=-3$이므로

$f(x)=-3(x-1)^2+1$

따라서 $f(3)=-3\times4+1=-11$

55 $\int_2^3\frac{x^3+3x}{x-1}dx+\int_3^2\frac{3x^2+1}{x-1}dx$

$=\int_2^3\frac{x^3+3x}{x-1}dx-\int_2^3\frac{3x^2+1}{x-1}dx$

$=\int_2^3\left(\frac{x^3+3x}{x-1}-\frac{3x^2+1}{x-1}\right)dx$

$=\int_2^3\frac{x^3-3x^2+3x-1}{x-1}dx$

$=\int_2^3\frac{(x-1)^3}{x-1}dx$

$=\int_2^3(x-1)^2dx$

$=\int_2^3(x^2-2x+1)dx$

$=\left[\frac{1}{3}x^3-x^2+x\right]_2^3$

$=(9-9+3)-\left(\frac{8}{3}-4+2\right)=\frac{7}{3}$

답 ⑤

56 $\int_0^2(x+2)^2dx-\int_0^2(t-2)^2dt$

$=\int_0^2(x+2)^2dx-\int_0^2(x-2)^2dx$

$=\int_0^2\{(x+2)^2-(x-2)^2\}dx$

$=\int_0^2 8xdx$

$=\Big[4x^2\Big]_0^2=16-0=16$

답 ④

57 $\int_0^1\{f(x)+g(x)\}dx=2$ …… ㉠

$\int_0^1\{f(x)-g(x)\}dx=8$ …… ㉡

㉠+㉡을 하면

$\int_0^1\{f(x)+g(x)\}dx+\int_0^1\{f(x)-g(x)\}dx=10$

$\int_0^1[\{f(x)+g(x)\}+\{f(x)-g(x)\}]dx=10$

$\int_0^1 2f(x)dx=10$

즉, $2\int_0^1 f(x)dx=10$에서 $\int_0^1 f(x)dx=5$

㉠−㉡을 하면

$\int_0^1\{f(x)+g(x)\}dx-\int_0^1\{f(x)-g(x)\}dx=-6$

$\int_0^1[\{f(x)+g(x)\}-\{f(x)-g(x)\}]dx=-6$

$\int_0^1 2g(x)dx=-6$

즉, $2\int_0^1 g(x)dx=-6$에서 $\int_0^1 g(x)dx=-3$

따라서

$\int_0^1\{3f(x)-2g(x)\}dx=\int_0^1 3f(x)dx-\int_0^1 2g(x)dx$

$=3\int_0^1 f(x)dx-2\int_0^1 g(x)dx$

$=3\times5-2\times(-3)=21$

답 21

58 $\int_{-2}^1\{f(x)+1\}^2dx+\int_1^{-2}\{f(x)-1\}^2dx$

$=\int_{-2}^1\{f(x)+1\}^2dx-\int_{-2}^1\{f(x)-1\}^2dx$

$=\int_{-2}^1[\{f(x)+1\}^2-\{f(x)-1\}^2]dx$

$=\int_{-2}^1 4f(x)dx$

$=4\int_{-2}^1 f(x)dx$

$=4\int_{-2}^1(x^2+ax)dx$

$=4\left[\frac{1}{3}x^3+\frac{a}{2}x^2\right]_{-2}^1$

$=4\left\{\left(\frac{1}{3}+\frac{a}{2}\right)-\left(-\frac{8}{3}+2a\right)\right\}$

$=4\left(3-\frac{3}{2}a\right)=12-6a$

즉, $12-6a=10$에서 $a=\frac{1}{3}$

따라서 $f(x)=x^2+\frac{1}{3}x$이므로

$f(6)=36+2=38$

답 38

59 $\int_{-1}^{0}f(x)dx+\int_{0}^{3}f(x)dx-\int_{2}^{3}f(x)dx$

$=\int_{-1}^{3}f(x)dx-\int_{2}^{3}f(x)dx$

$=\int_{-1}^{3}f(x)dx+\int_{3}^{2}f(x)dx$

$=\int_{-1}^{2}f(x)dx$

$=\int_{-1}^{2}(3x^2+a)dx$

$=\left[x^3+ax\right]_{-1}^{2}$

$=(8+2a)-(-1-a)=3a+9$

즉, $3a+9=-6$에서 $a=-5$

따라서 $f(x)=3x^2-5$이므로

$f(2)=12-5=7$

답 7

60 $\int_{-2}^{3}(x^2-3x+4)dx-\int_{-2}^{1}(x^2-3x+4)dx$

$=\int_{-2}^{3}(x^2-3x+4)dx+\int_{1}^{-2}(x^2-3x+4)dx$

$=\int_{1}^{-2}(x^2-3x+4)dx+\int_{-2}^{3}(x^2-3x+4)dx$

$=\int_{1}^{3}(x^2-3x+4)dx$

$=\left[\frac{1}{3}x^3-\frac{3}{2}x^2+4x\right]_{1}^{3}$

$=\left(9-\frac{27}{2}+12\right)-\left(\frac{1}{3}-\frac{3}{2}+4\right)=\frac{14}{3}$

답 ⑤

61 $\int_{-2}^{3}f(x)dx=\int_{-2}^{1}f(x)dx+\int_{1}^{3}f(x)dx$

$=\int_{-2}^{1}f(x)dx+\int_{1}^{0}f(x)dx+\int_{0}^{3}f(x)dx$

$=\int_{-2}^{1}f(x)dx-\int_{0}^{1}f(x)dx+\int_{0}^{3}f(x)dx$

$=2-4+6=4$

답 4

62 $\int_{-1}^{3}f(x)dx=\int_{-1}^{2}f(x)dx+18$에서

$\int_{-1}^{3}f(x)dx-\int_{-1}^{2}f(x)dx=18$이므로

$\int_{-1}^{3}f(x)dx-\int_{-1}^{2}f(x)dx=\int_{-1}^{3}f(x)dx+\int_{2}^{-1}f(x)dx$

$=\int_{2}^{-1}f(x)dx+\int_{-1}^{3}f(x)dx$

$=\int_{2}^{3}f(x)dx$

$=\int_{2}^{3}(2x^3+ax+3)dx$

$=\left[\frac{1}{2}x^4+\frac{a}{2}x^2+3x\right]_{2}^{3}$

$=\left(\frac{81}{2}+\frac{9}{2}a+9\right)-(8+2a+6)$

$=\frac{5}{2}a+\frac{71}{2}$

즉, $\frac{5}{2}a+\frac{71}{2}=18$에서 $\frac{5}{2}a=-\frac{35}{2}$

따라서 $a=-7$

답 ④

63 함수 $f(x)$가 실수 전체의 집합에서 연속이므로 $x=1$에서도 연속이다.

즉, $\lim_{x\to 1-}f(x)=\lim_{x\to 1+}f(x)=f(1)$에서

$-2+a=1$, $a=3$

따라서 $f(x)=\begin{cases}-2x+3 & (x\le 1)\\ -x^2+4x-2 & (x>1)\end{cases}$이므로

$\int_{-2}^{2}f(x)dx=\int_{-2}^{1}f(x)dx+\int_{1}^{2}f(x)dx$

$=\int_{-2}^{1}(-2x+3)dx+\int_{1}^{2}(-x^2+4x-2)dx$

$=\left[-x^2+3x\right]_{-2}^{1}+\left[-\frac{1}{3}x^3+2x^2-2x\right]_{1}^{2}$

$=12+\frac{5}{3}=\frac{41}{3}$

답 ①

64 $\int_{0}^{3}f(x)dx=\int_{0}^{1}f(x)dx+\int_{1}^{3}f(x)dx$

$=\int_{0}^{1}x^2dx+\int_{1}^{3}(3x-2)dx$

$=\left[\frac{1}{3}x^3\right]_{0}^{1}+\left[\frac{3}{2}x^2-2x\right]_{1}^{3}$

$=\frac{1}{3}+8=\frac{25}{3}$

답 ③

65 $f(x)=2x+4$, $g(x)=-x+4$이므로

$h(x)=\begin{cases}2x+4 & (x\le 0)\\ -x+4 & (x>0)\end{cases}$

따라서

$\int_{-1}^{2}xh(x)dx=\int_{-1}^{0}xh(x)dx+\int_{0}^{2}xh(x)dx$

$=\int_{-1}^{0}xf(x)dx+\int_{0}^{2}xg(x)dx$

$$=\int_{-1}^{0}(2x^2+4x)dx+\int_{0}^{2}(-x^2+4x)dx$$
$$=\left[\frac{2}{3}x^3+2x^2\right]_{-1}^{0}+\left[-\frac{1}{3}x^3+2x^2\right]_{0}^{2}$$
$$=-\frac{4}{3}+\frac{16}{3}=4$$

답 4

66 함수 $f(x)$가 실수 전체의 집합에서 연속이므로 $x=a$에서 연속이다.
즉, $\lim_{x\to a-}f(x)=\lim_{x\to a+}f(x)=f(a)$에서
$3a+1=a^3-2a+3$
$a^3-5a+2=0$
$(a-2)(a^2+2a-1)=0$
$a=2$ 또는 $a=-1+\sqrt{2}$ 또는 $a=-1-\sqrt{2}$
$a>1$이므로 $a=2$
따라서 $f(x)=\begin{cases} 3x+1 & (x\le 2) \\ x^3-2x+3 & (x>2)\end{cases}$이므로
$$\int_0^3 f(x)dx=\int_0^2 f(x)dx+\int_2^3 f(x)dx$$
$$=\int_0^2(3x+1)dx+\int_2^3(x^3-2x+3)dx$$
$$=\left[\frac{3}{2}x^2+x\right]_0^2+\left[\frac{1}{4}x^4-x^2+3x\right]_2^3$$
$$=8+\frac{57}{4}=\frac{89}{4}$$

답 ⑤

67 $f'(x)=\begin{cases} 2x+4 & (x\le 0) \\ x^2-3x+4 & (x>0)\end{cases}$에서
$f(x)=\begin{cases} x^2+4x+C_1 & (x\le 0) \\ \frac{1}{3}x^3-\frac{3}{2}x^2+4x+C_2 & (x>0)\end{cases}$ (단, C_1, C_2는 적분상수)
$f(-1)=-1$에서
$1-4+C_1=-1$, $C_1=2$
한편, 함수 $f(x)$가 실수 전체의 집합에서 미분가능하므로 함수 $f(x)$는 실수 전체의 집합에서 연속이다.
즉, 함수 $f(x)$는 $x=0$에서 연속이므로
$\lim_{x\to 0-}f(x)=\lim_{x\to 0+}f(x)=f(0)$
즉, $C_2=C_1=2$
따라서 $f(x)=\begin{cases} x^2+4x+2 & (x\le 0) \\ \frac{1}{3}x^3-\frac{3}{2}x^2+4x+2 & (x>0)\end{cases}$이므로
$$\int_{-2}^{2}f(x)dx=\int_{-2}^{0}f(x)dx+\int_{0}^{2}f(x)dx$$
$$=\int_{-2}^{0}(x^2+4x+2)dx+\int_{0}^{2}\left(\frac{1}{3}x^3-\frac{3}{2}x^2+4x+2\right)dx$$
$$=\left[\frac{1}{3}x^3+2x^2+2x\right]_{-2}^{0}+\left[\frac{1}{12}x^4-\frac{1}{2}x^3+2x^2+2x\right]_{0}^{2}$$
$$=-\frac{4}{3}+\frac{28}{3}=8$$

답 ②

68 $f(x)=x^3+ax^2+bx+c$ (a, b, c는 상수)로 놓으면
$f'(x)=3x^2+2ax+b$
함수 $g(x)$가 실수 전체의 집합에서 미분가능하므로 실수 전체의 집합에서 연속이다.
즉, 함수 $g(x)$가 $x=0$에서 연속이므로
$\lim_{x\to 0-}g(x)=\lim_{x\to 0+}g(x)=g(0)$
즉, $f(0)=2-f(0)$에서 $f(0)=1$이므로
$c=1$
또 함수 $g(x)$가 $x=0$에서 미분가능하므로
$$\lim_{h\to 0-}\frac{g(h)-g(0)}{h}=\lim_{h\to 0+}\frac{g(h)-g(0)}{h}$$
이어야 한다.
$$\lim_{h\to 0-}\frac{g(h)-g(0)}{h}=\lim_{h\to 0-}\frac{f(h)-1}{h}=f'(0)$$
$$\lim_{h\to 0+}\frac{g(h)-g(0)}{h}=\lim_{h\to 0+}\frac{2-f(h)-1}{h}$$
$$=\lim_{h\to 0+}\left\{-\frac{f(h)-1}{h}\right\}=-f'(0)$$
즉, $f'(0)=-f'(0)$에서 $f'(0)=0$이므로
$b=0$
그러므로 $f(x)=x^3+ax^2+1$이고
$g(x)=\begin{cases} x^3+ax^2+1 & (x\le 0) \\ -x^3-ax^2+1 & (x>0)\end{cases}$
$$\int_{-2}^{1}g(x)dx=\int_{-2}^{0}g(x)dx+\int_{0}^{1}g(x)dx$$
$$=\int_{-2}^{0}(x^3+ax^2+1)dx+\int_{0}^{1}(-x^3-ax^2+1)dx$$
$$=\left[\frac{1}{4}x^4+\frac{a}{3}x^3+x\right]_{-2}^{0}+\left[-\frac{1}{4}x^4-\frac{a}{3}x^3+x\right]_{0}^{1}$$
$$=\left(\frac{8}{3}a-2\right)+\left(-\frac{a}{3}+\frac{3}{4}\right)$$
$$=\frac{7}{3}a-\frac{5}{4}$$
즉, $\frac{7}{3}a-\frac{5}{4}=4$에서
$\frac{7}{3}a=\frac{21}{4}$, $a=\frac{9}{4}$
따라서 $f(x)=x^3+\frac{9}{4}x^2+1$이므로
$f(2)=8+9+1=18$

답 18

69 $|x^2-x-2|=\begin{cases} x^2-x-2 & (x\le -1 \text{ 또는 } x\ge 2) \\ -x^2+x+2 & (-1<x<2)\end{cases}$
이므로
$$\int_{-1}^{3}|x^2-x-2|dx=\int_{-1}^{2}(-x^2+x+2)dx+\int_{2}^{3}(x^2-x-2)dx$$
$$=\left[-\frac{1}{3}x^3+\frac{1}{2}x^2+2x\right]_{-1}^{2}+\left[\frac{1}{3}x^3-\frac{1}{2}x^2-2x\right]_{2}^{3}$$
$$=\frac{9}{2}+\frac{11}{6}=\frac{19}{3}$$

답 ③

70 $|x|=\begin{cases} x & (x\ge 0) \\ -x & (x<0) \end{cases}$이므로

$$\int_{-1}^{2}(|x|^3+2|x|)dx=\int_{-1}^{0}(-x^3-2x)dx+\int_{0}^{2}(x^3+2x)dx$$
$$=\left[-\frac{1}{4}x^4-x^2\right]_{-1}^{0}+\left[\frac{1}{4}x^4+x^2\right]_{0}^{2}$$
$$=\frac{5}{4}+8=\frac{37}{4}$$

답 ④

71 $|x-2|=\begin{cases} x-2 & (x\ge 2) \\ -x+2 & (x<2) \end{cases}$이므로

$$\int_{0}^{3}x|x-2|dx=\int_{0}^{2}x(-x+2)dx+\int_{2}^{3}x(x-2)dx$$
$$=\int_{0}^{2}(-x^2+2x)dx+\int_{2}^{3}(x^2-2x)dx$$
$$=\left[-\frac{1}{3}x^3+x^2\right]_{0}^{2}+\left[\frac{1}{3}x^3-x^2\right]_{2}^{3}$$
$$=\frac{4}{3}+\frac{4}{3}=\frac{8}{3}$$

답 ②

72 $f(x)=|x-1|=\begin{cases} x-1 & (x\ge 1) \\ -x+1 & (x<1) \end{cases}$이므로

함수 $y=f(x)$의 그래프는 그림과 같다.

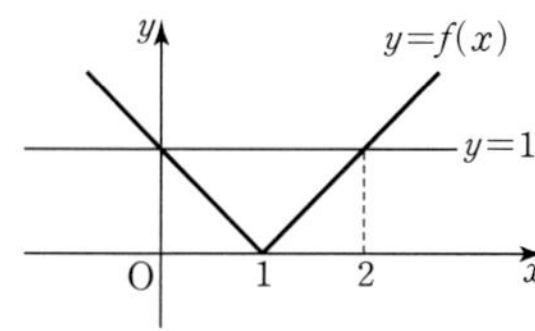

$f(x)=1$에서 $x=0$ 또는 $x=2$이므로

$(f\circ f)(x)=f(f(x))$

$$=\begin{cases} f(x)-1 & (f(x)\ge 1) \\ -f(x)+1 & (f(x)<1) \end{cases}$$
$$=\begin{cases} f(x)-1 & (x\le 0 \text{ 또는 } x\ge 2) \\ -f(x)+1 & (0<x<2) \end{cases} \quad \cdots\cdots ㉠$$

$x\le 0$에서 $f(x)-1=(-x+1)-1=-x$

$0<x<1$에서 $-f(x)+1=-(-x+1)+1=x$

$1\le x<2$에서 $-f(x)+1=-(x-1)+1=-x+2$

$x\ge 2$에서 $f(x)-1=(x-1)-1=x-2$

그러므로 ㉠에서

$$(f\circ f)(x)=\begin{cases} -x & (x\le 0) \\ x & (0<x<1) \\ -x+2 & (1\le x<2) \\ x-2 & (x\ge 2) \end{cases}$$

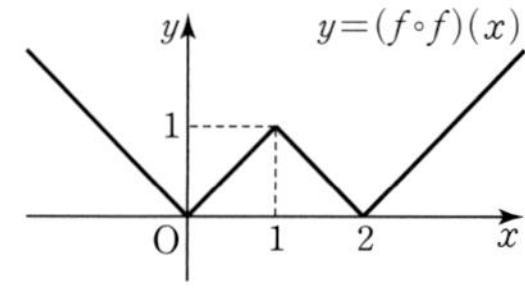

따라서

$$\int_{-1}^{4}(f\circ f)(x)dx$$
$$=\int_{-1}^{0}(f\circ f)(x)dx+\int_{0}^{1}(f\circ f)(x)dx+\int_{1}^{2}(f\circ f)(x)dx+\int_{2}^{4}(f\circ f)(x)dx$$
$$=\int_{-1}^{0}(-x)dx+\int_{0}^{1}xdx+\int_{1}^{2}(-x+2)dx+\int_{2}^{4}(x-2)dx$$
$$=\left[-\frac{1}{2}x^2\right]_{-1}^{0}+\left[\frac{1}{2}x^2\right]_{0}^{1}+\left[-\frac{1}{2}x^2+2x\right]_{1}^{2}+\left[\frac{1}{2}x^2-2x\right]_{2}^{4}$$
$$=\frac{1}{2}+\frac{1}{2}+\frac{1}{2}+2=\frac{7}{2}$$

답 ④

73 $f(x)=-x^3$에서

$f'(x)=-3x^2$

$f'(-1)=-3$이므로 곡선 $y=f(x)$ 위의 점 $(-1,\ 1)$에서의 접선의 방정식은

$y-1=-3\{x-(-1)\}$

$y=-3x-2$

즉, $g(x)=-3x-2$

이때 곡선 $y=f(x)$와 직선 $y=g(x)$가 만나는 점의 x좌표는

$-x^3=-3x-2$에서

$x^3-3x-2=0$, $(x+1)^2(x-2)=0$

$x=-1$ 또는 $x=2$

그러므로 두 함수 $y=f(x)$, $y=g(x)$의 그래프는 그림과 같다.

$x\le 2$에서 $f(x)\ge g(x)$이고,

$x>2$에서 $f(x)<g(x)$이므로

$$\int_{-1}^{3}|f(x)-g(x)|dx$$
$$=\int_{-1}^{2}\{f(x)-g(x)\}dx+\int_{2}^{3}\{g(x)-f(x)\}dx$$
$$=\int_{-1}^{2}(-x^3+3x+2)dx+\int_{2}^{3}(x^3-3x-2)dx$$
$$=\left[-\frac{1}{4}x^4+\frac{3}{2}x^2+2x\right]_{-1}^{2}+\left[\frac{1}{4}x^4-\frac{3}{2}x^2-2x\right]_{2}^{3}$$
$$=\frac{27}{4}+\frac{27}{4}=\frac{27}{2}$$

답 ④

74 조건 (가)에 의하여 곡선 $y=f(x)$는 직선 $x=1$에 대하여 대칭이므로

$-\frac{b}{2a}=1$, $b=-2a$

즉, $f(x)=ax^2-2ax$이고

$f'(x)=2ax-2a=2a(x-1)$

$a>0$이고, $|x-1|=\begin{cases} x-1 & (x\ge 1) \\ -x+1 & (x<1) \end{cases}$이므로

조건 (나)에서

$\int_0^3 |f'(x)|dx = \int_0^3 |2a(x-1)|dx$
$= \int_0^3 2a|x-1|dx$
$= 2a\int_0^3 |x-1|dx$
$= 2a\left\{\int_0^1 (-x+1)dx + \int_1^3 (x-1)dx\right\}$
$= 2a\left\{\left[-\frac{1}{2}x^2+x\right]_0^1 + \left[\frac{1}{2}x^2-x\right]_1^3\right\}$
$= 2a\left(\frac{1}{2}+2\right) = 5a$

즉, $5a=10$에서 $a=2$

따라서 $f(x)=2x^2-4x$이므로

$f(3)=18-12=6$

답 ①

75 $f(x)=x^2+ax+b$에서

$f'(x)=2x+a$

조건 (가)에 의하여

$f'(1)=2+a=4$, $a=2$

즉, $f(x)=x^2+2x+b$

조건 (나)에서

$\int_{-1}^1 f(x)dx = \int_{-1}^1 (x^2+2x+b)dx$
$= 2\int_0^1 (x^2+b)dx$
$= 2\left[\frac{1}{3}x^3+bx\right]_0^1$
$= 2\left(\frac{1}{3}+b\right) = \frac{2}{3}+2b$

즉, $\frac{2}{3}+2b=2$에서 $b=\frac{2}{3}$

따라서 $f(x)=x^2+2x+\frac{2}{3}$이므로

$f(2)=4+4+\frac{2}{3}=\frac{26}{3}$

답 ③

76 $\int_{-2}^2 x(x^2+3x-2)dx = \int_{-2}^2 (x^3+3x^2-2x)dx$
$= 2\int_0^2 3x^2dx$
$= 2\left[x^3\right]_0^2$
$= 2\times8=16$

답 ③

77 $\int_{-a}^a (2x^3+3x^2-5x+1)dx = 2\int_0^a (3x^2+1)dx$
$= 2\left[x^3+x\right]_0^a$
$= 2(a^3+a)$
$= 2a^3+2a$

즉, $2a^3+2a=60$에서

$a^3+a-30=0$, $(a-3)(a^2+3a+10)=0$

a는 실수이므로 $a=3$

답 3

78 $\int_{-1}^3 f(x)dx - \int_2^3 f(x)dx + \int_2^1 f(x)dx$
$= \int_{-1}^3 f(x)dx + \int_3^2 f(x)dx + \int_2^1 f(x)dx$
$= \int_{-1}^2 f(x)dx + \int_2^1 f(x)dx$
$= \int_{-1}^1 f(x)dx$
$= \int_{-1}^1 (2x^4-x^3+3x+a)dx$
$= 2\int_0^1 (2x^4+a)dx$
$= 2\left[\frac{2}{5}x^5+ax\right]_0^1$
$= 2\left(\frac{2}{5}+a\right)$
$= \frac{4}{5}+2a$

즉, $\frac{4}{5}+2a=4$에서 $a=\frac{8}{5}$

따라서 $10a=10\times\frac{8}{5}=16$

답 16

79 $\int_{-2}^3 \{2x+f(x)\}dx = \int_{-2}^3 2xdx + \int_{-2}^3 f(x)dx$ ...... ㉠

$\int_{-2}^3 f(x)dx = \int_{-2}^1 f(x)dx + \int_1^3 f(x)dx$ ...... ㉡

조건 (가), (나)에 의하여

$\int_{-2}^1 f(x)dx = -\int_{-1}^2 f(x)dx = -3$, $\int_1^3 f(x)dx = 8$

이므로 ㉡에서

$\int_{-2}^3 f(x)dx = -3+8=5$

이때 $\int_{-2}^3 2xdx = \left[x^2\right]_{-2}^3 = 5$이므로 ㉠에서

$\int_{-2}^3 \{2x+f(x)\}dx = 5+5=10$

답 10

참고

$\int_{-2}^1 f(x)dx = -\int_{-1}^2 f(x)dx$는 다음과 같이 보일 수 있다.

조건 (가)에 의하여 $\int_{-2}^2 f(x)dx=0$

$\int_{-2}^2 f(x)dx = \int_{-2}^1 f(x)dx + \int_1^{-1} f(x)dx + \int_{-1}^2 f(x)dx$
$= \int_{-2}^1 f(x)dx + \int_{-1}^2 f(x)dx$
$=0$

따라서 $\int_{-2}^1 f(x)dx = -\int_{-1}^2 f(x)dx$이다.

다른 풀이

$g(x)=2x+f(x)$로 놓으면 조건 (가)에 의하여 모든 실수 x에 대하여

$g(-x)=-g(x)$이므로

$$\int_{-2}^{3}\{2x+f(x)\}dx=\int_{-2}^{2}\{2x+f(x)\}dx+\int_{2}^{3}\{2x+f(x)\}dx$$

$$=\int_{2}^{3}\{2x+f(x)\}dx$$

$$=\int_{2}^{3}2xdx+\int_{2}^{3}f(x)dx$$

$$=\Big[x^2\Big]_2^3+\int_{2}^{3}f(x)dx$$

$$=5+\int_{2}^{3}f(x)dx \quad \cdots\cdots ㉠$$

조건 (나)의 $\int_{-1}^{2}f(x)dx=3$에서

$$\int_{-1}^{2}f(x)dx=\int_{-1}^{1}f(x)dx+\int_{1}^{2}f(x)dx=\int_{1}^{2}f(x)dx$$

즉, $\int_{1}^{2}f(x)dx=3$

또 조건 (나)의 $\int_{1}^{3}f(x)dx=8$에서

$$\int_{1}^{3}f(x)dx=\int_{1}^{2}f(x)dx+\int_{2}^{3}f(x)dx$$

이므로

$$\int_{2}^{3}f(x)dx=\int_{1}^{3}f(x)dx-\int_{1}^{2}f(x)dx=8-3=5$$

따라서 ㉠에서

$$\int_{-2}^{3}\{2x+f(x)\}dx=5+5=10$$

80 $f(x)=x^2+ax+b$ (a, b는 상수)로 놓으면

$$\int_{-2}^{2}f(x)dx=\int_{-2}^{2}(x^2+ax+b)dx$$

$$=2\int_{0}^{2}(x^2+b)dx$$

$$=2\Big[\frac{1}{3}x^3+bx\Big]_0^2$$

$$=2\Big(\frac{8}{3}+2b\Big)$$

$$=\frac{16}{3}+4b \quad \cdots\cdots ㉠$$

$$\int_{-2}^{2}xf(x)dx=\int_{-2}^{2}x(x^2+ax+b)dx$$

$$=\int_{-2}^{2}(x^3+ax^2+bx)dx$$

$$=2a\int_{0}^{2}x^2dx$$

$$=2a\Big[\frac{1}{3}x^3\Big]_0^2$$

$$=\frac{16}{3}a \quad \cdots\cdots ㉡$$

$$\int_{-2}^{2}x^2f(x)dx=\int_{-2}^{2}x^2(x^2+ax+b)dx$$

$$=\int_{-2}^{2}(x^4+ax^3+bx^2)dx$$

$$=2\int_{0}^{2}(x^4+bx^2)dx$$

$$=2\Big[\frac{1}{5}x^5+\frac{b}{3}x^3\Big]_0^2$$

$$=2\Big(\frac{32}{5}+\frac{8}{3}b\Big)$$

$$=\frac{64}{5}+\frac{16}{3}b \quad \cdots\cdots ㉢$$

㉠, ㉢에서

$\frac{16}{3}+4b=\frac{64}{5}+\frac{16}{3}b$, $\frac{4}{3}b=-\frac{112}{15}$, $b=-\frac{28}{5}$

㉠, ㉡에서

$\frac{16}{3}+4b=\frac{16}{3}a$, $\frac{16}{3}a=-\frac{256}{15}$, $a=-\frac{16}{5}$

따라서 $f(x)=x^2-\frac{16}{5}x-\frac{28}{5}$이므로

$$f(2)=4-\frac{32}{5}-\frac{28}{5}=-8$$

답 ②

81 함수 $f(x)$가 모든 실수 x에 대하여 $f(x+3)=f(x)$이므로

$$\int_{-2}^{1}f(x)dx=\int_{1}^{4}f(x)dx=\int_{4}^{7}f(x)dx=\int_{7}^{10}f(x)dx$$

따라서

$$\int_{-2}^{10}f(x)dx$$

$$=\int_{-2}^{1}f(x)dx+\int_{1}^{4}f(x)dx+\int_{4}^{7}f(x)dx+\int_{7}^{10}f(x)dx$$

$$=\int_{-2}^{1}f(x)dx+\int_{-2}^{1}f(x)dx+\int_{-2}^{1}f(x)dx+\int_{-2}^{1}f(x)dx$$

$$=4\int_{-2}^{1}f(x)dx$$

$$=4\times4=16$$

답 ③

82 $\int_{-2}^{5}f(x)dx=\int_{-2}^{1}f(x)dx+\int_{1}^{5}f(x)dx \quad \cdots\cdots ㉠$

함수 $f(x)$가 모든 실수 x에 대하여 $f(x+2)=f(x)$이므로

$$\int_{-2}^{1}f(x)dx=\int_{0}^{3}f(x)dx=4$$

$$\int_{1}^{5}f(x)dx=\int_{-1}^{3}f(x)dx=\int_{-3}^{1}f(x)dx=2$$

따라서 ㉠에서

$$\int_{-2}^{5}f(x)dx=\int_{-2}^{1}f(x)dx+\int_{1}^{5}f(x)dx$$

$$=4+2=6$$

답 ①

83 $\int_{-2}^{7}f(x)dx=12$이므로 $a\neq0$

조건 (나)에서 함수 $f(x)$가 모든 실수 x에 대하여

$f(x+2)=f(x)$이므로

$$\int_{-2}^{0}f(x)dx=\int_{0}^{2}f(x)dx=\int_{2}^{4}f(x)dx=\int_{4}^{6}f(x)dx$$

$$\int_{6}^{7}f(x)dx=\int_{0}^{1}f(x)dx$$

그러므로

$$\int_{-2}^{7}f(x)dx$$

$$=\int_{-2}^{0}f(x)dx+\int_{0}^{2}f(x)dx+\int_{2}^{4}f(x)dx+\int_{4}^{6}f(x)dx$$

$+\int_{6}^{7} f(x)dx$

$=4\int_{0}^{2} f(x)dx+\int_{0}^{1} f(x)dx$ …… ㉠

조건 (가)에 의하여 $0\le x\le 2$에서 곡선 $y=f(x)$는 직선 $x=1$에 대하여 대칭이므로

$\int_{0}^{1} f(x)dx=\int_{1}^{2} f(x)dx$

즉,

$\int_{0}^{2} f(x)dx=\int_{0}^{1} f(x)dx+\int_{1}^{2} f(x)dx$

$=2\int_{0}^{1} f(x)dx$ …… ㉡

㉡을 ㉠에 대입하면

$\int_{-2}^{7} f(x)dx=8\int_{0}^{1} f(x)dx+\int_{0}^{1} f(x)dx$

$=9\int_{0}^{1} f(x)dx$

즉, $9\int_{0}^{1} f(x)dx=12$에서 $\int_{0}^{1} f(x)dx=\frac{4}{3}$이므로

$\int_{0}^{1} f(x)dx=\int_{0}^{1} a(x-1)^2dx$

$=a\int_{0}^{1}(x^2-2x+1)dx$

$=a\left[\frac{1}{3}x^3-x^2+x\right]_0^1=\frac{1}{3}a$

따라서 $\frac{1}{3}a=\frac{4}{3}$에서 $a=4$

답 ⑤

84 $f(x)=3x^2+\int_{0}^{2} f(x)dx$에서

$\int_{0}^{2} f(x)dx=k$ (k는 상수)로 놓으면

$f(x)=3x^2+k$

$\int_{0}^{2} f(x)dx=\int_{0}^{2}(3x^2+k)dx=\left[x^3+kx\right]_0^2=8+2k$

즉, $8+2k=k$에서 $k=-8$

따라서 $f(x)=3x^2-8$이므로

$f(2)=12-8=4$

답 ④

85 $f(x)=x^3+2x\int_{0}^{1} f'(x)dx$에서

$\int_{0}^{1} f'(x)dx=k$ (k는 상수)로 놓으면

$f(x)=x^3+2kx$이고, $f'(x)=3x^2+2k$

$\int_{0}^{1} f'(x)dx=\int_{0}^{1}(3x^2+2k)dx=\left[x^3+2kx\right]_0^1=1+2k$

즉, $1+2k=k$에서 $k=-1$

따라서 $f(x)=x^3-2x$이므로

$f(3)=27-6=21$

답 21

86 $f(x)=3x^2-\int_{0}^{2}(2x-1)f(t)dt$

$=3x^2-(2x-1)\int_{0}^{2} f(t)dt$

$\int_{0}^{2} f(t)dt=k$ (k는 상수)로 놓으면

$f(x)=3x^2-(2x-1)k=3x^2-2kx+k$

$\int_{0}^{2} f(t)dt=\int_{0}^{2}(3t^2-2kt+k)dt$

$=\left[t^3-kt^2+kt\right]_0^2=8-2k$

즉, $k=8-2k$에서 $k=\frac{8}{3}$

따라서 $f(x)=3x^2-\frac{16}{3}x+\frac{8}{3}$이므로

$f(2)=12-\frac{32}{3}+\frac{8}{3}=4$

답 ②

87 $\int_{3}^{x} f(t)dt=-2x^2+ax-3$ …… ㉠

㉠의 양변에 $x=3$을 대입하면

$0=-18+3a-3$, $3a=21$, $a=7$

즉, $\int_{3}^{x} f(t)dt=-2x^2+7x-3$에서 양변을 x에 대하여 미분하면

$f(x)=-4x+7$

따라서 $f(-2)=8+7=15$

답 ⑤

88 $\int_{1}^{x} f(t)dt=x^3-4x^2+ax$ …… ㉠

㉠의 양변에 $x=1$을 대입하면

$0=1-4+a$, $a=3$

즉, $\int_{1}^{x} f(t)dt=x^3-4x^2+3x$에서 양변을 x에 대하여 미분하면

$f(x)=3x^2-8x+3$

따라서

$\int_{1}^{2} f(t)dt=\int_{1}^{2}(3t^2-8t+3)dt$

$=\left[t^3-4t^2+3t\right]_1^2$

$=-2-0=-2$

답 ②

다른 풀이

$a=3$이므로 ㉠에서

$\int_{1}^{x} f(t)dt=x^3-4x^2+3x$

따라서 $\int_{1}^{2} f(t)dt$의 값은 위 등식의 양변에 $x=2$를 대입한 값과 같으므로

$\int_{1}^{2} f(t)dt=8-16+6=-2$

89 $xf(x)=\int_{2}^{x} f(t)dt+x^4-2x^3$ …… ㉠

㉠의 양변에 $x=2$를 대입하면

$2f(2)=0+16-16$, $f(2)=0$

㉠의 양변을 x에 대하여 미분하면

$f(x)+xf'(x)=f(x)+4x^3-6x^2$

$xf'(x)=4x^3-6x^2$

$f'(x)$가 다항함수이므로 $f'(x)=4x^2-6x$

그러므로

$$f(x)=\int f'(x)dx=\int(4x^2-6x)dx$$

$$=\frac{4}{3}x^3-3x^2+C \text{ (단, } C\text{는 적분상수)}$$

$f(2)=0$이므로

$\frac{32}{3}-12+C=0$, $C=\frac{4}{3}$

따라서 $f(x)=\frac{4}{3}x^3-3x^2+\frac{4}{3}$이므로

$f(1)=\frac{4}{3}-3+\frac{4}{3}=-\frac{1}{3}$

답 ⑤

90 $\int_{-1}^{x}\left\{\frac{d}{dt}f(t)\right\}dt=x^4+ax^3-4$

위의 등식에서 $\frac{d}{dt}f(t)=f'(t)=g(t)$라 하면

$\int_{-1}^{x}g(t)dt=x^4+ax^3-4$ …… ㉠

㉠의 양변에 $x=-1$을 대입하면

$0=1-a-4$, $a=-3$

㉠에서 $\int_{-1}^{x}g(t)dt=x^4-3x^3-4$이므로 양변을 x에 대하여 미분하면

$g(x)=4x^3-9x^2$

즉, $f'(x)=4x^3-9x^2$이므로

$f'(2)=32-36=-4$

답 ②

다른 풀이

$\int_{-1}^{x}\left\{\frac{d}{dt}f(t)\right\}dt=\int_{-1}^{x}f'(t)dt=\Big[f(t)\Big]_{-1}^{x}=f(x)-f(-1)$

이므로 $\int_{-1}^{x}\left\{\frac{d}{dt}f(t)\right\}dt=x^4+ax^3-4$에서

$f(x)-f(-1)=x^4+ax^3-4$ …… ㉡

㉡의 양변에 $x=-1$을 대입하면

$0=1-a-4$, $a=-3$

즉, $f(x)-f(-1)=x^4-3x^3-4$에서 양변을 x에 대하여 미분하면

$f'(x)=4x^3-9x^2$

따라서 $f'(2)=32-36=-4$

91 $\frac{d}{dx}\int_{0}^{x}f(t)dt=f(x)$

$\int_{a}^{x}\left\{\frac{d}{dt}f(t)\right\}dt=\int_{a}^{x}f'(t)dt=\Big[f(t)\Big]_{a}^{x}=f(x)-f(a)$

이므로 $\frac{d}{dx}\int_{0}^{x}f(t)dt=\int_{a}^{x}\left\{\frac{d}{dt}f(t)\right\}dt$에서

$f(x)=f(x)-f(a)$, $f(a)=0$

$f(x)=x^3-3x+2$에서

$f(a)=a^3-3a+2=0$

$(a-1)(a^2+a-2)=0$, $(a+2)(a-1)^2=0$

$a=-2$ 또는 $a=1$

따라서 서로 다른 모든 실수 a의 값의 합은

$-2+1=-1$

답 ②

92 $\int_{0}^{1}f(t)dt=k$ (k는 상수)로 놓으면 주어진 등식은

$\int_{1}^{x}tf(t)dt=\frac{1}{2}x^4+ax^3+3kx^2$ …… ㉠

㉠의 양변에 $x=1$을 대입하면

$0=\frac{1}{2}+a+3k$, $a+3k=-\frac{1}{2}$ …… ㉡

㉠의 양변을 x에 대하여 미분하면

$xf(x)=2x^3+3ax^2+6kx$

$f(x)$가 다항함수이므로

$f(x)=2x^2+3ax+6k$

$$\int_{0}^{1}f(t)dt=\int_{0}^{1}(2t^2+3at+6k)dt$$

$$=\left[\frac{2}{3}t^3+\frac{3}{2}at^2+6kt\right]_{0}^{1}$$

$$=\frac{2}{3}+\frac{3}{2}a+6k$$

즉, $\frac{2}{3}+\frac{3}{2}a+6k=k$에서

$\frac{3}{2}a+5k=-\frac{2}{3}$ …… ㉢

㉢$-\frac{3}{2}\times$㉡을 하면 $\frac{k}{2}=\frac{1}{12}$, $k=\frac{1}{6}$

㉡에서 $a=-\frac{1}{2}-3k=-\frac{1}{2}-\frac{1}{2}=-1$

따라서 $f(x)=2x^2-3x+1$이므로

$f(3)=18-9+1=10$

답 10

93 $\int_{1}^{x}(x-t)f(t)dt=x^4+ax^2+1$의 양변에 $x=1$을 대입하면

$0=1+a+1$, $a=-2$

$\int_{1}^{x}(x-t)f(t)dt=x^4-2x^2+1$에서

$x\int_{1}^{x}f(t)dt-\int_{1}^{x}tf(t)dt=x^4-2x^2+1$

위 등식의 양변을 x에 대하여 미분하면

$\int_{1}^{x}f(t)dt+xf(x)-xf(x)=4x^3-4x$

$\int_{1}^{x}f(t)dt=4x^3-4x$

위 등식의 양변을 다시 x에 대하여 미분하면

$f(x)=12x^2-4$

따라서 $f(a)=f(-2)=48-4=44$

답 44

94 $\int_2^x (x-t)f(t)dt=x^3+ax^2+bx$의 양변에 $x=2$를 대입하면

$0=8+4a+2b$

$2a+b=-4$ …… ㉠

$\int_2^x (x-t)f(t)dt=x^3+ax^2+bx$에서

$x\int_2^x f(t)dt-\int_2^x tf(t)dt=x^3+ax^2+bx$

위 등식의 양변을 x에 대하여 미분하면

$\int_2^x f(t)dt+xf(x)-xf(x)=3x^2+2ax+b$

$\int_2^x f(t)dt=3x^2+2ax+b$ …… ㉡

㉡의 양변에 $x=2$를 대입하면

$0=12+4a+b$

$4a+b=-12$ …… ㉢

㉢－㉠을 하면 $2a=-8$, $a=-4$

㉠에서 $b=4$

㉡에서 $\int_2^x f(t)dt=3x^2-8x+4$이고, 이 등식의 양변을 다시 x에 대하여 미분하면

$f(x)=6x-8$

따라서 $f(b-a)=f(8)=48-8=40$

답 ⑤

95 $\int_0^x (x-t)f(t)dt=ax^3+bx^2$에서

$x\int_0^x f(t)dt-\int_0^x tf(t)dt=ax^3+bx^2$

위 등식의 양변을 x에 대하여 미분하면

$\int_0^x f(t)dt+xf(x)-xf(x)=3ax^2+2bx$

$\int_0^x f(t)dt=3ax^2+2bx$

위 등식의 양변을 다시 x에 대하여 미분하면

$f(x)=6ax+2b$ …… ㉠

한편, $\lim_{x\to 0}\frac{f(x)-6}{x}=3$에서 극한값이 존재하고 $x\to 0$일 때

(분모) → 0이므로 (분자) → 0이어야 한다.

즉, $\lim_{x\to 0}\{f(x)-6\}=0$이고 함수 $f(x)$가 실수 전체의 집합에서 연속이므로

$f(0)=6$

㉠에서 $f(0)=2b=6$, $b=3$

또 미분계수의 정의에 의하여

$\lim_{x\to 0}\frac{f(x)-6}{x}=\lim_{x\to 0}\frac{f(x)-f(0)}{x}=f'(0)$

이므로 $f'(0)=3$

㉠에서 $f'(x)=6a$이므로

$f'(0)=6a=3$, $a=\frac{1}{2}$

따라서

$4a+3b=4\times\frac{1}{2}+3\times 3=11$

답 11

96 $f(x)=\int_0^x (3t^2+at+b)dt$의 양변을 x에 대하여 미분하면

$f'(x)=3x^2+ax+b$

함수 $f(x)$가 $x=1$에서 극댓값 $\frac{5}{2}$를 가지므로

$f(1)=\frac{5}{2}$, $f'(1)=0$

$f(1)=\int_0^1 (3t^2+at+b)dt$

$=\left[t^3+\frac{a}{2}t^2+bt\right]_0^1$

$=1+\frac{a}{2}+b$

즉, $1+\frac{a}{2}+b=\frac{5}{2}$에서

$\frac{a}{2}+b=\frac{3}{2}$ …… ㉠

$f'(1)=3+a+b=0$에서

$a+b=-3$ …… ㉡

㉡－㉠을 하면 $\frac{a}{2}=-\frac{9}{2}$, $a=-9$

㉡에서 $b=6$

따라서 $f(x)=\int_0^x (3t^2-9t+6)dt$이므로

$f(2)=\int_0^2 (3t^2-9t+6)dt=\left[t^3-\frac{9}{2}t^2+6t\right]_0^2=2$

답 ⑤

97 $f(x)=\int_{-2}^x (t^2-1)dt$의 양변을 x에 대하여 미분하면

$f'(x)=x^2-1=(x+1)(x-1)$

$f'(x)=0$에서 $x=-1$ 또는 $x=1$

함수 $f(x)$의 증가와 감소를 표로 나타내면 다음과 같다.

x	…	-1	…	1	…
$f'(x)$	+	0	−	0	+
$f(x)$	↗	극대	↘	극소	↗

$f(x)=\int_{-2}^x (t^2-1)dt=\left[\frac{1}{3}t^3-t\right]_{-2}^x=\frac{1}{3}x^3-x+\frac{2}{3}$

함수 $f(x)$는 $x=-1$에서 극대이므로 $M=f(-1)=\frac{4}{3}$

함수 $f(x)$는 $x=1$에서 극소이므로 $m=f(1)=0$

따라서 $M+m=\frac{4}{3}+0=\frac{4}{3}$

답 ①

98 주어진 그래프에서 곡선 $y=f(x)$가 x축과 만나는 점의 x좌표가 각각 -1, 2이므로

$f(x)=a(x+1)(x-2)$ $(a>0)$

으로 놓을 수 있다.

곡선 $y=f(x)$가 점 $(0, -2)$를 지나므로

$f(0)=a\times 1\times(-2)=-2$에서 $a=1$

그러므로 $f(x)=(x+1)(x-2)$

$F(x)=\int_{-1}^x f(t)dt$의 양변을 x에 대하여 미분하면

$F'(x)=f(x)=(x+1)(x-2)$

$F'(x)=0$에서 $x=-1$ 또는 $x=2$
함수 $F(x)$의 증가와 감소를 표로 나타내면 다음과 같다.

x	$\cdots$	-1	$\cdots$	2	$\cdots$
$F'(x)$	$+$	0	$-$	0	$+$
$F(x)$	↗	극대	↘	극소	↗

따라서 함수 $F(x)$는 $x=2$에서 극소이므로 극솟값은

$$F(2)=\int_{-1}^{2}f(t)dt=\int_{-1}^{2}(t+1)(t-2)dt$$
$$=\int_{-1}^{2}(t^2-t-2)dt=\left[\frac{1}{3}t^3-\frac{1}{2}t^2-2t\right]_{-1}^{2}$$
$$=-\frac{10}{3}-\frac{7}{6}=-\frac{9}{2}$$

답 ①

99 $f(x)=\int_{a}^{x}(4-t^2)dt$의 양변을 x에 대하여 미분하면
$f'(x)=4-x^2=(2+x)(2-x)$
$f'(x)=0$에서 $x=-2$ 또는 $x=2$
함수 $f(x)$의 증가와 감소를 표로 나타내면 다음과 같다.

x	$\cdots$	-2	$\cdots$	2	$\cdots$
$f'(x)$	$-$	0	$+$	0	$-$
$f(x)$	↘	극소	↗	극대	↘

함수 $f(x)$는 $x=2$에서 극대이므로

$$f(2)=\int_{a}^{2}(4-t^2)dt=\left[4t-\frac{1}{3}t^3\right]_{a}^{2}$$
$$=\frac{16}{3}-\left(4a-\frac{1}{3}a^3\right)=\frac{1}{3}a^3-4a+\frac{16}{3}$$

극댓값이 0이므로
$\frac{1}{3}a^3-4a+\frac{16}{3}=0$, $a^3-12a+16=0$
$(a-2)(a^2+2a-8)=0$, $(a+4)(a-2)^2=0$
$a=-4$ 또는 $a=2$
따라서 서로 다른 모든 실수 a의 값의 합은
$-4+2=-2$

답 ④

100 $f(x)=\int_{k}^{x}(t^2-4t)dt$의 양변을 x에 대하여 미분하면
$f'(x)=x^2-4x=x(x-4)$
$f'(x)=0$에서 $x=0$ 또는 $x=4$
함수 $f(x)$의 증가와 감소를 표로 나타내면 다음과 같다.

x	$\cdots$	0	$\cdots$	4	$\cdots$
$f'(x)$	$+$	0	$-$	0	$+$
$f(x)$	↗	극대	↘	극소	↗

함수 $f(x)$는 $x=0$에서 극대이고 $x=4$에서 극소이므로 함수 $y=f(x)$의 그래프의 개형은 그림과 같다.

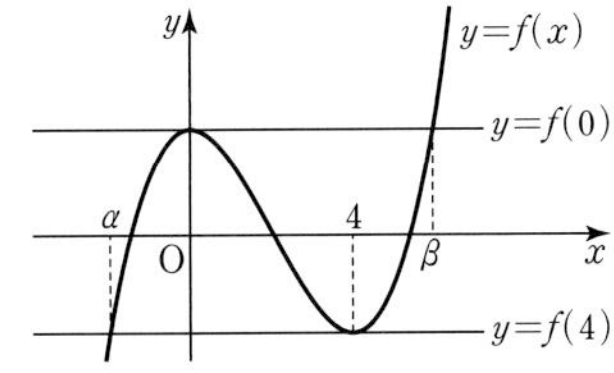

그림과 같이
방정식 $f(x)=f(4)$의 실근 중 4가 아닌 것을 α라 하고,
방정식 $f(x)=f(0)$의 실근 중 0이 아닌 것을 β라 하자.
이때 $f(k)=0$이므로 방정식 $f(x)=0$이 서로 다른 세 실근을 갖기 위한 정수 k는
$\alpha<k<0$, $0<k<4$, $4<k<\beta$
를 만족시켜야 한다.
$f(\alpha)=f(4)$에서

$$\int_{k}^{\alpha}(t^2-4t)dt=\int_{k}^{4}(t^2-4t)dt$$
$$-\int_{k}^{\alpha}(t^2-4t)dt+\int_{k}^{4}(t^2-4t)dt=0$$
$$\int_{\alpha}^{k}(t^2-4t)dt+\int_{k}^{4}(t^2-4t)dt=0$$

즉, $\int_{\alpha}^{4}(t^2-4t)dt=0$에서

$$\int_{\alpha}^{4}(t^2-4t)dt=\left[\frac{1}{3}t^3-2t^2\right]_{\alpha}^{4}=-\frac{32}{3}-\left(\frac{1}{3}\alpha^3-2\alpha^2\right)$$

이므로
$\frac{1}{3}\alpha^3-2\alpha^2+\frac{32}{3}=0$, $\frac{1}{3}(\alpha+2)(\alpha-4)^2=0$
$\alpha<4$이므로 $\alpha=-2$
또 $f(\beta)=f(0)$에서

$$\int_{k}^{\beta}(t^2-4t)dt=\int_{k}^{0}(t^2-4t)dt$$

즉, $\int_{0}^{\beta}(t^2-4t)dt=0$에서

$$\int_{0}^{\beta}(t^2-4t)dt=\left[\frac{1}{3}t^3-2t^2\right]_{0}^{\beta}=\frac{1}{3}\beta^3-2\beta^2$$

이므로
$\frac{1}{3}\beta^3-2\beta^2=0$, $\frac{1}{3}\beta^2(\beta-6)=0$
$\beta>0$이므로 $\beta=6$
따라서 $-2<k<0$, $0<k<4$, $4<k<6$이므로 가능한 정수 k는 -1, 1, 2, 3, 5이고, 그 개수는 5이다.

답 ⑤

다른 풀이
함수 $f(x)$가 $x=0$에서 극대이고 $x=4$에서 극소이므로 방정식 $f(x)=0$이 서로 다른 세 실근을 갖도록 하는 정수 k의 개수를 다음과 같이 구할 수 있다.

$$f(x)=\int_{k}^{x}(t^2-4t)dt=\left[\frac{1}{3}t^3-2t^2\right]_{k}^{x}$$
$$=\frac{1}{3}x^3-2x^2-\frac{1}{3}k^3+2k^2$$

방정식 $f(x)=0$이 서로 다른 세 실근을 갖기 위해서는 함수 $y=f(x)$의 그래프가 x축과 서로 다른 세 점에서 만나야 하므로 $f(0)>0$, $f(4)<0$이어야 한다.
$f(0)=-\frac{1}{3}k^3+2k^2>0$에서
$k^3-6k^2<0$, $k^2(k-6)<0$
$k=0$이면 $f(0)=0$이 되어 조건을 만족시키지 않으므로 $k\neq0$
즉, $k^2>0$이므로
$k<0$ 또는 $0<k<6$ …… ㉠
$f(4)=-\frac{1}{3}k^3+2k^2-\frac{32}{3}<0$에서

$k^3-6k^2+32>0$, $(k+2)(k-4)^2>0$
$k=4$이면 $f(4)=0$이 되어 조건을 만족시키지 않으므로 $k\neq4$
즉, $(k-4)^2>0$이므로
$-2<k<4$ 또는 $k>4$ ······ ㉡
㉠, ㉡에서 $-2<k<0$ 또는 $0<k<4$ 또는 $4<k<6$이므로 가능한 정수 k는 -1, 1, 2, 3, 5이고, 그 개수는 5이다.

101 $f(x)=\int_{-1}^{x}(t^2+at+b)dt$의 양변을 x에 대하여 미분하면
$f'(x)=x^2+ax+b$
조건 (가)에서 함수 $f(x)$가 $x=0$에서 극대이므로
$f'(0)=0$에서 $b=0$
$f'(x)=x^2+ax=x(x+a)$이고,
$f'(x)=0$에서 $x=0$ 또는 $x=-a$
이때 조건 (가)에 의하여 함수 $f(x)$가 $x=0$에서 극대이려면 $x=0$의 좌우에서 도함수 $f'(x)$의 부호가 양에서 음으로 바뀌어야 하므로 $a<0$이어야 한다.
그러므로 함수 $f(x)$의 증가와 감소를 표로 나타내면 다음과 같다.

x	$\cdots$	0	$\cdots$	$-a$	$\cdots$
$f'(x)$	$+$	0	$-$	0	$+$
$f(x)$	↗	극대	↘	극소	↗

이때 $f(-1)=0$이므로 조건 (나)에서 곡선 $y=f(x)$가 x축과 서로 다른 두 점에서 만나려면 그림과 같이 함수 $f(x)$의 극솟값이 0이어야 한다.

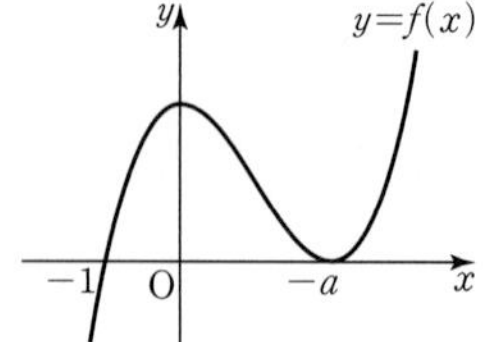

$$f(x)=\int_{-1}^{x}(t^2+at)dt=\left[\frac{1}{3}t^3+\frac{a}{2}t^2\right]_{-1}^{x}$$
$$=\frac{1}{3}x^3+\frac{a}{2}x^2-\frac{a}{2}+\frac{1}{3}$$
$f(-a)=0$에서
$\frac{1}{6}a^3-\frac{a}{2}+\frac{1}{3}=0$, $a^3-3a+2=0$
$(a-1)(a^2+a-2)=0$, $(a+2)(a-1)^2=0$
$a<0$이므로 $a=-2$
따라서 $f(x)=\frac{1}{3}x^3-x^2+\frac{4}{3}$이므로 함수 $f(x)$의 극댓값은
$f(0)=\frac{4}{3}$

답 ④

102 $f(x)=\int_{1}^{x}(t^2-2t-3)dt$의 양변을 x에 대하여 미분하면
$f'(x)=x^2-2x-3=(x+1)(x-3)$
$f'(x)=0$에서 $x=-1$ 또는 $x=3$
닫힌구간 $[0, 4]$에서 함수 $f(x)$의 증가와 감소를 표로 나타내면 다음과 같다.

x	0	$\cdots$	3	$\cdots$	4
$f'(x)$		$-$	0	$+$	
$f(x)$		↘	극소	↗	

$$f(x)=\int_{1}^{x}(t^2-2t-3)dt$$
$$=\left[\frac{1}{3}t^3-t^2-3t\right]_{1}^{x}=\frac{1}{3}x^3-x^2-3x+\frac{11}{3}$$
이므로
$f(0)=\frac{11}{3}$
$f(3)=9-9-9+\frac{11}{3}=-\frac{16}{3}$
$f(4)=\frac{64}{3}-16-12+\frac{11}{3}=-3$
따라서 닫힌구간 $[0, 4]$에서 함수 $f(x)$의 최댓값은 $\frac{11}{3}$이고 최솟값은 $-\frac{16}{3}$이므로
$\frac{11}{3}+\left(-\frac{16}{3}\right)=-\frac{5}{3}$

답 ③

103 $f(x)=\int_{-2}^{x}(t^2-t-2)dt$의 양변을 x에 대하여 미분하면
$f'(x)=x^2-x-2=(x+1)(x-2)$
$f'(x)=0$에서 $x=-1$ 또는 $x=2$
$0\leq x\leq3$에서 함수 $f(x)$의 증가와 감소를 표로 나타내면 다음과 같다.

x	0	$\cdots$	2	$\cdots$	3
$f'(x)$		$-$	0	$+$	
$f(x)$		↘	극소	↗	

따라서 $0\leq x\leq3$에서 함수 $f(x)$는 $x=2$에서 극소이자 최소이므로 최솟값은
$$f(2)=\int_{-2}^{2}(t^2-t-2)dt=2\int_{0}^{2}(t^2-2)dt$$
$$=2\left[\frac{1}{3}t^3-2t\right]_{0}^{2}=2\times\left(-\frac{4}{3}\right)=-\frac{8}{3}$$

답 ④

104 $f(x)=\int_{0}^{x}(t^3+at^2+b)dt$의 양변을 x에 대하여 미분하면
$f'(x)=x^3+ax^2+b$
$f(x)=\int_{0}^{x}(t^3+at^2+b)dt=\left[\frac{1}{4}t^4+\frac{a}{3}t^3+bt\right]_{0}^{x}=\frac{1}{4}x^4+\frac{a}{3}x^3+bx$
함수 $f(x)$가 $x=-1$에서 극솟값 $-\frac{11}{4}$을 가지므로
$f(-1)=-\frac{11}{4}$, $f'(-1)=0$
$f(-1)=-\frac{11}{4}$에서 $\frac{1}{4}-\frac{1}{3}a-b=-\frac{11}{4}$
$\frac{1}{3}a+b=3$ ······ ㉠
$f'(-1)=0$에서 $-1+a+b=0$
$a+b=1$ ······ ㉡
㉡$-$㉠을 하면 $\frac{2}{3}a=-2$, $a=-3$
㉡에서 $b=4$
즉, $f'(x)=x^3-3x^2+4=(x+1)(x-2)^2$
$f'(x)=0$에서 $x=-1$ 또는 $x=2$

$-2\le x\le 1$에서 함수 $f(x)$의 증가와 감소를 표로 나타내면 다음과 같다.

x	-2	$\cdots$	-1	$\cdots$	1
$f'(x)$		$-$	0	$+$	
$f(x)$		↘	극소	↗	

$f(x)=\frac{1}{4}x^4-x^3+4x$이므로

$f(-2)=4+8-8=4$

$f(1)=\frac{1}{4}-1+4=\frac{13}{4}$

따라서 $-2\le x\le 1$에서 함수 $f(x)$는 $x=-2$에서 최댓값 4를 갖는다.

답 ⑤

105 $f(x)=2x^3+ax-5$로 놓고 $F(x)$를 $f(x)$의 한 부정적분이라 하면 $F'(x)=f(x)$이므로

$$\begin{aligned}\lim_{x\to 1}\frac{1}{x-1}\int_1^x(2t^3+at-5)dt&=\lim_{x\to 1}\frac{1}{x-1}\int_1^x f(t)dt\\&=\lim_{x\to 1}\frac{F(x)-F(1)}{x-1}\\&=F'(1)=f(1)=a-3\end{aligned}$$

즉, $a-3=1$에서 $a=4$

답 ④

106 $f(x)=x^3-2x$로 놓고 $F(x)$를 $f(x)$의 한 부정적분이라 하면 $F'(x)=f(x)$이므로

$$\begin{aligned}\lim_{h\to 0}\frac{1}{h}\int_2^{2+h}(x^3-2x)dx&=\lim_{h\to 0}\frac{1}{h}\int_2^{2+h}f(x)dx\\&=\lim_{h\to 0}\frac{F(2+h)-F(2)}{h}\\&=F'(2)=f(2)=4\end{aligned}$$

답 ②

107 $F(x)$를 $f(x)$의 한 부정적분이라 하면 $F'(x)=f(x)$이므로

$$\begin{aligned}\lim_{x\to 2}\frac{1}{x^2-2x}\int_2^x f(t)dt&=\lim_{x\to 2}\frac{F(x)-F(2)}{x(x-2)}\\&=\lim_{x\to 2}\left\{\frac{F(x)-F(2)}{x-2}\times\frac{1}{x}\right\}\\&=F'(2)\times\frac{1}{2}=\frac{1}{2}f(2)=\frac{1}{2}\times 4=2\end{aligned}$$

답 ②

108 $f(x)=x^3+ax^2+2$로 놓고 $F(x)$를 $f(x)$의 한 부정적분이라 하면 $F'(x)=f(x)$이므로

$$\begin{aligned}\lim_{h\to 0}\frac{1}{h}\int_1^{1+2h}(x^3+ax^2+2)dx&=\lim_{h\to 0}\frac{1}{h}\int_1^{1+2h}f(x)dx\\&=\lim_{h\to 0}\frac{F(1+2h)-F(1)}{h}\\&=\lim_{h\to 0}\left\{\frac{F(1+2h)-F(1)}{2h}\times 2\right\}\\&=2F'(1)=2f(1)\\&=2(a+3)=2a+6\end{aligned}$$

즉, $2a+6=18$에서 $a=6$

답 6

109 $F(x)$를 $f(x)$의 한 부정적분이라 하면 $F'(x)=f(x)$이므로

$$\begin{aligned}\lim_{x\to 1}\frac{1}{x-1}\int_1^{x^2}f(t)dt&=\lim_{x\to 1}\frac{F(x^2)-F(1)}{x-1}\\&=\lim_{x\to 1}\left\{\frac{F(x^2)-F(1)}{x^2-1}\times(x+1)\right\}\\&=F'(1)\times 2=2f(1)=2\times 5=10\end{aligned}$$

답 ⑤

110 $F(x)$를 $f(x)$의 한 부정적분이라 하면 $F'(x)=f(x)$이므로

$$\begin{aligned}&\lim_{h\to 0}\frac{1}{2h}\int_{2-h}^{2+h}f(x)dx\\&=\lim_{h\to 0}\frac{F(2+h)-F(2-h)}{2h}\\&=\lim_{h\to 0}\frac{\{F(2+h)-F(2)\}-\{F(2-h)-F(2)\}}{2h}\\&=\lim_{h\to 0}\left\{\frac{F(2+h)-F(2)}{2h}-\frac{F(2-h)-F(2)}{2h}\right\}\\&=\lim_{h\to 0}\left\{\frac{F(2+h)-F(2)}{h}\times\frac{1}{2}+\frac{F(2-h)-F(2)}{-h}\times\frac{1}{2}\right\}\\&=\frac{1}{2}\lim_{h\to 0}\frac{F(2+h)-F(2)}{h}+\frac{1}{2}\lim_{h\to 0}\frac{F(2-h)-F(2)}{-h}\\&=\frac{1}{2}F'(2)+\frac{1}{2}F'(2)\\&=F'(2)=f(2)=8a-5\end{aligned}$$

즉, $8a-5=11$에서 $a=2$

따라서 $f(x)=2x^3-4x+3$이므로

$f(3)=54-12+3=45$

답 ③

111 $F(x)$를 $f(x)$의 한 부정적분이라 하면 $F'(x)=f(x)$이므로

$$\begin{aligned}\lim_{x\to a}\frac{1}{x-a}\int_a^x f(t)dt&=\lim_{x\to a}\frac{F(x)-F(a)}{x-a}\\&=F'(a)=f(a)=a^3-2a^2-4\end{aligned}$$

즉, $a^3-2a^2-4=5$에서 $a^3-2a^2-9=0$

$(a-3)(a^2+a+3)=0$

a는 실수이므로 $a=3$

답 3

112 $F(x)$를 $f(x)$의 한 부정적분이라 하면 $F'(x)=f(x)$이므로

$$\begin{aligned}\lim_{h\to 0}\frac{1}{h}\int_3^{3+h}f(x)dx&=\lim_{h\to 0}\frac{F(3+h)-F(3)}{h}\\&=F'(3)=f(3)=|9-3a|\end{aligned}$$

즉, $|9-3a|\le 5$에서

$-5\le 9-3a\le 5$, $\frac{4}{3}\le a\le\frac{14}{3}$

따라서 정수 a의 값은 2, 3, 4이므로 그 합은

$2+3+4=9$

답 9

서술형 완성하기

본문 113쪽

01 12 **02** 67 **03** $\frac{4}{27}$ **04** -16 **05** 20

06 (1) $g(x)=\frac{1}{12}x^4-\frac{2}{3}x^3+\frac{3}{2}x^2-\frac{4}{3}x+\frac{5}{12}$ (2) $-\frac{9}{4}$

01 $\frac{d}{dx}\{f(x)+g(x)\}=2x$에서

$\int\left[\frac{d}{dx}\{f(x)+g(x)\}\right]dx=\int 2xdx$

$f(x)+g(x)=x^2+C_1$ (단, C_1은 적분상수) …… ㉠

$\frac{d}{dx}\{f(x)g(x)\}=3x^2-1$에서

$\int\left[\frac{d}{dx}\{f(x)g(x)\}\right]dx=\int(3x^2-1)dx$

$f(x)g(x)=x^3-x+C_2$ (단, C_2는 적분상수) …… ㉡

이때 $g(0)=0$이므로 ㉡에서

$f(0)\times g(0)=C_2$, $C_2=0$

㉡에서

$f(x)g(x)=x^3-x=x(x+1)(x-1)$ …… ❶

함수 $g(x)$의 최고차항의 계수가 1이고 $g(0)=0$이므로 가능한 $g(x)$는 x, $x(x+1)$, $x(x-1)$이다.

(i) $g(x)=x$일 때

$f(x)=(x+1)(x-1)=x^2-1$

$f(x)+g(x)=x^2+x-1$이므로 ㉠을 만족시키지 않는다.

(ii) $g(x)=x(x+1)$일 때

$f(x)=x-1$

$f(x)+g(x)=x^2+2x-1$이므로 ㉠을 만족시키지 않는다.

(iii) $g(x)=x(x-1)$일 때

$f(x)=x+1$

$f(x)+g(x)=x^2+1$이므로 ㉠을 만족시키고, 이때 $C_1=1$이다.

(i), (ii), (iii)에 의하여

$f(x)=x+1$, $g(x)=x(x-1)$ …… ❷

따라서 $f(1)\times g(3)=2\times 6=12$ …… ❸

답 12

단계	채점 기준	비율
❶	$f(x)g(x)$를 구한 경우	30 %
❷	가능한 $g(x)$를 나열한 후, 조건을 만족시키는 $f(x)$, $g(x)$를 구한 경우	60 %
❸	$f(1)\times g(3)$의 값을 구한 경우	10 %

02 $F(x)=(x-2)f(x)-x^4+ax^2$ …… ㉠

㉠의 양변을 x에 대하여 미분하면 $F'(x)=f(x)$이므로

$f(x)=f(x)+(x-2)f'(x)-4x^3+2ax$

$(x-2)f'(x)=4x^3-2ax$

위 등식이 x에 대한 항등식이므로 양변에 $x=2$를 대입하면

$0=32-4a$, $a=8$ …… ❶

즉, $(x-2)f'(x)=4x^3-16x$

이때 $4x^3-16x=4x(x^2-4)=4x(x-2)(x+2)$이므로

$(x-2)f'(x)=4x(x-2)(x+2)$

$f'(x)$가 다항함수이므로

$f'(x)=4x(x+2)=4x^2+8x$ …… ❷

그러므로

$f(x)=\int f'(x)dx=\int(4x^2+8x)dx$

$=\frac{4}{3}x^3+4x^2+C$ (단, C는 적분상수)

$F(0)=10$이므로 ㉠의 양변에 $x=0$을 대입하면

$10=-2f(0)$, $f(0)=-5$

즉, $C=-5$

따라서 $f(x)=\frac{4}{3}x^3+4x^2-5$이므로

$f(3)=36+36-5=67$ …… ❸

답 67

단계	채점 기준	비율
❶	a의 값을 구한 경우	30 %
❷	$f'(x)$를 구한 경우	40 %
❸	$f(3)$의 값을 구한 경우	30 %

03 $f(x)=\int(3x^2-4x+k)dx$에서

$f'(x)=3x^2-4x+k$

함수 $f(x)$가 극댓값과 극솟값을 모두 가지므로 x에 대한 이차방정식 $f'(x)=0$이 서로 다른 두 실근을 가져야 한다.

x에 대한 이차방정식 $3x^2-4x+k=0$의 판별식을 D라 하면

$\frac{D}{4}=4-3k>0$, $k<\frac{4}{3}$

k는 자연수이므로 $k=1$ …… ❶

즉, $f'(x)=3x^2-4x+1=(3x-1)(x-1)$

$f'(x)=0$에서 $x=\frac{1}{3}$ 또는 $x=1$

함수 $f(x)$의 증가와 감소를 표로 나타내면 다음과 같다.

x	$\cdots$	$\frac{1}{3}$	$\cdots$	1	$\cdots$
$f'(x)$	+	0	−	0	+
$f(x)$	↗	극대	↘	극소	↗

함수 $f(x)$는 $x=\frac{1}{3}$에서 극대이고, $x=1$에서 극소이다. …… ❷

이때

$f(x)=\int(3x^2-4x+1)dx$

$=x^3-2x^2+x+C$ (단, C는 적분상수)

이므로 함수 $f(x)$의 극댓값과 극솟값의 차는

$f\left(\frac{1}{3}\right)-f(1)=\left(\frac{4}{27}+C\right)-C=\frac{4}{27}$ …… ❸

답 $\frac{4}{27}$

단계	채점 기준	비율
❶	k의 값을 구한 경우	40 %
❷	함수 $f(x)$가 극대, 극소가 되는 x의 값을 구한 경우	40 %
❸	함수 $f(x)$의 극댓값과 극솟값의 차를 구한 경우	20 %

04 $g(x)=xf(x)$라 하면 모든 실수 x에 대하여

$$g(-x)=-xf(-x)=-x\times\{-f(x)\}$$
$$=xf(x)=g(x)$$

이므로

$$\int_{-1}^{1}g(x)dx=\int_{-1}^{1}xf(x)dx=2\int_{0}^{1}xf(x)dx=8 \quad \cdots\cdots ❶$$

또 $h(x)=x^2f(x)$라 하면 모든 실수 x에 대하여

$$h(-x)=(-x)^2f(-x)=x^2\times\{-f(x)\}$$
$$=-x^2f(x)=-h(x)$$

이므로

$$\int_{-1}^{1}h(x)dx=\int_{-1}^{1}x^2f(x)dx=0 \quad \cdots\cdots ❷$$

따라서

$$\int_{-1}^{1}(x-1)^2f(x)dx=\int_{-1}^{1}(x^2-2x+1)f(x)dx$$
$$=\int_{-1}^{1}\{x^2f(x)-2xf(x)+f(x)\}dx$$
$$=\int_{-1}^{1}\{h(x)-2g(x)+f(x)\}dx$$
$$=-2\int_{-1}^{1}g(x)dx$$
$$=-2\times8=-16 \quad \cdots\cdots ❸$$

답 -16

단계	채점 기준	비율
❶	$\int_{-1}^{1}xf(x)dx$의 값을 구한 경우	40 %
❷	$\int_{-1}^{1}x^2f(x)dx$의 값을 구한 경우	40 %
❸	정적분의 값을 구한 경우	20 %

05 함수 $f(x)$가 최고차항의 계수가 1인 삼차함수이므로 조건 (가)에 의하여 가능한 함수 $f(x)$는

$f(x)=x^2(x-3)$ 또는 $f(x)=x(x-3)^2$ …… ❶

(i) $f(x)=x^2(x-3)$인 경우

$f(x)=x^3-3x^2$에서

$f'(x)=3x^2-6x=3x(x-2)$

$$|f'(x)|=\begin{cases}f'(x) & (x\le0 \text{ 또는 } x\ge2)\\ -f'(x) & (0<x<2)\end{cases}$$

이므로

$$\int_{0}^{2}|f'(x)|dx=\int_{0}^{2}\{-f'(x)\}dx$$
$$=\Big[-f(x)\Big]_{0}^{2}$$
$$=-f(2)+f(0)$$
$$=4$$

이 경우 조건 (나)를 만족시키지 않는다.

(ii) $f(x)=x(x-3)^2$인 경우

$f(x)=x^3-6x^2+9x$에서

$f'(x)=3x^2-12x+9=3(x-1)(x-3)$

$$|f'(x)|=\begin{cases}f'(x) & (x\le1 \text{ 또는 } x\ge3)\\ -f'(x) & (1<x<3)\end{cases}$$

이므로

$$\int_{0}^{2}|f'(x)|dx=\int_{0}^{1}f'(x)dx+\int_{1}^{2}\{-f'(x)\}dx$$
$$=\Big[f(x)\Big]_{0}^{1}+\Big[-f(x)\Big]_{1}^{2}$$
$$=\{f(1)-f(0)\}+\{-f(2)+f(1)\}$$
$$=4+2=6$$

이 경우 조건 (나)를 만족시킨다.

(i), (ii)에 의하여 $f(x)=x(x-3)^2$ …… ❷

따라서 $f(5)=5\times4=20$ …… ❸

답 20

단계	채점 기준	비율
❶	가능한 함수 $f(x)$의 식을 모두 구한 경우	30 %
❷	조건 (가), (나)를 만족시키는 함수 $f(x)$를 구한 경우	60 %
❸	$f(5)$의 값을 구한 경우	10 %

06 (1) $g(x)=\int_{1}^{x}(x-t)f(t)dt$

$$=x\int_{1}^{x}f(t)dt-\int_{1}^{x}tf(t)dt \quad \cdots\cdots ㉠$$

이므로

$$g'(x)=\int_{1}^{x}f(t)dt+xf(x)-xf(x)=\int_{1}^{x}f(t)dt$$

$$g'(4)=\int_{1}^{4}f(t)dt$$
$$=\int_{1}^{4}(t^2-4t+k)dt$$
$$=\Big[\frac{1}{3}t^3-2t^2+kt\Big]_{1}^{4}=3k-9$$

$g'(4)=0$이므로

$3k-9=0$, $k=3$ …… ❶

따라서 ㉠에서

$$g(x)=x\int_{1}^{x}(t^2-4t+3)dt-\int_{1}^{x}(t^3-4t^2+3t)dt$$
$$=x\Big[\frac{1}{3}t^3-2t^2+3t\Big]_{1}^{x}-\Big[\frac{1}{4}t^4-\frac{4}{3}t^3+\frac{3}{2}t^2\Big]_{1}^{x}$$
$$=x\left(\frac{1}{3}x^3-2x^2+3x-\frac{4}{3}\right)-\left(\frac{1}{4}x^4-\frac{4}{3}x^3+\frac{3}{2}x^2-\frac{5}{12}\right)$$
$$=\frac{1}{12}x^4-\frac{2}{3}x^3+\frac{3}{2}x^2-\frac{4}{3}x+\frac{5}{12} \quad \cdots\cdots ❷$$

(2) $g'(x)=\frac{1}{3}x^3-2x^2+3x-\frac{4}{3}=\frac{1}{3}(x-1)^2(x-4)$

$g'(x)=0$에서 $x=1$ 또는 $x=4$

함수 $g(x)$의 증가와 감소를 표로 나타내면 다음과 같다.

x	…	1	…	4	…
$g'(x)$	−	0	−	0	+
$g(x)$	↘		↘	극소	↗

함수 $g(x)$는 $x=4$에서 극소이자 최소이다.

따라서 함수 $g(x)$의 최솟값은

$$g(4)=\frac{1}{12}\times4^4-\frac{2}{3}\times4^3+\frac{3}{2}\times4^2-\frac{4}{3}\times4+\frac{5}{12}=-\frac{9}{4} \quad \cdots\cdots ❸$$

답 (1) $g(x)=\frac{1}{12}x^4-\frac{2}{3}x^3+\frac{3}{2}x^2-\frac{4}{3}x+\frac{5}{12}$ (2) $-\frac{9}{4}$

단계	채점 기준	비율
❶	k의 값을 구한 경우	30 %
❷	$g(x)$를 구한 경우	30 %
❸	$g(x)$의 최솟값을 구한 경우	40 %

내신 + 수능 고난도 도전

본문 114~115쪽

01 40 **02** ② **03** ④ **04** ③ **05** 35 **06** ⑤

01 곱의 미분법에 의하여

$\{f(x)g(x)\}'=f'(x)g(x)+f(x)g'(x)$

이므로 조건 (가)에서

$\{f(x)g(x)\}'=6x^2+2$

그러므로

$$f(x)g(x)=\int\{f(x)g(x)\}'dx$$
$$=\int(6x^2+2)dx$$
$$=2x^3+2x+C \text{ (단, } C\text{는 적분상수)}$$

조건 (나)에 의하여 $f(1)=2$, $g(1)=2$이므로 위 등식의 양변에 $x=1$을 대입하면

$f(1)g(1)=2+2+C$

$4=4+C$, $C=0$

그러므로

$$f(x)g(x)=2x^3+2x$$
$$=2x(x^2+1)$$

조건 (나)에 의하여 $g(x)$는 일차함수이고 $f(x)$, $g(x)$가 최고차항의 계수가 양수인 다항함수이므로

$f(x)=k(x^2+1)$, $g(x)=\frac{2}{k}x$ (단, $k>0$)

이때 $f'(x)=2kx$이고 $f'(1)=g'(1)$이므로

$2k=\frac{2}{k}$, $k^2=1$

$k>0$이므로 $k=1$

따라서 $f(x)=x^2+1$, $g(x)=2x$이므로

$f(2)\times g(4)=5\times 8=40$

답 40

02 $f'(x)=\begin{cases} ax+3 & (x<0) \\ x^2+bx+3 & (x\ge 0)\end{cases}$에서

$$f(x)=\begin{cases} \frac{a}{2}x^2+3x+C_1 & (x<0) \\ \frac{1}{3}x^3+\frac{b}{2}x^2+3x+C_2 & (x\ge 0)\end{cases} \text{ (단, } C_1, C_2\text{는 적분상수)}$$

함수 $f(x)$는 실수 전체의 집합에서 미분가능하므로 실수 전체의 집합에서 연속이다.

즉, 함수 $f(x)$는 $x=0$에서 연속이므로

$\lim_{x\to 0-}f(x)=\lim_{x\to 0+}f(x)=f(0)$

즉, $C_1=C_2$

그러므로

$$f(x)=\begin{cases} \frac{a}{2}x^2+3x+C_1 & (x<0) \\ \frac{1}{3}x^3+\frac{b}{2}x^2+3x+C_1 & (x\ge 0)\end{cases} \quad \cdots\cdots ㉠$$

조건 (가)의 $\lim_{x\to 1}\frac{3f(x)-4}{x-1}=0$에서 극한값이 존재하고 $x\to 1$일 때 (분모) $\to 0$이므로 (분자) $\to 0$이어야 한다.

즉, $\lim_{x\to 1}\{3f(x)-4\}=0$이고 함수 $f(x)$가 $x=1$에서 연속이므로

$3f(1)-4=0$, $f(1)=\frac{4}{3}$

㉠에서

$f(1)=\frac{1}{3}+\frac{b}{2}+3+C_1=\frac{4}{3}$

$\frac{b}{2}+C_1=-2 \quad \cdots\cdots ㉡$

또 미분계수의 정의에 의하여

$$\lim_{x\to 1}\frac{3f(x)-4}{x-1}=3\lim_{x\to 1}\frac{f(x)-\frac{4}{3}}{x-1}=3\lim_{x\to 1}\frac{f(x)-f(1)}{x-1}$$
$$=3f'(1)$$

즉, $3f'(1)=0$에서 $f'(1)=0$

$f'(1)=1+b+3=0$, $b=-4$

㉡에서 $-2+C_1=-2$, $C_1=0$

그러므로

$$f(x)=\begin{cases} \frac{a}{2}x^2+3x & (x<0) \\ \frac{1}{3}x^3-2x^2+3x & (x\ge 0)\end{cases}$$

$x\ge 0$에서

$f(x)=\frac{1}{3}x(x^2-6x+9)=\frac{1}{3}x(x-3)^2$

이므로 $x\ge 0$에서 방정식 $f(x)=0$의 두 근은

$x=0$ 또는 $x=3$

조건 (나)에 의하여 $\beta=0$, $\gamma=3$이므로 $\alpha=-3$이어야 한다.

즉, $x<0$에서 $f(-3)=0$이므로

$\frac{9}{2}a-9=0$에서 $a=2$

따라서 $f(x)=\begin{cases} x^2+3x & (x<0) \\ \frac{1}{3}x^3-2x^2+3x & (x\ge 0)\end{cases}$ 이므로

$f(a)\times f(b)=f(2)\times f(-4)=\frac{2}{3}\times 4=\frac{8}{3}$

답 ②

참고

함수 $y=f(x)$의 그래프는 그림과 같다.

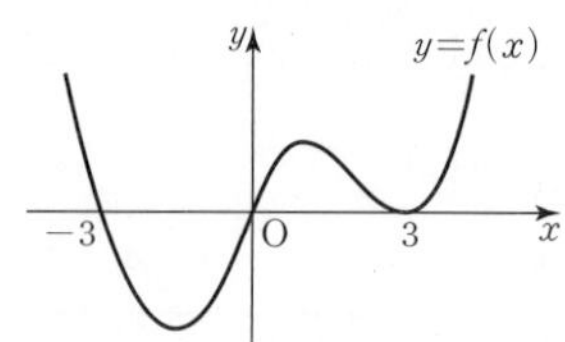

03 함수 $f(x)$는 실수 전체의 집합에서 연속이므로 $x=2$에서 연속이다.

즉, $\lim_{x\to 2-} f(x)=\lim_{x\to 2+} f(x)=f(2)$ ...... ㉠

조건 (가)에서 $f(x)=ax^2+2x\ (0\le x<2)$이므로

$\lim_{x\to 2-} f(x)=\lim_{x\to 2-}(ax^2+2x)=4a+4$

조건 (나)에서 $f(x+2)=f(x)+2$이므로 이 등식의 양변에 $x=0$을 대입하면

$f(2)=f(0)+2=0+2=2$

㉠에서 $4a+4=2,\ a=-\frac{1}{2}$

그러므로 $0\le x<2$에서 $f(x)=-\frac{1}{2}x^2+2x$이고 조건 (나)에 의하여 함수 $y=f(x)$의 그래프는 그림과 같다.

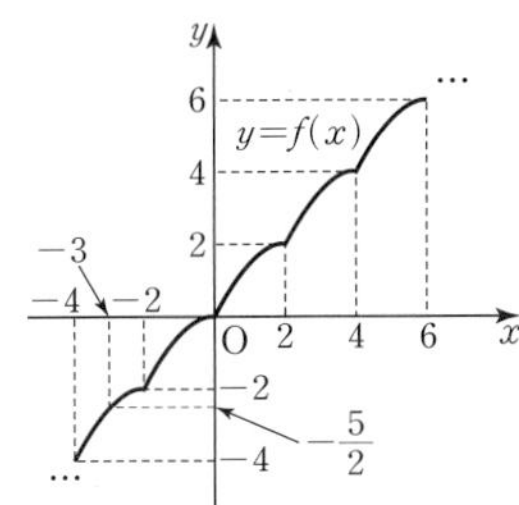

조건 (나)에 의하여

$\int_{-3}^{-2} f(x)dx=\int_{1}^{2}\{f(x)-4\}dx$

$\int_{-2}^{0} f(x)dx=\int_{0}^{2}\{f(x)-2\}dx$

$\int_{2}^{4} f(x)dx=\int_{0}^{2}\{f(x)+2\}dx$

$\int_{4}^{6} f(x)dx=\int_{0}^{2}\{f(x)+4\}dx$

이고,

$\int_{0}^{2} f(x)dx=\int_{0}^{2}\left(-\frac{1}{2}x^2+2x\right)dx=\left[-\frac{1}{6}x^3+x^2\right]_0^2=\frac{8}{3}$

$\int_{1}^{2} f(x)dx=\int_{1}^{2}\left(-\frac{1}{2}x^2+2x\right)dx=\left[-\frac{1}{6}x^3+x^2\right]_1^2=\frac{11}{6}$

이므로

$$\begin{aligned}&\int_{-3}^{6} f(x)dx\\&=\int_{-3}^{-2} f(x)dx+\int_{-2}^{0} f(x)dx+\int_{0}^{2} f(x)dx+\int_{2}^{4} f(x)dx\\&\quad+\int_{4}^{6} f(x)dx\\&=\int_{1}^{2}\{f(x)-4\}dx+\int_{0}^{2}\{f(x)-2\}dx+\int_{0}^{2} f(x)dx\\&\quad+\int_{0}^{2}\{f(x)+2\}dx+\int_{0}^{2}\{f(x)+4\}dx\\&=\int_{1}^{2}\{f(x)-4\}dx+\int_{0}^{2}\{4f(x)+4\}dx\\&=\int_{1}^{2} f(x)dx-\Big[4x\Big]_1^2+4\int_{0}^{2} f(x)dx+\Big[4x\Big]_0^2\\&=\frac{11}{6}-4+4\times\frac{8}{3}+8=\frac{33}{2}\end{aligned}$$

답 ④

참고

$\int_{-3}^{-2} f(x)dx=\int_{1}^{2}\{f(x)-4\}dx$는 다음과 같이 보일 수 있다.

함수의 그래프의 평행이동에 의하여

$\int_{-3}^{-2} f(x)dx=\int_{1}^{2} f(x-4)dx$ ...... ㉠

조건 (나)에 의하여

$f(x-4)=f(x-2)-2=\{f(x)-2\}-2=f(x)-4$

그러므로 ㉠에서

$\int_{-3}^{-2} f(x)dx=\int_{1}^{2} f(x-4)dx=\int_{1}^{2}\{f(x)-4\}dx$

같은 방법으로

$\int_{-2}^{0} f(x)dx=\int_{0}^{2}\{f(x)-2\}dx$

$\int_{2}^{4} f(x)dx=\int_{0}^{2}\{f(x)+2\}dx$

$\int_{4}^{6} f(x)dx=\int_{0}^{2}\{f(x)+4\}dx$

임을 보일 수 있다.

04 $f(x)=x^2+ax+b$ (a, b는 상수)로 놓으면

$$\begin{aligned}g(0)&=\int_{0}^{3} f(x)dx=\int_{0}^{3}(x^2+ax+b)dx\\&=\left[\frac{1}{3}x^3+\frac{a}{2}x^2+bx\right]_0^3=9+\frac{9}{2}a+3b\end{aligned}$$

$g(0)=0$에서

$9+\frac{9}{2}a+3b=0$

$\frac{3}{2}a+b=-3$ ...... ㉠

$$\begin{aligned}g(1)&=\int_{1}^{4} f(x)dx=\int_{1}^{4}(x^2+ax+b)dx\\&=\left[\frac{1}{3}x^3+\frac{a}{2}x^2+bx\right]_1^4=21+\frac{15}{2}a+3b\end{aligned}$$

$g(1)=0$에서

$21+\frac{15}{2}a+3b=0$

$\frac{5}{2}a+b=-7$ ...... ㉡

㉡−㉠을 하면 $a=-4$

㉠에서 $b=3$

즉, $f(x)=x^2-4x+3$

이때 $g(t)=\int_{t}^{t+3} f(x)dx$의 양변을 t에 대하여 미분하면

$$\begin{aligned}g'(t)&=\frac{d}{dt}\int_{t}^{t+3} f(x)dx=f(t+3)-f(t)\\&=\{(t+3)^2-4(t+3)+3\}-(t^2-4t+3)\\&=6t-3\end{aligned}$$

$g'(t)=0$에서 $t=\frac{1}{2}$

$t<\frac{1}{2}$에서 $g'(t)<0$, $t>\frac{1}{2}$에서 $g'(t)>0$이므로

함수 $g(t)$는 $t=\frac{1}{2}$에서 극소이자 최소이다.

따라서 함수 $g(t)$의 최솟값은

$$g\left(\frac{1}{2}\right)=\int_{\frac{1}{2}}^{\frac{7}{2}} f(x)dx=\int_{\frac{1}{2}}^{\frac{7}{2}}(x^2-4x+3)dx$$
$$=\left[\frac{1}{3}x^3-2x^2+3x\right]_{\frac{1}{2}}^{\frac{7}{2}}=-\frac{3}{4}$$

답 ③

참고 1

$g'(t)=\dfrac{d}{dt}\displaystyle\int_t^{t+3} f(x)dx=f(t+3)-f(t)$는 다음과 같이 보일 수 있다.

$$g(t)=\int_t^{t+3} f(x)dx$$
$$=\int_0^{t+3} f(x)dx-\int_0^t f(x)dx \quad \cdots\cdots ㉠$$

함수의 그래프의 평행이동에 의하여

$\displaystyle\int_0^{t+3} f(x)dx=\int_{-3}^t f(x+3)dx$이므로 ㉠에서

$$g(t)=\int_{-3}^t f(x+3)dx-\int_0^t f(x)dx$$

이때 $h(x)=f(x+3)$으로 놓으면

$$g(t)=\int_{-3}^t h(x)dx-\int_0^t f(x)dx$$

위 등식의 양변을 t에 대하여 미분하면

$g'(t)=h(t)-f(t)=f(t+3)-f(t)$

참고 2

함수 $f(x)$는 다음과 같이 구할 수도 있다.

$g(0)=g(1)$에서 $\displaystyle\int_0^3 f(x)dx=\int_1^4 f(x)dx \quad \cdots\cdots ㉠$

$$\int_0^3 f(x)dx=\int_0^1 f(x)dx+\int_1^3 f(x)dx$$
$$\int_1^4 f(x)dx=\int_1^3 f(x)dx+\int_3^4 f(x)dx$$

이므로 ㉠에서

$$\int_0^1 f(x)dx+\int_1^3 f(x)dx=\int_1^3 f(x)dx+\int_3^4 f(x)dx$$

즉, $\displaystyle\int_0^1 f(x)dx=\int_3^4 f(x)dx$이므로 이차함수의 그래프의 대칭성에 의하여 함수 $y=f(x)$의 그래프는 직선 $x=2$에 대하여 대칭임을 알 수 있다.

이때 $f(x)=(x-2)^2+k$ (k는 상수)로 놓으면

$$g(0)=\int_0^3 f(x)dx=\int_0^3 \{(x-2)^2+k\}dx$$
$$=\int_0^3 (x^2-4x+4+k)dx$$
$$=\left[\frac{1}{3}x^3-2x^2+(4+k)x\right]_0^3=3k+3$$

$g(0)=0$에서 $3k+3=0$, $k=-1$

즉, $f(x)=(x-2)^2-1=x^2-4x+3$

05 함수 $f(x)-2x$는 실수 전체의 집합에서 연속이므로

$g(x)=\displaystyle\int_0^x \{f(t)-2t\}dt$의 양변을 x에 대하여 미분하면

$g'(x)=f(x)-2x$

조건 (가)에서 함수 $f(x)$가 최고차항의 계수가 1인 삼차함수이고 함수 $|g'(x)|=|f(x)-2x|$가 실수 전체의 집합에서 미분가능하므로

$f(x)-2x=(x-\alpha)^3$ (α는 실수)

로 놓을 수 있다.

조건 (나)에서

$$g(2)-g(-2)=\int_0^2 \{f(t)-2t\}dt-\int_0^{-2} \{f(t)-2t\}dt$$
$$=\int_0^2 \{f(t)-2t\}dt+\int_{-2}^0 \{f(t)-2t\}dt$$
$$=\int_{-2}^2 \{f(t)-2t\}dt$$
$$=\int_{-2}^2 (t-\alpha)^3 dt$$
$$=\int_{-2}^2 (t^3-3\alpha t^2+3\alpha^2 t-\alpha^3)dt$$
$$=2\int_0^2 (-3\alpha t^2-\alpha^3)dt$$
$$=2\left[-\alpha t^3-\alpha^3 t\right]_0^2$$
$$=2(-8\alpha-2\alpha^3)$$
$$=-4\alpha^3-16\alpha$$

즉, $-4\alpha^3-16\alpha=-20$에서

$\alpha^3+4\alpha-5=0$, $(\alpha-1)(\alpha^2+\alpha+5)=0$

α는 실수이므로 $\alpha=1$

따라서 $f(x)=(x-1)^3+2x=x^3-3x^2+5x-1$이므로

$f(4)=35$

답 35

06 다항함수 $f(x)$가 0을 제외한 모든 실수 x에 대하여

$xf'(x)>0 \quad \cdots\cdots ㉠$

㉠에서 $x<0$일 때 $f'(x)<0$이므로

$x<0$에서 $f(x)>f(0)$이고, 함수의 극한의 대소 관계에 의하여

$$\lim_{x\to 0-}\frac{f(x)-f(0)}{x}\le 0$$

㉠에서 $x>0$일 때 $f'(x)>0$이므로

$x>0$에서 $f(x)>f(0)$이고, 함수의 극한의 대소 관계에 의하여

$$\lim_{x\to 0+}\frac{f(x)-f(0)}{x}\ge 0$$

함수 $f(x)$가 다항함수이므로 $f(x)$는 $x=0$에서 미분가능하다.

즉, $\displaystyle\lim_{x\to 0-}\frac{f(x)-f(0)}{x}=\lim_{x\to 0+}\frac{f(x)-f(0)}{x}$이어야 하므로

$f'(0)=0 \quad \cdots\cdots ㉡$

ㄱ. $g(x)=(x-1)f(x)-\displaystyle\int_1^x f(t)dt$의 양변을 x에 대하여 미분하면

$g'(x)=f(x)+(x-1)f'(x)-f(x)$
$=(x-1)f'(x)$

㉡에 의하여 $f'(0)=0$이므로

$g'(0)=-f'(0)=0$ (참)

ㄴ. $0<x<1$에서 $g'(x)=(x-1)f'(x)<0$이고,

$x>1$에서 $g'(x)=(x-1)f'(x)>0$이므로

함수 $g(x)$는 $x=1$에서 극소이다.

이때 $g(x)=(x-1)f(x)-\displaystyle\int_1^x f(t)dt$의 양변에 $x=1$을 대입하면

$g(1)=0-\int_1^1 f(t)dt=0$이므로

함수 $g(x)$는 $x=1$에서 극솟값 0을 갖는다. (참)

ㄷ. $x<0$에서 $g'(x)=(x-1)f'(x)>0$이고,

$0<x<1$에서 $g'(x)=(x-1)f'(x)<0$이므로

함수 $g(x)$는 $x=0$에서 극대이다.

ㄴ에 의하여 함수 $g(x)$는 $x=1$에서 극소이므로

함수 $g(x)$의 증가와 감소를 표로 나타내면 다음과 같다.

x	$\cdots$	0	$\cdots$	1	$\cdots$
$g'(x)$	+	0	−	0	+
$g(x)$	↗	극대	↘	극소	↗

함수 $g(x)$가 다항함수이므로 함수 $y=g(x)$의 그래프의 개형은 그림과 같다.

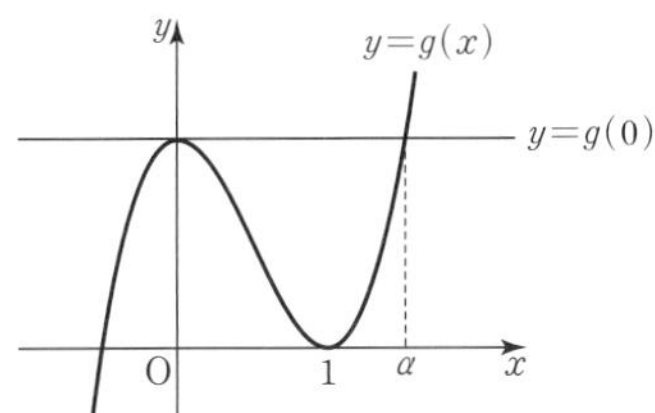

이때 방정식 $g(x)=g(0)$의 서로 다른 두 실근을 0, α $(\alpha>0)$이라 하면 함수 $|g(x)-g(0)|$은 $x=0$에서 미분가능하나, $x=\alpha$에서 미분가능하지 않다.

그러므로 함수 $|g(x)-g(0)|$의 미분가능하지 않은 실수 x의 개수는 1이다. (참)

이상에서 옳은 것은 ㄱ, ㄴ, ㄷ이다.

답 ⑤

참고

$h(x)=|g(x)-g(0)|$으로 놓으면 $h(\alpha)=0$이고

$x<\alpha$에서 $g(x)\le g(0)$, 즉 $g(x)\le g(\alpha)$이므로

$h(x)=|g(x)-g(0)|=-g(x)+g(0)=-g(x)+g(\alpha)$

$$\lim_{x\to\alpha-}\frac{h(x)-h(\alpha)}{x-\alpha}=-\lim_{x\to\alpha-}\frac{g(x)-g(\alpha)}{x-\alpha}=-g'(\alpha)<0$$

$x>\alpha$에서 $g(x)>g(0)$, 즉 $g(x)>g(\alpha)$이므로

$h(x)=|g(x)-g(0)|=g(x)-g(0)=g(x)-g(\alpha)$

$$\lim_{x\to\alpha+}\frac{h(x)-h(\alpha)}{x-\alpha}=\lim_{x\to\alpha+}\frac{g(x)-g(\alpha)}{x-\alpha}=g'(\alpha)>0$$

그러므로 함수 $h(x)$는 $x=\alpha$에서 미분가능하지 않다.

07 정적분의 활용

개념 확인하기

본문 117쪽

01 $\frac{4}{3}$	**02** $\frac{32}{3}$	**03** $\frac{4}{3}$	**04** $\frac{1}{2}$	**05** $\frac{8}{3}$
06 6	**07** $\frac{31}{6}$	**08** $\frac{4}{3}$	**09** $\frac{9}{2}$	**10** 8
11 $\frac{8}{3}$	**12** $\frac{27}{4}$	**13** $-\frac{4}{3}$	**14** $\frac{2}{3}$	**15** 2

01 $\int_0^2(-x^2+2x)dx=\left[-\frac{1}{3}x^3+x^2\right]_0^2=-\frac{8}{3}+4=\frac{4}{3}$

답 $\frac{4}{3}$

02 곡선 $y=x^2-4$와 x축의 교점의 x좌표는

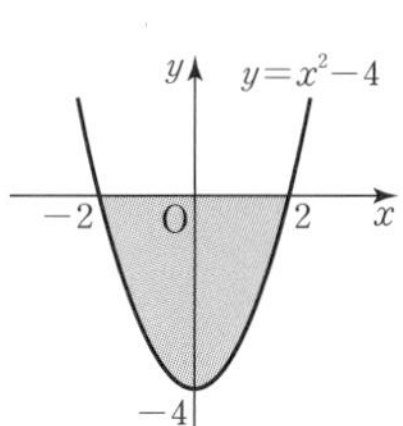

$x^2-4=0$, $(x+2)(x-2)=0$

$x=-2$ 또는 $x=2$

따라서 구하는 넓이는

$$\int_{-2}^2|x^2-4|dx=\int_{-2}^2(-x^2+4)dx$$
$$=2\int_0^2(-x^2+4)dx$$
$$=2\left[-\frac{1}{3}x^3+4x\right]_0^2$$
$$=2\left(-\frac{8}{3}+8\right)=2\times\frac{16}{3}=\frac{32}{3}$$

답 $\frac{32}{3}$

03 곡선 $y=x^3+2x^2$과 x축의 교점의 x좌표는

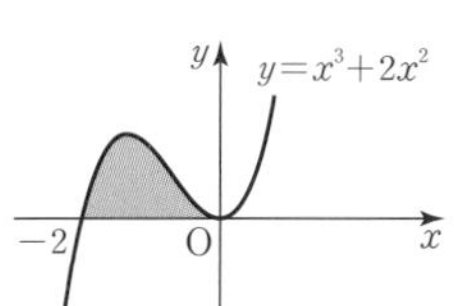

$x^3+2x^2=0$, $x^2(x+2)=0$

$x=-2$ 또는 $x=0$

따라서 구하는 넓이는

$$\int_{-2}^0(x^3+2x^2)dx=\left[\frac{1}{4}x^4+\frac{2}{3}x^3\right]_{-2}^0=\frac{4}{3}$$

답 $\frac{4}{3}$

04 곡선 $y=x(x-1)(x-2)$와 x축의 교점의 x좌표는

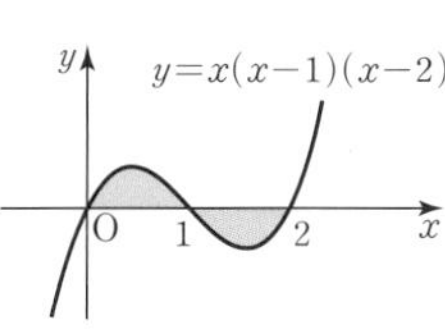

$x(x-1)(x-2)=0$

$x=0$ 또는 $x=1$ 또는 $x=2$

따라서 구하는 넓이는

$$\int_0^2|x(x-1)(x-2)|dx$$
$$=\int_0^2|x^3-3x^2+2x|dx$$
$$=\int_0^1(x^3-3x^2+2x)dx+\int_1^2(-x^3+3x^2-2x)dx$$

$=\left[\frac{1}{4}x^4-x^3+x^2\right]_0^1+\left[-\frac{1}{4}x^4+x^3-x^2\right]_1^2$

$=\frac{1}{4}+\frac{1}{4}=\frac{1}{2}$

답 $\frac{1}{2}$

05 곡선 $y=x^2-4x+3$과 x축의 교점의 x좌표는

$x^2-4x+3=0$, $(x-1)(x-3)=0$

$x=1$ 또는 $x=3$

따라서 구하는 넓이는

$\int_0^3 |x^2-4x+3|dx$

$=\int_0^1 (x^2-4x+3)dx+\int_1^3 (-x^2+4x-3)dx$

$=\left[\frac{1}{3}x^3-2x^2+3x\right]_0^1+\left[-\frac{1}{3}x^3+2x^2-3x\right]_1^3$

$=\frac{4}{3}+\frac{4}{3}=\frac{8}{3}$

답 $\frac{8}{3}$

06 구하는 넓이는

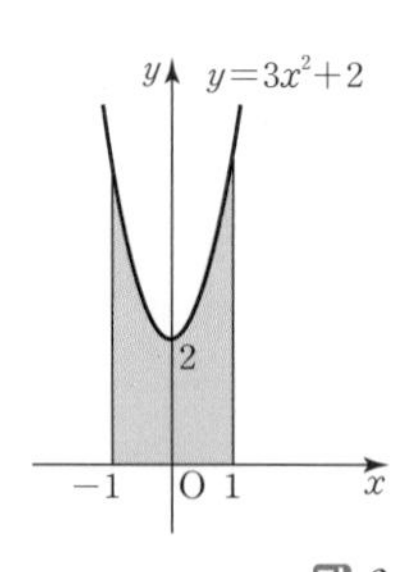

$\int_{-1}^1 (3x^2+2)dx=2\int_0^1 (3x^2+2)dx$

$=2\left[x^3+2x\right]_0^1$

$=2\times 3=6$

답 6

07 곡선 $y=-(x+1)(x-2)$와 x축의 교점의 x좌표는

$-(x+1)(x-2)=0$

$x=-1$ 또는 $x=2$

따라서 구하는 넓이는

$\int_0^3 |-(x+1)(x-2)|dx$

$=\int_0^3 |-x^2+x+2|dx$

$=\int_0^2 (-x^2+x+2)dx+\int_2^3 (x^2-x-2)dx$

$=\left[-\frac{1}{3}x^3+\frac{1}{2}x^2+2x\right]_0^2+\left[\frac{1}{3}x^3-\frac{1}{2}x^2-2x\right]_2^3$

$=\frac{10}{3}+\frac{11}{6}=\frac{31}{6}$

답 $\frac{31}{6}$

08 곡선 $y=x^2$과 직선 $y=2x$의 교점의 x좌표는

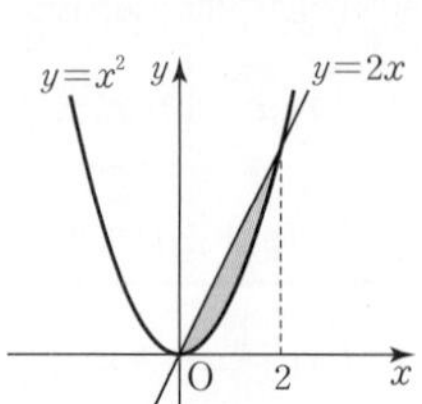

$x^2=2x$, $x^2-2x=0$, $x(x-2)=0$

$x=0$ 또는 $x=2$

따라서 구하는 넓이는

$\int_0^2 (2x-x^2)dx=\left[x^2-\frac{1}{3}x^3\right]_0^2$

$=\frac{4}{3}$

답 $\frac{4}{3}$

09 곡선 $y=-x^2+4$와 직선 $y=x+2$의 교점의 x좌표는

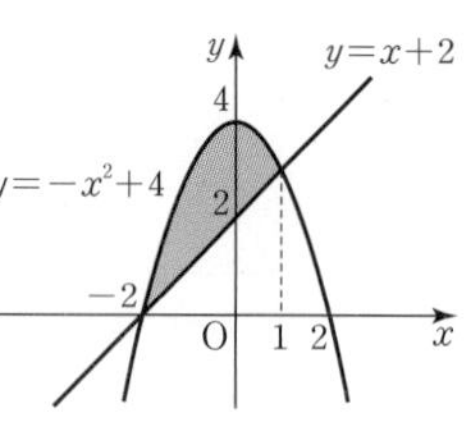

$-x^2+4=x+2$

$x^2+x-2=0$, $(x+2)(x-1)=0$

$x=-2$ 또는 $x=1$

따라서 구하는 넓이는

$\int_{-2}^1 \{(-x^2+4)-(x+2)\}dx$

$=\int_{-2}^1 (-x^2-x+2)dx$

$=\left[-\frac{1}{3}x^3-\frac{1}{2}x^2+2x\right]_{-2}^1=\frac{9}{2}$

답 $\frac{9}{2}$

10 곡선 $y=x^3$과 직선 $y=4x$의 교점의 x좌표는

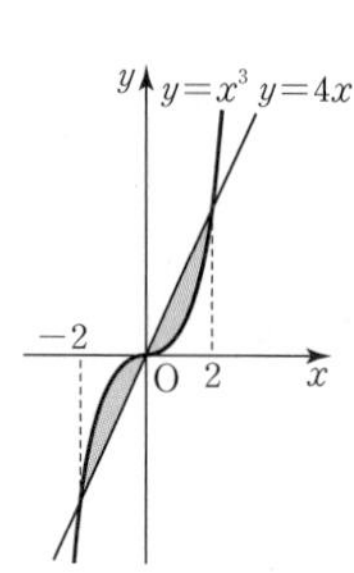

$x^3=4x$, $x^3-4x=0$

$x(x+2)(x-2)=0$

$x=-2$ 또는 $x=0$ 또는 $x=2$

따라서 구하는 넓이는

$\int_{-2}^2 |x^3-4x|dx$

$=\int_{-2}^0 (x^3-4x)dx+\int_0^2 (-x^3+4x)dx$

$=\left[\frac{1}{4}x^4-2x^2\right]_{-2}^0+\left[-\frac{1}{4}x^4+2x^2\right]_0^2$

$=4+4=8$

답 8

11 두 곡선 $y=x^2$, $y=-x^2+4x$의 교점의 x좌표는

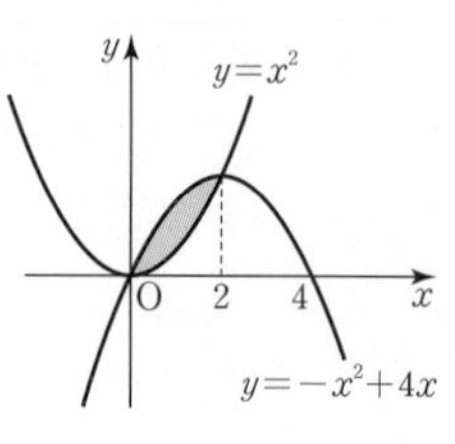

$x^2=-x^2+4x$

$2x^2-4x=0$, $2x(x-2)=0$

$x=0$ 또는 $x=2$

따라서 구하는 넓이는

$\int_0^2 \{(-x^2+4x)-x^2\}dx$

$=\int_0^2 (-2x^2+4x)dx$

$=\left[-\frac{2}{3}x^3+2x^2\right]_0^2=\frac{8}{3}$

답 $\frac{8}{3}$

12 두 곡선 $y=x^3-x^2$, $y=2x^2$의 교점의 x좌표는

$x^3-x^2=2x^2$, $x^3-3x^2=0$

$x^2(x-3)=0$

$x=0$ 또는 $x=3$

따라서 구하는 넓이는

$\int_0^3 \{2x^2-(x^3-x^2)\}dx$

$=\int_0^3 (3x^2-x^3)dx$

$=\left[x^3-\frac{1}{4}x^4\right]_0^3=\frac{27}{4}$

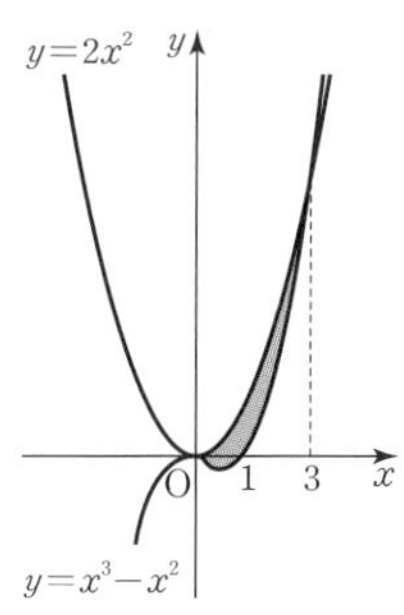

답 $\frac{27}{4}$

13 $\int_0^2 v(t)dt=\int_0^2 (t^2-2t)dt=\left[\frac{1}{3}t^3-t^2\right]_0^2=-\frac{4}{3}$

답 $-\frac{4}{3}$

14 $\int_1^3 v(t)dt=\int_1^3 (t^2-2t)dt=\left[\frac{1}{3}t^3-t^2\right]_1^3=\frac{2}{3}$

답 $\frac{2}{3}$

15 $\int_1^3 |v(t)|dt$

$=\int_1^3 |t^2-2t|dt$

$=\int_1^2 (-t^2+2t)dt+\int_2^3 (t^2-2t)dt$

$=\left[-\frac{1}{3}t^3+t^2\right]_1^2+\left[\frac{1}{3}t^3-t^2\right]_2^3$

$=\frac{2}{3}+\frac{4}{3}=2$

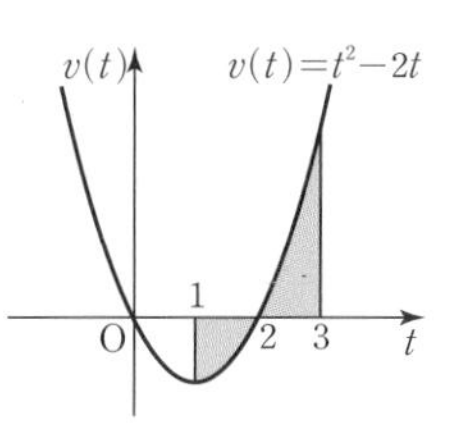

답 2

유형 완성하기

본문 118~125쪽

01 ②	**02** ①	**03** ④	**04** ⑤	**05** ③
06 12	**07** ③	**08** 3	**09** 21	**10** ⑤
11 9	**12** ②	**13** ④	**14** ④	**15** 8
16 ①	**17** ③	**18** ③	**19** ①	**20** ②
21 ③	**22** ②	**23** ⑤	**24** 4	**25** 4
26 24	**27** ①	**28** ③	**29** ⑤	**30** 12
31 ④	**32** ④	**33** ⑤	**34** ①	**35** ⑤
36 ②	**37** ④	**38** 2	**39** ②	**40** ②
41 ④	**42** ②	**43** ⑤	**44** ①	**45** 44
46 ③	**47** ③			

01 곡선 $y=(x-1)^3$과 직선 $x=3$은 그림과 같다.

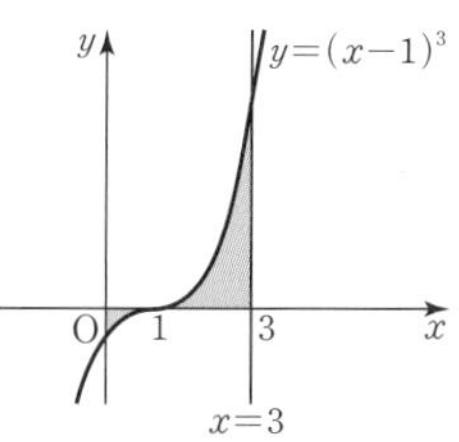

따라서 구하는 넓이는

$\int_0^1 \{-(x-1)^3\}dx+\int_1^3 (x-1)^3dx$

$=\int_0^1 (-x^3+3x^2-3x+1)dx+\int_1^3 (x^3-3x^2+3x-1)dx$

$=\left[-\frac{1}{4}x^4+x^3-\frac{3}{2}x^2+x\right]_0^1+\left[\frac{1}{4}x^4-x^3+\frac{3}{2}x^2-x\right]_1^3$

$=\frac{1}{4}+4=\frac{17}{4}$

답 ②

02 곡선 $y=x^2-2x-3$과 x축의 교점의 x좌표는

$x^2-2x-3=0$에서

$(x+1)(x-3)=0$

$x=-1$ 또는 $x=3$

곡선 $y=x^2-2x-3$과 직선 $x=2$는 그림과 같다.

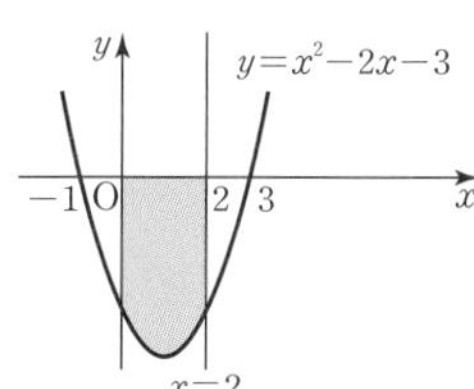

따라서 구하는 넓이는

$\int_0^2 (-x^2+2x+3)dx=\left[-\frac{1}{3}x^3+x^2+3x\right]_0^2=\frac{22}{3}$

답 ①

03 곡선 $y=-x^3+x^2+2x$와 x축의 교점의 x좌표는

$-x^3+x^2+2x=0$에서

$x^3-x^2-2x=0$, $x(x+1)(x-2)=0$

$x=-1$ 또는 $x=0$ 또는 $x=2$

곡선 $y=-x^3+x^2+2x$는 그림과 같다.

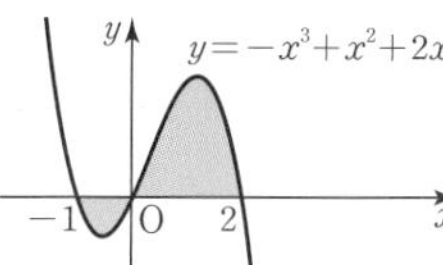

따라서 구하는 넓이는

$\int_{-1}^0 (x^3-x^2-2x)dx+\int_0^2 (-x^3+x^2+2x)dx$

$=\left[\frac{1}{4}x^4-\frac{1}{3}x^3-x^2\right]_{-1}^0+\left[-\frac{1}{4}x^4+\frac{1}{3}x^3+x^2\right]_0^2$

$=\frac{5}{12}+\frac{8}{3}=\frac{37}{12}$

답 ④

04 곡선 $y=-x^3+ax^2$과 x축의 교점의 x좌표는

$-x^3+ax^2=0$에서

$x^3-ax^2=0$, $x^2(x-a)=0$

$x=0$ 또는 $x=a$

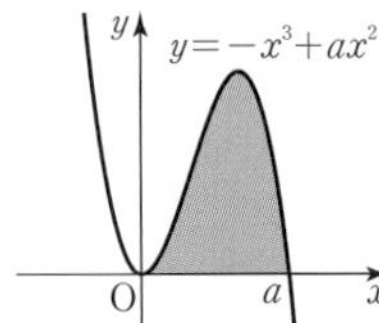

곡선 $y=-x^3+ax^2$과 x축으로 둘러싸인 도형은 위의 그림과 같고, 그 넓이는

$\int_0^a(-x^3+ax^2)dx=\left[-\frac{1}{4}x^4+\frac{a}{3}x^3\right]_0^a=\frac{1}{12}a^4$

즉, $\frac{1}{12}a^4=\frac{27}{4}$에서 $a^4=81$

$a^4-81=0$, $(a+3)(a-3)(a^2+9)=0$

$a>0$이므로 $a=3$

답 ⑤

05 함수 $y=f'(x)$의 그래프에서 $f'(0)=f'(2)=0$이므로

$f'(x)=ax(x-2)$ (a는 상수, $a<0$)

으로 놓을 수 있다.

곡선 $y=f'(x)$와 x축으로 둘러싸인 도형의 넓이가 4이므로

$\int_0^2 f'(x)dx=\int_0^2(ax^2-2ax)dx$

$=\left[\frac{a}{3}x^3-ax^2\right]_0^2=-\frac{4}{3}a$

즉, $-\frac{4}{3}a=4$에서 $a=-3$

$f'(x)=-3x(x-2)=-3x^2+6x$이므로

$f(x)=\int f'(x)dx=\int(-3x^2+6x)dx$

$=-x^3+3x^2+C$ (단, C는 적분상수)

따라서 $f(3)-f(2)=C-(4+C)=-4$

답 ③

다른 풀이

$f'(x)=ax(x-2)$ (a는 상수, $a<0$)에서

$f(x)=\int f'(x)dx=\int(ax^2-2ax)dx$

$=\frac{a}{3}x^3-ax^2+C$ (단, C는 적분상수)

곡선 $y=f'(x)$와 x축으로 둘러싸인 도형의 넓이가 4이므로

$\int_0^2 f'(x)dx=\left[f(x)\right]_0^2=f(2)-f(0)$

$=\left(-\frac{4}{3}a+C\right)-C=-\frac{4}{3}a$

즉, $-\frac{4}{3}a=4$에서 $a=-3$

따라서 $f(x)=-x^3+3x^2+C$이므로

$f(3)-f(2)=C-(4+C)=-4$

06 $f(x)=ax^2+bx+c$ (a, b, c는 상수, $a>0$)으로 놓으면

$f'(x)=2ax+b$

조건 (가)의 $\lim_{x\to2}\frac{f(x)}{x-2}=0$에서 극한값이 존재하고 $x\to2$일 때 (분모)$\to0$이므로 (분자)$\to0$이어야 한다.

즉, $\lim_{x\to2}f(x)=0$이고 함수 $f(x)$가 실수 전체의 집합에서 연속이므로

$f(2)=0$

$4a+2b+c=0$ …… ㉠

또 미분계수의 정의에 의하여

$\lim_{x\to2}\frac{f(x)}{x-2}=\lim_{x\to2}\frac{f(x)-f(2)}{x-2}=f'(2)$

즉, $f'(2)=0$에서

$4a+b=0$ …… ㉡

㉡에서 $b=-4a$이므로 ㉠에 대입하면

$c=-2b-4a=4a$

그러므로

$f(x)=ax^2-4ax+4a=a(x-2)^2$

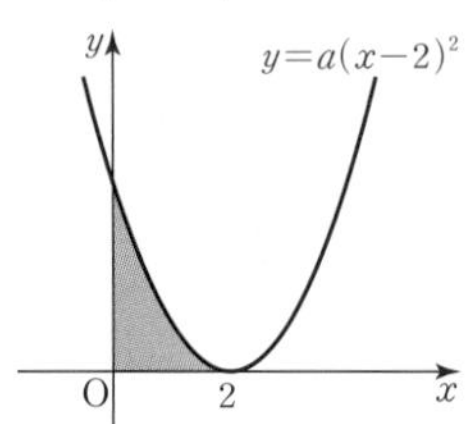

곡선 $y=f(x)$와 x축 및 y축으로 둘러싸인 부분은 위의 그림과 같고, 그 넓이는

$\int_0^2(ax^2-4ax+4a)dx=\left[\frac{a}{3}x^3-2ax^2+4ax\right]_0^2=\frac{8}{3}a$

즉, $\frac{8}{3}a=8$에서 $a=3$

따라서 $f(x)=3(x-2)^2$이므로

$f(4)=3\times4=12$

답 12

07 곡선 $y=x^3-3x^2$과 직선 $y=x-3$의 교점의 x좌표는

$x^3-3x^2=x-3$에서

$x^3-3x^2-x+3=0$, $(x+1)(x-1)(x-3)=0$

$x=-1$ 또는 $x=1$ 또는 $x=3$

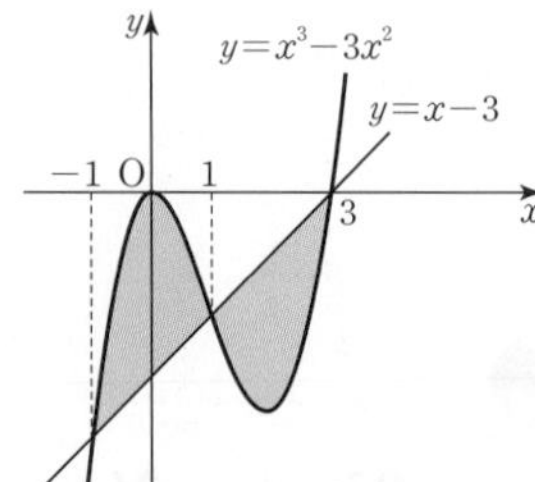

따라서 곡선 $y=x^3-3x^2$과 직선 $y=x-3$으로 둘러싸인 도형은 위의 그림과 같고, 그 넓이는

$\int_{-1}^1\{(x^3-3x^2)-(x-3)\}dx+\int_1^3\{(x-3)-(x^3-3x^2)\}dx$

$=\int_{-1}^1(x^3-3x^2-x+3)dx+\int_1^3(-x^3+3x^2+x-3)dx$

$=2\int_0^1(-3x^2+3)dx+\int_1^3(-x^3+3x^2+x-3)dx$

$=2\left[-x^3+3x\right]_0^1+\left[-\frac{1}{4}x^4+x^3+\frac{1}{2}x^2-3x\right]_1^3$

$=4+4=8$

답 ③

08 곡선 $y=x^2$과 직선 $y=mx$의 교점의 x좌표는
$x^2=mx$에서
$x(x-m)=0$
$x=0$ 또는 $x=m$

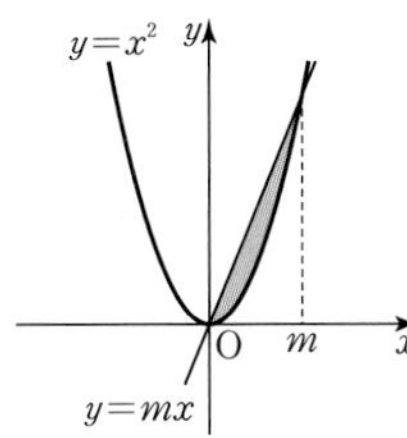

곡선 $y=x^2$과 직선 $y=mx$로 둘러싸인 도형은 위의 그림과 같고, 그 넓이는

$\int_0^m (mx-x^2)dx=\left[\frac{m}{2}x^2-\frac{1}{3}x^3\right]_0^m=\frac{m^3}{6}$

즉, $\frac{m^3}{6}=\frac{9}{2}$에서 $m^3=27$
$m^3-27=0, (m-3)(m^2+3m+9)=0$
$m>0$이므로 $m=3$

답 3

09 곡선 $y=f(x)$와 직선 $y=x+2$가 만나는 두 점의 x좌표가 각각 -1, 3이므로
$f(x)-(x+2)=a(x+1)(x-3)$ (a는 상수, $a>0$) …… ㉠
으로 놓을 수 있다.
곡선 $y=f(x)$와 직선 $y=x+2$로 둘러싸인 도형의 넓이는

$$\int_{-1}^3 \{(x+2)-f(x)\}dx=\int_{-1}^3 \{-a(x+1)(x-3)\}dx$$
$$=-a\int_{-1}^3 (x^2-2x-3)dx$$
$$=-a\left[\frac{1}{3}x^3-x^2-3x\right]_{-1}^3=\frac{32}{3}a$$

즉, $\frac{32}{3}a=32$에서 $a=3$
㉠에서
$f(x)-(x+2)=3(x+1)(x-3)$
$f(x)=3(x+1)(x-3)+x+2=3x^2-5x-7$
따라서 $f(4)=48-20-7=21$

답 21

10 두 곡선 $y=x^4$, $y=4x^2$의 교점의 x좌표는
$x^4=4x^2$에서
$x^2(x+2)(x-2)=0$
$x=-2$ 또는 $x=0$ 또는 $x=2$

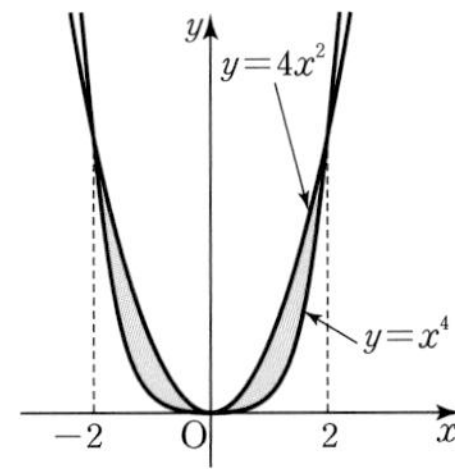

따라서 두 곡선 $y=x^4$, $y=4x^2$으로 둘러싸인 도형은 위의 그림과 같고, 그 넓이는

$$\int_{-2}^2 (4x^2-x^4)dx=2\int_0^2 (4x^2-x^4)dx$$
$$=2\left[\frac{4}{3}x^3-\frac{1}{5}x^5\right]_0^2$$
$$=2\times\frac{64}{15}=\frac{128}{15}$$

답 ⑤

11 두 곡선 $y=x^2-1$, $y=-x^2+2x+3$의 교점의 x좌표는
$x^2-1=-x^2+2x+3$에서
$2x^2-2x-4=0$, $2(x+1)(x-2)=0$
$x=-1$ 또는 $x=2$

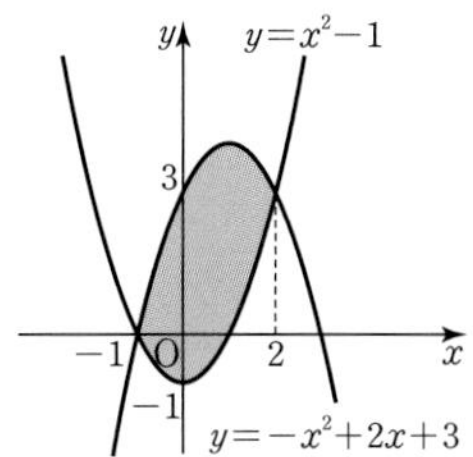

따라서 두 곡선 $y=x^2-1$, $y=-x^2+2x+3$으로 둘러싸인 도형은 위의 그림과 같고, 그 넓이는

$$\int_{-1}^2 \{(-x^2+2x+3)-(x^2-1)\}dx$$
$$=\int_{-1}^2 (-2x^2+2x+4)dx$$
$$=\left[-\frac{2}{3}x^3+x^2+4x\right]_{-1}^2=9$$

답 9

12 두 곡선 $y=x^3-x$, $y=-x^2+x$의 교점의 x좌표는
$x^3-x=-x^2+x$에서
$x^3+x^2-2x=0$, $x(x+2)(x-1)=0$
$x=-2$ 또는 $x=0$ 또는 $x=1$

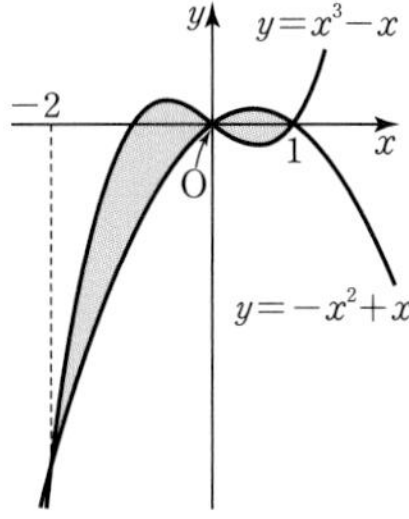

따라서 두 곡선 $y=x^3-x$, $y=-x^2+x$로 둘러싸인 도형은 위의 그림과 같고, 그 넓이는

$$\int_{-2}^0 \{(x^3-x)-(-x^2+x)\}dx+\int_0^1 \{(-x^2+x)-(x^3-x)\}dx$$
$$=\int_{-2}^0 (x^3+x^2-2x)dx+\int_0^1 (-x^3-x^2+2x)dx$$
$$=\left[\frac{1}{4}x^4+\frac{1}{3}x^3-x^2\right]_{-2}^0+\left[-\frac{1}{4}x^4-\frac{1}{3}x^3+x^2\right]_0^1$$
$$=\frac{8}{3}+\frac{5}{12}=\frac{37}{12}$$

답 ②

13 함수 $f(x)=x^2$에 대하여

$-f(x-1)+1=-(x-1)^2+1=-x^2+2x$

이므로 두 곡선 $y=f(x)$, $y=-f(x-1)+1$의 교점의 x좌표는

$x^2=-x^2+2x$에서

$2x^2-2x=0$, $2x(x-1)=0$

$x=0$ 또는 $x=1$

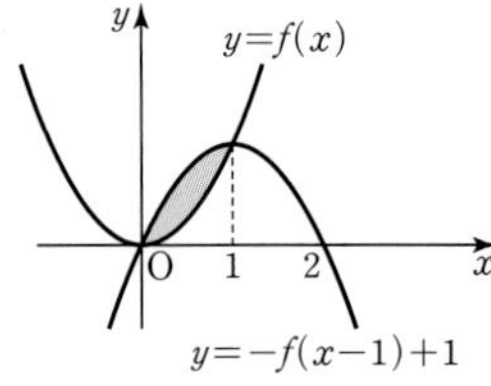

따라서 두 곡선 $y=f(x)$, $y=-f(x-1)+1$로 둘러싸인 도형은 위의 그림과 같고, 그 넓이는

$$\int_0^1 \{(-x^2+2x)-x^2\}dx=\int_0^1 (-2x^2+2x)dx$$

$$=\left[-\frac{2}{3}x^3+x^2\right]_0^1=\frac{1}{3}$$

답 ④

14 $g(x)=f(x)+x^3+3x^2$에서

$g(x)-f(x)=x^3+3x^2$

두 곡선 $y=f(x)$, $y=g(x)$가 만나는 점의 x좌표는

$g(x)-f(x)=0$에서

$x^3+3x^2=0$, $x^2(x+3)=0$

$x=-3$ 또는 $x=0$

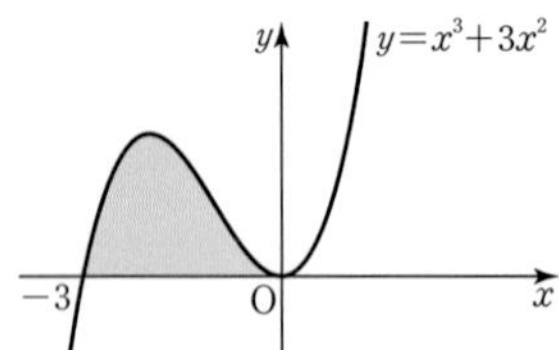

따라서 두 곡선 $y=f(x)$, $y=g(x)$로 둘러싸인 도형의 넓이는

$$\int_{-3}^0 |f(x)-g(x)|dx=\int_{-3}^0 |x^3+3x^2|dx$$

$$=\int_{-3}^0 (x^3+3x^2)dx$$

$$=\left[\frac{1}{4}x^4+x^3\right]_{-3}^0=\frac{27}{4}$$

답 ④

15 $S_1+2S_2+S_3=(S_1+S_2)+(S_2+S_3)$ ······ ㉠

S_1+S_2의 값은 곡선 $y=-x^2+4$와 x축 및 y축으로 둘러싸인 도형의 넓이이므로

$$S_1+S_2=\int_0^2 (-x^2+4)dx=\left[-\frac{1}{3}x^3+4x\right]_0^2=\frac{16}{3}$$

S_2+S_3의 값은 곡선 $y=ax^2$과 x축 및 직선 $x=2$로 둘러싸인 도형의 넓이이므로

$$S_2+S_3=\int_0^2 ax^2dx=\left[\frac{a}{3}x^3\right]_0^2=\frac{8}{3}a$$

$S_1+2S_2+S_3=\frac{40}{3}$이므로 ㉠에서

$\frac{16}{3}+\frac{8}{3}a=\frac{40}{3}$, $\frac{8}{3}a=8$, $a=3$

이때 두 곡선 $y=f(x)$, $y=g(x)$의 교점의 x좌표는

$-x^2+4=3x^2$, $4x^2=4$, $x^2=1$

$x\ge0$이므로 $x=1$

따라서

$$S_1+S_3=\int_0^1 \{(-x^2+4)-3x^2\}dx+\int_1^2 \{3x^2-(-x^2+4)\}dx$$

$$=\int_0^1 (-4x^2+4)dx+\int_1^2 (4x^2-4)dx$$

$$=\left[-\frac{4}{3}x^3+4x\right]_0^1+\left[\frac{4}{3}x^3-4x\right]_1^2$$

$$=\frac{8}{3}+\frac{16}{3}=8$$

답 8

16 $3|x-2|=\begin{cases} 3(x-2) & (x\ge2) \\ -3(x-2) & (x<2) \end{cases}$이므로

곡선 $y=-x^2+4x$와 함수 $y=3|x-2|$의 그래프의 교점의 x좌표는 다음과 같다.

(i) $x<2$일 때

$-x^2+4x=-3(x-2)$에서

$x^2-7x+6=0$, $(x-1)(x-6)=0$

$x<2$이므로 $x=1$

(ii) $x\ge2$일 때

$-x^2+4x=3(x-2)$에서

$x^2-x-6=0$, $(x+2)(x-3)=0$

$x\ge2$이므로 $x=3$

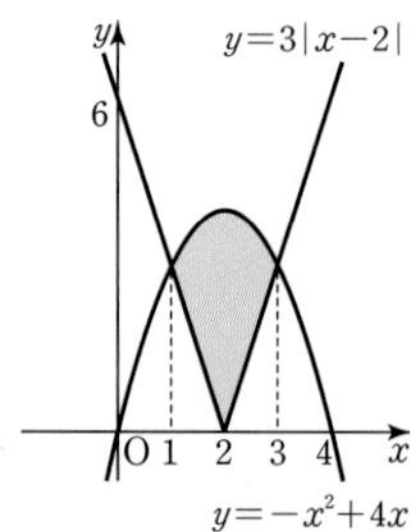

따라서 곡선 $y=-x^2+4x$와 함수 $y=3|x-2|$의 그래프로 둘러싸인 도형은 위의 그림과 같고, 그 넓이는

$$\int_1^3 \{(-x^2+4x)-3|x-2|\}dx$$

$$=\int_1^2 \{(-x^2+4x)-(-3x+6)\}dx$$

$$+\int_2^3 \{(-x^2+4x)-(3x-6)\}dx$$

$$=\int_1^2 (-x^2+7x-6)dx+\int_2^3 (-x^2+x+6)dx$$

$$=\left[-\frac{1}{3}x^3+\frac{7}{2}x^2-6x\right]_1^2+\left[-\frac{1}{3}x^3+\frac{1}{2}x^2+6x\right]_2^3$$

$$=\frac{13}{6}+\frac{13}{6}=\frac{13}{3}$$

답 ①

다른 풀이

곡선 $y=-x^2+4x$와 함수 $y=3|x-2|$의 그래프가 모두 직선 $x=2$에 대하여 대칭이므로 구하는 넓이는 다음과 같이 구할 수도 있다.

$$\int_1^3 \{(-x^2+4x)-3|x-2|\}dx$$
$$=2\int_1^2 \{(-x^2+4x)-(-3x+6)\}dx$$
$$=2\int_1^2 (-x^2+7x-6)dx$$
$$=2\left[-\frac{1}{3}x^3+\frac{7}{2}x^2-6x\right]_1^2$$
$$=2\times\frac{13}{6}=\frac{13}{3}$$

17 $y=|x|(x+2)=\begin{cases} x^2+2x & (x\ge 0) \\ -x^2-2x & (x<0)\end{cases}$이므로

함수 $y=|x|(x+2)$의 그래프와 x축의 교점의 x좌표는

$|x|(x+2)=0$에서

$|x|=0$ 또는 $x=-2$

즉, $x=-2$ 또는 $x=0$

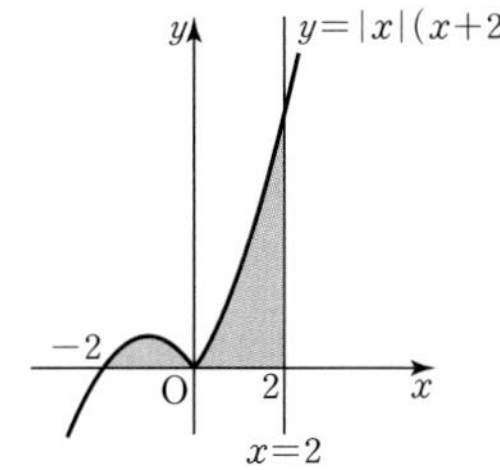

따라서 함수 $y=|x|(x+2)$의 그래프와 x축 및 직선 $x=2$로 둘러싸인 도형은 위의 그림과 같고, 그 넓이는

$$\int_{-2}^2 |x|(x+2)dx=\int_{-2}^0 (-x^2-2x)dx+\int_0^2 (x^2+2x)dx$$
$$=\left[-\frac{1}{3}x^3-x^2\right]_{-2}^0+\left[\frac{1}{3}x^3+x^2\right]_0^2$$
$$=\frac{4}{3}+\frac{20}{3}=8$$

답 ③

18 $|x^3|=\begin{cases} x^3 & (x>0) \\ -x^3 & (x\le 0)\end{cases}$,

$|x^2-2x|=\begin{cases} x^2-2x & (x\le 0 \text{ 또는 } x\ge 2) \\ -x^2+2x & (0<x<2)\end{cases}$

이므로 두 함수 $y=|x^3|$, $y=|x^2-2x|$의 그래프의 교점의 x좌표는 다음과 같다.

(i) $x\le 0$일 때

$-x^3=x^2-2x$에서

$x^3+x^2-2x=0$, $x(x+2)(x-1)=0$

$x\le 0$이므로 $x=-2$ 또는 $x=0$

(ii) $0<x<2$일 때

$x^3=-x^2+2x$에서

$x^3+x^2-2x=0$, $x(x+2)(x-1)=0$

$0<x<2$이므로 $x=1$

(iii) $x\ge 2$일 때

$x^3=x^2-2x$에서

$x^3-x^2+2x=0$, $x(x^2-x+2)=0$

$x\ge 2$이고 $x^2-x+2=\left(x-\frac{1}{2}\right)^2+\frac{7}{4}>0$이므로

$x\ge 2$일 때 두 함수 $y=|x^3|$, $y=|x^2-2x|$의 그래프의 교점은 존재하지 않는다.

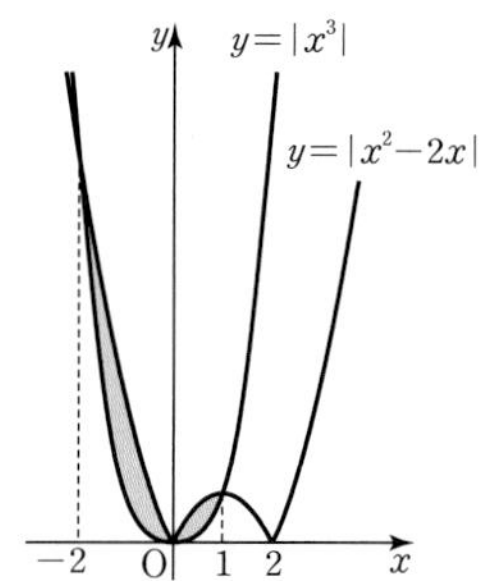

따라서 두 함수 $y=|x^3|$, $y=|x^2-2x|$의 그래프로 둘러싸인 도형은 위의 그림과 같고, 그 넓이는

$$\int_{-2}^1 ||x^3|-|x^2-2x||dx$$
$$=\int_{-2}^0 \{(x^2-2x)-(-x^3)\}dx+\int_0^1 \{(-x^2+2x)-x^3\}dx$$
$$=\int_{-2}^0 (x^3+x^2-2x)dx+\int_0^1 (-x^3-x^2+2x)dx$$
$$=\left[\frac{1}{4}x^4+\frac{1}{3}x^3-x^2\right]_{-2}^0+\left[-\frac{1}{4}x^4-\frac{1}{3}x^3+x^2\right]_0^1$$
$$=\frac{8}{3}+\frac{5}{12}=\frac{37}{12}$$

답 ③

19 $f(x)=\frac{1}{2}x^2+k$에서

$f'(x)=x$

곡선 $y=f(x)$ 위의 점 $\left(1, \frac{1}{2}+k\right)$에서의 접선의 기울기는

$f'(1)=1$이므로 접선 l의 방정식은

$y-\left(\frac{1}{2}+k\right)=x-1$

$y=x+k-\frac{1}{2}$

이 직선이 원점을 지나므로

$0=0+k-\frac{1}{2}$, $k=\frac{1}{2}$

즉, $f(x)=\frac{1}{2}x^2+\frac{1}{2}$이고, 접선 l의 방정식은 $y=x$

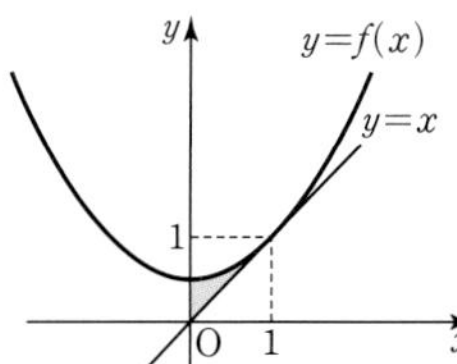

따라서 곡선 $y=f(x)$와 접선 l 및 y축으로 둘러싸인 도형은 위의 그림과 같고, 그 넓이는

$$\int_0^1 \left\{\left(\frac{1}{2}x^2+\frac{1}{2}\right)-x\right\}dx=\int_0^1 \left(\frac{1}{2}x^2-x+\frac{1}{2}\right)dx$$
$$=\left[\frac{1}{6}x^3-\frac{1}{2}x^2+\frac{1}{2}x\right]_0^1=\frac{1}{6}$$

답 ①

20 $f(x)=x^2-4x+3$으로 놓으면

$f'(x)=2x-4$

곡선 $y=f(x)$ 위의 점 $(1, 0)$에서의 접선 l의 기울기는 $f'(1)=-2$

이므로 접선 l의 방정식은

$y-0=-2(x-1)$

$y=-2x+2$

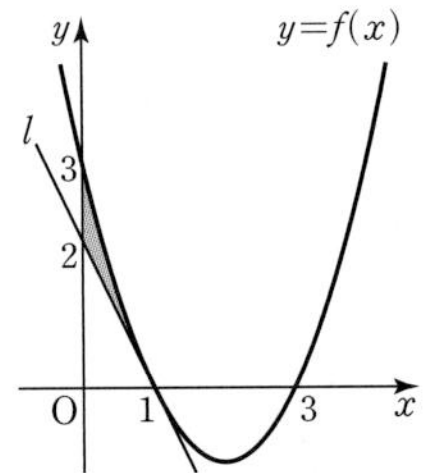

따라서 곡선 $y=f(x)$와 접선 l 및 y축으로 둘러싸인 도형은 위의 그림과 같고, 그 넓이는

$$\int_0^1 \{(x^2-4x+3)-(-2x+2)\}dx=\int_0^1 (x^2-2x+1)dx$$
$$=\left[\frac{1}{3}x^3-x^2+x\right]_0^1=\frac{1}{3}$$

답 ②

21 $f(x)=\frac{1}{2}x^3-x^2$으로 놓으면

$f'(x)=\frac{3}{2}x^2-2x$

곡선 $y=f(x)$ 위의 점 $(2,\ 0)$에서의 접선 l의 기울기는 $f'(2)=2$이므로 접선 l의 방정식은

$y-0=2(x-2)$

$y=2x-4$

곡선 $y=f(x)$와 직선 $y=2x-4$의 교점의 x좌표는

$\frac{1}{2}x^3-x^2=2x-4$에서

$\frac{1}{2}(x^3-2x^2-4x+8)=0$, $\frac{1}{2}(x+2)(x-2)^2=0$

$x=-2$ 또는 $x=2$

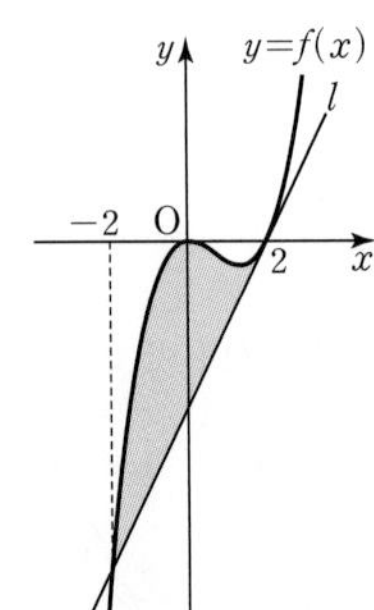

따라서 곡선 $y=f(x)$와 접선 l로 둘러싸인 도형은 위의 그림과 같고, 그 넓이는

$$\int_{-2}^2 \left\{\left(\frac{1}{2}x^3-x^2\right)-(2x-4)\right\}dx=\int_{-2}^2 \left(\frac{1}{2}x^3-x^2-2x+4\right)dx$$
$$=2\int_0^2 (-x^2+4)dx$$
$$=2\left[-\frac{1}{3}x^3+4x\right]_0^2$$
$$=2\times\frac{16}{3}=\frac{32}{3}$$

답 ③

22 $f(x)=-x^2-x+2$에서

$f'(x)=-2x-1$

곡선 $y=f(x)$ 위의 점 $(-1,\ 2)$에서의 접선 l의 기울기는 $f'(-1)=1$이므로 접선 l의 방정식은

$y-2=x-(-1)$

$y=x+3$

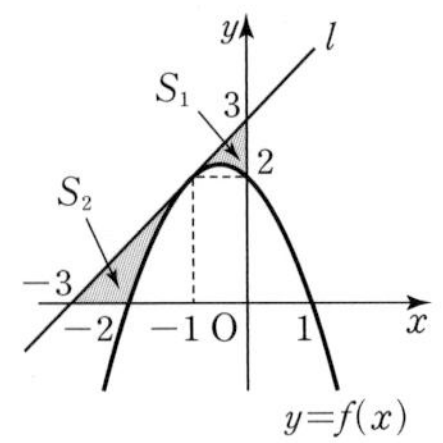

그러므로

$$S_1=\int_{-1}^0 \{(x+3)-(-x^2-x+2)\}dx$$
$$=\int_{-1}^0 (x^2+2x+1)dx$$
$$=\left[\frac{1}{3}x^3+x^2+x\right]_{-1}^0=\frac{1}{3}$$

$$S_2=\int_{-3}^{-2} (x+3)dx+\int_{-2}^{-1} \{(x+3)-(-x^2-x+2)\}dx$$
$$=\int_{-3}^{-2} (x+3)dx+\int_{-2}^{-1} (x^2+2x+1)dx$$
$$=\left[\frac{1}{2}x^2+3x\right]_{-3}^{-2}+\left[\frac{1}{3}x^3+x^2+x\right]_{-2}^{-1}$$
$$=\frac{1}{2}+\frac{1}{3}=\frac{5}{6}$$

따라서 $S_1+S_2=\frac{1}{3}+\frac{5}{6}=\frac{7}{6}$

답 ②

다른 풀이

S_1+S_2의 값은 밑변의 길이가 3이고 높이가 3인 삼각형의 넓이에서 곡선 $y=f(x)\ (x\le 0)$과 x축, y축으로 둘러싸인 도형의 넓이를 뺀 것과 같다. 즉,

$$S_1+S_2=\frac{1}{2}\times3\times3-\int_{-2}^0 (-x^2-x+2)dx$$
$$=\frac{9}{2}-\left[-\frac{1}{3}x^3-\frac{1}{2}x^2+2x\right]_{-2}^0$$
$$=\frac{9}{2}-\frac{10}{3}=\frac{7}{6}$$

23 $f(x)=x^2-3x+4$로 놓으면

$f'(x)=2x-3$

접점의 좌표를 $(t,\ t^2-3t+4)$라 하면 이 점에서의 접선의 기울기는 $f'(t)=2t-3$이므로 접선의 방정식은

$y-(t^2-3t+4)=(2t-3)(x-t)$

$y=(2t-3)x-t^2+4$ ...... ㉠

직선 ㉠이 원점을 지나므로

$0=-t^2+4$에서

$t=-2$ 또는 $t=2$

$t=-2$를 ㉠에 대입하면 $y=-7x$

$t=2$를 ㉠에 대입하면 $y=x$

접선 l의 방정식을 $y=x$, 접선 m의 방정식을 $y=-7x$라 하고 곡선 $y=f(x)$와 두 직선 l, m을 좌표평면에 나타내면 그림과 같다.

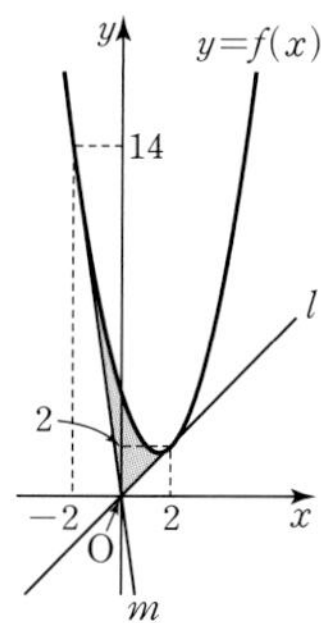

따라서 구하는 넓이는

$\int_{-2}^{0}\{x^2-3x+4-(-7x)\}dx+\int_{0}^{2}\{(x^2-3x+4)-x\}dx$

$=\int_{-2}^{0}(x^2+4x+4)dx+\int_{0}^{2}(x^2-4x+4)dx$

$=\left[\frac{1}{3}x^3+2x^2+4x\right]_{-2}^{0}+\left[\frac{1}{3}x^3-2x^2+4x\right]_{0}^{2}$

$=\frac{8}{3}+\frac{8}{3}=\frac{16}{3}$

답 ⑤

24 $f(x)=-x(x+1)(x-a)=-x^3+(a-1)x^2+ax$에서

$f'(x)=-3x^2+2(a-1)x+a$

곡선 $y=f(x)$ 위의 점 $(0, 0)$에서의 접선 l의 기울기는 $f'(0)=a$이므로 접선 l의 방정식은

$y-0=a(x-0)$

$y=ax$

곡선 $y=f(x)$와 접선 l의 교점의 x좌표는 $f(x)=ax$에서

$-x^3+(a-1)x^2+ax=ax$

$-x^2\{x-(a-1)\}=0$

$x=0$ 또는 $x=a-1$

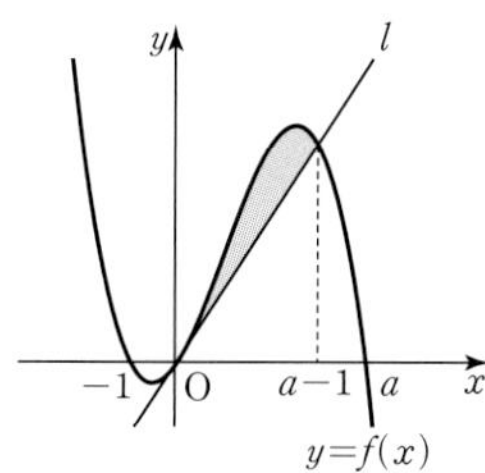

곡선 $y=f(x)$와 접선 l로 둘러싸인 도형은 위의 그림과 같고, 그 넓이는

$\int_{0}^{a-1}[\{-x^3+(a-1)x^2+ax\}-ax]dx$

$=\int_{0}^{a-1}\{-x^3+(a-1)x^2\}dx$

$=\left[-\frac{1}{4}x^4+\frac{a-1}{3}x^3\right]_{0}^{a-1}$

$=\frac{(a-1)^4}{12}$

즉, $\frac{(a-1)^4}{12}=\frac{27}{4}$에서 $(a-1)^4=81$

$a-1=3$ 또는 $a-1=-3$

$a>1$이므로 $a=4$

답 4

25 곡선 $y=f(x)$와 x축의 교점의 x좌표는

$-x^2+(k+2)x-2k=0$에서

$x^2-(k+2)x+2k=0$, $(x-2)(x-k)=0$

$x=2$ 또는 $x=k$

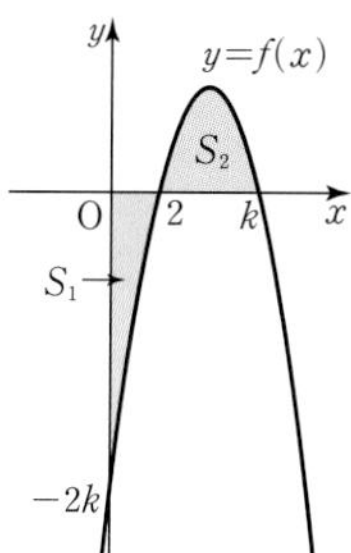

위의 그림에서

$S_1=\int_{0}^{2}\{-f(x)\}dx=-\int_{0}^{2}f(x)dx$

$S_2=\int_{2}^{k}f(x)dx$

$S_1=S_2$이므로 $S_1-S_2=0$에서

$-\int_{0}^{2}f(x)dx-\int_{2}^{k}f(x)dx=0$

즉, $\int_{0}^{2}f(x)dx+\int_{2}^{k}f(x)dx=0$이므로

$\int_{0}^{k}f(x)dx=0$ …… ㉠

$\int_{0}^{k}f(x)dx=\int_{0}^{k}\{-x^2+(k+2)x-2k\}dx$

$=\left[-\frac{1}{3}x^3+\frac{k+2}{2}x^2-2kx\right]_{0}^{k}$

$=-\frac{1}{3}k^3+\frac{1}{2}k^2(k+2)-2k^2=\frac{1}{6}k^3-k^2$

㉠에서

$\frac{1}{6}k^3-k^2=0$, $\frac{1}{6}k^2(k-6)=0$

$k>2$이므로 $k=6$

따라서 $f(x)=-x^2+8x-12$이므로

$f(4)=-16+32-12=4$

답 4

26 $f(x)=-x^2+4$ $(x\geq 0)$으로 놓고, 곡선 $y=f(x)$와 직선 $y=mx$의 교점의 x좌표를 k $(0<k<2)$라 하자.

그림과 같이 곡선 $y=f(x)$와 직선 $y=mx$ 및 직선 $x=0$으로 둘러싸인 도형의 넓이를 S_1, 곡선 $y=f(x)$와 직선 $y=mx$ 및 직선 $x=2$로 둘러싸인 도형의 넓이를 S_2라 하자.

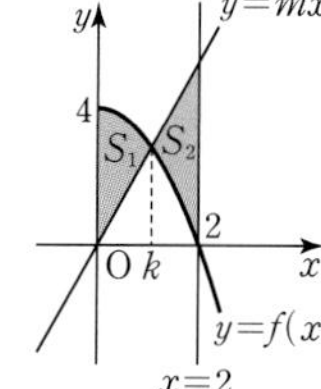

$S_1=\int_{0}^{k}\{f(x)-mx\}dx$

$S_2=\int_{k}^{2}\{mx-f(x)\}dx$

$S_1=S_2$이므로 $S_1-S_2=0$

$S_1-S_2=\int_{0}^{k}\{f(x)-mx\}dx-\int_{k}^{2}\{mx-f(x)\}dx$

$=\int_{0}^{k}\{f(x)-mx\}dx+\int_{k}^{2}\{f(x)-mx\}dx$

$$=\int_0^2 \{f(x)-mx\}dx$$

즉, $\int_0^2 \{f(x)-mx\}dx=0$ ...... ㉠

$$\int_0^2 \{f(x)-mx\}dx=\int_0^2 (-x^2-mx+4)dx$$

$$=\left[-\frac{1}{3}x^3-\frac{m}{2}x^2+4x\right]_0^2$$

$$=-2m+\frac{16}{3}$$

㉠에서

$-2m+\frac{16}{3}=0$, $m=\frac{8}{3}$

따라서 $9m=9\times\frac{8}{3}=24$

답 24

다른 풀이

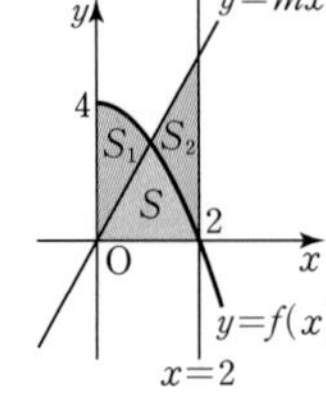

그림과 같이 직선 $y=mx$와 곡선 $y=f(x)$ 및 x축으로 둘러싸인 도형의 넓이를 S라 하면

$S_1=S_2$에서 $S_1+S=S_2+S$ ...... ㉠

$$S_1+S=\int_0^2 f(x)dx$$

$$=\int_0^2 (-x^2+4)dx$$

$$=\left[-\frac{1}{3}x^3+4x\right]_0^2=\frac{16}{3}$$

$$S_2+S=\int_0^2 mxdx=\left[\frac{m}{2}x^2\right]_0^2=2m$$

㉠에서 $2m=\frac{16}{3}$, $m=\frac{8}{3}$

따라서 $9m=9\times\frac{8}{3}=24$

27 $f(x)=x^3+8$로 놓으면 곡선 $y=f(x)$와 x축의 교점의 x좌표는

$x^3+8=0$, $(x+2)(x^2-2x+4)=0$

$x=-2$

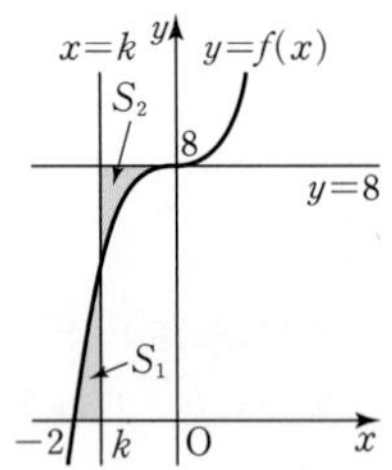

$$S_1=\int_{-2}^k f(x)dx$$

$$S_2=\int_k^0 \{8-f(x)\}dx$$

$S_1=S_2$이므로 $S_1-S_2=0$

$$S_1-S_2=\int_{-2}^k f(x)dx-\int_k^0 \{8-f(x)\}dx$$

$$=\int_{-2}^k f(x)dx+\int_k^0 f(x)dx-\int_k^0 8dx$$

$$=\int_{-2}^0 f(x)dx-\int_k^0 8dx$$

즉, $\int_{-2}^0 f(x)dx-\int_k^0 8dx=0$에서

$\int_{-2}^0 f(x)dx=\int_k^0 8dx$ ...... ㉠

$$\int_{-2}^0 f(x)dx=\int_{-2}^0 (x^3+8)dx=\left[\frac{1}{4}x^4+8x\right]_{-2}^0=12$$

$$\int_k^0 8dx=\left[8x\right]_k^0=-8k$$

㉠에서

$-8k=12$, $k=-\frac{3}{2}$

답 ①

28 $f(x)=x^2-3x$, $g(x)=-\frac{1}{2}x^2+\frac{3}{2}x$, $h(x)=ax(x-3)$

이라 하자.

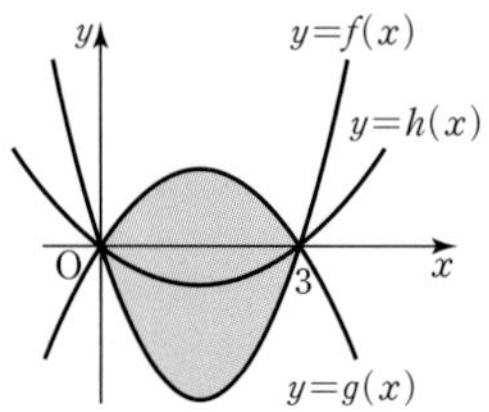

두 곡선 $y=f(x)$, $y=g(x)$로 둘러싸인 도형은 위의 그림과 같고, 그 넓이를 S라 하면

$$S=\int_0^3 \{g(x)-f(x)\}dx$$

$$=\int_0^3 \left\{\left(-\frac{1}{2}x^2+\frac{3}{2}x\right)-(x^2-3x)\right\}dx$$

$$=\int_0^3 \left(-\frac{3}{2}x^2+\frac{9}{2}x\right)dx$$

$$=\left[-\frac{1}{2}x^3+\frac{9}{4}x^2\right]_0^3=\frac{27}{4}$$

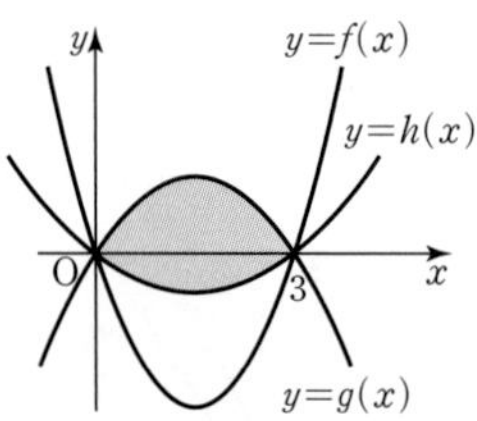

두 곡선 $y=g(x)$, $y=h(x)$로 둘러싸인 도형의 넓이는 위의 그림과 같으므로

$$\int_0^3 \{g(x)-h(x)\}dx$$

$$=\int_0^3 \left\{\left(-\frac{1}{2}x^2+\frac{3}{2}x\right)-(ax^2-3ax)\right\}dx$$

$$=\int_0^3 \left\{-\left(a+\frac{1}{2}\right)x^2+\frac{3}{2}(2a+1)x\right\}dx$$

$$=\left[-\frac{1}{3}\left(a+\frac{1}{2}\right)x^3+\frac{3}{4}(2a+1)x^2\right]_0^3$$

$$=-9\left(a+\frac{1}{2}\right)+\frac{27}{4}(2a+1)=\frac{9}{2}a+\frac{9}{4}$$

즉, $\frac{9}{2}a+\frac{9}{4}=\frac{1}{2}S$이므로

$\frac{9}{2}a+\frac{9}{4}=\frac{27}{8}$, $\frac{9}{2}a=\frac{9}{8}$

따라서 $a=\frac{1}{4}$

답 ③

다른 풀이

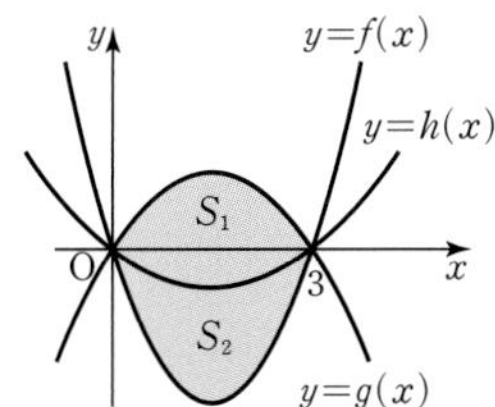

두 곡선 $y=g(x)$, $y=h(x)$로 둘러싸인 도형의 넓이를 S_1, 두 곡선 $y=f(x)$, $y=h(x)$로 둘러싸인 도형의 넓이를 S_2라 하면

$S_1=\int_0^3 \{g(x)-h(x)\}dx$

$S_2=\int_0^3 \{h(x)-f(x)\}dx$

두 곡선 $y=f(x)$, $y=g(x)$로 둘러싸인 도형의 넓이를 곡선 $y=h(x)$가 이등분하므로 $S_1=S_2$에서

$\int_0^3 \{g(x)-h(x)\}dx=\int_0^3 \{h(x)-f(x)\}dx$

$\int_0^3 g(x)dx-\int_0^3 h(x)dx=\int_0^3 h(x)dx-\int_0^3 f(x)dx$

즉, $2\int_0^3 h(x)dx=\int_0^3 \{f(x)+g(x)\}dx$ …… ㉠

$\int_0^3 h(x)dx=\int_0^3 a(x^2-3x)dx=a\int_0^3 (x^2-3x)dx$

$\int_0^3 \{f(x)+g(x)\}dx=\int_0^3 \left\{(x^2-3x)+\left(-\frac{1}{2}x^2+\frac{3}{2}x\right)\right\}dx$

$=\int_0^3 \left(\frac{1}{2}x^2-\frac{3}{2}x\right)dx$

$=\frac{1}{2}\int_0^3 (x^2-3x)dx$

㉠에서

$2a\int_0^3 (x^2-3x)dx=\frac{1}{2}\int_0^3 (x^2-3x)dx$

$\int_0^3 (x^2-3x)dx\neq0$이므로 $2a=\frac{1}{2}$에서 $a=\frac{1}{4}$

29 곡선 $y=x^2-4x$와 직선 $y=2x$의 교점의 x좌표는

$x^2-4x=2x$에서

$x^2-6x=0$, $x(x-6)=0$

$x=0$ 또는 $x=6$

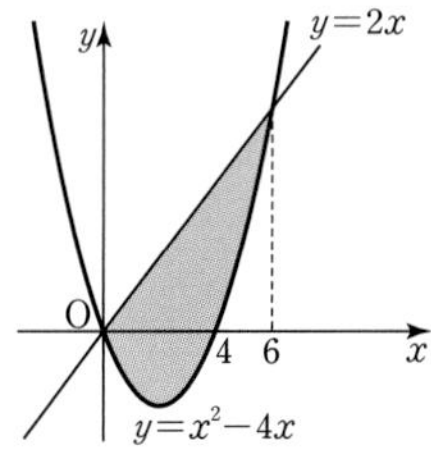

곡선 $y=x^2-4x$와 직선 $y=2x$로 둘러싸인 도형은 위의 그림과 같고, 그 넓이를 S라 하면

$S=\int_0^6 \{2x-(x^2-4x)\}dx$

$=\int_0^6 (-x^2+6x)dx$

$=\left[-\frac{1}{3}x^3+3x^2\right]_0^6=36$

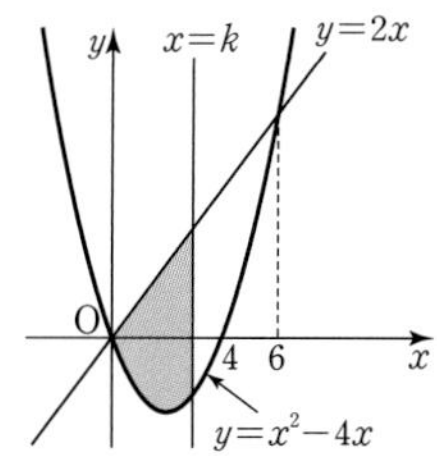

곡선 $y=x^2-4x$와 두 직선 $y=2x$, $x=k$로 둘러싸인 도형의 넓이는

$\int_0^k \{2x-(x^2-4x)\}dx=\int_0^k (-x^2+6x)dx=\left[-\frac{1}{3}x^3+3x^2\right]_0^k$

$=-\frac{1}{3}k^3+3k^2$

즉, $-\frac{1}{3}k^3+3k^2=\frac{1}{2}S$이므로

$-\frac{1}{3}k^3+3k^2=18$, $k^3-9k^2+54=0$

$(k-3)(k^2-6k-18)=0$

$k=3$ 또는 $k=3\pm3\sqrt{3}$

$0<k<6$이므로 $k=3$

답 ⑤

30 두 점 A, B를 지나는 직선의 방정식은

$y-4=\frac{1-4}{3-0}(x-0)$, 즉 $y=-x+4$

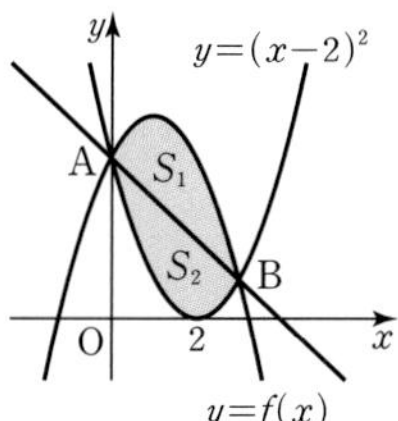

곡선 $y=f(x)$와 직선 $y=-x+4$로 둘러싸인 도형의 넓이를 S_1, 곡선 $y=(x-2)^2$과 직선 $y=-x+4$로 둘러싸인 도형의 넓이를 S_2라 하면

$S_1=\int_0^3 \{f(x)-(-x+4)\}dx$

$S_2=\int_0^3 \{(-x+4)-(x-2)^2\}dx=\int_0^3 (-x^2+3x)dx$

$S_1=S_2$이므로

$\int_0^3 \{f(x)-(-x+4)\}dx=\int_0^3 (-x^2+3x)dx$

$\int_0^3 f(x)dx-\int_0^3 (-x+4)dx=\int_0^3 (-x^2+3x)dx$

따라서

$\int_0^3 f(x)dx=\int_0^3 (-x^2+3x)dx+\int_0^3 (-x+4)dx$

$=\int_0^3 \{(-x^2+3x)+(-x+4)\}dx$

$=\int_0^3 (-x^2+2x+4)dx$

$=\left[-\frac{1}{3}x^3+x^2+4x\right]_0^3=12$

답 12

31 그림과 같이 두 함수 $y=f(x)$, $y=g(x)$의 그래프는 직선 $y=x$에 대하여 대칭이므로 두 곡선 $y=f(x)$, $y=g(x)$의 교점의 x좌표는 곡선 $y=f(x)$와 직선 $y=x$의 교점의 x좌표와 같다.

그러므로 두 곡선 $y=f(x)$, $y=g(x)$의 교점의 x좌표는

$ax^2=x$에서 $x(ax-1)=0$

$x=0$ 또는 $x=\frac{1}{a}$

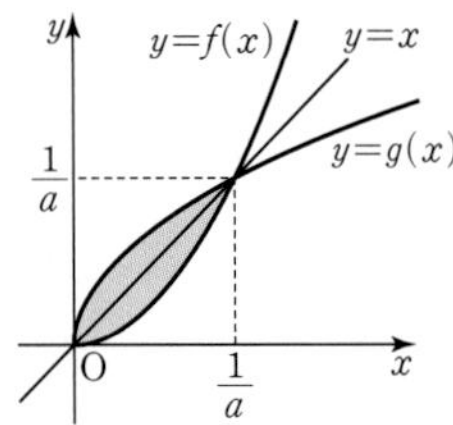

두 곡선 $y=f(x)$, $y=g(x)$로 둘러싸인 도형의 넓이는 곡선 $y=f(x)$와 직선 $y=x$로 둘러싸인 도형의 넓이의 두 배이므로

$$\int_0^{\frac{1}{a}} |f(x)-g(x)|dx=2\int_0^{\frac{1}{a}} |f(x)-x|dx$$
$$=2\int_0^{\frac{1}{a}} (x-ax^2)dx$$
$$=2\left[\frac{1}{2}x^2-\frac{a}{3}x^3\right]_0^{\frac{1}{a}}$$
$$=2\times\frac{1}{6a^2}=\frac{1}{3a^2}$$

즉, $\frac{1}{3a^2}=\frac{3}{4}$에서 $a^2=\frac{4}{9}$

$a>0$이므로 $a=\frac{2}{3}$

답 ④

32 함수 $f(x)=\frac{1}{2}x^2+3x+2\ (x\geq-3)$의 그래프와 직선 $y=x$의 교점의 x좌표는

$\frac{1}{2}x^2+3x+2=x$에서 $\frac{1}{2}(x+2)^2=0$

$x=-2$

곡선 $y=f(x)$가 직선 $y=x$와 점 $(-2,\ -2)$에서 접하므로 곡선 $y=g(x)$와 직선 $y=x$도 점 $(-2,\ -2)$에서 접한다.

한편, 점 A의 좌표는 $(0,\ 2)$이므로 점 B의 좌표는 $(2,\ 0)$

이때 두 곡선 $y=f(x)$, $y=g(x)$ 및 직선 AB는 그림과 같다.

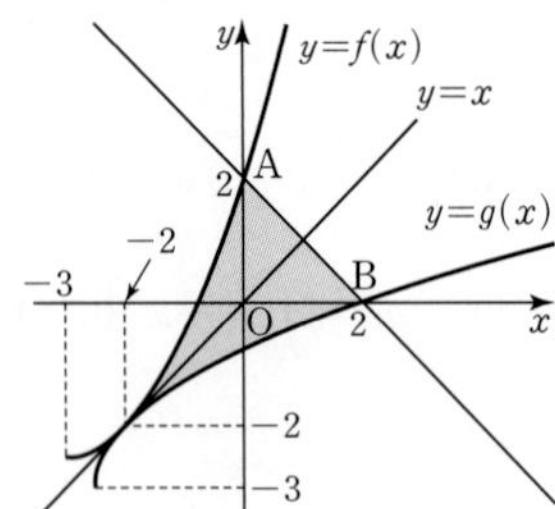

곡선 $y=f(x)$와 직선 $y=x$ 및 y축으로 둘러싸인 도형의 넓이는

$$\int_{-2}^{0} |f(x)-x|dx=\int_{-2}^{0} \left(\frac{1}{2}x^2+2x+2\right)dx$$
$$=\left[\frac{1}{6}x^3+x^2+2x\right]_{-2}^{0}=\frac{4}{3}$$

곡선 $y=g(x)$와 직선 $y=x$ 및 x축으로 둘러싸인 도형의 넓이는 곡선 $y=f(x)$와 직선 $y=x$ 및 y축으로 둘러싸인 도형의 넓이와 같으므로 $\frac{4}{3}$이다.

원점 O에 대하여 삼각형 OAB의 넓이는

$\frac{1}{2}\times2\times2=2$

따라서 구하는 넓이는

$\frac{4}{3}+\frac{4}{3}+2=\frac{14}{3}$

답 ④

33 $f(x)=x^3-3x^2+3x$에서

$f'(x)=3x^2-6x+3=3(x-1)^2\geq0$

이므로 함수 $f(x)$는 실수 전체의 집합에서 증가한다.

이때 두 함수 $y=f(x)$, $y=g(x)$의 그래프는 직선 $y=x$에 대하여 대칭이므로 두 곡선 $y=f(x)$, $y=g(x)$의 교점의 x좌표는 곡선 $y=f(x)$와 직선 $y=x$의 교점의 x좌표와 같다.

그러므로 두 곡선 $y=f(x)$, $y=g(x)$의 교점의 x좌표는

$x^3-3x^2+3x=x$에서

$x^3-3x^2+2x=0$, $x(x-1)(x-2)=0$

$x=0$ 또는 $x=1$ 또는 $x=2$

이때 두 곡선 $y=f(x)$, $y=g(x)$와 직선 $y=x$는 그림과 같다.

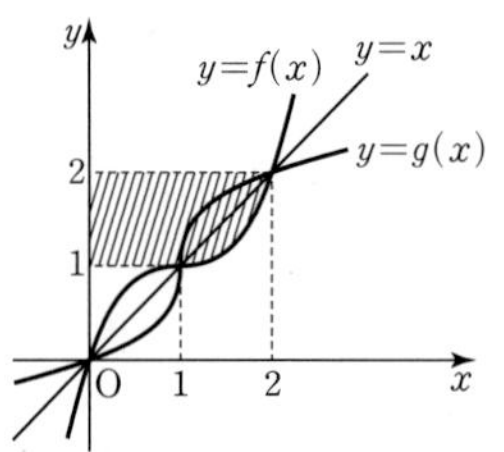

$\int_1^2 g(x)dx$의 값은 곡선 $y=g(x)$와 x축 및 두 직선 $x=1$, $x=2$로 둘러싸인 도형의 넓이와 같고, 이 도형은 위의 그림과 같이 빗금친 도형의 넓이와 같다. 이때 이 도형의 넓이는 한 변의 길이가 2인 정사각형의 넓이에서 한 변의 길이가 1인 정사각형의 넓이와 곡선 $y=f(x)$와 x축 및 두 직선 $x=1$, $x=2$로 둘러싸인 도형의 넓이의 합을 뺀 것과 같음을 알 수 있다.

그러므로

$$\int_1^2 g(x)dx=2\times2-\left\{1\times1+\int_1^2 f(x)dx\right\}$$
$$=4-\left\{1+\int_1^2 (x^3-3x^2+3x)dx\right\}$$
$$=3-\int_1^2 (x^3-3x^2+3x)dx$$
$$=3-\left[\frac{1}{4}x^4-x^3+\frac{3}{2}x^2\right]_1^2$$
$$=3-\frac{5}{4}=\frac{7}{4}$$

$$\int_0^1 f(x)dx=\int_0^1 (x^3-3x^2+3x)dx$$
$$=\left[\frac{1}{4}x^4-x^3+\frac{3}{2}x^2\right]_0^1=\frac{3}{4}$$

따라서

$$\int_0^1 f(x)dx+\int_1^2 g(x)dx=\frac{3}{4}+\frac{7}{4}=\frac{5}{2}$$

답 ⑤

34 $v(t)=2$에서

$2t^2-3t=2$, $2t^2-3t-2=0$, $(t-2)(2t+1)=0$

$t\geq0$이므로 $t=2$

따라서 시각 $t=2$에서의 점 P의 위치는

$$0+\int_0^2 v(t)dt=\int_0^2 (2t^2-3t)dt$$
$$=\left[\frac{2}{3}t^3-\frac{3}{2}t^2\right]_0^2=-\frac{2}{3}$$

답 ①

35 시각 $t=0$에서의 점 P의 위치를 x_0이라 하면 시각 $t=3$에서의 점 P의 위치는

$$x_0+\int_0^3 v(t)dt=x_0+\int_0^3 (3t-6)dt$$
$$=x_0+\left[\frac{3}{2}t^2-6t\right]_0^3=x_0-\frac{9}{2}$$

즉, $x_0-\frac{9}{2}=5$에서 $x_0=\frac{19}{2}$

답 ⑤

36 점 P의 시각 $t\ (t\geq 0)$에서의 가속도를 $a(t)$라 하면

$a(t)=v'(t)=3t-2$

$a(t)=10$에서

$3t-2=10,\ t=4$

점 P의 시각 $t=4$에서의 위치가 원점이므로

$$0+\int_0^4 v(t)dt=\int_0^4 \left(\frac{3}{2}t^2-2t+k\right)dt$$
$$=\left[\frac{1}{2}t^3-t^2+kt\right]_0^4$$
$$=16+4k$$

즉, $16+4k=0$에서 $k=-4$

답 ②

37 시각 $t=1$에서의 점 P의 위치는

$$0+\int_0^1 v(t)dt=\int_0^1 (-t^2+2t+k)dt$$
$$=\left[-\frac{1}{3}t^3+t^2+kt\right]_0^1=k+\frac{2}{3}$$

즉, $k+\frac{2}{3}=\frac{11}{3}$에서 $k=3$

그러므로 $v(t)=-t^2+2t+3$

$v(t)=0$에서

$-t^2+2t+3=0,\ t^2-2t-3=0,\ (t+1)(t-3)=0$

$t\geq 0$이므로 $t=3$

$0<t<3$에서 $v(t)>0$, $t>3$에서 $v(t)<0$이므로 $t=3$일 때 점 P의 운동 방향이 바뀐다.

따라서 시각 $t=1$에서 시각 $t=3$까지 점 P의 위치의 변화량은

$$\int_1^3 v(t)dt=\int_1^3 (-t^2+2t+3)dt$$
$$=\left[-\frac{1}{3}t^3+t^2+3t\right]_1^3=\frac{16}{3}$$

답 ④

38 두 점 P, Q의 시각 $t\ (t\geq 0)$에서의 위치를 각각 $x_1(t)$, $x_2(t)$라 하자.

시각 $t=a$에서의 점 P의 위치 $x_1(a)$는

$$x_1(a)=0+\int_0^a v_1(t)dt=\int_0^a (3t^2+4t+1)dt$$
$$=\left[t^3+2t^2+t\right]_0^a=a^3+2a^2+a$$

시각 $t=a$에서의 점 Q의 위치 $x_2(a)$는

$$x_2(a)=0+\int_0^a v_2(t)dt=\int_0^a (6t+3)dt$$
$$=\left[3t^2+3t\right]_0^a=3a^2+3a$$

시각 $t=a$에서 두 점 P, Q의 위치가 같으므로

$a^3+2a^2+a=3a^2+3a$

$a^3-a^2-2a=0$

$a(a+1)(a-2)=0$

$a>0$이므로 $a=2$

답 2

39 x_1, x_2, x_3이 이 순서대로 등차수열을 이루므로

$x_2-x_1=x_3-x_2$

즉, $\int_1^2 v_1(t)dt=\int_2^3 v_1(t)dt$

이차함수의 그래프의 대칭성에 의하여 함수 $y=v_1(t)$의 그래프는 직선 $t=2$에 대하여 대칭이므로 $-\frac{a}{2}=2$에서 $a=-4$

y_1, y_2, y_3이 이 순서대로 등차수열을 이루므로

$y_2-y_1=y_3-y_2$

즉, $\int_1^2 v_2(t)dt=\int_2^3 v_2(t)dt$

함수 $y=v_2(t)$의 그래프는 직선 $t=2$에 대하여 대칭이므로 $b=2$

그러므로 $v_1(t)=t^2-4t+4$, $v_2(t)=|t-2|+1$

점 P의 시각 $t=2$에서의 위치는

$$0+\int_0^2 v_1(t)dt=\int_0^2 (t^2-4t+4)dt$$
$$=\left[\frac{1}{3}t^3-2t^2+4t\right]_0^2=\frac{8}{3}$$

점 Q의 시각 $t=2$에서의 위치는

$$0+\int_0^2 v_2(t)dt=\int_0^2 \{-(t-2)+1\}dt$$
$$=\int_0^2 (-t+3)dt$$
$$=\left[-\frac{1}{2}t^2+3t\right]_0^2=4$$

따라서 시각 $t=2$에서 두 점 P, Q 사이의 거리는

$$\left|\frac{8}{3}-4\right|=\frac{4}{3}$$

답 ②

40 점 P가 시각 $t=0$에서 원점에 있으므로

$0+\int_0^6 v(t)dt=0$, 즉 $\int_0^6 v(t)dt=0$

$$\int_0^6 v(t)dt=\int_0^6 (-t^2+at)dt=\left[-\frac{1}{3}t^3+\frac{a}{2}t^2\right]_0^6=18a-72$$

즉, $18a-72=0$에서 $a=4$

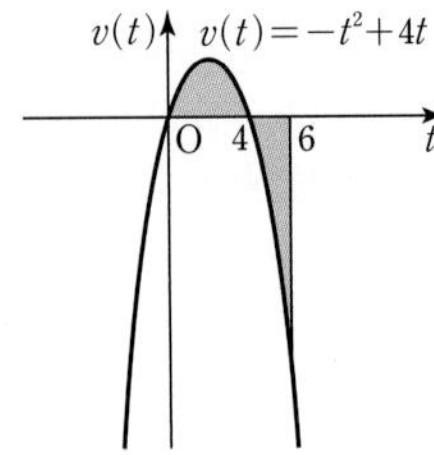

따라서 점 P가 시각 $t=0$에서 $t=6$까지 움직인 거리는

$$\int_0^6 |v(t)|dt=\int_0^4 v(t)dt+\int_4^6 \{-v(t)\}dt$$
$$=\int_0^4 (-t^2+4t)dt+\int_4^6 (t^2-4t)dt$$
$$=\left[-\frac{1}{3}t^3+2t^2\right]_0^4+\left[\frac{1}{3}t^3-2t^2\right]_4^6$$
$$=\frac{32}{3}+\frac{32}{3}=\frac{64}{3}$$

답 ②

41 $v(t)=0$에서

$t^2-4=0, (t-2)(t+2)=0$

$t\geq 0$이므로 $t=2$

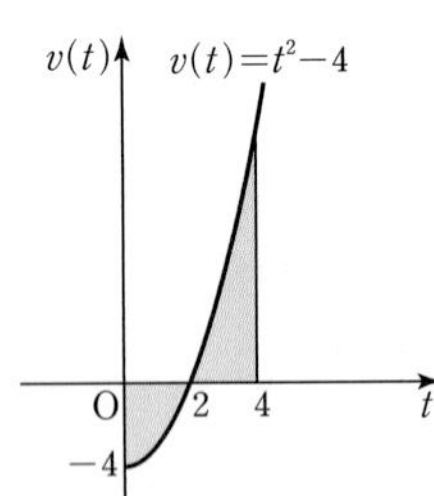

따라서 점 P가 시각 $t=0$에서 $t=4$까지 움직인 거리는

$$\int_0^4 |v(t)|dt=\int_0^2 \{-v(t)\}dt+\int_2^4 v(t)dt$$
$$=\int_0^2 (-t^2+4)dt+\int_2^4 (t^2-4)dt$$
$$=\left[-\frac{1}{3}t^3+4t\right]_0^2+\left[\frac{1}{3}t^3-4t\right]_2^4$$
$$=\frac{16}{3}+\frac{32}{3}=16$$

답 ④

42 점 P의 시각 t에서의 가속도를 $a(t)$라 하면

$a(t)=v'(t)=4t-4$

점 P의 가속도가 12가 되는 시각은 $a(t)=12$에서

$4t-4=12,\ t=4$

한편, $v(t)=0$에서

$2t^2-4t=0,\ 2t(t-2)=0$

$t=0$ 또는 $t=2$

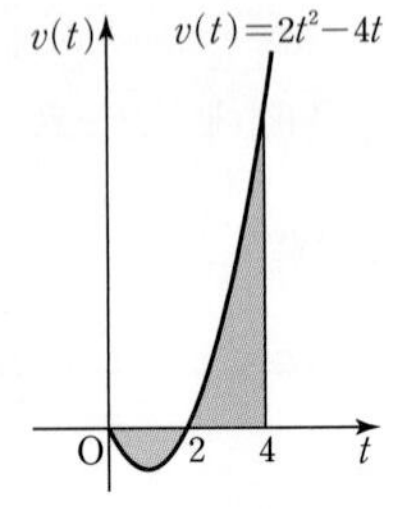

따라서 점 P가 시각 $t=0$에서 $t=4$까지 움직인 거리는

$$\int_0^4 |v(t)|dt=\int_0^2 \{-v(t)\}dt+\int_2^4 v(t)dt$$
$$=\int_0^2 (-2t^2+4t)dt+\int_2^4 (2t^2-4t)dt$$
$$=\left[-\frac{2}{3}t^3+2t^2\right]_0^2+\left[\frac{2}{3}t^3-2t^2\right]_2^4$$
$$=\frac{8}{3}+\frac{40}{3}=16$$

답 ②

43 $v_1(t)=0$에서

$-t^2+3t=0,\ -t(t-3)=0$

$t=0$ 또는 $t=3$

$v_2(t)=0$에서

$a(t-2)=0,\ t=2$

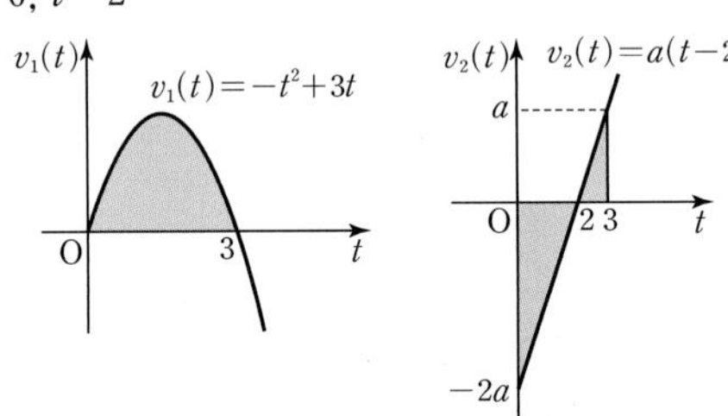

점 P가 시각 $t=0$에서 $t=3$까지 움직인 거리는

$$\int_0^3 |v_1(t)|dt=\int_0^3 v_1(t)dt$$
$$=\int_0^3 (-t^2+3t)dt$$
$$=\left[-\frac{1}{3}t^3+\frac{3}{2}t^2\right]_0^3=\frac{9}{2}$$

점 Q가 시각 $t=0$에서 $t=3$까지 움직인 거리는

$$\int_0^3 |v_2(t)|dt=\int_0^2 \{-v_2(t)\}dt+\int_2^3 v_2(t)dt$$
$$=\int_0^2 \{-a(t-2)\}dt+\int_2^3 a(t-2)dt$$
$$=-a\left[\frac{1}{2}t^2-2t\right]_0^2+a\left[\frac{1}{2}t^2-2t\right]_2^3$$
$$=2a+\frac{a}{2}=\frac{5}{2}a$$

따라서 $\frac{5}{2}a=\frac{9}{2}$에서 $a=\frac{9}{5}$

답 ⑤

44 시각 $t=1$에서 시각 $t=3$까지 점 P의 위치의 변화량과 시각 $t=3$에서 시각 $t=5$까지 점 P의 위치의 변화량이 서로 같으므로

$$\int_1^3 v(t)dt=\int_3^5 v(t)dt \quad \cdots\cdots ㉠$$

$$\int_1^3 v(t)dt=\int_1^3 (t^2+at+8)dt$$
$$=\left[\frac{1}{3}t^3+\frac{a}{2}t^2+8t\right]_1^3=4a+\frac{74}{3}$$

$$\int_3^5 v(t)dt=\int_3^5 (t^2+at+8)dt$$
$$=\left[\frac{1}{3}t^3+\frac{a}{2}t^2+8t\right]_3^5=8a+\frac{146}{3}$$

㉠에서

$4a+\frac{74}{3}=8a+\frac{146}{3}$, $4a=-24$, $a=-6$

즉, $v(t)=t^2-6t+8$이고 $v(t)=0$에서

$t^2-6t+8=0$, $(t-2)(t-4)=0$

$t=2$ 또는 $t=4$

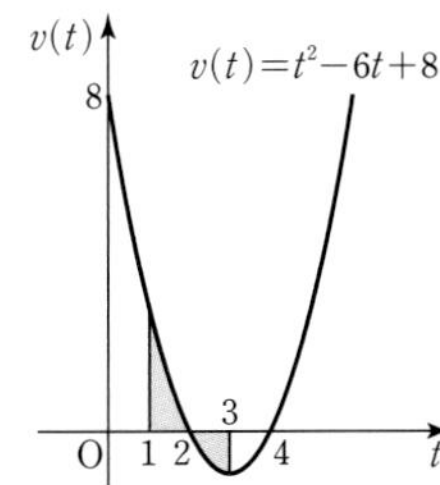

따라서 점 P가 시각 $t=1$에서 $t=3$까지 움직인 거리는

$$\int_1^3 |v(t)|dt=\int_1^2 v(t)dt+\int_2^3 \{-v(t)\}dt$$
$$=\int_1^2 (t^2-6t+8)dt+\int_2^3 (-t^2+6t-8)dt$$
$$=\left[\frac{1}{3}t^3-3t^2+8t\right]_1^2+\left[-\frac{1}{3}t^3+3t^2-8t\right]_2^3$$
$$=\frac{4}{3}+\frac{2}{3}=2$$

답 ①

참고

a의 값을 다음과 같이 구할 수도 있다.

$v(t)$는 t에 대한 이차함수이므로 ㉠에 의하여 곡선 $y=v(t)$가 직선 $t=3$에 대하여 대칭임을 알 수 있다.

즉, $-\frac{a}{2}=3$에서 $a=-6$

45 점 P의 시각 t에서의 속도를 $v(t)$라 하면

$v(t)=\frac{d}{dt}\left(\frac{1}{4}t^4-\frac{3}{2}t^2-2t\right)=t^3-3t-2$

$v(t)=0$에서

$t^3-3t-2=0$, $(t+1)^2(t-2)=0$

$t\ge 0$이므로 $t=2$

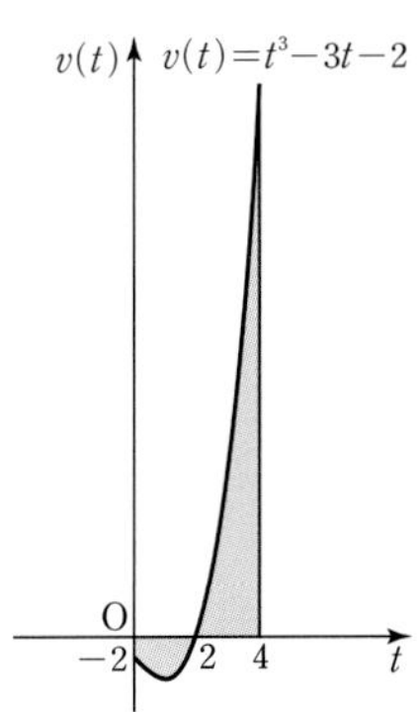

그러므로 $k=2$이고 점 P가 시각 $t=0$에서 $t=4$까지 움직인 거리는

$$\int_0^4 |v(t)|dt=\int_0^2 \{-v(t)\}dt+\int_2^4 v(t)dt$$
$$=\int_0^2 (-t^3+3t+2)dt+\int_2^4 (t^3-3t-2)dt$$
$$=\left[-\frac{1}{4}t^4+\frac{3}{2}t^2+2t\right]_0^2+\left[\frac{1}{4}t^4-\frac{3}{2}t^2-2t\right]_2^4$$
$$=6+38=44$$

답 44

46 ㄱ. $v(t)=0$에서 $t=0$ 또는 $t=2$ 또는 $t=6$

$0<t<2$에서 $v(t)>0$, $2<t<6$에서 $v(t)<0$이므로

점 P는 시각 $t=2$에서 운동 방향이 바뀐다.

또 $2<t<6$에서 $v(t)<0$, $6<t<8$에서 $v(t)>0$이므로

점 P는 시각 $t=6$에서 운동 방향이 바뀐다.

그러므로 점 P는 $0\le t\le 8$에서 운동 방향이 두 번 바뀐다. (참)

ㄴ. 점 P가 시각 $t=1$에서 $t=6$까지 움직인 거리는 $t=1$에서 $t=6$까지 속도 $v(t)$의 그래프와 t축 및 두 직선 $t=1$, $t=6$으로 둘러싸인 도형의 넓이이므로

$$\int_1^6 |v(t)|dt=\int_1^2 v(t)dt+\int_2^6 \{-v(t)\}dt$$
$$=\frac{1}{2}\times 1\times 2+\frac{1}{2}\times(4+1)\times 1=\frac{7}{2}\ (거짓)$$

ㄷ. 점 P의 시각 $t=2$일 때의 위치는

$0+\int_0^2 v(t)dt=\frac{1}{2}\times 2\times 2=2$

점 P의 시각 $t=2$에서 $t=6$까지 위치의 변화량은

$\int_2^6 v(t)dt=-\left\{\frac{1}{2}\times(4+1)\times 1\right\}=-\frac{5}{2}$

점 P의 시각 $t=6$에서 $t=8$까지 위치의 변화량은

$\int_6^8 v(t)dt=\frac{1}{2}\times 2\times 1=1$

$0<t\le 8$에서 수직선 위의 점 P의 운동을 그림과 같이 나타낼 수 있다.

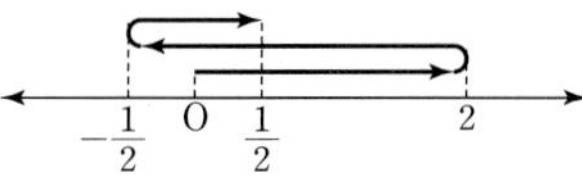

따라서 점 P는 $0<t\le 8$에서 원점을 두 번 지난다. (참)

이상에서 옳은 것은 ㄱ, ㄷ이다.

답 ③

47 점 P의 시각 t에서의 위치를 $x(t)$라 하면

$x'(t)=v(t)$

$x'(t)=0$, 즉 $v(t)=0$에서 주어진 속도 $v(t)$의 그래프에 의하여

$t=0$ 또는 $t=3$ 또는 $t=5$

$0\le t\le 6$에서 함수 $x(t)$의 증가와 감소를 표로 나타내면 다음과 같다.

t	0	…	3	…	5	…	6
$x'(t)$	0	+	0	−	0	+	
$x(t)$		↗	극대	↘	극소	↗	

$x(0)=0$이므로

$x(3)=\int_0^3 v(t)dt=\frac{1}{2}\times 3\times a=\frac{3}{2}a$

$x(5)=\int_0^5 v(t)dt=\int_0^3 v(t)dt+\int_3^5 v(t)dt$

$=\frac{3}{2}a-\frac{1}{2}\times 2\times a=\frac{1}{2}a$

$x(6)=\int_0^6 v(t)dt=\int_0^5 v(t)dt+\int_5^6 v(t)dt$

$=\frac{1}{2}a+\frac{1}{2}\times 1\times a=a$

$0\le t\le 6$에서 $t=3$일 때 $x(t)$가 극대이자 최대이므로 점 P가 원점에서 가장 멀리 떨어져 있다.

즉, $\frac{3}{2}a=3$에서 $a=2$

따라서 점 P의 시각 $t=6$에서의 위치는

$x(6)=a=2$

답 ③

서술형 완성하기 본문 126쪽

01 $\frac{8}{3}$ **02** $\frac{27}{4}$ **03** 9 **04** $\frac{8}{3}$ **05** 9 **06** 17

01 $f'(x)=2x-4$에서

$f(x)=x^2-4x+C=(x-2)^2+C-4$ (단, C는 적분상수)

이차함수 $f(x)$가 $x=2$에서 최솟값 $C-4$를 가지므로

$C-4=-1$, $C=3$

즉, $f(x)=x^2-4x+3$ …… ❶

곡선 $y=f(x)$와 x축이 만나는 점의 x좌표는

$x^2-4x+3=0$에서 $(x-1)(x-3)=0$

$x=1$ 또는 $x=3$ …… ❷

따라서 구하는 넓이는

$$\int_0^3 |f(x)|dx=\int_0^1 f(x)dx+\int_1^3 \{-f(x)\}dx$$
$$=\int_0^1 (x^2-4x+3)dx+\int_1^3 (-x^2+4x-3)dx$$
$$=\left[\frac{1}{3}x^3-2x^2+3x\right]_0^1+\left[-\frac{1}{3}x^3+2x^2-3x\right]_1^3$$
$$=\frac{4}{3}+\frac{4}{3}=\frac{8}{3}$$ …… ❸

답 $\frac{8}{3}$

단계	채점 기준	비율
❶	함수 $f(x)$를 구한 경우	40 %
❷	곡선 $y=f(x)$와 x축의 교점의 x좌표를 구한 경우	20 %
❸	도형의 넓이를 구한 경우	40 %

02 $f(x)=x^3-3x^2+4$에서

$f'(x)=3x^2-6x=3x(x-2)$

$f'(x)=0$에서 $x=0$ 또는 $x=2$

함수 $f(x)$의 증가와 감소를 표로 나타내면 다음과 같다.

x	…	0	…	2	…
$f'(x)$	+	0	−	0	+
$f(x)$	↗	극대	↘	극소	↗

$f(x)=0$에서

$x^3-3x^2+4=0$, $(x+1)(x-2)^2=0$

$x=-1$ 또는 $x=2$

또 $f(0)=4$, $f(2)=0$이므로 곡선 $y=f(x)$는 그림과 같다.

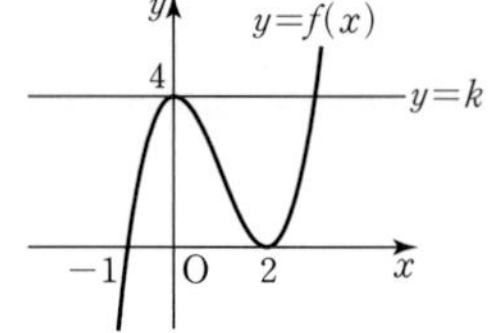

$k>0$이므로 곡선 $y=f(x)$와 직선 $y=k$가 서로 다른 두 점에서 만나기 위해서는

$k=f(0)=4$ …… ❶

이때 곡선 $y=f(x)$와 직선 $y=4$의 교점의 x좌표는 $f(x)=4$에서

$x^3-3x^2+4=4$, $x^3-3x^2=0$, $x^2(x-3)=0$

$x=0$ 또는 $x=3$ …… ❷

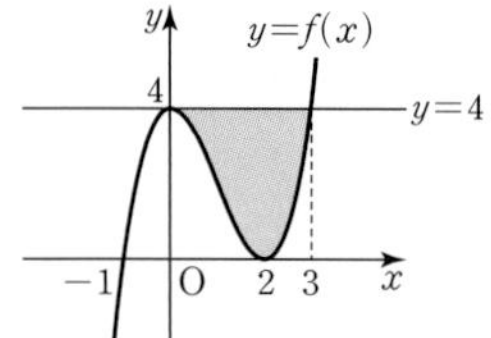

따라서 곡선 $y=f(x)$와 직선 $y=4$로 둘러싸인 도형은 위의 그림과 같고, 그 넓이는

$$\int_0^3 \{4-f(x)\}dx=\int_0^3 \{4-(x^3-3x^2+4)\}dx$$
$$=\int_0^3 (-x^3+3x^2)dx$$
$$=\left[-\frac{1}{4}x^4+x^3\right]_0^3=\frac{27}{4}$$ …… ❸

답 $\frac{27}{4}$

단계	채점 기준	비율
❶	k의 값을 구한 경우	40 %
❷	곡선 $y=f(x)$와 직선 $y=4$의 교점의 x좌표를 구한 경우	20 %
❸	도형의 넓이를 구한 경우	40 %

03 조건 (가)에서 $g(0)=g'(0)=0$이고, $f(x)$가 최고차항의 계수가 양수인 이차함수이므로

$g(x)=ax^2(x-k)$ (a, k는 상수, $a>0$)

으로 놓을 수 있다.

$g(x)=\int_2^x f(t)dt$의 양변에 $x=2$를 대입하면 $g(2)=0$이므로

$g(x)=ax^2(x-2)=ax^3-2ax^2$

$g(x)=\int_2^x f(t)dt$의 양변을 x에 대하여 미분하면

$g'(x)=f(x)$이므로

$f(x)=3ax^2-4ax$ …… ❶

$g(x)=f(x)$에서

$ax^3-2ax^2=3ax^2-4ax$

$a(x^3-5x^2+4x)=0$, $ax(x-1)(x-4)=0$

$x=0$ 또는 $x=1$ 또는 $x=4$

두 곡선 $y=f(x)$, $y=g(x)$는 그림과 같다.

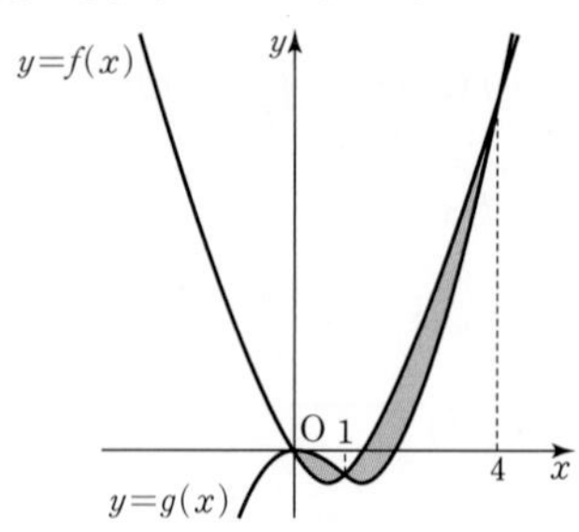

두 곡선 $y=f(x)$, $y=g(x)$로 둘러싸인 도형의 넓이는

$$\int_0^4 |g(x)-f(x)|dx$$
$$=a\int_0^1 \{(x^3-2x^2)-(3x^2-4x)\}dx$$
$$+a\int_1^4 \{(3x^2-4x)-(x^3-2x^2)\}dx$$
$$=a\int_0^1 (x^3-5x^2+4x)dx+a\int_1^4 (-x^3+5x^2-4x)dx$$
$$=a\left[\frac{1}{4}x^4-\frac{5}{3}x^3+2x^2\right]_0^1+a\left[-\frac{1}{4}x^4+\frac{5}{3}x^3-2x^2\right]_1^4$$
$$=a\left(\frac{7}{12}+\frac{45}{4}\right)=\frac{71}{6}a$$

조건 (나)에 의하여

$\frac{71}{6}a=\frac{71}{2}$에서 $a=3$

따라서 $f(x)=9x^2-12x$, $g(x)=3x^3-6x^2$이므로 …… ❷

$f(1)\times g(1)=(-3)\times(-3)=9$ …… ❸

답 9

단계	채점 기준	비율
❶	조건 (가)를 이용하여 두 함수 $f(x)$, $g(x)$를 x에 대한 식으로 나타낸 경우	40 %
❷	조건 (나)를 이용하여 두 함수 $f(x)$, $g(x)$를 구한 경우	50 %
❸	$f(1)\times g(1)$의 값을 구한 경우	10 %

04 함수 $y=f(-x)$의 그래프는 함수 $y=f(x)$의 그래프를 y축에 대하여 대칭이동한 것이므로 함수 $y=g(x)$의 그래프는 그림과 같다.

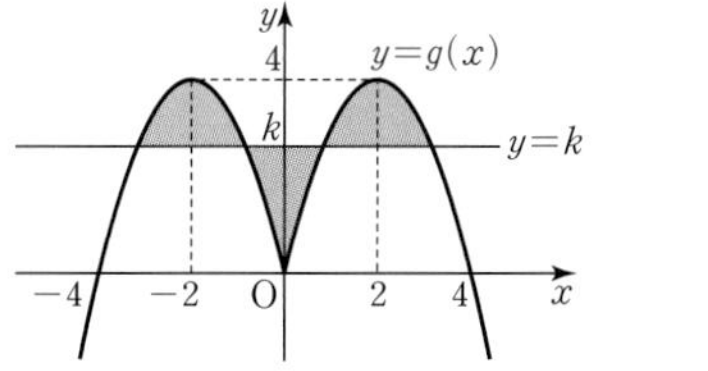

…… ❶

곡선 $y=g(x)$와 직선 $y=k$가 서로 다른 네 점에서 만나야 하므로 $0<k<4$이어야 한다.

또 곡선 $y=g(x)$는 y축에 대하여 대칭이고, 곡선 $y=-x^2+4x$는 직선 $x=2$에 대하여 대칭이다.

이때 곡선 $y=g(x)$와 직선 $y=k$로 둘러싸인 세 부분의 넓이가 모두 같으므로

$\int_0^2 \{g(x)-k\}dx=0$ …… ❷

이어야 한다.

$$\int_0^2 \{g(x)-k\}dx=\int_0^2 (-x^2+4x-k)dx$$
$$=\left[-\frac{1}{3}x^3+2x^2-kx\right]_0^2=\frac{16}{3}-2k$$

즉, $\frac{16}{3}-2k=0$이므로 $k=\frac{8}{3}$ …… ❸

답 $\frac{8}{3}$

단계	채점 기준	비율
❶	곡선 $y=g(x)$와 직선 $y=k$로 둘러싸인 세 도형을 좌표평면에 나타낸 경우	20 %
❷	$\int_0^2 \{g(x)-k\}dx=0$임을 설명한 경우	50 %
❸	k의 값을 구한 경우	30 %

05 출발한 후 두 점 P, Q의 속도가 같아지는 시각은

$v_1(t)=v_2(t)$에서

$3t^2-2t=t^2+4t$, $2t^2-6t=0$, $2t(t-3)=0$

$t>0$이므로 $t=3$ …… ❶

시각 t에서의 점 P의 위치를 $x_1(t)$라 하면 $x_1(0)=0$이므로

$$x_1(3)=x_1(0)+\int_0^3 v_1(t)dt$$
$$=0+\int_0^3 (3t^2-2t)dt$$
$$=\left[t^3-t^2\right]_0^3$$
$$=18$$

시각 t에서의 점 Q의 위치를 $x_2(t)$라 하면 $x_2(0)=0$이므로

$$x_2(3)=x_2(0)+\int_0^3 v_2(t)dt$$
$$=0+\int_0^3 (t^2+4t)dt$$
$$=\left[\frac{1}{3}t^3+2t^2\right]_0^3$$
$$=27$$ …… ❷

따라서 두 점 P, Q 사이의 거리는

$|x_1(3)-x_2(3)|=|18-27|=9$ …… ❸

답 9

단계	채점 기준	비율
❶	두 점 P, Q의 속도가 같아지는 시각을 구한 경우	30 %
❷	시각 $t=3$에서의 두 점 P, Q의 위치를 구한 경우	60 %
❸	두 점 P, Q 사이의 거리를 구한 경우	10 %

06 점 P의 시각 t에서의 위치를 $x_1(t)$라 하면 $x_1(0)=0$이므로

$$x_1(a)=x_1(0)+\int_0^a v_1(t)dt$$
$$=0+\int_0^a (3t^2-6t)dt$$
$$=\left[t^3-3t^2\right]_0^a=a^3-3a^2$$

점 Q의 시각 t에서의 위치를 $x_2(t)$라 하면 $x_2(0)=0$이므로

$$x_2(a)=x_2(0)+\int_0^a v_2(t)dt$$
$$=0+\int_0^a (-4t+6)dt$$
$$=\left[-2t^2+6t\right]_0^a=-2a^2+6a$$ …… ❶

$x_1(a)=x_2(a)$이므로

$a^3-3a^2=-2a^2+6a$

$a^3-a^2-6a=0$, $a(a+2)(a-3)=0$

$a>0$이므로 $a=3$ …… ❷

두 점 P, Q의 시각 t에서의 속도 $v_1(t)$, $v_2(t)$의 그래프는 그림과 같다.

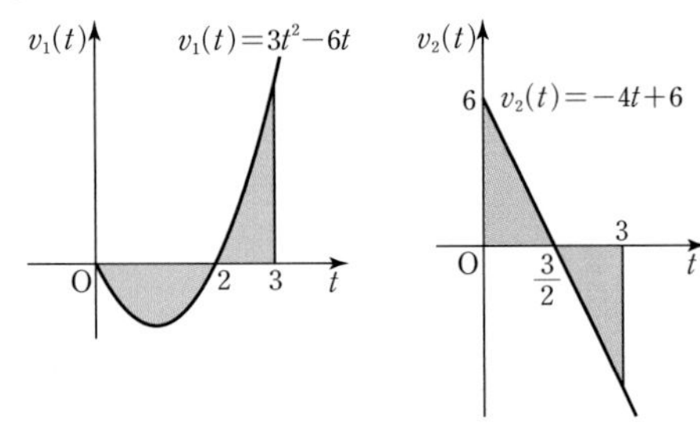

점 P가 시각 $t=0$에서 $t=3$까지 움직인 거리 s_1은

$$s_1=\int_0^3 |v_1(t)|dt$$
$$=\int_0^2 \{-v_1(t)\}dt+\int_2^3 v_1(t)dt$$
$$=\int_0^2 (-3t^2+6t)dt+\int_2^3 (3t^2-6t)dt$$
$$=\Big[-t^3+3t^2\Big]_0^2+\Big[t^3-3t^2\Big]_2^3=4+4=8$$

점 Q가 시각 $t=0$에서 $t=3$까지 움직인 거리 s_2는

$$s_2=\int_0^3 |v_2(t)|dt$$
$$=\int_0^{\frac{3}{2}} v_2(t)dt+\int_{\frac{3}{2}}^3 \{-v_2(t)\}dt$$
$$=\int_0^{\frac{3}{2}} (-4t+6)dt+\int_{\frac{3}{2}}^3 (4t-6)dt$$
$$=\Big[-2t^2+6t\Big]_0^{\frac{3}{2}}+\Big[2t^2-6t\Big]_{\frac{3}{2}}^3=\frac{9}{2}+\frac{9}{2}=9$$

따라서 $s_1+s_2=8+9=17$ …… ❸

답 17

단계	채점 기준	비율
❶	두 점 P, Q의 시각 t에서의 위치를 a에 대한 식으로 나타낸 경우	30 %
❷	a의 값을 구한 경우	20 %
❸	s_1, s_2의 값을 구하고, s_1+s_2의 값을 구한 경우	50 %

내신 + 수능 고난도 도전

본문 127~128쪽

01 41 **02** 4 **03** 24 **04** ⑤ **05** ①
06 ②

01 $f(x)=|x(x-5)|$

$$=\begin{cases} x^2-5x & (x<0 \text{ 또는 } x>5) \\ -x^2+5x & (0\le x\le 5) \end{cases}$$

이므로

$$f(x-3)=|(x-3)(x-8)|$$
$$=\begin{cases} x^2-11x+24 & (x<3 \text{ 또는 } x>8) \\ -x^2+11x-24 & (3\le x\le 8) \end{cases}$$

두 곡선 $y=f(x)$, $y=f(x-3)$이 만나는 점의 x좌표를 구하면 다음과 같다.

(i) $x<0$일 때

$x^2-5x=x^2-11x+24$에서

$6x-24=0$, $x=4$

그러므로 $x<0$일 때 두 곡선 $y=f(x)$, $y=f(x-3)$은 만나지 않는다.

(ii) $0\le x<3$일 때

$-x^2+5x=x^2-11x+24$에서

$2x^2-16x+24=0$

$2(x-2)(x-6)=0$

$0\le x<3$에서 $x=2$

(iii) $3\le x<5$일 때

$-x^2+5x=-x^2+11x-24$에서

$6x-24=0$, $x=4$

(iv) $5\le x<8$일 때

$x^2-5x=-x^2+11x-24$에서

$2x^2-16x+24=0$

$2(x-2)(x-6)=0$

$5\le x<8$이므로 $x=6$

(v) $x\ge 8$일 때

$x^2-5x=x^2-11x+24$에서

$6x-24=0$, $x=4$

그러므로 $x\ge 8$일 때 두 곡선 $y=f(x)$, $y=f(x-3)$은 만나지 않는다.

(i)~(v)에 의하여 두 곡선 $y=f(x)$, $y=f(x-3)$으로 둘러싸인 도형은 그림과 같다.

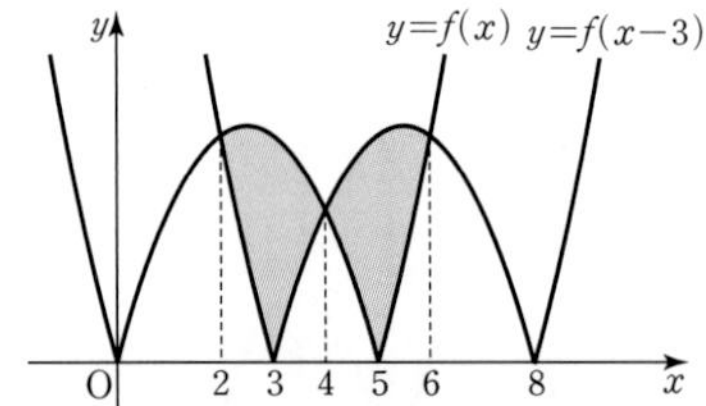

두 곡선 $y=f(x)$, $y=f(x-3)$은 직선 $x=4$에 대하여 대칭이므로 구하는 넓이는

$$\int_2^6 |f(x)-f(x-3)|dx$$
$$=2\int_2^4 |f(x)-f(x-3)|dx$$
$$=2\Big[\int_2^3 \{(-x^2+5x)-(x^2-11x+24)\}dx$$
$$+\int_3^4 \{(-x^2+5x)-(-x^2+11x-24)\}dx\Big]$$
$$=2\Big\{\int_2^3 (-2x^2+16x-24)dx+\int_3^4 (-6x+24)dx\Big\}$$
$$=2\Big(\Big[-\frac{2}{3}x^3+8x^2-24x\Big]_2^3+\Big[-3x^2+24x\Big]_3^4\Big)$$
$$=2\times\Big(\frac{10}{3}+3\Big)$$
$$=\frac{38}{3}$$

따라서 $p+q=3+38=41$

답 41

02 $f(x)=\begin{cases} -x & (x<0) \\ -x^2+2x & (0\le x\le 2) \\ x-2 & (x>2) \end{cases}$

그림과 같이 함수 $y=f(x)$의 그래프와 직선 $y=mx$가 만나는 점 중 원점이 아닌 두 점 A, B의 x좌표를 각각 a, b $(0<a<2,\ b>2)$라 할 때, 닫힌구간 $[0,\ a]$에서 함수 $y=f(x)$의 그래프와 직선 $y=mx$로 둘러싸인 도형의 넓이를 S_1, 닫힌구간 $[a,\ b]$에서 함수 $y=f(x)$의 그래프와 직선 $y=mx$로 둘러싸인 도형의 넓이를 S_2라 하고, 함수 $y=f(x)$의 그래프와 직선 $y=mx$ 및 x축으로 둘러싸인 도형의 넓이를 S_3이라 하자.

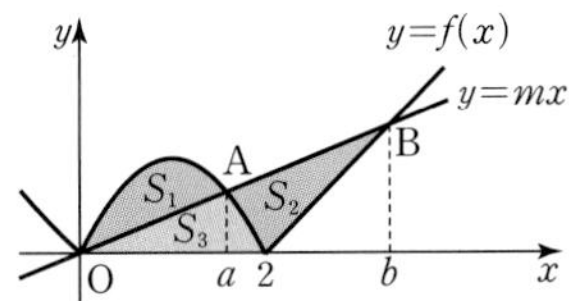

$S_1=S_2$이므로 $S_1+S_3=S_2+S_3$ …… ㉠

S_1+S_3의 값은 함수 $y=f(x)$의 그래프와 x축으로 둘러싸인 부분의 넓이와 같으므로

$$S_1+S_3=\int_0^2 f(x)dx$$
$$=\int_0^2 (-x^2+2x)dx$$
$$=\left[-\frac{1}{3}x^3+x^2\right]_0^2=-\frac{8}{3}+4=\frac{4}{3}$$

S_2+S_3의 값은 밑변의 길이가 2이고 높이가 $f(b)$인 삼각형의 넓이와 같으므로

$$S_2+S_3=\frac{1}{2}\times 2\times f(b)=f(b)$$

㉠에서 $f(b)=\frac{4}{3}$이므로

$b-2=\frac{4}{3}$, $b=\frac{10}{3}$

직선 $y=mx$가 점 $\left(\frac{10}{3},\ \frac{4}{3}\right)$를 지나므로

$\frac{4}{3}=\frac{10}{3}\times m$, $m=\frac{2}{5}$

따라서 $10m=10\times\frac{2}{5}=4$

답 4

03 $f(x)=x^2-2x+k$로 놓으면

$f'(x)=2x-2$

곡선 $y=f(x)$ 위의 점 $(2,\ k)$에서의 접선 l의 기울기는 $f'(2)=2$이므로 접선 l의 방정식은

$y-k=2(x-2)$

$y=2x+k-4$

이때 접선 l이 x축, y축과 만나는 점의 좌표는 각각 $\left(\frac{4-k}{2},\ 0\right)$, $(0,\ k-4)$이므로 곡선 $y=f(x)$와 접선 l은 그림과 같다.

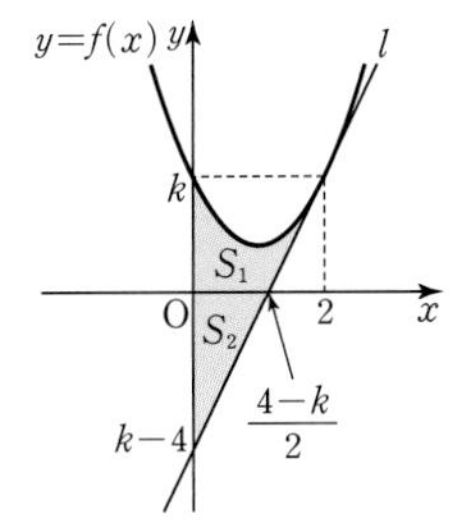

그림과 같이 곡선 $y=f(x)$와 x축, y축 및 접선 l로 둘러싸인 도형의 넓이를 S_1, 접선 l과 x축, y축으로 둘러싸인 도형의 넓이를 S_2라 하자.

S_1+S_2의 값은 곡선 $y=f(x)$와 접선 l 및 y축으로 둘러싸인 도형의 넓이이므로

$$S_1+S_2=\int_0^2 \{f(x)-(2x+k-4)\}dx$$
$$=\int_0^2 \{(x^2-2x+k)-(2x+k-4)\}dx$$
$$=\int_0^2 (x^2-4x+4)dx$$
$$=\left[\frac{1}{3}x^3-2x^2+4x\right]_0^2=\frac{8}{3}$$

S_2의 값은 밑변의 길이가 $\frac{4-k}{2}$이고 높이가 $4-k$인 삼각형의 넓이이므로

$$S_2=\frac{1}{2}\times\frac{4-k}{2}\times(4-k)=\frac{(4-k)^2}{4}$$

이때 $S_1=S_2$이므로 $2S_2=S_1+S_2$

즉, $\frac{(4-k)^2}{4}\times 2=\frac{8}{3}$에서 $(4-k)^2=\frac{16}{3}$

$1<k<4$이므로 $k=4-\frac{4\sqrt{3}}{3}$

따라서 $p=4$, $q=-\frac{4}{3}$이므로

$9(p+q)=9\left(4-\frac{4}{3}\right)=24$

답 24

04 함수 $f(x)$가 실수 전체의 집합에서 증가하는 연속함수이고 조건 (나)에 의하여

$\int_0^6 f(x)dx=2$, $\int_0^6 |f(x)|dx=6$

이므로 $f(\alpha)=0$인 α $(0<\alpha<6)$이 존재한다.

$$\int_0^6 f(x)dx=\int_0^\alpha f(x)dx+\int_\alpha^6 f(x)dx=2 \quad \cdots\cdots ㉠$$

$0\le x\le\alpha$에서 $f(x)\le 0$이고, $\alpha\le x\le 6$에서 $f(x)\ge 0$이므로

$$\int_0^6 |f(x)|dx=\int_0^\alpha \{-f(x)\}dx+\int_\alpha^6 f(x)dx=6 \quad \cdots\cdots ㉡$$

㉠−㉡을 하면

$2\int_0^\alpha f(x)dx=-4$에서 $\int_0^\alpha f(x)dx=-2$

㉠에서 $\int_\alpha^6 f(x)dx=2-\int_0^\alpha f(x)dx=4$

한편, 조건 (가)에서

$$f(x)=f(x-3)+2 \quad \cdots\cdots ㉢$$

이므로 ㉢의 양변에 x 대신에 $x-3$을 대입하면

$f(x-3)=f(x-6)+2$

이것을 ㉢에 대입하면

$f(x)=\{f(x-6)+2\}+2=f(x-6)+4$

함수 $f(x)$가 실수 전체의 집합에서 증가하고 $f(6)>0$이므로

$$\int_6^{12} |f(x)|dx=\int_6^{12} f(x)dx$$
$$=\int_6^{12} \{f(x-6)+4\}dx \quad \cdots\cdots ㉣$$

함수 $y=f(x-6)$의 그래프는 함수 $y=f(x)$의 그래프를 x축의 방향으로 6만큼 평행이동한 것이므로 함수 $y=f(x-6)$을 $x=6$에서 $x=12$까지 적분한 값은 함수 $y=f(x)$를 $x=0$에서 $x=6$까지 적분한 값과 같다.

즉, $\int_6^{12} f(x)dx=\int_0^6 f(x)dx$이므로 ㉣에서

$$\int_6^{12} f(x)dx=\int_6^{12}\{f(x-6)+4\}dx$$
$$=\int_6^{12} f(x-6)dx+\int_6^{12} 4dx$$
$$=\int_0^6 f(x)dx+\Big[4x\Big]_6^{12}$$
$$=2+24=26$$

따라서 구하는 넓이는

$$\int_a^{12}|f(x)|dx=\int_a^6 f(x)dx+\int_6^{12} f(x)dx=4+26=30$$

답 ⑤

05 두 점 P, Q의 시각 t에서의 위치를 각각 $x_1(t)$, $x_2(t)$라 하면

$$x_1(t)=0+\int_0^t v_1(t)dt=\int_0^t (t^2-2t)dt$$
$$=\left[\frac{1}{3}t^3-t^2\right]_0^t=\frac{1}{3}t^3-t^2=\frac{1}{3}t^2(t-3)$$
$$x_2(t)=0+\int_0^t v_2(t)dt=\int_0^t (-t^2+4)dt$$
$$=\left[-\frac{1}{3}t^3+4t\right]_0^t=-\frac{1}{3}t^3+4t=-\frac{1}{3}t(t^2-12)$$

$t\geq0$에서 두 함수 $y=x_1(t)$, $y=x_2(t)$의 그래프는 그림과 같다.

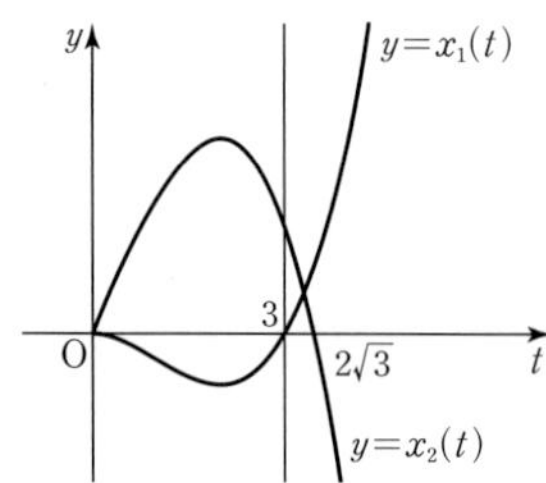

$0\leq t\leq3$에서 두 점 P, Q 사이의 거리를 $f(t)$라 하면 $0\leq t\leq3$에서 $x_1(t)\leq x_2(t)$이므로

$$f(t)=|x_1(t)-x_2(t)|=x_2(t)-x_1(t)$$
$$=\left\{-\frac{1}{3}t(t^2-12)\right\}-\frac{1}{3}t^2(t-3)$$
$$=-\frac{2}{3}t^3+t^2+4t$$

$f'(t)=-2t^2+2t+4=-2(t+1)(t-2)$

$f'(t)=0$에서 $0\leq t\leq3$이므로 $t=2$

$0\leq t\leq3$에서 함수 $f(t)$의 증가와 감소를 표로 나타내면 다음과 같다.

t	0	$\cdots$	2	$\cdots$	3
$f'(t)$		+	0	−	
$f(t)$		↗	극대	↘	

따라서 $f(t)$는 $t=2$에서 최대이므로 최댓값은

$$f(2)=-\frac{16}{3}+4+8=\frac{20}{3}$$

답 ①

06 수직선 위를 움직이는 점 P의 시각 t $(0\leq t\leq6)$에서의 위치를 $x(t)$라 하면 $x'(t)=v(t)$이므로 함수 $x(t)$의 증가와 감소를 표로 나타내면 다음과 같다.

t	0	$\cdots$	3	$\cdots$	5	$\cdots$	6
$x'(t)$		+	0	−	0	+	
$x(t)$	$x(0)$	↗	극대	↘	극소	↗	$x(6)$

$x(0)=0$이므로 점 P의 시각 t에서의 위치 $x(t)$는

$$x(t)=\int_0^t v(t)dt$$

이때

$$x(3)=\int_0^3 v(t)dt=\frac{1}{2}\times(3+1)\times a=2a$$
$$x(5)=\int_0^5 v(t)dt$$
$$=\int_0^3 v(t)dt+\int_3^5 v(t)dt$$
$$=2a-\left(\frac{1}{2}\times2\times a\right)=a$$
$$x(6)=\int_0^6 v(t)dt$$
$$=\int_0^3 v(t)dt+\int_3^5 v(t)dt+\int_5^6 v(t)dt$$
$$=2a-a+\left(\frac{1}{2}\times1\times a\right)=\frac{3}{2}a$$

점 P가 점 A(2)를 세 번 지나려면

$a<2\leq\frac{3}{2}a$에서 $\frac{4}{3}\leq a<2$ …… ㉠

따라서 점 P가 시각 $t=0$에서 $t=6$까지 움직인 거리 l은

$$l=\int_0^6|v(t)|dt$$
$$=\int_0^3 v(t)dt+\int_3^5\{-v(t)\}dt+\int_5^6 v(t)dt$$
$$=2a+a+\frac{1}{2}a=\frac{7}{2}a$$

이고, ㉠에 의하여 $\frac{14}{3}\leq l<7$

따라서 $\alpha=\frac{14}{3}$, $\beta=7$이므로

$$\alpha+\beta=\frac{35}{3}$$

답 ②

EBS 올림포스 유형편

수학Ⅱ

올림포스
고교 수학
커리큘럼

내신기본	올림포스
유형기본	올림포스 유형편
기출	올림포스 전국연합학력평가 기출문제집
심화	올림포스 고난도

정답과 풀이

고1~2 내신 중점 로드맵

과목	고교 입문		기초	기본	특화	단기
국어	고등 예비 과정	내 등급은?	윤혜정의 개념의 나비효과 입문편/워크북 어휘가 독해다!	기본서 올림포스 올림포스 전국연합 학력평가 기출문제집	국어 특화 국어 독해의 원리 / 국어 문법의 원리	단기 특강
영어			정승익의 수능 개념 잡는 대박구문 주혜연의 해석공식 논리 구조편		영어 특화 Grammar POWER / Reading POWER Listening POWER / Voca POWER	
수학			기초 50일 수학 매쓰 디렉터의 고1 수학 개념 끝장내기	유형서 올림포스 유형편	고급 올림포스 고난도 수학 특화 수학의 왕도	
한국사 사회		인공지능 수학과 함께하는 고교 AI 입문 수학과 함께하는 AI 기초		기본서 개념완성 개념완성 문항편	고등학생을 위한 多담은 한국사 연표	
과학						

과목	시리즈명	특징	수준	권장 학년
전과목	고등예비과정	예비 고등학생을 위한 과목별 단기 완성	●	예비 고1
국/수/영	내 등급은?	고1 첫 학력평가+반 배치고사 대비 모의고사	●	예비 고1
	올림포스	내신과 수능 대비 EBS 대표 국어·수학·영어 기본서	●	고1~2
	올림포스 전국연합학력평가 기출문제집	전국연합학력평가 문제 + 개념 기본서	●	고1~2
	단기 특강	단기간에 끝내는 유형별 문항 연습	●	고1~2
한/사/과	개념완성 & 개념완성 문항편	개념 한 권+문항 한 권으로 끝내는 한국사·탐구 기본서	●	고1~2
국어	윤혜정의 개념의 나비효과 입문편/워크북	윤혜정 선생님과 함께 시작하는 국어 공부의 첫걸음	●	예비 고1~고2
	어휘가 독해다!	학평·모평·수능 출제 필수 어휘 학습	●	예비 고1~고2
	국어 독해의 원리	내신과 수능 대비 문학·독서(비문학) 특화서	●	고1~2
	국어 문법의 원리	필수 개념과 필수 문항의 언어(문법) 특화서	●	고1~2
영어	정승익의 수능 개념 잡는 대박구문	정승익 선생님과 CODE로 이해하는 영어 구문	●	예비 고1~고2
	주혜연의 해석공식 논리 구조편	주혜연 선생님과 함께하는 유형별 지문 독해	●	예비 고1~고2
	Grammar POWER	구문 분석 트리로 이해하는 영어 문법 특화서	●	고1~2
	Reading POWER	수준과 학습 목적에 따라 선택하는 영어 독해 특화서	●	고1~2
	Listening POWER	수준별 수능형 영어듣기 모의고사	●	고1~2
	Voca POWER	영어 교육과정 필수 어휘와 어원별 어휘 학습	●	고1~2
수학	50일 수학	50일 만에 완성하는 중학~고교 수학의 맥	●	예비 고1~고2
	매쓰 디렉터의 고1 수학 개념 끝장내기	스타강사 강의, 손글씨 풀이와 함께 고1 수학 개념 정복	●	예비 고1~고1
	올림포스 유형편	유형별 반복 학습을 통해 실력 잡는 수학 유형서	●	고1~2
	올림포스 고난도	1등급을 위한 고난도 유형 집중 연습	●	고1~2
	수학의 왕도	직관적 개념 설명과 세분화된 문항 수록 수학 특화서	●	고1~2
한국사	고등학생을 위한 多담은 한국사 연표	연표로 흐름을 잡는 한국사 학습	●	예비 고1~고2
기타	수학과 함께하는 고교 AI 입문/AI 기초	파이선 프로그래밍, AI 알고리즘에 필요한 수학 개념 학습	●	예비 고1~고2